Trevor Brown
Antonietta Lenjosek
Cathy Heideman
Jim Mennie
Georgia Konis-Chatzis
A. J. Keene
Margaret Sinclair

Craig Featherstone
Jason Johnston
Bryn Keyes
Elizabeth Wood
Elizabeth Milne
Don Jones
Sharon Jeroski

Consultant à l'édition française

Antoine Jarjoura

Traduit de l'anglais par

Michèle Boileau
Marc Genest

Chenelière Mathématiques 8

Traduction de : *Math Makes Sense 8* de Trevor Brown et coll.
© 2006 Pearson Education Canada Inc., Toronto, Ontario
(ISBN 0-321-21009-3)

© 2006 Les Éditions de la Chenelière inc.

Édition : Martine Des Rochers
Coordination : Johanne L. Massé et Annik Rouette
Révision linguistique : Guy Bonin
Correction d'épreuves : Richard Lavallée (section *Réponses*)
 et Isabelle Rolland
Infographie : Claude Bergeron

Conception graphique : Word & Image Design Studio Inc.

7001, boul. Saint-Laurent
Montréal (Québec)
Canada H2S 3E3
Téléphone : (514) 273-1066
Télécopieur : (514) 276-0324
info@cheneliere.ca

Tous droits réservés.

Toute reproduction, en tout ou en partie, sous quelque forme et par quelque procédé que ce soit, est interdite sans l'autorisation écrite préalable de l'Éditeur.

ISBN 2-7650-0489-7

Dépôt légal : 1er trimestre 2006
Bibliothèque nationale du Québec
Bibliothèque et Archives Canada

Imprimé au Canada

1 2 3 4 5   ITIB   10 09 08 07 06

Nous reconnaissons l'aide financière du gouvernement du Canada par l'entremise du Programme d'aide au développement de l'industrie de l'édition (PADIÉ) pour nos activités d'édition.

Gouvernement du Québec – Programme de crédit d'impôt pour l'édition de livres – Gestion SODEC.

L'Éditeur a fait tout ce qui était en son pouvoir pour retrouver les copyrights. On peut lui signaler tout renseignement menant à la correction d'erreurs ou d'omissions.

Consultants et conseillers

Consultants

Craig Featherstone
Maggie Martin Connell
Trevor Brown

Consultante en évaluation
Sharon Jeroski

Conseiller en mathématiques au primaire
John A. Van de Walle

Conseillers

Ont participé aux discussions, à la révision et aux expérimentations liées au matériel de la collection :

Anthony Azzopardi	Florence Glanfield	Cathy Molinski
Sandra Ball	Linden Gray	Cynthia Pratt Nicolson
Victoria Barlow	Pamela Hagen	Bill Nimigon
Lorraine Baron	Dennis Hamaguchi	Stephen Parks
Bob Belcher	Angie Harding	Eileen Phillips
Judy Blake	Andrea Helmer	Carole Saundry
Steve Cairns	Peggy Hill	Evelyn Sawicki
Christina Chambers	Auriana Kowalchuk	Leyton Schnellert
Daryl M. J. Chichak	Gordon Li	Shannon Sharp
Lynda Colgan	Werner Liedtke	Michelle Skene
Marg Craig	Jodi Mackie	Lynn Strangway
Elizabeth Fothergill	Lois Marchand	Laura Weatherhead
Jennifer Gardner	Becky Matthews	Mignonne Wood

Consultants à l'édition française pour la collection

Wilda Audet (Ontario)
Francine Charette-Poirier (Ontario)
Ann Donahue (Colombie-Britannique)
Annick Ducharme (Ontario)

Diane Gervais (Ontario)
Margaret Gillespie deGooyer (Nouvelle-Écosse)
Catherine Hamel (Colombie-Britannique)
Antoine Jarjoura (Nouvelle-Écosse)

Marcel Martin (Ontario)
Roland Pantel (Manitoba)
Roxane Parent (Ontario)
Michel Perron (Ontario)

Richard Rice (Nouveau-Brunswick)
Carmen Turcot (Ontario)
Allan Wilson (Colombie-Britannique)

Révision du matériel

Expérimentation en classe

Des enseignantes et des enseignants ainsi que leurs élèves ont expérimenté le matériel de la collection avant sa publication. Ils ont aussi contribué à développer du matériel de qualité pour l'apprentissage des mathématiques.

Réviseurs autochtones

Steven Daniel
Liz Fowler
Margaret Erasmus
Territoires du Nord-Ouest

Réviseurs pour le niveau 8

Lorraine Baron
Colombie-Britannique

Judy Blaney
Ontario

Melanie Boultbee
Ontario

Cathy Chaput
Ontario

Kyla Cleator
Alberta

Kathryn Day
Ontario

Sharyl L. De Mille
Ontario

Thomas Falkenberg
Colombie-Britannique

Laurie Grandin
Ontario

Simon Houzer
Ontario

Bruce Merz
Colombie-Britannique

Susan Mitchell
Alberta

Clarissa Salinas Moldawa
Ontario

Mark Moorhouse
Ontario

Stephen Parks
Nouveau-Brunswick

Mary Anna Pokerznik
Alberta

Ioannis (John) Poulimenos
Ontario

Barbara Seaton
Ontario

Ann Marie Slak
Ontario

Wendy Swonnell
Colombie-Britannique

Rich Tamblyn
Ontario

Karyne Todd
Ontario

James Tremblay
Ontario

Karl Walters
Ontario

Sharon S. You
Ontario

Table des matières

Problème multidomaine : Les résidus   2

MODULE 1 — Les nombres, les variables et les équations

Domaines
- Numération et sens du nombre
- Modélisation et algèbre

Utilise tes connaissances		6
1.1	Les nombres dans les médias	9
1.2	Les facteurs premiers	14
1.3	La forme développée et la notation scientifique	19
Révision de mi-module		24
1.4	La priorité des opérations	25
1.5	Résoudre des équations à l'aide d'un modèle	29
Le monde du travail : L'encodage et le décryptage		33
1.6	Résoudre des équations à l'aide de carreaux algébriques	34
Lire et écrire en math : Les repères visuels de ton manuel		40
Révision du module		42
Test pratique		45
Problème du module : Organiser une excursion de ski		46

MODULE 2 — Les applications des rapports, des taux et des pourcentages

Domaines • Numération et sens du nombre

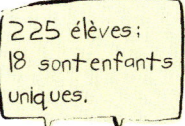

Utilise tes connaissances		50
2.1	Utiliser des proportions pour résoudre des problèmes de rapports	53
2.2	Le dessin à l'échelle	57
Technologie : Construire des figures semblables		61
2.3	Comparer des taux	65
Révision de mi-module		69
2.4	Calculer des pourcentages	70
2.5	Résoudre des problèmes de pourcentages	74
2.6	Les taxes de vente, les rabais et les commissions	78
2.7	L'intérêt simple	82
Lire et écrire en math : Poser des problèmes de mathématiques		86
Révision du module		88
Test pratique		91
Problème du module : Où vivre ?		92

v

MODULE 3 — La géométrie et la mesure

Domaines
- Géométrie et sens de l'espace
- Mesure
- Modélisation et algèbre

	Utilise tes connaissances	96
3.1	Construire et dessiner des solides	102
3.2	Dessiner et plier des développements	106
	Révision de mi-module	111
3.3	L'aire totale d'un prisme triangulaire	112
3.4	Le volume d'un prisme triangulaire	117
	Lire et écrire en math : Les éléments d'un problème écrit	122
	Révision du module	124
	Test pratique	127
	Problème du module : Sous le grand chapiteau	128
	Problème multidomaine : Les rectangles d'or	130

MODULE 4 — Les fractions et les nombres décimaux

Domaines • Numération et sens du nombre

	Utilise tes connaissances	134
4.1	Comparer et ordonner des fractions	135
4.2	Additionner des fractions	139
4.3	Soustraire des fractions	143
4.4	Multiplier des fractions à l'aide de modèles	148
4.5	Multiplier des fractions	151
	Révision de mi-module	156
4.6	Diviser des fractions et des nombres naturels à l'aide de modèles	157
4.7	Diviser des fractions	161
4.8	Convertir des nombres à virgule en fractions et des fractions en nombres à virgule	165
4.9	Diviser par 0,1, par 0,01 et par 0,001	169
	Lire et écrire en math : Communiquer de l'information mathématique	172
	Révision du module	174
	Test pratique	177
	Problème du module : Diviser un carré	178
	Révision cumulative – modules 1 à 4	180

MODULE 5 — Le traitement des données

Domaines • Traitement des données et probabilité

Utilise tes connaissances		**184**
5.1	Faire le lien entre un recensement et un échantillon	**187**
Technologie : Utiliser le *Recensement à l'école* pour obtenir des données secondaires		**192**
5.2	Déduire et évaluer	**194**
5.3	La représentation des données	**200**
Technologie : Construire des diagrammes à l'aide d'un tableur		**205**
Révision de mi-module		**210**
5.4	Utiliser les mesures de tendance centrale	**211**
5.5	Construire un histogramme	**216**
Technologie : Construire un histogramme et étudier des valeurs aberrantes avec *Fathom*		**221**
5.6	Construire un diagramme circulaire	**224**
Lire et écrire en math : Reconnaître les verbes clés dans les problèmes de mathématiques		**228**
Révision du module		**230**
Test pratique		**233**
Problème du module : Ta communauté		**234**

MODULE 6 — Les cercles

Domaines
• Mesure
• Géométrie et sens de l'espace
• Modélisation et algèbre

Utilise tes connaissances		**238**
6.1	Explorer les cercles	**239**
6.2	La circonférence d'un cercle	**242**
6.3	L'aire d'un cercle	**247**
Révision de mi-module		**252**
6.4	Le volume d'un cylindre	**253**
Lire et écrire en math : Expliquer une solution		**256**
6.5	L'aire totale d'un cylindre	**258**
Révision du module		**261**
Test pratique		**263**
Problème du module : Les formes circulaires dans des dessins		**264**

MODULE 7 : La géométrie

Domaines • Géométrie et sens de l'espace

Utilise tes connaissances	268
7.1 Les propriétés des angles formés par des droites sécantes	271
Technologie : Étudier les droites sécantes à l'aide de *Cybergéomètre*	276
7.2 Les angles d'un triangle	278
Technologie : Étudier les angles d'un triangle à l'aide de *Cybergéomètre*	283
7.3 Les propriétés des angles formés par des droites parallèles	284
Technologie : Étudier les droites parallèles et les sécantes à l'aide de *Cybergéomètre*	290
Révision de mi-module	292
7.4 Construire des médiatrices et des bissectrices	293
7.5 Construire des angles	299
7.6 Inventer et résoudre des problèmes de géométrie	303
Lire et écrire en math : Les solutions vraisemblables et les conclusions	308
Le monde du travail : Ingénieure ou ingénieur en robotique	310
Révision du module	311
Test pratique	315
Problème du module : Conçois une bannière	316
Problème multidomaine : Emballe ça !	318

MODULE 8 — Les racines carrées et le théorème de Pythagore

Domaines • Géométrie et sens de l'espace
• Mesure

Utilise tes connaissances		322
8.1	Construire et mesurer des carrés	325
8.2	Estimer des racines carrées	329
Jeu : Ça passe ou ça casse		333
Technologie : Étudier les racines carrées à l'aide d'une calculatrice		334
Révision de mi-module		336
8.3	Le théorème de Pythagore	337
Technologie : Vérifier le théorème de Pythagore à l'aide de *Cybergéomètre*		342
Lire et écrire en math : Communiquer une solution		344
8.4	Utiliser le théorème de Pythagore	346
8.5	Les triangles particuliers	351
Révision du module		355
Test pratique		357
Problème du module : Pythagore à travers les âges		358
Révision cumulative – modules 1 à 8		360

MODULE 9 — Les nombres entiers

Domaines • Numération et sens du nombre
• Géométrie et sens de l'espace

Utilise tes connaissances		364
9.1	Additionner des nombres entiers	368
9.2	Soustraire des nombres entiers	372
9.3	Additionner et soustraire des nombres entiers	377
9.4	Multiplier des nombres entiers	380
9.5	Diviser des nombres entiers	385
Révision de mi-module		389
9.6	La priorité des opérations avec des nombres entiers	390
9.7	Situer des points dans un plan cartésien	393
9.8	Représenter graphiquement des translations et des réflexions	398
9.9	Représenter graphiquement des rotations	403
Lire et écrire en math : Créer une feuille d'étude		408
Révision du module		410
Test pratique		413
Problème du module : Le tournoi-bénéfice de golf		414

MODULE 10 — L'algèbre

Domaines • Modélisation et algèbre

Utilise tes connaissances	**418**
10.1 Les propriétés des nombres	**420**
10.2 Décrire des suites numériques	**423**
10.3 Décrire des suites géométriques	**428**
Révision de mi-module	**434**
10.4 Résoudre des équations à l'aide de carreaux algébriques	**435**
10.5 Résoudre des équations par l'algèbre	**440**
Lire et écrire en math : Tenir un journal	**444**
Le monde du travail : Professionnelle ou professionnel de la santé	**446**
Révision du module	**447**
Test pratique	**449**
Problème du module : Choisir un forfait cellulaire	**450**

MODULE 11 — La probabilité

Domaines • Traitement des données et probabilité

Utilise tes connaissances	**454**
11.1 L'étendue des probabilités	**456**
11.2 Les diagrammes en arbre	**461**
Révision de mi-module	**466**
11.3 Les simulations	**467**
11.4 Les chances de se produire et de ne pas se produire	**471**
Lire et écrire en math : Approfondir un problème	**474**
Révision du module	**476**
Test pratique	**479**
Problème du module : Quelle est ton estimation ?	**480**
Problème multidomaine : La probabilité et les nombres entiers	**482**
Révision cumulative – modules 1 à 11	**484**
Exercices supplémentaires	**488**
Glossaire illustré	**501**
Index	**509**
Sources	**513**
Réponses	**514**

Bienvenue dans le monde de *Chenelière Mathématiques 8*

Les mathématiques t'aident à comprendre le monde qui t'entoure.

Ce manuel t'aidera à parfaire tes habiletés en résolution de problèmes et te permettra de découvrir comment tu peux utiliser les mathématiques dès maintenant, dans ta vie quotidienne, mais aussi plus tard, dans ta carrière.

Les premières pages de **chaque module** ont comme objectif de t'aider à réussir.

Pour savoir ce que tu vas apprendre dans le module, lis les rubriques **Tes objectifs d'apprentissage** et **Pourquoi est-ce important ?** Consulte la liste de **Mots clés**.

XI

Revois les notions que tu as déjà acquises.

Étudie l'Exemple.

Réponds ensuite aux questions de la rubrique Vérifie pour évaluer tes habiletés.

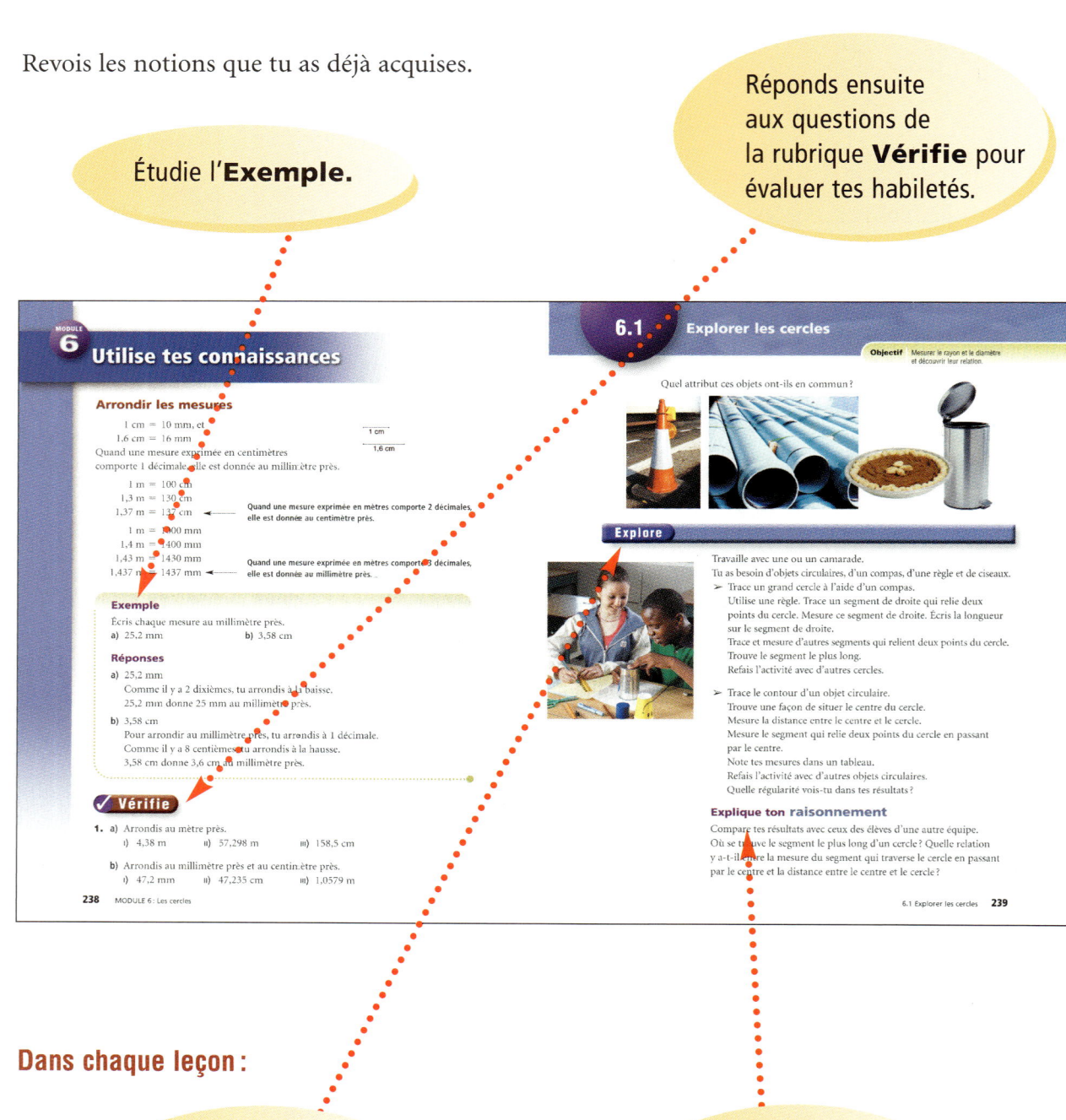

Dans chaque leçon :

Explore un concept ou un problème, avec ou sans matériel.

Explique ton raisonnement en présentant tes résultats à tes camarades.

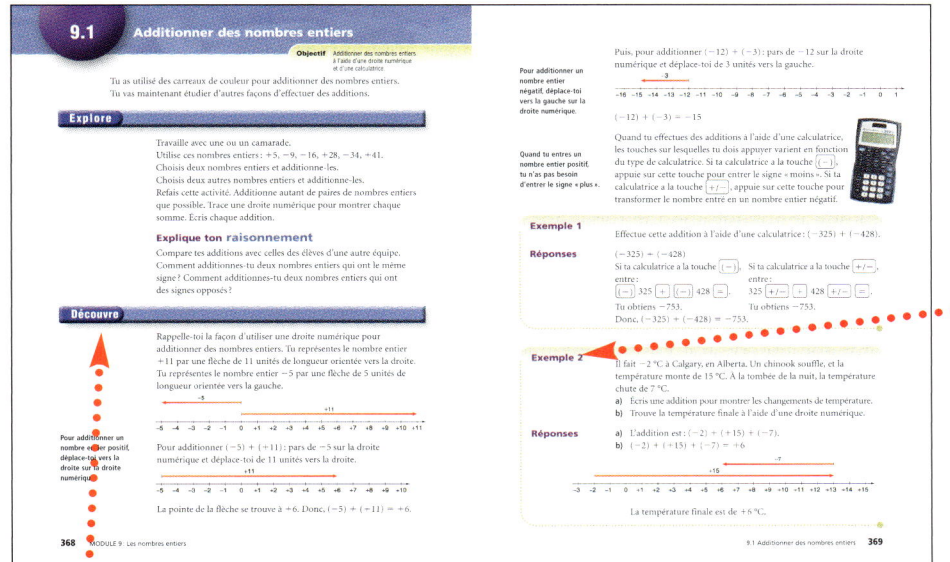

Découvre un résumé des notions à l'étude.

Les **Exemples** te montrent comment utiliser les idées présentées.

Améliore tes connaissances à l'aide des rubriques **Stratégie numérique, Calcul mental** et **Spécialiste de la calculatrice**.

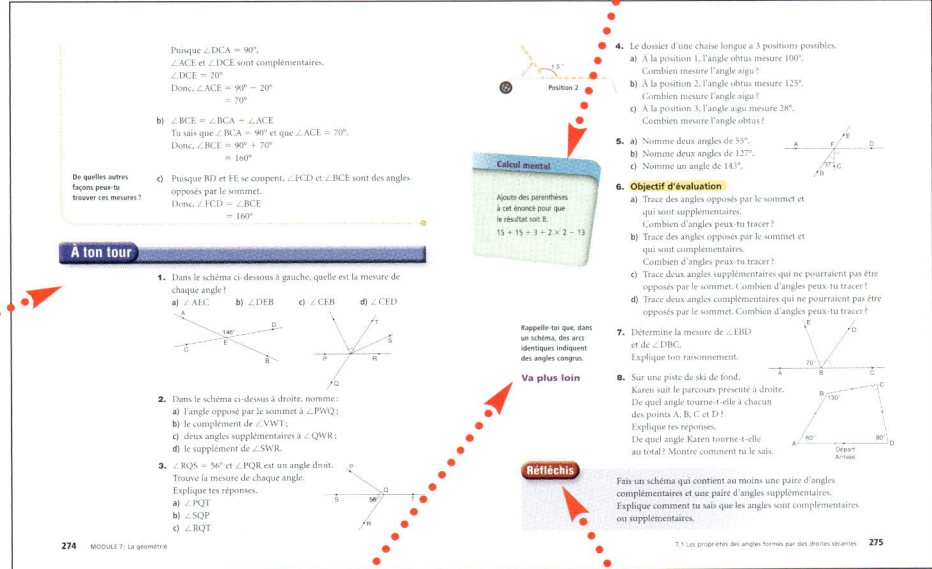

Les questions de la rubrique **À ton tour** te permettent d'appliquer tes apprentissages.

Les questions de la rubrique **Va plus loin** t'invitent à enrichir et à approfondir tes connaissances.

Réfléchis sur les idées principales de la leçon.

XIII

Réponds aux questions de la **Révision de mi-module** pour récapituler les concepts étudiés.

Révision de mi-module

LEÇONS

10.1 **1.** Écris deux expressions qui représentent l'aire du rectangle coloré.

2. Construis un rectangle qui montre que : $6(3 + a) = 18 + 6a$.

3. Développe ces expressions.
a) $3(x + 11)$ b) $5(12 + y)$
c) $4(x + 5y + 9)$
d) $8(5x + 2y + 3)$

10.2 **4.** Pour chaque suite numérique :
a) Trouve le 8ᵉ terme à l'aide d'un tableau. Décris la suite. Indique la régularité.
b) Représente la suite graphiquement. Trouve le 12ᵉ terme à l'aide de ton diagramme.
c) Écris une expression qui représente le n^e terme.
d) Trouve le 40ᵉ terme à l'aide de ton expression.
i) 1, 7, 13, 19, 25, …
ii) 2, 7, 12, 17, 22, …
iii) 4, 7, 10, 13, 16, …

5. Lara achète des portemines et un tube de 8 mines de rechange. Chaque portemine contient 3 mines. Lara range le tube de mines dans sa trousse puis ajoute un portemine à la fois.
a) Fais un tableau qui indique le nombre de mines dans la trousse du 1ᵉʳ au 7ᵉ portemine. Décris la suite. Indique la régularité.
b) Représente graphiquement les données de ton tableau.
c) Écris une expression algébrique qui représente le nombre de mines dans la trousse selon le nombre de portemines.
d) À l'aide de l'expression en c), trouve le nombre de mines dans la trousse quand elle contient 21 portemines.

10.3 **6.** Voici une suite de figu…

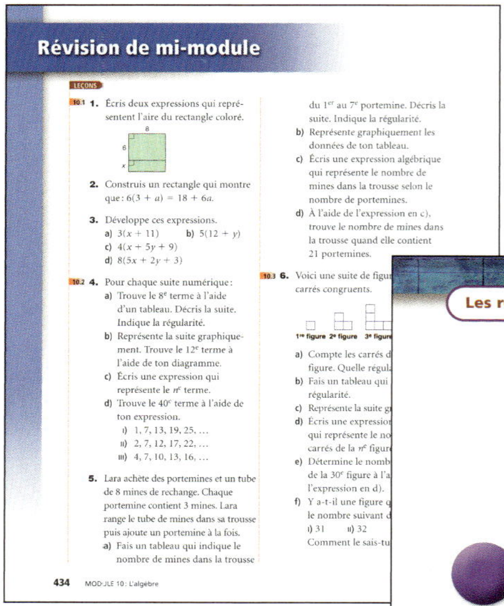

La rubrique **Lire et écrire en math** t'aide à comprendre en quoi les aptitudes à lire et à écrire en mathématiques diffèrent des autres aptitudes langagières que tu utilises. Elle peut te proposer des problèmes à résoudre.

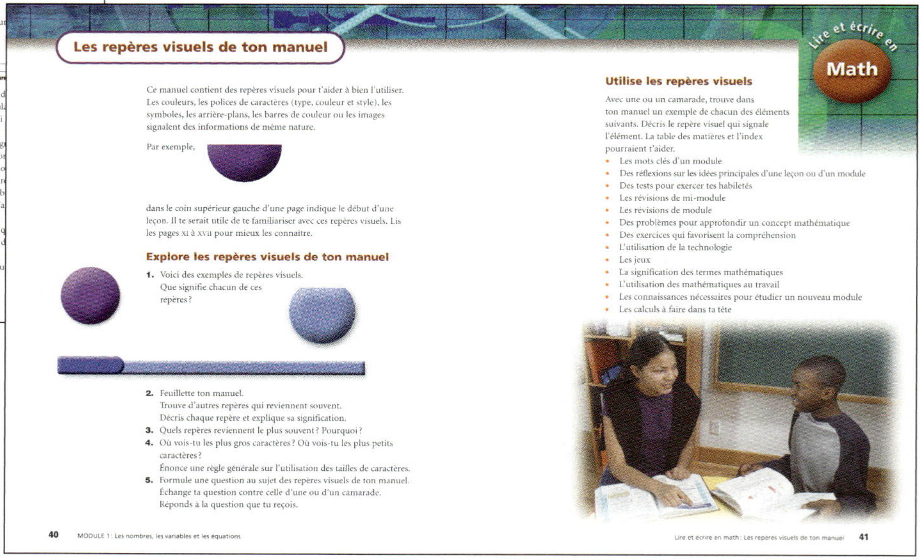

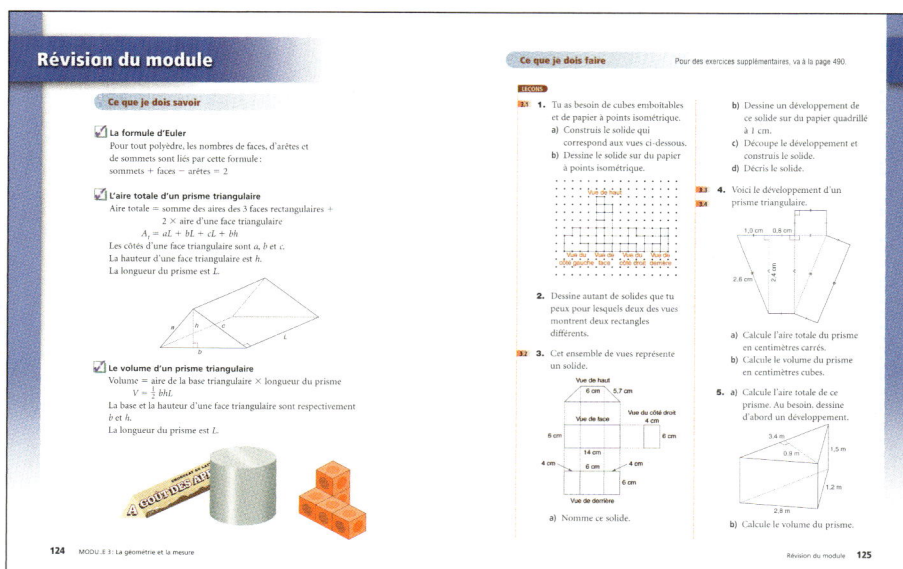

Les repères visuels de ton manuel

Ce manuel contient des repères visuels pour t'aider à bien l'utiliser. Les couleurs, les polices de caractères (type, couleur et style), les symboles, les arrière-plans, les barres de couleur ou les images signalent des informations de même nature.

Par exemple,

dans le coin supérieur gauche d'une page indique le début d'une leçon. Il te serait utile de te familiariser avec ces repères visuels. Lis les pages XI à XVII pour mieux les connaître.

Explore les repères visuels de ton manuel

1. Voici des exemples de repères visuels. Que signifie chacun de ces repères ?

2. Feuillette ton manuel. Trouve d'autres repères qui reviennent souvent. Décris chaque repère et explique sa signification.
3. Quels repères reviennent le plus souvent ? Pourquoi ?
4. Où vois-tu les plus gros caractères ? Où vois-tu les plus petits caractères ? Énonce une règle générale sur l'utilisation des tailles de caractères.
5. Formule une question au sujet des repères visuels de ton manuel. Échange ta question contre celle d'une ou d'un camarade. Réponds à la question que tu reçois.

Utilise les repères visuels

Avec une ou un camarade, trouve dans ton manuel un exemple de chacun des éléments suivants. Décris le repère visuel qui signale l'élément. La table des matières et l'index pourraient t'aider.
- Les mots clés d'un module
- Des réflexions sur les idées principales d'une leçon ou d'un module
- Des tests pour exercer tes habiletés
- Les révisions de mi-module
- Les révisions de module
- Des problèmes pour approfondir un concept mathématique
- Des exercices qui favorisent la compréhension
- L'utilisation de la technologie
- Les jeux
- La signification des termes mathématiques
- L'utilisation des mathématiques au travail
- Les connaissances nécessaires pour étudier un nouveau module
- Les calculs à faire dans ta tête

Révision du module

Ce que je dois savoir

La formule d'Euler
Pour tout polyèdre, les nombres de faces, d'arêtes et de sommets sont liés par cette formule :
sommets + faces − arêtes = 2

L'aire totale d'un prisme triangulaire
Aire totale = somme des aires des 3 faces rectangulaires + 2 × aire d'une face triangulaire
$A_t = aL + bL + cL + bh$
Les côtés d'une face triangulaire sont a, b et c.
La hauteur d'une face triangulaire est h.
La longueur du prisme est L.

Le volume d'un prisme triangulaire
Volume = aire de la base triangulaire × longueur du prisme
$V = \frac{1}{2}bhL$
La base et la hauteur d'une face triangulaire sont respectivement b et h.
La longueur du prisme est L.

Ce que je dois faire

Pour des exercices supplémentaires, va à la page 490.

LEÇONS

3.1 **1.** Tu as besoin de cubes emboîtables et de papier à points isométrique.
a) Construis le solide qui correspond aux vues ci-dessous.
b) Dessine le solide sur du papier à points isométrique.

2. Dessine autant de solides que tu peux pour lesquels deux des vues montrent deux rectangles différents.

3.2 **3.** Cet ensemble de vues représente un solide.
a) Nomme ce solide.
b) Dessine un développement de ce solide sur du papier quadrillé à 1 cm.
c) Découpe le développement et construis le solide.
d) Décris le solide.

3.3 3.4 **4.** Voici le développement d'un prisme triangulaire.
a) Calcule l'aire totale du prisme en centimètres carrés.
b) Calcule le volume du prisme en centimètres cubes.

5. a) Calcule l'aire totale de ce prisme. Au besoin, dessine d'abord un développement.
b) Calcule le volume du prisme.

Ce que je dois savoir résume les idées principales du module.

Ce que je dois faire t'aide à déterminer si tu es prête ou prêt à passer à une autre étape.

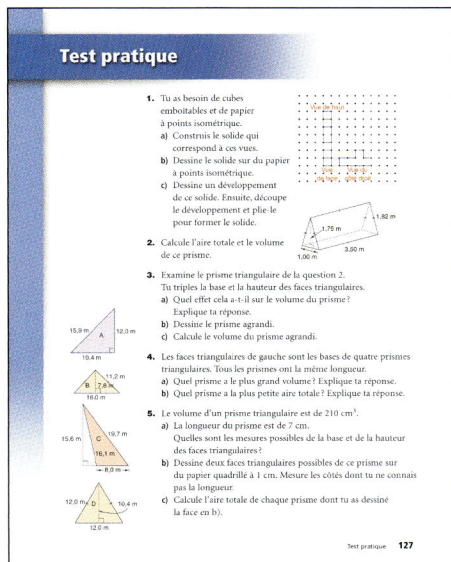

Le **Test pratique** simule un test que tu pourrais avoir à passer.

Le **Problème du module** te propose un problème ou un travail de recherche à réaliser au moyen des notions de mathématiques vues dans le module.

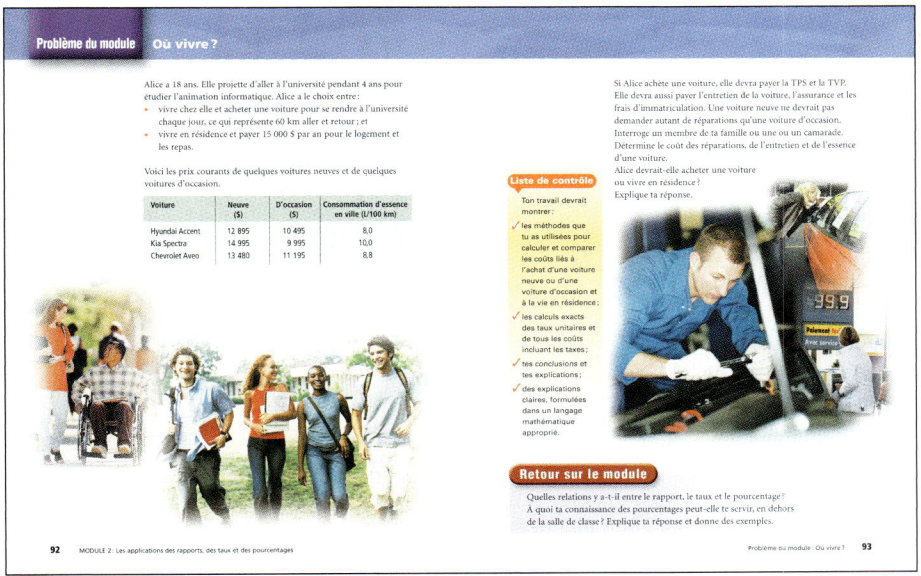

Les questions de la **Révision cumulative** et les **Exercices supplémentaires** t'aident à améliorer tes compétences.

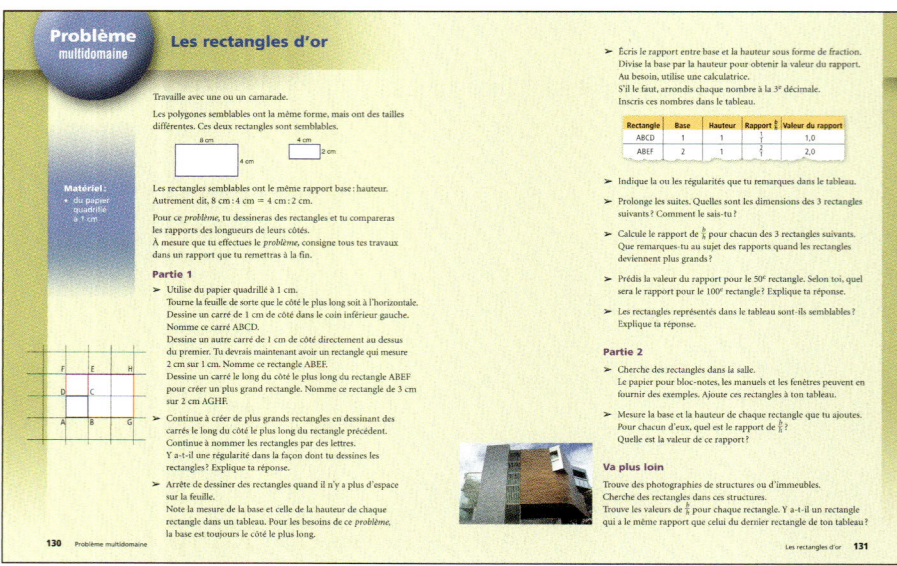

Le **Problème multidomaine** t'invite à explorer d'intéressantes notions de mathématiques.

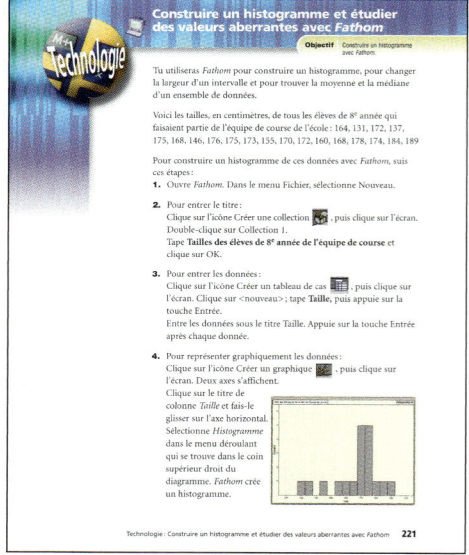

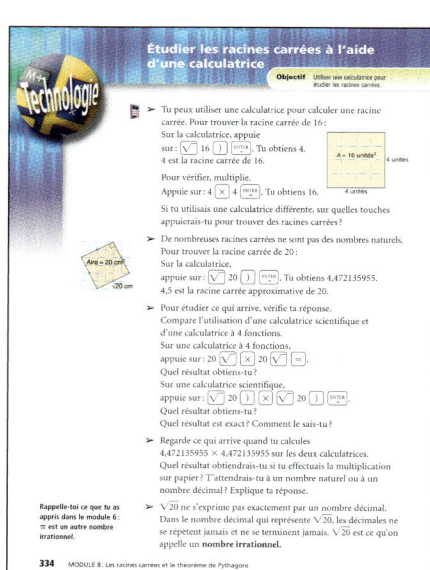

Les icônes te rappellent d'utiliser la **Technologie.** Suis les étapes et apprends à utiliser une calculatrice ou un ordinateur pour résoudre des problèmes.

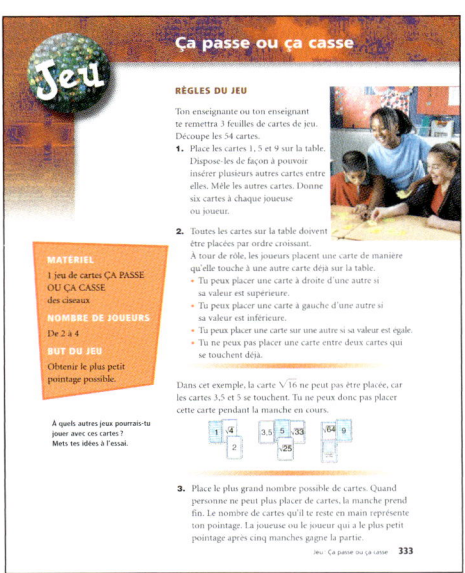

Le monde du travail décrit le rôle des mathématiques dans différents métiers.

En classe ou à la maison, joue à un **Jeu** qui renforcera tes habiletés.

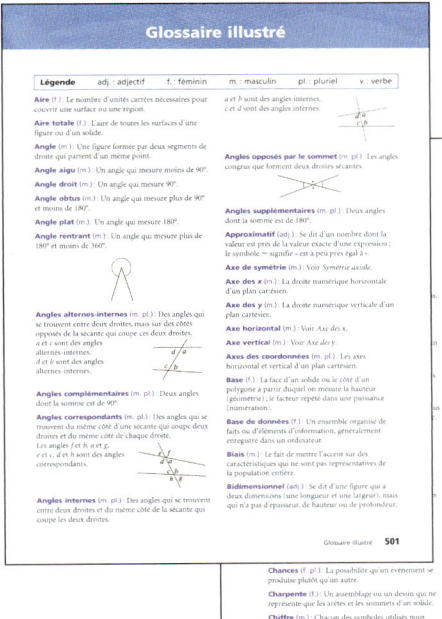

Le **Glossaire illustré** définit les termes importants de mathématiques.

XVII

Problème multidomaine

Les résidus

Matériel :
- une table de multiplication

Travaille avec une ou un camarade.

Additionne les chiffres d'un nombre, puis ceux du résultat au besoin, jusqu'à ce que tu obtiennes un nombre à 1 chiffre. Ce nombre est le **résidu** du nombre de départ.

Par exemple, le résidu de 27 est : $2 + 7 = 9$.
Pour trouver le résidu de 168, additionne les chiffres de ce nombre : $1 + 6 + 8 = 15$.
Puisque le nombre 15 a plus d'un chiffre, additionne ses chiffres : $1 + 5 = 6$.
Comme 6 est un nombre à 1 chiffre, il est le résidu de 168.

Tu peux aussi trouver le résidu d'un produit.
Pour la multiplication 8×4 :
$8 \times 4 = 32$
Additionne les chiffres du produit : $3 + 2 = 5$.
Comme 5 est un nombre à 1 chiffre, il est le résidu de 8×4.

Dans ce **Problème multidomaine,** tu vas explorer les résidus des produits d'une table de multiplication puis montrer les régularités que tu as trouvées. Présente tout ton travail dans un rapport.

Partie 1

➤ Utilise une table de multiplication vierge de 12×12.
 Trouve chaque produit.
 Trouve le résidu de chaque produit.
 Note chaque résidu dans la grille.
 Par exemple, le résidu du produit $4 \times 4 = 16$ est $1 + 6 = 7$.

➤ Décris les régularités que tu remarques dans la table remplie.
 Était-il nécessaire de calculer le résidu de chaque produit ?
 Explique ta réponse.
 As-tu utilisé des régularités pour remplir la table ?
 Explique ta réponse.

➤ Examine chaque colonne de haut en bas. Que représente chaque colonne ?

Partie 2

➤ Trace 12 cercles à l'aide d'un compas.
À l'aide d'un rapporteur, situe 9 points à intervalles égaux sur chaque cercle. Numérote ces points de 1 à 9 dans le sens des aiguilles d'une montre.
Utilise le premier cercle.
Regarde les deux premiers résidus de la première colonne de ta table. Trouve ces nombres sur le cercle. À l'aide d'une règle, relie les points correspondants par un segment de droite.
Relie de cette façon tous les points qui correspondent aux résidus de la première colonne.
Quelle figure as-tu tracée ?

➤ Refais l'activité pour chacune des autres colonnes. Désigne chaque cercle par le nombre qui figure en tête de colonne.

➤ Quels cercles présentent la même figure ?
Quel cercle présente une figure distincte ?
Qu'est-ce que cette figure a de particulier ?
Explique pourquoi certaines colonnes ont la même suite de résidus.

Va plus loin

➤ Fais une étude pour déterminer s'il existe des suites semblables dans le cas :
- des résidus de plus grands nombres à 2 chiffres, tels que 85 à 99 ;
- des résidus de nombres à 3 chiffres, tels que 255 à 269.

Présente tes résultats dans un rapport.

MODULE 1

Les nombres, les variables et les équations

À l'automne, des classes de 8e année planifient un voyage.

Suppose que ta classe planifie d'aller faire du ski au mont Tremblant.

Que dois-tu savoir pour planifier ce voyage ?

Suppose que tu veux calculer le coût total du voyage pour l'ensemble des élèves de 8e année. Quelles suppositions dois-tu faire ? De quoi d'autre dois-tu tenir compte ?

Tes objectifs d'apprentissage

- Expliquer le choix d'une stratégie de résolution de problèmes.
- Écrire des nombres naturels à la forme développée à l'aide de puissances et de la notation scientifique.
- Exprimer des nombres composés comme des produits de facteurs premiers.
- Comprendre la priorité des opérations en regard des parenthèses et des exposants.
- Résoudre des équations à l'aide de balances et de carreaux algébriques.

Pourquoi est-ce important ?

- Les puissances de 10 et la notation scientifique servent à exprimer de très grands nombres, par exemple en astronomie, en géographie et en biologie.
- Les facteurs et les facteurs premiers sont utiles pour résoudre des problèmes et calculer des fractions.

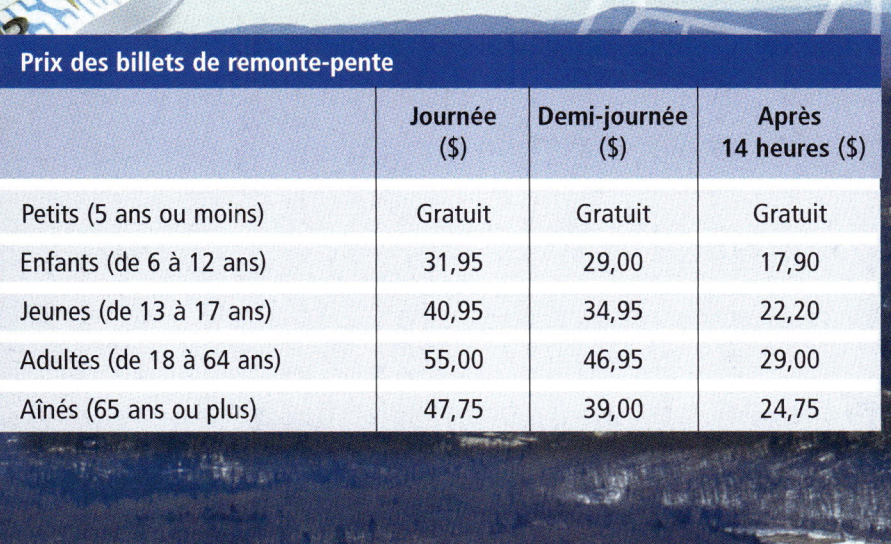

Prix des billets de remonte-pente

	Journée ($)	Demi-journée ($)	Après 14 heures ($)
Petits (5 ans ou moins)	Gratuit	Gratuit	Gratuit
Enfants (de 6 à 12 ans)	31,95	29,00	17,90
Jeunes (de 13 à 17 ans)	40,95	34,95	22,20
Adultes (de 18 à 64 ans)	55,00	46,95	29,00
Aînés (65 ans ou plus)	47,75	39,00	24,75

Location d'équipement (en dollars par jour)

Skis et planches à neige	de 1 à 5 jours ($)	de 6 à 10 jours ($)
Complet	17,99	16,99
Skis ou planche à neige	12,99	10,99
Bottes	7,99	6,99
Bâtons	5,99	4,99

Mots clés

- la forme développée
- la forme symbolique
- la mise en facteurs premiers
- la notation scientifique
- l'opération opposée
- des carreaux unitaires
- une paire nulle
- des carreaux variables

MODULE 1
Utilise tes connaissances

Comprendre les exposants

L'exposant 3 indique le nombre de répétitions du facteur 5.

$5^3 = 5 \times 5 \times 5$ **forme développée**
$ = 125$ **forme symbolique**

5^3 est une puissance de 5.
On dit : 5 exposant 3 ou 5 à la puissance 3 ou 5 au cube.

Exemple 1

Écris 81 comme une puissance, de plus d'une façon.

Réponses

$81 = 9 \times 9$,
donc $81 = 9^2$.
$9 = 3 \times 3$,
donc $81 = 3 \times 3 \times 3 \times 3$, ou 3^4.

✓ Vérifie

1. Écris les nombres à la forme exponentielle.
   a) $4 \times 4 \times 4$ **b)** $2 \times 2 \times 2 \times 2 \times 2 \times 2 \times 2$
   c) 7×7 **d)** $12 \times 12 \times 12 \times 12 \times 12$

2. Écris les nombres à la forme développée et à la forme symbolique.
   a) 5^4 **b)** 11^2 **c)** 2^8 **d)** 12^3

3. Exprime chaque nombre comme une puissance, de plus d'une façon si possible.
   a) 27   **b)** 36   **c)** 64   **d)** 4
   e) 125   **f)** 8   **g)** 343   **h)** 625

Comprendre les puissances de 10

Ce tableau de valeur de position montre quelques puissances de 10 exprimées en lettres et à la forme exponentielle.

Cent millions	Dix millions	Un million	Cent mille	Dix mille	Mille	Cent	Dix
10^8	10^7	10^6	10^5	10^4	10^3	10^2	10^1

Exemple 2

Écris chaque nombre à la forme symbolique et comme une puissance de 10.
- a) cent mille
- b) cent
- c) mille
- d) cent millions

Réponses

Utilise le tableau de valeur de position.
- a) 100 000 ; 10^5
- b) 100 ; 10^2
- c) 1000 ; 10^3
- d) 100 000 000 ; 10^8

4. a) Exprime chaque nombre comme une puissance de 10.
  - I) 10 000
  - II) 10 000 000
  - III) $10 \times 10 \times 10$
  - IV) $10 \times 10 \times 10 \times 10 \times 10 \times 10 \times 10 \times 10$

  b) Quelles régularités remarques-tu en a) ?
  Comment peux-tu utiliser ces régularités pour exprimer un nombre comme une puissance de 10 ?

5. Écris les nombres à la forme symbolique.
  - a) 10^4
  - b) 10^6
  - c) 10^{10}
  - d) 10^{12}

6. Un élève dit que $10^6 - 10^4 = 10^2$.
A-t-il raison ? Explique ta réponse.

7. Effectue les additions.
  - a) $10^2 + 10^3$
  - b) $10^3 + 10^4$
  - c) $10^4 + 10^5$

Utilise tes connaissances

Résoudre des équations

Résoudre une équation, c'est déterminer la valeur de la variable qui rend l'équation vraie.
Tu peux résoudre une équation :
- par essais systématiques ;
- par déduction.

Exemple 3

Résous l'équation par essais systématiques. $3x + 4 = 28$

Réponses

$3x + 4 = 28$

Substitue une valeur à x.

Essaie : $x = 5$	$3(5) + 4 = 15 + 4 = 19$	trop petit
Essaie : $x = 10$	$3(10) + 4 = 30 + 4 = 34$	trop grand, mais proche
Essaie : $x = 8$	$3(8) + 4 = 24 + 4 = 28$	juste

La solution est $x = 8$.

Exemple 4

Résous l'équation par déduction. $100 - 7x = 58$

Réponses

$100 - 7x = 58$

Réfléchis : 100 moins 7 fois un nombre est égal à 58.
Tu sais que : $100 - 42 = 58$; donc, 7 fois un nombre est égal à 42.
Tu sais que : $7 \times 6 = 42$; donc, le nombre est 6.
La solution est $x = 6$.

✓ Vérifie

8. Résous chaque équation.

a) $10x - 9 = 81$ b) $37 + 20x = 117$ c) $88 = 4 + 7x$

d) $9 = 19x - 124$ e) $x + 29 = 46$ f) $x - 85 = 17$

g) $\frac{x}{5} = 9$ h) $\frac{3x}{10} = 6$ i) $\frac{3x}{10} + 3 = 6$

1.1 Les nombres dans les médias

Objectif Expliquer le choix d'une stratégie de résolution de problèmes.

Les nombres servent à décrire des situations, à comparer des quantités, à prendre des décisions et à appuyer des points de vue.

Dans les médias, les nombres indiquent que le Canada offre une bonne qualité de vie.

Comment peux-tu utiliser les données du tableau ci-dessous pour expliquer le rang élevé du Canada quant à la qualité de vie ?

Le Canada se classe encore parmi les cinq meilleurs pays du monde, selon les Nations Unies.

Les statistiques indiquent que la majorité des Canadiens terminent leurs études secondaires.

L'espérance de vie atteint un nouveau sommet de 79,3 ans.

Le taux d'alphabétisation est près de 100 %.

Pays	Revenu annuel estimé ($)	Alphabétisation des adultes (% de la population)	Mortalité infantile (pour 1000 naissances d'enfants vivants)	Nombre de médecins (par 100 000 habitants)	Population estimée (au milieu de 2004)
Bangladesh	2 035	41,1	51	23	141 340 476
Brésil	10 879	86,4	30	206	184 101 109
Canada	36 299	99,9	5	187	32 507 874
Chine	5 435	90,9	31	164	1 298 847 624
Éthiopie	1 008	41,5	114	3	67 851 281
Mexique	12 967	90,5	24	156	104 959 594
Norvège	42 340	99,9	4	367	4 574 560
Nouvelle-Zélande	26 481	99,9	6	219	3 993 817

Explore

Travaille avec une ou un camarade.
Utilise les données du tableau ci-dessus.
Rédige quatre problèmes à l'intention de ta ou de ton camarade.
Essaie d'écrire un problème que tu peux résoudre à l'aide de chacune des méthodes suivantes :

- le calcul mental ;
- le papier et le crayon ;
- l'estimation ;
- la calculatrice.

Explique ton raisonnement

Compare tes solutions avec celles de ta ou de ton camarade.
Dans chaque cas, explique le choix de la méthode.

Découvre

Avec des nombres arrondis, tu peux répondre par une estimation.
Utilise le calcul mental quand les nombres sont faciles à calculer et que la solution comporte un petit nombre d'étapes.
Utilise du papier et un crayon ou une calculatrice pour effectuer des calculs complexes.

Exemple

> En Amérique du Nord, quelqu'un achète un ordinateur neuf toutes les deux secondes.

Combien d'ordinateurs neufs sont achetés
a) en deux minutes ? b) en un mois ?

Réponses

a) Utilise le calcul mental.
Il y a 120 s dans 2 min.
Quelqu'un achète un ordinateur toutes les 2 s ;
donc, en 120 s, 120 ÷ 2 = 60 ordinateurs sont achetés.
60 ordinateurs sont achetés en 2 min.

b) Utilise du papier et un crayon ou une calculatrice.
Suppose un mois de 30 jours.
Il y a 24 h dans 1 jour.
Nombre d'heures dans un mois :   30 × 24 h = 720 h
Nombre de minutes dans un mois :   720 × 60 min = 43 200 min
Nombre de secondes dans un mois :   43 200 × 60 s = 2 592 000 s
Nombre d'ordinateurs achetés au cours d'un mois :
2 592 000 ÷ 2 = 1 296 000
En Amérique du Nord, environ 1 300 000 ordinateurs sont achetés en un mois.
Tu peux écrire : 1,3 million.

Il y a 60 min dans 1 h.
Il y a 60 s dans 1 min.

À ton tour

Évaluer signifie *trouver la réponse.*

1. Évalue les expressions à l'aide du calcul mental. Décris les stratégies que tu as utilisées.
   a) 88 + 56   b) 118 + 296   c) 2958 − 1998   d) 25 × 25 × 4

2. Dans chaque cas, indique si tu utiliseras le calcul mental, du papier et un crayon ou une calculatrice, puis évalue l'expression.
   a) 29 + 41   b) 19 × 21   c) 7872 ÷ 1000   d) 7850 − 6975
   e) 777 + 333   f) 9876 ÷ 3   g) 25 % de 500   h) 80 % de 150

3. Dans chaque cas, indique si tu dois donner une réponse exacte ou une estimation. Explique ta réponse.
   a) Tu veux savoir combien de livres les élèves de 8e année du Canada ont lus cette année.
   b) Tu veux savoir combien vont coûter tes vêtements pour la cérémonie de remise des diplômes de 8e année.
   c) Tu veux savoir quelle somme d'argent tu as amassée au cours du marathon de marche d'une oeuvre de bienfaisance.

4. **Objectif d'évaluation** Ce tableau montre les recettes des cinq premiers films de tous les temps, en 2004, aux États-Unis et dans le monde.

Film	Année	Recettes aux É.-U. (en millions de dollars)	Recettes dans le monde (en millions de dollars)
Titanic	1997	600,8	1835,4
Le seigneur des anneaux — Le retour du roi	2003	377,0	1129,2
Harry Potter à l'école des sorciers	2001	317,6	975,8
La guerre des étoiles — La menace fantôme	1999	431,1	925,5
Le seigneur des anneaux — Les deux tours	2002	341,7	924,7

a) Quelle est la somme des recettes des cinq films dans le monde ?
b) *Titanic* a eu des recettes plus élevées dans le monde que tous les autres films. Combien a-t-il rapporté de plus que chacun des autres films ?
c) Nomme deux films qui ont rapporté ensemble à peu près autant que *Titanic*.
d) Quels films ont rapporté dans le monde plus que le triple de leurs recettes aux États-Unis ?

Mont Everest
8800 m au-dessus
du niveau de
la mer

le niveau de la mer

Fosse des
Mariannes
10 900 m
sous le niveau
de la mer

e) Les recettes sont-elles un critère de classement approprié pour déterminer les cinq plus grands films ? Explique ta réponse.
f) Rédige un problème que tu peux résoudre à partir de ces données. Résous ton problème.

5. Le mont Everest est la montagne la plus élevée du monde. Son sommet se situe à environ 8800 m au-dessus du niveau de la mer. La fosse des Mariannes est l'endroit le plus profond de l'océan. Son point le plus profond se trouve à environ 10 900 m sous le niveau de la mer.
   a) Quelle distance y a-t-il entre le point le plus élevé sur terre et le point le plus profond de l'océan ?
   b) Environ combien d'échelles faudrait-il pour relier les deux points en a) ? Écris tes suppositions. Montre ton travail.

6. Voici des statistiques sur la consommation d'eau.
   • Il faut 100 L d'eau pour remplir une baignoire.
   • Il faut 600 L d'eau pour produire 1 kg de blé.
   • Il faut 2000 L d'eau pour produire 1 kg de riz.
   • Il faut 40 000 L d'eau pour produire 1 kg de boeuf.

   Réponds aux questions suivantes. Pour chaque question, explique la méthode de calcul que tu as utilisée.
   a) Combien d'eau faut-il pour remplir 25 baignoires ?
   b) Combien d'eau faut-il pour produire 3,75 kg de blé ?
   c) Suppose que tu achètes 2,45 kg de boeuf. Quelle quantité d'eau a servi à produire cette quantité de boeuf ?
   d) Indique la quantité de riz, de boeuf et de blé produite avec 29 000 L d'eau.

7. En 2003, Statistique Canada a rapporté que le personnel de l'industrie minière gagnait un salaire plus élevé que le personnel d'autres industries pour des tâches équivalentes.

Secteur	Salaire hebdomadaire ($)
Mines	1176
Forêts	840
Fabrication	832
Construction	817

Rédige un problème à partir de ces données.
Échange ton problème contre celui d'une ou d'un camarade.
Résous le problème de ta ou de ton camarade.

8. Selon une source, une Canadienne ou un Canadien utilise en moyenne de 300 L à 350 L d'eau par jour.
   a) Cette quantité d'eau te semble-t-elle vraisemblable ? Explique ta réponse.
   b) Que représentent 300 L d'eau ? Que peux-tu remplir avec 300 L d'eau ?

9. Lors d'un sondage, les Canadiennes et les Canadiens ont répondu à la question suivante : Quels sports préférez-vous pratiquer ? Voici les cinq sports préférés des personnes de 15 ans et plus, en 1998.

Les pourcentages du tableau sont arrondis au dixième le plus proche.

Sport	Femmes		Hommes	
	Nombre	%	Nombre	%
Golf	476 000	3,9	1 325 000	11,1
Hockey sur glace	65 000	0,5	1 435 000	12,0
Base-ball	386 000	3,1	953 000	8,0
Natation	688 000	5,6	432 000	3,6
Basket-ball	237 000	1,9	550 000	4,6

Calcul mental

Utilise tous les nombres donnés. Effectue des additions et des soustractions.

5, 7, 14, 21, 28, 30, 35, 40

Écris deux expressions égales à 100.

En 1998, il y avait environ 12 323 000 femmes de 15 ans et plus et environ 11 937 000 hommes de 15 ans et plus.
   a) Chez les femmes, quel sport est pratiqué par 3 fois plus de personnes que le basket-ball ?
   b) Chez les hommes, quel sport est pratiqué par environ les $\frac{2}{3}$ du nombre de joueurs de hockey ?
   c) En 2004, il y avait au Canada environ 25 849 000 personnes de 15 ans et plus. À ton avis, combien de personnes ont nommé le basket-ball ? Quelles suppositions as-tu faites ?
   d) Rédige un problème que tu peux résoudre à partir de ces données. Résous ton problème.

Va plus loin

10. Explique comment tu peux additionner les nombres de 1 à 50 rapidement, sans calculatrice.

Réfléchis

Donne un exemple de problème qui demande une réponse exacte.
Donne un exemple de problème qui demande une estimation.
Dans chaque cas, explique pourquoi tu peux donner cette réponse.

1.2 Les facteurs premiers

Objectif Exprimer des nombres composés comme des produits de facteurs premiers.

Au cours des années précédentes, tu as décomposé des nombres en leurs facteurs. Tu vas maintenant approfondir ton étude des facteurs.

Explore

Travaille individuellement.
Utilise une copie de cette grille de facteurs.

4	×	15	×	2	×	9	×	40	×
×	18	×	2	×	2	×	5	×	3
2	×	3	×	24	×	36	×	20	×
×	16	×	10	×	30	×	10	×	12
2	×	60	×	6	×	4	×	2	×
×	11	×	50	×	28	×	5	×	4
2	×	15	×	20	×	3	×	24	×
×	8	×	2	×	5	×	2	×	6
2	×	10	×	3	×	7	×	18	×
×	3	×	5	×	60	×	24	×	5

Encercle les facteurs de 120.
Trouve des ensembles de 2 facteurs, de 3 facteurs et ainsi de suite, jusqu'au plus grand nombre possible de facteurs.
Tu vois un ensemble de facteurs déjà encerclé : 2 × 4 × 15.
Dresse la liste des facteurs que tu trouves.
As-tu trouvé tous les facteurs de 120 ?
Organise tes résultats afin d'expliquer ta réponse.

Explique ton raisonnement

Compare tes résultats avec ceux d'une ou d'un camarade.
Trouve la factorisation de 120 qui contient le plus de facteurs.
Quelle particularité vois-tu dans ces facteurs ?
Utilise des puissances pour exprimer le produit de ces facteurs d'une façon plus simple.

Découvre

Un nombre composé a plus de deux facteurs. Un nombre premier a seulement deux facteurs : lui-même et 1.

Tout nombre, sauf 1, peut être exprimé comme un produit de deux facteurs. Tu peux exprimer le nombre 36 ainsi :
1×36, 2×18, 3×12, 4×9, 6×6.
Tu peux aussi exprimer 36 comme un produit de trois facteurs : par exemple, $2 \times 2 \times 9$, $2 \times 3 \times 6$.
Ou encore comme un produit de quatre facteurs : $2 \times 2 \times 3 \times 3$.
Chacun de ces quatre facteurs est un nombre premier.

Les facteurs premiers de 36 sont 2 et 3.

Nous disons que $2 \times 2 \times 3 \times 3$ est un produit de facteurs premiers, c'est-à-dire une **mise en facteurs premiers** de 36.

Tout nombre composé peut être exprimé comme un produit de facteurs premiers. Ainsi, pour exprimer 144 comme un produit de facteurs premiers, commence par 12×12.

Continue de factoriser 12×12. Arrête quand tous les facteurs sont des nombres premiers.
$$12 \times 12 = (4 \times 3) \times (4 \times 3)$$
$$= (2 \times 2 \times 3) \times (2 \times 2 \times 3)$$
$$= 2 \times 2 \times 2 \times 2 \times 3 \times 3$$

Les facteurs premiers de 144 sont 2 et 3.

Pour écrire la mise en facteurs premiers plus simplement, utilise des puissances : $144 = 2^4 \times 3^2$.

Pour trouver les facteurs premiers, tu peux aussi diviser les nombres par des nombres premiers.

Exemple 1

Effectue la mise en facteurs premiers de 200.

Réponses

Divise 200 par son plus petit facteur premier, soit 2.

2 | 200   Continue de diviser par 2. À un moment donné, le quotient est un nombre impair.

2 | 100

2 | 50

5 | 25   Ni 2 ni 3 ne sont des facteurs de 25.

5 | 5   Divise 25 par le prochain facteur premier, soit 5.

1   Continue la division par des facteurs premiers jusqu'au quotient 1.

Les facteurs premiers de 200 sont 2 et 5.

Tous les diviseurs sont les facteurs premiers de 200.
$200 = 2 \times 2 \times 2 \times 5 \times 5 = 2^3 \times 5^2$

1.2 Les facteurs premiers

Tu peux utiliser les facteurs premiers pour trouver les facteurs communs et les multiples communs.

Exemple 2

a) Trouve tous les facteurs communs de 18 et de 24.
b) Trouve les trois premiers multiples communs de 18 et de 24.

Réponses

a) Écris chaque nombre comme un produit de ses facteurs premiers. Trouve les facteurs communs.

$18 = 2 \times 3 \times 3 \qquad 24 = 2 \times 2 \times 2 \times 3$

les facteurs communs

Les facteurs communs sont 2, 3 et $2 \times 3 = 6$.

Le plus grand facteur commun de 18 et de 24 est 6.

Remarque que 2 et 3 sont des facteurs communs premiers ; 6 est un facteur commun composé.

b) Utilise les facteurs premiers de la partie a).
Le premier multiple commun est le produit de tous les facteurs premiers. Utilise les facteurs communs une seule fois.

les facteurs communs

$18 = 2 \times 3 \times 3 \qquad 24 = 2 \times 2 \times 2 \times 3$

les facteurs restants

Le premier multiple commun s'appelle « plus petit multiple commun ».

Le premier multiple commun est le produit des facteurs communs et des facteurs restants, soit :

$2 \times 3 \times 3 \times 2 \times 2 = 6 \times 12 = 72$

les facteurs communs   les facteurs restants

Le deuxième multiple commun est $72 \times 2 = 144$.
Le troisième multiple commun est $72 \times 3 = 216$.

Le nombre 1 est un facteur de tous les nombres. Il n'est pas nécessaire de l'inclure dans la liste des facteurs communs.

À ton tour

1. Écris chaque produit à la forme symbolique.
   a) $2^2 \times 3^2$ b) $7^2 \times 2^3$ c) $5^2 \times 3^3$ d) $2^2 \times 3^2 \times 5$
   e) $2^7 \times 3$ f) 7×3^4 g) $3^2 \times 7^2$ h) $10^2 \times 7$

2. Énumère les facteurs premiers de chaque nombre.
   a) 21   b) 14   c) 100   d) 125
   e) 19   f) 50   g) 77   h) 96

3. Exprime chaque nombre comme un produit de facteurs premiers. Quand c'est possible, utilise des exposants.
   a) 48   b) 63   c) 400   d) 16
   e) 120   f) 55   g) 36   h) 88

4. Utilise les facteurs premiers des questions 2 et 3. Trouve tous les facteurs communs des nombres de chaque paire.
   a) 55 ; 88   b) 48 ; 120   c) 96 ; 63   d) 125 ; 400

5. Utilise les facteurs premiers des questions 2 et 3. Trouve les trois premiers multiples communs des nombres de chaque paire.
   a) 16 ; 21   b) 36 ; 96   c) 77 ; 88   d) 36 ; 63

6. Un nombre a les facteurs 2, 3 et 5.
   a) Quel est le plus petit nombre qui a ces deux facteurs ?
   b) Trouve deux autres nombres qui ont ces facteurs.

7. Selon une élève, pour trouver le plus petit nombre qui a les facteurs 2, 3, 4 et 5, il suffit de multiplier les facteurs $2 \times 3 \times 4 \times 5$. L'élève a-t-elle raison ? Explique ta réponse.

8. Peux-tu trouver le plus grand nombre qui a les facteurs 11, 23 et 37 ? Explique ta réponse

9. a) Trouve le plus petit nombre qui a les facteurs 14, 27 et 38.
   b) Effectue la mise en facteurs premiers de ce nombre.

10. a) Écris un nombre à 4 chiffres divisible par 5 et par 7. Explique comment tu as fait.
    b) Effectue la mise en facteurs premiers de ce nombre.

Stratégie numérique

Le nombre à 6 chiffres 678 ☐44 est divisible par 3.

Quels chiffres peux-tu écrire à la position des centaines ? Explique ta stratégie.

11. Un nombre a les facteurs 21 et 77.
   a) Quel est le plus petit nombre qui a ces deux facteurs ?
   b) Quels sont les autres facteurs du nombre en a) ?
   Explique ton raisonnement.

12. <mark>Objectif d'évaluation</mark>   La mise en facteurs premiers d'un nombre est $2^2 \times 5^2 \times 7$.
   a) Quel est ce nombre ?
   b) À partir des facteurs premiers, trouve tous les facteurs de ce nombre. Montre ton travail.

13. « Tout carré parfait a un nombre pair de facteurs premiers. »
   a) Es-tu d'accord avec cette affirmation ? Explique ta réponse à l'aide d'au moins trois carrés parfaits.
   b) À partir de facteurs premiers, montre que 3025 est un carré parfait.

14. L'expression $4^2 \times 4^2$ est-elle une mise en facteurs premiers de 256 ? Explique ta réponse.

Va plus loin

15. Peux-tu trouver un nombre inférieur à 150 et divisible par quatre nombres premiers ? Explique ta réponse.

16. Le jour de la remise des diplômes, 100 élèves de 8e année attendent à la porte de l'école.
Dans l'école, les élèves ont défilé devant leurs casiers.
Le premier élève a ouvert toutes les portes des casiers.
La deuxième élève a refermé une porte sur deux.
La troisième élève a changé la position d'une porte sur trois ; si la porte était ouverte, elle l'a fermée ; si elle était fermée, elle l'a ouverte.
Le quatrième élève a changé la position d'une porte sur quatre, et ainsi de suite.
Quelles portes étaient ouvertes après le passage des 100 élèves ?
Explique ton raisonnement.

Réfléchis

Quand la factorisation d'un nombre est-elle une mise en facteurs *premiers* ? Donne des exemples.

1.3 La forme développée et la notation scientifique

Objectif Écrire des nombres naturels à la forme développée et en notation scientifique.

À la mi-juillet 2004, la population canadienne était d'environ 31 964 434.
Tu peux écrire ce nombre de différentes façons.

À la forme développée :
31 964 434 = 30 000 000 + 1 000 000 + 900 000 + 60 000 + 4000 + 400 + 30 + 4
Tu peux insérer des puissances de 10 dans cette forme développée.
Écris d'abord chaque nombre comme le produit d'un nombre naturel et d'une puissance de 10 :
31 964 434 = (3 × 10 000 000) + (1 × 1 000 000) + (9 × 100 000) +
(6 × 10 000) + (4 × 1000) + (4 × 100) + (3 × 10) + 4
Écris ensuite chaque puissance de 10 à la forme exponentielle :
31 964 434 = $3 \times 10^7 + 1 \times 10^6 + 9 \times 10^5 + 6 \times 10^4 + 4 \times 10^3 + 4 \times 10^2 + 3 \times 10^1 + 4$

Explore

Travaille avec une ou un camarade.
Tu peux utiliser une calculatrice.
Voici quelques manchettes au sujet d'Internet en 2004.

Le commerce électronique dépassera les 300 000 000 000 $, selon les experts.

1 000 000 000 de personnes seront branchées en 2005.

En 2000, les adolescents canadiens ont navigué 197 heures en moyenne.

Au Canada, il y a 15 035 écoles branchées.

Pour chaque manchette :
• Écris chaque nombre à la forme développée avec des puissances de 10.
• Écris chaque nombre comme un produit de deux facteurs.
Un des facteurs est une puissance de 10.

Explique ton raisonnement

Compare tes résultats avec ceux des élèves d'une autre équipe.
Décris tes façons d'écrire les facteurs de chaque produit.
Combien de façons as-tu trouvées pour chaque nombre ?
Chacune des expressions était-elle juste ? Comment peux-tu le vérifier ?

Découvre

Dans la **leçon 1.1**, tu as vu que les recettes du film *Titanic* aux États-Unis s'élevaient à 600 800 000 $. La notation scientifique est une façon d'écrire les grands nombres comme celui-là.

La **notation scientifique** exprime un nombre comme un produit de deux facteurs :
- Un facteur est un nombre supérieur ou égal à 1 et inférieur à 10.
- L'autre facteur est une puissance de 10.

Par exemple,

$$41 = 4,1 \times 10^1$$
$$410 = 4,10 \times 10^2$$
$$4105 = 4,105 \times 10^3$$
$$41\ 057 = 4,1057 \times 10^4$$
$$410\ 578 = 4,105\ 78 \times 10^5$$

Voici des nombres écrits en notation scientifique.

Le nombre de chiffres du nombre à la forme symbolique est égal à 1 de plus que l'exposant de la notation scientifique.

Pour écrire le nombre à la forme symbolique, déplace la virgule décimale d'un nombre de positions égal à l'exposant de la base 10.
$4,105\ 78 \times 10^5 = 4\ 105\ 78.$

5 positions

Exemple

Un baril de pétrole contient 159 L.

Norman Wells, dans les Territoires du Nord-Ouest, est le quatrième champ pétrolifère du Canada pour la quantité produite. Son gisement pourrait contenir 140 millions de barils de pétrole. Écris ce nombre en notation scientifique.

Réponses

Écris 140 millions en chiffres : 140 000 000.
Pour former le facteur supérieur ou égal à 1 et inférieur à 10, insère une virgule décimale après le premier chiffre :
1,40 000 000, qui devient 1,4 ← Supprime les zéros qui indiquent la valeur de position à droite du nombre.

Il y a 9 chiffres dans 140 000 000.
L'exposant de la puissance de 10 est égal à 9 moins 1, soit 8.
$140\ 000\ 000 = 1,4 \times 10^8$

L'**Exemple** précédent montre que la notation scientifique facilite la lecture des grands nombres.
Les calculatrices affichent la notation scientifique de plusieurs façons.
Saisis l'opération 1230000 × 1230000 ENTER pour voir comment ta calculatrice affiche $1,5129 \times 10^{12}$.

À ton tour

1. Écris chaque nombre à la forme développée avec des puissances de 10. Comment peux-tu vérifier ta réponse ?
   a) 834 000
   b) 98 977 183
   c) 7 000 010
   d) 23 232

2. Quel nombre est le plus grand ? Explique ta réponse.
   a) $4 \times 10^3 + 6 \times 10^2 + 6 \times 10^1 + 7$ ou   4327
   b) $2 \times 10^4 + 4 \times 10^3 + 2 \times 10^2 + 4 \times 10^1$ ou   2432
   c) $7 \times 10^7 + 7 \times 10^3$ ou   777 777

3. Pour chaque puissance de 10, écris l'exposant qui rend l'énoncé vrai. Comment le sais-tu ?
   a) $7000 = 7 \times 10^?$
   b) $400\,000 = 4 \times 10^?$
   c) $2\,890\,000 = 2,89 \times 10^?$
   d) $20\,000 = 2 \times 10^?$
   e) $704 = 7,04 \times 10^?$
   f) $71 = 7,1 \times 10^?$

4. Écris chaque nombre en notation scientifique. Vérifie ta réponse à l'aide d'une calculatrice.
   a) 1 532 000
   b) 31 000
   c) 4 600 000 000
   d) 150
   e) 6 000 100
   f) 147 032

5. Écris les nombres de chaque ensemble en ordre croissant.
   a) $1,6 \times 10^3$; 1616 ; $6,1 \times 10^2$; 616
   b) $2,453 \times 10^6$; 248 555 ; $2,4531 \times 10^6$; 2 453 101

6. Examine un nombre exprimé en notation scientifique.
   Pourquoi l'exposant de la puissance de 10 a-t-il 1 unité de moins que le nombre de chiffres du nombre ?
   Explique ta réponse à l'aide d'un tableau de valeur de position ou d'un autre outil.

Spécialiste de la calculatrice

Quelle est la plus grande puissance de base 4 qui a une valeur inférieure à 1000 ?

Quelle est la plus grande puissance d'exposant 4 qui a une valeur inférieure à 1000 ?

7. La Terre mesure 12 756 km de diamètre.
Le diamètre d'Uranus est environ quatre fois celui de la Terre.
Écris le diamètre approximatif d'Uranus en notation scientifique.
Explique ta réponse.

8. Voici quelques données au sujet du système nerveux central.
Remplis le tableau.

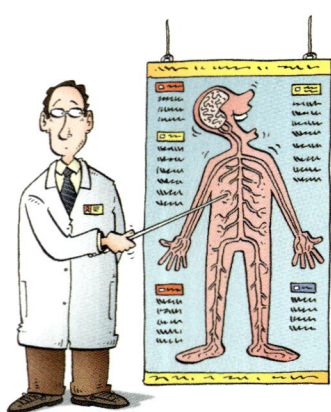

		Forme symbolique	Notation scientifique
a)	Nombre de neurones dans le système nerveux central		1×10^{11}
b)	Éléments d'information que le cerveau peut enregistrer par jour	8 600 000	
c)	Nombre approximatif de cellules nerveuses dans l'organisme		3×10^{10}
d)	Nombre moyen de terminaisons nerveuses par centimètre carré d'une main humaine	208	

9. **Objectif d'évaluation**

a) Le nombre $12{,}756 \times 10^3$ est-il exprimé en notation scientifique?
Si tu réponds oui, explique ta réponse.
Si tu réponds non, écris le nombre en notation scientifique.

b) Pourquoi utilise-t-on la notation scientifique?

La moyenne d'un ensemble de cinq nombres est égale à la somme des nombres divisée par 5.

10. La moyenne d'un ensemble de cinq nombres est $7{,}5 \times 10^4$.
Voici quatre nombres de cet ensemble:
50 000 ; 100 000 ; 75 000 ; 80 000.
Quel est le 5e nombre? Comment le sais-tu?

11. Chaque couleur de la lumière a sa propre fréquence.
La lumière rouge a une fréquence de $4{,}3 \times 10^{14}$ Hz.
La lumière violette a une fréquence de $7{,}5 \times 10^{14}$ Hz.

a) Quelle fréquence est la plus grande? De combien?

b) Les nombres exprimés en notation scientifique sont-ils plus faciles à comparer que les nombres exprimés à la forme symbolique? Explique ta réponse.

Une fréquence de 1 Hz (un hertz) correspond à 1 cycle par seconde.

12. Le tableau suivant énumère les provinces et les territoires du Canada. Dans chaque cas, il indique la date d'entrée dans la Confédération et la population approximative (en 2004).

	Date d'entrée	Population
Nouveau-Brunswick	1867	751 400
Nouvelle-Écosse	1867	937 000
Ontario	1867	12 392 700
Québec	1867	7 542 800
Manitoba	1870	1 170 300
Territoires du Nord-Ouest	1870	42 800
Colombie-Britannique	1871	4 196 400
Île-du-Prince-Édouard	1873	137 900
Yukon	1898	31 200
Alberta	1905	3 201 900
Saskatchewan	1905	995 400
Terre-Neuve-et-Labrador	1949	517 000
Nunavut	1999	29 600

Paul Okalik, le premier ministre du Nunavut, en 1999.

a) Écris chaque population en notation scientifique.
b) Écris la somme des populations des quatre premières provinces en notation scientifique.
c) Nomme trois provinces ou territoires qui ont ensemble une population égale à la population de la Nouvelle-Écosse.
d) En b) et en c), est-il plus facile d'additionner les nombres à la forme symbolique ou en notation scientifique? Explique ta réponse.

Va plus loin

13. Environ combien de battements ton coeur a-t-il faits durant ta vie? Écris ta réponse de toutes les façons possibles. Explique comment tu as résolu le problème.

14. Utilise seulement la multiplication ou la division. Exprime 0,004 32 avec un nombre entre 1 et 10 et une puissance de 10.

Réfléchis

Comment sais-tu si un nombre est exprimé en notation scientifique? Donne des exemples.

Révision de mi-module

LEÇONS

1.1 **1.** Voici la liste des 10 meilleurs compteurs de tous les temps dans la LNH.

Joueur	Buts	Aides	Points
Gretzky	894	1963	2857
Messier	694	1193	1887
Howe	801	1049	1850
Francis	549	1249	1798
Dionne	731	1040	1771
Yzerman	678	1043	1721
Lemieux	683	1018	1701
Esposito	717	873	1590
Bourque	410	1169	1579
Coffey	396	1135	1531

a) Estime la somme des buts marqués par les 10 meilleurs joueurs. Explique ce que tu as fait.
b) Quels joueurs ont environ deux fois plus d'aides que de buts ? Explique ta réponse.
c) Rédige un problème à partir de ces données. Résous ton problème et explique ta démarche.

1.2 **2.** Écris chaque nombre comme un produit de facteurs premiers. Quand c'est possible, utilise des exposants.
a) 444   b) 162   c) 102   d) 1225

3. Trouve les deux premiers multiples communs des nombres de chaque paire.
a) 15 ; 27   b) 16 ; 28
c) 18 ; 32   d) 20 ; 36

4. Trouve les facteurs communs des nombres de chaque paire.
a) 100 ; 120   b) 56 ; 80
c) 72 ; 27   d) 48 ; 92

5. a) Pourquoi 2^3 représente-t-il la mise en facteurs premiers d'un nombre ?
b) Pourquoi 4^3 ne le fait-il pas ?

6. Écris chaque nombre à la forme symbolique. Place ensuite les nombres par ordre croissant.
$2^4 \times 5^2$; $5^2 \times 11$; $3^2 \times 7 \times 11$; $2^5 \times 7 \times 13^2$

7. a) Est-ce que trois nombres naturels consécutifs peuvent être des facteurs premiers ? Explique ta réponse.
b) Est-ce que deux nombres naturels consécutifs peuvent être des facteurs premiers ? Explique ta réponse.

1.3 **8.** Écris chaque nombre à la forme développée en utilisant des puissances de 10.
a) 806 087 137   b) 20 020 220

9. Écris chaque nombre en notation scientifique.
a) 5 600 000   b) 773 291
c) 9 200 000 000   d) 62

10. Quels nombres sont exprimés en notation scientifique ? Comment le sais-tu ?
a) $66,8 \times 10^5$ b) $4,163 \times 10^4$
c) 73×10^7 d) 2×10^8

MODULE 1 : Les nombres, les variables et les équations

1.4 La priorité des opérations

Objectif Comprendre la priorité des opérations en regard des parenthèses et des exposants.

Explore

Travaille individuellement.

Deux élèves ont évalué l'expression suivante : $(3 + 5,4) + 5,2 \times 10^2$.

Voici le travail de Jade :
$(3 + 5,4) + 5,2 \times 10^2$
$= 8,4 + 5,2 \times 10^2$
$= 13,6 \times 10^2$
$= 13,6 \times 100$
$= 1360$

Voici le travail de Teresa :
$(3 + 5,4) + 5,2 \times 10^2$
$= 8,4 + 5,2 \times 10^2$
$= 8,4 + 52^2$
$= 8,4 + 2704$
$= 2712,4$

Quelle élève a raison ?
Est-ce que les deux réponses sont incorrectes ?
Si oui, décris l'erreur ou les erreurs de chaque élève.
Comment évaluerais-tu l'expression ?
Montre ton travail

Explique ton raisonnement

Compare ta réponse avec celle d'une ou d'un camarade.
Qui a raison : Jade, Teresa, ta ou ton camarade ou toi ?
Comment le sais-tu ?

Découvre

En mathématiques, la priorité des opérations sert à s'assurer que tout le monde obtient la même réponse dans l'évaluation d'une expression. Voici la priorité des opérations :
- effectue d'abord les opérations à l'intérieur des parenthèses ;
- relève les nombres qui ont des exposants ;
- multiplie et divise dans l'ordre, de gauche à droite ;
- additionne et soustrais dans l'ordre, de gauche à droite.

En suivant ces étapes, tout le monde obtient la même réponse.

Exemple 1

Évalue l'expression.
$15,5^2 - 2,4 \times (3,1 + 4,7)^2$

Réponses

Utilise une calculatrice.
Effectue l'opération entre parenthèses en premier.

$15,5^2 - 2,4 \times (3,1 + 4,7)^2$
$= 15,5^2 - 2,4 \times (7,8)^2$ Simplifie les exposants.
$= 240,25 - 2,4 \times 60,84$ Effectue la multiplication.
$= 240,25 - 146,016$ Effectue la soustraction.
$= 94,234$

Si tu utilises une calculatrice scientifique, tu peux saisir directement l'expression de l'**Exemple 1.**
Pour évaluer $15,5^2 - 2,4 \times (3,1 + 4,7)^2$, saisis :

15,5 [x^2] [−] 2,4 [×] [(] 3,1 [+] 4,7 [)] [x^2] [ENTER =]

La calculatrice affiche 94,234.

La priorité des opérations s'applique aussi à l'évaluation des expressions algébriques.

Exemple 2

La puissance, en watts, qu'une pile de 9 V fournit à un circuit est représentée par l'expression $9c - 0,5c^2$, où c est le courant en ampères. Trouve la puissance fournie quand le courant est de 8 ampères.

Réponses

Substitue 8 à c.
$9c - 0,5c^2 = 9(8) - 0,5(8)^2$
Calcule d'abord la puissance.
$9(8) - 0,5(8)^2 = 9 \times 8 - 0,5 \times 64$ Effectue ensuite les multiplications.
$ = 72 - 32$
$ = 40$

Quand le courant est de 8 ampères, la puissance est de 40 watts.

MODULE 1 : Les nombres, les variables et les équations

À ton tour

1. Évalue les expressions.
   a) $7 \times 12 - 48$
   b) $15 + 3 + 12 - 6$
   c) $(5 + 6) \times 11$
   d) $(34 + 46) - 5 \times 11$
   e) $89 - (76 + 13)$
   f) $144 \div (36 \times 2)$

2. Évalue les expressions.
   a) $3,2 \times 10^4$
   b) $66,15 \div 10,5^2$
   c) $18,3 - (7,2 - 3,5)^2$
   d) $(22,3 + 1,1)^2 - (22,3 - 1,1)^2$
   e) $10,8 + 6,3^2 - 1,2 \times 2,1$
   f) $20,8 \div 1,3 \times (14,8 + 17,2)$

3. Clodine a acheté 3 DVD de 24,99 $ chacun et 2 CD de 14,99 $ chacun. Écris une expression qui représente le coût avant taxes.

4. Une personne a 40 mètres de clôture pour entourer un enclos. Si l'enclos mesure L mètres de longueur, son aire, en mètres carrés, est de $20L - L^2$. Quelle est l'aire de l'enclos pour chaque valeur de L?

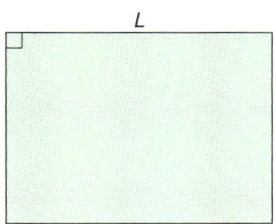

   a) 4 m
   b) 10 m
   c) 13 m

5. Au tremplin de 3 m, la hauteur d'une plongeuse par rapport à l'eau dépend du temps écoulé depuis qu'elle a quitté le tremplin. Quand ce temps est de t secondes, la hauteur de la plongeuse au-dessus de l'eau, en mètres, est représentée par $3 + 8,8t - 4,9t^2$. Détermine la hauteur de la plongeuse à chaque temps.
   a) 0,5 s
   b) 1 s
   c) 1,5 s

6. Transcris chaque énoncé. Ajoute des parenthèses pour rendre l'énoncé vrai.
   a) $10 + 2 \times 3^2 - 2 = 106$
   b) $10 + 2 \times 3^2 - 2 = 24$
   c) $10 + 2 \times 3^2 - 2 = 84$
   d) $10 + 2 \times 3^2 - 2 = 254$

7. Transcris chaque énoncé. Ajoute des parenthèses pour rendre l'énoncé vrai.
   a) $20 \div 2 + 2 \times 2^2 + 6 = 26$
   b) $20 \div 2 + 2 \times 2^2 + 6 = 30$
   c) $20 \div 2 + 2 \times 2^2 + 6 = 8$
   d) $20 \div 2 + 2 \times 2^2 + 6 = 120$

Spécialiste de la calculatrice

Écris les nombres décimaux ci-dessous. Remplace chaque point-virgule par $\times$ ou $\div$ pour former une expression égale à 1.

0,4 ; 0,5 ; 0,2 ; 0,25 ; 0,4 ; 0,1

8. Évalue chaque expression. Écris ensuite les expressions en ordre décroissant.
   a) 7^2 ; 2^7 ; 4^5 ; 5^4
   b) 3^2 ; 2^3 ; $(3-2)^2$; $(3+2)^2$
   c) $(7,5+1)^2$; $(10,5-1)^2$; $61,5+2^2$; $103,5-1^2$
   d) $(2,2+8)^2$; $(8-2,2)^2$; $8+2^2$; $8-2,2^2$

9. Sandra veut s'abonner à un centre de conditionnement physique. Son abonnement lui coûtera, en dollars :
$100 + 39,99m$,
où 100 représente les frais d'adhésion, en dollars,
39,99 représente les frais mensuels, en dollars, et
m représente la durée du contrat, en mois.
Combien coûte un abonnement de 24 mois ?

10. **Objectif d'évaluation** Utilise les nombres 2, 4, 6, 8 avec les opérations de ton choix et des parenthèses pour former une expression égale à chaque nombre. Montre ton travail.
    a) 24   b) 40   c) 60   d) 80

11. Utilise quatre fois le chiffre 4, les opérations de ton choix et des parenthèses pour exprimer chacun des nombres de 1 à 10.

12. Une élève dit : « La somme des carrés de deux nombres est égale au carré de la somme des nombres. »
Es-tu d'accord avec cette affirmation ? Explique ta réponse.

Va plus loin

13. Écris ta date de naissance comme ceci : jour/mois/année.
Utilise les chiffres dans le même ordre pour écrire une expression d'égalité. Par exemple, si ta date de naissance est le 15 avril 1990, écris 15/04/90, puis utilise les nombres 1 5 0 4 9 0 :
$1 \times (5 \times 0) = (4 + 9) \times 0$

14. Utilise chaque chiffre de 1 à 9 une fois et les opérations de ton choix pour écrire une expression égale à 144.

Réfléchis

Pourquoi faut-il respecter la priorité des opérations ?
Donne des exemples.

1.5 Résoudre des équations à l'aide d'un modèle

Objectif Résoudre des équations à l'aide d'un modèle et d'opérations opposées.

Parfois, les essais systématiques et l'inspection ne permettent pas de résoudre une équation. Nous avons besoin d'autres méthodes.

Le point d'équilibre de la balance s'appelle le « point mort ».

Quand les plateaux d'une balance sont en équilibre, la masse dans un plateau est égale à la masse dans l'autre plateau.

Tu peux décrire les masses en grammes au moyen d'une expression d'égalité.
$20 = 10 + 5 + 5$

Explore

Travaille avec une ou un camarade.
Si possible, utilise une balance à plateaux. Sinon, dessine des schémas.
Voici deux balances.

Il y a des masses connues.
Il y a des masses inconnues.

Balance A   **Balance B**

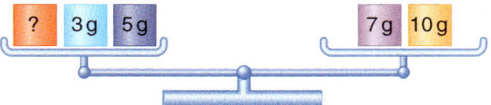 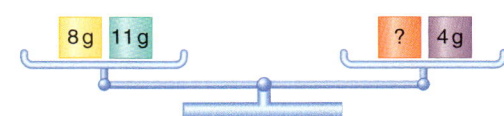

➤ Les balances sont en équilibre.
   Pour chaque balance :
   - écris une expression d'égalité qui représente les masses ;
   - détermine la masse inconnue.

➤ Rédige un problème de balance à plateaux.
   Assure-toi que ta balance est en équilibre et qu'une masse est inconnue.
   - Résous ton problème

Explique ton raisonnement

Échange ton problème contre celui d'une ou d'un camarade.
Compare tes stratégies avec celles de ta ou de ton camarade.

Découvre

➤ Voici un autre problème de balance.
La masse A est inconnue.

Tu peux enlever une masse identique de chaque plateau. Tu peux aussi ajouter une masse identique à chaque plateau. La balance restera en équilibre.
Tu dois déterminer la masse A.
Si tu enlèves 7 g du plateau de gauche, il reste seulement la masse A. Pour enlever 7 g du plateau de droite, remplace la masse de 10 g par deux masses de 3 g et 7 g; puis enlève 7 g.

La masse A dans le plateau de gauche et les 18 g du plateau de droite équilibrent la balance. Donc, la masse A est égale à 18 g.

Tu peux représenter ce problème par une équation, puis résoudre l'équation.
Soit x grammes, la masse inconnue.
Alors : $x + 7 \quad = \quad 10 + 15$
    ↑   ↑   ↑
Le plateau de gauche égale le plateau de droite.
$\qquad x + 7 \qquad = \qquad 25$
Soustrais 7 de chaque membre de l'équation.
$x + 7 - 7 = 25 - 7$
$\qquad\quad x = 18$

Une **opération inverse** a permis de résoudre l'équation $x + 7 = 10 + 15$.
En d'autres termes, pour isoler x, nous avons *soustrait* 7 de $+ 7$ afin d'obtenir $+ 7 - 7 = 0$ dans le membre de gauche.

Il y a deux façons de vérifier la solution.

- Remplacer la masse A par 18 g.
  Tu obtiens, dans le plateau de gauche : 18 g + 7 g = 25 g
  et dans le plateau de droite : 10 g + 15 g = 25 g
  Les masses sont égales, donc la solution est exacte.

- Substituer 18 à x dans l'équation $x + 7 = 10 + 15$.
  Membre de gauche : $x + 7 = 18 + 7$ Membre de droite : $= 10 + 15$
  $ = 25$ $ = 25$
  Le membre de gauche de l'équation est égal au membre de droite, donc la solution est exacte.

Exemple

Résous chaque équation. Vérifie ta solution.

a) $10 + x = 5 + 8$ **b)** $x - 6 = 10 - 3$

Réponses

a) $10 + x = 5 + 8$
Effectue l'addition du membre de droite.
$10 + x = 13$
Soustrais 10 de chaque membre de l'équation afin d'isoler x.
$10 + x - 10 = 13 - 10$
$x = 3$
Pour vérifier si $x = 3$ est juste, substitue 3 à x dans $10 + x = 5 + 8$.
Membre de gauche $= 10 + x$ Membre de droite $= 5 + 8$
$ = 10 + 3$ $ = 13$
$ = 13$
Le membre de gauche est égal au membre de droite, donc $x = 3$ est juste.

b) $x - 6 = 10 - 3$
Effectue la soustraction du membre de droite.
$x - 6 = 7$
Additionne 6 à chaque membre de l'équation afin d'isoler x.
$x - 6 + 6 = 7 + 6$
$x = 13$
Pour vérifier si $x = 13$ est juste, substitue 13 à x dans $x - 6 = 10 - 3$.
Membre de gauche $= x - 6$ Membre de droite $= 10 - 3$
$ = 13 - 6$ $ = 7$
$ = 7$
Le membre de gauche est égal au membre de droite, donc $x = 13$ est juste.

À ton tour

1. Évalue la masse inconnue de chaque balance à plateaux.

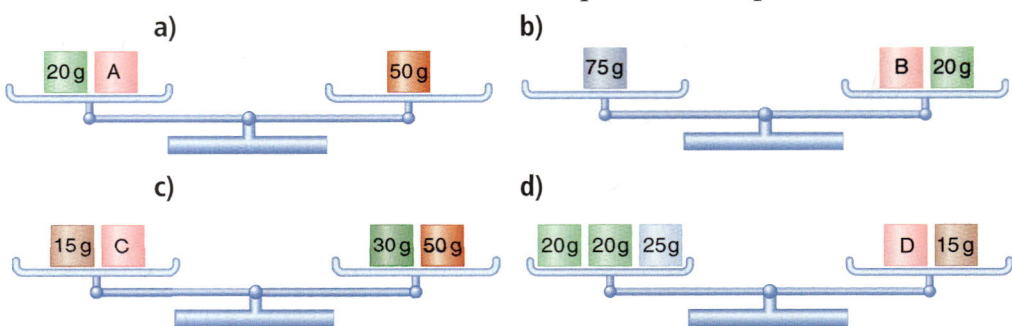

2. Résous chaque équation.
   a) $x + 3 = 5$ b) $x + 5 = 10$ c) $x + 10 = 17$
   d) $x - 3 = 5$ e) $x - 5 = 10$ f) $x - 10 = 17$

3. Résous chaque équation. Vérifie ta solution.
   a) $3 + x = 5 + 9$ b) $x - 3 = 11 - 8$
   c) $4 + 7 = x - 8$ d) $21 - 13 = 7 + x$

4. Cinq de plus qu'un nombre donne 24.
   Soit x, le nombre.
   Tu obtiens l'équation $5 + x = 24$.
   Résous l'équation. Quel est le nombre ?

Stratégie numérique

Trouve un nombre carré égal à la somme de deux nombres carrés à 2 chiffres.

Combien de nombres peux-tu trouver ?

5. **Objectif d'évaluation**   Les masses dans les plateaux d'une balance sont des multiples de 5 g.
   a) Dessine une balance à plateaux qui représente l'équation $x + 35 = 60$.
      Combien de balances pourrais-tu dessiner ?
   b) Résous l'équation et vérifie ta solution. Montre ton travail.

Va plus loin

6. a) Dessine une balance à plateaux qui représente l'équation $5x + 10 = 105$.
   b) Résous l'équation. Vérifie ta solution.

Réfléchis

Écris une équation, puis résous-la à l'aide d'une balance à plateaux.
Écris une équation que tu ne peux pas résoudre à l'aide d'une balance à plateaux. Résous l'équation au moyen de l'algèbre.

L'encodage et le décryptage

Pour garder une information secrète, il est possible de la crypter, c'est-à-dire de la brouiller ou de la transformer pour la rendre incompréhensible. Toutefois, il ne faut pas procéder au hasard. Des personnes doivent pouvoir décrypter le message à l'aide d'un code.

Pendant la Seconde Guerre mondiale, l'armée faisait de l'analyse cryptographique à Bletchley Park, en Angleterre. Des milliers d'hommes et de femmes, y compris des universitaires spécialistes des mathématiques, ont travaillé nuit et jour à percer les codes secrets des Allemands. Leur bon travail a joué un grand rôle dans la victoire des Alliés. Pour faciliter leur travail, les équipes de Bletchley Park ont inventé de nombreuses machines, entre autres l'Enigma et le premier ordinateur électronique, appelé Colossus.

Le Colossus à Bletchley Park dans les années 1940.

En 1977, trois scientifiques (Rivest, Shamir et Adleman) ont crypté un message à l'aide d'un nouveau système appelé RSA-129. Ils ont mis le monde au défi de déchiffrer ce message. Pour crypter un message, le RSA-129 utilise un nombre à 129 chiffres généré par ordinateur. Ce nombre est le produit de deux très grands nombres premiers (formés de 50 à 100 chiffres). Pour décrypter le message, il faut connaître les deux nombres premiers.

En 1994, l'informaticien et spécialiste de l'analyse factorielle Arjen Lenstra a dirigé un groupe de 600 internautes volontaires pour tenter de décrypter le message. Le décryptage a requis huit mois et plus de 15×10^{16} calculs !

1.6 Résoudre des équations à l'aide de carreaux algébriques

Objectif Utiliser des carreaux algébriques et des opérations opposées pour résoudre des équations.

Rappelle-toi les carreaux de couleur que tu as utilisés pour faire des opérations sur les nombres entiers.

Ce carreau représente +1, ou 1.   Ce carreau représente −1.

Ce sont des **carreaux unitaires.**

Ensemble, un carreau unitaire rouge et un carreau unitaire jaune représentent 0.   Ces deux carreaux unitaires forment une **paire nulle.**

Il y a aussi des carreaux qui représentent des variables.
Ce carreau représente x.

C'est un carreau x ou un **carreau variable.**
Les carreaux unitaires et les carreaux variables forment l'ensemble des carreaux algébriques.

Explore

Travaille avec une ou un camarade.
Tu as besoin de carreaux algébriques.
➤ Représente l'équation suivante à l'aide de carreaux algébriques :
$x + 5 = 9$
Sers-toi des carreaux pour résoudre l'équation.
Dessine les carreaux que tu utilises.
➤ Reprends la démarche pour l'équation $x - 5 = 9$.
➤ Écris une équation que tu peux résoudre à l'aide de carreaux algébriques.
Résous ton équation.

Explique ton raisonnement

Présente tes stratégies pour résoudre des équations à l'aide de carreaux algébriques à des camarades.
Écris les solutions algébriques de tes équations.
Comment as-tu utilisé les paires nulles dans tes solutions ?

Découvre

Approfondissons l'idée d'une balance en équilibre pour représenter une équation à l'aide de carreaux algébriques.

Une ligne verticale tracée au centre d'une page représente le point d'équilibre des plateaux et le symbole d'égalité de l'équation.

Dispose les carreaux de chaque côté de la ligne pour représenter une équation.
Si tu effectues une opération sur un membre de l'équation, tu dois aussi l'effectuer sur l'autre membre.
Pour résoudre l'équation $x - 3 = 10$:

À gauche, mets des carreaux algébriques pour représenter $x - 3$.

À droite, mets des carreaux algébriques pour représenter 10.

Pour isoler le carreau variable, ajoute 3 carreaux unitaires jaunes afin de former des paires nulles.

Ajoute 3 carreaux unitaires jaunes ici.

Les carreaux ci-dessus représentent la solution $x = 13$.

Voici la solution algébrique.

Rappelle-toi : $-3 + 3 = 0$

$$x - 3 = 10$$
$$x - 3 + 3 = 10 + 3$$
$$x = 13$$

Utilise l'opération inverse.
Additionne 3 aux deux membres de l'équation pour isoler x.

Tu peux résoudre une équation à l'aide de carreaux algébriques quand le terme en x représente une variable supérieure à $1x$.

Exemple 1

a) Résous l'équation $2x + 1 = 9$ à l'aide de carreaux algébriques.
b) Résous l'équation en a) au moyen de l'algèbre.
c) Vérifie ta solution.

Réponses

a) $2x + 1 = 9$

  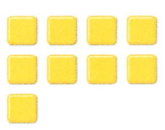

Ajoute 1 carreau rouge de chaque côté.
Enlève les paires nulles.

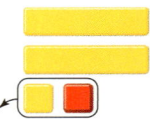  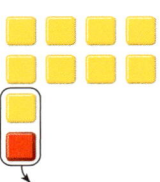

Dispose les carreaux pour former 2 groupes égaux de chaque côté.

Compare les groupes.
Un carreau variable est égal à 4 carreaux unitaires.
Donc, $x = 4$.

b) $2x + 1 = 9$ — Soustrais 1 de chaque membre de l'équation.
$2x + 1 - 1 = 9 - 1$
$2x = 8$
$\frac{2x}{2} = \frac{8}{2}$ — Divise chaque membre de l'équation par 2.
$x = 4$

c) Pour vérifier la solution, substitue 4 à x dans $2x + 1 = 9$.

Membre de gauche $= 2x + 1$ Membre de droite $= 9$
$= 2(4) + 1$
$= 8 + 1$
$= 9$

Le membre de gauche est égal au membre de droite, donc $x = 4$ est juste.

Exemple 2

a) Résous l'équation $2 = 3x - 4$ à l'aide de carreaux algébriques.
b) Résous l'équation en a) au moyen de l'algèbre.
c) Vérifie ta solution.

Réponses

a) $2 = 3x - 4$

 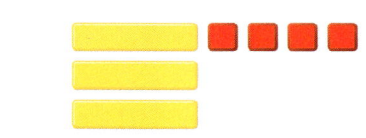

Ajoute 4 carreaux jaunes de chaque côté.
Enlève les paires nulles.

  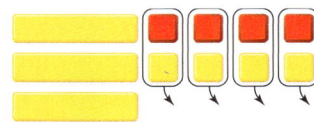

Dispose les carreaux pour former des groupes égaux de chaque côté.

2 carreaux unitaires jaunes égalent un carreau variable.
Donc, $x = 2$.

b) $\quad 2 = 3x - 4 \quad\quad$ Additionne 4 à chaque membre de l'équation.
$$2 + 4 = 3x - 4 + 4$$
$$6 = 3x$$
$$\frac{6}{3} = \frac{3x}{3} \quad\quad \text{Divise chaque membre de l'équation par 3.}$$
$$2 = x$$

c) Pour vérifier la solution, substitue 2 à x dans $2 = 3x - 4$.
Membre de gauche $= 2 \quad\quad$ Membre de droite $= 3(2) - 4$
$$= 6 - 4$$
$$= 2$$

Le membre de gauche est égal au membre de droite,
donc $x = 2$ est juste.

À ton tour

1. Résous chaque équation à l'aide de carreaux algébriques.
  a) $x + 4 = 8$ **b)** $3 + x = 10$ **c)** $12 = x + 2$
  d) $x - 4 = 8$ **e)** $10 = x - 3$ **f)** $12 = x - 2$

2. Résous chaque équation de la question 1 au moyen de l'algèbre.

3. Cinq de plus qu'un nombre donne 11.
Soit x, le nombre.
L'équation est donc $5 + x = 11$.
Résous l'équation.
Quel est le nombre ?

4. Quatre de moins qu'un nombre donne 13.
Soit x, le nombre.
L'équation est donc $x - 4 = 13$.
Résous l'équation.
Quel est le nombre ?

5. a) Résous chaque équation à l'aide de carreaux algébriques.
  b) Résous chaque équation au moyen de l'algèbre.
  c) Vérifie chaque solution.
  I) $2x + 7 = 13$ **II)** $11 = 3x - 1$
  III) $4x + 13 = 17$ **IV)** $9 = 5x - 6$

6. Cinq fois un nombre donne 30.
Soit x, le nombre.
L'équation est donc $5x = 30$.
Résous l'équation. Quel est le nombre?

Stratégie numérique

Trouve le plus petit nombre qui respecte les critères suivants:
Le nombre est divisible par 5 et par 11.
Quand tu divises le nombre par 9, il reste 2.

7. Un octogone régulier a un périmètre de 104 cm.
Soit x centimètres, la longueur d'un côté.
L'équation du périmètre est donc $8x = 104$.
Résous l'équation.
Quelle est la longueur d'un côté de l'octogone?

8. Sept de plus que le triple d'un nombre donne 28.
Soit x, le nombre.
L'équation est donc $7 + 3x = 28$.
Résous l'équation. Quel est le nombre?

9. Objectif d'évaluation Relis les problèmes des questions 3, 4, 6, 7 et 8.
Rédige un problème semblable.
Écris l'équation de ton problème.
Résous l'équation à l'aide de carreaux algébriques et au moyen de l'algèbre.
Vérifie ta solution. Montre ton travail.

Va plus loin

10. Résous chaque équation au moyen de l'algèbre.
   a) $3x + 12 = 6$ **b)** $5 - 2x = 11$ **c)** $-2 = 3x + 10$

11. Écris une équation pour chaque nombre.
Résous l'équation afin de trouver le nombre.
Vérifie ta solution.
   a) Cinq de plus que le double d'un nombre égale 1.
   Quel est le nombre?
   b) Cinq de moins que le double d'un nombre égale -1.
   Quel est le nombre?

Réfléchis

Écris une équation que tu peux résoudre à l'aide de carreaux algébriques, mais pas à l'aide d'une balance à plateaux.
Explique pourquoi tu ne peux pas utiliser une balance.
Résous ton équation. Vérifie ta solution.

Les repères visuels de ton manuel

Ce manuel contient des repères visuels pour t'aider à bien l'utiliser. Les couleurs, les polices de caractères (type, couleur et style), les symboles, les arrière-plans, les barres de couleur ou les images signalent des informations de même nature.

Par exemple,

dans le coin supérieur gauche d'une page indique le début d'une leçon. Il te serait utile de te familiariser avec ces repères visuels. Lis les pages XI à XVII pour mieux les connaître.

Explore les repères visuels de ton manuel

1. Voici des exemples de repères visuels. Que signifie chacun de ces repères ?

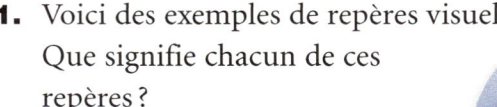

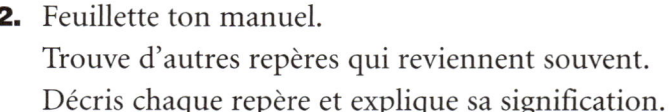

2. Feuillette ton manuel. Trouve d'autres repères qui reviennent souvent. Décris chaque repère et explique sa signification.

3. Quels repères reviennent le plus souvent ? Pourquoi ?

4. Où vois-tu les plus gros caractères ? Où vois-tu les plus petits caractères ?
Énonce une règle générale sur l'utilisation des tailles de caractères.

5. Formule une question au sujet des repères visuels de ton manuel. Échange ta question contre celle d'une ou d'un camarade. Réponds à la question que tu reçois.

Lire et écrire en Math

Utilise les repères visuels

Avec une ou un camarade, trouve dans ton manuel un exemple de chacun des éléments suivants. Décris le repère visuel qui signale l'élément. La table des matières et l'index pourraient t'aider.

- Les mots clés d'un module
- Des réflexions sur les idées principales d'une leçon ou d'un module
- Des tests pour exercer tes habiletés
- Les révisions de mi-module
- Les révisions de module
- Des problèmes pour approfondir un concept mathématique
- Des exercices qui favorisent la compréhension
- L'utilisation de la technologie
- Les jeux
- La signification des termes mathématiques
- L'utilisation des mathématiques au travail
- Les connaissances nécessaires pour étudier un nouveau module
- Les calculs à faire dans ta tête

Révision du module

Ce que je dois savoir

✓ **La mise en facteurs premiers**
Utilise la division répétée pour trouver les facteurs premiers.
Quand c'est possible, écris les facteurs premiers sous forme de puissances.
Par exemple, $630 = 2 \times 3^2 \times 5 \times 7$.

✓ **La forme développée avec des puissances de 10**
Pour exprimer un nombre comme la somme de ses parties,
utilise la valeur de position.
Par exemple, $4356 = 4 \times 10^3 + 3 \times 10^2 + 5 \times 10 + 6$.

✓ **La notation scientifique**
Elle sert à écrire un grand nombre comme le produit d'un nombre supérieur
ou égal à 1 et inférieur à 10 et une puissance de 10.
Par exemple, $7\,500\,000 = 7{,}5 \times 10^6$.

✓ **La priorité des opérations**
Quand tu évalues une expression à plusieurs opérations, respecte l'ordre suivant :
- les opérations entre parenthèses ;
- les exposants ;
- les multiplications et les divisions de gauche à droite ;
- les additions et les soustractions de gauche à droite.

Ce que je dois faire
Pour des exercices supplémentaires, va à la page 488.

LEÇONS

1.1

1. Voici quelques données au sujet des organismes bénévoles en 2003.
   - Ces organismes ont inscrit 139 000 000 de nouveaux membres (Canadiennes et Canadiens).
   - Dix-neuf millions de Canadiennes et de Canadiens ont consacré plus de 2 000 000 000 d'heures à ces organismes.
   - Les revenus de ces organismes ont été de 112 000 000 000 $.

   Rédige un problème à partir de ces données.
   Résous ton problème.
   Explique ton choix de stratégie.

LEÇONS

1.2

2. Exprime chaque nombre comme un produit de facteurs premiers.
   a) 64   **b)** 42   **c)** 60   **d)** 30

3. Écris chaque produit à la forme symbolique.
   a) $2^4 \times 3$ **b)** $5^2 \times 2^2$

4. Un nombre a 11 et 23 comme facteurs.
   a) Quel est le plus petit nombre qui a ces deux facteurs ?
   b) Quel est le plus grand nombre ayant ces facteurs que ta calculatrice peut afficher ?

5. Quelle expression représente la mise en facteurs premiers de 600 ? Explique ta réponse.
   a) $1 \times 2^3 \times 3 \times 5^2$
   b) $2^2 \times 3 \times 5^2$
   c) $2^3 \times 5^2 \times 3$
   d) $2 \times 2 \times 2 \times 75$

6. Pour chaque paire de nombres :
   I) trouve tous les facteurs communs ;
   II) trouve les trois premiers multiples communs.
   a) 15 ; 35   **b)** 20 ; 100
   c) 25 ; 75   **d)** 30 ; 36

7. a) Trouve deux paires de nombres. Dans chaque paire, le plus petit multiple commun est le produit des nombres.
   b) Trouve deux paires de nombres. Dans chaque paire, le plus petit multiple commun est inférieur au produit des nombres.

   c) Comment peux-tu savoir si le plus petit multiple commun de deux nombres est inférieur ou égal à leur produit ?

1.3

8. Voici les superficies, en kilomètres carrés, des 10 plus grands lacs du monde, à la centaine la plus proche.

Lac	Superficie (km²)
Lac Huron, Amérique du Nord	$5,96 \times 10^4$
Lac d'Aral, Asie centrale	$3,07 \times 10^4$
Mer Caspienne, Asie-Europe	371 000
Grand lac de l'Ours, Amérique du Nord	31 300
Lac Supérieur, Amérique du Nord	82 100
Lac Baïkal, Asie	$3,15 \times 10^4$
Lac Victoria, Afrique	69 500
Lac Malawi, Afrique	28 900
Lac Michigan, Amérique du Nord	57 800
Lac Tanganyika, Afrique	32 900

   a) Place les lacs par ordre décroissant de superficies. Explique comment tu as fait.
   b) Nomme deux lacs qui ont ensemble une superficie à peu près égale à celle du lac Supérieur. Explique ta réponse.

9. Exprime chaque nombre à la forme développée avec des puissances de 10.
   a) 9 337 000   **b)** 977 183
   c) 106 040 055   **d)** 73 532

10. Écris chaque nombre en notation scientifique.
   a) 1 500 000   **b)** 42 000
   c) 600 000 000   **d)** 27

LEÇONS

11. Écris chaque nombre à la forme symbolique.
   a) 6×10^3
   b) $8{,}43 \times 10^6$
   c) $7{,}2 \times 10^5$
   d) $3{,}28 \times 10^8$

1.4

12. Évalue les expressions.
   a) $83 - 6 \times 11$
   b) $15 + (3 + 12) \times 6$
   c) $(20 - 9)^2 - 3 \times 2$
   d) $1{,}3 + 4{,}1^2 - 15$

13. Une rivière passe sur un côté d'un terrain rectangulaire.

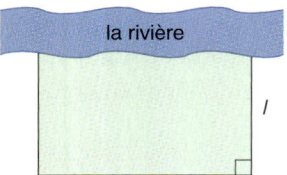

La clôture qui longe les trois autres côtés mesure 30 m en tout. Pour une largeur de l mètres, l'expression de l'aire du terrain, en mètres carrés, est $30l - 2l^2$. Quelle est l'aire du terrain pour chaque valeur de l?
   a) 5 m   b) 9 m   c) 12 m

1.5

14. Résous chaque équation.
   a) $x + 2 = 7$ b) $x - 3 = 5$
   c) $13 = 4 + x$ d) $7 = x - 2$

15. Julie collectionne les timbres de pays étrangers. Son amie lui donne 8 timbres. Julie a maintenant 21 timbres. Combien de timbres Julie avait-elle au départ ?
Soit x, le nombre de timbres.
L'équation est $8 + x = 21$.
Résous l'équation.
Réponds à la question.

16. Résous chaque équation. Vérifie la solution.
   a) $3 + 11 = 5 + x$
   b) $x - 3 = 11 - 8$
   c) $16 - 9 = x + 4$
   d) $x - 7 = 8 - 5$

1.6

17. Résous chaque équation. Vérifie la solution.
   a) $6 + 3x = 17 - 2$
   b) $9 + 12 = 2x - 1$
   c) $5x - 3 = 9 - 2$
   d) $14 - 3 = 4x + 7$

18. Un livre de poche coûte 7 $. Combien de livres peux-tu acheter avec 133 $?
Soit x, le nombre de livres.
L'équation est $7x = 133$.
Résous l'équation.
Réponds à la question.

19. Jaya a 26 cartes de hockey. Elle a 1 carte de moins que 3 fois le nombre de cartes de son frère Kumar. Combien de cartes Kumar possède-t-il ?
Soit x, le nombre de cartes que Kumar possède.
L'équation est $3x - 1 = 26$.
Résous l'équation.
Réponds à la question.

Test pratique

1. Le Canada a beaucoup de ressources naturelles. Nous avons de grandes réserves d'eau, mais nous devons conserver cette ressource. Or, une laveuse utilise en moyenne 170 L d'eau par brassée.
   a) Environ combien de litres d'eau la laveuse d'un foyer utilise-t-elle par semaine ? Explique ta réponse.
   b) Suppose que tu installes une laveuse de plus faible consommation. Elle n'utilise que 80 L d'eau par brassée. Quelle quantité d'eau économiseras-tu en une semaine ?

2. Quelles sont les ressemblances entre la forme développée avec des puissances de 10 et la notation scientifique ? Quelles sont les différences ? Cite des exemples.

3. a) Écris un nombre à 4 chiffres divisible par 11 et par 17.
   b) Écris la mise en facteurs premiers de ce nombre.

4. Une entreprise de téléphonie cellulaire demande des frais mensuels de 25 $ plus 10 ¢ par minute ou par partie de minute d'utilisation.
   a) Combien coûte le téléphone cellulaire à une personne qui l'utilise 100 min par mois ?
   b) Dans chacune des expressions ci-dessous, m représente le nombre de minutes d'utilisation. Quelle expression représente les frais mensuels en dollars ? Explique comment tu le sais.
      I) $10m + 0{,}25$ II) $(25 + 0{,}10)m$
      III) $25 + 0{,}10m$ IV) $0{,}10 - 25m$
   c) Combien coûte le téléphone à une personne qui l'utilise 175 min en 3 mois ?

5. Résous chaque équation. Vérifie la solution.
   a) $5 + x = 20 - 3$
   b) $11 = 2x - 9$
   c) $6 + 3x = 40 - 1$

6. Trois de moins que 5 fois un nombre est égal à 62. Quel est le nombre ? Montre ton travail.

Problème du module : Organiser une excursion de ski

Partie 1

1. Voici les 10 principales stations de ski d'Amérique du Nord et leurs altitudes respectives.
   Whistler-Blackcomb, Colombie-Britannique : $2,284 \times 10^3$ m
   Big Sky, Montana : $3,399 \times 10^3$ m
   Jackson Hole, Wyoming : 3185 m
   Kicking Horse, Colombie-Britannique : 2450 m
   Steamboat, Colorado : 3221 m
   Aspen Highlands, Colorado : 3559 m
   Telluride, Colorado : $3,737 \times 10^3$ m
   Heavenly, Californie : 3068 m
   Vail, Colorado : 3527 m
   Sun Valley, Idaho : 2789 m

   Ordonne les stations de la plus haute altitude à la plus basse.

   Suppose que tu organises l'excursion de ski de quatre jours des élèves de 8e année.

2. Quatre-vingt-seize élèves choisissent d'aller skier au mont Tremblant, au Québec.
   Tu formes des groupes selon les critères suivants :
   - Les groupes comptent un nombre pair d'élèves.
   - Tous les groupes comptent le même nombre d'élèves.
   - Les groupes comptent au moins 4 élèves et au plus 10 élèves.
   a) Quel est le plus petit nombre d'élèves par groupe ?
   b) Quel est le plus grand nombre d'élèves par groupe ?

3. En ski, il faut tenir compte des températures extrêmes. La température baisse à mesure que tu montes vers le sommet d'une montagne. L'expression suivante sert à calculer la température à une altitude donnée : $c - a \div 150$; où
   c est la température en degrés Celsius au niveau de la mer,
   a est l'altitude en mètres.
   a) Suppose que la température au niveau de la mer est de 10 °C. Quelle est la température à 1050 m d'altitude ?

b) Le mont Tremblant a une altitude de 900 m. Suppose que la température au niveau de la mer est de 0 °C.
Quelle est la température au sommet ?

4. Deux entreprises de transport par autobus, l'entreprise A et l'entreprise B, offrent des forfaits pour les voyages éducatifs.
Voici leurs tarifs respectifs :
Entreprise A : 300 $ + 55n $
Entreprise B : 100 $ + 75n $
où n est le nombre de personnes à bord de l'autobus.
Suppose que 96 élèves et 8 adultes partent en voyage.
Quelle entreprise choisiras-tu ? Explique ta réponse.

Partie 2

Organise le voyage de ski pour ta classe.
Décide combien d'adultes vont accompagner le groupe.
Il faut 1 adulte pour 12 élèves.
Au mont Tremblant, l'hébergement à l'hôtel coûte 66 $
par personne, par nuit.
Utilise l'information de ces pages-ci et de la page 5.
Montre tout ton travail. Tiens compte des frais de transport, d'hébergement et de loisirs. Indique toutes les suppositions que tu fais.

Liste de contrôle

Ton travail devrait montrer :
✓ des calculs détaillés ;
✓ ta compréhension des expressions algébriques ;
✓ les stratégies de résolution de problèmes que tu as utilisées ;
✓ une explication claire de ton raisonnement.

Retour sur le module

Écris différentes façons de représenter un nombre.
Explique l'utilité des variables dans les expressions et les équations.

MODULE 2
Les applications des rapports, des taux et des pourcentages

L'Université des Premières Nations du Canada est située en Saskatchewan.

- En 2003, le rapport entre les étudiants à temps plein et les étudiants à temps partiel était environ 5 : 1. Il y avait à peu près 120 étudiants à temps partiel. Combien y avait-il d'étudiants à temps plein ?
- Les frais de scolarité d'une étudiante canadienne ou d'un étudiant canadien représentent 50 % des frais des étudiants étrangers. En 2003, un étudiant étranger payait environ 7780 $. Combien payait une étudiante canadienne ou un étudiant canadien ?

Tes objectifs d'apprentissage

- Résoudre des proportions.
- Utiliser des échelles pour calculer la distance.
- Étudier les figures semblables.
- Résoudre des problèmes de taux, de pourcentages et de rapports.
- Résoudre des problèmes de rabais, de taxe de vente, de commission et d'intérêt simple.

Pourquoi est-ce important ?

- Tu utilises des rapports pour adapter les recettes au nombre de portions désirées.
- Tu utilises des taux pour estimer le temps qu'il faudra pour franchir une certaine distance à pied.
- Tu utilises des pourcentages pour calculer la ou les taxes de vente.

Mots clés

- des rapports équivalents
- le taux unitaire
- une proportion
- des figures semblables
- un rabais
- une taxe de vente
- une commission
- l'intérêt simple
- le principal
- une somme

MODULE 2

Utilise tes connaissances

Qu'est-ce qu'un rapport ?

Rappelle-toi qu'un rapport est une comparaison entre deux quantités de même nature.

Voici quelques données concernant la saison de hockey 2002-2003.

Division Nord-Est	Matchs disputés	Victoires	Défaites	Matchs nuls	Défaites en prolongation
Ottawa	82	52	21	8	1
Toronto	82	44	28	7	3
Boston	82	36	31	11	4
Montréal	82	30	35	8	9
Buffalo	82	27	37	10	8

Pour les Maple Leafs de Toronto :
Le rapport entre les victoires et les matchs disputés était 44 : 82. Il s'agit d'un rapport partie-tout. Le rapport entre les victoires et les défaites était 44 : 28. Il s'agit d'un rapport partie-partie.

Exemple 1

Réduis chaque rapport à sa plus simple expression.
a) 44 : 82   **b)** 44 : 28

Réponses

Pour réduire un rapport à sa plus simple expression, divise les termes par leur plus grand facteur commun.

a)   44 : 82   Divise chaque terme par 2.
= (44 ÷ 2) : (82 ÷ 2)
=   22 : 41

b)   44 : 28   Divise chaque terme par 4.
= (44 ÷ 4) : (28 ÷ 4)
=   11 : 7

Dans l'**Exemple 1,** les rapports 44 : 82 et 22 : 41 sont **équivalents,** et les rapports 44 : 28 et 11 : 7 sont équivalents.

MODULE 2 : Les applications des rapports, des taux et des pourcentages

1. Utilise le tableau de la page 50. Pour chacune des équipes suivantes, trouve :
   I) le rapport entre les victoires et les défaites ;
   II) le rapport entre les matchs disputés et les matchs nuls.
   Réduis chaque rapport à sa plus simple expression.
   a) Ottawa   b) Boston   c) Montréal   d) Buffalo

2. Nomme les paires de rapports équivalents à la question 1.

Qu'est-ce qu'un taux ?

Un taux est une comparaison de deux quantités mesurées à l'aide d'unités différentes.

En 5 min, Ryan a tapé 425 mots.
Donc, en $\frac{5}{5}$, ou 1 min, Ryan a tapé : 425 mots/5 = 85 mots.
Ryan tape à une vitesse de 85 mots/min.
Il s'agit d'un **taux unitaire,** car il représente les mots tapés en *une* minute.

Exemple 2

En voiture, Marielle a parcouru 300 km en 4 h.
a) Quelle était sa vitesse moyenne ?
b) Représente le trajet de Marielle à l'aide d'un diagramme.
   Explique comment ton diagramme représente la vitesse moyenne.

Réponses

a) En 4 h, Marielle a parcouru 300 km.
   Donc, en 1 h, elle a parcouru : $\frac{300 \text{ km}}{4} = 75$ km.
   La vitesse moyenne de Marielle était de 75 km/h.

b) Construis un diagramme. Nomme l'axe horizontal *Temps* et l'axe vertical, *Distance*.
   Trace un point qui représente 300 km en 4 h.
   Trace une ligne qui relie ce point à l'origine.
   D'après ce diagramme, la distance parcourue en 1 h est de 75 km.
   Donc, la vitesse moyenne est de 75 km/h.

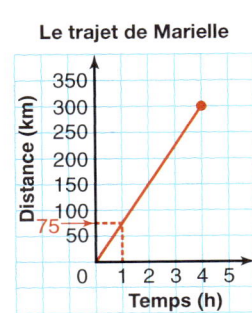

3. Exprime chaque ensemble de quantités par un taux unitaire.
   a) 225 battements de coeur en 3 min
   b) 18,70 $ pour 2 billets
   c) 6,75 $ pour 3 balles de golf
   d) 78,00 $ pour 8 h de travail

4. José a parcouru 480 km en 6 h.
   a) Représente le trajet de José à l'aide d'un diagramme. Quelle était sa vitesse moyenne ?
   b) À cette vitesse moyenne, combien de temps faudra-t-il à José pour parcourir 700 km ?

Les relations entre les fractions, les nombres décimaux et les pourcentages

Cette grille de 100 représente un tout, ou 1.
La partie colorée peut être présentée de trois façons.

En fraction : $\frac{24}{100}$
En pourcentage : 24 %
En nombre décimal : 0,24

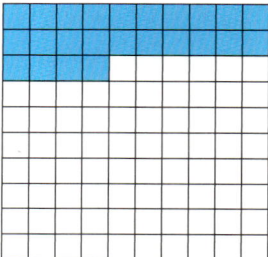

Rappelle-toi que 1 tout est égal à 100 %.

Chacune des expressions précédentes peut être convertie dans les deux autres.

Exemple 3

a) Écris 5 % en nombre décimal. b) Écris 1,65 en pourcentage.
c) Écris $\frac{3}{8}$ en nombre décimal.

Réponses

a) $5\% = \frac{5}{100}$
   $= 0,05$

b) $1,65 = 1\frac{65}{100}$
   $= \frac{165}{100}$
   $= 165\%$

c) $\frac{3}{8} = 3 \div 8$
   $= 0,375$

Vérifie

5. a) Écris chaque fraction en nombre décimal et en pourcentage.
   I) $\frac{3}{10}$ II) $\frac{4}{5}$ III) $\frac{21}{20}$ IV) $\frac{3}{100}$

   b) Écris chaque pourcentage en nombre décimal et en fraction.
   I) 25 %   II) 34 %   III) 250 %   IV) 2 %

   c) Écris chaque nombre décimal en pourcentage et en fraction.
   I) 0,15   II) 0,07   III) 0,4   IV) 1,15

2.1 Utiliser des proportions pour résoudre des problèmes de rapports

Objectif Établir une proportion pour résoudre un problème de rapports.

Nous utilisons des rapports quand nous voulons augmenter ou diminuer une recette.

Explore

Travaille individuellement.
Voici une recette de tarte aux pommes.
   500 mL de farine
   200 mL de margarine
   500 g de pommes tranchées
   125 g de sucre
Il y a 6 portions par tarte.
François n'a que 350 g de pommes tranchées.
De quelle quantité de chaque autre ingrédient François a-t-il besoin pour faire une tarte?
Combien de portions y aura-t-il dans la tarte de François?
Explique ta réponse.

Explique ton raisonnement

Compare tes réponses avec celles d'une ou d'un camarade.
Quelles stratégies as-tu utilisées pour résoudre le problème?

Découvre

Durant la campagne de recyclage de la semaine dernière à l'école Clément, la classe de 8e année de Monsieur Bozyk a ramassé des bouteilles et en a recyclé une partie. Le rapport entre les bouteilles recyclées et les bouteilles ramassées était 3 : 4. Cette semaine, la même classe a ramassé 24 bouteilles. Monsieur Bozyk a dit à ses élèves que le rapport entre les bouteilles recyclées et les bouteilles ramassées était le même la semaine précédente. Comment les élèves peuvent-ils trouver le nombre de bouteilles recyclées de cette semaine?

La semaine dernière, le rapport entre les bouteilles recyclées et les bouteilles ramassées était 3 : 4. Cette semaine, le rapport entre les bouteilles recyclées et les bouteilles ramassées est ? : 24. Ces deux rapports sont égaux. Soit r, le nombre de bouteilles recyclées. Ainsi, $r : 24 = 3 : 4$. Une expression d'égalité entre deux rapports est une **proportion**.

Tu peux écrire chaque rapport de la proportion en fraction :
$$\frac{r}{24} = \frac{3}{4}$$
Trouve ensuite la valeur de r.

Pour isoler r, multiplie chaque côté de la proportion par 24.

$$24 \times \frac{r}{24} = \frac{3}{4} \times 24$$
$$\frac{24r}{24} = \frac{72}{4}$$
$$r = 18$$

$\frac{72}{4}$ signifie $72 \div 4$.

18 bouteilles ont été recyclées.

Exemple

Ces valises ont le même rapport entre la longueur et la largeur.

Calcule la largeur de la valise B.

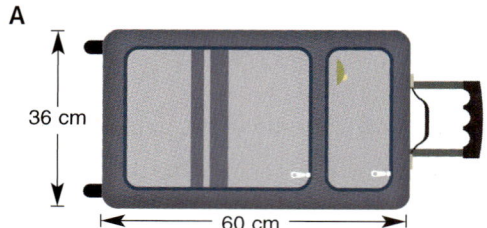
A
36 cm
60 cm

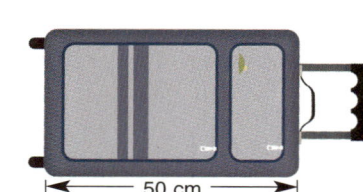
B
50 cm

Réponses

Soit l (centimètres) la largeur de la valise B.

Le rapport entre la largeur et la longueur de la valise B est $l : 50$.

Le rapport entre la largeur et la longueur de la valise A est $36 : 60$.

Écris en premier le rapport qui renferme une variable pour rendre la proportion plus facile à résoudre.

Réduis ce rapport à sa plus simple expression.

Divise chaque terme par 12.

$36 : 60 = (36 \div 12) : (60 \div 12)$
$ = 3 : 5$

Les rapports entre la valise A et la valise B sont égaux.

Écris chaque rapport en fraction.

Écris ensuite une proportion.

$$\frac{l}{50} = \frac{3}{5}$$

Multiplie chaque côté par 50.

$$50 \times \frac{l}{50} = \frac{3}{5} \times 50$$
$$\frac{50l}{50} = \frac{150}{5}$$
$$l = 30$$

La largeur de la valise B est de 30 cm.

À ton tour

1. Dans chaque cas, trouve le terme manquant.
   a) $\frac{t}{18} = \frac{6}{3}$
   b) $\frac{v}{60} = \frac{3}{10}$
   c) $\frac{x}{15} = \frac{2}{3}$
   d) $a : 7 = 30 : 70$
   e) $b : 45 = 5 : 15$
   f) $l : 8 = 15 : 6$

2. Dans la Ligue nationale de hockey (LNH), le rapport entre les tirs au but et les buts marqués par un joueur étoile est 9 : 2. Le joueur a marqué 50 buts au cours de la saison. Combien de tirs au but a-t-il effectués?

3. Fatima transplante 5 plants d'arbres chaque fois que Shamar en transplante 3. Shamar transplante 6 arbres en 1 min.
   a) Combien d'arbres Fatima transplante-t-elle en 1 min?
   b) As-tu écrit une proportion pour résoudre ce problème? Si oui, peux-tu résoudre ce problème d'une autre façon?

4. Selon une publicité, 4 dentistes sur 5 recommandent une certaine gomme à mâcher à leurs clients. Suppose que 185 dentistes ont été interviewés. Trouve le nombre de dentistes qui recommandent cette gomme.

5. Une bicyclette roule en quatrième vitesse. Quand les pédales tournent 3 fois, la roue arrière fait 7 tours. Quand les pédales tournent 2 fois, combien de tours la roue arrière fait-elle?

6. Lors de l'excursion de ski de la classe de 8ᵉ année, on comptait 2 élèves skieurs pour 3 élèves planchistes. Quatre-vingt-seize élèves ont fait de la planche à neige. Combien d'élèves ont skié?

7. **Objectif d'évaluation** Dans le rectangle MNPQ, le rapport entre la longueur de $\overline{MN}$ et la longueur de $\overline{MP}$ est 4 : 5.
   a) Ce rapport t'indique-t-il la longueur de $\overline{MN}$? Explique ta réponse.
   b) Si $\overline{MN}$ mesure 12 cm de longueur, quelle est la longueur de $\overline{MP}$? Fais un schéma.
   Montre ton travail.

2.1 Utiliser des proportions pour résoudre des problèmes de rapports   **55**

Spécialiste de la calculatrice

Trouve 3 nombres premiers qui ont une somme de 91 et un produit de 14 573.

8. Marcia est la gardienne de but de son équipe de hockey. La semaine dernière, elle a arrêté 20 des 30 tirs au but effectués par l'adversaire. Cette semaine, Marcia a fait face à 36 tirs au but. Elle a arrêté les tirs dans le même rapport que la semaine dernière. Combien de tirs Marcia a-t-elle arrêtés ?

9. À l'occasion d'une représentation, le cinéma a vendu 65 billets pour étudiants.
   a) Le rapport entre les billets pour adultes et les billets pour étudiants qui ont été vendus était 3 : 5. Combien a-t-on vendu de billets pour adultes ?
   b) Le rapport entre les billets pour adultes et les billets pour enfants qui ont été vendus était 3 : 2. Combien a-t-on vendu de billets pour enfants ?
   c) Un billet pour adulte coûte 13 $. Un billet pour étudiant coûte 7,50 $. Un billet pour enfant coûte 4,50 $. Quelle somme a-t-on encaissée pour cette représentation ?

10. Quarante-cinq élèves suivent des cours de piano. Le rapport entre le nombre d'élèves qui étudient le piano et le nombre d'élèves qui étudient la clarinette est 15 : 8. Le rapport entre le nombre d'élèves qui étudient le violon et le nombre d'élèves qui étudient la clarinette est 8 : 9.
    a) Combien d'élèves étudient le violon ?
    b) Combien d'élèves étudient la clarinette ?

Va plus loin

11. Tu veux trouver la hauteur d'un mât de drapeau. Tu connais ta taille. Tu peux mesurer la longueur de l'ombre du mât. Ton amie peut mesurer ton ombre. Comment peux-tu utiliser des rapports pour trouver la hauteur du mât ? Explique ta réponse et fais un schéma.

Réfléchis

Peux-tu utiliser une proportion pour résoudre tout problème de rapport ?
Si tu as répondu « oui » à la question, quel problème de rapport *ne résoudrais-tu pas* à l'aide d'une proportion ?
Si tu as répondu « non » à la question, quel problème de rapport *ne pourrais-tu pas résoudre* à l'aide d'une proportion ?

2.2 Le dessin à l'échelle

Objectif Résoudre des problèmes de dessins à l'échelle.

Explore

Travaille en équipe.
Tu as besoin de papier quadrillé à 1 cm et d'un mètre rigide, d'un mètre à ruban ou d'une roue d'arpentage.
Mesure le périmètre de la classe.
Fais un dessin à l'échelle du plancher de la classe.

Quelle échelle as-tu utilisée ?
À l'aide de ton dessin, trouve la longueur d'une diagonale du plancher de la classe.

Explique ton raisonnement

Comparez vos dessins avec ceux d'une autre équipe.
Explique comment vous avez choisi l'échelle.
Comparez vos résultats en ce qui concerne la longueur de la diagonale.
Si vos résultats sont différents, cherchez à savoir pourquoi.

Découvre

Le dessus d'un pupitre est un rectangle qui mesure 1,06 m sur 51 cm.
Pour en faire le dessin à l'échelle, il faut représenter le rectangle sur une feuille de papier. La feuille mesure 28 cm sur 21,5 cm.
Comme on doit laisser une marge autour du dessin, on n'utilise pas plus de 24 cm sur 18 cm.
Pour choisir une échelle, il faut trouver les rapports des dimensions correspondantes.

Pour convertir les mètres en centimètres, multiplie par 100.

longueur de la feuille : longueur du pupitre
= 24 cm : 1,06 m
= 24 cm : 106 cm
= 24 : 106
= $\frac{24}{24} : \frac{106}{24}$
= 1 : 4,416

Le pupitre est plus de 4 fois plus long que la feuille.

largeur de la feuille : largeur du pupitre
= 18 cm : 51 cm
= 18 : 51
= $\frac{18}{18} : \frac{51}{18}$
= 1 : 2,83

Le pupitre est presque 3 fois plus large que la feuille.

Donc, on choisit l'échelle 1 : 5, ou 1 cm représente 5 cm.
Les dimensions du dessus du pupitre sont 106 cm sur 51 cm.
Donc, le dessin à l'échelle a les dimensions suivantes :
$\frac{106\ cm}{5}$ sur $\frac{51\ cm}{5}$, ou 21,2 cm sur 10,2 cm.
Pour présenter ici le dessin à l'échelle, on utilise l'échelle plus petite 1 : 10, ou 1 cm représente 10 cm.
Donc, les dimensions du dessin sont :
$\frac{106\ cm}{10}$ sur $\frac{51\ cm}{10}$, ou 10,6 cm sur 5,1 cm.

Le dessin à l'échelle indique les dimensions du dessus du pupitre.

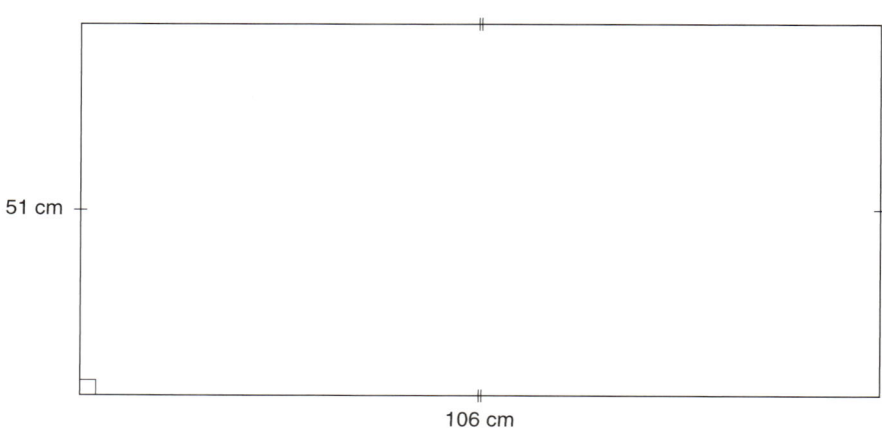

Échelle 1 : 10
51 cm
106 cm

La distance « à vol d'oiseau » désigne la distance en ligne droite.

De même :
Tu peux utiliser l'échelle d'une carte pour calculer la distance entre deux villes représentées sur la carte.
Sur une carte de l'Ontario, Windsor et Toronto sont à 3,6 cm de distance.
L'échelle de la carte est le rapport entre la distance sur la carte et la distance réelle, soit 1 : 10 000 000.
Cela signifie que 1 cm sur la carte représente la distance réelle de 10 000 000 cm.
Donc, la distance réelle à vol d'oiseau entre Windsor et Toronto est :
    3,6 cm × 10 000 000

Il y a 100 cm dans 1 m.
Il y a 1000 m dans 1 km.

= 36 000 000 cm   Divise par 100.
= 360 000 m   Divise par 1000.
= 360 km

La distance en ligne droite entre Windsor et Toronto est de 360 km.

Pour calculer une distance à partir d'un dessin à l'échelle, tu peux écrire une proportion puis trouver la valeur de l'inconnue.

Exemple

Voici le dessin à l'échelle d'une fourmi coupeuse de feuilles. Calcule la longueur réelle de la fourmi.

Réponses

L'échelle est 3 : 1.
Ainsi, la longueur du dessin par rapport à la longueur réelle est 3 : 1.
Ou la longueur réelle par rapport à la longueur du dessin est 1 : 3.
Soit l (centimètres) la longueur réelle.
La longueur du dessin est de 4,9 cm.
Donc, la longueur réelle par rapport à la longueur du dessin est l : 4,9.
La proportion est :
$$l : 4{,}9 = 1 : 3$$
Écris ces rapports en fractions.
$$\frac{l}{4{,}9} = \frac{1}{3}$$
Multiplie chaque côté par 4,9.
$$4{,}9 \times \frac{l}{4{,}9} = \frac{1}{3} \times 4{,}9$$
$$\frac{4{,}9l}{4{,}9} = \frac{4{,}9}{3}$$
$$l \approx 1{,}63$$
La longueur réelle de la fourmi est d'environ 1,6 cm.

Dans l'**Exemple,** le premier terme de l'échelle est plus grand que le second terme.
Cela signifie que le dessin à l'échelle est un agrandissement.

À ton tour

1. Mesure, puis utilise l'échelle pour trouver chaque mesure réelle.
   a) Échelle 1 : 90   b) Échelle 65 : 1

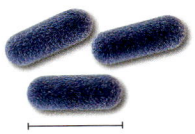

2.2 Le dessin à l'échelle

2. Le côté d'un champ de forme carrée mesure 275 m.
   Choisis une échelle, puis fais le dessin à l'échelle du champ.
   Explique comment tu as choisi l'échelle.

3. Mesure l'ongle d'un de tes doigts.
   Choisis une échelle, puis fais le dessin à l'échelle de ton ongle.
   Explique comment tu as choisi l'échelle.

4. La tour Eiffel, située à Paris, en France, mesure 321 m de hauteur, y compris l'antenne de télévision.
   Mesure la hauteur de la tour sur la photographie ci-contre.
   Quelle est l'échelle de cette photographie ?

5. a) Une carte de la Colombie-Britannique utilise l'échelle 1 : 5 000 000. La distance sur la carte entre Kelowna et Salmon Arm est de 2,1 cm. Quelle est la distance réelle entre ces deux villes ?
   b) Une carte du Japon utilise l'échelle 1 : 500 000. La distance réelle entre Tokyo et Yokohama est de 30 km. Quelle est la distance sur la carte entre ces villes ?

Stratégie numérique

De combien de façons peut-on disposer 24 bouteilles d'eau pour obtenir un ensemble rectangulaire ?

Si l'on doublait le nombre de bouteilles, combien d'ensembles rectangulaires serait-il possible de faire ?

6. Le plan d'une maison à construire utilise l'échelle 1 : 50.
   Voici les dimensions de deux des pièces de la maison.
   Calcule les dimensions de chaque pièce sur le plan.
   a) 4,8 m sur 6,4 m   b) 3,1 m sur 4,2 m

7. Aux chutes Niagara, la chute la plus connue, Horseshoe Falls, mesure 53 m de hauteur. Une personne photographie cette chute. La photographie qu'elle prend cadre parfaitement sur cette page. Quelle est l'échelle de la photographie ?

8. Une coccinelle mesure 4 mm de longueur. Un dessin à l'échelle de la coccinelle mesure 5,6 cm de longueur. Quelle est l'échelle du dessin ?

9. **Objectif d'évaluation**   Fais un dessin à l'échelle du plancher d'une des pièces de ta maison. Représente les meubles. Explique comment tu as choisi l'échelle. Montre ton travail.

Réfléchis

Décris deux types de dessins à l'échelle.
Explique en quoi l'échelle décrit les mesures réelles d'un objet et ses mesures dans le dessin.

Construire des figures semblables

Objectif Étudier les relations entre la longueur des côtés, les angles, le périmètre et l'aire.

Des logiciels comme *Cybergéomètre* font appel aux transformations appelées *homothéties* pour construire des figures semblables.

1. Ouvre *Cybergéomètre*.
   Dans le menu **Fichier,** choisis **Nouvelle esquisse.**

2. Dans le menu **Graphique,** choisis **Montrer la grille.**
   L'écran affiche un quadrillage et deux axes numérotés.
   Clique sur chaque axe et sur les deux points en maintenant la touche Majuscule enfoncée.
   Les axes et les points sont surlignés.
   Dans le menu **Affichage,** choisis **Cacher : Objets.**
   Les axes et les points disparaissent.
   L'écran a l'apparence d'une feuille de papier à points quadrillé.

3. Dans le menu **Graphique,** assure-toi que l'option **Placer sur la grille** est sélectionnée.

4. Dans le menu **Affichage,** clique sur **Préférences.**
   La boîte de dialogue Préférences apparaît. Change les deux premiers réglages de **Précision** pour des unités.
   Change le troisième réglage de **Précision des pentes et des calculs** pour des centièmes. Clique sur **OK.**

Construire des rectangles semblables

5. Pour dessiner un rectangle :
   Dans la **Boîte à outils,** choisis .
   Clique et fais glisser le curseur pour dessiner un rectangle de 12 unités de base et de 8 unités de hauteur.

6. Pour nommer les côtés du rectangle :
   Dans la **Boîte à outils,** choisis . Clique sur chaque segment du rectangle en maintenant la touche Majuscule enfoncée pour le sélectionner. Ne sélectionne pas les sommets. Dans le menu **Affichage,** choisis **Montrer les étiquettes.** Pour créer une étiquette, dans le menu **Affichage,** choisis **Nouvelle étiquette : Segments.** La boîte de dialogue Nouvelle étiquette d'une série d'objets apparaît. Entre la lettre « a » à la place de la lettre qui apparaît en surbrillance. Les côtés a, b, c et d se nomment automatiquement comme dans le schéma ci-contre. Clique sur **OK.**

7. Pour construire un rectangle semblable plus petit :
Dans la **Boîte à outils,** choisis ![cursor].
Double-clique sur le sommet inférieur gauche.
Trace un cadre autour du rectangle pour le sélectionner.
Dans le menu **Transformation,** choisis **Homothétie.**

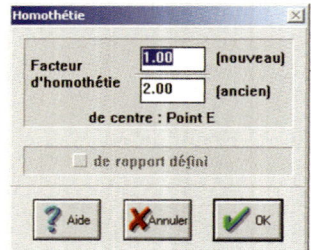

La boîte de dialogue de cette option devrait se présenter comme dans la figure ci-contre.
Sinon, remplace les réglages par ceux qui apparaissent dans la figure. Le rapport fixe 1,0 : 2,0 est le rapport des côtés correspondants du nouveau rectangle et du rectangle initial. Le nouveau rectangle est une image par homothétie du rectangle initial.
Clique sur **OK.** L'image du rectangle apparaît.
Clique n'importe où dans l'écran. Clique sur chaque côté du nouveau rectangle en tenant la touche Majuscule enfoncée pour le sélectionner.
Dans le menu **Affichage,** choisis **Montrer les étiquettes.**
Les côtés sont nommés a′, b′, c′ et d′.

8. Pour construire un autre rectangle semblable plus petit :
Dans la **Boîte à outils,** choisis ![cursor].
Trace un cadre autour du petit rectangle pour le sélectionner.
Dans le menu **Transformation,** choisis **Homothétie.**
La boîte de dialogue est la même qu'au numéro précédent.
Clique sur **OK.** Clique n'importe où dans l'écran.
Clique sur chaque côté du nouveau rectangle en maintenant la touche Majuscule enfoncée pour le sélectionner.
Dans le menu **Affichage,** choisis **Montrer les étiquettes.**
Les côtés sont nommés a″, b″, c″ et d″.

Tu as maintenant trois rectangles semblables : le rectangle initial, la première image et la seconde image.

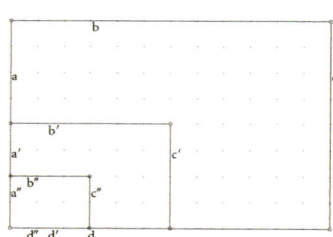

Explorer la longueur des côtés de rectangles semblables

9. Pour mesurer la base et la hauteur de chaque rectangle :
Dans la **Boîte à outils,** choisis ![cursor]. Clique n'importe où dans l'écran. Clique sur la base (côté b) et sur la hauteur (côté c) des trois rectangles en maintenant la touche Majuscule enfoncée.
Dans le menu **Mesures,** choisis **Longueur.** Comment les bases et les hauteurs se comparent-elles ? Clique sur un sommet du rectangle initial et fais-le glisser. Observe le changement des mesures. Retourne au rectangle initial.

10. Pour calculer le rapport entre la base et la hauteur de rectangles semblables :

Dans le menu **Mesures,** choisis **Calcul.** La calculatrice de *Cybergéomètre* apparaît. Calcule le rapport entre la base et la hauteur du rectangle initial. Sélectionne $b = 12\text{ cm}$, puis $\div$, puis $c = 8\text{ cm}$. Appuie sur OK.

Note tes résultats. Refais cette étape pour calculer le rapport entre la base et la hauteur de chaque rectangle plus petit.

Que peux-tu affirmer au sujet des rapports entre la base et la hauteur de rectangles semblables ?

Qu'arrive-t-il aux rapports lorsque tu fais glisser un sommet ?

Le rapport change-t-il avec la taille du rectangle ?

Explique ta réponse.

Le rapport change-t-il avec le type de quadrilatère ?

Explique ta réponse.

11. Pour comparer les rapports entre les bases, et entre les hauteurs de deux rectangles semblables :

Dans le menu **Mesures,** choisis **Calcul.** Calcule le rapport entre la base du rectangle initial (b) et celle de son image (b′).

Calcule le rapport entre la hauteur du rectangle initial (c) et celle de son image (c′). Note tes résultats. Compare b′ : b″ et c′ : c″.

Compare b : b″ et c : c″. Que remarques-tu ?

Comparer les angles correspondants de figures semblables

12. Clique sur un sommet du rectangle initial et fais-le glisser pour obtenir 3 quadrilatères semblables.

Pour mesurer un angle : Clique sur 3 sommets dans l'ordre en maintenant la touche Majuscule enfoncée.

Dans le menu **Mesures,** choisis **Angle.**

La mesure de l'angle décrit par les 3 sommets sélectionnés est donnée. Mesure tous les angles de chaque quadrilatère.

Que remarques-tu au sujet des mesures des angles de figures semblables ?

Explorer les périmètres de rectangles semblables

13. Pour avoir un périmètre ou une aire, une figure doit avoir un *intérieur.*

Pour construire un intérieur :

Dans la **Boîte à outils,** choisis .

Clique n'importe où dans l'écran.

Si tu sélectionnes autre chose que les points, cette option ne sera pas offerte.

Clique sur les sommets du rectangle initial dans l'ordre.
Ne clique pas sur les segments.
Dans le menu **Construction,** choisis **Intérieur du polygone.**

14. Pour mesurer le périmètre :
Dans la **Boîte à outils,** choisis ▶. Assure-toi que l'intérieur de ton rectangle initial est sélectionné. Dans le menu **Mesures,** choisis **Périmètre.** Les sommets du rectangle sont maintenant désignés par des lettres majuscules.

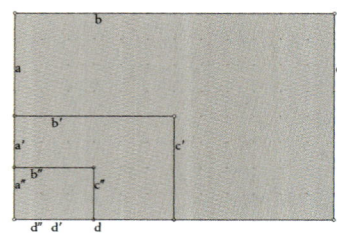

15. Refais les étapes 13 et 14 pour chaque rectangle plus petit.

16. Pour comparer les périmètres de deux rectangles semblables :
Dans le menu **Mesures,** choisis **Calcul.**
Calcule le rapport entre le périmètre du rectangle initial et celui de sa première image.
Compare le rapport entre le périmètre de la première image et celui de la seconde image du rectangle, ainsi que le rapport entre le périmètre du rectangle initial et celui de sa seconde image.
Que remarques-tu ?

17. Pour chaque rectangle, quel est le rapport périmètre : base ?
Que remarques-tu ?

Explorer les aires de rectangles semblables

18. Pour mesurer l'aire :
Refais l'étape 13 pour construire un intérieur de quadrilatère.
Dans la **Boîte à outils,** choisis ▶.
Dans le menu **Mesures,** choisis **Aire.**

19. Refais l'étape 18 pour chaque image du rectangle.

20. Pour le rectangle initial et sa première image, compare le rapport des aires avec le rapport des bases.
Réduis chaque rapport à sa plus simple expression. Que remarques-tu ?

21. Refais l'étape 20 pour le rectangle initial et sa seconde image.

Réfléchis

D'après tes observations, dresse une liste de propriétés des rectangles semblables. Ces propriétés sont-elles vraies pour d'autres polygones ? Pour le découvrir, utilise *Cybergéomètre.*

2.3 Comparer des taux

Objectif Comparer des taux à l'aide de taux unitaires.

Explore

Travaille individuellement.
Tu peux utiliser une calculatrice.

36 sachets de thé pour 1,49 $ 144 sachets de thé pour 5,59 $

Laquelle des deux boîtes de thé représente le meilleur achat?
De quoi dois-tu tenir compte pour répondre à la question?

Explique ton **raisonnement**

Compare tes résultats avec ceux d'une ou d'un camarade.
Avez-vous choisi la même boîte? Si oui, explique votre choix. Sinon, se peut-il que vous ayez tous les deux raison? Explique ta réponse.

Découvre

Les céréales Grand Matin sont offertes en trois formats.

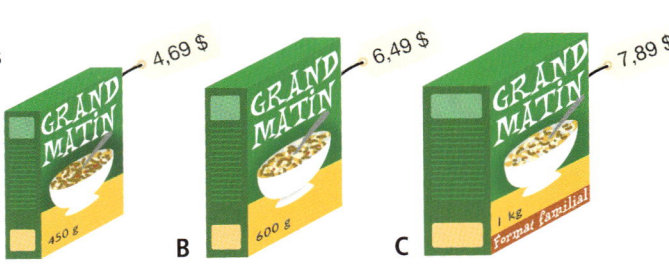

Tu veux savoir quel format est le moins cher.
La plus petite boîte coûte moins, mais cela ne veut pas dire qu'elle est moins chère.
Trouve le coût unitaire de chaque format.
Le coût de 1 g est très petit ; tu calculeras donc le coût de 100 g dans chaque format.

Autour de toi

Au supermarché, l'étiquette apposée sur la tablette, qui porte le code à barres de l'article, devrait montrer le coût de 1 g du produit.

Cette information te permet de comparer le coût du produit selon le format.

La boîte A a une masse de 450 g et coûte 4,69 $.
450 g, c'est 4,5 × 100 g ; donc, 100 g de la boîte A coûtent :
$\frac{4,69\ \$}{4,5} \approx 1,042\ \$$.

La boîte B a une masse de 600 g et coûte 6,49 $.
100 g de la boîte B coûtent : $\frac{6,49\ \$}{6} \approx 1,082\ \$$.

La boîte C a une masse de 1000 g et coûte 7,89 $.
100 g de la boîte C coûtent : $\frac{7,89\ \$}{10} = 0,789\ \$$.

Chaque coût unitaire peut être écrit en taux unitaire.
Le plus petit taux unitaire est celui de la boîte C, à 0,789 $/100 g.
Le plus grand taux unitaire est celui de la boîte B, à 1,082 $/100 g.
Si tu achètes des céréales pour une famille, c'est la boîte C qui représente le meilleur achat. Si tu ne manges pas beaucoup de céréales, ton meilleur achat sera probablement la boîte A. Si tu achètes la boîte C parce qu'elle a le plus petit taux unitaire et que son contenu se défraîchit, tu devras peut-être en jeter.

Exemple

Maria cherche un emploi à temps partiel de 15 h par semaine. Trois postes lui sont offerts.

Conseillère dans un camp de jour	Caissière	Aide-bibliothécaire
7,50 $ l'heure	25,00 $ pour 3 h	44,00 $ pour 5 h

a) Quel emploi Maria devrait-elle accepter ?
b) Combien Maria gagnera-t-elle par semaine ?

Réponses

a) Calcule le taux unitaire de chaque emploi. Le taux unitaire est le taux horaire du salaire. Pour l'emploi de conseillère de camp de jour, le taux unitaire est de 7,50 $/h.
Pour l'emploi de caissière, le taux unitaire est : $\frac{25,00\ \$}{3\ h} \approx 8,33\ \$$.
Pour l'emploi d'aide-bibliothécaire, le taux unitaire est :
$\frac{44,00\ \$}{5\ h} = 8,80\ \$/h$.

C'est l'emploi d'aide-bibliothécaire qui paie le plus. Donc, si Maria aime les livres, elle devrait accepter l'offre de la bibliothèque.

b) Maria travaille 15 h par semaine au taux de 8,80 $/h.
Elle gagnera : 15 × 8,80 $ = 132,00 $. Maria gagnera 132,00 $ par semaine en travaillant comme aide-bibliothécaire.

À ton tour

1. Exprime chaque énoncé sous la forme d'un taux unitaire.
   a) 399 $ gagnés en 3 semaines
   b) 680 km parcourus en 8 h
   c) 12 bouteilles de jus pour 3,49 $
   d) 3 boîtes de soupe pour 0,99 $

2. Indique le meilleur achat.
   a) 5 pamplemousses pour 1,99 $ ou 8 pamplemousses pour 2,99 $
   b) 500 g de yogourt pour 3,49 $ ou 125 g de yogourt pour 0,79 $
   c) 100 mL de dentifrice pour 1,79 $ ou 150 mL de dentifrice pour 2,19 $
   d) 2 L de jus d'orange pour 4,49 $ ou 1 L de jus d'orange pour 2,89 $

3. Combien coûte 1 kg de beurre au taux indiqué dans ce dessin ?

4. Monsieur Gomez a parcouru 525 km en 6 h.
   a) Quelle distance moyenne parcourt-il en 1 h ?
   b) Quelle relation y a-t-il entre la distance moyenne et la vitesse moyenne ?
   c) À cette vitesse, en combien de temps Monsieur Gomez parcourra-t-il 700 km ?

5. a) Quelle est la plus grande vitesse moyenne ?
      I) 60 km en 3 h   II) 68 km en 4 h   III) 70 km en 5 h
   b) Construis un diagramme qui fait voir ta réponse en a).

6. Au cours des 9 premiers matchs de basket-ball de la saison, Lashonda a marqué 114 points.
   a) Combien de points marque-t-elle en moyenne par match ?
   b) À ce taux, combien de points Lashonda aura-t-elle après 24 matchs ?

7. Au Canada, le record de la plus grande quantité de neige tombée en un jour est de 118,1 cm et appartient à Lakelse Lake, en Colombie-Britannique. Suppose que la neige est tombée à un taux constant. Quelle quantité de neige est-il tombé en 1 h ?

8. Qui a la plus grande vitesse de frappe moyenne ?
   a) Mei-Lin tape 350 mots en 6 min.
   b) Nishant tape 250 mots en 5 min.
   c) Adam tape 300 mots en 5,5 min.

9. Un sac de 2,5 kg de semence de gazon couvre une aire de 1200 m^2. Combien faudra-t-il de semence pour couvrir un parc carré qui mesure 500 m de côté ?

10. **Objectif d'évaluation** La nourriture que nous mangeons nous apporte de l'énergie sous forme de calories. Quand nous faisons de l'exercice, nous brûlons des calories. Les tableaux suivants présentent des données caloriques sur quelques aliments et activités physiques.

Ces données s'appliquent à une femme qui a une masse de 56 kg. Les données varient selon le sexe et la masse.

Aliment	Apport énergétique (calories)
Pomme moyenne	60
Tranche de pain blanc	70
Pêche moyenne	50
Crème glacée à la vanille et au fudge	290
Beigne glacé au chocolat	204

Activité	Dépense calorique par heure (calories/h)
Sauts	492
Natation	570
Vélo	216
Aérobie	480
Marche	270

Calcul mental

Combien de nombres inférieurs à 150 sont divisibles par 4 et par 6 ? Comment le sais-tu ?

a) Combien de temps une personne doit-elle :
  I) faire du vélo pour brûler les calories d'une pomme ?
  II) marcher pour brûler les calories de deux tranches de pain ?
b) Une personne mange une crème glacée à la vanille et au fudge, et un beigne glacé au chocolat.
  I) Quelle activité lui permettra de brûler les calories le plus vite ? Combien de temps cela prendra-t-il ?
  II) Nomme les deux activités qui brûleraient les calories en 2 h environ.
c) Écris un problème à partir des données du tableau. Résous ton problème. Montre ton travail.

Va plus loin

11. La densité de population est un taux. Ce taux compare le nombre d'habitants et la superficie du territoire où ils vivent. La densité de population se mesure en nombre d'habitants par kilomètre carré.
a) Trouve la densité de population de chaque pays.
  I) Canada : 30 007 094 habitants pour 9 984 670 km^2
  II) Chine : 1 279 557 000 habitants pour 9 562 000 km^2
  III) Japon : 127 538 000 habitants pour 377 727 km^2
b) Comment se comparent les densités de population données en a) ?

Ces données valent pour 2002.

Réfléchis

Qu'est-ce qu'un taux unitaire ?
Décris les types de problèmes que tu peux résoudre à l'aide des taux unitaires.

Révision de mi-module

LEÇONS

2.1
1. Trouve chaque terme manquant.
   a) $x : 10 = 60 : 12$ b) $y : 21 = 9 : 7$
   c) $\frac{z}{15} = \frac{20}{60}$ d) $\frac{a}{21} = \frac{4}{3}$

2. À l'école secondaire du quartier, le rapport entre les garçons et les filles est de 3 à 4. Il y a 1200 garçons. Combien y a-t-il de filles ?

3. Dans un certain lac, le rapport estimé entre les perches et les brochets est 5 : 3. Il y a environ 500 poissons dans ce lac.
   a) Combien y a-t-il de perches ?
   b) Combien y a-t-il de brochets ?

2.2
4. Un bateau mesure 26,5 m de longueur. Un dessin le représente à l'échelle 1 : 200. Quelle est la longueur du bateau dans le dessin ?

5. Pour chaque animal dont la longueur est donnée ci-dessous, indique à quelle échelle tu dessinerais l'animal pour remplir une page de ton cahier de notes. Montre ton travail.
   a) Le colibri d'Hélène est le plus petit oiseau qui existe. Il mesure 5,7 cm de la pointe du bec au bout de la queue.
   b) La baleine bleue est le plus grand animal qui existe. Elle peut mesurer jusqu'à 33 m de longueur.

6. À l'aide des échelles que tu as utilisées à la question précédente, trace un segment de droite qui représente chaque longueur de la question 5.

7. L'amibe est un organisme unicellulaire. Le dessin d'une amibe utilise une échelle 250 : 1. Dans le dessin, l'amibe mesure 9 cm de largeur. Quelle est la largeur réelle de l'amibe ?

2.3
8. Trouve le coût unitaire de chaque article.
   a) 4 L de lait pour 4,29 $
   b) 2,4 kg de boeuf pour 10,72 $
   c) 454 g de margarine pour 1,99 $

9. Quel est le meilleur achat ? Explique chaque réponse.
   a) 6,2 L d'essence pour 5,39 $ ou 8,5 L d'essence pour 7,31 $
   b) 5 bagels pour 3,00 $ ou 12 bagels pour 5,99 $
   c) 2 kg de pommes de terre pour 1,38 $ ou 5 kg de pommes de terre pour 2,79 $

10. Hisan peut taper 86 mots en 2 min. Combien de mots peut-il taper dans chacun des temps suivants ?
    a) 1 min   b) 3 min   c) 12,5 min

2.2
2.3
11. Sur une carte, la distance entre deux villes est de 5,6 cm. Cette carte utilise une échelle 1 : 3 000 000. Un cycliste franchit cette distance en 4 h. Quelle est la vitesse moyenne du cycliste ?

2.4 Calculer des pourcentages

Objectif Calculer des pourcentages qui vont de moins de 1 % à plus de 100 %.

Explore

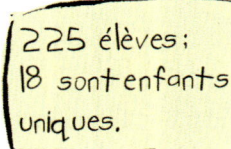

Travaille avec une ou un camarade.
Tu peux utiliser une calculatrice.

Dans une école primaire, il y a 225 élèves.
- Dix-huit élèves sont enfants uniques.
  Estime la fraction des élèves de l'école qui sont enfants uniques.
  Quel pourcentage des élèves de l'école sont enfants uniques ?
- Le tiers des élèves de l'école ont deux frères ou soeurs.
  Estime le pourcentage des élèves qui ont deux frères ou soeurs.
  Quelle fraction des élèves n'ont pas deux frères ou soeurs ?
  Quel pourcentage de l'école cela représente-t-il ?

Explique ton raisonnement

Que remarques-tu au sujet des pourcentages qui correspondent à un tiers et à deux tiers ? En quoi sont-ils différents des autres pourcentages que tu connais ?

Découvre

Lorsque le tout est de 1,0, tu sais que :
$$100 \% = 1,0$$
$$10 \% = 0,10$$
$$1 \% = 0,01$$

Tu peux prolonger cette suite afin d'écrire en nombres décimaux des pourcentages inférieurs à 1 % :
$$0,1 \% = 0,001$$
$$\text{et } 0,5 \% = 0,005$$

Certaines fractions ont des pourcentages dont les décimales se répètent. Tu peux utiliser une calculatrice pour montrer que $\frac{1}{3} = 0,3333333...$ Ce nombre décimal s'écrit $0,\overline{3}$.

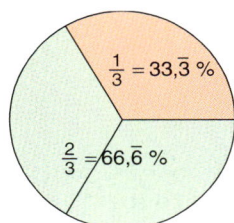

Pour écrire $\frac{1}{3}$ en pourcentage, écris $0,\overline{3}$ comme ceci : $0,33\overline{3}$.
Puis, $0,33\overline{3} = \frac{33,\overline{3}}{100}$
$= 33,\overline{3}\ \%$

Et $\frac{2}{3} = 0,6666\ldots$
$= 0,66\overline{6}$
$= \frac{66,\overline{6}}{100}$
$= 66,\overline{6}\ \%$

Exemple 1

Selon Statistique Canada, la population de l'Ontario était d'environ 11 410 000 en 2001. Environ 0,35 % de la population était formée d'autochtones vivant dans des réserves.

a) Environ combien d'autochtones vivaient dans des réserves ?
b) Vérifie ta réponse à l'aide d'une estimation.
c) Représente ta réponse en a) à l'aide d'un schéma.

Réponses

a) Trouve 0,35 % de 11 410 000.
Écris d'abord 0,35 % en nombre décimal.
$0,35\ \% = \frac{0,35}{100}$
$= 0,0035$
Ensuite, 0,35 % de 11 410 000 $= 0,0035 \times 11\ 410\ 000$
$= 39\ 935$
En 2001, environ 40 000 personnes vivaient dans des réserves en Ontario.

Utilise une calculatrice.

b) 0,35 %, c'est environ 0,33 %.
0,33 % représente environ $\frac{1}{3}$ %, ou le tiers de 1 %.
1 % de 11 410 000, c'est : $0,01 \times 11\ 410\ 000 = 114\ 100$.
114 100, c'est environ 100 000.
$\frac{1}{3}$ de 100 000 est égal à environ 33 000.
Cette estimation est proche de la réponse calculée.

c) Pour montrer 0,35 %, représente d'abord 1 % sur une droite numérique.
Ensuite, représente 0,35 %, qui est environ le tiers de 1 %.

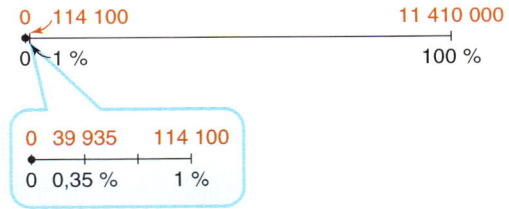

2.4 Calculer des pourcentages

Exemple 2

Selon Statistique Canada, le nombre d'enfants canadiens âgés de 10 à 14 ans en 2001 représentait environ 180 % de ce qu'il était en 1951.
En 1951, il y avait environ 1 131 000 enfants dans ce groupe d'âge.
a) En 2001, environ combien d'enfants de ce groupe d'âge y avait-il au Canada ?
b) Vérifie ta réponse à l'aide d'une estimation.
c) Représente ta réponse en a) à l'aide d'un schéma.

Réponses

a) Trouve 180 % de 1 131 000.
Écris d'abord 180 % en nombre décimal.
$180 \% = \frac{180}{100}$
$= 1{,}80$
Ensuite, 180 % de 1 131 000 = 1,80 × 1 131 000
= 2 035 800
En 2001, au Canada, il y avait environ 2 millions d'enfants âgés de 10 à 14 ans.

b) 180 %, c'est proche de 200 %.
1 131 000, c'est proche de 1 000 000.
200 % de 1 000 000, c'est : 2 × 1 000 000 × 2 000 000.
Cette estimation est proche de la réponse calculée.

c)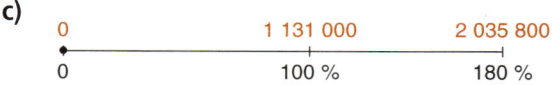

À ton tour

1. Écris chaque pourcentage en nombre décimal.
   Représente chaque pourcentage à l'aide d'un schéma.
   a) 120 % **b)** 250 % **c)** 475 % **d)** 0,3 % **e)** 0,53 % **f)** 0,75 %

2. **a)** Écris chaque fraction en pourcentage.
   I) $\frac{1}{3}$ II) $\frac{2}{3}$ III) $\frac{3}{3}$ IV) $\frac{4}{3}$ V) $\frac{5}{3}$ VI) $\frac{6}{3}$
   b) Quelle régularité remarques-tu dans tes réponses en a) ?
   c) Utilise cette régularité pour écrire chaque fraction en pourcentage.
   I) $\frac{7}{3}$ II) $\frac{8}{3}$ III) $\frac{9}{3}$

3. a) Trouve le pourcentage de chaque nombre. Fais un schéma.
   I) 200 % de 360   II) 20 % de 360
   III) 2 % de 360   IV) 0,2 % de 360

   b) Quelle régularité remarques-tu dans tes réponses en a) ?
   c) À l'aide de la régularité en a), trouve chacun des pourcentages suivants. Explique ton travail.
   I) 2000 % de 360   II) 0,02 % de 360

4. Six cent dix-huit coureurs étaient inscrits au marathon. De ces coureurs, 0,8 % ont fait l'épreuve en moins de 2 h 15 min.
   a) Combien de coureurs ont terminé l'épreuve en moins de 2 h 15 min ?
   b) Vérifie ta réponse à l'aide d'une estimation.

Calcul mental

Quel est le plus petit nombre naturel divisible par 2, 3, 5, 9 et 10 ?

5. Vendredi dernier, 120 personnes ont assisté à la pièce de théâtre *Roméo et Juliette*. L'assistance du samedi représentait 140 % de l'assistance du vendredi.
   a) Combien de personnes sont allées au théâtre le samedi ?
   b) Vérifie ta réponse à l'aide d'une estimation.

6. Cinquante-six élèves se sont inscrits pour jouer dans une pièce de théâtre. De ce nombre, environ 34 % étaient des garçons. Seulement 31 filles se sont présentées aux auditions. Quel pourcentage des filles inscrites se sont présentées aux auditions ?

7. Objectif d'évaluation   À l'époque de la ruée vers l'or de 1888, une ville de la Colombie-Britannique comptait 2000 habitants. En 1910, la ville était devenue une ville fantôme. Sa population représentait 0,75 % de la population en 1888.
   a) Estime la population en 1910. Explique ta réponse.
   b) Calcule la population en 1910.
   c) Trouve la diminution de la population entre 1888 et 1910. Montre ton travail.

Réfléchis

Dans chaque cas, explique comment tu trouves le pourcentage d'un nombre.
- Le pourcentage est inférieur à 1 %.
- Le pourcentage est supérieur à 100 %.

Explique chaque réponse à l'aide d'un exemple.
Fais un schéma.

2.5 Résoudre des problèmes de pourcentages

Objectif : Trouver le tout à partir d'un pourcentage et exprimer une augmentation et une diminution en pourcentage.

Explore

Travaille avec une ou un camarade.

Tasha a réalisé un sondage auprès des élèves de son école.

➢ D'après les résultats, Tasha calcule que 60 % des élèves se rendent à l'école en autobus.
Luc sait que 438 élèves se rendent à l'école en autobus.
Comment Luc peut-il utiliser ces données pour trouver le nombre d'élèves de l'école ?

➢ Tasha constate aussi que les élèves qui se rendent à l'école en autobus sont 50 % plus nombreux que ceux qui s'y rendent à pied ou en automobile.
Environ combien d'élèves se rendent à l'école à pied ou en automobile ?

Montre ton travail à l'aide de droites numériques.

Explique ton raisonnement

Comparez vos résultats avec ceux des élèves d'une autre équipe. Discutez des stratégies que vous avez utilisées pour résoudre les problèmes.

Découvre

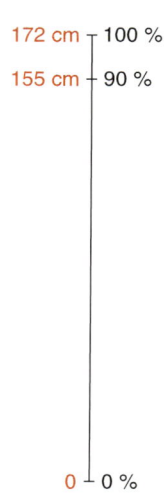

Jérémie a 13 ans et il mesure 155 cm. Sa taille représente environ 90 % de la taille qu'il aura quand il aura fini de grandir.

Pour estimer la taille de Jérémie quand il aura fini de grandir :
90 % de la taille de Jérémie est égal à 155 cm.
Donc, 1 % de sa taille est égal à $\frac{155 \text{ cm}}{90}$.
Et, 100 % de sa taille représente : $\frac{155 \text{ cm}}{90} \times 100 \approx 172{,}2$ cm.
Donc, quand Jérémie aura fini de grandir, sa taille sera d'environ 172 cm.

Quand on connaît le pourcentage d'un tout, il faut diviser pour trouver 1 %, puis multiplier par 100 pour trouver 100 %, c'est-à-dire le tout.

Dans un autre type de problème de pourcentage, il faut trouver le pourcentage d'augmentation ou de diminution. Ce type de problème est illustré à l'**Exemple 1**.

Exemple 1

a) À la cafétéria de l'école, le prix du carton à lait est passé de 95 ¢ à 1,25 $. Quel a été le pourcentage d'augmentation ?

b) En même temps, pour encourager les élèves à manger sainement, on a diminué le prix de la salade verte, qui est passé de 2,50 $ à 1,95 $. Quel a été le pourcentage de diminution ?

Réponses

a) L'augmentation a été de : 1,25 $ − 95 ¢ = 125 ¢ − 95 ¢
$$= 30 \text{ ¢}.$$

Pour trouver le pourcentage d'augmentation, écris l'augmentation en fraction du prix initial : $\frac{30 \text{ ¢}}{95 \text{ ¢}}$.

Utilise une calculatrice. Pour écrire cette fraction en pourcentage : $\frac{30}{95} \approx 0{,}32$
$$= \frac{32}{100}$$
$$= 32 \text{ \%}$$

Le prix du carton à lait a augmenté d'environ 32 %.

```
0 ¢              95 ¢   1,25 $
├────────────────┼──────┤
0 %             100 %  132 %
```

b) La diminution a été de : 2,50 $ − 1,95 $ = 55 ¢.

Pour trouver le pourcentage de diminution, écris la diminution en fraction du prix initial : $\frac{55 \text{ ¢}}{2{,}50 \text{ \$}} = \frac{55}{250}$.

Utilise une calculatrice. Pour écrire cette fraction en pourcentage : $\frac{55}{250} = 0{,}22$
$$= \frac{22}{100}$$
$$= 22 \text{ \%}$$

Le prix de la salade verte a diminué de 22 %.

```
                        ├─55 ¢─┤
0 $                    1,95 $  2,50 $
├──────────────────────┼───────┤
0 %                           100 %
                        ├─22 %─┤
```

Exemple 2

En 2004, l'abonnement à un centre de conditionnement physique coûtait 169,00 $.
En 2005, l'abonnement coûtait 7 % de plus.
Combien coûtait l'abonnement en 2005 ?

Réponses   Voici deux méthodes de calcul du coût en 2005.

2.5 Résoudre des problèmes de pourcentages

1re méthode

Le coût en 2004 était de 169,00 $.
Cela représente 100 %.
En 2005, le coût était 7 % plus élevé.
7 % de 169,00 $
= 0,07 × 169,00 $
= 11,83 $
Donc, le coût en 2005 était :
169,00 $ + 11,83 $ = 180,83 $

2e méthode

Le coût en 2004 était de 169,00 $.
Cela représente 100 %.
En 2005, le coût était 7 % plus élevé.
Cela représente 100 % + 7 %
ou 107 % de 169,00 $.
107 % de 169,00 $
= 1,07 × 169,00 $
= 180,83 $

En 2005, l'abonnement au centre de conditionnement physique coûtait 180,83 $.

À ton tour

1. Trouve chaque nombre. Représente chaque réponse à l'aide d'une droite numérique.
  a) 25 % d'un nombre égale 5.   **b)** 75 % d'un nombre égale 18.
  c) 4 % d'un nombre égale 32.   **d)** 120 % d'un nombre égale 48.

2. Trouve le nombre qui correspond à 100 % dans chaque cas.
  a) 15 % est égal à 125 g.   **b)** 9 % est égal à 45 cm.
  c) 0,8 % est égal à 12 g.

3. Écris chaque augmentation en pourcentage. Représente chaque réponse à l'aide d'une droite numérique.
  a) Le prix d'une maison est passé de 210 000 $ à 225 000 $.
  b) L'élastique de 10 cm s'est étiré jusqu'à 13 cm.

4. Le volume de gaz dans un contenant est de 1500 cm^3. Le gaz est chauffé, et son volume augmente de 20 %. Quel est le nouveau volume du gaz ?

**L'hectare (ha) est une unité de mesure de la superficie.
1 ha = 10 000 m^2**

5. Écris chaque diminution en pourcentage. Représente chaque réponse à l'aide d'une droite numérique.
  a) Le prix de l'essence est passé de 79,9 ¢/L à 75,9 ¢/L.
  b) En Jamaïque, la superficie de la forêt pluviale est passée de 128 800 ha en 1981 à 122 000 ha en 1990.

6. En 1986, il y avait environ 193 000 mineuses et mineurs au Canada. En 2001, le nombre de mineuses et de mineurs avait diminué de 12 %. Combien y avait-il de mineuses et de mineurs en 2001 ?

Spécialiste de la calculatrice

Transcris l'opération suivante.

□□ × 10[□]

Place les chiffres 3, 5 et 7 dans les cases du plus grand nombre de façons possible.

Écris chaque réponse à la forme symbolique.

---

7. Dans un envoi de lecteurs MP3, 2 % sont défectueux. Il y a 5 lecteurs MP3 défectueux. Combien de lecteurs MP3 y a-t-il dans l'envoi ?

8. Stéphane livre 14 journaux en 10 min. Cela représente 10 % des journaux qu'il doit livrer.
   a) Combien de journaux lui reste-t-il à livrer ?
   b) Stéphane continue sa livraison à la même vitesse. Combien de temps lui faudra-t-il pour livrer tous ses journaux ?

9. En moyenne, une fille atteint 90 % de sa taille définitive à l'âge de 11 ans et 98 % de sa taille définitive à l'âge de 17 ans.
   a) Anna a 11 ans. Elle mesure 150 cm. Estime sa taille quand elle aura 20 ans.
   b) Raji a 17 ans. Elle mesure 176 cm. Estime sa taille quand elle aura 30 ans.

10. **Objectif d'évaluation** En moyenne, un garçon atteint 90 % de sa taille définitive à l'âge de 13 ans et 98 % de sa taille définitive à l'âge de 18 ans. À partir de ces données ou des données de la question 9, estime ta taille quand tu auras 21 ans. Explique les suppositions que tu as faites. Montre ton travail.

Va plus loin

11. Voici quelques données sur les trois grands pays d'Amérique du Nord.

Pays	Population en 2004	Superficie (km²)
Canada	32 507 874	9 984 670
États-Unis	293 027 571	9 629 091
Mexique	104 959 594	1 972 550

   a) Combien y a-t-il d'espace par habitant dans chaque pays ?
   b) De quel pourcentage :
      I) la population du Mexique dépasse-t-elle celle du Canada ?
      II) la superficie du Canada dépasse-t-elle celle du Mexique ?
   c) Écris un problème à partir de ces données et résous-le.

Réfléchis

Quelle différence y a-t-il entre un pourcentage d'augmentation et un pourcentage de diminution ? Explique ta réponse et donne des exemples.

2.6 Les taxes de vente, les rabais et les commissions

Objectif Explorer l'emploi des pourcentages en mathématiques du consommateur.

Explore

Travaille avec une ou un camarade.

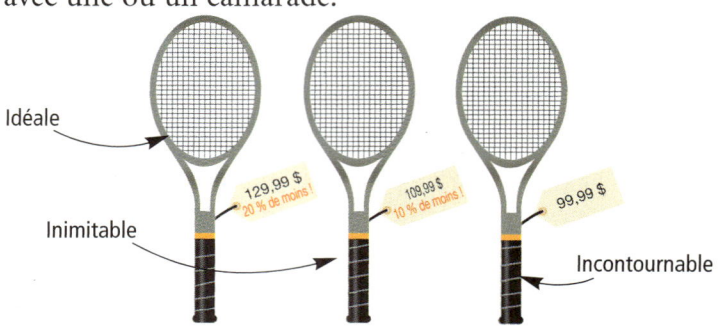

Idéale — 129,99 $ 20 % de moins !
Inimitable — 109,99 $ 10 % de moins !
Incontournable — 99,99 $

Fais une estimation pour trouver la raquette la moins chère.
Pour vérifier ton estimation, calcule le prix de vente de chaque raquette.

Explique ton raisonnement

Comparez vos réponses avec celles des élèves d'une autre équipe.
Si vous avez utilisé la même méthode, pensez à une autre façon de trouver chaque prix de vente.

Découvre

Quand un article est en solde à 20 % de moins, on dit qu'il y a un **rabais** de 20 %.
Un rabais de 20 % sur le prix de vente d'un article signifie que tu paies :
100 % − 20 % = 80 % du prix courant.

Un jeu vidéo est offert à 30 % de rabais.
Son prix courant est de 27,99 $.
Le prix de vente du jeu vidéo est : 100 % − 30 %, ou 70 % de 27,99 $.
70 % de 27,99 $ = 0,7 × 27,99 $
            = 19,59 $

C'est le prix avant les taxes de vente.
La taxe de vente provinciale (TVP) est de 8 %.
La taxe sur les produits et services (TPS) est de 7 %.
Donc, la somme des taxes de vente est : 8 % + 7 % = 15 %.

Ainsi, le prix que tu paies est de : 19,59 $ + 15 % de 19,59 $.
Tu peux faire ce calcul directement : 115 % de 19,59 $ = 1,15 × 19,59 $
= 22,53 $

Un grand nombre de vendeuses et de vendeurs touchent une commission. Une **commission** est un pourcentage de la somme reçue pour la vente d'un article.

Exemple

Une agente immobilière vend une maison 219 000 $.
Elle touche une commission de 2,5 %.
Combien l'agente touche-t-elle sur cette vente ?

Réponses

L'agente immobilière touche 2,5 % de 219 000 $.
C'est-à-dire : 0,025 × 219 000 $ = 5475 $.
L'agente immobilière touche 5475 $.

À ton tour

Tu peux utiliser une calculatrice.
1. Pour chaque article :
   a) estime la TVP et la TPS ;
   b) calcule la TVP et la TPS ;
   c) calcule le prix incluant les taxes.

   I)   II)

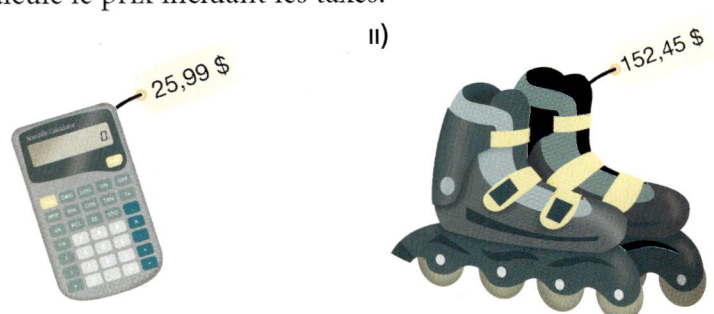

2.6 Les taxes de vente, les rabais et les commissions

2. Pour chaque article :
   a) estime le rabais ;
   b) calcule le rabais ;
   c) calcule le prix de vente avant taxes ;
   d) calcule le prix de vente incluant les taxes.

   I)   II)

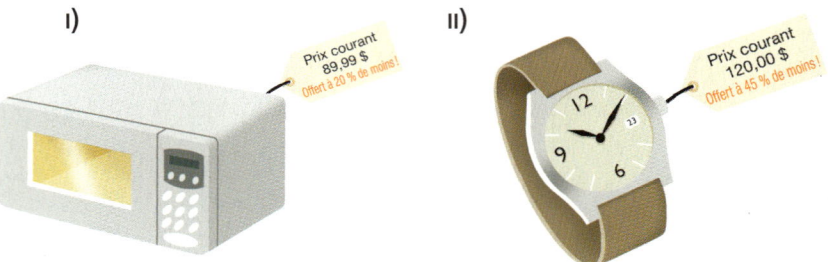

Prix courant 89,99 $ — Offert à 20 % de moins !

Prix courant 120,00 $ — Offert à 45 % de moins !

3. Durant un solde, un sèche-cheveux de 18,98 $ est offert à 11,39 $.
   a) Quel est le pourcentage de diminution ?
   b) Calcule le prix de vente incluant les taxes.

4. Un concessionnaire d'automobiles offre deux rabais au choix sur une voiture de 25 000 $.
   Choix A : un rabais de 4000 $
   Choix B : un rabais de 20 %
   Quel choix représente la meilleure affaire pour le client ? Explique ta réponse.

5. Un club vidéo offre les choix suivants :
   Choix A : 30 % de rabais sur chaque vidéo d'un prix courant de 25,00 $
   Choix B : Deux vidéos pour 40,00 $
   Quel choix représente la meilleure affaire pour le client ? Explique ta réponse.

6. Un vendeur touche ses commissions selon une *échelle mobile* : plus il vend, plus son taux de commission est élevé. Jacques gagne 3 % de commission sur ses ventes jusqu'à concurrence de 75 000 $ de ventes par mois, et 5 % de commission sur les ventes supplémentaires. Quelle commission Jacques touche-t-il lorsqu'il vend pour 90 000 $?

7. Une maison neuve se vend 304 000 $. Trois ans plus tard, sa valeur marchande a augmenté de 28 %. Quelle est la nouvelle valeur marchande de la maison ?

Stratégie numérique

Énumère les facteurs premiers de chaque nombre.

72, 192, 210, 1890

Va plus loin

8. Une boutique de vêtements réduit de 20 % le prix de tout article qui n'est pas vendu après 3 semaines. Elle réduit encore le prix de 30 % si l'article n'est toujours pas vendu après 6 semaines. Si l'article n'est pas vendu après 7 semaines, la boutique réduit encore le prix de 10 %.
   a) Estime le prix, après 8 semaines, d'un manteau dont le prix courant était 289,50 $.
   b) Calcule le prix de vente incluant les taxes.

9. **Objectif d'évaluation**   Deux magasins vendent le même article au même prix.
   - Le magasin A offre des rabais consécutifs de 5 % une semaine, 10 % la semaine suivante et 10 % la troisième semaine.
   - Le magasin B offre un rabais de 25 % la troisième semaine.

   Quelle offre représente le meilleur rabais ? Explique ta réponse. Montre ton travail.

10. Lors d'un solde à 20 % de rabais, une radio était offerte au prix de 35,96 $. Quel était le prix courant de cette radio ?

11. Le prix d'une combinaison de ski est réduit de 28,38 $. Cela représente un rabais de 33 %.
    a) Quel est le prix courant de la combinaison ?
    b) Quel est le prix réduit de la combinaison, incluant les taxes ?

12. Durant une promotion, un magasin offre de payer les taxes de vente sur tout article que tu achètes. En réalité, tu paies les taxes, mais elles sont calculées sur un prix inférieur.
    Suppose que tu achètes un article à 100 $. Les taxes sont de 15 %.
    a) Quel est le véritable prix de vente de l'article ?
    b) À combien les taxes s'élèvent-elles ?

Réfléchis

Explique comment les pourcentages sont utilisés dans le monde qui t'entoure.
Explique ta réponse et donne des exemples.

2.7 L'intérêt simple

Objectif Étudier l'intérêt simple.

Lorsque tu achètes des obligations d'épargne du Canada (OEC), tu prêtes de l'argent au gouvernement canadien. Le gouvernement te paie pour emprunter ton argent. Il paie un pourcentage de la somme que tu as placée. Si tu as placé une somme pour 1 an en 2004, le gouvernement t'a payé 1,55 % sur cette somme.

Explore

Travaille individuellement.
Tu as besoin d'une calculatrice.
Suppose que tu as acheté une OEC de 500 $ en 2004.
Estime la somme que le gouvernement te paiera pour 1 an.
Calcule la somme que le gouvernement te paiera pour 1 an.
Tu achètes une OEC de 1000 $ et une OEC de 1500 $.
Quelle somme le gouvernement te paiera-t-il dans chaque cas?

Explique ton raisonnement

Compare tes réponses et tes solutions avec celles d'une ou d'un camarade. Quelle régularité remarques-tu dans les réponses?

Découvre

L'**intérêt** est le « loyer » que tu paies quand tu empruntes de l'argent, ou le « loyer » qu'on te paie quand tu épargnes de l'argent.
Tu peux payer de l'intérêt quand tu achètes quelque chose que tu paies plus tard.

Mahée a acheté un ordinateur pour ses études collégiales.
Il coûtait 1250 $. Mahée n'avait aucun paiement à effectuer avant 1 an.
Le magasin lui a facturé de l'intérêt au taux de 11,5 % pour cette année.
À la fin de l'année, Mahée a payé l'intérêt suivant :
11,5 % de 1250 $ = 0,115 × 1250 $
$\qquad\qquad\qquad\quad$ = 143,75 $

Mahée a donc payé, en tout : 1250 $ + 143,75 $ = 1393,75 $.

Quand l'intérêt est calculé à la fin de la période de l'emprunt ou du placement, on l'appelle **intérêt simple**.

Exemple 1

Joe a emprunté 7500 $ à sa mère pour acheter une voiture.
Sa mère lui a demandé 3,5 % d'intérêt simple par année pendant 2 ans.
Joe remboursera sa dette par versements mensuels égaux sur 2 ans.
   a) Quelle somme Joe paie-t-il en intérêt simple ?
   b) Quelle est la somme de chaque versement mensuel ?

Réponses

a) Joe paie 3,5 % par année pendant 2 ans.
Chaque année, Joe paie 3,5 % de 7500 $ = 0,035 × 7500 $
                                        = 262,50 $.
Donc, pendant 2 ans, Joe paie l'intérêt simple suivant :
2 × 262,50 $ = 525,00 $

b) En tout, Joe paie : 7500 $ + 525,00 $ = 8025,00 $.
Il y a 12 mois dans une année, donc 24 mois dans 2 ans.
Joe fait 24 versements mensuels.
Chaque versement mensuel est de : 8025,00 $ ÷ 24 = 334,38 $.

Dans l'**Exemple 1,** on peut calculer l'intérêt simple directement.
L'intérêt simple pour 1 an représente :
somme empruntée ou placée × taux d'intérêt en nombre décimal.
L'intérêt simple pour 2 ans représente :
somme empruntée ou placée × taux d'intérêt en nombre décimal × 2.

Pour calculer l'intérêt simple, on utilise la formule $I = Ctd$.
   I signifie l'intérêt simple.
   C, c'est la somme empruntée, placée ou déposée ; C signifie **capital.**
   t représente le taux d'intérêt annuel en nombre décimal.
   d, c'est la durée en années.

L'intérêt simple peut être facturé ou payé pour une durée
de moins d'un an.

Exemple 2

Anouk emprunte 1500 $ pour 6 mois.
Le taux d'intérêt annuel est de 7 %.
   a) Quel intérêt simple Anouk paie-t-elle ?
   b) Quelle somme Anouk doit-elle rembourser ?

2.7 L'intérêt simple

Réponses

Rappelle-toi que *t* **représente le taux d'intérêt en nombre décimal.**

Utilise une calculatrice.

a) Utilise la formule $I = Ctd$.
   Le capital, C, est de 1500 $.
   Le taux d'intérêt annuel, t, est de 7 %, ou 0,07.
   Comme la durée, d, est mesurée en années,
   écris 6 mois en fraction de 1 an :
   $\frac{6}{12} = \frac{1}{2} = 0,5$
   Effectue les substitutions : $C = 1500$, $t = 0,07$ et $d = 0,5$.
   Donc, $I = 1500 \times 0,07 \times 0,5$
   $= 52,5$
   Anouk paie 52,50 $ d'intérêt.

b) Anouk rembourse le capital et l'intérêt :
   1500 $ + 52,50 $ = 1552,50 $.

Dans les **Exemples 1 b)** et **2 b)**, le capital + l'intérêt représente la **somme**.

À ton tour

Tu peux utiliser une calculatrice.

1. Écris chaque pourcentage en nombre décimal.
   a) 5 % b) 7 % c) 3 % d) 1,25 %
   e) 3,5 % f) $3\frac{1}{4}$ % g) $5\frac{3}{4}$ % h) $2\frac{1}{2}$ %

2. Calcule l'intérêt simple payé sur chaque dépôt.

	Dépôt ($)	Taux d'intérêt annuel (%)	Durée (années)
a)	300	3	1
b)	550	4	2
c)	800	2	3

3. Calcule l'intérêt simple facturé sur chaque prêt.

	Prêt ($)	Taux d'intérêt annuel (%)	Durée (années)
a)	4 000	7	3
b)	10 000	9	2
c)	2 960	5	5

Spécialiste de la calculatrice

Transcris les cases ci-dessous.

Remplace chaque case par un des chiffres 5, 6, 8 et 9 afin d'obtenir le produit le plus près possible de 5000.

Va plus loin

4. Calcule l'intérêt simple et la somme.
   a) 2500 $ placés au taux d'intérêt annuel de 6 % pendant 6 mois
   b) 6000 $ placés au taux d'intérêt annuel de 6 % pendant 3 ans
   c) 700 $ placés au taux d'intérêt annuel de 8 % pendant 3 mois

5. Marc emprunte 2000 $ au taux annuel de 7 % pendant 4 ans. Il rembourse son emprunt par versements mensuels égaux.
   a) Quel intérêt simple Marc paie-t-il?
   b) Quelle est la somme de chaque versement mensuel?

6. Suzanne a une obligation d'épargne de 500 $. Elle a cette obligation depuis 1,5 an. L'obligation lui rapportait 2,5 % d'intérêt par an. Suzanne encaisse son obligation. Quelle somme d'argent reçoit-elle?

7. Mumtaz emprunte 3350 $ d'une amie. Elle remboursera son emprunt après 8 mois, y compris l'intérêt au taux annuel de 6,25 %. À combien l'emprunt de Mumtaz s'élève-t-il après 8 mois?

8. Objectif d'évaluation   Marie a gagné 1 000 000 $ à la loterie. Elle a investi cet argent dans l'entreprise d'un ami. L'ami paie à Marie de l'intérêt simple au taux annuel de 4 %. Rédige un problème à partir de ces données. Résous ton problème. Montre ton travail.

9. Harpreet a emprunté 2575 $ pour lancer une entreprise. Il remboursera son emprunt dans 18 mois. Il paie de l'intérêt simple au taux annuel de $12\frac{1}{4}$ %. À combien l'emprunt de Harpreet s'élèvera-t-il dans 18 mois?

10. Si tu empruntes 600 $ pendant 1 an et que tu paies 45,00 $ en intérêt, quel est le taux d'intérêt de ton emprunt?

Réfléchis

Qu'est-ce que l'intérêt simple?
Comment reçoit-on de l'intérêt simple?
Comment paie-t-on de l'intérêt simple?
Explique ta réponse et donne des exemples.

Poser des problèmes de mathématiques

Les gens voient les objets et les événements de la vie de différentes façons. Ils ont des perspectives différentes et posent des questions différentes. La personne qui a une perspective historique pourrait demander comment l'objet a été inventé, qui l'a inventé, où, etc.

La personne qui a une perspective scientifique pourrait demander comment l'objet fonctionne, de quels matériaux il est fait ou comment on pourrait l'améliorer. Employer les mathématiques, c'est souvent voir des mathématiques dans les objets et les événements quotidiens. La personne qui a une perspective mathématique pourrait poser des questions sur les nombres, les formes, les régularités et les relations.

Voici quelques questions et problèmes que tu pourrais poser au sujet des pupitres en te guidant sur les domaines des mathématiques.

Les nombres

- Combien y a-t-il de pupitres dans l'école ?
- Dans l'école, quel est le rapport entre le nombre de pupitres et d'élèves ? Pourquoi ?
- Combien de pupitres doit-on remplacer chaque année ?
- Combien coûte un pupitre neuf ?

La géométrie

- Pour faire un pupitre, le fabricant découpe beaucoup de morceaux dans des feuilles de matériau (métal ou bois). Quelles figures géométriques utilise-t-on pour fabriquer un pupitre ?
- Quelle est la meilleure façon de placer et de découper ces figures dans des feuilles de matériau afin d'économiser les matériaux ?
- Comment peut-on empiler les pupitres pour économiser une partie de l'espace ?
- Comment peut-on empiler les pupitres si l'on en démonte certaines parties et qu'on les agence autrement ?
- Quel emballage créerais-tu pour protéger les pupitres pendant leur transport ?

Lire et écrire en Math

La mesure

- Quel est le coût le plus bas de livraison de l'ensemble des pupitres nécessaires à une nouvelle école ?
- Quelle distance y a-t-il entre l'usine de pupitres et l'école ?
- Quel est le coût d'exploitation d'un camion de livraison ?
- Quel est le volume d'un pupitre ?
- Combien d'espace y a-t-il dans un camion de livraison ?
- Combien de voyages un camion doit-il faire pour livrer tous les pupitres ?

La régularité

- D'après l'accroissement de la population de notre école, quelle somme d'argent l'école doit-elle économiser pour les achats de pupitres des 10 prochaines années ?
- Combien de pupitres devrons-nous acheter au cours des 10 prochaines années ?

Le traitement des données

- Le fabricant de pupitres doit connaître le nombre de pupitres à fabriquer au cours de la prochaine année. Que lui suggérerais-tu ?
- Quels seraient les coûts types d'une année ?
- Comment présenterais-tu cette information sous forme de tableaux et de diagrammes ?

Plusieurs de ces problèmes font appel à des connaissances et à des habiletés liées à plus d'un domaine mathématique.

Choisis un objet ou un événement.
Rédige une série de problèmes mathématiques liés à ton choix. Échange tes problèmes contre ceux d'une ou d'un camarade. Résous les problèmes que tu reçois.

Révision du module

Ce que je dois savoir

✓ Pour obtenir un *rapport équivalent*, tu dois multiplier ou diviser les termes d'un rapport par le même nombre.
Par exemple :
10 : 16 = (10 × 2) : (16 × 2) = 20 : 32
10 : 16 = (10 ÷ 2) : (16 ÷ 2) = 5 : 8
5 : 8, 10 : 16 et 20 : 32 sont des rapports équivalents.

✓ Une *proportion* est un énoncé d'égalité entre deux rapports.

✓ Un *dessin à l'échelle* est une réduction ou un agrandissement d'un objet. L'échelle peut être donnée sous forme de rapport.

✓ Les *figures semblables* ont :
- des angles correspondants égaux ;
- des côtés correspondants dans le même rapport.

Le rapport des aires de figures semblables est égal au carré du rapport des côtés correspondants. Par exemple, si le rapport des côtés est 1 : 2, le rapport des aires est 1 : 4.

✓ Un *taux* permet de comparer deux quantités sous forme d'unités différentes.
Par exemple : 500 km en 4 h est un taux.
Il suffit de diviser 500 km par 4 h pour obtenir le taux unitaire de $\frac{500 \text{ km}}{4 \text{ h}}$, ou 125 km/h.

✓ Pour calculer un *pourcentage de diminution*, divise la diminution par la valeur initiale, puis écris le quotient en pourcentage.

✓ Pour calculer un *pourcentage d'augmentation*, divise l'augmentation par la valeur initiale, puis écris le quotient en pourcentage.

✓ L'*intérêt simple* est calculé sur les sommes d'argent empruntées ou sur les sommes d'argent placées.
La formule de l'intérêt simple est : $I = Ctd$, où C est le capital, t est le taux d'intérêt annuel en nombre décimal et d est la durée en années.

Ce que je dois faire

Pour des exercices supplémentaires, va à la page 489.

LEÇONS

2.1

1. Sylvia et Renata ont reçu des sommes d'argent dans un rapport de 5 à 3. Sylvia a reçu 60 $. Quelle somme Renata a-t-elle reçue ?

2. Aux Jeux olympiques de 2004, le rapport entre les médailles d'or remportées par le Canada et les médailles d'or remportées par la Grèce était 1 : 2. Ensemble, le Canada et la Grèce ont remporté 9 médailles d'or.
   a) Combien de médailles d'or le Canada a-t-il remportées ?
   b) Combien de médailles d'or la Grèce a-t-elle remportées ?

3. Au cours de la saison de hockey junior, l'équipe de Sainte-Croix a gagné en moyenne 3 matchs sur 4. L'équipe a disputé 56 matchs. Combien de matchs a-t-elle perdus ?

4. Une recette de punch nécessite du jus d'orange et une boisson gazeuse dans un rapport 2 : 5. La recette pour 7 personnes requiert 1 L de boisson gazeuse.
   a) Combien faut-il de jus d'orange pour servir 7 personnes ?
   b) Combien de jus d'orange et de boisson gazeuse faut-il environ pour servir 15 personnes ? Combien en faut-il pour servir 20 personnes ? Explique tes réponses.

2.2

5. Le dessin d'un insecte est réalisé selon une échelle 15 : 1. Dans le dessin, l'insecte mesure 2,5 cm de longueur. Quelle est la longueur réelle de l'insecte ?

6. Une carte routière a une échelle où 1 cm représente 2,5 km. Viviane parcourt 45 km en voiture. Quelle distance cela représente-t-il sur la carte ?

2.3

7. Pierre garde des enfants à un taux de 5,50 $/h. Cet été, il a gagné 1155 $. Combien d'heures Pierre a-t-il gardé des enfants ?

8. Un marcheur parcourt 2,5 km en 20 min.
   a) Quelle est sa vitesse moyenne en kilomètres par minute ?
   b) Quelle est sa vitesse moyenne en kilomètres par heure ?

9. En course à pied, Kieran a fait 8 tours de piste en 18 min. Jevon a fait 6 tours de piste en 10 min. Qui a réalisé la meilleure vitesse moyenne ? Comment le sais-tu ?

2.4

10. Quarante pour cent du corps d'une personne moyenne est constitué de muscles.
    a) Ali a une masse de 73 kg. Quelle est la masse de ses muscles ?
    b) Quelle est la masse de tes muscles ? Comment le sais-tu ?
    c) Présente tes réponses à l'aide d'un schéma.

11. Des 2000 bocaux de sauce aux tomates d'une livraison, 0,85 % étaient cassés.

LEÇONS

a) Estime le nombre de bocaux cassés.

b) Calcule le nombre de bocaux cassés.

c) Représente ta réponse en b) à l'aide d'un schéma.

2.5 12. Joline collectionne des cartes de hockey. Elle a besoin de 5 cartes pour compléter un ensemble. Cela représente 20 % de l'ensemble. Combien y a-t-il de cartes dans l'ensemble ? Explique ta réponse.

13. Le niveau d'eau d'un réservoir était de 15 m. Un orage a fait augmenter le niveau d'eau de 15 %. Quel est le niveau d'eau maintenant ?

14. À un examen, Jana a obtenu la note 39. Cela représentait 60 % de la note possible. Quelle était la note possible ?

15. Environ 310 000 t de morue de l'Atlantique ont été pêchées en 1991. En 2001, la masse de morue pêchée était inférieure de 87 %. Quelle masse de morue a-t-on pêchée en 2001 ?

16. Au rebond, une balle parcourt 64 % de la distance de sa chute. Le rebond est de 72 cm de hauteur. De quelle hauteur la balle était-elle tombée ?

2.4
2.5 17. Un drap neuf mesure 210 cm sur 240 cm. Au premier lavage, il rétrécit de 2 % dans le sens de la longueur et dans le sens de la largeur.

a) Quelles sont les dimensions du drap après le premier lavage ?

b) Quel est le pourcentage de diminution de l'aire du drap ?

2.6 18. Un lecteur de disques portatif est offert en solde. Voici l'annonce : « Économisez 20 $. Ne payez que 49,99 $. »

a) Quel est son prix courant ?

b) Quel est le pourcentage de rabais ?

19. À la boutique Aérobis, un vêtement de gymnastique se vend 89,99 $. En août, pour la rentrée des classes, la boutique offre un rabais de 25 %. Calcule le prix du vêtement incluant les taxes.

20. Une famille vend sa maison 350 000 $ et paie une commission de 5 %.

a) À combien la commission s'élève-t-elle ?

b) Quelle somme d'argent la famille a-t-elle reçue pour sa maison ?

c) Si la famille avait vendu sa maison par l'intermédiaire d'un agent qui ne demandait que $2\frac{3}{4}$ % de commission, combien aurait-elle économisé ?

2.7 21. Trouve l'intérêt simple payé sur un placement d'une durée de 3 mois de 7500 $ à 2 % par an.

22. Jorane emprunte 1500 $ à sa mère. Elle promet de la rembourser dans $1\frac{1}{2}$ an avec intérêt simple de $7\frac{3}{4}$ % par an.

a) Combien représente l'intérêt que Jorane paiera ?

b) Quelle somme Jorane paiera-t-elle dans $1\frac{1}{2}$ an ?

c) Si Jorane remboursait son emprunt par versements mensuels, à combien s'élèverait chaque versement ?

Test pratique

1. Le rapport entre l'essence et l'huile du carburant à moteur hors-bord est 50 : 1.
   Quelle quantité d'huile faut-il pour 25,5 L d'essence ?

2. Spyri fait le trajet d'Edmonton à Grande Prairie. Sur la carte, la distance mesure 9,1 cm. L'échelle de la carte est 1 : 5 000 000.
   a) Quelle est la distance réelle entre les deux villes ?
   b) La voiture de Spyri consomme 1 L d'essence pour parcourir 7,5 km.
      Combien d'essence lui faudra-t-il pour effectuer le trajet ?
   c) Spyri estime que sa vitesse moyenne sera de 70 km/h.
      Combien de temps lui faudra-t-il pour effectuer le trajet ?
   d) Si Spyri augmentait sa vitesse moyenne de 10 km/h, combien de temps gagnerait-elle ?

3. Lors d'un examen à choix multiples, Benjamin a obtenu 1 point pour chaque bonne réponse. Il a répondu correctement à 75 des 135 questions de l'examen. La note de passage est de 55 %. Benjamin a-t-il passé l'examen ? Explique ta réponse.

4. La classe de 8e année a vendu 77 boîtes de chocolats aux amandes. Cela représente 22 % des boîtes de chocolats vendues.
   a) Estime le nombre total de boîtes vendues.
   b) Calcule le nombre de boîtes vendues.

5. Jacinthe a emprunté 3500 $ au taux annuel d'intérêt simple de 12 %. Calcule la somme d'argent qu'elle remboursera au bout de 2 ans.

6. Le prix d'une maison a augmenté de 20 % entre 2002 et 2003. Le prix de la maison a diminué de 20 % entre 2003 et 2004. Le prix de la maison au début de 2002 était-il égal au prix à la fin de 2004 ?
   Si tu as répondu « oui » à la question, explique ta réponse.
   Si tu as répondu « non », indique à quel moment le prix de la maison était le plus bas.

Problème du module — Où vivre ?

Alice a 18 ans. Elle projette d'aller à l'université pendant 4 ans pour étudier l'animation informatique. Alice a le choix entre :
- vivre chez elle et acheter une voiture pour se rendre à l'université chaque jour, ce qui représente 60 km aller et retour ; et
- vivre en résidence et payer 15 000 $ par an pour le logement et les repas.

Voici les prix courants de quelques voitures neuves et de quelques voitures d'occasion.

Voiture	Neuve ($)	D'occasion ($)	Consommation d'essence en ville (L/100 km)
Hyundai Accent	12 895	10 495	8,0
Kia Spectra	14 995	9 995	10,0
Chevrolet Aveo	13 480	11 195	8,8

Si Alice achète une voiture, elle devra payer la TPS et la TVP. Elle devra aussi payer l'entretien de la voiture, l'assurance et les frais d'immatriculation. Une voiture neuve ne devrait pas demander autant de réparations qu'une voiture d'occasion. Interroge un membre de ta famille ou une ou un camarade. Détermine le coût des réparations, de l'entretien et de l'essence d'une voiture.
Alice devrait-elle acheter une voiture ou vivre en résidence ?
Explique ta réponse.

Liste de contrôle

Ton travail devrait montrer :

- ✓ les méthodes que tu as utilisées pour calculer et comparer les coûts liés à l'achat d'une voiture neuve ou d'une voiture d'occasion et à la vie en résidence ;
- ✓ les calculs exacts des taux unitaires et de tous les coûts incluant les taxes ;
- ✓ tes conclusions et tes explications ;
- ✓ des explications claires, formulées dans un langage mathématique approprié.

Retour sur le module

Quelles relations y a-t-il entre le rapport, le taux et le pourcentage ?
À quoi ta connaissance des pourcentages peut-elle te servir, en dehors de la salle de classe ? Explique ta réponse et donne des exemples.

MODULE 3
La géométrie et la mesure

Ces élèves dressent une tente. Qu'est-ce qui indique aux élèves la façon de dresser la tente ?
Comment est créée la forme de la tente ?
Comment les élèves pourraient-ils déterminer la quantité de matériaux nécessaires pour construire la tente ?
Pourquoi les élèves voudraient-ils connaître le volume de la tente ?

Tes objectifs d'apprentissage

- Reconnaître et dessiner des solides.
- Utiliser des développements pour construire des solides.
- Développer et utiliser une formule pour calculer l'aire totale d'un prisme triangulaire.
- Développer et utiliser une formule pour calculer le volume d'un prisme triangulaire.
- Résoudre des problèmes qui portent sur les prismes.

Pourquoi est-ce important ?

- Tu apprends à connaître ton environnement en examinant diverses vues des solides. Quand tu combines ces vues, tu comprends mieux ces solides.
- Tu dois posséder des habiletés de mesure et de calcul pour réussir à concevoir et à construire des solides tels que des maisons et des parcs.

Mots clés

- un schéma isométrique
- un schéma tridimensionnel
- un prisme triangulaire
- l'aire totale
- le volume

Utilise tes connaissances

Faire des schémas isométriques et des schémas tridimensionnels

Un **schéma isométrique** montre les trois dimensions d'un solide. Tu le dessines sur du papier à points isométrique. Des segments de droite verticaux représentent les arêtes verticales du solide. Des segments de droite horizontaux représentent les arêtes horizontales du solide.

Exemple 1

Fais un schéma isométrique de ce solide.

Réponses

Sur du papier à points isométrique, relie des paires de points pour représenter les arêtes verticales.

Relie des paires de points qui montent vers la droite, en diagonale, pour représenter les arêtes horizontales.

Relie des paires de points qui montent vers la gauche, en diagonale, pour représenter les arêtes horizontales. Hachure les faces du solide pour qu'il paraisse tridimensionnel.

Dans un **schéma tridimensionnel**, tu dessines la profondeur du solide à une échelle plus petite que la longueur et la largeur. Cela donne au solide une apparence tridimensionnelle.

Exemple 2

Fais un schéma tridimensionnel de ce cylindre.

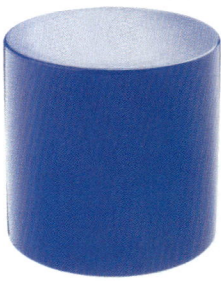

Réponses

Les faces du dessus et du dessous d'un cylindre sont des cercles. Dans un schéma tridimensionnel, une face circulaire est représentée par un ovale. La moitié de la circonférence de la face circulaire du dessous est représentée par une courbe pointillée. Cela indique que cette moitié n'est pas visible. Trace des segments de droite verticaux pour relier l'ovale du haut à celui du bas.

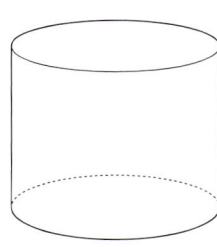

1. Fais un schéma isométrique de chaque solide.
    a) un prisme rectangulaire qui mesure 3 unités sur 4 unités sur 5 unités
    b) une pyramide à base carrée

    Rappelle-toi de chercher dans le *Glossaire* tout terme dont tu ne connais pas la définition.

2. Fais un schéma tridimensionnel de chaque solide.
    a) un prisme rectangulaire qui mesure 3 unités sur 4 unités sur 5 unités
    b) un tétraèdre régulier

Calculer l'aire totale et le volume d'un prisme rectangulaire

L'aire totale d'un prisme rectangulaire correspond à la somme des aires de ses faces. Puisque les faces opposées sont congruentes, la formule suivante peut servir à déterminer l'aire totale :
Aire totale = 2 × aire de la base + 2 × aire de la face de côté + 2 × aire de la face de devant.
Tu peux utiliser des symboles pour écrire : $A_t = 2Ll + 2hl + 2Lh$.
Puisque les faces congruentes se présentent par paires, tu peux récrire cette formule sous la forme :
$A_t = 2(Ll + hl + Lh)$.
Dans cette formule,
L représente la longueur, l représente la largeur et h représente la hauteur.

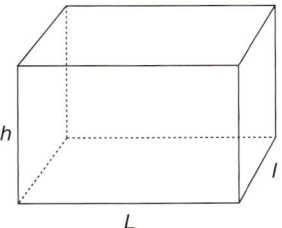

Le volume d'un prisme rectangulaire correspond à l'espace occupé par le prisme. Voici une formule pour calculer le volume : Volume = aire de la base × hauteur.
Tu peux utiliser des symboles pour écrire : $V = Llh$.

Exemple 3

Les dimensions d'un prisme rectangulaire sont de 4 m sur 6 m sur 3 m.
a) Calcule son aire totale.   b) Calcule son volume.

Réponses

Fais un schéma tridimensionnel, puis indique chaque dimension.

a) Utilise la formule qui permet de calculer l'aire totale d'un prisme rectangulaire :
$A_t = 2(Ll + hl + Lh)$
Effectue les substitutions : $L = 6$, $l = 4$ et $h = 3$.
$A_t = 2(6 \times 4 + 3 \times 4 + 6 \times 3)$ À l'intérieur des parenthèses, tu dois multiplier, puis additionner.
$= 2(24 + 12 + 18)$
$= 2(54)$
$= 108$
L'aire totale est de 108 m².

L'aire et l'aire totale se mesurent en unités carrées (m²).

b) Utilise la formule qui permet de calculer le volume d'un prisme rectangulaire :
$V = Llh$
Effectue les substitutions : $L = 6$, $l = 4$ et $h = 3$.
$V = 6 \times 4 \times 3$
$= 72$
Le volume est de 72 m³.

Le volume se mesure en unités cubes (m³).

Un cube est un polyèdre régulier qui a 6 faces carrées. Puisque toutes les faces d'un cube sont congruentes, tu peux simplifier les formules qui permettent de calculer l'aire totale et le volume. Chaque arête est représentée par c.
L'aire de chaque face est égale à $c \times c = c^2$.
Donc, l'aire totale d'un cube est donnée par : $A_t = 6c^2$.
Le volume d'un cube est donné par : $V = c \times c \times c = c^3$.

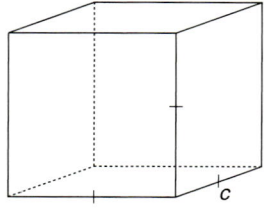

3. Trouve l'aire totale et le volume de chaque prisme rectangulaire.
Fais un schéma tridimensionnel pour chaque prisme rectangulaire et indique les dimensions.
a) 12 cm sur 6 cm sur 8 cm   b) 7 mm sur 7 mm sur 4 mm
c) 2,50 m sur 3,25 m sur 3,25 m   d) 5 cm sur 5 cm sur 5 cm

Calculer l'aire d'un triangle

Chacune de ces formules permet de calculer l'aire d'un triangle :
Aire = base × hauteur ÷ 2
Aire = un demi × base × hauteur

Tu peux utiliser des symboles
pour écrire : $A = \frac{bh}{2}$ ou $A = \frac{1}{2}bh$,
où b est la longueur de la base et h est la hauteur correspondante.

Ces formules sont équivalentes. Diviser *bh* par 2 donne le même résultat que multiplier *bh* par $\frac{1}{2}$.

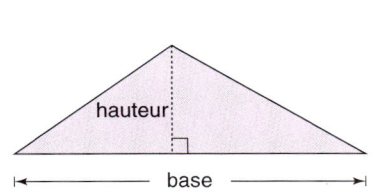
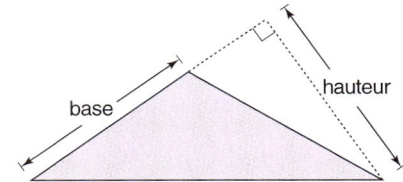

Exemple 4

Les côtés de △PQR mesurent 12 cm, 5 cm et 13 cm.

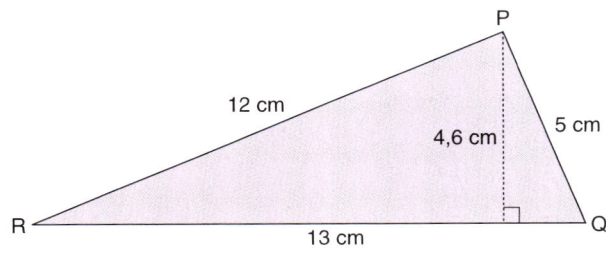

a) La hauteur du sommet P au côté QR est d'environ 4,6 cm.
   Utilise cette mesure pour calculer l'aire de △PQR.

b) Le triangle PQR est un triangle rectangle dont ∠P = 90°.
   Utilise cette propriété pour calculer l'aire de △PQR d'une autre façon.

Réponses

a) Utilise la formule : $A = \frac{bh}{2}$.
   Effectue les substitutions :
   $b = 13$ et $h = 4,6$.
   $A = \frac{13 \times 4,6}{2}$
   $= \frac{59,8}{2}$
   $= 29,9$

   L'aire est de 30 cm², au centimètre carré près.

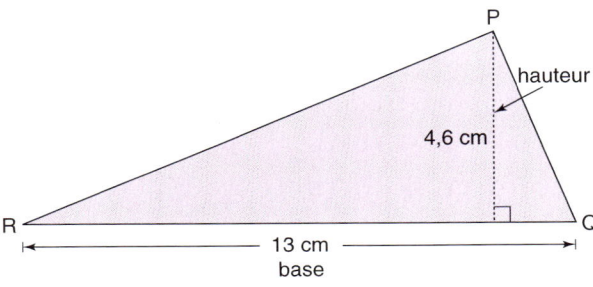

Utilise tes connaissances

b) Puisque △PQR est un triangle rectangle, les deux côtés qui forment l'angle droit sont la base et la hauteur.
∠QPR = 90°, donc $\overline{QP}$ = 5 cm représente la hauteur et $\overline{PR}$ = 12 cm représente la base.
Utilise la formule : $A = \frac{bh}{2}$.
Effectue les substitutions :
$b = 12$ et $h = 5$.
$A = \frac{12 \times 5}{2}$
$= \frac{60}{2}$
$= 30$
L'aire est de 30 cm².

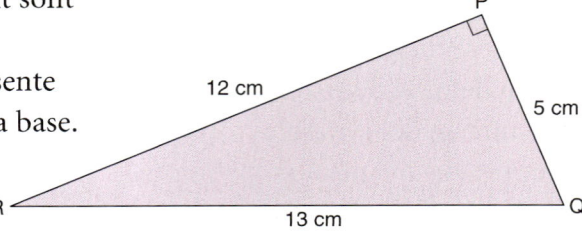

Les triangles ont tous 3 ensembles de base et de hauteur. Chaque ensemble permet d'obtenir la même aire, excepté dans le cas du triangle rectangle où la base et la hauteur sont déterminées par l'angle droit.

✓ Vérifie

4. Calcule l'aire de chaque triangle.

a)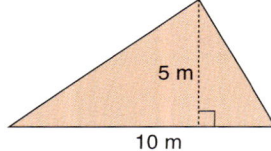
b)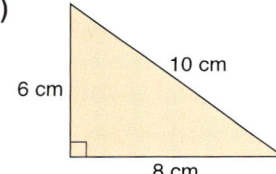
c)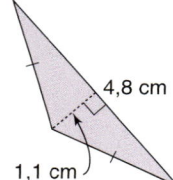

Convertir les unités de mesure

1 m = 100 cm

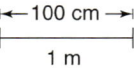

L'aire d'un carré dont les côtés mesurent 1 m est :
$A = 1 \text{ m} \times 1 \text{ m}$
$= 1 \text{ m}^2$

L'aire d'un carré dont les côtés mesurent 100 cm est :
$A = 100 \text{ cm} \times 100 \text{ cm}$
$= 10\,000 \text{ cm}^2$
Donc, 1 m² = 10 000 cm² ou 10⁴ cm².

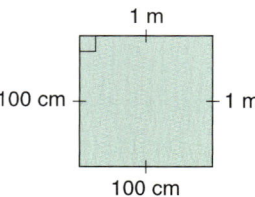

Le volume d'un cube dont les arêtes mesurent 1 m est :
$V = 1 \text{ m} \times 1 \text{ m} \times 1 \text{ m}$
$ = 1 \text{ m}^3$

Le volume d'un cube dont les arêtes mesurent 100 cm est :
$V = 100 \text{ cm} \times 100 \text{ cm} \times 100 \text{ cm}$
$ = 1\,000\,000 \text{ cm}^3$
Donc, $1 \text{ m}^3 = 1\,000\,000 \text{ cm}^3$ ou 10^6 cm^3.

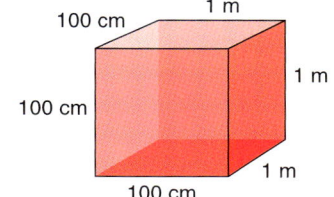

Le volume d'un cube dont les arêtes mesurent 10 cm est :
$V = 10 \text{ cm} \times 10 \text{ cm} \times 10 \text{ cm}$
$ = 1000 \text{ cm}^3$
Puisque $1 \text{ cm}^3 = 1 \text{ mL}$,
$1000 \text{ cm}^3 = 1000 \text{ mL}$
$\phantom{1000 \text{ cm}^3} = 1 \text{ L}$

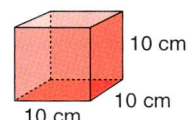

Exemple 5

Convertis les mesures suivantes.

a) 0,72 m² en centimètres carrés

b) 1,05 m³ en centimètres cubes

Réponses

a) 0,72 m² en centimètres carrés
$1 \text{ m}^2 = 10\,000 \text{ cm}^2$
Donc, $0{,}72 \text{ m}^2 = 0{,}72 \times 10\,000 \text{ cm}^2$
$\phantom{Donc, 0{,}72 \text{ m}^2} = 7200 \text{ cm}^2$

Pour multiplier par 10 000, déplace la virgule décimale de 4 positions vers la droite.

b) 1,05 m³ en centimètres cubes
$1 \text{ m}^3 = 1\,000\,000 \text{ cm}^3$ ou 10^6 cm^3
Donc, $1{,}05 \text{ m}^3 = 1{,}05 \times 10^6 \text{ cm}^3$ ← Cette réponse est écrite en notation scientifique.
$\phantom{Donc, 1{,}05 \text{ m}^3} = 1\,050\,000 \text{ cm}^3$ ← Cette réponse est écrite à la forme symbolique.

✓ Vérifie

5. Convertis les mesures suivantes. Écris tes réponses à la forme symbolique, ainsi qu'en notation scientifique quand c'est approprié.

a) 726,5 cm en mètres
b) 4300 cm² en mètres carrés
c) 980 000 cm³ en mètres cubes
d) 4 280 000 cm³ en litres
e) 8,75 m en centimètres
f) 1,36 m² en centimètres carrés
g) 14,98 m³ en centimètres cubes
h) 9,87 L en centimètres cubes

3.1 Construire et dessiner des solides

Objectif : Reconnaître, construire et dessiner un solide d'après différentes vues.

Quand tu dessines une vue d'un solide, tu montres les segments de droite internes seulement quand la profondeur ou l'épaisseur du solide change.
Voici un solide construit à l'aide de 7 cubes emboîtables.

Voici les vues :

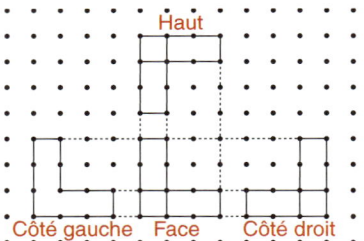

Les lignes pointillées indiquent l'alignement des vues.

Explore

Travaille en équipe de trois.
Chaque élève a besoin de 8 cubes emboîtables et de papier à points isométrique.
Chaque élève choisit *une* de ces vues.

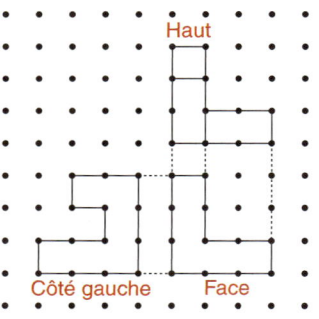

Utilise 8 cubes pour construire un solide qui correspond à la vue que tu as choisie. Dessine ton solide sur du papier isométrique.
Utilise tes cubes pour construire un autre solide selon cette même vue que tu as choisie, puis dessine-le.

Explique ton raisonnement

Compare tes solides avec ceux des autres élèves de ton équipe.
Y a-t-il des solides qui correspondent aux 3 vues ?
S'il n'y en a pas, construis-en un et dessine-le.
Comment as-tu déterminé la forme du solide ?
As-tu besoin d'autres vues pour reconnaître le solide ?
Explique ta réponse.

MODULE 3 : La géométrie et la mesure

Découvre

Chaque vue d'un solide te renseigne sur sa forme. Quand tu construis un solide à l'aide de cubes emboîtables, les vues de haut, de face et de côté sont souvent suffisantes pour reconnaître et construire le solide. Tu dessines la vue de haut au-dessus de la vue de face et les vues de côté de part et d'autre de la vue de face, comme dans l'illustration au haut de la page 102. De cette façon, les arêtes correspondantes sont adjacentes.

Exemple

Quel solide ces vues représentent-elles?

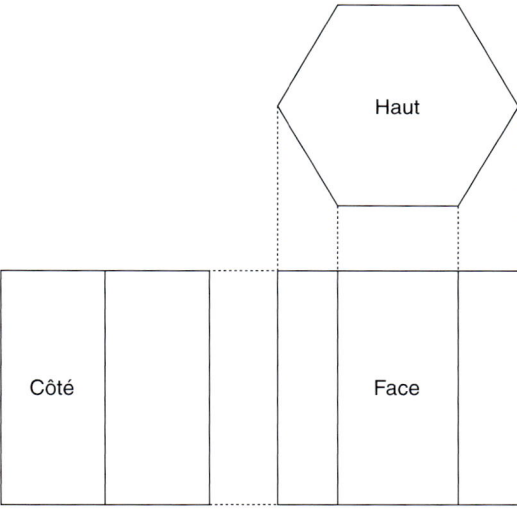

Réponses

La vue de haut montre un hexagone régulier.
La vue de côté montre 2 rectangles congruents.
La vue de face montre 3 rectangles, dont 2 sont congruents.
Ce solide est un prisme hexagonal.

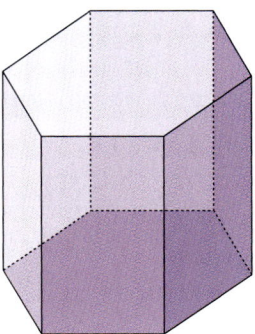

À ton tour

Tu as besoin de cubes emboîtables, de papier à points isométrique et de papier quadrillé.

1. Associe les vues A à D aux solides H à L.
   Nomme chaque vue : de haut, de dessous, de face, de derrière, du côté gauche ou du côté droit.

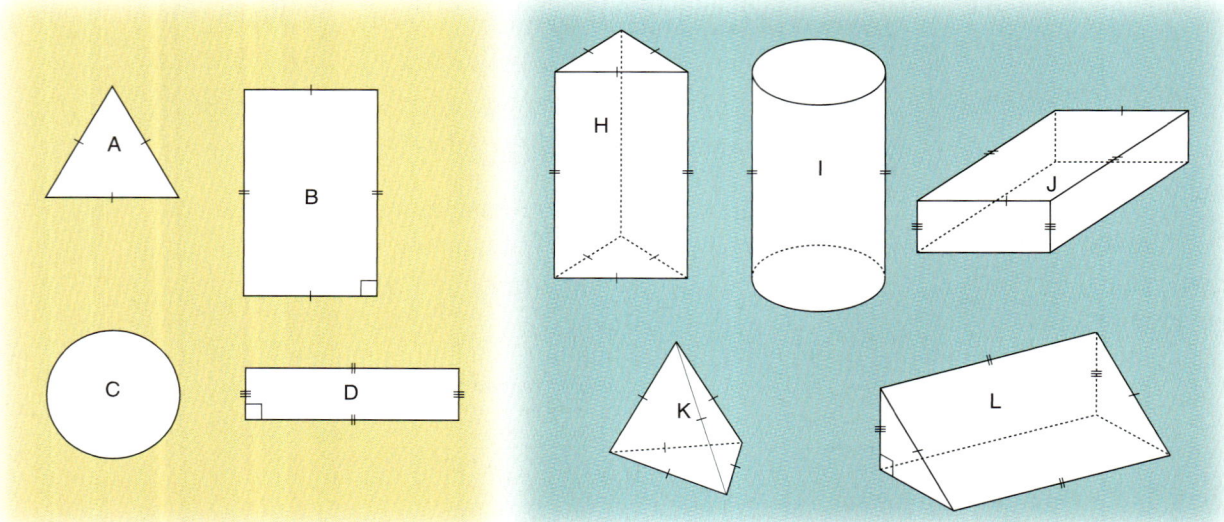

2. Dessine une vue différente pour deux des solides de la question 1.

3. Utilise ces quatre indices et des cubes emboîtables pour construire un solide.
   Dessine le solide sur du papier isométrique.
   Indice 1 : Il y a 6 cubes en tout, et un des cubes est jaune.
   Indice 2 : Le cube vert a une face commune avec chacun des 5 autres cubes.
   Indice 3 : Les 2 cubes rouges ne se touchent pas.
   Indice 4 : Les 2 cubes bleus ne se touchent pas.

4. a) Construis le solide qui correspond à l'ensemble de vues ci-dessous.
   b) Dessine le solide sur du papier à points isométrique.

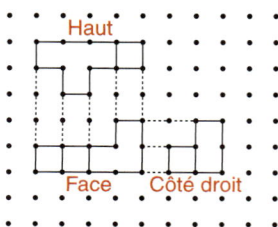

La relation en c) s'appelle la *formule d'Euler*. Elle tient son nom de Leonhard Euler, un mathématicien suisse qui a vécu au XVIIIe siècle.

5. a) Construis un solide qui contient ces nombres de cubes emboîtables. Quand tu utilises 3 cubes ou plus, *ne* construis *pas* de prisme rectangulaire.

   I) 2   II) 3   III) 4   IV) 5   V) 6

   b) Pour chaque solide que tu construis, compte les faces, les arêtes et les sommets. Note tes résultats dans un tableau.

   c) Cherche une régularité dans le tableau en b).
   Pour tout solide, quel est le lien entre le nombre de faces, d'arêtes et de sommets?

   d) Construis un solide qui contient 7 cubes emboîtables.
   Vérifie si la relation découverte en c) est vraie.

6. Objectif d'évaluation

   a) Utilise ces vues pour construire un solide.

   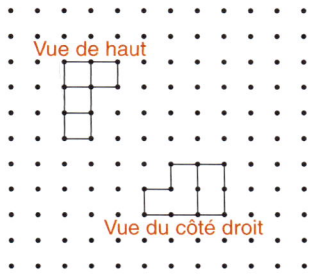

   b) Dessine le solide sur du papier à points isométrique.

   c) Dessine les autres vues du solide.

Stratégie numérique

Écris chaque nombre en notation scientifique.
- 3 590 000
- 40 400 000
- 398 759

7. a) Utilise ces vues pour construire un solide. Une région colorée ne contient pas de cubes.

   b) Dessine le solide. Explique ton travail.

   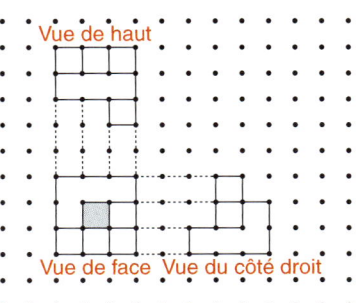

Réfléchis

Comment les vues t'aident-elles à montrer un objet tridimensionnel?
Explique ta réponse à l'aide d'un exemple.

3.2 Dessiner et plier des développements

Objectif Dessiner des développements et les utiliser pour construire des solides.

Un développement est une représentation que tu peux plier pour former un solide.

Voici un développement et le prisme rectangulaire qu'il permet de former.

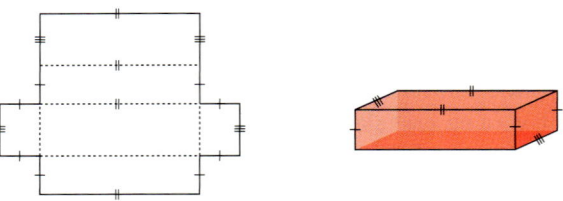

Un polyèdre peut avoir plusieurs développements.

Explore

Travaille avec une ou un camarade.
Tu as besoin de ciseaux, de ruban adhésif et de papier quadrillé à 1 cm.
Pour chaque ensemble de vues ci-dessous :
➤ nomme le solide, puis dessine un développement du solide ;
➤ découpe ton développement. Assure-toi que tu peux le plier pour former le solide ;
➤ décris le solide.

Ensemble A

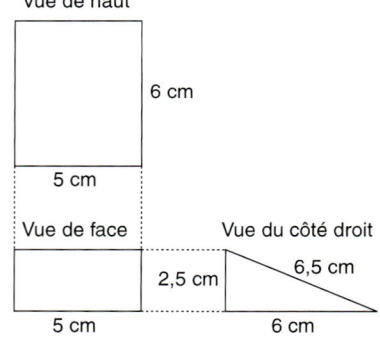

Rappelle-toi que, dans une vue, un segment de droite interne indique que la profondeur change.

Ensemble B

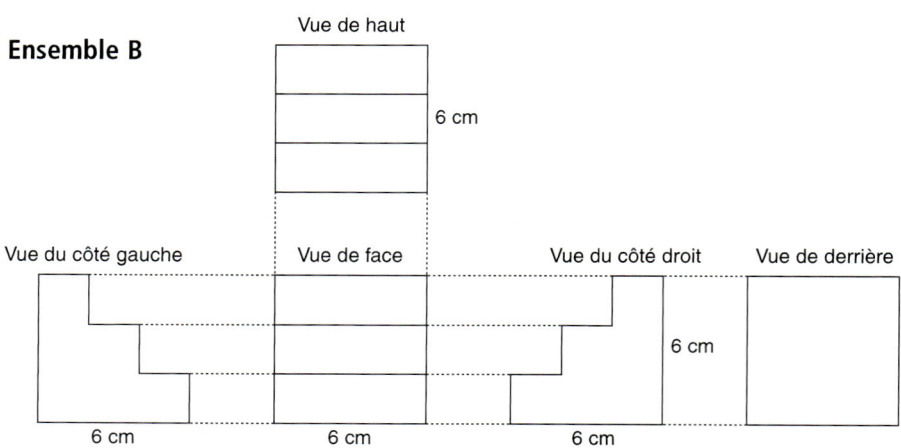

106 MODULE 3 : La géométrie et la mesure

Explique ton raisonnement

Compare tes développements avec ceux des élèves d'une autre équipe.
Comment connaissais-tu le nombre de faces à dessiner?
Comment reconnais-tu les faces qui ont une arête commune?
Quelles comparaisons peux-tu faire entre les faces du développement et les vues de chaque solide? Peux-tu dessiner un développement différent pour le même solide? Explique ta réponse.

Découvre

Certaines faces ne sont pas visibles d'une vue particulière.
Examine les vues d'un solide montrées à droite.

La vue de haut montre que quatre faces triangulaires congruentes se rejoignent en un point.
La vue de face et de côté montre une face triangulaire isocèle.
La vue de dessous montre que la base est un carré.
Ce solide est une pyramide à base carrée.
Tu peux utiliser une règle, un rapporteur et un compas pour dessiner le développement.

Au centre de la feuille, dessine un carré de 5 cm de côté.
Ce carré sera la base.
De chaque côté de la base, dessine un triangle isocèle qui a deux côtés congrus de 6 cm.

D'autres groupements des cinq faces peuvent aussi produire un développement.
Chaque arête extérieure doit correspondre à une autre arête extérieure, et les faces ne doivent pas se chevaucher.
Le développement de droite est construit pour que la base carrée de 5 cm de côté soit reliée à un seul triangle.

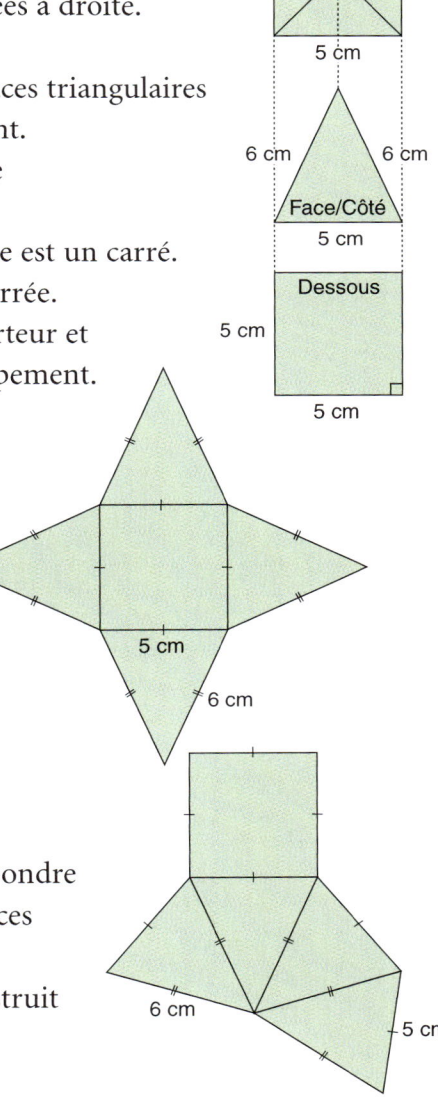

3.2 Dessiner et plier des développements

Tu peux plier chaque développement pour former une pyramide à base carrée.

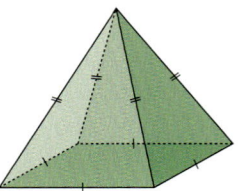

Il faut de nombreuses vues d'un solide pour créer son développement, en particulier quand le solide est construit à l'aide de cubes emboîtables.

Exemple

Ces quatre vues montrent un solide construit à l'aide de cubes emboîtables. Utilise ces vues pour dessiner un développement de ce solide.

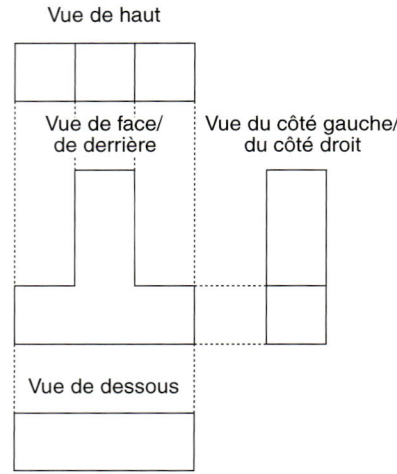

Réponses

Utilise du papier à points à 1 cm.
Commence par la vue la plus simple, soit celle de dessous. Dessine la face de dessous. Dessine la face de devant et celle de derrière au-dessus et au-dessous de la face de dessous.
La vue de haut et les vues de côté indiquent un changement dans la profondeur. Dessine une nouvelle face pour chaque changement de profondeur. Dessine une face carrée pour chaque changement de profondeur des côtés.

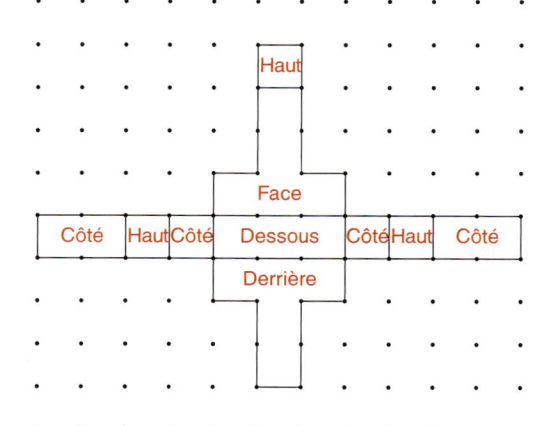

Tu dois dessiner chaque vue de côté pour qu'elle touche le carré qui indique le changement de profondeur.

Le développement décrit dans l'**Exemple** peut être plié pour former ce solide à 10 faces, incluant la face de dessous.

La symétrie du solide a facilité le dessin d'un développement. D'autres groupements des 10 faces peuvent aussi être pliés pour former le solide.

À ton tour

1. Chaque ensemble de vues représente un solide.
   a) Nomme chaque solide.
   b) Dessine un développement du solide.
   c) Découpe le développement et construis le solide.
   d) Décris le solide.

   I) 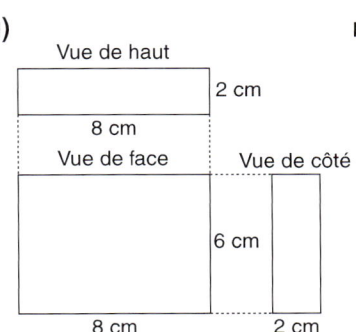   II)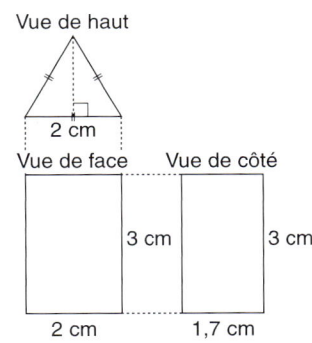

2. Chaque ensemble de vues représente un solide. Dessine 2 développements de chaque solide. Construis le solide.

   a) 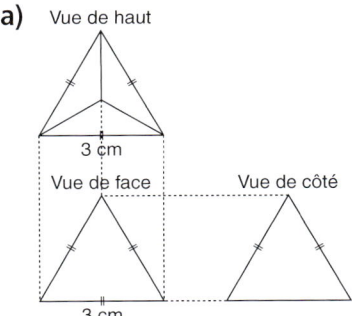   **b)**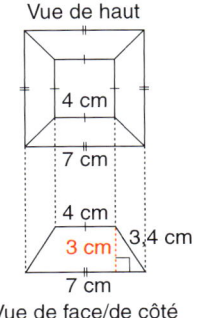

3. Choisis un des ensembles de vues de la question 2. Décris les étapes que tu as suivies pour dessiner le développement.

Stratégie numérique

Les responsables du terrain délimitent le périmètre de la surface de jeu à l'aide de peinture en aérosol. Une canette de peinture en aérosol couvre 50 m de périmètre. Combien de peinture faut-il pour délimiter le périmètre des terrains suivants ?

- un terrain de crosse : 100 m sur 55 m
- un terrain de soccer : 109 m sur 73 m

4. Une boîte de chocolats a la forme d'un prisme dont la base est un losange. Chaque côté du losange mesure 3,6 cm. Les angles formés par des côtés adjacents de la base sont de 60° et de 120°. Le prisme mesure 10,8 cm de long.

a) Dessine un développement de cette boîte.

b) Quelle est la différence entre ton développement et le développement de carton qui permet de former la boîte ? Explique ta réponse.

5. Ces vues représentent un solide. Chaque région colorée indique une ouverture dans une face. Dessine un développement de ce solide, puis construis le solide.

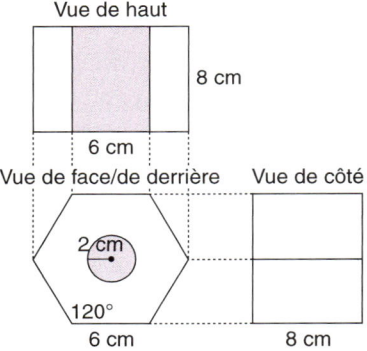

6. **Objectif d'évaluation**

Ces vues représentent un solide.

a) Nomme le solide.
b) Dessine deux développements.
c) Construis le solide à l'aide de chaque développement.
d) Un des développements est-il plus facile à dessiner ou à plier ? Explique ta réponse.

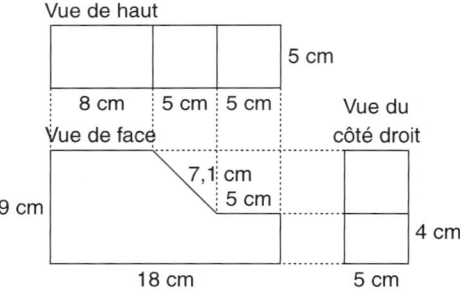

Réfléchis

Décris la relation entre un ensemble de vues d'un solide et les figures qu'il y a dans le développement de ce solide. Y a-t-il un seul développement possible pour un ensemble de vues donné ? Explique ta réponse à l'aide d'un exemple.

Révision de mi-module

LEÇONS

3.1 **1. a)** Utilise des cubes emboîtables et construis un solide à partir des vues ci-dessous.
Rappelle-toi que les segments de droite internes indiquent que la profondeur du solide change.

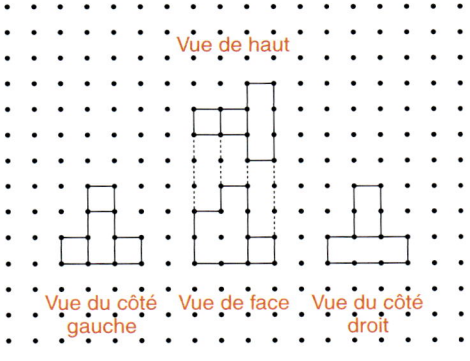

b) Dessine le solide sur du papier à points isométrique.

2. a) Décris le solide qui correspond à ces vues. Rappelle-toi qu'une région colorée indique une ouverture dans une face.

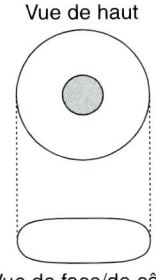

b) Fais un schéma tridimensionnel de ce solide.

3.2 **3.** Chacun de ces ensembles de vues représente un solide.
  a) Nomme chaque solide.
  b) Dessine un développement de chaque solide.
  c) Découpe le développement et construis le solide.
  d) Décris le solide.

I)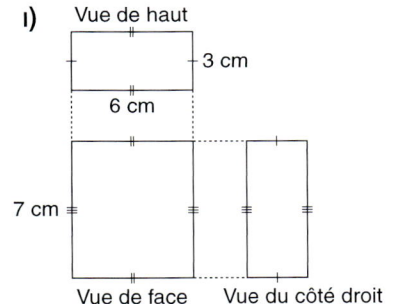

II)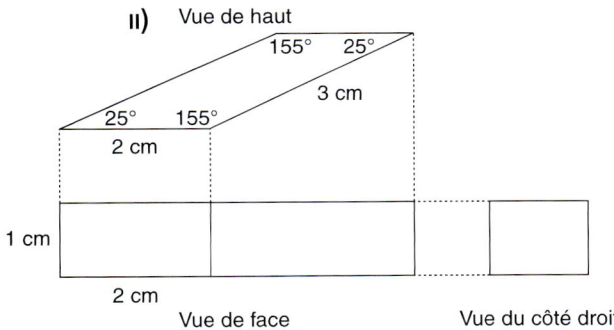

III)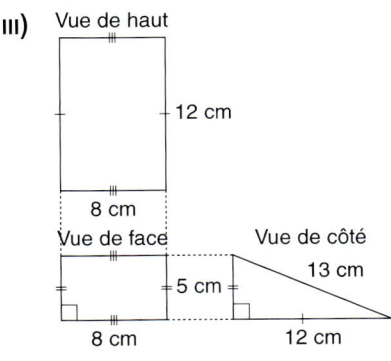

Révision de mi-module **111**

3.3 L'aire totale d'un prisme triangulaire

Objectif Découvrir une formule qui permet de déterminer l'aire totale d'un prisme triangulaire.

Tu obtiens un **prisme triangulaire** par la translation d'un triangle dans l'espace, en gardant chaque côté du triangle parallèle à sa position de départ.

Les deux faces triangulaires sont les bases du prisme.

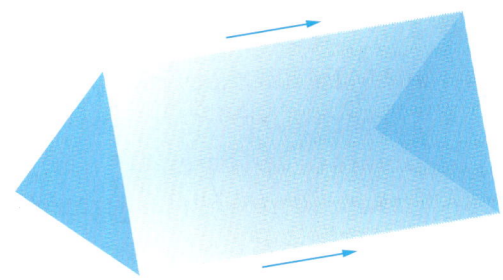

Explore

Travaille avec une ou un camarade.
Tu as besoin de papier quadrillé à 1 cm.
➤ Pour chacun de ces prismes triangulaires :
dessine un développement ;
trouve l'aire totale du prisme.

L'aire totale d'un solide est égale à la somme des aires de ses faces.

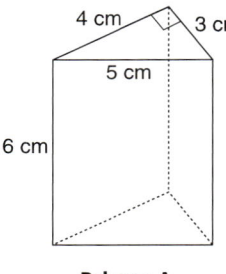

Prisme A

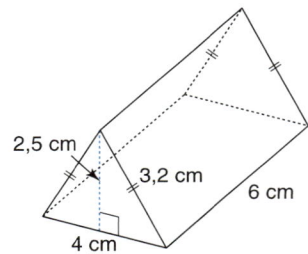

Prisme B

➤ Écris une formule qui peut servir à trouver l'aire totale de n'importe quel prisme triangulaire.

Explique ton raisonnement

Compare tes développements et ta formule avec ceux des élèves d'une autre équipe.
Avez-vous écrit la même formule ?
Si les formules sont différentes, est-ce que chacune fonctionne ?
Explique ta réponse.
Dans ta formule, as-tu utilisé des mots ou des symboles ?
Explique ta réponse.

MODULE 3 : La géométrie et la mesure

Découvre

Voici un prisme triangulaire et son développement.
Ils sont tous deux dessinés à l'échelle.

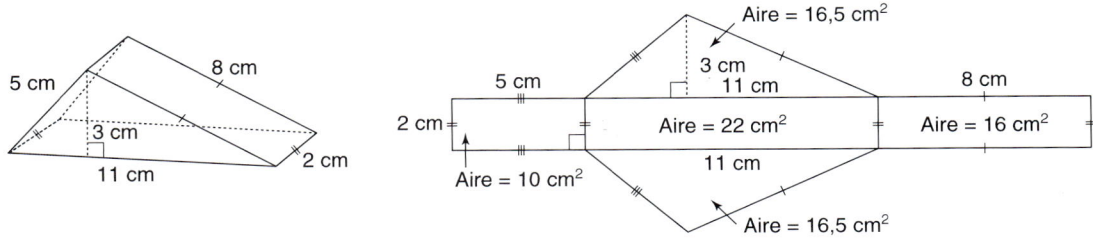

Les deux faces triangulaires du prisme sont congruentes.
Chaque face triangulaire a une base de 11 cm et une hauteur de 3 cm.
Donc, l'aire d'une face triangulaire est égale à : $\frac{1}{2} \times 11 \times 3$.
L'**aire totale** d'un prisme triangulaire peut être exprimée en mots à l'aide d'une formule :

$A_t =$ somme des aires des trois faces rectangulaires +
     $2 \times$ aire d'une face triangulaire

L'aire d'un rectangle est égale à base × hauteur.

Utilise cette formule pour trouver l'aire totale du prisme ci-dessus.

$A_t = (5 \times 2) + (11 \times 2) + (8 \times 2) + 2 \times \frac{1}{2} \times 11 \times 3$
$= 10 + 22 + 16 + 33$
$= 81$

Suis la priorité des opérations : multiplie avant d'additionner.

L'aire totale du prisme est de 81 cm².

Tu peux aussi utiliser des variables pour écrire une formule qui permet de trouver l'aire totale d'un prisme triangulaire.

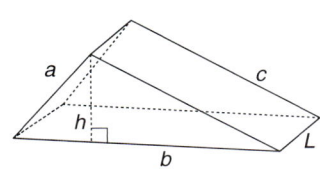 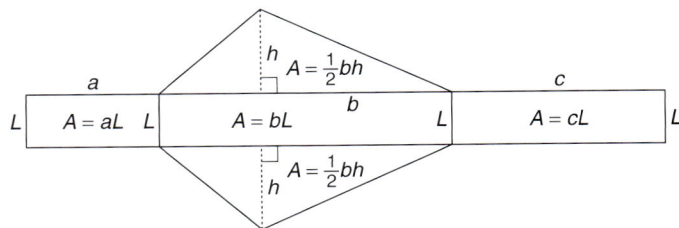

Pour éviter la confusion entre la hauteur d'un triangle et la hauteur du prisme, utilise *longueur* plutôt que *hauteur* pour décrire l'arête perpendiculaire à la base.
Dans le cas du prisme triangulaire ci-dessus :
la longueur du prisme est représentée par L;
les côtés de chaque face triangulaire sont représentés par a, b et c;
la hauteur d'une face triangulaire est représentée par h et sa base, par b.

***a, b, c, h* et *L* sont des variables.**

3.3 L'aire totale d'un prisme triangulaire

Quand tu utilises cette formule, tu dois indiquer ce que chaque variable représente.

L'aire totale du prisme est:
A_t = somme des aires des 3 faces rectangulaires + 2 × aire d'une face triangulaire
$A_t = aL + bL + cL + 2 \times \frac{1}{2}bh$
$A_t = aL + bL + cL + bh$

Exemple

Trouve l'aire totale de ce prisme.
Chaque dimension est arrondie au nombre naturel le plus proche.
Écris l'aire totale en centimètres carrés et en mètres carrés.

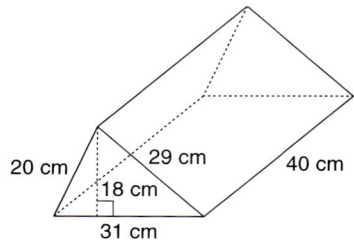

Réponses

Nomme la variable qui représente chaque dimension.
Dessine le prisme et inscris-y les variables.
La longueur du prisme est:
$L = 40$.
Les 3 côtés d'une face triangulaire sont:
$a = 20$, $b = 31$, $c = 29$.
La hauteur d'une face triangulaire est:
$h = 18$.

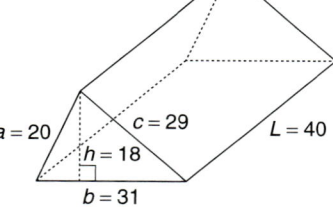

Remplace chaque variable par sa valeur dans la formule de l'aire totale.
$A_t = aL + bL + cL + bh$
$= (20 \times 40) + (31 \times 40) + (29 \times 40) + (31 \times 18)$
$= 800 + 1240 + 1160 + 558$
$= 3758$

L'aire totale du prisme est de 3758 cm².

Il y a 10 000 cm² dans 1 m².

Pour convertir les centimètres carrés en mètres carrés, tu dois diviser par 10 000.
$3758 \text{ cm}^2 = \frac{3758}{10\,000} \text{ m}^2$
$= 0{,}3758 \text{ m}^2$

L'aire totale du prisme est de 0,3758 m².

À ton tour

1. Calcule l'aire de chaque développement.

   a) 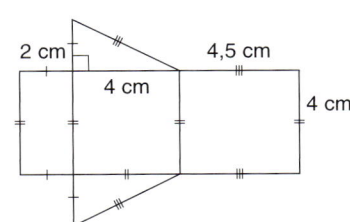   b)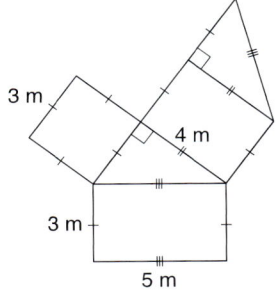

Stratégie numérique

Écris une expression qui permet d'obtenir les nombres de 1 à 5.

Utilise seulement le nombre 3, de une à quatre fois, et les symboles d'opération +, −, × ou ÷.

2. Calcule l'aire totale de chaque prisme.
   Au besoin, dessine d'abord un développement.
   Écris l'aire totale en mètres carrés.

   a) 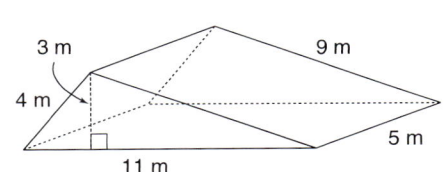   b)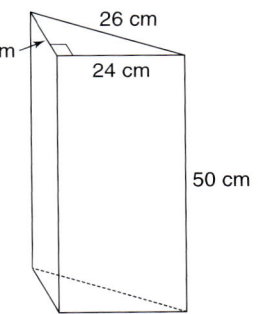

3. Calcule l'aire totale de chaque prisme.
   La région colorée indique que la face est manquante.
   Écris l'aire totale en centimètres carrés.

   a) 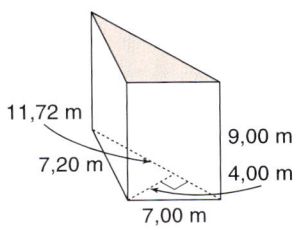   b)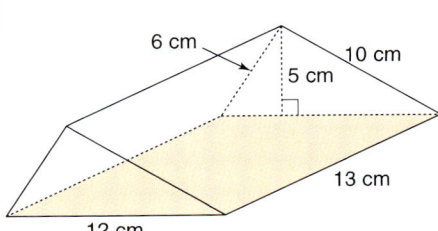

Quand une face d'un prisme est manquante, le prisme est une coquille et non pas un solide.

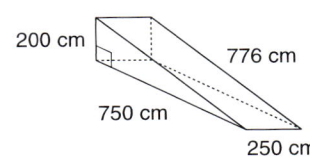

4. a) Quelle quantité de bois faut-il, en mètres carrés, pour construire la rampe représentée à gauche ?
   La rampe n'a pas de base.

   b) Tu appuies la rampe contre la scène.
   La face verticale rectangulaire est celle qui est appuyée contre la scène.
   Combien de bois faut-il maintenant ?

3.3 L'aire totale d'un prisme triangulaire

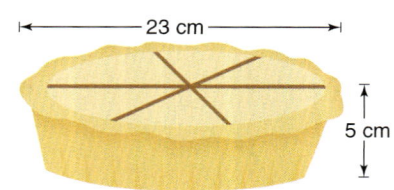

5. Un fabricant de contenants en plastique conçoit un contenant muni d'un couvercle pour contenir une pointe de tarte.
   a) Conçois le contenant sous la forme d'un prisme triangulaire. Explique ton choix de dimensions.
   b) Calcule la quantité de plastique requise par ton modèle.

6. L'aire totale des 3 faces rectangulaires d'un prisme droit dont la base est un triangle équilatéral est de 72 cm².
   a) Aucune arête ne peut mesurer 1 cm. Quelles peuvent être les dimensions (en nombres naturels) des arêtes ?
   b) Dessine le prisme le plus long. Indique les dimensions. Explique ton choix.

7. **Objectif d'évaluation** Combien de métal faut-il, en mètres carrés, pour construire ce bac à eau ?

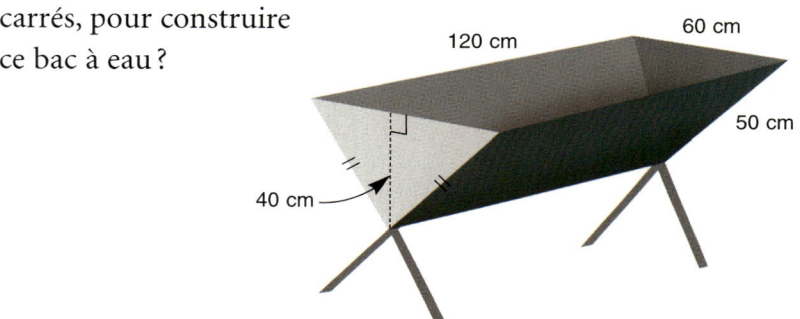

8. Un prisme droit a pour base un triangle rectangle. Le périmètre de la base est de 12 cm et l'aire est de 6 cm².
   a) Détermine les dimensions de la base, en nombres naturels.
   b) La longueur du prisme est de 6 cm. Calcule l'aire totale du prisme.
   c) Dessine le prisme et inscris-y les dimensions.

Va plus loin

9. Utilise les variables ci-dessous pour dessiner un prisme et indiquer ses dimensions.
Les longueurs sont arrondies au nombre naturel le plus proche. Calcule l'aire totale du prisme.
$a = 7$ cm, $b = 17$ cm, $c = 11$ cm, $h = 3$ cm, $L = 12$ cm

Réfléchis

Rédige un court texte qui explique la façon de trouver l'aire totale d'un prisme triangulaire. Joins un exemple et un schéma à ton texte.

3.4 Le volume d'un prisme triangulaire

Objectif Découvrir et utiliser une formule pour trouver le volume d'un prisme triangulaire.

Rappelle-toi que l'aire d'un triangle est égale à un demi de l'aire du rectangle qui a la même base et la même hauteur.
Autrement dit, que l'aire de △DEC = $\frac{1}{2}$ de l'aire du rectangle ABCD.

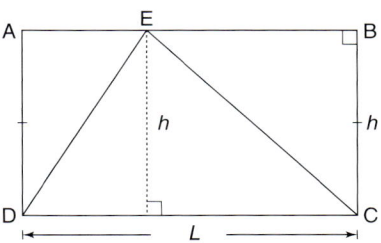

Explore

Travaille en équipe de quatre.
Vous avez besoin de quatre boîtes de céréales identiques (une pour chaque élève de l'équipe) et de marqueurs.

➤ Ta boîte de céréales est un prisme rectangulaire. Trouve son **volume.**

➤ À l'aide d'une règle, dessine un triangle sur une des extrémités de ta boîte de céréales.
La base de chaque triangle devrait suivre une des arêtes de la boîte. Le troisième sommet du triangle devrait être sur l'arête opposée. Assurez-vous de dessiner des triangles différents. Quel est le volume d'un prisme triangulaire qui a ce triangle comme base et dont la longueur est égale à la longueur de la boîte de céréales ?

➤ Compare ta réponse avec celles des autres élèves de ton équipe. Que remarques-tu ?

➤ Travaille avec tes camarades pour écrire une formule qui permet de calculer le volume d'un prisme triangulaire.

Explique ton raisonnement

Quelle est la relation entre le volume d'un prisme triangulaire et le volume d'un prisme rectangulaire ? Compare ta formule pour calculer le volume d'un prisme triangulaire avec celle des élèves d'une autre équipe. As-tu utilisé des variables dans ta formule ? Si ce n'est pas le cas, travaille avec tes camarades pour écrire une formule qui utilise des variables.

Découvre

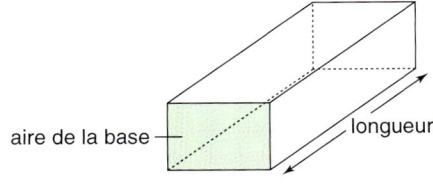

Le volume d'un prisme rectangulaire est donné par :
V = aire de la base × longueur.

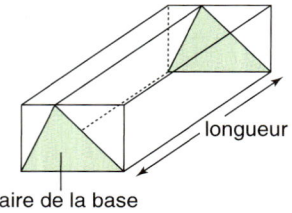

Tu dessines un triangle sur la base du prisme de sorte que la base du triangle corresponde à une arête et que le troisième sommet du triangle soit sur l'arête opposée.

Le volume d'un prisme triangulaire qui a cette base et une longueur égale à la longueur du prisme rectangulaire est égal à un demi du volume du prisme rectangulaire.

Puisque l'aire de la base du prisme triangulaire est égale à un demi de l'aire de la base du prisme rectangulaire, le volume d'un prisme triangulaire est également donné par : $V = $ aire de la base $\times$ longueur. La base est un triangle, donc l'aire de la base est l'aire d'un triangle.

Tu peux utiliser des variables pour écrire une formule qui permet de calculer le volume d'un prisme triangulaire.

Dans le cas du prisme triangulaire ci-dessous :
L représente la longueur du prisme ;
b représente la base, et h représente la hauteur de chaque face triangulaire.
Le volume du prisme est :

Quand tu utilises cette formule, tu dois indiquer ce que chaque variable représente.

$V = $ aire de la base $\times$ longueur
$V = \frac{1}{2} bh \times L$
$V = \frac{1}{2} bhL$

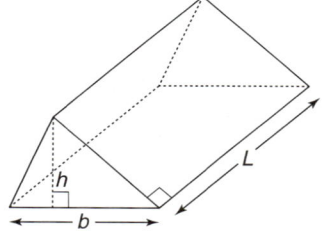

Exemple

Quelle quantité d'eau ce bac à eau peut-il contenir ? Donne ta réponse en litres.

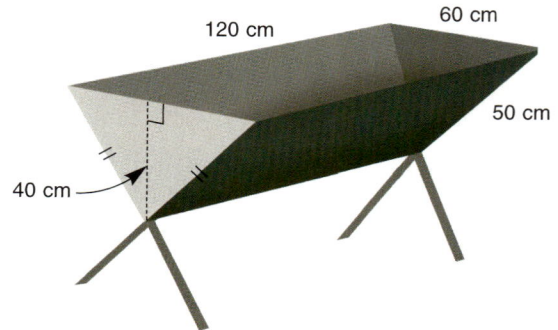

118 MODULE 3 : La géométrie et la mesure

Réponses

La **capacité** est la quantité de substance que peut contenir un récipient. Elle se mesure généralement en litres (L) ou en millilitres (mL). Le **volume** est la quantité d'espace qu'occupe un objet. Il se mesure généralement en unités cubes.

La quantité d'eau que le bac à eau peut contenir correspond à la capacité du prisme triangulaire.

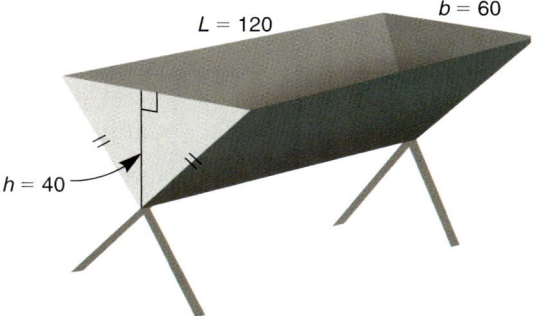

Dessine le prisme.
Indique les variables qui représentent chaque dimension.
La base du triangle est : $b = 60$.
La hauteur du triangle est : $h = 40$.
La longueur du prisme est : $L = 120$.
Remplace chaque variable par sa valeur dans la formule pour calculer le volume.
$V = \frac{1}{2}bhL$
$V = \frac{1}{2} \times 60 \times 40 \times 120$
$V = 144\,000$
Le volume du bac à eau est de 144 000 cm^3.
1000 cm^3 = 1 L
Donc, 144 000 cm^3 = 144 L.
Le bac à eau peut contenir 144 L d'eau.

À ton tour

1. L'aire de la base et la longueur de chaque prisme triangulaire sont données. Trouve le volume de chaque prisme.

   a)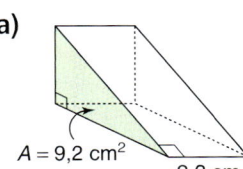
   $A = 9,2$ cm^2 ; 2,3 cm

   b)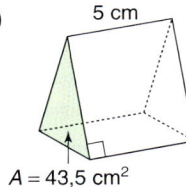
   5 cm ; $A = 43,5$ cm^2

   c)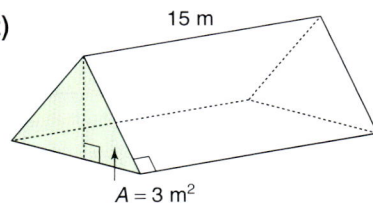
   15 m ; $A = 3$ m^2

2. Trouve le volume de chaque prisme triangulaire.

   a)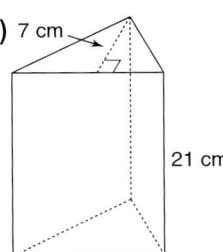
   7 cm ; 21 cm ; 13 cm

   b)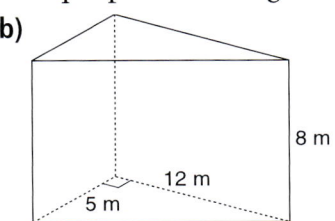
   8 m ; 12 m ; 5 m

   c)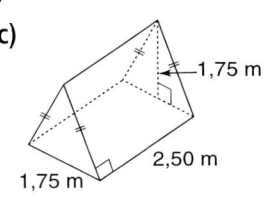
   1,75 m ; 2,50 m ; 1,75 m

3. Calcule le volume de chaque prisme.

a)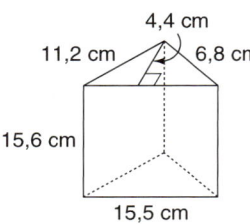

b)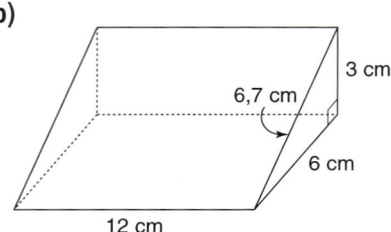

Représente le prisme à l'aide d'un schéma isométrique ou d'un schéma tridimensionnel.

4. Trouve les valeurs possibles des variables b, h et L pour le volume des prismes triangulaires suivants. Dessine un prisme pour chaque volume.
   a) 5 cm^3
   b) 9 m^3
   c) 8 m^3
   d) 18 cm^3

5. Quel est le volume de verre de ce prisme ?

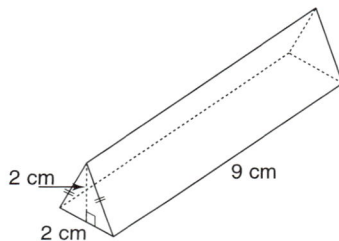

6. Tu peux utiliser n'importe quelle face comme base d'un prisme rectangulaire. Peux-tu utiliser n'importe quelle face comme base d'un prisme triangulaire ? Explique ta réponse.

7. Le volume d'un prisme triangulaire est de 30 cm^3. L'aire de chaque face triangulaire est de 4 cm^2. Quelle est la longueur du prisme ?

8. a) Calcule l'aire totale et le volume de ce prisme triangulaire.
   b) Selon toi, qu'arrive-t-il à l'aire totale et au volume quand tu doubles la longueur du prisme ? Explique ta réponse. Calcule l'aire totale et le volume pour vérifier tes idées.
   c) Selon toi, qu'arrive-t-il à l'aire totale et au volume quand tu doubles la base et la hauteur des faces triangulaires ? Explique ta réponse. Calcule l'aire totale et le volume pour vérifier tes idées.
   d) Selon toi, qu'arrive-t-il à l'aire totale et au volume quand tu doubles toutes les dimensions ? Explique ta réponse. Calcule l'aire totale et le volume pour vérifier tes idées.

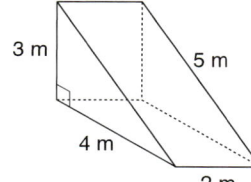

9. **Objectif d'évaluation** Jacqueline utilise ce coffrage pour construire une dalle de béton.

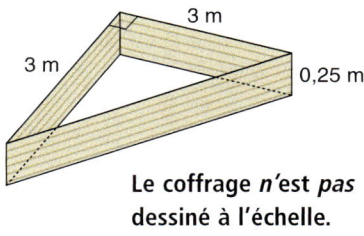

Le coffrage *n'est pas* dessiné à l'échelle.

a) Quelle quantité de béton Jacqueline doit-elle préparer pour remplir le coffrage ?

b) Jacqueline augmente la longueur des côtés congrus du coffrage de 3 m à 6 m. Quelle quantité supplémentaire de béton Jacqueline doit-elle préparer ? Joins un schéma à ta réponse.

Stratégie numérique

Le nombre 12 a six facteurs : 1, 2, 3, 4, 6 et 12.

Quel nombre inférieur à 50 a le plus de facteurs ?

Dresse la liste des facteurs de ce nombre.

10. Un fabricant de chocolat produit des tablettes de chocolat de diverses tailles. Les tablettes sont emballées dans des prismes droits dont la base est un triangle équilatéral. Voici une tablette de chocolat de 100 g.

a) Calcule l'aire totale et le volume de la boîte.

b) Le fabricant produit une tablette de chocolat de 400 g. Cette tablette a la même forme que la tablette de 100 g.
   I) Quelles sont les dimensions possibles de la boîte de 400 g ?
   II) Quelle est la relation entre les dimensions des deux boîtes ?

Va plus loin

11. Pour trouver le volume et l'aire totale d'un prisme dont la base n'est ni un triangle ni un rectangle, tu peux diviser le prisme en prismes plus petits.

Trouve le volume et l'aire totale des prismes suivants.

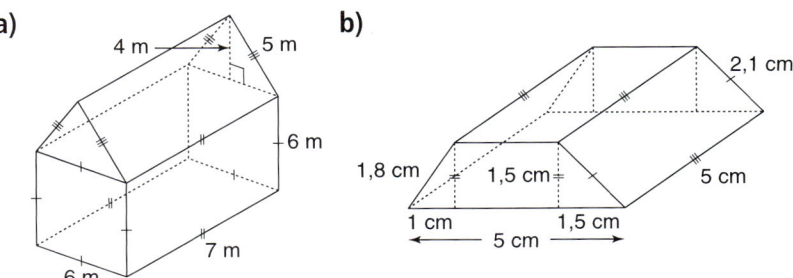

Réfléchis

Décris les relations entre les dimensions, les faces et le volume d'un prisme triangulaire.
Joins un exemple à ta description.

Les éléments d'un problème écrit

Dans le **module 2,** tu as écrit des énoncés de problèmes sous forme de questions. Les problèmes de mathématiques contiennent des données qui t'aident à comprendre et à résoudre le problème. Voici quelques éléments des problèmes de mathématiques.

Le contexte : il peut décrire qui, quoi, quand, où et pourquoi, comme le cadre d'une histoire.

Les données mathématiques : elles peuvent comprendre des mots, des nombres, des figures, des dessins, des tableaux, des diagrammes ou des modèles (ou toute combinaison de ces éléments).

L'énoncé du problème : il indique que tu dois faire quelque chose avec ces données. L'énoncé du problème peut être une question ou une consigne. Des mots clés servent parfois à te suggérer la façon de communiquer ta réponse.

Contexte → Tu as un vieux réfrigérateur et tu aimerais en acheter un nouveau.

Données mathématiques → Le nouveau réfrigérateur coûte 900 $. Faire fonctionner le vieux réfrigérateur coûte 126 $ par année, alors qu'il n'en coûte que 66 $ par année pour le nouveau, qui est plus éconergétique.

Énoncé du problème → Est-il plus économique d'acheter le nouveau réfrigérateur ? Explique ta réponse.

Pour résoudre le problème, tu dois comparer les coûts d'achat et de fonctionnement du nouveau réfrigérateur avec les coûts de fonctionnement du vieux réfrigérateur. Tu peux faire un tableau et construire un diagramme. Dans la seconde colonne du tableau, tu additionnes 126 $ chaque année. Dans la troisième colonne du tableau, tu additionnes 66 $ chaque année.

Coûts cumulatifs		
Année	Coût du vieux réfrigérateur ($)	Coût du nouveau réfrigérateur ($)
1	126	900 + 66 = 966
2	252	1032
3	378	1098
4	504	1164
5	630	1230
6	756	1296
7	882	1362

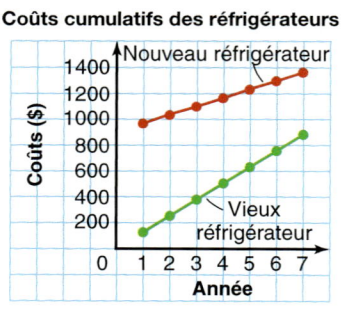

Coûts cumulatifs des réfrigérateurs

Voici une partie du tableau et le diagramme correspondant. Prolonge le tableau jusqu'à ce que les coûts soient égaux. Représente les données dans un diagramme. Utilise le tableau et le diagramme pour résoudre le problème.

Lire et écrire en Math

Vérifie

Avec une ou un camarade, trouve le contexte, les données mathématiques et l'énoncé du problème des questions 1 à 4. Ensuite, résous le problème.

VENTE DE TAPIS
Prix courant 9,99 $
le mètre carré

Maintenant en solde
rabais de **20 %**

1. Henri achète un tapis pour son salon. Le tapis est rectangulaire et mesure 4 m sur 5 m. Combien d'argent Henri épargnera-t-il s'il achète le tapis au prix réduit indiqué à gauche ?

2. Tu dois aménager la cafétéria pour le repas qui suivra la cérémonie de remise des diplômes. Il y aura 122 personnes au repas.
   Les tables peuvent accueillir 8 ou 10 personnes. Tu ne veux pas avoir de chaises vides.
   Combien de tables de chaque taille dois-tu utiliser pour t'assurer que toutes les personnes auront une chaise ? Dresse la liste de toutes les combinaisons.

3. Pour gagner un concours, tu dois découvrir un nombre mystère. Le nombre est décrit de cette façon :
   Seize de plus que $\frac{2}{3}$ du nombre mystère est égal à deux fois le nombre mystère.
   Quel est le nombre mystère ?

4. Alice et Chantale s'amusent à un jeu.
   Une boîte contient six carreaux : trois rouges et trois bleus. Une joueuse tire deux carreaux sans regarder.
   Alice marque un point si les carreaux ne sont pas de la même couleur ; Chantale marque un point s'ils le sont. Chaque fois, les carreaux sont remis dans la boîte.
   Quelle est la probabilité que les deux carreaux soient de la même couleur ? Ce jeu est-il équitable ? Explique ta réponse.

5. Rédige un problème dans lequel tu utilises les nombres 48, 149 et 600. Rappelle-toi d'inclure un contexte, des données mathématiques et un énoncé du problème. Échange ton problème contre celui d'une ou d'un camarade. Repère les éléments du problème que tu as reçu. Résous le problème.

Révision du module

> **Ce que je dois savoir**

☑ **La formule d'Euler**
Pour tout polyèdre, les nombres de faces, d'arêtes et de sommets sont liés par cette formule :
sommets + faces − arêtes = 2

☑ **L'aire totale d'un prisme triangulaire**
Aire totale = somme des aires des 3 faces rectangulaires + 2 × aire d'une face triangulaire
$$A_t = aL + bL + cL + bh$$
Les côtés d'une face triangulaire sont a, b et c.
La hauteur d'une face triangulaire est h.
La longueur du prisme est L.

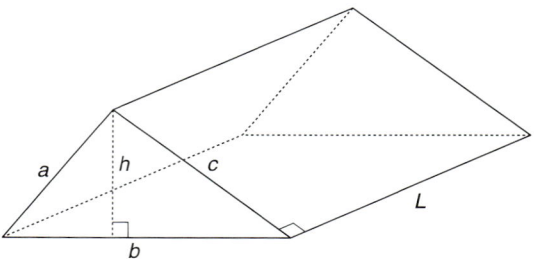

☑ **Le volume d'un prisme triangulaire**
Volume = aire de la base triangulaire × longueur du prisme
$$V = \frac{1}{2}bhL$$
La base et la hauteur d'une face triangulaire sont respectivement b et h.
La longueur du prisme est L.

Ce que je dois faire

Pour des exercices supplémentaires, va à la page 490.

LEÇONS

3.1 **1.** Tu as besoin de cubes emboîtables et de papier à points isométrique.
   a) Construis le solide qui correspond aux vues ci-dessous.
   b) Dessine le solide sur du papier à points isométrique.

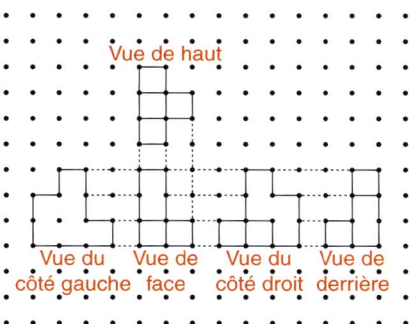

2. Dessine autant de solides que tu peux pour lesquels deux des vues montrent deux rectangles différents.

3.2 **3.** Cet ensemble de vues représente un solide.

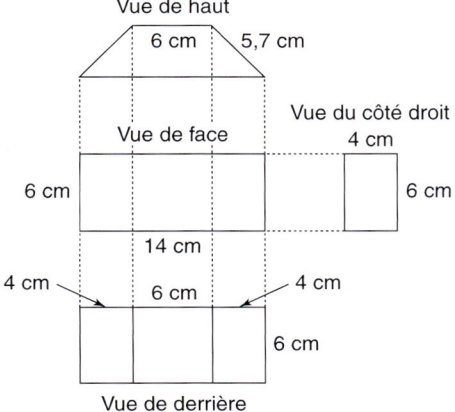

   a) Nomme ce solide.
   b) Dessine un développement de ce solide sur du papier quadrillé à 1 cm.
   c) Découpe le développement et construis le solide.
   d) Décris le solide.

3.3 **4.** Voici le développement d'un
3.4 prisme triangulaire.

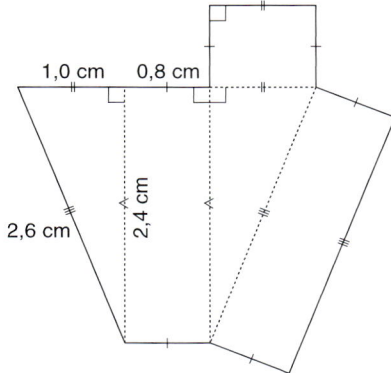

   a) Calcule l'aire totale du prisme en centimètres carrés.
   b) Calcule le volume du prisme en centimètres cubes.

5. a) Calcule l'aire totale de ce prisme. Au besoin, dessine d'abord un développement.

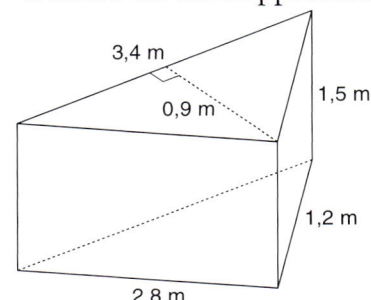

   b) Calcule le volume du prisme.

Révision du module **125**

LEÇONS

3.4

6. La société d'horticulture aménage une plate-bande triangulaire à l'intersection de deux rues. Les côtés de la plate-bande mesurent 0,25 m de haut. Combien faut-il de terre pour remplir cette plate-bande ? Explique ta réponse.

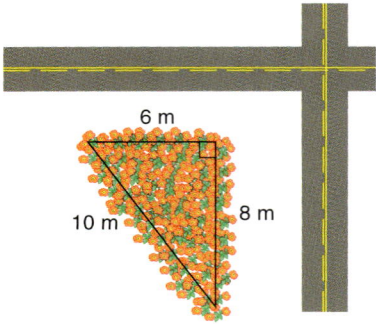

7. Trouve les valeurs possibles de *b*, de *h* et de *L* pour un prisme triangulaire dont le volume est de 21 m³. Combien de combinaisons peux-tu trouver ? Fais le schéma d'un des prismes.

8. Alijah est bénévole à la société d'horticulture. Il veut augmenter la taille, mais non la profondeur, de la plate-bande de la question 6.
  a) Comment Alijah peut-il changer les dimensions de sorte que :
    • la plate-bande demeure triangulaire ; et
    • l'aire couverte par la plate-bande double ?
  b) Dessine la nouvelle plate-bande et indique ses dimensions.
  c) Quel effet le changement de taille a-t-il sur le volume de terre requise ? Explique ta réponse.

9. Le godet à l'avant d'un tracteur de jardin est un prisme triangulaire.

  a) Trouve le volume de terre que le godet peut contenir, en mètres cubes. Quelles suppositions fais-tu ?
  b) Tu doubles les dimensions des faces triangulaires. Selon toi, combien de terre supplémentaire le nouveau godet contiendra-t-il ? Explique ta réponse.
  c) Calcule le nouveau volume. Dessine le nouveau godet et indique ses dimensions.

10. Une tente a la forme d'un prisme triangulaire. Son volume est de 25 m³.
  a) Détermine des dimensions possibles pour ce prisme.
  b) Choisis un des ensembles de dimensions trouvés en a). Dessine la tente et indique les dimensions.
  c) Une tente plus grande a un volume de 100 m³. Elle a également la forme d'un prisme triangulaire.
    I) Quelles peuvent être les dimensions de cette tente ? Explique ta réponse.
    II) Quelle est la relation entre les dimensions des deux tentes ?

Test pratique

1. Tu as besoin de cubes emboîtables et de papier à points isométrique.
   a) Construis le solide qui correspond à ces vues.
   b) Dessine le solide sur du papier à points isométrique.
   c) Dessine un développement de ce solide. Ensuite, découpe le développement et plie-le pour former le solide.

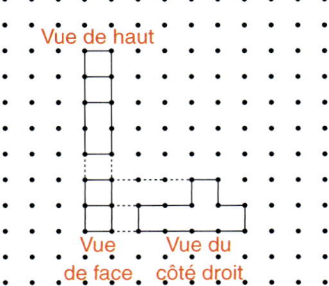

2. Calcule l'aire totale et le volume de ce prisme.

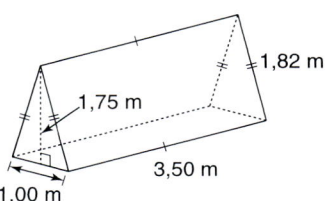

3. Examine le prisme triangulaire de la question 2. Tu triples la base et la hauteur des faces triangulaires.
   a) Quel effet cela a-t-il sur le volume du prisme ? Explique ta réponse.
   b) Dessine le prisme agrandi.
   c) Calcule le volume du prisme agrandi.

4. Les faces triangulaires de gauche sont les bases de quatre prismes triangulaires. Tous les prismes ont la même longueur.
   a) Quel prisme a le plus grand volume ? Explique ta réponse.
   b) Quel prisme a la plus petite aire totale ? Explique ta réponse.

5. Le volume d'un prisme triangulaire est de 210 cm^3.
   a) La longueur du prisme est de 7 cm. Quelles sont les mesures possibles de la base et de la hauteur des faces triangulaires ?
   b) Dessine deux faces triangulaires possibles de ce prisme sur du papier quadrillé à 1 cm. Mesure les côtés dont tu ne connais pas la longueur.
   c) Calcule l'aire totale de chaque prisme dont tu as dessiné la face en b).

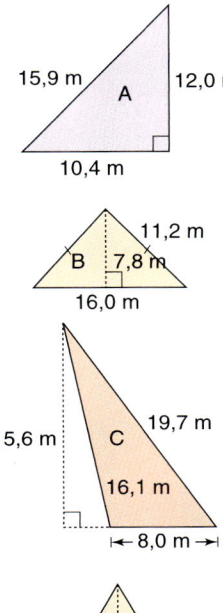

Problème du module : Sous le grand chapiteau

Ta classe doit construire un chapiteau.
Les organisateurs du cirque vous ont donné les vues suivantes.

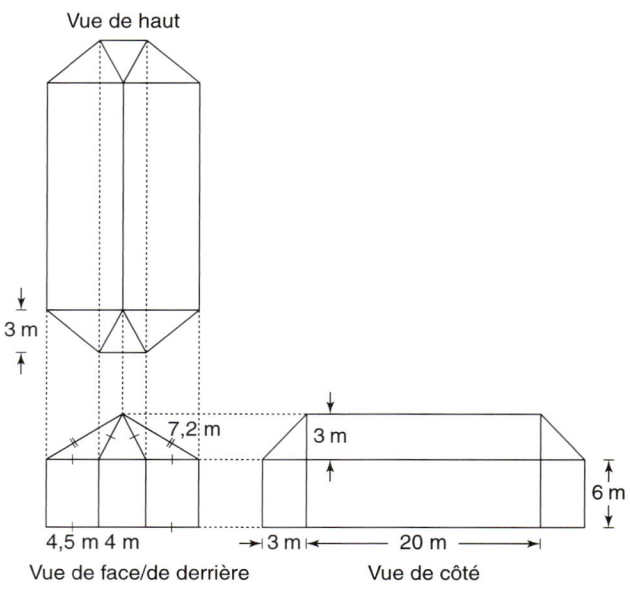

Travaille en équipe.

Partie 1

Prépare une présentation pour les organisateurs du cirque.
Ta présentation doit contenir :
- un schéma en trois dimensions ;
- un développement du chapiteau ;
- une liste des étapes à suivre pour construire le développement ;
- un modèle du chapiteau.

Partie 2

Quelques membres d'un club social du quartier participeront au cirque. Ils doivent faire construire un accessoire pour leur numéro. Cet accessoire est un prisme triangulaire dans lequel un des participants peut se cacher. L'accessoire peut aussi servir de rampe pour faire des sauts à bicyclette.

Prépare une estimation des coûts de construction de cet accessoire. Ton estimation doit comprendre :
- un schéma de l'accessoire, y compris des dimensions appropriées ;
- une explication des dimensions que tu as choisies ;
- les calculs des quantités de matériel nécessaire ;
- le coût du matériel si le matériel de construction coûte 16,50 \$/m^2.

Liste de contrôle

Ton travail devrait montrer :
- ✓ un modèle bien construit ;
- ✓ des schémas, des dessins et des calculs détaillés ;
- ✓ une explication claire de tes choix, de tes procédures et de tes résultats ;
- ✓ une description des situations où tu utilises le volume et la capacité à la maison.

Partie 3

Le volume ou la capacité du chapiteau dépend de ses dimensions. Cherche des situations où tu utilises le volume et la capacité à la maison.
Rédige un rapport sur tes découvertes.

Retour sur le module

Rédige un paragraphe sur ce que tu as appris à propos de la représentation des objets tridimensionnels et des prismes triangulaires.
Essaie d'inclure des notions de chaque leçon de ce module.

Problème multidomaine

Les rectangles d'or

Travaille avec une ou un camarade.

Les polygones semblables ont la même forme, mais ont des tailles différentes. Ces deux rectangles sont semblables.

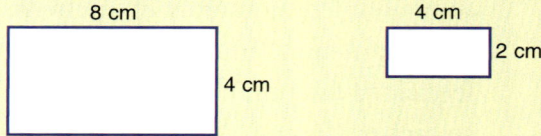

Les rectangles semblables ont le même rapport base : hauteur. Autrement dit, 8 cm : 4 cm = 4 cm : 2 cm.

Pour ce *problème*, tu dessineras des rectangles et tu compareras les rapports des longueurs de leurs côtés.

À mesure que tu effectues le *problème*, consigne tous tes travaux dans un rapport que tu remettras à la fin.

Matériel :
- du papier quadrillé à 1 cm

Partie 1

➢ Utilise du papier quadrillé à 1 cm.
Tourne la feuille de sorte que le côté le plus long soit à l'horizontale.
Dessine un carré de 1 cm de côté dans le coin inférieur gauche. Nomme ce carré ABCD.
Dessine un autre carré de 1 cm de côté directement au dessus du premier. Tu devrais maintenant avoir un rectangle qui mesure 2 cm sur 1 cm. Nomme ce rectangle ABEF.
Dessine un carré le long du côté le plus long du rectangle ABEF pour créer un plus grand rectangle. Nomme ce rectangle de 3 cm sur 2 cm AGHF.

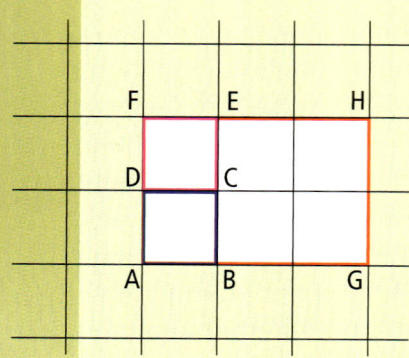

➢ Continue à créer de plus grands rectangles en dessinant des carrés le long du côté le plus long du rectangle précédent.
Continue à nommer les rectangles par des lettres.
Y a-t-il une régularité dans la façon dont tu dessines les rectangles ? Explique ta réponse.

➢ Arrête de dessiner des rectangles quand il n'y a plus d'espace sur la feuille.
Note la mesure de la base et celle de la hauteur de chaque rectangle dans un tableau. Pour les besoins de ce *problème*, la base est toujours le côté le plus long.

➤ Écris le rapport entre base et la hauteur sous forme de fraction.
Divise la base par la hauteur pour obtenir la valeur du rapport.
Au besoin, utilise une calculatrice.
S'il le faut, arrondis chaque nombre à la 3ᵉ décimale.
Inscris ces nombres dans le tableau.

Rectangle	Base	Hauteur	Rapport $\frac{b}{h}$	Valeur du rapport
ABCD	1	1	$\frac{1}{1}$	1,0
ABEF	2	1	$\frac{2}{1}$	2,0

➤ Indique la ou les régularités que tu remarques dans le tableau.

➤ Prolonge les suites. Quelles sont les dimensions des 3 rectangles suivants ? Comment le sais-tu ?

➤ Calcule le rapport de $\frac{b}{h}$ pour chacun des 3 rectangles suivants. Que remarques-tu au sujet des rapports quand les rectangles deviennent plus grands ?

➤ Prédis la valeur du rapport pour le 50ᵉ rectangle. Selon toi, quel sera le rapport pour le 100ᵉ rectangle ? Explique ta réponse.

➤ Les rectangles représentés dans le tableau sont-ils semblables ? Explique ta réponse.

Partie 2

➤ Cherche des rectangles dans la salle.
Le papier pour bloc-notes, les manuels et les fenêtres peuvent en fournir des exemples. Ajoute ces rectangles à ton tableau.

➤ Mesure la base et la hauteur de chaque rectangle que tu ajoutes.
Pour chacun d'eux, quel est le rapport de $\frac{b}{h}$?
Quelle est la valeur de ce rapport ?

Va plus loin

Trouve des photographies de structures ou d'immeubles.
Cherche des rectangles dans ces structures.
Trouve les valeurs de $\frac{b}{h}$ pour chaque rectangle. Y a-t-il un rectangle qui a le même rapport que celui du dernier rectangle de ton tableau ?

Les rectangles d'or

MODULE 4
Les fractions et les nombres décimaux

Regarde les figures ci-contre. Comment chaque figure est-elle formée à partir de la figure précédente ? Dans le triangle équilatéral de l'**Étape 1,** le côté mesure 1 unité de longueur. Quel est le périmètre de chaque figure ?

Quelle régularité remarques-tu ? Suppose que la suite se prolonge. Quel sera le périmètre de la figure de l'**Étape 4 ?** Après l'**Étape 1,** en quoi le périmètre de chaque figure est-il lié à la figure précédente ?

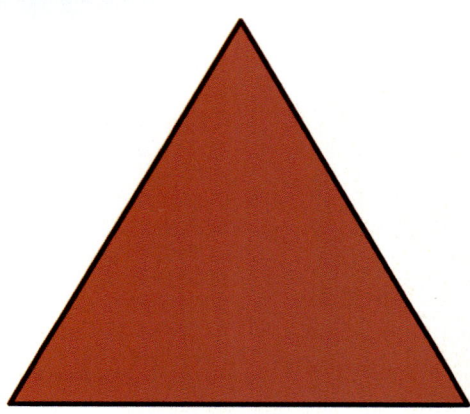

Étape 1

Tes objectifs d'apprentissage

- Comparer et ordonner des fractions.
- Additionner et soustraire des fractions.
- Multiplier une fraction par un nombre naturel et par une fraction.
- Diviser un nombre naturel par une fraction et une fraction par une fraction.
- Convertir des fractions en nombres à virgule et des nombres à virgule en fractions.

Pourquoi est-ce important ?

Tu utilises des fractions et des nombres à virgule quand tu fais des achats, quand tu mesures et quand tu emploies des pourcentages. Tu les utilises aussi dans les domaines des sports, de la cuisine et des affaires.

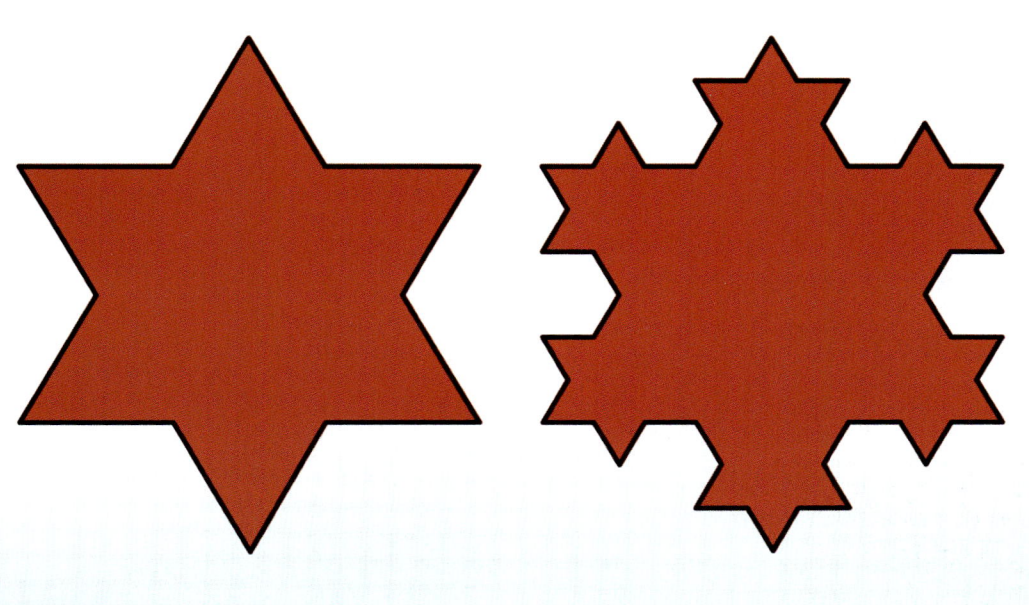

Étape 2

Étape 3

Mots clés
- des inverses
- un nombre décimal
- un nombre périodique

MODULE 4

Utilise tes connaissances

Multiplier une fraction par un nombre naturel

Pour trouver la fraction d'un nombre naturel, tu multiplies cette fraction par le nombre naturel.

Exemple
a) Trouve $\frac{1}{3}$ de 27.
b) Multiplie $\frac{3}{4} \times 6$.

Réponses
a) $\frac{1}{3}$ de 27, c'est
$\frac{1}{3} \times 27 = 27 \times \frac{1}{3}$

Réfléchis : 27 fois $\frac{1}{3}$ est égal à 27 tiers.
$\frac{1}{3} \times 27 = \frac{27}{3}$
$= 9$

b) $\frac{3}{4} \times 6 = \frac{18}{4}$
$= \frac{9}{2}$

Remarque que, dans l'**Exemple a)**, $27 \times \frac{1}{3}$ équivaut à $27 \div 3$. Pour trouver $\frac{1}{3}$ d'un nombre, tu peux multiplier le nombre par $\frac{1}{3}$ ou le diviser par 3. Un tiers et 3 sont des **inverses**.

Au lieu de multiplier un nombre par une fraction unitaire, tu peux le diviser par son inverse.

Une fraction unitaire a 1 comme numérateur.

✓ Vérifie

1. Trouve chaque résultat.
   a) $\frac{1}{5}$ de 25
   b) $\frac{1}{4}$ de 64
   c) $\frac{1}{8}$ de 40

2. Effectue ces multiplications.
   a) $\frac{3}{2} \times 20$
   b) $\frac{5}{3} \times 5$
   c) $\frac{7}{9} \times 4$

3. L'école du Parc accueille 660 élèves de la maternelle à la 8e année.
   a) Les trois quarts des élèves sont des garçons. Combien y a-t-il de garçons dans l'école ?
   b) Les élèves de la maternelle à la 4e année représentent le tiers des élèves de l'école. Combien y a-t-il d'élèves de la 5e année à la 8e année ?

134   MODULE 4 : Les fractions et les nombres décimaux

4.1 Comparer et ordonner des fractions

Objectif Comparer des fractions à l'aide de fractions équivalentes.

Certains photographes utilisent un appareil photo manuel muni d'une molette de réglage des vitesses de l'obturateur. Les nombres sur la molette indiquent la durée d'ouverture de l'obturateur quand on prend une photographie.

Ce réglage maintient l'obturateur ouvert pendant 2 s.

Ce réglage maintient l'obturateur ouvert pendant $\frac{1}{2}$ de 1 s.

Ce réglage maintient l'obturateur ouvert pendant $\frac{1}{4}$ de 1 s.

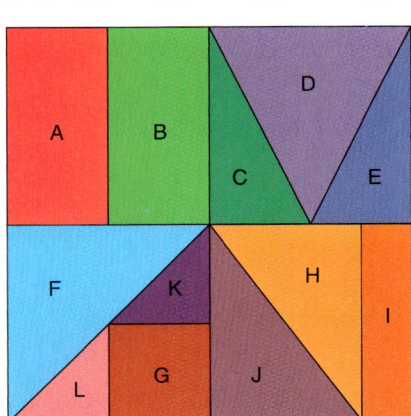

Et ainsi de suite.
Pendant combien de temps l'obturateur est-il ouvert quand le réglage est de 8, de 15 et de 30, respectivement? Un réglage de 8 laisse-t-il entrer plus ou moins de lumière qu'un réglage de 15? Si un réglage de 125 ne laisse pas entrer assez de lumière, quel réglage doit-on essayer?

Explore

Travaille en équipe.

Le côté de ce carré mesure 1 unité de côté.

Ton enseignante ou ton enseignant te remettra une copie du carré. Quelle fraction du carré entier représente chaque morceau? Place les fractions par ordre croissant.

Explique ton raisonnement

Fais part de tes résultats aux élèves d'une autre équipe. Comment as-tu représenté chaque morceau par une fraction du tout? Quelles stratégies as-tu utilisées pour ordonner les fractions? Pourrais-tu utiliser ces stratégies pour ordonner les fractions de n'importe quel ensemble? Explique ta réponse.

Découvre

Pour comparer des fractions, tu peux utiliser des fractions équivalentes. Écris chaque fraction avec le même dénominateur, puis compare les numérateurs.

Par exemple, pour ordonner $\frac{5}{8}, \frac{4}{5}$ et $\frac{3}{4}$:
écris des fractions équivalentes pour chaque fraction jusqu'à ce que toutes les fractions aient le même dénominateur.

Ces fractions sont des fractions propres. Dans une fraction propre, le numérateur est plus petit que le dénominateur.

$$\frac{5}{8} = \frac{10}{16} = \frac{15}{24} = \frac{20}{32} = \frac{25}{40}$$

$$\frac{4}{5} = \frac{8}{10} = \frac{12}{15} = \frac{16}{20} = \frac{20}{25} = \frac{24}{30} = \frac{28}{35} = \frac{32}{40}$$

$$\frac{3}{4} = \frac{6}{8} = \frac{9}{12} = \frac{12}{16} = \frac{15}{20} = \frac{18}{24} = \frac{21}{28} = \frac{24}{32} = \frac{27}{36} = \frac{30}{40}$$

Maintenant, chaque fraction a 40 comme dénominateur.
Compare les numérateurs : 25 < 30 < 32.
Donc, $\frac{25}{40} < \frac{30}{40} < \frac{32}{40}$.
Donc, $\frac{5}{8} < \frac{3}{4} < \frac{4}{5}$.
Par ordre croissant : $\frac{5}{8}, \frac{3}{4}, \frac{4}{5}$
Pour trouver le dénominateur commun plus facilement, tu n'as qu'à trouver le plus petit multiple commun des dénominateurs. Tu peux utiliser cette méthode pour ordonner des fractions impropres.

Exemple

Écris ces fractions par ordre croissant :
$\frac{5}{3}, \frac{3}{2}, \frac{8}{5}$

Réponses

$\frac{5}{3}, \frac{3}{2}, \frac{8}{5}$

Trouve le plus petit dénominateur commun.
Comme les dénominateurs n'ont pas de facteur commun, énumère les multiples de 3, de 2 et de 5.
3 : 3, 6, 9, 12, 15, 18, 21, 24, 27, **30,** …
2 : 2, 4, 6, 8, 10, 12, 14, 16, 18, 20, 22, 24, 26, 28, **30,** …
5 : 5, 10, 15, 20, 25, **30,** …

Dans une fraction impropre, le numérateur est plus grand que le dénominateur.

MODULE 4 : Les fractions et les nombres décimaux

Le plus petit dénominateur commun est 30.

$$\underset{\times 10}{\overset{\times 10}{\frac{5}{3} = \frac{50}{30}}} \qquad \underset{\times 15}{\overset{\times 15}{\frac{3}{2} = \frac{45}{30}}} \qquad \underset{\times 6}{\overset{\times 6}{\frac{8}{5} = \frac{48}{30}}}$$

Donc, par ordre croissant : $\frac{3}{2}, \frac{8}{5}, \frac{5}{3}$.

Dans l'**Exemple**, remarque que le plus petit multiple commun de 3, 2 et 5 est le produit de ces nombres : $3 \times 2 \times 5 = 30$. Quand deux ou plusieurs nombres n'ont pas de facteur commun, le plus petit multiple commun de ces nombres est leur produit.

Utilise cette méthode pour trouver le plus petit dénominateur commun quand les dénominateurs n'ont pas de facteur commun.

À ton tour

1. Dans chaque paire, trouve la fraction la plus grande. Explique ta réponse.

    a) $\frac{1}{2}, \frac{2}{5}$ b) $\frac{2}{3}, \frac{5}{6}$ c) $\frac{1}{2}, \frac{2}{3}$ d) $\frac{3}{4}, \frac{2}{5}$

    e) $\frac{1}{4}, \frac{1}{3}$ f) $\frac{2}{3}, \frac{3}{4}$ g) $\frac{3}{4}, \frac{5}{8}$ h) $\frac{2}{5}, \frac{3}{10}$

2. Écris les fractions de chaque ensemble par ordre croissant.

    a) $\frac{3}{8}, \frac{4}{5}, \frac{1}{2}$ b) $\frac{7}{10}, \frac{6}{8}, \frac{3}{5}$ c) $\frac{5}{2}, \frac{6}{3}, \frac{7}{4}$ d) $\frac{10}{3}, \frac{7}{5}, \frac{13}{6}$

3. Utilise les fractions $\frac{19}{10}, \frac{11}{3}, \frac{9}{4}$.

    a) Écris les fractions par ordre croissant.
    b) Écris chaque fraction en nombre fractionnaire.
    c) Écris les nombres fractionnaires par ordre croissant.
    d) Quelle méthode a été la plus facile : ordonner les fractions impropres ou ordonner les nombres fractionnaires ? Explique ta réponse.
    Dans quelle situation utiliserais-tu la méthode qui consiste à ordonner les nombres fractionnaires ?

4. Maria affirme que $\frac{5}{6}$ se trouve entre $\frac{4}{5}$ et $\frac{6}{7}$. Es-tu d'accord ? Explique ta réponse.

5. Trouve la fraction qui se situe à mi-chemin entre les nombres de chaque groupe. Tu peux utiliser une droite numérique.

    a) 0 et 1 b) 1 et 2 c) 0 et $\frac{1}{2}$

    d) $\frac{1}{2}$ et 1 e) 1 et $\frac{3}{2}$ f) $\frac{3}{2}$ et 2

La suite de Farey porte le nom du géologue et mathématicien britannique John Farey, qui a vécu de 1766 à 1826.

6. Une suite de Farey est une énumération de fractions liées par une régularité.

1re suite de Farey : $\frac{0}{1}, \frac{1}{1}$

2e suite de Farey : $\frac{0}{1}, \frac{1}{1}, \frac{1}{2}$

3e suite de Farey : $\frac{0}{1}, \frac{1}{1}, \frac{1}{2}, \frac{1}{3}, \frac{2}{3}$

4e suite de Farey : $\frac{0}{1}, \frac{1}{1}, \frac{1}{2}, \frac{1}{3}, \frac{2}{3}, \frac{1}{4}, \frac{3}{4}$

a) Regarde les énumérations ci-dessus. Prolonge la suite. Écris la 5e suite de Farey.

b) Écris les fractions de la 5e suite de Farey par ordre croissant.

Calcul mental

Utilise des nombres entiers.

Énumère toutes les dimensions possibles d'un prisme rectangulaire qui a un volume de 72 cm³.

7. Objectif d'évaluation La fraction $\frac{11}{2}$ se trouve à mi-chemin entre 5 et 6. La fraction $\frac{23}{4}$ se trouve à mi-chemin entre $\frac{11}{2}$ et 6.

a) Combien de fractions de plus peux-tu trouver entre 5 et 6 ? Énumère toutes les fractions que tu trouves.

b) As-tu trouvé *toutes* les fractions entre 5 et 6 ? Comment le sais-tu ?

Montre ton travail.

8. a) Écris le plus grand nombre possible de fractions propres et de fractions impropres avec les chiffres 3, 4, 5 et 6.

b) Écris les fractions en a) par ordre croissant.

c) Parmi les fractions en a), lesquelles sont :

  I) plus petites que $\frac{1}{2}$?

  II) entre $\frac{1}{2}$ et 1 ?

  III) plus grandes que 1 ?

Va plus loin

9. Quelle fraction est la plus grande dans chaque paire ? Comment le sais-tu ?

a) $\frac{22}{32}$ ou $\frac{43}{65}$

b) $\frac{91\,919}{99\,999}$ ou $\frac{919}{999}$

Réfléchis

Nomme deux façons de comparer et d'ordonner des fractions. Quelle façon préfères-tu ? Explique ta réponse.

4.2 Additionner des fractions

Objectif Additionner des fractions à l'aide de dénominateurs communs.

Explore

Travaille individuellement.
Copie ces schémas.

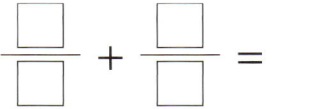
la plus grande somme

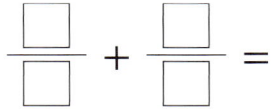
la plus petite somme

Utilise les nombres 1, 2, 4 et 8 pour obtenir
la plus grande somme et la plus petite somme.
Dans chaque cas, n'utilise chaque nombre qu'une seule fois.

Explique ton raisonnement

Montre tes résultats à une ou à un camarade. Avez-vous obtenu les mêmes réponses ? Sinon, quelle est la plus grande somme ? Quelle est la plus petite somme ? Quelles stratégies avez-vous utilisées pour additionner ?

Découvre

Rappelle-toi comment additionner des fractions qui ont le même dénominateur.
Par exemple, pour additionner $\frac{3}{12}$ et $\frac{4}{12}$,
tu additionnes les numérateurs : $\frac{3}{12} + \frac{4}{12} = \frac{7}{12}$.
Tu peux représenter cette somme à l'aide d'un diagramme circulaire.

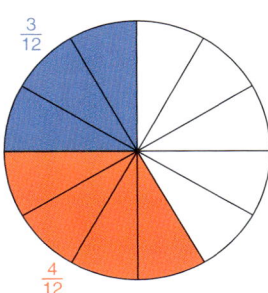

Pour additionner des fractions qui n'ont pas le même dénominateur, tu trouves un dénominateur commun avant d'additionner.

Exemple 1

Effectue l'addition. $\frac{5}{12} + \frac{5}{6}$

Réponses

$\frac{5}{12} + \frac{5}{6}$

Utilise des fractions équivalentes pour écrire les fractions avec un dénominateur commun.
Comme 6 est un facteur de 12, le plus petit multiple commun de 12 et 6 est 12.

Utilise 12 comme dénominateur commun.

$$\frac{5}{6} \overset{\times 2}{\underset{\times 2}{=}} \frac{10}{12}$$

$\frac{5}{12} + \frac{5}{6} = \frac{5}{12} + \frac{10}{12}$ Additionne les numérateurs.
$\phantom{\frac{5}{12} + \frac{5}{6}} = \frac{15}{12}$ Pour réduire à la forme la plus simple, divise
$\phantom{\frac{5}{12} + \frac{5}{6}} = \frac{15 \div 3}{12 \div 3}$ le numérateur et le dénominateur par leur plus
$\phantom{\frac{5}{12} + \frac{5}{6}} = \frac{5}{4}$ grand facteur commun, soit 3.

Comme 5 > 4, il s'agit d'une fraction impropre.

Pour écrire la fraction en nombre fractionnaire :
$\frac{5}{4} = \frac{4}{4} + \frac{1}{4}$
$\phantom{\frac{5}{4}} = 1 + \frac{1}{4}$
$\phantom{\frac{5}{4}} = 1\frac{1}{4}$ ◄——— Un nombre fractionnaire

> **Une fraction est dans sa forme la plus simple, ou irréductible, quand son numérateur et son dénominateur n'ont pas de facteur commun.**

Tu peux aussi utiliser les dénominateurs communs pour additionner plus de deux fractions.

Exemple 2

Effectue l'addition. $\frac{2}{3} + \frac{4}{5} + \frac{3}{4}$

Réponses

$\frac{2}{3} + \frac{4}{5} + \frac{3}{4}$

Utilise des fractions équivalentes pour écrire les fractions avec un dénominateur commun.

Les dénominateurs 3, 5 et 4 n'ont pas de facteur commun.
Le plus petit multiple commun de ces nombres est
donc leur produit : $3 \times 5 \times 4 = 60$.
Écris chaque fraction avec le dénominateur 60.

$$\frac{2}{3} = \frac{40}{60} \qquad \frac{4}{5} = \frac{48}{60} \qquad \frac{3}{4} = \frac{45}{60}$$
(×20) (×12) (×15)

$$\frac{2}{3} + \frac{4}{5} + \frac{3}{4} = \frac{40}{60} + \frac{48}{60} + \frac{45}{60}$$
$$= \frac{133}{60} \quad \text{Comme } 133 > 60, \text{ la fraction est impropre.}$$
$$\phantom{=\frac{133}{60}} \quad \text{Tu peux l'écrire en nombre fractionnaire.}$$
$$= \frac{120}{60} + \frac{13}{60}$$
$$= 2 + \frac{13}{60}$$
$$= 2\,\frac{13}{60}$$

À ton tour

Écris toutes les sommes dans leur forme la plus simple.

1. Effectue ces additions.

a) $\frac{4}{9} + \frac{1}{3}$ b) $\frac{1}{2} + \frac{1}{3}$ c) $\frac{2}{3} + \frac{1}{6}$ d) $\frac{3}{4} + \frac{1}{6}$

e) $\frac{2}{5} + \frac{1}{3}$ f) $\frac{2}{5} + \frac{1}{10}$ g) $\frac{1}{12} + \frac{1}{4}$ h) $\frac{3}{8} + \frac{1}{4}$

2. Effectue ces additions.

a) $\frac{3}{8} + \frac{3}{2}$ b) $\frac{7}{4} + \frac{4}{5}$ c) $\frac{7}{6} + \frac{5}{7}$ d) $\frac{13}{10} + \frac{4}{3}$

e) $\frac{5}{8} + \frac{2}{3}$ f) $\frac{4}{5} + \frac{4}{7}$ g) $\frac{9}{4} + \frac{4}{9}$ h) $\frac{8}{5} + \frac{11}{6}$

3. Tamara et Boris ont déneigé leur entrée d'auto.
Tamara a déneigé les $\frac{3}{10}$ de l'entrée.
Boris a déneigé les $\frac{2}{3}$ de l'entrée.
Quelle fraction de l'entrée a été déneigée ?

4. a) Écris chaque fraction comme la somme de deux fractions qui ont le même dénominateur.

I) $\frac{1}{2}$ II) $\frac{3}{4}$ III) $\frac{9}{10}$

b) Écris chaque fraction en a) comme la somme de deux fractions qui ont des dénominateurs différents.

Spécialiste de la calculatrice

Copie les cases ci-dessous. Dans les cases, écris les chiffres 2, 3 et 4 pour obtenir le plus grand nombre possible.

□□ □

5. **Objectif d'évaluation** Écris chaque fraction comme la somme de deux ou de plusieurs fractions, de toutes les façons possibles.

   a) $\frac{4}{5}$ b) $\frac{7}{10}$ c) $\frac{2}{9}$

   Montre ton travail.

Pour additionner des nombres fractionnaires, additionne les fractions, puis additionne les nombres naturels.

6. Effectue ces additions.

   a) $3\frac{1}{3} + 4\frac{1}{4}$ b) $2\frac{1}{2} + 1\frac{9}{10}$ c) $1\frac{3}{4} + 2\frac{3}{5}$

   d) $\frac{7}{8} + 1\frac{2}{3}$ e) $2\frac{3}{5} + \frac{2}{3}$ f) $5\frac{2}{5} + 1\frac{7}{8}$

7. Deux élèves, Galen et Mai, ont effectué une recherche ensemble. Galen a travaillé pendant $3\frac{2}{3}$ heures. Mai a travaillé pendant $2\frac{4}{5}$ heures. Combien d'heures la recherche a-t-elle pris en tout?

8. Effectue ces additions.

   a) $\frac{1}{2} + \frac{2}{3} + \frac{3}{4}$ b) $\frac{1}{3} + \frac{3}{4} + \frac{2}{5}$ c) $\frac{5}{6} + \frac{4}{5} + \frac{4}{3}$

   d) $\frac{5}{4} + \frac{3}{5} + \frac{1}{6}$ e) $\frac{7}{10} + \frac{7}{5} + \frac{7}{2}$ f) $\frac{5}{12} + \frac{6}{5} + \frac{3}{4}$

Math +

Un peu d'histoire
Les fractions unitaires sont souvent appelées « fractions égyptiennes », car dans l'Égypte ancienne, on étudiait les fractions dans cette forme.

9. Chacune des fractions suivantes est écrite comme la somme de deux fractions unitaires. Quelles sont les sommes exactes? Comment le sais-tu?

   a) $\frac{7}{10} = \frac{1}{5} + \frac{1}{2}$ b) $\frac{5}{12} = \frac{1}{3} + \frac{1}{4}$ c) $\frac{5}{6} = \frac{1}{3} + \frac{1}{3}$

   d) $\frac{7}{12} = \frac{1}{2} + \frac{1}{6}$ e) $\frac{11}{8} = \frac{1}{2} + \frac{1}{9}$ f) $\frac{2}{15} = \frac{1}{10} + \frac{1}{30}$

   g) $\frac{7}{15} = \frac{1}{5} + \frac{1}{3}$ h) $\frac{2}{5} = \frac{1}{3} + \frac{1}{15}$ i) $\frac{4}{15} = \frac{1}{5} + \frac{1}{15}$

10. Écris chaque fraction comme la somme de deux fractions unitaires différentes.

    a) $\frac{3}{4}$ b) $\frac{5}{12}$ c) $\frac{7}{10}$

Va plus loin

11. Trouve cette somme. Explique ta méthode.

    $\frac{1}{2} + \frac{1}{3} + \frac{1}{4} + \frac{1}{5} + \frac{1}{6} + \frac{2}{3} + \frac{2}{4} + \frac{2}{5} + \frac{2}{6} + \frac{3}{4} + \frac{3}{5} + \frac{3}{6} + \frac{4}{5} + \frac{4}{6} + \frac{5}{6}$

Réfléchis

Choisis deux fractions impropres et additionne-les.
Écris chaque fraction impropre en nombre fractionnaire.
Additionne les nombres fractionnaires.
Quelle méthode est la plus efficace pour trouver la somme de deux fractions impropres? Explique ta réponse.

4.3 Soustraire des fractions

Objectif Soustraire des fractions à l'aide de dénominateurs communs.

Explore

Travaille avec une ou un camarade.
Tu as besoin de papier quadrillé à 1 cm et de crayons de couleur.

Suis les règles ci-dessous pour créer un dessin rectangulaire sur du papier quadrillé.

- Le dessin doit présenter une symétrie axiale ou une symétrie de rotation.
- La moitié des carrés doivent être rouges. Le tiers des carrés doivent être bleus. Le reste des carrés doivent être verts.
- Le rectangle doit compter le moins possible de carrés.

Quelle fraction des carrés est colorée en vert ? Comment le sais-tu ?
Combien de carrés as-tu utilisés ? Explique ta réponse.
Décris ton dessin.

Explique ton raisonnement

Compare ton dessin avec celui des élèves d'une autre équipe.
Les dessins, même s'ils sont différents, obéissent-ils tous deux aux règles données ? Explique ta réponse.
Comparez vos dessins avec ceux d'autres équipes.
Combien de dessins possibles existe-t-il ?

Découvre

Pour soustraire des fractions, tu peux utiliser une stratégie semblable à la stratégie d'addition des fractions. Quand les dénominateurs sont différents, tu commences par trouver un dénominateur commun.

Exemple 1

Effectue la soustraction. $\frac{4}{5} - \frac{3}{10}$

Réponses

$\frac{4}{5} - \frac{3}{10}$

Comme 5 est un facteur de 10, le plus petit dénominateur commun est 10.

$$\frac{4}{5} \underset{\times 2}{\overset{\times 2}{=}} \frac{8}{10}$$

$\frac{4}{5} - \frac{3}{10} = \frac{8}{10} - \frac{3}{10}$

$= \frac{5}{10}$ Cette fraction n'est pas dans sa forme la plus simple.

$= \frac{5 \div 5}{10 \div 5}$ Le nombre 5 est un facteur du numérateur et

$= \frac{1}{2}$ du dénominateur.

Pour soustraire des nombres fractionnaires, tu soustrais les fractions puis les nombres naturels. Tu détermines la fraction la plus grande. Quand la seconde fraction est plus grande que la première, tu ne peux pas soustraire directement.

Exemple 2

Effectue la soustraction. $3\frac{1}{5} - 1\frac{3}{4}$

Réponses

Estime :
Comme $\frac{1}{5} < \frac{1}{2}$
et que $\frac{3}{4} > \frac{1}{2}$,
alors $\frac{1}{5} < \frac{3}{4}$.

1ʳᵉ méthode

Soustrais les nombres naturels et les fractions séparément.
$3\frac{1}{5} - 1\frac{3}{4}$

Soustrais les fractions : $\frac{1}{5} - \frac{3}{4}$.

Comme $\frac{1}{5} < \frac{3}{4}$, tu ne peux pas soustraire directement.

Écris $3\frac{1}{5}$ comme ceci : $2 + 1\frac{1}{5}$, ou ceci : $2 + \frac{6}{5}$.

Tu peux écrire le problème $2\frac{6}{5} - 1\frac{3}{4}$.

Ensuite, soustrais les fractions.

$\frac{6}{5} - \frac{3}{4}$

Les dénominateurs 5 et 4 n'ont pas de facteur commun.

144   MODULE 4 : Les fractions et les nombres décimaux

Donc, leur plus petit dénominateur commun est $4 \times 5 = 20$.

$$\frac{6}{5} \xrightarrow{\times 4} = \frac{24}{20}$$

$$\frac{3}{4} \xrightarrow{\times 5} = \frac{15}{20}$$

$$\frac{6}{5} - \frac{3}{4} = \frac{24}{20} - \frac{15}{20}$$
$$= \frac{9}{20}$$

Maintenant, soustrais les nombres naturels qui restent : $2 - 1 = 1$.
Donc, $3\frac{1}{5} - 1\frac{3}{4} = 1\frac{9}{20}$.

2ᵉ méthode

Écris les deux fractions en fractions impropres, puis soustrais.

$3\frac{1}{5} = 3 + \frac{1}{5}$ $\qquad$ $1\frac{3}{4} = 1 + \frac{3}{4}$
$\phantom{3\frac{1}{5}} = \frac{15}{5} + \frac{1}{5}$ $\qquad$ $\phantom{1\frac{3}{4}} = \frac{4}{4} + \frac{3}{4}$
$\phantom{3\frac{1}{5}} = \frac{16}{5}$ $\qquad$ $\phantom{1\frac{3}{4}} = \frac{7}{4}$

Les dénominateurs n'ont pas de facteur commun.
Leur plus petit dénominateur commun est donc $4 \times 5 = 20$.

$$\frac{16}{5} \xrightarrow{\times 4} = \frac{64}{20}$$

$$\frac{7}{4} \xrightarrow{\times 5} = \frac{35}{20}$$

$$\frac{16}{5} - \frac{7}{4} = \frac{64}{20} - \frac{35}{20}$$
$$= \frac{29}{20}$$

Pour écrire la fraction en nombre fractionnaire :
$\frac{29}{20} = \frac{20}{20} + \frac{9}{20}$
$\phantom{\frac{29}{20}} = 1 + \frac{9}{20}$
$\phantom{\frac{29}{20}} = 1\frac{9}{20}$
Donc, $3\frac{1}{5} - 1\frac{3}{4} = 1\frac{9}{20}$.

Dans l'**Exemple 2,** la réponse est écrite en nombre fractionnaire parce que la question était posée en nombres fractionnaires. En général, tu dois répondre en reprenant la forme utilisée dans la question.

À ton tour

1. Effectue ces soustractions.
   a) $\frac{7}{2} - \frac{5}{4}$
   b) $\frac{7}{8} - \frac{3}{4}$
   c) $\frac{13}{6} - \frac{8}{12}$
   d) $\frac{5}{3} - \frac{2}{6}$
   e) $\frac{7}{5} - \frac{4}{10}$
   f) $\frac{5}{3} - \frac{2}{9}$
   g) $\frac{7}{2} - \frac{2}{4}$
   h) $\frac{3}{2} - \frac{9}{7}$

2. Effectue ces soustractions.
   a) $\frac{11}{12} - \frac{5}{6}$
   b) $\frac{7}{10} - \frac{1}{2}$
   c) $\frac{3}{4} - \frac{3}{5}$
   d) $\frac{7}{8} - \frac{1}{3}$
   e) $\frac{2}{3} - \frac{7}{12}$
   f) $\frac{7}{5} - \frac{2}{3}$
   g) $\frac{9}{5} - \frac{1}{2}$
   h) $\frac{4}{5} - \frac{1}{3}$

Stratégie numérique

Arrondis chaque somme aux dix cents près, puis additionne.

Arrondis chaque somme au dollar près, puis additionne.
- 198,85 $
- 201,79 $

3. Une boutique d'articles de sport passe une commande de souliers. Les trois huitièmes de la commande représentent des souliers de basket-ball ; le quart représente des souliers de course ; le reste représente des souliers de golf. Quelle fraction de la commande représente les souliers de golf ?

4. Effectue ces soustractions.
   a) $\frac{10}{3} - \frac{3}{4}$
   b) $\frac{8}{5} - \frac{2}{3}$
   c) $\frac{7}{4} - \frac{3}{5}$
   d) $\frac{17}{10} - \frac{5}{6}$
   e) $\frac{7}{2} - \frac{3}{5}$
   f) $\frac{13}{6} - \frac{2}{5}$
   g) $\frac{7}{3} - \frac{3}{2}$
   h) $\frac{7}{3} - \frac{5}{8}$

Assure-toi que la première fraction est plus grande que la seconde.

5. **Objectif d'évaluation** Copie le schéma ci-dessous. Utilise les nombres 2, 3, 4 et 5 comme numérateurs ou dénominateurs.

   $$\frac{\square}{\square} - \frac{\square}{\square} =$$

   a) Écris le plus grand nombre possible de soustractions. Utilise chaque nombre une seule fois.
   b) Quelle soustraction donne la plus grande différence ?
   c) Quelle soustraction donne la plus petite différence ?
   Montre ton travail.

6. Effectue ces soustractions.
   a) $3\frac{3}{4} - 1\frac{1}{5}$
   b) $3\frac{2}{5} - 1\frac{5}{8}$
   c) $3\frac{7}{10} - 2\frac{1}{3}$
   d) $3\frac{1}{3} - 2\frac{7}{10}$
   e) $4\frac{2}{9} - 1\frac{1}{6}$
   f) $4\frac{1}{6} - 1\frac{2}{9}$

7. a) Effectue ces soustractions.
   I) $3 - \frac{4}{5}$
   II) $4 - \frac{3}{7}$
   III) $5 - \frac{5}{6}$
   b) Quelles méthodes as-tu utilisées en a) ? Explique ton choix.

8. Écris chaque fraction comme la différence de deux fractions propres qui ont des dénominateurs différents.
   a) $\frac{1}{2}$ b) $\frac{3}{4}$ c) $\frac{1}{10}$ d) $\frac{1}{6}$ e) $\frac{1}{4}$

9. a) La moitié des livres trouvés dans le sac à dos de Kevin sont des romans. Il y a aussi 3 livres de sciences, 2 livres d'histoire et 1 livre de géographie.
   Combien y a-t-il de livres dans le sac de Kevin ?
   b) Dans le casier de Raji, le tiers des livres sont des romans, et le tiers sont des livres de sciences. Raji a aussi 2 livres de géographie, 3 livres d'histoire et 1 livre d'études sociales.
   Combien y a-t-il de livres dans le casier de Raji ?

10. Voici quelques soustractions de fractions unitaires dont les dénominateurs sont des nombres naturels consécutifs :

    $\frac{1}{1} - \frac{1}{2}$; $\frac{1}{2} - \frac{1}{3}$; $\frac{1}{3} - \frac{1}{4}$; $\frac{1}{4} - \frac{1}{5}$

    a) Trouve la différence des fractions de chaque paire.
    b) Écris d'autres soustractions de fractions du même genre. Trouve chaque différence.
    c) Quelles régularités remarques-tu ?

Va plus loin

11. Il y a des pièces de 1 ¢ sur une table.
    Le quart des pièces sont du côté face.
    On retourne deux pièces.
    Maintenant, le tiers des pièces sont du côté face.
    Combien y a-t-il de pièces de 1 ¢ sur la table ?
    Comment le sais-tu ?

12. Deux pichets identiques contiennent du jus de pamplemousse. Le pichet A est rempli au tiers. Le pichet B est rempli aux deux cinquièmes. On remplit complètement chaque pichet d'eau. On verse ensuite les contenus des pichets dans un grand bol. Quelle fraction du liquide représente le jus de pamplemousse ?

Réfléchis

Quelles fractions ou quels nombres fractionnaires sont faciles à soustraire ? Lesquels sont plus difficiles à soustraire ? Donne un exemple de chacun.

4.4 Multiplier des fractions à l'aide de modèles

Objectif Multiplier des fractions à l'aide de modèles d'aire.

Tu as utilisé des modèles d'aire pour multiplier deux nombres naturels et pour multiplier un nombre naturel et une fraction.
Tu vas maintenant étendre ce modèle à la multiplication de deux fractions.

Explore

Travaille avec une ou un camarade.
Après le souper, il restait le quart d'une tarte aux cerises.
Le lendemain midi, Thierry a mangé la moitié du reste de la tarte.
Quelle fraction de la tarte a-t-il mangée au dîner?
Si Thierry n'avait mangé que le tiers du reste de la tarte, quelle fraction de la tarte aurait-il mangée?

Explique ton raisonnement

Comment as-tu résolu le problème?
Compare tes solutions et tes stratégies avec celles des élèves d'une autre équipe. Y a-t-il une stratégie meilleure qu'une autre? Explique ta réponse.

Découvre

Utilise un modèle pour trouver le produit de fractions.
Par exemple :
Sandi a tondu les $\frac{2}{3}$ d'une pelouse rectangulaire.
Akiva a tondu $\frac{1}{2}$ du reste de la pelouse.
Quelle fraction de la pelouse Akiva a-t-elle tondue?

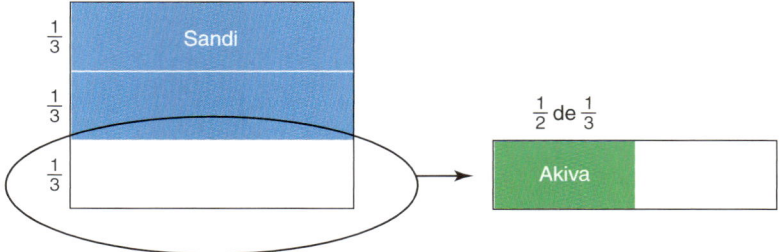

Sandi a tondu les $\frac{2}{3}$. Donc, il restait $\frac{1}{3}$ à tondre.
Akiva a tondu $\frac{1}{2}$ de $\frac{1}{3}$.

MODULE 4 : Les fractions et les nombres décimaux

Comme l'indique le rectangle, $\frac{1}{2}$ de $\frac{1}{3} = \frac{1}{6}$.
La fraction $\frac{1}{6}$ représente l'aire d'une partie d'un rectangle. Un des côtés mesure $\frac{1}{2}$ de la longueur du rectangle initial ; l'autre côté mesure $\frac{1}{3}$ de la longueur du rectangle initial.

Comme l'aire d'un rectangle correspond à la longueur × la largeur, tu peux exprimer $\frac{1}{2}$ de $\frac{1}{3}$ par la multiplication $\frac{1}{2} \times \frac{1}{3} = \frac{1}{6}$.

Donc, Akiva a tondu $\frac{1}{6}$ de la pelouse.

Exemple

La moitié des élèves de 8e année ont tenté de se qualifier pour l'équipe de volley-ball. Les trois quarts d'entre eux ont réussi.

a) Quelle fraction des élèves de 8e année sont membres de l'équipe ?

b) Dessine un modèle d'aire et écris une multiplication qui correspond à ta réponse.

Réponses

a) Les trois quarts de la moitié des élèves de 8e année sont membres de l'équipe.
Dessine un rectangle.
Montre $\frac{1}{2}$ du rectangle.

Élèves qui ont tenté de se qualifier

Divise $\frac{1}{2}$ du rectangle en quarts.
Colories-en les $\frac{3}{4}$.

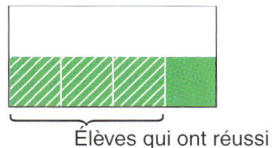
Élèves qui ont réussi

À l'aide de lignes brisées, divise le grand rectangle en parties égales. Il y a 8 parties égales. Trois parties sont colorées.
Donc, les $\frac{3}{8}$ des élèves de 8e année sont membres de l'équipe.

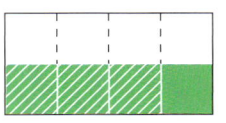

b) $\frac{3}{4}$ de $\frac{1}{2}$ égale $\frac{3}{8}$.
Donc, $\frac{3}{4} \times \frac{1}{2} = \frac{3}{8}$.

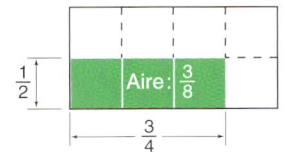

À ton tour

1. Reproduis chaque rectangle sur du papier quadrillé. Sers-toi du rectangle pour trouver le produit.

   a) $\frac{1}{2} \times \frac{3}{4}$ b) $\frac{3}{4} \times \frac{2}{3}$ c) $\frac{2}{5} \times \frac{1}{2}$

   d) $\frac{5}{6} \times \frac{1}{2}$ e) $\frac{3}{5} \times \frac{7}{8}$ f) $\frac{4}{5} \times \frac{3}{4}$

   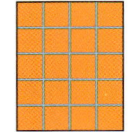

2. Trouve chaque produit à l'aide d'un rectangle dessiné sur du papier quadrillé.

   a) $\frac{3}{4} \times \frac{5}{8}$ b) $\frac{4}{9} \times \frac{2}{5}$ c) $\frac{3}{4} \times \frac{2}{3}$

   d) $\frac{6}{7} \times \frac{2}{3}$ e) $\frac{2}{3} \times \frac{1}{3}$ f) $\frac{4}{5} \times \frac{4}{5}$

3. Écris 3 multiplications de fractions propres. Les produits doivent être différents de tous ceux que tu as trouvés jusqu'ici. Dessine un rectangle pour représenter chaque produit.

4. **Objectif d'évaluation**

   a) Dessine un modèle d'aire pour trouver chaque produit.

   I) $\frac{3}{4} \times \frac{2}{5}$ II) $\frac{2}{4} \times \frac{3}{5}$ III) $\frac{1}{4} \times \frac{3}{8}$

   IV) $\frac{3}{4} \times \frac{1}{8}$ V) $\frac{3}{5} \times \frac{4}{6}$ VI) $\frac{3}{6} \times \frac{4}{5}$

   b) Compare tes modèles d'aire. Quelles régularités remarques-tu? Écris d'autres produits semblables aux produits en a). Montre ton travail.

5. Pourquoi $\frac{5}{8}$ de $\frac{3}{12}$ est-il égal à $\frac{3}{8}$ de $\frac{5}{12}$? Explique ta réponse à l'aide de modèles d'aire.

Spécialiste de la calculatrice

Trouve un carré parfait qui est la somme d'un carré parfait de deux chiffres et d'un carré parfait d'un chiffre. Combien de réponses as-tu trouvées?

Réfléchis

Quand tu utilises un modèle d'aire pour multiplier deux fractions, comment choisis-tu la façon de dessiner ton rectangle? Explique ta réponse et donne un exemple.

4.5 Multiplier des fractions

Objectif Découvrir un algorithme pour multiplier les fractions.

Explore

Travaille avec une ou un camarade.
Tu as besoin de papier quadrillé.
Reproduis ce schéma sur du papier quadrillé.

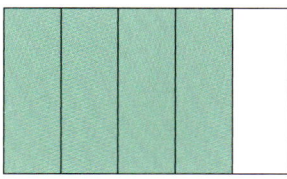

Calcule $\frac{2}{3} \times \frac{4}{5}$.

Quelles régularités remarques-tu dans les nombres?
Comment peux-tu utiliser des régularités pour multiplier $\frac{2}{3} \times \frac{4}{5}$?
Utilise ta méthode pour calculer $\frac{7}{8} \times \frac{3}{10}$.
Vérifie ta réponse à l'aide d'un modèle d'aire.

Explique ton raisonnement

Compare ta stratégie avec celles des élèves d'une autre équipe.
Crois-tu que ta stratégie conviendrait à toutes les fractions?
Explique ta réponse.

Découvre

Ce modèle d'aire représente:
$\frac{4}{7} \times \frac{2}{5} = \frac{8}{35}$.

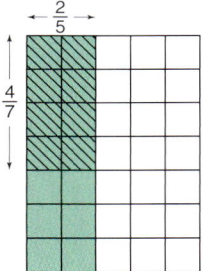

Le produit des numérateurs est:
$4 \times 2 = 8$.
Le produit des dénominateurs est:
$7 \times 5 = 35$.
Cela donne: $\frac{4}{7} \times \frac{2}{5} = \frac{4 \times 2}{7 \times 5}$
$= \frac{8}{35}$.

Donc, pour multiplier deux fractions, tu multiplies les numérateurs et tu multiplies les dénominateurs.

Tu peux utiliser cette méthode pour multiplier des fractions propres ou des fractions impropres. L'**Exemple 1** montre qu'on peut simplifier une multiplication avant de l'effectuer.

Exemple 1

Effectue les multiplications.

a) $\frac{4}{9} \times \frac{3}{8}$
b) $\frac{7}{5} \times \frac{8}{3}$

Réponses

a) $\frac{4}{9} \times \frac{3}{8} = \frac{4 \times 3}{9 \times 8}$

Remarque que le numérateur et le dénominateur ont 3 et 4 comme facteurs communs.

Divise le numérateur et le dénominateur par ces facteurs.

$$\frac{4}{9} \times \frac{3}{8} = \frac{\overset{1}{\cancel{4}} \times \overset{1}{\cancel{3}}}{\underset{3}{\cancel{9}} \times \underset{2}{\cancel{8}}}$$
$$= \frac{1 \times 1}{3 \times 2}$$
$$= \frac{1}{6}$$

$4 \div 4 = 1 \qquad 3 \div 3 = 1$
$9 \div 3 = 3 \qquad 8 \div 4 = 2$

b) $\frac{7}{5} \times \frac{8}{3}$

Les numérateurs et les dénominateurs n'ont pas de facteur commun.

Donc, $\frac{7}{5} \times \frac{8}{3} = \frac{56}{15}$.

Le modèle d'aire suivant représente le produit de fractions impropres de l'**Exemple 1 b)**.

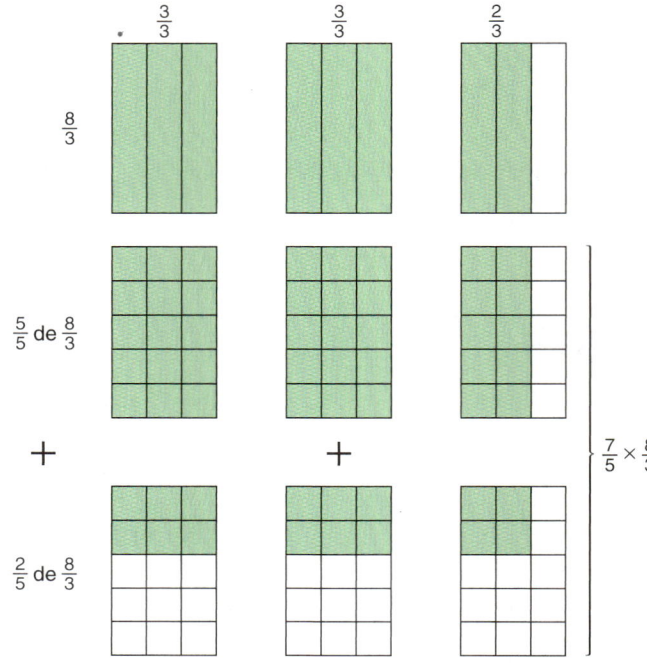

Chaque petit carré représente $\frac{1}{15}$.

Le nombre de carrés colorés est le suivant :
$15 + 15 + 10 + 6 + 6 + 4 = 56$

Donc, $\frac{56}{15}$ sont colorés.

$\frac{7}{5} \times \frac{8}{3} = \frac{56}{15}$

Pour multiplier deux nombres fractionnaires, commence par les convertir en fractions impropres.

Exemple 2

Effectue la multiplication. $2\frac{1}{4} \times 3\frac{2}{5}$

Réponses

$2\frac{1}{4} \times 3\frac{2}{5}$

$2\frac{1}{4} = 2 + \frac{1}{4}$
$\phantom{2\frac{1}{4}} = \frac{8}{4} + \frac{1}{4}$
$\phantom{2\frac{1}{4}} = \frac{9}{4}$

$3\frac{2}{5} = 3 + \frac{2}{5}$
$\phantom{3\frac{2}{5}} = \frac{15}{5} + \frac{2}{5}$
$\phantom{3\frac{2}{5}} = \frac{17}{5}$

$2\frac{1}{4} \times 3\frac{2}{5} = \frac{9}{4} \times \frac{17}{5}$
$\phantom{2\frac{1}{4} \times 3\frac{2}{5}} = \frac{153}{20}$

Convertis en nombre fractionnaire : $\frac{153}{20} = 7\frac{13}{20}$.

Donc, $2\frac{1}{4} \times 3\frac{2}{5} = \frac{153}{20}$, ou $7\frac{13}{20}$.

Les règles de multiplication de deux fractions s'appliquent aussi à la multiplication de trois fractions ou plus. Tu feras ce genre de multiplication à la question 7 de la rubrique **À ton tour**.

À ton tour

1. Effectue ces multiplications. Vérifie chaque produit à l'aide d'un modèle d'aire.

   a) $\frac{3}{8} \times \frac{5}{6}$ b) $\frac{4}{5} \times \frac{1}{2}$ c) $\frac{3}{10} \times \frac{3}{4}$

2. Effectue ces multiplications.

   a) $\frac{3}{5} \times \frac{2}{3}$ b) $\frac{1}{2} \times \frac{5}{10}$ c) $\frac{1}{6} \times \frac{1}{4}$

   d) $\frac{13}{8} \times \frac{3}{2}$ e) $\frac{5}{4} \times \frac{11}{10}$ f) $\frac{7}{3} \times \frac{7}{8}$

4.5 Multiplier des fractions

3. Le réservoir d'essence de la voiture de Paula est rempli aux $\frac{7}{8}$. Paula estime qu'elle consommera les $\frac{2}{3}$ de l'essence pour se rendre chez elle. Quelle fraction d'un réservoir utilisera-t-elle?

4. a) Trouve chaque produit.

   I) $\frac{3}{4} \times \frac{4}{3}$ II) $\frac{1}{5} \times \frac{5}{1}$

   III) $\frac{7}{2} \times \frac{2}{7}$ IV) $\frac{5}{6} \times \frac{6}{5}$

   V) $\frac{8}{3} \times \frac{3}{8}$ VI) $\frac{12}{11} \times \frac{11}{12}$

   b) Que remarques-tu au sujet des produits en a)?
   Écris trois autres paires de fractions qui ont le même produit.
   Qu'y a-t-il de particulier dans ces fractions?

5. Effectue ces multiplications.

   a) $1\frac{3}{4} \times 2\frac{1}{2}$ b) $3\frac{2}{3} \times 2\frac{1}{5}$ c) $4\frac{3}{8} \times 1\frac{1}{4}$

   d) $3\frac{3}{4} \times 3\frac{3}{4}$ e) $4\frac{3}{10} \times \frac{4}{5}$ f) $\frac{7}{8} \times 2\frac{3}{5}$

6. Prends part au jeu suivant avec une ou un camarade. Ton enseignante ou ton enseignant te remettra une copie de la roulette.

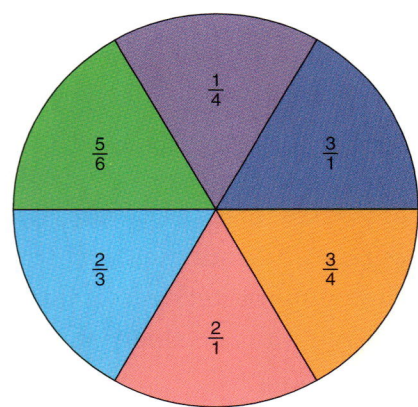

Tu as besoin d'un trombone qui servira de flèche et d'un crayon bien taillé pour maintenir la flèche en place.
À tour de rôles, faites tourner la flèche deux fois.
La joueuse ou le joueur A additionne les fractions.
La joueuse ou le joueur B multiplie les mêmes fractions.
La personne qui obtient le résultat le plus grand marque un point.
La première personne qui obtient 12 points gagne la partie.
Ce jeu est-il équitable? Explique ta réponse.

Stratégie numérique

Au menu d'un casse-croûte, il y a 2 soupes, 4 sandwichs et 3 boissons au choix.

Combien de combinaisons possibles y a-t-il pour une personne qui désire commander une soupe, un sandwich et une boisson ?

7. Sers-toi de ta connaissance des exposants et de la multiplication de fractions pour évaluer chaque puissance.

a) $\left(\frac{2}{9}\right)^2$ b) $\left(\frac{6}{5}\right)^3$ c) $\left(\frac{3}{10}\right)^4$ d) $\left(\frac{5}{2}\right)^4$

8. **Objectif d'évaluation**   À la question 4, chaque produit est égal à 1.
   a) Écris deux fractions qui donnent chacun des produits suivants.
      I) 2   II) 3   III) 4   IV) 5
   b) Écris deux fractions dont le produit est 1.
      Change seulement un numérateur ou un dénominateur pour obtenir chacun des produits suivants.
      I) 2   II) 3   III) 4   IV) 5
   c) Comment pourrais-tu écrire deux fractions dont le produit est 10 ?
   Montre ton travail.

9. Le produit de deux fractions est $\frac{2}{3}$.
   L'une de ces fractions est $\frac{3}{5}$. Quelle est l'autre fraction ?
   Comment le sais-tu ?

Va plus loin

10. Amar a fait cuire un gâteau. Jean mange $\frac{1}{6}$ du gâteau.
    Suzanne mange $\frac{1}{5}$ de ce qui reste.
    Puis Chan mange $\frac{1}{4}$ de ce qui reste.
    Ensuite, Cynthia mange $\frac{1}{3}$ de ce qui reste.
    À son tour, Luigi mange $\frac{1}{2}$ de ce qui reste.
    Quelle fraction du gâteau reste-t-il ?

Réfléchis

Regarde tes réponses à toutes les questions.
Certains produits étaient irréductibles après la multiplication.
D'autres n'étaient pas irréductibles. Comment peux-tu dire si un produit sera irréductible après la multiplication ?
Explique ta réponse et donne des exemples.

4.5 Multiplier des fractions

Révision de mi-module

LEÇONS

4.1
1. Place ces fractions par ordre croissant.
$\frac{2}{3}, \frac{1}{2}, \frac{5}{8}, \frac{1}{4}, \frac{3}{4}$

2. Paola a lu les $\frac{3}{4}$ d'un roman. Rafaela a lu les $\frac{5}{7}$ du même roman. Qui en a lu le plus ? Comment le sais-tu ?

3. Parmi les fractions suivantes, lesquelles se situent :
   a) entre 0 et $\frac{1}{2}$?
   b) entre $\frac{1}{2}$ et 1 ?
   $\frac{2}{5}, \frac{1}{4}, \frac{2}{3}, \frac{3}{8}, \frac{7}{12}, \frac{8}{10}, \frac{1}{3}, \frac{5}{6}$
   Comment le sais-tu ?

4.2
4. Trouve chaque somme. Quelles régularités vois-tu dans les fractions et leurs sommes ?
   a) $\frac{1}{2} + \frac{2}{1}$
   b) $\frac{2}{3} + \frac{3}{2}$
   c) $\frac{3}{4} + \frac{4}{3}$
   d) $\frac{4}{5} + \frac{5}{4}$

5. Takoda et William ramassent des coquillages qu'ils mettent dans des seaux identiques. Takoda estime qu'elle a rempli les $\frac{7}{12}$ de son seau. William estime qu'il a rempli les $\frac{4}{10}$ de son seau. Si les coquillages des deux enfants étaient réunis, rempliraient-ils un seau ? Explique ta réponse.

6. Effectue ces additions.
   a) $3\frac{1}{4} + 1\frac{3}{8}$
   b) $2\frac{3}{4} + 2\frac{3}{4}$
   c) $4\frac{3}{10} + 1\frac{1}{8}$
   d) $2\frac{2}{3} + 1\frac{5}{8}$
   e) $3\frac{2}{3} + 1\frac{5}{9}$
   f) $1\frac{3}{5} + 2\frac{1}{6}$

7. Ce carré est-il un carré magique ? Comment le sais-tu ?

$\frac{3}{8}$	$\frac{1}{6}$	$\frac{11}{24}$
$\frac{5}{12}$	$\frac{1}{3}$	$\frac{1}{4}$
$\frac{5}{24}$	$\frac{1}{2}$	$\frac{7}{24}$

4.3
8. Effectue ces soustractions.
   a) $\frac{3}{5} - \frac{1}{2}$
   b) $\frac{4}{3} - \frac{2}{7}$
   c) $\frac{8}{5} - \frac{3}{4}$
   d) $\frac{8}{5} - \frac{3}{2}$

9. Effectue ces soustractions.
   a) $3\frac{7}{10} - 2\frac{1}{5}$
   b) $4\frac{2}{5} - 1\frac{3}{8}$
   c) $2\frac{3}{4} - 1\frac{9}{10}$
   d) $4\frac{3}{8} - 3\frac{7}{10}$

10. Farrah a complété les $\frac{7}{10}$ d'une course. Marc en a complété les $\frac{6}{9}$.
    a) Qui a parcouru la plus longue distance ?
    b) Cette distance est plus longue de combien ?

4.4
11. Sur du papier quadrillé, dessine un rectangle pour trouver les produits.
    a) $\frac{7}{8} \times \frac{1}{2}$
    b) $\frac{1}{2} \times \frac{3}{4}$
    c) $\frac{3}{4} \times \frac{2}{3}$
    d) $\frac{2}{3} \times \frac{4}{5}$

12. Effectue ces multiplications.
    a) $\frac{4}{10} \times \frac{2}{3}$
    b) $\frac{7}{5} \times \frac{3}{8}$
    c) $2\frac{2}{3} \times 3\frac{1}{10}$
    d) $2\frac{2}{9} \times 2\frac{2}{9}$

4.5
13. Aiko affirme que les $\frac{2}{3}$ des timbres de sa collection sont de pays d'Asie. Un cinquième de ses timbres d'Asie viennent de l'Inde. Quelle fraction de la collection d'Aiko représente les timbres de l'Inde ?

4.6 Diviser des fractions et des nombres naturels à l'aide de modèles

Objectif Diviser des fractions et des nombres naturels à l'aide de droites numériques.

Quand tu as appris à diviser, tu as étudié deux méthodes : le partage et le groupement.
Par exemple, tu peux considérer 20 ÷ 5 comme :
- le partage égal de 20 objets en 5 ensembles ;
- le groupement de 20 objets en ensembles de 5.

Rappelle-toi que la multiplication et la division sont des opérations inverses.
Tu sais que 20 ÷ 5 = 4.
Tu sais donc aussi que 4 × 5 = 20.

Explore

Travaille avec une ou un camarade.
Tu as 5 tasses de concentré.
➤ Pour préparer un bol de punch, la recette requiert $\frac{1}{4}$ de tasse de concentré.
Combien de bols de punch peux-tu préparer ?
➤ Une autre recette requiert $\frac{3}{4}$ de tasse de concentré pour préparer un bol de punch.
Combien de bols de punch pourrais-tu préparer avec cette recette ?
Illustre tes réponses à l'aide d'un schéma.

Explique ton raisonnement

Compare tes réponses avec celles des élèves d'une autre équipe.
As-tu résolu le problème de la même façon ?
Sinon, explique ta méthode à tes camarades.

Découvre

Avant de diviser un nombre naturel par une fraction, pense à la division de nombres naturels.
➤ Pour trouver combien de 3 il y a dans 6, représente 6 par des groupes de 3. Utilise une droite numérique.
Il y a 2 groupes de 3 dans 6.

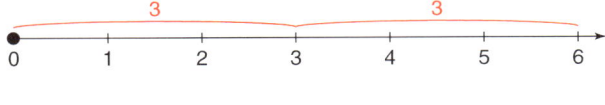

6 ÷ 3 = 2

➤ Pour trouver combien de tiers il y a dans 6, divise 6 en tiers.

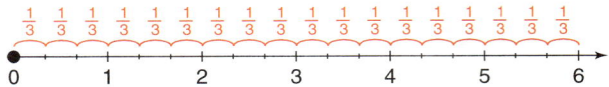

Il y a 18 tiers dans 6.
Écris la division représentée.
$6 \div \frac{1}{3} = 18$ Remarque que $6 \times 3 = 18$.

➤ Utilise la même droite numérique pour trouver combien de deux tiers il y a dans 6.

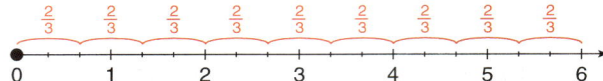

Représente 18 tiers par des groupes de deux tiers.
Il y a 9 groupes de deux tiers.
Tu écris : $6 \div \frac{2}{3} = 9$.

➤ Utilise la même droite numérique pour trouver combien de cinq tiers il y a dans 6 ; autrement dit, $6 \div \frac{5}{3}$.
Représente 18 tiers par des groupes de cinq tiers.

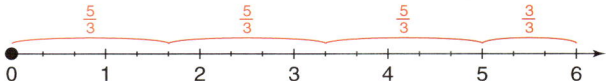

Il y a 3 groupes de cinq tiers.
Il reste 3 tiers.
Réfléchis : Quelle fraction de $\frac{5}{3}$ représente $\frac{3}{3}$?

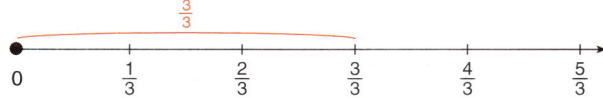

D'après la droite numérique, $\frac{3}{3}$ représente $\frac{3}{5}$ de $\frac{5}{3}$.
Donc, $6 \div \frac{5}{3} = 3\frac{3}{5}$.

Tu peux aussi utiliser une droite numérique pour diviser une fraction par un nombre naturel. L'**Exemple** suivant illustre cette division.

Exemple

Effectue ces divisions.
a) $\frac{1}{5} \div 4$
b) $\frac{3}{5} \div 4$

Réponses

a) Pour trouver $\frac{1}{5} \div 4$, indique $\frac{1}{5}$ sur une droite numérique.
Divise l'intervalle 0 à $\frac{1}{5}$ en 4 parties égales.

$\frac{1}{5} = \frac{4}{20}$
$\frac{1}{10} = \frac{2}{20}$

[droite numérique de 0 à $\frac{1}{5}$ graduée en vingtièmes : $\frac{1}{20}$, $\frac{2}{20}=\frac{1}{10}$, $\frac{3}{20}$, $\frac{1}{5}$]

Chaque partie représente $\frac{1}{20}$.
Donc, $\frac{1}{5} \div 4 = \frac{1}{20}$.

b) Pour trouver $\frac{3}{5} \div 4$, inscris $\frac{3}{5}$ sur une droite numérique.
Divise l'intervalle de 0 à $\frac{3}{5}$ en 4 parties égales.
Pour ce faire, divise les cinquièmes en vingtièmes.
Avec les 12 vingtièmes, fais 4 groupes égaux.

$\frac{1}{5} = \frac{4}{20}$
$\frac{3}{5} = \frac{12}{20}$

[droite numérique de 0 à $\frac{3}{5}$ avec 4 groupes de $\frac{3}{20}$]

Il y a $\frac{3}{20}$ dans chaque groupe.
Donc, $\frac{3}{5} \div 4 = \frac{3}{20}$.

À ton tour

1. Trouve chaque quotient à l'aide d'une droite numérique.

a) I) $2 \div \frac{1}{3}$ II) $2 \div \frac{2}{3}$

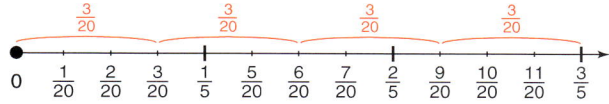

b) I) $3 \div \frac{1}{4}$ II) $3 \div \frac{2}{4}$ III) $3 \div \frac{3}{4}$

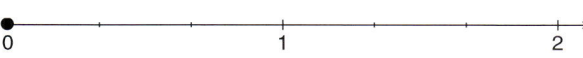

c) I) $\frac{4}{8} \div 2$ II) $\frac{4}{8} \div 4$ III) $\frac{4}{8} \div 8$

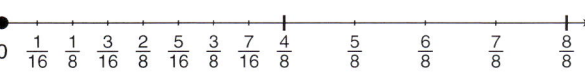

4.6 Diviser des fractions et des nombres naturels à l'aide de modèles

Stratégie numérique

Récris les nombres de chaque ensemble par ordre croissant.
- $1,2$; $\frac{11}{2}$; $2,12$; 125%
- 2^7 ; 22^1 ; 20^4 ; 40^2 ; 7^2

2. Trouve ces quotients. Représente tes réponses sur des droites numériques.

a) $2 \div \frac{1}{2}$ b) $3 \div \frac{1}{3}$ c) $3 \div \frac{2}{3}$

d) $4 \div \frac{1}{4}$ e) $4 \div \frac{2}{4}$ f) $4 \div \frac{3}{4}$

3. Trouve ces quotients. Représente tes réponses sur des droites numériques.

a) $\frac{1}{2} \div 2$ b) $\frac{1}{3} \div 3$ c) $\frac{2}{3} \div 3$

d) $\frac{1}{4} \div 4$ e) $\frac{2}{4} \div 4$ f) $\frac{3}{4} \div 4$

4. Trouve chaque quotient à l'aide d'une droite numérique.

a) $\frac{4}{5} \div 3$ b) $2 \div \frac{3}{8}$ c) $\frac{1}{2} \div 5$

d) $6 \div \frac{3}{4}$ e) $4 \div \frac{2}{3}$ f) $\frac{5}{8} \div 2$

5. Ingrid veut étudier chaque matière pendant $\frac{3}{4}$ d'heure. Elle dispose de 3 heures pour étudier. Combien de matières pourra-t-elle étudier ?

6. Pourquoi $\frac{2}{3} \div 4$ n'équivaut pas à $4 \div \frac{2}{3}$? Utilise des droites numériques dans ton explication.

7. Objectif d'évaluation Copie ces cases.

$$\square \div \frac{\square}{\square}$$

a) Dans les cases, écris les chiffres 2, 4 et 6 pour former le plus grand nombre possible de divisions.

b) Laquelle des divisions en a) donne le plus grand quotient ? Laquelle donne le plus petit quotient ? Comment le sais-tu ? Montre ton travail.

Va plus loin

8. Les nombres $\frac{9}{2}$ et 3 ont la propriété suivante : leur différence est égale à leur quotient. Autrement dit, $\frac{9}{2} - 3 = \frac{3}{2}$ et $\frac{9}{2} \div 3 = \frac{3}{2}$. Trouve d'autres groupes de deux nombres qui ont la même propriété. Décris toute régularité observée.

Réfléchis

Quand tu divises un nombre naturel par une fraction propre, le quotient est-il plus grand ou plus petit que le nombre naturel ? Explique ta réponse et donne un exemple.

MODULE 4 : Les fractions et les nombres décimaux

4.7 Diviser des fractions

Objectif Découvrir des algorithmes pour diviser des fractions.

Tu as utilisé le groupement pour diviser 4 par $\frac{2}{3}$: $4 \div \frac{2}{3}$.
Tu as utilisé le partage pour diviser $\frac{2}{3}$ par 4 : $\frac{2}{3} \div 4$.
Tu vas maintenant étudier la division d'une fraction par une fraction : $\frac{2}{3} \div \frac{1}{4}$.

Explore

Travaille avec une ou un camarade.

Utilise cette droite numérique pour trouver le nombre de quarts dans $\frac{2}{3}$; autrement dit, trouve $\frac{2}{3} \div \frac{1}{4}$.

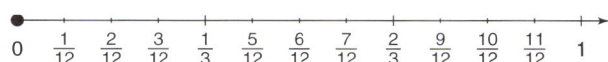

Regarde le quotient.
Cherche une méthode pour calculer le quotient sans droite numérique.
Vérifie ta méthode à l'aide d'une autre division.

Explique ton raisonnement

Compare ta méthode avec celle des élèves d'une autre équipe.
Ta méthode convient-elle à leur division ? Explique ta réponse.
Leur méthode convient-elle à ta division ? Explique ta réponse.

Découvre

Voici deux façons de diviser des fractions.

➤ Utilise des dénominateurs communs.
Pour diviser : $\frac{3}{5} \div \frac{1}{4}$,
écris les fractions avec un dénominateur commun.
Comme 5 et 4 n'ont pas de facteur commun,
leur dénominateur commun est $5 \times 4 = 20$.

$\frac{3}{5} = \frac{12}{20}$ (×4) $\frac{1}{4} = \frac{5}{20}$ (×5)

Quand les fractions ont le même dénominateur, divise leurs numérateurs.

$$\frac{3}{5} \div \frac{1}{4} = \frac{12}{20} \div \frac{5}{20}$$

Cela signifie : Combien de cinq vingtièmes y a-t-il dans $\frac{12}{20}$?

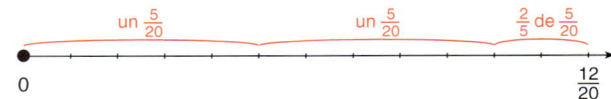

La droite numérique représente : $12 \div 5 = 2\frac{2}{5}$.

Donc, $\frac{3}{5} \div \frac{1}{4} = 2\frac{2}{5}$.

➤ Utilise la multiplication.

Rappelle-toi que tu peux aussi diviser par 4 en multipliant par $\frac{1}{4}$.

$12 \div 4 = 3$ et $12 \times \frac{1}{4} = 3$

Puisque 4 peut s'écrire $\frac{4}{1}$,

diviser par 4 équivaut à diviser par $\frac{4}{1}$.

Tu peux donc écrire : $12 \div \frac{4}{1} = 3$ et $12 \times \frac{1}{4} = 3$.

De la même façon, tu peux diviser par $\frac{1}{4}$ en multipliant par 4.

$3 \div \frac{1}{4} = 12$ et $3 \times \frac{4}{1} = 12$

Tu peux utiliser la même régularité pour diviser deux fractions :

$$\frac{3}{5} \div \frac{1}{4} = \frac{3}{5} \times \frac{4}{1}$$
$$= \frac{12}{5}$$

La fraction $\frac{1}{4}$ est l'inverse de la fraction $\frac{4}{1}$.

Jusqu'ici, tu as étudié la division d'une fraction par une fraction plus petite. Les mêmes méthodes peuvent aussi servir à diviser une fraction par une fraction plus grande ou à diviser des nombres fractionnaires.

Exemple

Effectue les divisions.

a) $\frac{3}{4} \div \frac{5}{6}$

b) $1\frac{7}{8} \div 1\frac{1}{4}$

Réponses

a) $\frac{3}{4} \div \frac{5}{6}$

Utilise la multiplication.

Diviser par $\frac{5}{6}$ équivaut à multiplier par $\frac{6}{5}$.

$\frac{3}{4} \div \frac{5}{6}$ peut s'écrire :

$$\frac{3}{4} \times \frac{6}{5} = \frac{3 \times \overset{3}{\cancel{6}}}{\underset{2}{\cancel{4}} \times 5}$$
$$= \frac{3 \times 3}{2 \times 5}$$
$$= \frac{9}{10}$$

162 MODULE 4 : Les fractions et les nombres décimaux

b) $1\frac{7}{8} \div 1\frac{1}{4}$

Transforme les nombres fractionnaires en fractions impropres.

$1\frac{7}{8} = \frac{8}{8} + \frac{7}{8}$ $\qquad\qquad 1\frac{1}{4} = \frac{4}{4} + \frac{1}{4}$

$\phantom{1\frac{7}{8}} = \frac{15}{8}$ $\qquad\qquad\phantom{1\frac{1}{4}} = \frac{5}{4}$

Donc, $1\frac{7}{8} \div 1\frac{1}{4} = \frac{15}{8} \div \frac{5}{4}$.

Utilise un dénominateur commun.

Puisque 4 est un facteur de 8, le plus petit dénominateur commun est 8.

Multiplie le numérateur et le dénominateur par 2 : $\frac{5}{4} = \frac{10}{8}$.

$\frac{15}{8} \div \frac{5}{4} = \frac{15}{8} \div \frac{10}{8}$ Comme le dénominateur est le même, divise les numérateurs.

$\phantom{\frac{15}{8} \div \frac{5}{4}} = \frac{15}{10}$ Réduis à la forme la plus simple

$\phantom{\frac{15}{8} \div \frac{5}{4}} = \frac{15 \div 5}{10 \div 5}$ (la forme irréductible).

$\phantom{\frac{15}{8} \div \frac{5}{4}} = \frac{3}{2}$, ou $1\frac{1}{2}$

À ton tour

1. Représente chaque quotient sur la droite numérique.

a) $\frac{5}{6} \div \frac{1}{3}$

b) $\frac{3}{4} \div \frac{1}{3}$

2. Trouve chaque quotient à l'aide de la multiplication.

3. Trouve chaque quotient à l'aide d'un dénominateur commun.

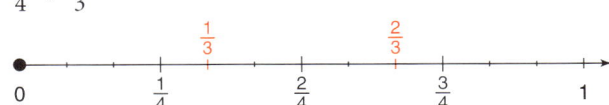

4. Effectue ces divisions.

a) $1\frac{9}{10} \div 2\frac{2}{3}$ **b)** $2\frac{3}{4} \div 2\frac{1}{3}$ **c)** $3\frac{1}{2} \div 1\frac{4}{5}$ **d)** $1\frac{3}{8} \div 1\frac{3}{8}$

Stratégie numérique

Évalue les expressions. Respecte la priorité des opérations.
- $4 \times 5^2 - 3^2 + 33$
- $6 \times 7 - 8{,}1 \div 9 + 12{,}7$

5. Effectue ces divisions.

a) $\dfrac{5}{3} \div \dfrac{3}{5}$ b) $\dfrac{4}{9} \div \dfrac{4}{9}$ c) $\dfrac{1}{6} \div \dfrac{5}{2}$ d) $1\dfrac{3}{4} \div 2\dfrac{9}{10}$

6. a) Trouve chaque quotient.

I) $\dfrac{3}{4} \div \dfrac{5}{8}$ II) $\dfrac{5}{8} \div \dfrac{3}{4}$ III) $\dfrac{7}{12} \div \dfrac{2}{5}$

IV) $\dfrac{2}{5} \div \dfrac{7}{12}$ V) $\dfrac{5}{3} \div \dfrac{4}{5}$ VI) $\dfrac{4}{5} \div \dfrac{5}{3}$

b) En a), quelles régularités vois-tu dans les divisions et leurs quotients ? Écris deux autres ensembles de deux divisions qui présentent la même régularité.

7. Objectif d'évaluation

a) Copie les cases ci-dessous.

Dans les cases, écris les chiffres 2, 3, 4 et 5 pour former le plus grand nombre possible de divisions.

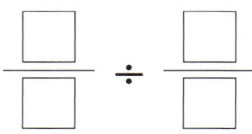

b) Laquelle de tes divisions en a) donne le plus grand quotient ? Laquelle donne le plus petit quotient ? Comment le sais-tu ? Montre ton travail.

8. Quelle expression a la plus grande valeur ? Explique ta réponse.

a) $3\dfrac{1}{5} \times \dfrac{1}{2}$ b) $3\dfrac{1}{5} \times \dfrac{2}{3}$ c) $3\dfrac{1}{5} \div \dfrac{2}{3}$

d) $3\dfrac{1}{5} \div \dfrac{2}{1}$ e) $3\dfrac{1}{5} + \dfrac{2}{3}$ f) $3\dfrac{1}{5} + \dfrac{3}{2}$

9. Écris le plus grand nombre possible de divisions qui ont un quotient de $\dfrac{5}{6}$.

Réfléchis

Quand tu divises deux fractions, comment peux-tu prédire si le quotient sera :
- plus grand que 1 ?
- plus petit que 1 ?
- égal à 1 ?

Explique ta réponse et donne des exemples.

4.8 Convertir des nombres à virgule en fractions et des fractions en nombres à virgule

Objectif Effectuer des conversions entre des nombres à virgule et des fractions à l'aide d'une calculatrice et de régularités.

Rappelle-toi que tu peux exprimer une fraction par une division.
Par exemple, $\frac{5}{2}$ peut s'écrire $5 \div 2$.

Explore

Si tu ne te rappelles pas ce qu'est une fraction unitaire, consulte le *Glossaire*.

Travaille avec une ou un camarade.
Tu as besoin d'une calculatrice.

➢ Écris toutes les fractions unitaires qui ont les nombres 1 à 10 comme dénominateurs.
Écris chaque fraction en nombre à virgule.
Vérifie tes réponses à l'aide d'une calculatrice.

➢ Choisis 3 fractions propres.
Écris chaque fraction en nombre à virgule.
Échange tes nombres à virgule contre ceux de ta ou de ton camarade. Place les nombres à virgule par ordre croissant.

Explique ton raisonnement

Compare tes fractions et tes nombres à virgule avec ceux des élèves d'une autre équipe. Classe les nombres à virgule en deux ensembles. Quels attributs as-tu utilisés ?

Découvre

Rappelle-toi ces deux types de nombres à virgule.
- Les nombres 0,5 ; 0,76 et 0,435 sont des **nombres décimaux**. Dans chaque nombre, il y a un nombre fini de décimales, ou chiffres après la virgule décimale.
- Les nombres 0,333… ; 0,454 545… ; 0,811 111… sont des **nombres périodiques**. Dans chaque nombre, il y a des chiffres qui se répètent à l'infini.

Voici un nombre périodique.

➢ Pour écrire une fraction en nombre périodique, divise le numérateur par le dénominateur.
Par exemple, $\frac{4}{11} = 4 \div 11 = 0{,}363\ 636\ 36…$
Tu écris $\frac{4}{11} = 0{,}\overline{36}$ avec un tiret au-dessus des chiffres qui se répètent. Quand tu divises à l'aide d'une calculatrice, la calculatrice peut arrondir le dernier chiffre et afficher 0,363 636 364.

➤ Pour écrire un nombre décimal en fraction, regarde les suites ci-dessous.

$0{,}3 = \frac{3}{10}$

$0{,}03 = \frac{3}{100}$ $0{,}33 = \frac{33}{100}$

$0{,}003 = \frac{3}{1000}$ $0{,}333 = \frac{333}{1000}$

Le nombre de chiffres à droite de la virgule décimale indique la puissance de 10 du dénominateur :

0,333 égale 333 millièmes.

$0{,}333 = \frac{333}{1000}$ ← 10^3 comme dénominateur

3 chiffres après la virgule décimale

0,4567 égale 4567 millièmes.

$0{,}4567 = \frac{4567}{10\,000}$ ← 10^4 comme dénominateur

4 chiffres après la virgule décimale

Exemple 1

Écris chaque nombre décimal en fraction irréductible.

a) 0,365   **b)** 0,0054

Réponses

0,365 égale 365 millièmes.

a) Dans 0,365, il y a 3 décimales.
En fraction, le dénominateur est 10^3, ou 1000.

$0{,}365 = \frac{365}{1000}$

Simplifie la fraction en l'écrivant à la forme irréductible.
5 est un facteur commun à 365 et 1000.
Tu divises donc le numérateur et le dénominateur par 5.

$\frac{365}{1000} = \frac{365 \div 5}{1000 \div 5} = \frac{73}{200}$

$0{,}365 = \frac{73}{200}$

0,0054 égale 54 dix-millièmes.

b) Dans 0,0054, il y a 4 décimales.
En fraction, le dénominateur est 10^4, ou 10 000.

$0{,}0054 = \frac{54}{10\,000}$ 2 est un facteur commun de 54 et 10 000.

$= \frac{27}{5000}$ Divise le numérateur et le dénominateur par 2.

Pour ordonner des nombres à virgule, tu utilises la valeur de position.

Exemple 2

Place ces nombres décimaux et périodiques par ordre croissant.
$0,\overline{45}$; $0,4\overline{5}$; $0,4$; $0,45$

Réponses

Dans les quatre nombres, 0 occupe la position des unités et 4, la position des dixièmes. Compare les chiffres qui occupent la position des centièmes et les positions suivantes.

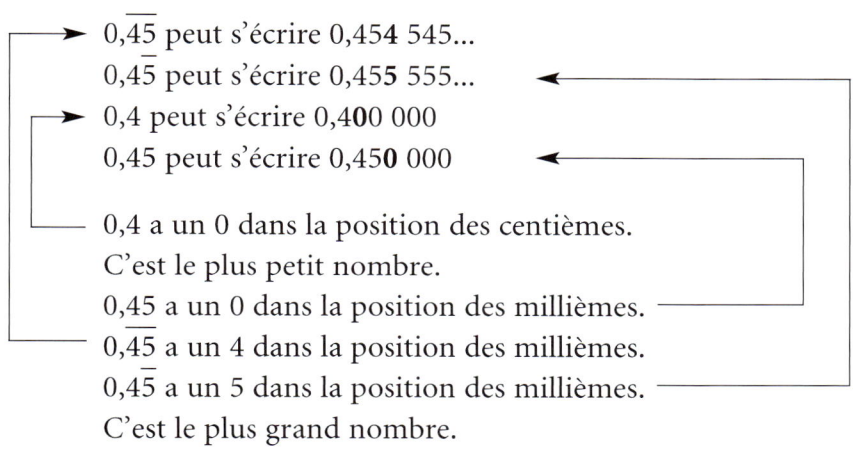

$0,\overline{45}$ peut s'écrire 0,454 545...
$0,4\overline{5}$ peut s'écrire 0,455 555...
$0,4$ peut s'écrire 0,**4**00 000
$0,45$ peut s'écrire 0,45**0** 000

- $0,4$ a un 0 dans la position des centièmes. C'est le plus petit nombre.
- $0,45$ a un 0 dans la position des millièmes.
- $0,\overline{45}$ a un 4 dans la position des millièmes.
- $0,4\overline{5}$ a un 5 dans la position des millièmes. C'est le plus grand nombre.

Par ordre croissant : $0,4$; $0,45$; $0,\overline{45}$; $0,4\overline{5}$

À ton tour

1. **a)** Écris chaque fraction en nombre décimal ou périodique.
   I) $\frac{2}{3}$ II) $\frac{3}{4}$ III) $\frac{4}{5}$ IV) $\frac{5}{6}$ V) $\frac{6}{7}$

   b) Parmi les fractions en a), comment peux-tu reconnaître les nombres décimaux et les nombres périodiques ?

2. Écris chaque nombre décimal en fraction irréductible.
   a) 0,73   **b)** 0,765   **c)** 0,8765   **d)** 0,0006

3. Pour chaque fraction, écris une fraction équivalente dont le dénominateur est une puissance de 10. Ensuite, écris la fraction en nombre décimal.
   a) $\frac{1}{2}$ **b)** $\frac{2}{5}$ **c)** $\frac{3}{4}$ **d)** $\frac{13}{25}$ **e)** $\frac{19}{50}$

4. Écris chaque fraction en nombre décimal ou périodique.
   a) $\frac{2}{7}$ **b)** $\frac{3}{11}$ **c)** $\frac{2}{9}$ **d)** $\frac{5}{17}$ **e)** $\frac{5}{13}$

Spécialiste de la calculatrice

Remplace chaque ☐ par + ou − pour obtenir la réponse indiquée.

0,1 ☐ 0,55 ☐ 0,026 ☐ 0,076 ☐ 0,4 = 1

5. À la question 4 d), l'afficheur de la calculatrice est trop petit pour montrer tous les chiffres de la partie décimale qui se répète. Comment peux-tu trouver ces chiffres ?

6. Écris $\frac{1}{5}$ en nombre décimal. Utilise ce nombre décimal pour écrire chacun des nombres ci-dessous en nombre décimal.
   a) $\frac{4}{5}$ b) $\frac{7}{5}$ c) $1\frac{4}{5}$ d) $2\frac{1}{5}$

7. a) Combien de fractions équivalentes à 0,76 peux-tu écrire ?
   b) As-tu écrit toutes les fractions possibles ? Explique ta réponse.

8. **Objectif d'évaluation** Voici la suite de Fibonacci :
   1, 1, 2, 3, 5, 8, 13, 21, 34, 55, 89, …
   Tu peux écrire les termes consécutifs en fractions :
   $\frac{1}{1}, \frac{2}{1}, \frac{3}{2}, \frac{5}{3}, \frac{8}{5}, \frac{13}{8}$, et ainsi de suite.
   a) Écris chacune des fractions ci-dessus en nombre décimal ou périodique. Quelle régularité vois-tu ?
   b) Continue d'écrire les termes consécutifs en nombres décimaux ou périodiques. Écris ce que tu as découvert.

9. Écris les trois premières fractions de chaque ensemble en nombres à virgule. Cherche une régularité. Utilise cette régularité pour écrire les autres fractions en nombres à virgule.
   a) $\frac{1}{7}, \frac{2}{7}, \frac{3}{7}, \frac{4}{7}, \frac{5}{7}, \frac{6}{7}$
   b) $\frac{1}{9}, \frac{2}{9}, \frac{3}{9}, \frac{4}{9}, \frac{5}{9}, \frac{6}{9}, \frac{7}{9}, \frac{8}{9}$
   c) $\frac{1}{11}, \frac{2}{11}, \frac{3}{11}, \frac{4}{11}, \frac{5}{11}, \frac{6}{11}, \frac{7}{11}, \frac{8}{11}, \frac{9}{11}, \frac{10}{11}$

10. Écris les nombres à virgule de chaque ensemble par ordre croissant.
    a) $1{,}01 \, ; \, 0{,}1 \, ; \, 0{,}01 \, ; \, 0{,}\overline{1}$
    b) $1{,}\overline{3} \, ; \, 0{,}\overline{3} \, ; \, 2{,}3 \, ; \, 0{,}3 \, ; \, 0{,}35$
    c) $0{,}46 \, ; \, 0{,}64 \, ; \, 1{,}\overline{46} \, ; \, 1{,}06 \, ; \, 0{,}\overline{6}$

Réfléchis

Quand tu examines un nombre à virgule, comment peux-tu dire s'il s'agit d'un nombre décimal ou d'un nombre périodique ? Explique ta réponse et donne des exemples.

4.9 Diviser par 0,1, par 0,01 et par 0,001

Objectif Établir des relations entre la division par 0,1, par 0,01 et par 0,001 et la multiplication par des puissances de 10.

Rappelle-toi que, quand tu multiplies un nombre décimal par 10, les chiffres se déplacent d'une position vers la gauche, sur le tableau de valeur de position, ou la virgule décimale se déplace d'une position vers la droite. Qu'arrive-t-il quand tu multiplies un nombre décimal par 100 ? par 1000 ?

Explore

Travaille individuellement.
Utilise une calculatrice.

➤ Choisis un nombre décimal à 4 chiffres. Divise-le par 0,1, par 0,01 et par 0,001. Quelles régularités remarques-tu ?

➤ Choisis un autre nombre décimal à 4 chiffres. Sers-toi de régularités pour le diviser par 0,1, par 0,01 et par 0,001. Vérifie tes réponses à l'aide d'une calculatrice.

Explique ton raisonnement

Compare tes stratégies de division avec celles d'une ou d'un camarade. Comment pourrais-tu diviser par 0,1, par 0,01 et par 0,001 à l'aide de la multiplication ?

Découvre

$0,1 = \frac{1}{10}$

➤ Diviser par $\frac{1}{10}$ équivaut à multiplier par 10.
Donc, $1,35 \div 0,1 = 1,35 \div \frac{1}{10}$
$= 1,35 \times 10$
$= 13,5$

$0,01 = \frac{1}{100}$

➤ Diviser par $\frac{1}{100}$ équivaut à multiplier par 100.
Donc, $1,35 \div 0,01 = 1,35 \div \frac{1}{100}$
$= 1,35 \times 100$
$= 135$

$0{,}001 = \frac{1}{1000}$

➢ Diviser par $\frac{1}{1000}$ équivaut à multiplier par 1000.
  Donc, $1{,}35 \div 0{,}001 = 1{,}35 \div \frac{1}{1000}$
  $= 1{,}35 \times 1000$
  $= 1350$

➢ Rappelle-toi la division par des puissances de 10 comme 10 et 100.
  $1{,}35 \div 10 = 0{,}135$
  $1{,}35 \div 100 = 0{,}0135$
  Diviser par 10 équivaut à multiplier par $\frac{1}{10} = 0{,}1$.
  Donc, $1{,}35 \div 10 = 1{,}35 \times 0{,}1$
  $= 0{,}135$

  Et diviser par 100 équivaut à multiplier par $\frac{1}{100} = 0{,}01$.
  Donc, $135 \div 100 = 1{,}35 \times 0{,}01$
  $= 0{,}0135$

Tu peux utiliser ces régularités pour diviser mentalement par des multiples de 0,1, de 0,01 et de 0,001.

Exemple

Effectue ces divisions.
a) $0{,}275 \div 0{,}2$ **b)** $1{,}863 \div 0{,}03$

Réponses

a) $0{,}275 \div 0{,}2 = 0{,}275 \div \frac{2}{10}$
$= 0{,}275 \times \frac{10}{2}$
$= \frac{2{,}75}{2}$
$= 1{,}375$

b) $1{,}863 \div 0{,}03 = 1{,}863 \div \frac{3}{100}$
$= 1{,}863 \times \frac{100}{3}$
$= \frac{186{,}3}{3}$
$= 62{,}1$

À ton tour

1. Dans chaque cas, prédis le quotient qui résulte de la division du nombre par 100, par 10, par 1, par 0,1, par 0,01 et par 0,001.
  a) 547   **b)** 879   **c)** 34,5   **d)** 6,52
  e) 6542,12 **f)** 0,234   **g)** 8,9   **h)** 10,01

2. Trouve chaque quotient.

a) $\dfrac{147}{1000}$ b) $\dfrac{147}{0,01}$ c) $\dfrac{9,64}{0,1}$ d) $\dfrac{12,30}{0,001}$

e) $\dfrac{0,345}{0,01}$ f) $\dfrac{12,3}{10}$ g) $\dfrac{23,45}{0,01}$ h) $\dfrac{0,123}{0,001}$

3. Dans chaque cas, trouve le diviseur manquant.

a) $\dfrac{4,3}{?} = 4,3$ b) $\dfrac{54}{?} = 5,4$ c) $\dfrac{65,4}{?} = 6540$

d) $\dfrac{43,45}{?} = 434,5$ e) $\dfrac{785,03}{?} = 7850,3$ f) $\dfrac{0,0345}{?} = 3,45$

g) $\dfrac{0,003\,45}{?} = 0,345$ h) $\dfrac{345,6}{?} = 3456$ i) $\dfrac{0,593}{?} = 59,3$

4. Dans chaque cas, trouve le dividende manquant.

a) $\dfrac{?}{10} = 234$ b) $\dfrac{?}{0,1} = 34,5$ c) $\dfrac{?}{0,01} = 12,23$

d) $\dfrac{?}{0,001} = 12\,000$ e) $\dfrac{?}{0,01} = 1320$ f) $\dfrac{?}{0,001} = 50$

g) $\dfrac{?}{0,1} = 0,725$ h) $\dfrac{?}{0,1} = 72,5$ i) $\dfrac{?}{100} = 0,1456$

5. **Objectif d'évaluation** Une élève dit que, dans une division, le quotient est toujours plus petit que le dividende. A-t-elle raison ? Explique ta réponse à l'aide d'exemples.

6. Trouve chaque quotient.

a) $356,2 \div 0,2$ b) $127,5 \div 0,03$ c) $0,448 \div 0,4$

d) $0,0525 \div 0,005$ e) $63,6 \div 0,06$ f) $211,4 \div 0,007$

7. Un rectangle a une aire de 15,5 cm². Trouve la longueur et le périmètre du rectangle pour chaque largeur donnée.

a) 10 cm b) 1 cm c) 0,1 cm d) 0,01 cm e) 0,001 cm

8. a) Dessine chaque rectangle sur du papier quadrillé.
  I) 4 cm sur 4 cm II) 6 cm sur 4,4 cm III) 8,6 cm sur 4,8 cm
b) Calcule l'aire de chaque rectangle.
c) Si tu divisais l'aire du premier rectangle par 0,1, l'aire du deuxième rectangle par 0,01, l'aire du troisième rectangle par 0,001, chaque nouveau rectangle serait-il plus grand ou plus petit que le rectangle initial ? Explique ta réponse.
d) Trouve l'aire de chaque nouveau rectangle en c). Chaque nouveau rectangle est-il semblable au rectangle initial ? Explique ta réponse.

Calcul mental

Transcris cette expression.
$15 + 15 \div 3 + 2 \times 2 - 13$
Insère une paire de parenthèses pour obtenir 8 comme réponse.

Va plus loin

Les figures semblables ont des côtés correspondants proportionnels.

Réfléchis

Explique comment tu divises mentalement par 0,1, par 0,01 et par 0,001. Explique ta réponse et donne des exemples.

Communiquer de l'information mathématique

Quand tu conçois un problème mathématique, tu formules ton énoncé. Tu dois y inclure les données mathématiques nécessaires à la résolution du problème. Pour déterminer les données nécessaires, il est utile de travailler à rebours, à partir de l'énoncé du problème.

Commence par l'énoncé du problème. Voici, par exemple, un problème du **module 2** : Combien y a-t-il de pupitres dans l'école ?

Énoncé du problème
↓
Information mathématique

Pour répondre à cette question, tu dois peut-être connaître les réponses aux questions suivantes :
- Combien y a-t-il de salles de classe dans l'école ?
- Combien y a-t-il de pupitres dans chaque salle ?
- Combien y a-t-il d'autres pupitres dans l'école ?

Tu peux faire des recherches sur ces questions ou inventer tes propres données.
Tu peux rédiger le problème comme ceci :
Il y a ==12 salles de classe dans l'école.==
Il y a ==30 pupitres par salle.==
Il y a ==25 autres pupitres== dans la bibliothèque.
Combien y a-t-il de pupitres dans l'école ?

Certains énoncés de problème fournissent de l'information superflue, c'est-à-dire inutile. Dans ces cas, il est utile de ==surligner les données mathématiques nécessaires== et de ~~biffer les données superflues~~. Assure-toi que toute l'information nécessaire à la résolution du problème est fournie.

Rappelle-toi les stratégies de résolution de problèmes énumérées ci-contre.

Stratégies
- Fais un tableau.
- Utilise un modèle.
- Fais un schéma.
- Résous un problème plus simple.
- Travaille à rebours.
- Prédis et vérifie.
- Dresse une liste ordonnée.
- Cherche une régularité.
- Construis un diagramme.
- Utilise le raisonnement logique.

Lire et écrire en Math

✓ Vérifie

1. a) Quelle information te manque-t-il pour pouvoir résoudre le problème suivant ?
   Shazi a acheté des friandises à 30 ¢ et des friandises à 60 ¢. En tout, elle a acheté 10 friandises. Combien de friandises de chaque prix a-t-elle achetées ?
   b) Invente l'information dont tu as besoin pour résoudre le problème en a).
   Résous le problème.

2. a) Quelle est l'information superflue dans le problème suivant ?
   Un fournisseur de bicyclettes a assemblé des bicyclettes et des tricycles pour une commande.
   Les tricycles coûtent 25 $ de plus que les bicyclettes.
   Le fournisseur a utilisé 50 selles et 130 roues.
   Combien de bicyclettes et combien de tricycles a-t-il assemblés ?
   b) Résous le problème en a).

3. a) Quelle information te manque-t-il pour pouvoir résoudre le problème suivant ?
   La ligue régionale de hockey a deux divisions.
   Il y a 6 équipes par division.
   Combien y a-t-il de matchs par saison ?
   b) Renseigne-toi sur une ligue de hockey de ta région.
   Écris un problème au sujet de la ligue.
   Résous le problème.

4. Écris un problème.
   Indique l'information mathématique nécessaire pour résoudre ton problème.
   Écris cette information, soit en faisant une recherche, soit en inventant l'information.
   Résous ton problème.
   Échange-le contre celui d'une ou d'un camarade.
   Résous le problème que tu reçois.

Pour écrire un problème :
- Commence par un énoncé du problème. Travaille à rebours.
- Réfléchis à ce qu'il faut pour résoudre le problème.
- Réfléchis à l'information mathématique nécessaire.
- Écris ton problème.

Révision du module

> **Ce que je dois savoir**

✓ **Pour additionner ou soustraire deux fractions :**

Utilise des fractions équivalentes pour obtenir le même dénominateur, puis additionne ou soustrais les numérateurs. Par exemple :

$$\frac{5}{4} + \frac{3}{5}$$
$$= \frac{25}{20} + \frac{12}{20}$$
$$= \frac{37}{20}, \text{ ou } 1\frac{17}{20}$$

$$\frac{7}{3} - \frac{3}{8}$$
$$= \frac{56}{24} - \frac{9}{24}$$
$$= \frac{47}{24}, \text{ ou } 1\frac{23}{24}$$

✓ **Pour multiplier deux fractions :**

Multiplie les numérateurs puis les dénominateurs.
$$\frac{2}{3} \times \frac{1}{5} = \frac{2 \times 1}{3 \times 5} = \frac{2}{15}$$

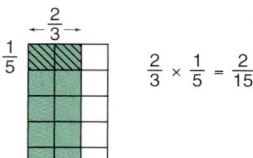

✓ **Pour diviser un nombre naturel par une fraction :**

Écris le nombre naturel en fraction, puis multiplie.

Pour effectuer $4 \div \frac{2}{3}$, écris : $\frac{4}{1} \div \frac{2}{3}$ comme ceci : $\frac{4}{1} \times \frac{3}{2} = \frac{12}{2} = 6$.

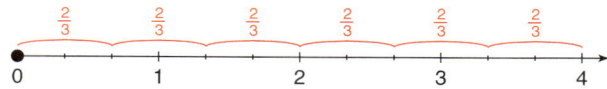

✓ **Pour diviser une fraction par un nombre naturel :**

Écris le nombre naturel en fraction, puis utilise un dénominateur commun.

$$\frac{2}{3} \div 4 = \frac{2}{3} \div \frac{12}{3}$$
$$= \frac{2}{12}$$
$$= \frac{1}{6}$$

Comme le dénominateur est le même, tu n'as qu'à diviser les numérateurs.

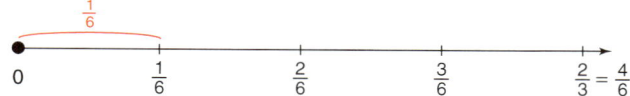

✓ **Pour diviser deux fractions :**

1re méthode

Utilise un dénominateur commun.
$$\frac{4}{5} \div \frac{3}{2} = \frac{8}{10} \div \frac{15}{10}$$
$$= \frac{8}{15}$$

2e méthode

Utilise la multiplication.
$$\frac{4}{5} \div \frac{3}{2} \text{ équivaut à } \frac{4}{5} \times \frac{2}{3} = \frac{8}{15}$$

174 MODULE 4 : Les fractions et les nombres décimaux

Ce que je dois faire

Pour des exercices supplémentaires, va à la page 491.

LEÇONS

4.1 1. Nomme une fraction située entre les deux fractions données.
a) $\frac{1}{4}$ et $\frac{1}{2}$ b) $\frac{1}{2}$ et $\frac{3}{4}$
c) $\frac{1}{3}$ et $\frac{3}{4}$ d) $\frac{3}{5}$ et $\frac{7}{8}$

2. Frédéric a répondu aux $\frac{3}{5}$ des questions de l'examen. Lola a répondu aux $\frac{2}{3}$ des questions.
a) Qui a répondu au plus grand nombre de questions?
b) Combien de questions pouvait contenir l'examen? Explique ta réponse.

3. Place les fractions de chaque ensemble par ordre croissant.
a) $\frac{2}{3}, \frac{4}{5}, \frac{5}{6}, \frac{3}{4}, \frac{1}{4}$ b) $\frac{7}{10}, \frac{1}{3}, \frac{3}{7}, \frac{3}{8}, \frac{2}{5}$

4. Place les fractions de chaque ensemble par ordre décroissant.
a) $\frac{1}{2}, \frac{3}{4}, \frac{7}{6}, \frac{7}{8}$
b) $\frac{4}{3}, \frac{3}{4}, \frac{1}{6}, \frac{4}{10}, \frac{3}{12}$
c) $\frac{4}{5}, \frac{4}{6}, \frac{4}{10}, \frac{2}{3}, \frac{2}{4}$

4.2 5. Effectue ces additions.
a) $\frac{3}{8} + \frac{3}{4}$ b) $\frac{5}{6} + \frac{2}{7}$
c) $\frac{3}{2} + \frac{5}{3} + \frac{9}{10}$

4.3 6. Effectue ces soustractions.
a) $\frac{9}{10} - \frac{3}{4}$ b) $\frac{19}{12} - \frac{1}{2}$
c) $\frac{8}{9} - \frac{1}{8}$ d) $\frac{7}{5} - \frac{7}{6}$

4.2 7. Effectue ces additions et ces
4.3   soustractions.
a) $2\frac{2}{3} + 1\frac{1}{2}$ b) $3\frac{1}{3} - 1\frac{7}{10}$
c) $2\frac{1}{6} + 4\frac{7}{8}$ d) $3\frac{1}{2} - 2\frac{3}{4}$

8. Une bouteille contient $2\frac{1}{2}$ tasses de jus. Ping boit $\frac{3}{8}$ de tasse de jus. Preston boit $\frac{7}{10}$ de tasse de jus. Combien reste-t-il de jus dans la bouteille?

4.4 9. Effectue ces multiplications.
4.5   Représente chaque produit par un modèle d'aire.
a) $\frac{2}{3} \times 15$ b) $\frac{7}{10} \times \frac{5}{8}$
c) $5 \times \frac{3}{2}$ d) $\frac{2}{3} \times \frac{3}{8}$
e) $\frac{4}{5} \times \frac{3}{10}$ f) $\frac{9}{8} \times \frac{1}{5}$
g) $\frac{10}{3} \times \frac{5}{2}$ h) $\frac{11}{6} \times \frac{7}{4}$

10. Vingt-cinq élèves de 8e année vont faire une excursion. Ils commandent des sandwichs. Les $\frac{3}{4}$ des élèves commandent des sandwichs à la dinde, tandis que le $\frac{1}{4}$ commandent des sandwichs aux légumes grillés. Des $\frac{3}{4}$ qui veulent des sandwichs à la dinde, $\frac{2}{5}$ ne veulent pas de mayonnaise. Quelle est la fraction des élèves qui ne veulent pas de mayonnaise?

4.6 11. Effectue ces divisions. Représente chaque quotient sur une droite numérique.
a) $1 \div \frac{1}{3}$ b) $2 \div \frac{3}{4}$
c) $3 \div \frac{4}{5}$ d) $4 \div \frac{5}{6}$

12. Un verre peut contenir $\frac{2}{3}$ de tasse de liquide. Un pichet contient 8 tasses de lait. Combien de verres de lait peut-on remplir avec un pichet?

LEÇONS

13. Effectue ces divisions. Représente chaque quotient sur une droite numérique.

a) $\frac{3}{10} \div 2$ b) $\frac{8}{5} \div 3$

c) $\frac{13}{2} \div 4$ d) $\frac{5}{4} \div 3$

14. Joseph estime qu'il lui faut $1\frac{1}{4}$ heure pour tricoter un carré pour fabriquer une couverture. Combien de carrés Joseph peut-il tricoter en 25 heures ?

15. Dans la division d'une fraction par un nombre naturel, le quotient est-il plus grand ou plus petit que 1 ? Explique ta réponse et donne des exemples.

16. Effectue ces divisions.

a) $6 \div \frac{2}{3}$ b) $\frac{3}{4} \div \frac{1}{4}$

c) $\frac{1}{2} \div \frac{1}{4}$ d) $\frac{2}{3} \div \frac{3}{8}$

e) $\frac{4}{5} \div \frac{3}{10}$ f) $\frac{9}{4} \div \frac{3}{2}$

g) $\frac{12}{5} \div \frac{5}{12}$ h) $\frac{11}{7} \div \frac{11}{7}$

17. Effectue ces divisions.

a) $\frac{5}{4} \div \frac{1}{3}$ b) $\frac{3}{8} \div \frac{9}{5}$

c) $\frac{5}{2} \div \frac{5}{4}$ d) $\frac{7}{10} \div \frac{10}{3}$

18. Effectue ces divisions.

a) $1\frac{3}{4} \div 2\frac{1}{8}$ b) $3\frac{5}{6} \div 2\frac{1}{5}$

c) $3\frac{1}{2} \div 1\frac{3}{8}$ d) $2\frac{1}{5} \div 4\frac{2}{5}$

19. Dans la division d'une fraction par sa fraction inverse le quotient est-il plus petit que 1, plus grand que 1 ou égal à 1 ? Explique ta réponse et donne des exemples.

20. Trouve chaque produit et chaque quotient. Quelle régularité remarques-tu ?

a) I) $\frac{3}{1} \times \frac{1}{2}$ II) $\frac{3}{1} \div \frac{2}{1}$

b) I) $\frac{3}{4} \times \frac{2}{3}$ II) $\frac{3}{4} \div \frac{3}{2}$

c) I) $\frac{4}{5} \times \frac{3}{4}$ II) $\frac{4}{5} \div \frac{4}{3}$

d) I) $\frac{5}{6} \times \frac{2}{3}$ II) $\frac{5}{6} \div \frac{3}{2}$

21. Évalue ces expressions.

a) $\frac{9}{8} - \frac{3}{4}$ b) $\frac{9}{8} + \frac{3}{4}$

c) $\frac{4}{3} \times \frac{5}{2}$ d) $\frac{17}{10} \div \frac{2}{5}$

22. Écris chaque nombre décimal en fraction.

a) 0,25   b) 0,75

c) 0,32   d) 0,005

23. Écris chaque fraction en nombre à virgule.

a) $\frac{1}{8}$ b) $\frac{3}{5}$

c) $\frac{123}{250}$ d) $\frac{19}{20}$

24. Écris chaque fraction en nombre à virgule.

a) $\frac{2}{3}$ b) $\frac{3}{7}$

c) $\frac{3}{13}$ d) $\frac{4}{11}$

25. Dans un nombre décimal, les chiffres des dixièmes et des centièmes peuvent être n'importe quel chiffre de 0 à 9.

a) Écris tous les nombres décimaux qui sont plus grands que $\frac{1}{3}$ et plus petits que $\frac{3}{4}$.

b) Place les nombres décimaux en a) par ordre croissant.

26. Effectue ces divisions à l'aide du calcul mental.

a) 57,8 ÷ 0,01   b) 0,882 ÷ 0,2

c) 1,374 ÷ 0,003

MODULE 4 : Les fractions et les nombres décimaux

Test pratique

1. Évalue ces expressions.
   a) $\frac{7}{5} + \frac{3}{4}$ b) $\frac{13}{10} - \frac{2}{3}$
   c) $\frac{3}{7} \times \frac{4}{9}$ d) $\frac{5}{2} \div \frac{7}{6}$

2. Quelle expression a la plus grande valeur ? Comment le sais-tu ?
   a) $\frac{7}{3} \times \frac{3}{4}$ b) $\frac{7}{3} - \frac{3}{4}$
   c) $\frac{7}{3} \div \frac{3}{4}$ d) $\frac{7}{3} + \frac{3}{4}$

3. Multiplie une fraction par son inverse. Quel est le produit ? Explique ta réponse et donne un exemple ainsi qu'un modèle d'aire.

4. a) Écris $\frac{1}{7}$ en nombre décimal.
   b) Quel est le 2001e chiffre de la partie décimale qui se répète dans $\frac{1}{7}$? Comment le sais-tu ?

5. Quel nombre dois-tu ajouter au numérateur et au dénominateur de la fraction $\frac{2}{7}$ pour obtenir une fraction équivalente à $\frac{1}{2}$? Montre ton travail.

6. Les $\frac{3}{5}$ de la classe de 8e année font partie de l'orchestre.
   a) Le mardi, seulement $\frac{1}{3}$ de ces élèves étaient présents à la pratique de l'orchestre. Quelle fraction de la classe cela représente-t-il ?
   b) Combien d'élèves la classe peut-elle contenir ? Comment le sais-tu ?

7. Écris chaque nombre à virgule en fraction et chaque fraction en nombre à virgule.
   a) $\frac{7}{8}$ b) 0,64
   c) $\frac{5}{11}$ d) 0,004

8. a) Choisis une fraction propre. Ajoute 1 au numérateur et au dénominateur. Écris la nouvelle fraction.
      Quelle fraction est la plus grande ?
   b) Refais les étapes en a) avec 3 autres fractions.
      Ta réponse à la question est-elle toujours la même ?
      Explique ta réponse.

Problème du module: Diviser un carré

Partie 1

Le côté de ce carré mesure 1 unité. Écris la fraction qui représente le rapport entre l'aire de chacune des 4 figures et l'aire du carré.

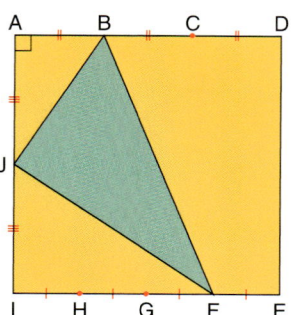

Rappelle-toi que les traits indiquent des segments de droites égaux.

Montre comment tu as utilisé la multiplication de fractions pour trouver les aires. Place les fractions par ordre croissant.

Partie 2

Quelle fraction de chaque carré est colorée en vert?

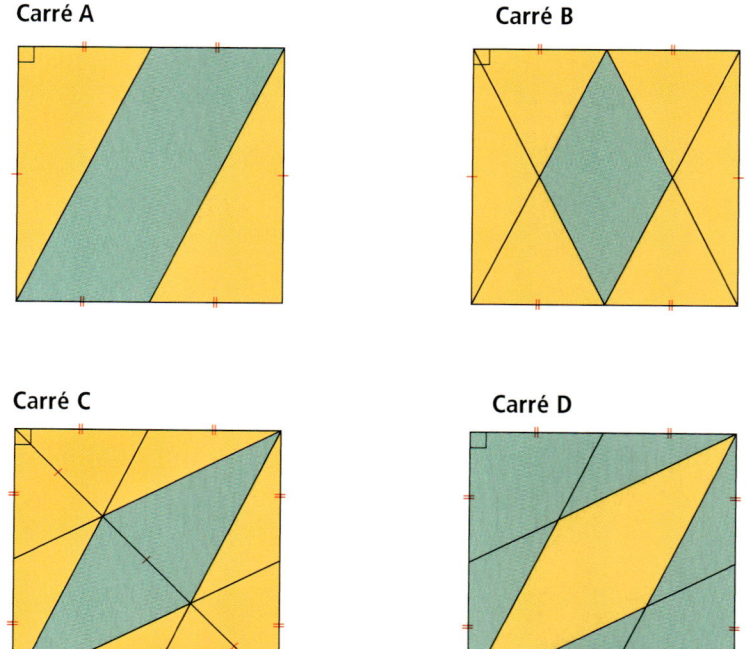

Carré A

Carré B

Carré C

Carré D

Comment as-tu utilisé l'addition ou la soustraction de fractions pour trouver chaque fraction?

Partie 3

Dessine un grand carré mesurant 1 unité de côté.
À l'aide de segments de droites, divise le carré en différentes figures.
Trouve la fraction qui représente le rapport entre l'aire de chaque figure et l'aire du carré.
Copie le carré sans les fractions.
Échange ton carré contre celui d'une ou d'un camarade.
Pour le carré de ta ou de ton camarade, trouve la fraction qui représente le rapport entre l'aire de chaque figure et l'aire du carré.

Liste de contrôle

Ton travail devrait montrer :

- ✓ comment tu as utilisé les opérations sur les fractions pour résoudre les problèmes ;
- ✓ des calculs exacts et des fractions bien ordonnées ;
- ✓ un schéma qui convient au problème ;
- ✓ des explications claires, formulées dans un langage mathématique approprié.

Retour sur le module

Maintenant que tu as étudié le présent module, que sais-tu de plus au sujet des fractions et des nombres à virgule ? Explique ta réponse et donne des exemples.

Modules 1 à 4 — Révision cumulative

MODULES

1

1. L'oiseau qui possède le plus de plumes est le cygne siffleur. Il a 25 216 plumes. L'oiseau qui possède le moins de plumes est le colibri à gorge rubis. Il en a 940.
   a) Combien de plumes le cygne siffleur a-t-il de plus que le colibri à gorge rubis ?
   b) Environ combien de colibris à gorge rubis faudrait-il réunir pour obtenir le même nombre de plumes que le cygne siffleur ? Explique ta réponse.

2. Écris chaque nombre en produit de facteurs premiers. Utilise des exposants lorsque c'est possible.
   a) 38
   b) 15
   c) 252
   d) 105

3. Selon le *Livre des records Guinness 2005*, le plus grand nombre de dominos alignés et tombés en une seule fois est de 303 621 sur 303 628. Ce record appartient à Ma Li Hua et date de 2003.
   a) Écris le nombre de dominos tombés en notation scientifique.
   b) Écris le nombre de dominos alignés en notation scientifique.
   c) Quelle différence y a-t-il entre les deux nombres ? Pourquoi ne peux-tu pas écrire cette différence en notation scientifique ?

4. Transcris chaque énoncé. Insère des parenthèses pour rendre l'énoncé vrai.
   a) $40 \div 5 + 3 \times 2^2 - 1 = 17$
   b) $40 \div 5 + 3 \times 2^2 - 1 = 19$
   c) $40 \div 5 + 3 \times 2^2 - 1 = 43$
   d) $40 \div 5 + 3 \times 2^2 - 1 = 15$

5. Douze de moins qu'un nombre égale 13. Soit le nombre x. L'équation est donc $x - 12 = 13$. Résous l'équation. Quel est le nombre ?

2

6. Une classe d'élèves du primaire se rend au zoo. Le rapport entre les adultes et les enfants doit être 2 : 7. Vingt-huit enfants participent à l'excursion. Combien d'adultes faut-il pour surveiller les enfants ?

7. Une autruche court à 65 km/h. À cette vitesse, quelle distance l'autruche peut-elle parcourir en 90 s ?

8. Quatre cent vingt-neuf élèves sont inscrits à l'école publique Woodside. Mercredi dernier, environ 0,7 % des élèves étaient absents.
   a) Combien d'élèves étaient absents ?
   b) Quel était le pourcentage d'élèves présents ?

9. Le taux de commission d'une vendeuse est de 8 %. La semaine dernière, la vendeuse a reçu 450 $ en commissions. Quel était le total des ventes de la vendeuse cette semaine-là ?

MODULES

10. Calcule l'intérêt simple et la somme d'argent.
   a) 500 $ placés à un taux d'intérêt annuel de 2 % pendant 1 an
   b) 2750 $ placés à un taux d'intérêt annuel de 3,5 % pendant 4 ans
   c) 4500 $ placés à un taux d'intérêt annuel de 6,25 % pendant 18 mois

11. Utilise 9 cubes emboîtables pour construire un objet.
Dessine autant de vues que nécessaire pour qu'une ou un camarade puisse construire l'objet.
Échange tes vues contre celles d'une ou d'un camarade.
Construis l'objet de ta ou de ton camarade.
Compare l'objet que ta ou ton camarade a construit à partir de tes vues avec l'objet que tu as construit. Explique les différences lorsqu'il y en a.

12. Voici le développement d'un prisme triangulaire.

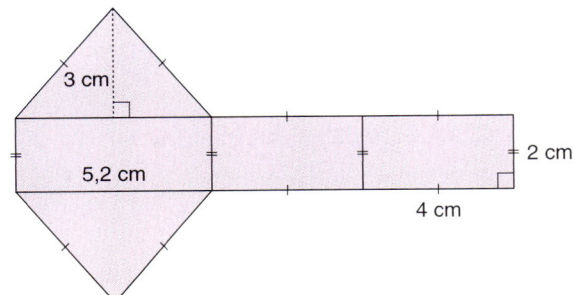

   a) Calcule l'aire totale du prisme.
   b) Calcule le volume du prisme.

13. La base d'un prisme triangulaire a une base b et une hauteur h. La longueur du prisme est L.
Quelles sont les valeurs possibles de b, de h et de L pour un prisme triangulaire qui a un volume de :
   a) 12 cm^3 ?   b) 24 cm^3 ?

14. Transcris chaque paire de fractions. Compare les deux fractions en traçant le symbole <, > ou = dans la case.
   a) $\frac{2}{5} \square \frac{6}{15}$ b) $\frac{1}{9} \square \frac{2}{18}$
   c) $\frac{8}{10} \square \frac{3}{8}$ d) $\frac{2}{3} \square \frac{4}{5}$
   e) $\frac{3}{8} \square \frac{2}{5}$ f) $\frac{5}{6} \square \frac{6}{7}$

15. Effectue ces additions et ces soustractions.
   a) $\frac{2}{5} + \frac{1}{4}$ b) $\frac{3}{8} + \frac{1}{2}$
   c) $\frac{7}{8} - \frac{1}{4}$ d) $\frac{1}{2} - \frac{1}{10}$
   e) $5\frac{7}{9} - 2\frac{1}{4}$ f) $3\frac{1}{3} + 1\frac{1}{8}$

16. Quelle expression représente la plus petite valeur ?
   a) $\frac{2}{3} + \frac{1}{6}$ b) $\frac{2}{3} - \frac{1}{6}$
   c) $\frac{2}{3} \times \frac{1}{6}$ d) $\frac{2}{3} \div \frac{1}{6}$
   e) $\frac{1}{6} \div \frac{2}{3}$ f) $\frac{1}{6} \times \frac{2}{3}$

17. Écris chaque fraction en nombre à virgule. Place les nombres à virgule par ordre croissant.
   a) $\frac{13}{50}$ b) $\frac{1}{4}$ c) $\frac{51}{200}$ d) $\frac{3}{11}$

18. Trouve chaque quotient.
   a) $\frac{3275}{0,1}$ b) $\frac{3275}{0,01}$
   c) $\frac{3275}{0,001}$ d) $\frac{3275}{0,5}$
   e) $\frac{3275}{0,05}$ f) $\frac{3275}{0,005}$

MODULE 5
Le traitement des données

Qu'aimerais-tu savoir à propos des membres de ta communauté ? Voici quelques questions que tu peux poser :
- Quelles sont les professions qui intéressent tes camarades ?
- Comment les gens occupent-ils leurs temps libres ?
- Combien de personnes parlent deux langues ? Combien en parlent trois ?

Quelles autres questions pourrais-tu poser ?

Tes objectifs d'apprentissage

- Faire le lien entre un recensement et un échantillon.
- Reconnaître un biais dans des méthodes de collecte de données.
- Utiliser des bases de données et des tableurs.
- Recueillir, représenter et évaluer des données à l'aide de tableaux et de diagrammes.
- Reconnaître et décrire les tendances dans les diagrammes.
- Comprendre et utiliser les mesures de tendance centrale.

Pourquoi est-ce important ?

- Statistique Canada est un organisme du gouvernement fédéral qui recueille des données sur tous les ménages canadiens.
- Des entreprises privées mènent des sondages et publient les résultats.
- Tu dois savoir interpréter les données que tu lis.

Mots clés

- une population
- un recensement
- un échantillon
- *Recensement à l'école*
- une déduction
- une valeur aberrante
- un histogramme

MODULE 5

Utilise tes connaissances

Construire un diagramme circulaire à l'aide d'un cercle de 100

Ce cercle représente 100 %.
Un cercle de 100 se divise en 10 secteurs congruents.
Chaque grand secteur représente 10 %.
Chacun de ces secteurs est lui-même divisé en 10 parties.
Chaque partie représente 1 % du cercle.

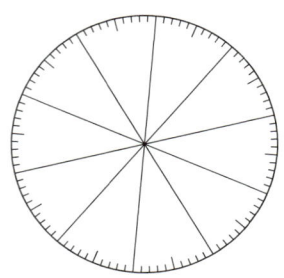

Exemple 1

Pitaq recueille des données sur la saison préférée de ses camarades.
Il note les résultats dans un tableau.

Saison préférée de mes camarades

Saison	Automne	Hiver	Printemps	Été
Nombre d'élèves	8	3	5	9

Utilise un cercle de 100 pour représenter les données dans un diagramme circulaire.

Réponses

Additionne les nombres du tableau : $8 + 3 + 5 + 9 = 25$. Il y a 25 élèves.
Écris le nombre d'élèves qui ont choisi chaque saison sous forme d'une fraction de 25, puis écris le pourcentage.

Automne : $\frac{8}{25} = \frac{32}{100} = 32\,\%$ Hiver : $\frac{3}{25} = \frac{12}{100} = 12\,\%$

Printemps : $\frac{5}{25} = \frac{20}{100} = 20\,\%$ Été : $\frac{9}{25} = \frac{36}{100} = 36\,\%$

Pour l'automne, 32 % représente trois secteurs de 10 % plus deux parties de 1 %. Pour l'hiver, 12 % représente un secteur de 10 % plus deux parties de 1 %. Pour le printemps, 20 % représente deux secteurs de 10 %. Pour l'été, 36 % représente trois secteurs de 10 % plus six parties de 1 %. Écris le nom de chaque secteur. Écris le titre du diagramme.

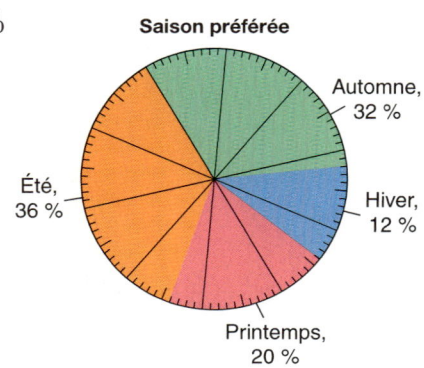

184   MODULE 5 : Le traitement des données

1. Pour chaque ensemble de données, utilise un cercle de 100 pour construire un diagramme circulaire.

   a) **Pièces de monnaie dans la tirelire de Laura**

Pièce de monnaie	Pièces de 1 ¢	Pièces de 5 ¢	Pièces de 10 ¢	Pièces de 25 ¢
Nombre	12	15	9	14

   b) **Articles dans la boîte des objets perdus**

Article	Chapeaux	Bas	Chandails	Gants	Souliers
Nombre	8	16	6	8	2

Les tendances dans les diagrammes

Les données et les diagrammes montrent parfois une régularité ou une tendance.

Exemple 2

Chaque diagramme à ligne brisée représente des températures enregistrées dans le sud de l'Ontario.

a) Décris les tendances que tu vois dans chaque diagramme.
b) Quelle température faisait-il mardi et mercredi ? Comment le sais-tu ?

Diagramme A — Température quotidienne moyenne durant une semaine en octobre

Diagramme B — Température quotidienne moyenne durant une semaine en mai

Réponses

Diagramme A

a) La ligne brisée descend vers la droite.

Cela signifie que la température diminue.

Le segment de droite qui lie mardi à mercredi est horizontal.

Cela signifie que la température est restée la même durant ces deux jours.

Utilise tes connaissances **185**

b) La lettre **D** sur l'axe horizontal représente dimanche.
La valeur correspondante sur l'axe vertical est 14 °C.
Dimanche, la température était de 14 °C.
Pour déterminer la température qu'il faisait samedi :
trace une ligne verticale de la lettre **S** sur l'axe
horizontal jusqu'à la ligne brisée, tel qu'il est illustré.
Trace ensuite une ligne horizontale jusqu'à l'axe
vertical.
Samedi, la température était d'environ 3 °C.

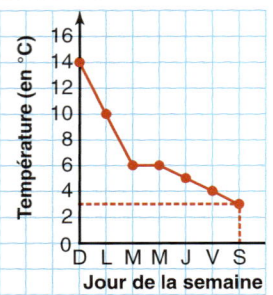

Diagramme B

a) La ligne brisée monte vers la droite.
Cela signifie que la température augmente.
Le segment de droite qui lie vendredi à samedi est horizontal.
Cela signifie que la température est restée la même durant ces deux jours.

b) Dimanche, la température était de 5 °C.
Samedi, la température était de 16 °C.

2. Trois personnes déposent 200 $ chacune dans un compte de banque au début de janvier. Ces diagrammes représentent la somme d'argent dans chaque compte pour les 7 semaines suivantes.

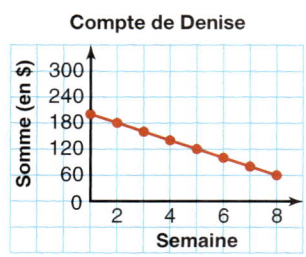 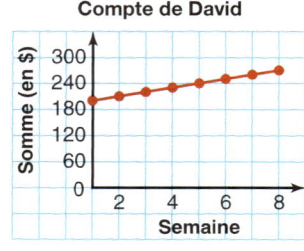 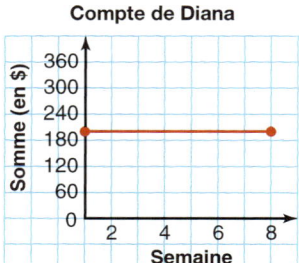

a) Qui a retiré de l'argent de son compte ? Comment le sais-tu ?
b) Qui a déposé de l'argent dans son compte ? Comment le sais-tu ?
c) Dans quel compte n'y a-t-il eu aucune transaction ? Explique ta réponse.
d) Quelle somme d'argent chaque personne a-t-elle à la fin ?
Comment le sais-tu ?

5.1 Faire le lien entre un recensement et un échantillon

Objectif Recueillir des données sur une population et sur un échantillon.

Tous les cinq ans, Statistique Canada recueille des données sur un ménage sur cinq au Canada. Ces données nous aident à mieux comprendre notre pays, y compris ses habitants, ses ressources naturelles, ses besoins en éducation, sa société et ses cultures.

Explore

Travaille en équipe de trois.
Quel genre d'émission de télévision est le plus populaire parmi les élèves de ta classe ?

- Demande à chaque élève de ta classe de nommer son genre d'émission de télévision préféré.
  Note les résultats dans un tableau des effectifs.
  Tire une conclusion basée sur ces résultats.
- Combine tes résultats à ceux des élèves d'une autre équipe. Tire une conclusion.
- Combine les résultats des deux équipes à ceux des élèves d'une autre équipe. Tire une conclusion.

Tes conclusions ont-elles changé après avoir inclus les résultats de chaque équipe supplémentaire ? Explique ta réponse.

Selon toi, est-il probable que tes conclusions changent si tu utilises les résultats de toute la classe ? Explique ta réponse.

Explique ton raisonnement

Note les résultats de ton équipe au tableau. Compare-les avec les résultats de la classe. Qu'arrive-t-il aux résultats à mesure que le nombre de réponses augmente ?

Découvre

Une façon de recueillir des données consiste à mener un sondage auprès de l'ensemble de la **population**. Cela s'appelle un **recensement**. Par exemple, Jared demande à tous les élèves de chaque classe de 8ᵉ année de son école : « Quel sport préférez-vous pratiquer ? » Jared a recueilli les données lui-même ; ce sont donc des données primaires. Les résultats d'un recensement sont précis, car la population entière fournit des données. Quand la population est grande, un recensement peut être coûteux et peut prendre beaucoup de temps.

Une autre façon de recueillir des données consiste à mener un sondage auprès d'une partie ou d'un **échantillon** de la population. Par exemple, Alicia s'est servie d'Internet pour trouver les salaires de 10 joueurs de basket-ball professionnels. Alicia n'a pas recueilli ces données elle-même ; ce sont donc des données secondaires.

Un sondage par échantillonnage est moins coûteux et prend moins de temps qu'un recensement. Les résultats obtenus par échantillonnage peuvent être moins précis que ceux obtenus d'un recensement, car ce n'est pas l'ensemble de la population qui fournit les données.

Un échantillon est *biaisé* quand il ne représente pas correctement la population. Par exemple, si la population compte 15 garçons et 17 filles, un échantillon de cette population devrait compter approximativement le même nombre de garçons et de filles. Un échantillon qui compte 8 garçons est biaisé.

Un sondage est *fiable* quand les résultats peuvent être reproduits par un autre sondage. Un échantillon biaisé peut produire des résultats qui ne sont pas fiables. Par exemple, tu demandes à 100 personnes qui assistent à un match de hockey de nommer leur sport préféré. Les résultats seront biaisés et probablement différents de ceux obtenus si tu posais la même question à 100 personnes choisies au hasard.

Un sondage est *valable* quand les résultats représentent la population. Courtney mène un sondage auprès de ses amis de 8e année et découvre que 75 % d'entre eux ont un lecteur de DVD à la maison. James mène un sondage auprès de tous les élèves de 8e année de leur école et découvre que 38 % d'entre eux ont un lecteur de DVD à la maison. Le sondage de Courtney n'est pas valable, car les résultats de son échantillon ne représentent pas la population de 8e année.

Exemple 1

Pour chaque sondage, indique si l'échantillon est biaisé ou fiable.
a) Pour déterminer si la cafétéria de l'école doit changer son menu, un sondage est mené auprès de tout le personnel enseignant.
b) Le magazine *Musique Rock* demande à ses lectrices et lecteurs de répondre à une question sur le groupe musical préféré des ados.

Réponses

a) L'échantillon est biaisé. Les élèves mangent aussi à la cafétéria et devraient faire partie du sondage.
b) L'échantillon est biaisé. Il est probable que les lectrices et les lecteurs soient des amateurs de musique rock ; les ados ne préfèrent pas tous cette musique.

Exemple 2

Les propriétaires du centre commercial La Cité veulent savoir si la clientèle aimerait qu'une salle de jeux vidéo soit ouverte dans le centre commercial.
Quel effet chaque situation peut-elle avoir sur les résultats du sondage ? Explique ta réponse.
a) Un sondage est mené auprès de toute la clientèle un matin de semaine.
b) Un sondage est mené auprès de toute la clientèle un samedi après-midi.
c) Un sondage est mené auprès de la clientèle adolescente.

Réponses

a) Les matins de semaine, la clientèle est peut-être constituée surtout de personnes à la retraite ou de parents qui ont de jeunes enfants. Cet échantillon n'est pas représentatif de la population. Les données recueillies par ce sondage indiqueraient très probablement qu'une salle de jeux vidéo ne devrait pas être ouverte.

b) Le samedi après-midi, il y aurait des personnes des deux sexes et de tout âge au centre commercial. Les données recueillies par ce sondage seraient probablement représentatives de la population.

c) Si seulement les adolescentes et les adolescents sont interrogés, l'échantillon sera biaisé. Les données recueillies par ce sondage indiqueraient très probablement qu'une salle de jeux vidéo devrait être ouverte.

À ton tour

1. Dans chaque cas, les données recueillies proviennent-elles d'un recensement ou d'un échantillon ? Explique ta réponse.
   a) Pour déterminer l'émission de télévision préférée des élèves de 8e année d'une école, 15 des 40 élèves de 8e année de l'école sont interrogés.
   b) Pour déterminer le jeu vidéo préféré des jeunes de 13 ans en Ontario, tous les élèves de 13 ans en Ontario sont interrogés.
   c) Pour déterminer si la clientèle d'une chaîne de cafés est satisfaite du service, quelques clientes et clients de chaque café sont interrogés.

2. Pour chaque sondage, indique si l'échantillon est biaisé ou fiable. Explique ta réponse.
   a) Pour déterminer s'il devrait y avoir plus d'heures de patinage libre à l'aréna, un sondage est affiché sur un babillard à l'aréna afin que la clientèle habituelle le remplisse et le retourne.

b) Pour déterminer le déjeuner préféré des élèves de 7e et de 8e année, un sondage est mené auprès de 300 élèves de 7e et de 8e année choisis au hasard.

c) Pour déterminer les habitudes d'exercices des ados au Canada, un magazine d'entraînement physique demande à ses lectrices et lecteurs de lui faire parvenir des renseignements sur les habitudes d'exercices des ados.

d) Pour déterminer si la ligue de soccer devrait acheter de nouveaux uniformes pour les joueuses et les joueurs, 20 parents des élèves qui jouent dans la ligue sont interrogés.

3. Pour chaque situation, explique pourquoi les données proviennent d'un échantillon et non d'un recensement.
   a) Tu veux déterminer le coût moyen d'un équipement de hockey pour les jeunes au Canada.
   b) Tu veux déterminer le nombre de familles canadiennes qui ont un téléphone cellulaire.
   c) Tu veux déterminer le nombre d'heures que dure une pile AAA dans une calculatrice.

4. Nomme deux méthodes qui servent à recueillir des données. Décris les avantages et les inconvénients de chaque méthode.

5. De quelle population proviendront les données ?
   a) Les gestionnaires d'un centre commercial de Brantford veulent connaître la façon d'attirer plus de gens âgés de 13 à 25 ans au centre commercial.
   b) Un fabricant de jus veut connaître le volume réel de jus que contient une boîte de 1 L.
   c) Le conseil de l'éducation veut déterminer les écoles qui ont besoin de rénovations.

Stratégie numérique

Détermine la valeur de chaque pourcentage.
- 300 % de 140
- 30 % de 140
- 3 % de 140
- 0,3 % de 140

Quelles régularités vois-tu dans les réponses ?

Math +

Autour de toi
En octobre 2004, il y avait environ 32 millions de Canadiennes et Canadiens. Une entreprise qui mène des sondages à l'échelle nationale peut faire des déductions valables basées sur les réponses d'un échantillon d'environ 1000 Canadiennes et Canadiens choisis au hasard.

6. Pour chaque situation ci-dessous :
   a) La méthode d'échantillonnage peut-elle fournir des données biaisées ?
   b) Si tu réponds « oui » à la question, comment peux-tu modifier la méthode d'échantillonnage pour que les données représentent la population ?
      I) Le conseil des élèves veut savoir si les élèves désirent un autre bal ce mois-ci. Les membres du conseil interrogent leurs amies et amis pour le savoir. 
      II) Une boutique de vêtements sport mène un sondage pour déterminer les chaussures de sport les plus populaires. Les 300 premières personnes qui portent des chaussures de sport et qui entrent dans la boutique sont interrogées.
      III) Pour déterminer le nombre d'heures que les habitants de sa ville passent à s'entraîner par semaine, une journaliste interroge toute la clientèle de cinq centres d'entraînement physique de la ville.
      IV) Une firme veut déterminer l'équipe qui gagnera la prochaine coupe Grey. La firme fait insérer une annonce dans la section des sports de tous les grands journaux et demande aux gens de faire leur choix.

7. Faudrait-il utiliser un recensement ou un échantillon pour recueillir des données sur chacun de ces sujets ? Explique ta réponse.
   a) L'efficacité d'une nouvelle crème solaire
   b) La popularité d'un yogourt à saveur de fruits
   c) Le nombre d'élèves de 6e, de 7e et de 8e année de ton école qui portent des appareils orthodontiques.
   d) Le nombre de tes amis qui aiment jouer à des jeux vidéo.

8. Objectif d'évaluation Tu diriges la cafétéria d'une école secondaire. Tu veux créer un nouveau menu pour le déjeuner et pour le dîner des élèves. Décris au moins deux méthodes que tu pourrais utiliser pour recueillir des données sur les aliments à offrir au menu. Comment t'assurer que les résultats sont fiables ? Explique ta réponse.

Réfléchis

Explique la différence entre un recensement et un échantillon. Dans quel cas un échantillon est-il biaisé ?

Utiliser le *Recensement à l'école* pour obtenir des données secondaires

Objectif Chercher des données dans des bases de données pour résoudre des problèmes.

Statistique Canada a conçu le site Web ***Recensement à l'école*** pour recueillir des données sur les élèves de 8 à 18 ans. Grâce à ce site, tu peux trouver des données sur les élèves quant aux sujets suivants :

- Combien d'élèves possèdent des gadgets ?
- Temps consacré pour se rendre à l'école
- Quelle est votre matière préférée à l'école ?
- Que prenez-vous pour déjeuner ?
- Les sports dans votre vie
- Qui admirez-vous ?

Tu peux également trouver des données sur les élèves d'autres pays qui participent au projet *Recensement à l'école*. Ton enseignante ou ton enseignant n'a qu'à inscrire ta classe. Ainsi, tu pourras également répondre au sondage et avoir accès aux données.

Pour utiliser le *Recensement à l'école,* suis ces étapes :

1. Ouvre le site Web du *Recensement à l'école.*
   Tu devras peut-être entrer un nom d'utilisateur et un mot de passe. Demande-les à ton enseignante ou à ton enseignant.

2. Sous **Accueil,** clique sur Données et résultats.

3. Sous **Résultats sommaires du Canada,** clique sur le sujet qui t'intéresse dans la liste *Tableaux sommaires pour 2004-2005.*

4. Si tu choisis *Quelle est votre matière préférée ?,* un tableau semblable à celui-ci apparaît.

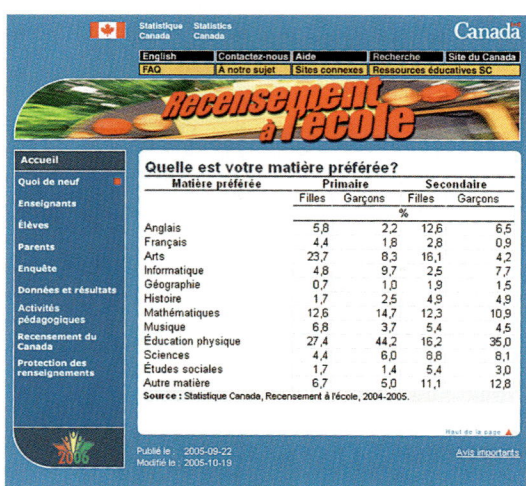

Source : Statistique Canada, *Recensement à l'école,* 2004-2005.
http://www19.statcan.ca/04/04_0405/04_0405_018_f.htm
Date de la saisie d'écran : novembre 2005

MODULE 5 : Le traitement des données

Pour trouver des données sur les élèves d'autres pays, suis ces étapes :

5. Reviens à l'étape 3. Sous **Résultats sommaires du Canada,** clique sur *Tableaux sommaires pour 2004-2005.*

6. Choisis un sujet qui t'intéresse parmi ceux énumérés dans cette page. Par exemple, si tu cliques sur *Qui admirez-vous ?,* quelle est la catégorie de personnes les plus admirées ?

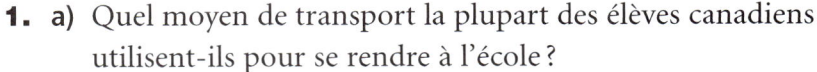

Source : *Recensement à l'école,* 2004-2005.
http://www.19.statcan.ca/04/04_0405/04_0405_023_f.htm
Date de la saisie d'écran : novembre 2005

Utilise le *Recensement à l'école* pour résoudre les problèmes suivants. Imprime tes données.

1. a) Quel moyen de transport la plupart des élèves canadiens utilisent-ils pour se rendre à l'école ?

b) Est-ce le même moyen de transport pour les garçons que pour les filles ? Explique ta réponse.

2. Au Canada, quel est le pourcentage des élèves qui prennent plus d'une heure pour se rendre à l'école ?

3. Chez les filles, quelle est la différence, en pourcentage, entre les élèves du primaire qui ont les yeux bleus et celles qui ont les yeux bruns ? Quelle est la différence chez les garçons ?

5.2 Déduire et évaluer

Objectif Faire des déductions et évaluer des arguments.

Explore

Travaille en équipe de trois.

Ton équipe doit choisir une ou un des élèves suivants comme membre de l'équipe qui représentera ton conseil scolaire au jeu *Vise le sommet*.

Notes des meilleurs élèves

Élève	Maths	Langues	Histoire	Sciences	Géographie
Suresh	93	89	90	97	87
Marco	96	91	86	94	90
Nella	98	80	91	95	94
Yoko	90	92	91	91	92

Laquelle ou lequel de ces élèves choisirais-tu au sein de l'équipe ? Explique ton choix. Que dirais-tu aux autres équipes pour les convaincre que ton choix est bon ?

Explique ton raisonnement

Fais part de tes raisons aux élèves d'une autre équipe qui a choisi la ou le même élève. Les raisons des deux équipes sont-elles les mêmes ? Explique ta réponse. Fais part de ton choix aux élèves d'une équipe qui a choisi une ou un autre élève. Discutez des raisons qui motivent vos choix.

Découvre

Les données et les diagrammes peuvent servir à présenter des arguments convaincants.

La cafétéria de l'école a recueilli des données sur le nombre de tasses de chocolat chaud achetées par les filles et les garçons durant les 15 premiers jours d'école en septembre.

Nombre de tasses de chocolat chaud achetées																Total
Filles	2	0	3	5	4	7	4	3	4	5	1	5	2	8	10	63
Garçons	3	1	5	4	5	9	6	5	3	6	2	4	4	9	8	74

Amy s'est servie des données de ce tableau pour affirmer que les garçons boivent plus de chocolat chaud que les filles. Alice dit qu'il n'y a pas assez de données pour soutenir cet argument. Les élèves recueillent un plus grand nombre de données pour vérifier l'argument d'Amy.

Total des ventes mensuelles de chocolat chaud						
	Sept.	Oct.	Nov.	Déc.	Janv.	Total
Filles	85	128	197	201	252	863
Garçons	92	130	190	207	249	868
Total	177	258	387	408	501	1731

Amy dit que sa conclusion est correcte, car le nombre total de tasses de chocolat chaud achetées par les filles est de 863.
Ce nombre est inférieur à 868, soit le total acheté par les garçons.
Alice examine les données et présente cet argument :
Un plus grand nombre d'élèves boivent du chocolat chaud quand la température est froide. Alice dit que son argument est correct, car les ventes mensuelles augmentent durant les mois les plus froids.
L'argument d'Alice est plus convaincant que celui d'Amy car, en 5 mois, les ventes totales pour les garçons sont seulement 5 de plus que celles pour les filles. Les nombres sont trop rapprochés pour que l'argument d'Amy soit convaincant.

Quand tu utilises des données pour prédire une valeur future ou pour estimer une valeur comprise dans un intervalle donné, tu fais une **déduction**. Quand tu utilises des données pour tirer une conclusion, tu *déduis*.

Exemple

Ce diagramme à bandes doubles montre les salaires horaires des Canadiennes et des Canadiens en 1997 et en 2003.

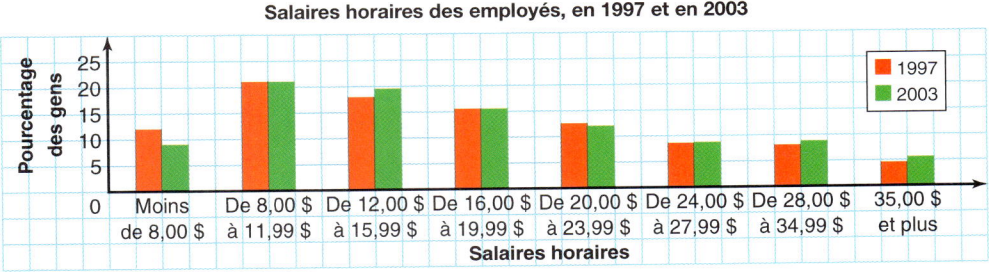

5.2 Déduire et évaluer

a) Comment le diagramme peut-il servir à appuyer chaque argument ?
   I) Le pourcentage des gens qui gagnent moins de 8,00 $ l'heure a diminué de 1997 à 2003.
   II) Environ 50 % des gens qui travaillent gagnent 16,00 $ l'heure ou plus en 2003.
b) Que peux-tu déduire au sujet du pourcentage des gens qui gagneront un salaire horaire supérieur à 24,00 $ en 2009 ? Explique ta réponse.

Réponses

a) I) La bande qui représente l'intervalle « Moins de 8,00 $ » est plus courte pour 2003 que pour 1997. Cela signifie qu'il y a eu une diminution du pourcentage des gens qui gagnent moins de 8,00 $ l'heure de 1997 à 2003.
   II) Le pourcentage des gens qui gagnent 16,00 $ l'heure ou plus en 2003 est donné par la somme de la longueur de la bande de l'intervalle de 16,00 $ à 19,99 $ et des longueurs des bandes suivantes.
   Estime les longueurs : 16 % + 12 % + 9 % + 9 % + 6 % = 52 %.
   Puisque environ 52 % des gens qui travaillent gagnent 16,00 $ l'heure ou plus en 2003, l'argument est valable.

b) Le diagramme indique une augmentation, pour la période de 1997 à 2003, du pourcentage des gens qui gagnent des salaires horaires dans ces intervalles : de 24,00 $ à 27,99 $, de 28,00 $ à 34,99 $ et 35,00 $ et plus.
   Si tu supposes que cette tendance se maintiendra, tu peux déduire qu'il y aura une augmentation du pourcentage des gens qui gagneront un salaire horaire supérieur à 24,00 $ en 2009.

À ton tour

1. Élise, Mira et Kim s'entraînent pour la compétition du 50 m papillon. Leurs temps à l'entraînement, en secondes, sont présentés dans le tableau qui suit. Laquelle choisirais-tu pour la nage papillon au sein de ton équipe ? Explique ton choix.

Nageuse	1er essai (en s)	2e essai (en s)	3e essai (en s)	4e essai (en s)
Élise	45,4	45,3	45,8	46,2
Mira	47,9	43,2	44,7	45,0
Kim	45,2	48,3	43,1	44,3

2. Dix chats ont reçu chacun un bol d'aliments pour chats Miaou Miam. Sept chats ont mangé les aliments reçus. Les trois autres n'en ont pas mangé. Les publicités des aliments pour chats Miaou Miam annoncent :

« 70 % des chats préfèrent les aliments pour chats Miaou Miam. »

   a) Cette déclaration est-elle vraie ? Explique ta réponse.

   b) Quelles déductions peux-tu faire à partir de ces données ? Explique ta réponse.

3. a) Quelles déductions peux-tu faire à partir de ce diagramme ? Explique ta réponse.

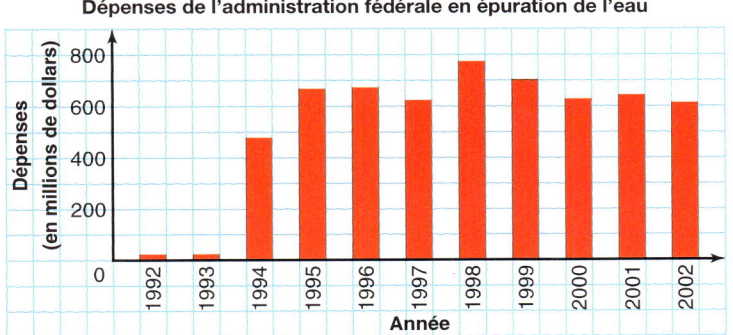

Dépenses de l'administration fédérale en épuration de l'eau

Source : Statistique Canada, Le *Cyberlivre du Canada* (11-404-XIF) est tiré de l'Annuaire du Canada 2001 (11-402-XPF).
http://142.206.72.67/01/01b/01b_graph/01b_graph_002d_1f.htm
Date de la saisie d'écran : septembre 2005

   b) Comment le diagramme peut-il servir à soutenir chaque argument ?

   i) L'administration fédérale a réduit ses dépenses en épuration de l'eau.

   ii) L'administration fédérale a augmenté ses dépenses en épuration de l'eau.

4. Liang demande à 20 élèves de 8e année : « Quelle est votre activité extérieure préférée durant l'été ? » Il note les résultats suivants.

Activité	Natation	Bicyclette	Canoë	Planche à roulettes	Patins à roues alignées
Nombre d'élèves	7	5	2	3	3

Comment Liang peut-il utiliser les résultats de son sondage pour présenter ces arguments ? Explique tes réponses.

   a) La majorité des élèves interrogés ont choisi la natation comme activité extérieure préférée durant l'été.

   b) Les élèves préfèrent les activités terrestres aux activités aquatiques.

5. Mille cinq cents élèves vont à l'école secondaire Père Ryan. Cent vingt élèves ont répondu à la question : « Les heures d'ouverture de la bibliothèque devraient-elles être prolongées ? » Quarante élèves sont d'avis que les heures d'ouverture de la bibliothèque devraient être prolongées, 10 élèves sont contre les heures d'ouverture prolongées et 70 élèves n'avaient pas d'opinion. Le journal de l'école a rapporté :

Un sondage indique que 80 % des élèves qui ont une opinion sur le sujet sont d'avis que les heures d'ouverture de la bibliothèque de l'école devraient être prolongées.

a) Cette déduction est-elle valable ? Explique ta réponse.
b) Écris un argument convaincant qui pourrait être soutenu par les résultats du sondage. Explique ton raisonnement.

6. Le service de police a recueilli ces données sur 100 accidents d'automobile :
- 40 se sont produits à moins de 3 km du domicile de la personne qui conduisait ;
- 30 se sont produits sur l'autoroute ;
- 20 se sont produits dans un parc de stationnement ;
- 10 se sont produits sur une route de campagne.

Un journaliste écrit le titre suivant :

La majorité des accidents d'automobile se produisent près de la maison

a) Comment le journaliste peut-il utiliser les données pour convaincre les lectrices et les lecteurs que son énoncé est vrai ?
b) Quel énoncé peux-tu faire pour prouver que le journaliste a tort ? Explique ton énoncé.
c) Écris deux déductions que tu peux faire à partir de ces données. Explique tes déductions.

Stratégie numérique

Ajoute des parenthèses pour rendre chaque énoncé vrai.

$24 \div 3 + 5 \times 2^2 + 4 = 16$

$24 \div 3 + 5 \times 2^2 + 4 = 48$

$24 \div 3 + 5 \times 2^2 + 4 = 112$

$24 \div 3 + 5 \times 2^2 + 4 = 24$

Ces données proviennent d'une enquête sur la santé dans les collectivités canadiennes effectuée en 2003 par Statistique Canada.

7. Objectif d'évaluation

a) Que montre ce tableau?

Mangent des fruits et légumes de 5 à 10 fois par jour

Groupe d'âge (en années)	Femmes	Hommes
De 12 à 14	250 238	231 755
De 15 à 19	391 589	326 369
De 20 à 24	393 640	307 997
De 25 à 34	841 078	572 224

Source : Statistique Canada, *Enquête sur la santé dans les collectivités canadiennes*, 2003, tableau 01050249 de CANSIM.
http://www.statcan.ca/francais/freepub/82-221-XIF/00604/tables/html/2187_03_f.htm
Date de la saisie d'écran : septembre 2005

b) Quelles déductions peux-tu faire à propos des habitudes alimentaires de chaque groupe?

 I) Les femmes
 II) Les hommes

Explique tes réponses.

c) Quels arguments peux-tu présenter sur les habitudes alimentaires de chaque groupe?

 I) Les garçons de 12 à 14 ans
 II) Les filles de 15 à 19 ans comparativement aux femmes de 20 à 24 ans

Explique tes arguments.

d) I) Que montre ce tableau?

Mangent des fruits et légumes plus de 10 fois par jour

Groupe d'âge (en années)	Femmes	Hommes
De 12 à 14	31 289	40 472
De 15 à 19	59 418	63 755
De 20 à 24	61 520	53 264
De 25 à 34	98 376	69 277

Source : Statistique Canada, *Enquête sur la santé dans les collectivités canadiennes*, 2003, tableau 01050249 de CANSIM.
http://www.statcan.ca/francais/freepub/82-221-XIF/00604/tables/html/2187_03_f.htm
Date de la saisie d'écran : septembre 2005

 II) Les déductions faites et les arguments présentés en b) et en c) sont-ils toujours valables? Explique ta réponse.

Réfléchis

Quand tu utilises un ensemble de données pour faire une déduction ou pour présenter un argument convaincant, de quoi tiens-tu compte?
Joins un exemple à ton explication.

5.3 La représentation des données

Objectif Représenter des données dans un diagramme, reconnaître des tendances et faire des déductions.

Explore

Travaille en petite équipe. Chacun de ces diagrammes est incomplet. Nomme chaque type de diagramme. Associe chaque diagramme à un des tableaux ci-dessous. Explique ton choix. Reproduis les diagrammes et inscris le titre et les étiquettes de chacun. Dresse une liste de quelques renseignements que ces diagrammes t'apprennent.

Diagramme A

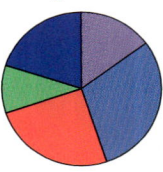

Diagramme B

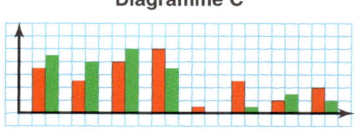

Diagramme C

Diagramme D

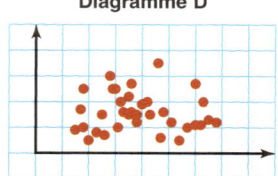

Tableau 1
Instruments que les élèves apprennent à jouer

Instrument	Filles	Garçons
Batterie	7	9
Guitare classique	5	8
Guitare électrique	8	10
Piano	10	7
Harpe	1	0
Clarinette	5	1
Violon	2	3
Cornemuse	4	2

Tableau 2

Températures quotidiennes moyennes durant 2 semaines en février

Février	1	2	3	4	5	6	7	8	9	10	11	12	13	14
Temp. (en °C)	−3	5	4	−1	0	6	3	5	−2	0	5	8	−4	2

Tableau 3

Activité de collecte de fonds *Courir pour le plaisir* – Âge des participants en années et distance parcourue en kilomètres

Âge	Distance	Âge	Distance	Âge	Distance	Âge	Distance
28	30	23	8	36	27	42	20
63	20	60	11	35	22	62	11
46	35	47	6	36	16	15	9
37	15	48	16	65	13	35	15
38	12	51	12	60	27	25	15
29	25	40	19	57	10	18	10
33	16	31	10	68	12	17	17
54	5	20	5	32	20	18	25
43	15	30	25	38	15	26	7

Tableau 4

Temps consacré aux devoirs, selon la matière

Matière	Pourcentage
Français	15
Mathématiques	30
Orthographe	25
Histoire	10
Sciences	20

Explique ton raisonnement

Avec les autres élèves de ton équipe, détermine si tu peux représenter les données d'une autre façon. Construis chaque nouvelle représentation.

Découvre

Voici quelques types de diagrammes.

Un diagramme circulaire montre des données qui représentent des parties d'un tout. Le diagramme A de la rubrique **Explore** est un diagramme circulaire.

Un diagramme à ligne brisée représente des données qui varient dans le temps. Dans un diagramme à ligne brisée, les points sont reliés par des segments de droite. Le diagramme B de la rubrique **Explore** est un diagramme à ligne brisée.

Un diagramme à bandes représente des données que tu peux compter. Un diagramme à bandes doubles peut servir à représenter deux ensembles de données. Le diagramme C de la rubrique **Explore** est un diagramme à bandes doubles.

Un nuage de points représente deux ensembles de données liés. Les données peuvent être mesurées ou comptées. Le diagramme D de la rubrique **Explore** est un nuage de points.

Exemple

Espérance de vie à la naissance

Année de naissance	Sexe féminin (en années)	Sexe masculin (en années)
1920	61	59
1930	62	60
1940	66	63
1950	71	66
1960	74	68
1970	76	69
1980	79	72
1990	81	75

Source : Statistique Canada, *tableaux sommaires du Canada en statistiques*. Date de modification : 2005-02-17.
http://www40.statcan.ca/l02/cst01/health26_f.htm
Date de la saisie d'écran : septembre 2005

Ce tableau représente l'espérance de vie à la naissance des personnes nées entre 1920 et 1990.

a) Une personne naît en 1970.
   Combien d'années peut-elle s'attendre à vivre ?

b) Quels types de diagrammes peuvent servir à représenter ces données ? Explique ta réponse.

c) Représente les données dans un diagramme approprié. Explique ton choix.

d) Quelles tendances vois-tu dans les données ? Comment le diagramme montre-t-il ces tendances ?

e) Comment le diagramme peut-il servir à déduire l'espérance de vie d'une personne de sexe féminin née en 2010 ? Quelles suppositions fais-tu ?

5.3 La représentation des données

f) Simon prolonge les données dans le tableau. L'espérance de vie d'une personne de sexe masculin a augmenté de 75 − 59, soit 16 ans, de 1920 à 1990. Par conséquent, Simon prédit qu'une personne de sexe masculin née en 2060 aurait une espérance de vie de 75 + 16, soit 91 ans. Son argument est-il valable ?

Réponses

a) Selon le tableau, une personne de sexe féminin née en 1970 peut s'attendre à vivre 76 ans et une personne de sexe masculin, 69 ans.

b) Il y a deux ensembles de données. Tu peux les représenter dans un diagramme à bandes doubles ou à lignes brisées doubles.

c) Puisque les données représentent une variation dans le temps, un diagramme à ligne brisée serait approprié. Sur le même quadrillage, représente les données de chaque ensemble à l'aide d'un diagramme à ligne brisée. Utilise l'échelle : 1 case représente 5 années.

Rappelle-toi d'écrire le nom de chaque axe et de donner un titre au diagramme.

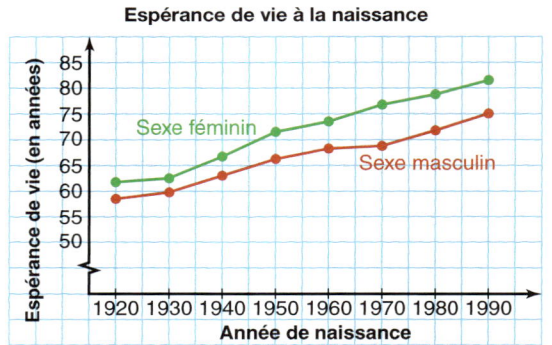

d) Les deux lignes brisées montent vers la droite. Donc, l'espérance de vie augmente à la fois pour les personnes de sexe masculin et pour celles de sexe féminin. La ligne brisée qui représente les personnes de sexe féminin est au-dessus de celle qui représente les personnes de sexe masculin. Donc, les personnes de sexe féminin ont une plus grande espérance de vie que celles de sexe masculin.

e) Pour déduire l'espérance de vie d'une personne de sexe féminin née en 2010, prolonge le dernier segment de droite de la ligne brisée qui représente les personnes de sexe féminin jusqu'à l'année 2010. Selon le diagramme, l'espérance de vie d'une personne de sexe féminin née en 2010 sera d'environ 85 ans. On suppose que l'espérance de vie continuera d'augmenter au même rythme qu'elle l'a fait de 1980 à 1990. Cela pourrait ne pas être le cas.

f) Cet argument n'est pas valable. Il est impossible de présumer que l'espérance de vie continuera d'augmenter au même rythme pendant les 70 prochaines années. Certaines maladies pourraient être vaincues, mais le corps humain s'use. L'espérance de vie atteindra probablement une limite supérieure.

À ton tour

1. Ce tableau indique le nombre de personnes qui ont assisté aux matchs de football de l'école.

Match	1	2	3	4	5	6	7	8	9	10	11
Assistance	235	197	203	185	163	149	126	118	102	85	71

a) Représente les données dans un diagramme.
b) Quelle tendance le diagramme indique-t-il ? Explique ta réponse.
c) Quelles sont les raisons qui peuvent expliquer cette tendance ?

Population de certaines villes canadiennes

Ville	1996	2001
St. John's	174 051	172 918
Sudbury	165 336	155 219
Saint-Jean	125 705	122 678
Chicoutimi	160 454	154 938
Thunder Bay	126 643	121 986
Regina	193 652	192 800
Trois-Rivières	139 956	137 507

2. Ce tableau indique la population de certaines villes canadiennes en 1996 et en 2001.

a) Arrondis les données au millier le plus proche. Représente les données dans un diagramme approprié. Explique ton choix.
b) Quelles tendances vois-tu dans ces données ? Comment le diagramme les montre-t-il ?
c) Prédis la population de chaque ville en 2006. Explique tes nombres.

3. a) Que représentent les données de ce tableau ?

Température quotidienne moyenne (en °C)

Mois	J	F	M	A	M	J	J	A	S	O	N	D
Vancouver	2	3	5	9	12	15	18	17	13	9	5	2
Hawaii	22	22	21	18	15	13	12	13	15	18	19	21

Stratégie numérique

Évalue ces expressions :
- $\frac{4}{5} \div \frac{2}{3}$
- $\frac{4}{5} \times \frac{2}{3}$
- $\frac{4}{5} - \frac{2}{3}$
- $\frac{4}{5} + \frac{2}{3}$

b) Représente les données dans un diagramme approprié.

c) Décris les tendances que tu vois dans le diagramme.

d) Quelle est la meilleure période pour visiter Vancouver ? Quelle est la meilleure période pour visiter Hawaii ? Explique tes réponses.

e) Qui pourrait s'intéresser à ces données ? Pourquoi ?

4. Ce tableau représente l'âge, en années, et la taille, en centimètres, de 15 élèves qui font partie d'une équipe de baseball.

Âge (en années)	12	14	15	17	18	11	13	14
Taille (en cm)	134	161	158	185	199	157	161	183
Âge (en années)	18	16	15	16	14	15	17	
Taille (en cm)	207	172	189	169	175	166	185	

a) Représente ces données dans un diagramme approprié. Explique ton choix.

b) Semble-t-il y avoir un lien entre l'âge et la taille ? Explique ta réponse.

Revenu annuel moyen des Canadiennes et des Canadiens

Année	Femmes (en $)	Hommes (en $)
1993	22 300	34 700
1994	22 500	36 200
1995	23 000	35 400
1996	22 700	35 300
1997	22 900	36 200
1998	23 900	37 400
1999	24 200	37 800
2000	24 900	39 000
2001	25 100	39 100
2002	25 300	38 900

5. **Objectif d'évaluation**

a) Que représentent les données de ce tableau ?

b) Représente les données dans un diagramme approprié. Explique ton choix.

c) Décris les tendances que tu vois. Explique tes réponses.

d) Selon toi, quel était le revenu annuel moyen d'une femme en 1990 ? Explique ta réponse.

e) Prédis le revenu annuel moyen d'un homme en 2005. Explique ta réponse.

f) Quelles déductions peux-tu faire à partir de ces données ?

Montre ton travail.

Réfléchis

Pourquoi faut-il différents types de diagrammes pour représenter des données ?
Donne des exemples pour appuyer ta réponse.

Construire des diagrammes à l'aide d'un tableur

Objectif Représenter des données dans des diagrammes à l'aide de tableurs.

Les tableurs électroniques tels que *AppleWorks* permettent d'enregistrer des données et de les représenter graphiquement. Utilise ces données sur les élèves du primaire, tirées du *Recensement à l'école*.

Quelle est votre matière préférée ?
Élèves du primaire

Matière	Filles	Garçons
Anglais	218	48
Français	87	33
Arts	601	241
Informatique	138	254
Géographie	18	14
Histoire	59	63
Mathématiques	284	360
Musique	172	76
Autres	131	129
Éducation physique	759	1206
Sciences	122	170
Études sociales	66	47

Source : Statistique Canada, *Recensement à l'école*, 2003-2004.
http://www19.statcan.ca/04/04_0304/04_0304_002_f.htm

Pour représenter graphiquement ces données avec *AppleWorks*, suis ces étapes : Ouvre *AppleWorks*. Choisis Feuille de calcul. Entre les données dans les rangées et les colonnes du tableur.

Construire un diagramme à bandes doubles

1. Sélectionne les données. Inclus le titre des colonnes, mais pas le titre du tableau.

2. Clique sur Créer un graphique sous l'option Feuille du menu. La boîte de dialogue Créer un graphique s'affiche. Sélectionne Barres et clique sur OK.

3. Clique sur le diagramme avec le bouton droit de la souris. Sélectionne Infos graphique. Sélectionne l'option Intitulés. Dans la zone de saisie Intitulés, tape **Matière préférée, élèves du primaire.** Pour insérer des étiquettes, clique sur le diagramme avec le bouton droit de la souris. Sélectionne Infos graphique. Clique sur l'option Axes.

Sélectionne Axe X. Tape **Matière.** Assure-toi que l'option Quadrillage est désactivée. Choisis Axe Y. Tape **Nombre d'élèves.** Active l'option Quadrillage. Dans la case Minimum, entre 0. Dans la case Maximum, entre 1400. Dans la case Intervalle, entre 200. Clique ensuite sur OK. Ton diagramme devrait ressembler à celui-ci.

Il y a une légende à droite du diagramme à bandes doubles. La légende indique ce que chaque ensemble de bandes représente.

Construire un diagramme circulaire

Ce tableau montre la façon dont Stacy gère son argent chaque mois.

Budget mensuel de Stacy

Catégorie	Somme (en $)
Nourriture	160
Vêtements	47
Transport	92
Loisirs	78
Épargne	35
Loyer	87
Autres	28

1. Entre les données dans les rangées et les colonnes du tableur. Sélectionne les données, sans inclure le titre des colonnes ni celui du tableau.

2. Clique sur Créer un graphique sous l'option Feuille du menu. La boîte de dialogue Créer un graphique apparaîtra. Choisis Secteurs et clique sur OK.

3. Clique sur le diagramme avec le bouton droit de la souris. Choisis Infos graphique. Sélectionne l'option Séries. Clique sur Valeurs exactes. Choisis ensuite % dans les secteurs. Clique sur OK.

4. Pour ajouter un titre, clique sur le diagramme avec le bouton droit de la souris. Choisis Infos graphique. Sélectionne l'option Intitulés. Dans la zone de saisie Titre, tape **Budget mensuel de Stacy.** Clique ensuite sur OK. Ton diagramme devrait ressembler à celui-ci.

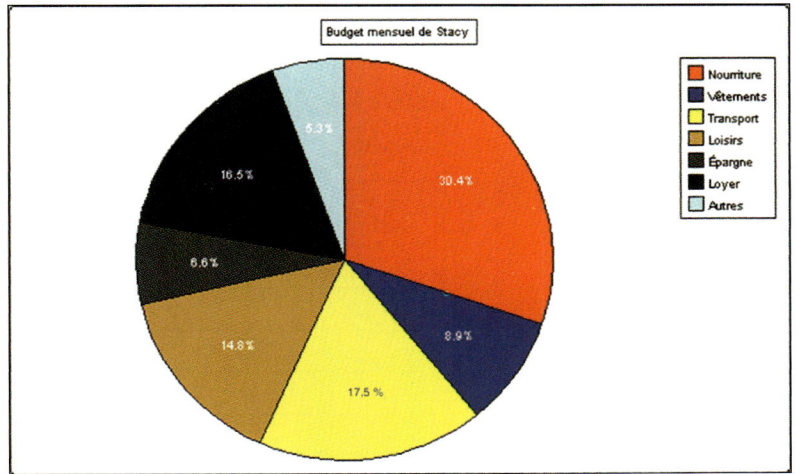

Il y a une légende à droite du diagramme circulaire. La légende établit la correspondance entre chaque secteur et une catégorie.

Construire un diagramme à lignes brisées doubles

Prix moyen des billets de cinéma (en $), Ontario

Année	Salles de cinéma	Ciné-parcs
1996-1997	5,13	6,39
1997-1998	5,38	6,79
1998-1999	5,70	6,86
1999-2000	6,14	6,92
2000-2001	6,78	7,28
2001-2002	—	—
2002-2003	8,08	8,63

1. Entre les données dans les rangées et les colonnes du tableur. Utilise le point plutôt que la virgule pour les décimales.

2. Sélectionne les données.
   Inclus les en-têtes des colonnes, mais pas le titre du tableau.

Technologie : Construire des diagrammes à l'aide d'un tableur

3. Clique sur Créer un graphique sous l'option Feuille du menu.
La boîte de dialogue Créer un graphique s'affiche.
Choisis Linéaire, puis clique sur OK.

4. Clique sur le diagramme avec le bouton droit de la souris.
Choisis Infos graphique. Sélectionne l'option Intitulés.
Dans la zone de saisie Titre, tape **Prix moyen des billets de cinéma (en $), Ontario.** Clique ensuite sur OK. Pour insérer des étiquettes, clique sur le diagramme avec le bouton droit de la souris. Choisis Infos graphique. Clique sur l'option Axes.
Sélectionne Axe X. Tape **Année.** Assure-toi que l'option Quadrillage est désactivée. Sélectionne Axe des Y. Tape **Prix en $.**
Active l'option Quadrillage. Clique ensuite sur OK.
Ton diagramme devrait ressembler à celui-ci.

Il y a une légende à droite du diagramme à lignes brisées doubles. La légende indique ce que chaque ligne brisée représente.

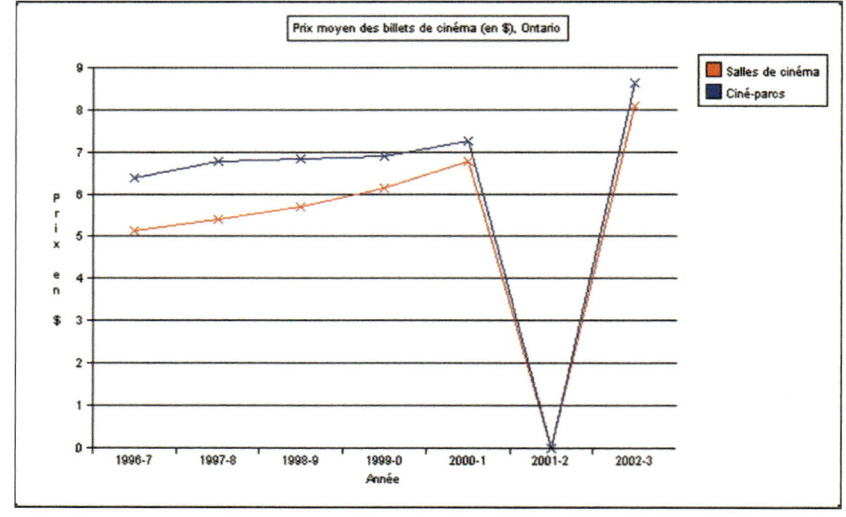

Remarque la façon dont *AppleWorks* construit le diagramme quand des données sont manquantes. Si *tu* devais construire ce diagramme, comment t'y prendrais-tu ?

1. Utilise les données de la page 205 ou le diagramme à bandes doubles de la page 206.
   a) Quelle est la matière préférée des garçons ? Comment le sais-tu ?
   b) Quelle matière les filles aiment le moins ? Comment le sais-tu ?
   c) Quelle matière les garçons et les filles aiment presque également ? Comment le sais-tu ?
   d) Écris 3 autres faits que le tableau ou le diagramme t'apprend.

2. Utilise le diagramme circulaire de la page 207.
Une des catégorie est environ 3 fois plus importante qu'une autre. Pourquoi est-il plus facile de trouver ces catégories dans le diagramme que dans le tableau ?

3. Utilise les données de la page 207 ou le diagramme à lignes brisées doubles de la page 208.
   a) Quelles tendances le diagramme illustre-t-il? Explique ta réponse.
   b) Estime le prix moyen des billets en 2001-2002. Explique ta réponse.
   c) Estime le prix moyen des billets en 2004-2005. Explique ton raisonnement.
   d) À quelle période le prix des billets de cinéma a-t-il le plus augmenté? À quelle période a-t-il le moins augmenté? Comment le sais-tu?
   e) Que peux-tu déduire d'autre à partir du tableau ou du diagramme? Explique ta réponse.

4. Ces données proviennent du *Recensement à l'école*.

Que prenez-vous pour déjeuner?
Élèves du primaire (en %)

Aliment	Filles	Garçons
Lait	51,0	57,8
Jus de fruits	44,1	40,8
Boisson chaude	12,1	12,4
Céréales chaudes	11,8	12,9
Céréales froides	47,0	55,6
Oeufs	23,9	32,0
Rôtie	50,0	52,0
Muffin	18,6	17,2
Bagel	30,9	27,8
Barre céréalière	7,7	8,6
Fromage	10,3	13,1
Yogourt	18,5	14,8
Pas de déjeuner	16,7	11,2
Autre	23,3	25,1

Source : Statistique Canada, *Recensement à l'école,* 2003-2004
http://www19.statcan.ca/04/04_0304/04_0304_006.f.htm
Date de la saisie d'écran : décembre 2005

   a) À l'aide d'un tableur, construis le diagramme qui convient le mieux pour représenter ces données. Explique ton choix de diagramme.
   b) Écris 3 questions au sujet de ton diagramme. Réponds à tes questions.
   c) Compare tes questions avec celles d'une ou d'un camarade. Que peux-tu déduire d'autre à partir du tableau ou du diagramme?

Révision de mi-module

LEÇONS

5.1 1. Pour chaque situation, explique pourquoi les données sont recueillies à l'aide d'un échantillon et non d'un recensement.
   a) Tu veux trouver le coût moyen d'un équipement de ski.
   b) Tu veux trouver le nombre de familles canadiennes qui possèdent un lecteur de DVD.

5.2 2. a) Écris une déduction basée sur ce diagramme à lignes brisées doubles. Explique ta déduction.

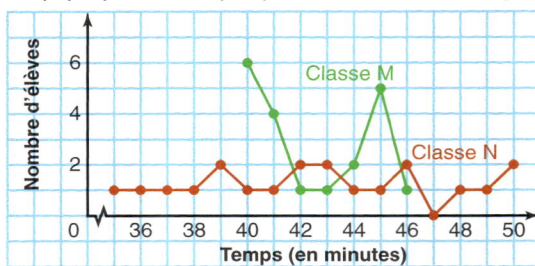

   b) Écris un argument convaincant basé sur le diagramme. Explique ton argument.

3. Ce tableau montre les ventes, en milliers de dollars, effectuées en 6 mois par 2 employées de La Maison de l'électronique.

Mois	Jamar (en milliers de $)	Laura (en milliers de $)
Janv.	117	124
Févr.	118	125
Mars	119	128
Avril	120	126
Mai	121	124
Juin	137	126

   a) Que peux-tu déduire à partir de ces données?
   b) Écris un argument convaincant que chaque employée pourrait utiliser pour persuader le gérant qu'elle mérite le titre de meilleure vendeuse. Explique chaque argument.

5.3 4. Ce tableau, tiré du *Recensement à l'école*, montre les jours de la semaine où les élèves sont nés.

Jour de naissance

Jour	Garçons	Filles
Lundi	3369	3602
Mardi	3973	4335
Mercredi	4235	4571
Jeudi	4278	4486
Vendredi	4131	4756
Samedi	4128	4671
Dimanche	3670	4108

Source: Statistics Canada, *Census at School*, 2003/04
http://www.censusatschool.ntu.ac.uk/table9-0.asp
Date de la saisie d'écran : mars 2005

   a) Représente les données dans un diagramme à bandes doubles.
   b) Que peux-tu déduire à partir de ces données?
   c) Quel autre type de diagramme pourrait servir à représenter ces données? Explique ta réponse.
   d) Demande à chaque élève de ta classe d'indiquer son jour de naissance. Compare ces données avec celles du tableau. Que remarques-tu?

5.4 Utiliser les mesures de tendance centrale

Objectif Comprendre l'effet des valeurs aberrantes sur la moyenne, la médiane et le mode.

Explore

Travaille avec une ou un camarade.
Les élèves d'une classe de 8e année mesurent leur rythme cardiaque.
Voici les résultats en battements par minute :
97, 69, 83, 66, 78, 8, 55, 82, 47, 52, 67, 76, 84,
64, 72, 80, 72, 70, 69, 80, 66, 60, 72, 88, 88

Rappelle-toi que la moyenne, la médiane et le mode sont des mesures de tendance centrale.

➤ Calcule la moyenne, la médiane et le mode de ces données. Quelle mesure représente le mieux les données ? Explique ta réponse.

➤ Retire tout nombre qui s'écarte nettement de la plupart des données. Calcule de nouveau la moyenne, la médiane et le mode. Quel est l'effet sur les trois mesures ? Explique ta réponse.

Explique ton raisonnement

Compare tes résultats avec ceux des élèves d'une autre équipe. Comment as-tu déterminé les nombres qui étaient nettement différents des autres ?

Découvre

La *moyenne* d'un ensemble de données est la somme des nombres de l'ensemble divisé par le nombre de nombres dans cet ensemble. La moyenne est généralement la meilleure mesure quand aucun nombre de l'ensemble ne s'écarte nettement des autres nombres.

La *médiane* d'un ensemble de données est le nombre central de l'ensemble quand les données sont par ordre numérique. La moitié des nombres est située au-dessus de la médiane, et l'autre moitié est située au-dessous. Quand il y a un nombre pair de données, la médiane est la moyenne des deux nombres centraux.
La médiane est généralement la meilleure mesure quand des nombres de l'ensemble de données s'écartent nettement des autres.

Le *mode* d'un ensemble de données est le nombre qui apparaît le plus souvent dans l'ensemble. Un ensemble peut n'avoir aucun mode ou peut en avoir plusieurs.

Le mode est généralement la meilleure mesure quand les données représentent des mesures telles que la taille des souliers ou la taille de vêtements.

Dans un ensemble de données, un nombre qui s'écarte nettement des autres nombres s'appelle une **valeur aberrante.**

Exemple

Voici les résultats obtenus par les élèves d'une classe de 8e année lors d'un test d'anglais.
Ils sont représentés dans un diagramme à tiges et à feuilles.

Résultats du test d'anglais

Tiges	Feuilles
2	1 3 4 4 7 9 9 9
3	2 7 7 8 9
4	0
5	0 0 1 4 6 7 8 9
6	1
7	1
8	0
9	9

a) Combien y a-t-il d'élèves dans la classe ? Comment le sais-tu ?
b) Quelles sont les valeurs aberrantes ? Explique ta réponse.
c) Trouve la moyenne, la médiane et le mode des résultats du test.
d) Retire les valeurs aberrantes et trouve de nouveau la moyenne, la médiane et le mode. Que remarques-tu ? Explique ta réponse.
e) Quelle mesure de tendance centrale décrit le mieux le résultat moyen obtenu par cette classe de 8e année lors du test ? Explique ta réponse.

Réponses

a) Compte le nombre de données dans le diagramme à tiges et à feuilles pour trouver le nombre d'élèves dans la classe. Il y a 26 élèves.

b) Il n'y a qu'un seul nombre (99) qui s'écarte nettement des autres nombres. La valeur aberrante est le nombre 99.

c) Il y a 26 résultats. La moyenne est :
(21 + 23 + 2 × 24 + 27 + 3 × 29 + 32 + 2 × 37 + 38 + 39 + 40 + 2 × 50 + 51 + 54 + 56 + 57 + 58 + 59 + 61 + 71 + 80 + 99) ÷ 26
= 1175 ÷ 26 ≈ 45,2
La médiane est la moyenne des 13e et 14e résultats.
Le 13e résultat est 39. Le 14e résultat est 40.
Donc, la médiane est $\frac{39 + 40}{2} = \frac{79}{2} = 39,5$.
Le mode est le résultat qui apparaît le plus souvent.
C'est le nombre 29.

d) Sans la valeur aberrante :
La moyenne est $\frac{1175 - 99}{25} = 43{,}04$.
La médiane est le 13e résultat. La médiane est 39.
Le mode est 29.

e) Puisque la valeur aberrante a un plus grand effet sur la moyenne, cette mesure n'est pas la meilleure pour décrire le résultat moyen. Le mode est trop bas pour décrire le mieux le résultat moyen. Par conséquent, la médiane est la mesure qui décrit le mieux le résultat moyen.

À ton tour

1. Pour chaque ensemble de données :

  I) Détermine la moyenne, la médiane et le ou les modes.

  II) Trouve les valeurs aberrantes.

  III) Détermine la moyenne, la médiane et le ou les modes, sans tenir compte des valeurs aberrantes.
  Quel est l'effet sur chacune des mesures de tendance centrale quand tu n'inclus pas les valeurs aberrantes ?

  a) Les résultats d'un ensemble d'examens :
  30, 66, 65, 72, 78, 93, 70, 68, 64, 90, 65, 68

  b) Le revenu hebdomadaire : 625 $, 750 $, 800 $, 650 $, 725 $, 850 $, 625 $, 650 $, 625 $, 1250 $, 700 $, 625 $

  c) Le temps d'attente, en minutes, dans un restaurant à service rapide :
  5, 5, 5, 6, 5, 7, 0, 5, 1, 7, 7, 5, 6, 5, 5, 5, 8, 5, 0, 5, 4, 5, 2, 7, 9

  d) Le nombre de paniers comptés par un joueur de basket-ball en 10 matchs : 15, 7, 8, 6, 2, 7, 5, 7, 1, 8

2. Dans chaque cas :

  I) Détermine la moyenne, la médiane et le ou les modes du nouvel ensemble de données.

  II) Explique l'effet du changement sur la moyenne, la médiane et le ou les modes.

  a) Ajoute 5 à chaque nombre de la question 1a).

  b) Soustrais 10 $ de chaque somme de la question 1b).

  c) Multiplie par 3 chaque temps d'attente de la question 1c).

  d) Divise par 2 chaque nombre de la question 1d).

3. Ces conclusions sont-elles correctes ? Explique ta réponse.
  a) Le prix moyen d'une pizza de grandeur moyenne est 10 $. Donc, les prix de trois pizzas de grandeur moyenne pourraient être 9 $, 10 $ et 11 $.
  b) Tu comptes le nombre de raisins dans chacun des 30 biscuits d'un paquet. Le nombre moyen de raisins dans un biscuit est 15. Donc, dans 10 biscuits, il y a 150 raisins.

4. Durant une semaine donnée, les températures maximales quotidiennes au port de Clearwater étaient : 27 °C, 31 °C, 23 °C, 25 °C, 28 °C, 23 °C, 28 °C.
La chaîne Météo a rapporté que la température moyenne au port de Clearwater pour cette semaine-là était 23 °C.
Cet énoncé est-il correct ? Explique ta réponse.

5. Les masses, en tonnes, de déchets ménagers recueillis quotidiennement dans une municipalité en avril sont :
285, 395, 270, 305, 320, 300, 290, 310, 315, 295, 310, 295, 305, 325, 315, 310, 305, 300, 325, 305, 305, 300.
  a) Représente ces données dans un diagramme à tiges et à feuilles.
  b) Détermine la moyenne, la médiane et le ou les modes de cet ensemble de données.
  c) Quelles sont les valeurs aberrantes ?
     Détermine la moyenne, sans tenir compte des valeurs aberrantes. Que remarques-tu ? Explique ta réponse.
  d) Quelle mesure de tendance centrale décrit le mieux les données ? Explique ta réponse.

6. Un ensemble de données contient sept nombres.
La moyenne et la médiane sont 7.
Le mode est 4 et apparaît 3 fois.
Trouve les nombres. Explique ta méthode.

7. André obtient ces résultats :
Anglais 82 %, Français 75 %, Histoire 78 % et Sciences 80 %
  a) Quel résultat André doit-il obtenir en mathématiques pour avoir les résultats moyens suivants ?
     I) 80 %   II) 81 %   III) 82 %
  b) André peut-il obtenir un résultat moyen de 84 % ou plus ? Explique ta réponse.

214   MODULE 5 : Le traitement des données

8. Célia a obtenu un résultat moyen de 80 % à ses trois premiers examens. Elle obtient 94 % à l'examen suivant.
Célia affirme que son résultat général moyen est 87 %, car la moyenne de 80 et de 94 est 87. A-t-elle raison ? Explique ta réponse.

9. Objectif d'évaluation Les élèves d'une classe de 8e année veulent savoir si une publicité dit la vérité. Selon cette publicité, les céréales *Plein de raisins* garantissent une moyenne de 23 raisins par tasse de céréales.
Chaque équipe de deux élèves vérifie une boîte de céréales.
Chaque boîte contient 20 tasses de céréales.
Les élèves comptent le nombre de raisins dans chaque tasse.
   a) Suppose que la publicité dise vrai.
   Combien devrait-il y avoir de raisins dans une boîte de céréales ?
   b) Voici les nombres de raisins comptés dans 15 boîtes de céréales : 473, 485, 441, 437, 489, 471, 400, 453, 465, 413, 499, 428, 419, 477, 467
   I) Représente ces données. Explique ton choix de diagramme.
   II) Quel effet les valeurs aberrantes ont-elles sur la moyenne ?
   III) La publicité dit-elle vrai ? Explique ta réponse.

Calcul mental

Divise chaque nombre par 0,1, par 0,01 et par 0,001.
- 385
- 3,84
- 0,286
- 25,7

Quelles régularités vois-tu dans les réponses ?

Va plus loin

10. Une classe de 8e année compte 20 élèves.
Dix-huit élèves ont passé un test d'études sociales.
Voici leurs résultats : 75, 56, 83, 61, 91, 42, 57, 56, 60, 87, 32, 42, 57, 67, 89, 43, 49, 81
Deux élèves qui étaient absents ont passé le test le lendemain.
Le résultat moyen des 20 élèves est 63.
L'étendue est 63.
   a) Quels sont les résultats médian et modal (ou modaux) des 18 élèves ?
   b) Quels sont les résultats possibles des deux élèves qui ont passé le test en retard ?
   c) L'enseignante donne 3 points supplémentaires à chaque élève. Quel effet cela a-t-il sur la moyenne, la médiane, le ou les modes et l'étendue ?

Réfléchis

Qu'est-ce qu'une valeur aberrante ? Quel effet les valeurs aberrantes ont-elles sur les mesures de tendance centrale ? Explique ta réponse et donne des exemples.

5.5 Construire un histogramme

Objectif Représenter et interpréter des données dans un histogramme.

Explore

Travaille individuellement.
Compare ces deux diagrammes.
Quelles sont les ressemblances ? Quelles sont les différences ?

Diagramme A

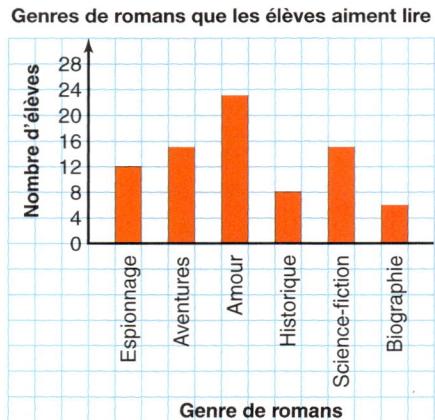

Diagramme B

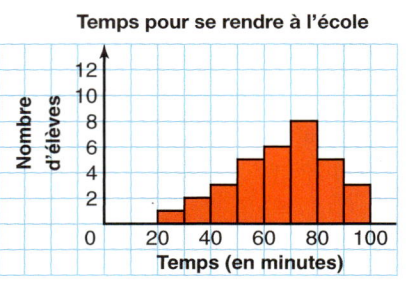

Explique ton raisonnement

Compare tes résultats avec ceux d'une ou d'un camarade.
Pourquoi y a-t-il un espace entre les bandes du diagramme A, mais pas entre celles du diagramme B ?
Selon toi, pourquoi chaque diagramme est-il construit de cette façon ?

Découvre

Un diagramme à bandes sert à représenter des mesures ou des quantités d'éléments différents. Les éléments sont ensuite comparés. Les bandes adjacentes sont séparées par un espace.
La longueur ou la hauteur de chaque bande représente un nombre.

Quand il y a une grande quantité de données et que tu peux mettre les nombres par ordre numérique, puis les grouper, tu peux utiliser un **histogramme** pour représenter ces données.

216 MODULE 5 : Le traitement des données

Dans un histogramme, les données sont généralement groupées en intervalles de largeur égale. Chaque valeur appartient à un seul intervalle. La hauteur de chaque bande représente la *fréquence*, soit le nombre de données dans cet intervalle. Il n'y a pas d'espace entre les bandes, car les données sont continues, c'est-à-dire que la fin d'un intervalle correspond au début de l'intervalle suivant.

Exemple

Lucas note la taille, en centimètres, des élèves de 8e année de son école. Voici les résultats :

147, 178, 161, 153, 130, 139, 159, 162, 151, 150, 133, 162, 147, 170, 153, 160, 174, 148, 155, 157, 163, 155, 138, 149, 152, 142, 163, 160, 155, 158, 181, 164, 158, 147, 164, 166, 177, 178, 162, 171, 169, 134, 180, 175, 140, 161, 149, 150, 187, 173, 156, 166, 164, 152, 183, 159, 137, 144, 145, 164

a) Représente ces données dans un diagramme à tiges et à feuilles.
b) Construis un tableau de fréquence.
c) Que vois-tu dans le diagramme à tiges et à feuilles que tu ne vois pas dans le tableau de fréquence ?
d) Utilise le tableau de fréquence pour construire un histogramme.

Réponses

a) Dans le diagramme à tiges et à feuilles, les chiffres des centaines et ceux des dizaines représentent les tiges, et les chiffres des unités représentent les feuilles. Écris les nombres par ordre numérique. Inclus les nombres qui se répètent.

Taille des élèves en centimètres

Tiges	Feuilles
13	0 3 4 7 8 9
14	0 2 4 5 7 7 7 8 9 9
15	0 0 1 2 2 3 3 5 5 5 6 7 8 8 9 9
16	0 0 1 1 2 2 2 3 3 4 4 4 4 6 6 9
17	0 1 3 4 5 7 8 8
18	0 1 3 7

Intervalle	Fréquence
De 130 à 139	6
De 140 à 149	10
De 150 à 159	16
De 160 à 169	16
De 170 à 179	8
De 180 à 189	4

b) Le plus petit nombre est 130.
Le plus grand nombre est 187.
L'étendue est : $187 - 130 = 57$.
Un intervalle approprié pour représenter une étendue d'environ 50 est 10. Puisque le plus petit nombre est 130, le premier intervalle du tableau de fréquence va de 130 à 139. L'intervalle suivant va de 140 à 149, et ainsi de suite, jusqu'à l'intervalle qui va de 180 à 189. Utilise le diagramme à tiges et à feuilles pour construire le tableau de fréquence que tu vois à gauche.

c) Tu peux trouver chaque donnée dans le diagramme à tiges et à feuilles. Dans le tableau de fréquence, tu connais seulement le nombre de données que contient chaque intervalle. Tu ne connais pas leurs valeurs.

d) L'axe horizontal représente les tailles.
Inscris-y des intervalles de 10 qui vont de 130 à 190.
L'axe vertical représente la fréquence de chaque intervalle.
Dessine des bandes verticales dont les longueurs correspondent aux fréquences.
Donne un titre au diagramme et écris le nom de chaque axe.

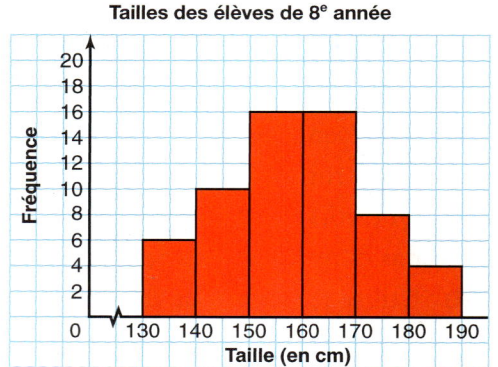

À ton tour

1. Construis le diagramme le plus approprié pour représenter chaque ensemble de données. Explique ton choix.

a)

Prix d'un ensemble de photographies (en $)	De 0 à 4	De 5 à 9	De 10 à 14	De 15 à 19	De 20 à 24	De 25 à 29	De 30 à 34	De 35 à 39	De 40 à 44
Fréquence	6	13	24	29	35	46	25	21	12

b)

Type de fleur	Tulipe	Oeillet	Rose	Jonquille	Orchidée	Lilas	Muguet
Nombre commandé	129	230	115	98	67	85	145

218 MODULE 5 : Le traitement des données

Stratégie numérique

Écris chaque fraction à la forme décimale.

$\frac{2}{3}, \frac{5}{6}, \frac{1}{6}, \frac{1}{3}$

2. a) Quels renseignements ce tableau fournit-il ?

Nombre d'heures par semaine pendant lesquelles les élèves font du sport – École primaire

Heures par semaine	Filles (en %)	Garçons (en %)
De 0 à 2	12	9
De 3 à 5	50	40
De 6 à 8	21	23
De 9 à 11	10	11
De 12 à 14	7	17

b) Construis des diagrammes appropriés pour représenter ces données.

c) Que peux-tu déduire à partir du tableau ou des diagrammes ?

3. Pour chaque ensemble de données, représenterais-tu les données dans un diagramme à bandes ou dans un histogramme ? Explique ton choix.

a) Ravi note le nombre de paires de chaque type de chaussures vendues dans sa boutique en avril.
Sandales : 109, chaussures habillées : 46, souliers à crampons de soccer : 65, chaussures de sport : 89, bottes de caoutchouc : 77

b) Adriana note les temps, en secondes, que prennent 60 nageuses pour nager le 100 m dos.
120, 135, 98, 102, 87, 96, 145, 99, 77, 106, 113, 124, 126, 84, 95, 102, 128, 137, 111, 130, 122, 151, 117, 108, 129, 134, 133, 153, 148, 132, 126, 117, 119, 86, 133, 157, 140, 122, 107, 110, 139, 141, 140, 100, 155, 109, 114, 123, 133, 152, 135, 144, 133, 151, 128, 130, 145, 150, 111, 140

4. Objectif d'évaluation Léa note le nombre de barres de crème glacée vendues chaque jour au centre communautaire pendant le mois de juillet : 101, 112, 125, 96, 132, 125, 116, 97, 124, 136, 123, 119, 78, 105, 118, 130, 87, 108, 114, 99, 126, 86, 94, 117, 125, 107, 122, 119, 114, 105, 93

a) Représente ces données dans un diagramme à tiges et à feuilles.

b) Trouve la médiane et le ou les modes.
Qu'est-ce que chaque mesure t'apprend sur les données ?

c) Utilise le diagramme à tiges et à feuilles pour construire un tableau de fréquence.

d) Que vois-tu dans le diagramme à tiges et à feuilles que tu ne vois pas dans le tableau de fréquence ?

e) Utilise le tableau de fréquence pour construire un histogramme.

f) Que peux-tu déduire au sujet des ventes de crème glacée en juillet ?

5. Pour chacun des ensembles de données suivants :
   I) Construis un histogramme.
   II) Que vois-tu dans le diagramme que tu ne vois pas dans les données ?
   III) Les diagrammes peuvent-ils servir à estimer la médiane ? Peuvent-ils servir à estimer le mode ? Explique ton raisonnement.

   a) Des données sont recueillies sur les prix, en dollars, de 44 modèles de jeans : 25, 59, 45, 120, 105, 100, 78, 45, 37, 49, 27, 19, 48, 39, 40, 55, 89, 95, 65, 40, 50, 33, 59, 62, 80, 74, 150, 78, 43, 35, 130, 75, 69, 105, 115, 110, 120, 80, 49, 40, 60, 109, 89, 72

   b) Des données sont recueillies sur l'épaisseur, en millimètres, de 50 livres choisis au hasard à la bibliothèque :
   6, 15, 35, 12, 76, 80, 34, 22, 15, 17, 35, 40, 70, 25, 11, 45, 36, 28, 17, 20, 55, 63, 39, 47, 52, 60, 77, 81, 100, 39, 40, 75, 33, 92, 18, 22, 17, 30, 13, 44, 63, 28, 20, 31, 40, 34, 45, 40, 45, 38

Va plus loin

6. Quatre cents élèves de 8ᵉ année de la région d'Ottawa ont participé à un concours de mathématiques. Le tableau ci-contre montre leurs résultats. Elias veut comparer les résultats des élèves de son école, notés ci-dessous, avec ceux des élèves de la région.
67, 78, 93, 56, 68, 64, 98, 70, 59, 64, 83, 72, 75, 88, 69, 78, 76, 29, 55, 69, 77, 83, 88, 76, 48, 71, 60, 82, 80, 90, 55, 74, 73, 81, 58, 66, 81, 31, 47, 78, 99, 66, 64, 72, 80, 94, 75, 68

Pourcentage des élèves	Étendue des résultats
8	De 91 à 100
21	De 81 à 90
29	De 71 à 80
22	De 61 à 70
9	De 51 à 60
7	De 41 à 50
3	De 31 à 40
1	De 21 à 30
0	De 11 à 20
0	De 1 à 10

a) Quel type de diagramme utiliserais-tu pour représenter les résultats des élèves de la région ? Explique ton choix.
b) Quel type de diagramme utiliserais-tu pour représenter les résultats des élèves de l'école d'Elias ? Explique ton choix.
c) Construis les diagrammes que tu as choisis en a) et en b).
d) Les élèves de l'école d'Elias ont-ils mieux fait que les élèves de l'ensemble des autres écoles ? Comment le sais-tu ?

Réfléchis

Dans quels cas grouperais-tu les données avant de les représenter dans un diagramme ?
Dans quels cas *ne* les grouperais-tu *pas* ?
Joins des exemples à ton explication.

Construire un histogramme et étudier des valeurs aberrantes avec *Fathom*

Objectif | Construire un histogramme avec *Fathom*.

Tu utiliseras *Fathom* pour construire un histogramme, pour changer la largeur d'un intervalle et pour trouver la moyenne et la médiane d'un ensemble de données.

Voici les tailles, en centimètres, de tous les élèves de 8e année qui faisaient partie de l'équipe de course de l'école : 164, 131, 172, 137, 175, 168, 146, 176, 175, 173, 155, 170, 172, 160, 168, 178, 174, 184, 189

Pour construire un histogramme de ces données avec *Fathom*, suis ces étapes :

1. Ouvre *Fathom*. Dans le menu Fichier, sélectionne Nouveau.

2. Pour entrer le titre :
   Clique sur l'icône Créer une collection, puis clique sur l'écran. Double-clique sur Collection 1.
   Tape **Tailles des élèves de 8e année de l'équipe de course** et clique sur OK.

3. Pour entrer les données :
   Clique sur l'icône Créer un tableau de cas, puis clique sur l'écran. Clique sur <nouveau> ; tape **Taille,** puis appuie sur la touche Entrée.
   Entre les données sous le titre Taille. Appuie sur la touche Entrée après chaque donnée.

4. Pour représenter graphiquement les données :
   Clique sur l'icône Créer un graphique, puis clique sur l'écran. Deux axes s'affichent.
   Clique sur le titre de colonne *Taille* et fais-le glisser sur l'axe horizontal. Sélectionne *Histogramme* dans le menu déroulant qui se trouve dans le coin supérieur droit du diagramme. *Fathom* crée un histogramme.

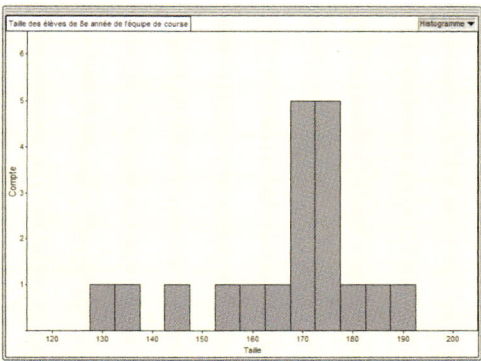

Technologie : Construire un histogramme et étudier des valeurs aberrantes avec *Fathom* **221**

Pour voir les tailles qui composent une bande, clique sur la bande. Elle devient rouge. Dans le tableau, les tailles qui correspondent à cette bande deviennent bleues.

Fathom sélectionne automatiquement une largeur pour chaque bande. Pour connaître la largeur, double-clique sur le diagramme. Une fenêtre de renseignements apparaît.
Voici ce que tu verras :

```
Informations à propos du graphique :
Histogramme :
    Largeur de colonne : 5,0000  en partant de : 127,50
    L'axe Taille est horizontal de 115,00 à 205,00
    L'axe Compte est vertical de 0 à 6,5000
```

L'expression « Largeur de colonne » représente la largeur des bandes. L'expression « en partant de » indique la valeur de départ.

➤ Pour mettre la largeur de colonnes à 10, double-clique sur le texte bleu qui suit *Largeur de colonne :* et entre 10.

Pour remplacer le nombre de départ par 130, double-clique sur le texte bleu qui suit *en partant de :* et entre 130.

Pour modifier l'axe Compte, double-clique sur le texte bleu qui montre présentement 6,5000 et entre 10. Appuie ensuite sur la touche Entrée. *Fathom* modifie l'histogramme.

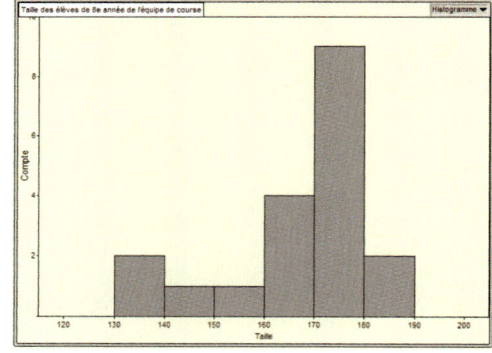

➤ Pour trouver la taille moyenne, double-clique sur la *Collection* pour ouvrir l'*Inspecteur* de cette collection.

Clique sur l'onglet *Mesures*. Clique sur <nouveau> et tape **Moyenne.** Appuie sur la touche Entrée.

Avec le bouton droit de la souris, clique dans la colonne *Formule* vis-à-vis la mesure *Moyenne*, puis sélectionne *Éditer la formule*. Double-clique sur *Fonctions*, double-clique sur *Statistique*, double-clique sur *Un attribut*, puis double-clique sur *moyenne*. Tape **Taille** entre les parenthèses.

Le mot *moyenne* devient rouge, et le mot *Taille* devient bleu. Clique sur OK. La moyenne s'affiche dans la colonne *Valeur*.

➤ Pour trouver la taille médiane, double-clique sur la *Collection* pour ouvrir l'*Inspecteur* de cette collection.
Clique sur *Mesures*. Clique sur <nouveau> et tape **Médiane**. Appuie sur la touche Entrée. Avec le bouton droit de la souris, clique dans la colonne *Formule* vis-à-vis de la mesure *Médiane*, puis sélectionne *Éditer la formule*. Double-clique sur *Fonctions*, double-clique sur *Statistique*, double-clique sur *Un attribut*, puis double-clique sur *médiane*. Tape **Taille** entre les parenthèses. Le mot *médiane* devient rouge, et le mot *Taille* devient bleu. Clique sur OK. La médiane s'affiche sous la moyenne, dans la colonne *Valeur*.

➤ Pour déterminer l'effet de valeurs aberrantes sur la moyenne et sur la médiane, entre ces tailles dans le tableau : 125, 127.
Fathom modifie l'histogramme, la moyenne et la médiane pour refléter les nouvelles tailles. Quel effet ces nouvelles tailles ont-elles sur la moyenne et sur la médiane ? Explique ta réponse.

➤ Remplace les tailles ajoutées à l'étape précédente par 198 et 200. Quel effet ces nouvelles tailles ont-elles sur la moyenne et sur la médiane ? Explique ta réponse.

1. Utilise *Fathom* pour construire un histogramme avec ces données. Ces données représentent les dons, en dollars, faits à la Fondation des jouets de l'espoir.
5, 2, 3, 9, 10, 5, 2, 8, 7, 15, 14, 17, 28, 30, 16, 19, 4, 7, 9, 11, 25, 30, 32, 15, 27, 18, 9, 10, 16, 22, 34, 19, 25, 18, 20, 17, 9, 10, 15, 35

a) Quelles sont les largeurs de colonnes créées par *Fathom* ? Ces largeurs sont-elles raisonnables ? Explique ta réponse.
b) Utilise *Fathom* pour trouver la moyenne et la médiane.
c) Ajoute quelques valeurs aberrantes à ton tableau. Énonce les valeurs que tu as ajoutées.
Compare la nouvelle moyenne et la nouvelle médiane avec leurs valeurs de départ. Que remarques-tu ? Explique ta réponse.

2. Refais la question 1 avec les données suivantes.
Ces données représentent les achats, en dollars, effectués par les clientes et les clients d'une épicerie.
55,40   48,26   28,31   14,12   88,90   34,45   51,02   71,87   105,12   10,19   74,44   29,05   43,56   90,66   23,00   60,52   43,17   28,49   67,03   16,18   76,05   45,68   22,76   36,73   39,92   112,48   81,21   56,73   47,19   34,45

5.6 Construire un diagramme circulaire

Objectif | Représenter des données dans un diagramme circulaire.

Explore

Travaille avec une ou un camarade.
Note la couleur des yeux de ta ou de ton camarade au tableau.
Quand tu auras les données de tous les élèves de la classe, construis un diagramme circulaire pour les représenter.

Explique ton raisonnement

Compare ton diagramme avec celui des élèves d'une autre équipe.
Quelle est la couleur des yeux la plus courante dans ta classe?
Suppose que tu construises un diagramme circulaire qui représente la couleur des yeux de tous les élèves de l'école.
Compare ce diagramme avec celui que tu as construit.
Que remarques-tu? Explique ta réponse.

Découvre

Un diagramme circulaire sert à représenter graphiquement les parties d'un tout. Chaque type de donnée est écrit sous forme d'une fraction du tout. Cette fraction sert ensuite à déterminer l'angle du secteur dans le diagramme circulaire. Chaque fraction est aussi écrite sous forme de pourcentage. L'**Exemple** suivant illustre cette méthode.

Exemple

Les élèves de deux classes de 8e année (65 élèves) indiquent leur façon de se rendre à l'école chaque jour. Voici les résultats :
11 élèves viennent à bicyclette, 13 élèves marchent, 26 élèves prennent l'autobus et 15 élèves viennent en automobile.
Construis un diagramme circulaire pour représenter ces données.

Réponses

Écris la fraction qui représente le nombre d'élèves qui utilisent chaque moyen de transport :
Bicyclette : $\frac{11}{65}$; marche : $\frac{13}{65}$; autobus : $\frac{26}{65}$; automobile : $\frac{15}{65}$
Pour calculer l'angle de chaque secteur, multiplie la fraction par 360°.
Pour calculer chaque pourcentage, multiplie la fraction par 100 %.
Les résultats sont affichés dans le tableau de la page suivante.

Comment les élèves se rendent à l'école	Nombre d'élèves	Angle du secteur (à l'aide des fractions)	Pourcentage
Bicyclette	11	$\frac{11}{65} \times 360° \approx 61°$	$\frac{11}{65} \times 100\% \approx 17\%$
Marche	13	$\frac{13}{65} \times 360° = 72°$	$\frac{13}{65} \times 100\% = 20\%$
Autobus	26	$\frac{26}{65} \times 360° = 144°$	$\frac{26}{65} \times 100\% = 40\%$
Automobile	15	$\frac{15}{65} \times 360° \approx 83°$	$\frac{15}{65} \times 100\% \approx 23\%$
Total	65	360°	100%

Arrondis l'angle de chaque secteur au degré près. Arrondis chaque pourcentage au nombre entier le plus proche.

Pour représenter les données, trace un grand cercle. Trace un rayon. À l'aide d'un rapporteur, mesure l'angle du plus grand secteur, soit 144°. Trace un autre rayon pour former le secteur qui a cette mesure. Construis un secteur pour chaque autre angle.
Écris le nom de chaque secteur et le pourcentage correspondant.

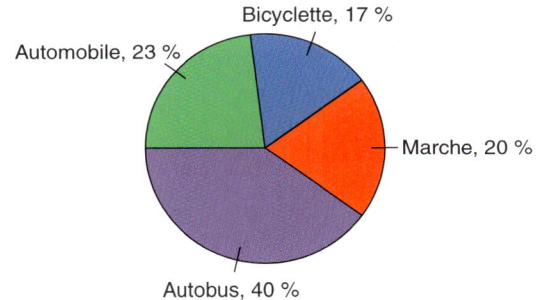

À ton tour

1. Liam pose la question suivante aux élèves présents au camp d'été du lac Silver : « D'où viens-tu ? » Il note les résultats suivants : Ottawa 60, Toronto 90, Belleville 30, Hamilton 36, Kingston 45, Oshawa 20, Burlington 24, Oakville 10, Napanee 30, St. Catharines 15.
   a) Représente ces données dans un diagramme circulaire.
   b) Que peux-tu voir dans le diagramme que tu vois difficilement dans les données ?

2. a) Lesquels des ensembles de données de la page suivante peux-tu représenter dans un diagramme circulaire ? Explique ta réponse.
   b) Pour chaque ensemble de données qui n'est pas bien représenté par un diagramme circulaire, quel diagramme est le plus approprié ? Explique ta réponse.

c) Représente chaque ensemble de données d'après le type de diagramme que tu as choisi.

   I) Adam note la couleur des yeux des élèves de 7ᵉ et de 8ᵉ année de son école.

Couleur des yeux	Brun	Vert	Bleu	Autre
Élèves	60	20	30	10

   II) Céline recueille des données sur le nombre d'heures par semaine que les filles et les garçons de 8ᵉ année de son école passent à jouer à des jeux vidéo.

Nombre de garçons, en pourcentage	10	25	40	15	10
Nombre de filles, en pourcentage	20	35	30	10	5
Heures par semaine à jouer à des jeux vidéo	De 0 à 2	De 3 à 5	De 6 à 8	De 9 à 11	De 12 à 14

   III) Ce tableau montre l'aire, en kilomètres carrés, de quelques parcs nationaux du Canada.

Parc national	Banff	Nahanni	Pukaskwa	Prince Albert	Jasper
Aire (en km²)	6641	4766	1878	3874	10 878

   IV) Tobias et Fabiana travaillent le soir au restaurant Mamma Maria. Ils notent les pourboires reçus pendant une semaine.

Jour	Lu	Ma	Me	Je	Ve	Sa	Di
Pourboires de Tobias (en $)	20	12	28	15	32	35	38
Pourboires de Fabiana (en $)	15	20	22	30	25	40	28

3. La bibliothèque de l'école dispose d'un budget de 5000 $ pour l'acquisition de nouveaux livres. La bibliothécaire a les données suivantes sur les types de livres empruntés par les élèves en un mois.

Type de livre emprunté	Nombre d'élèves
Histoire	125
Sciences	90
Biographie	65
Géographie	52
Roman	110
Référence	88
Français	70

a) Représente ces données dans un diagramme circulaire.
b) Combien d'argent devrait être dépensé pour chaque type de livre ? Explique ta réponse.

4. Objectif d'évaluation Ce tableau indique le moyen de transport utilisé par les voyageurs des États-Unis entrant au Canada en 2002.

Voyageurs des États-Unis entrant au Canada en 2002

Moyen de transport	Nombre
Automobile	33 424 000
Avion	4 224 000
Train	121 000
Autobus	1 582 000
Bateau	886 000
Autres	641 000

Source : Statistique Canada, Le Canada en statistiques, tableau CANSIM 427-0001. Dernières modifications apportées : 2005-08-18. http://www40.statcan.ca/l02/cst01/arts34_f.htm. Date de la saisie d'écran : avril 2005

Stratégie numérique

Calcule les intérêts simples versés sur un emprunt de 2000 $ à un taux d'intérêt annuel de 4 % pour 2 ans.

a) Combien de voyageurs des États-Unis ont visité le Canada en 2002 ?

b) Quel est le pourcentage des voyageurs des États-Unis qui sont entrés au Canada par bateau ?

c) Quelle est la fraction des voyageurs des États-Unis qui sont entrés au Canada par avion ?

d) Représente ces données dans un diagramme circulaire.

e) Qu'est-ce que le tableau ou le diagramme circulaire t'apprend d'autre ? Écris tout ce que tu trouves.

5. Voici l'information nutritionnelle inscrite sur l'emballage d'une tablette granola aux amandes grillées :

Protéines	2,0 g	Amidon	7,3 g
Matières grasses	4,7 g	Fibres alimentaires	1,3 g
Sucres	6,4 g		

Construis un diagramme circulaire pour représenter ces données.

Réfléchis

Quel type de données se représente le mieux dans un diagramme circulaire ? Donne un exemple pour appuyer ta réponse.

Reconnaître les verbes clés dans les problèmes de mathématiques

De nombreux problèmes de mathématiques sont des questions ou des énigmes présentées sans contexte. La question peut te demander d'effectuer une opération quelconque sur des données mathématiques. Elle peut contenir un *verbe clé* qui t'indique ce qu'il faut faire. Voici quelques verbes clés et leur signification.

Associer, faire un lien : montrer et expliquer un lien entre des idées, des objets, des dessins, des nombres et des événements.

Calculer, évaluer : déterminer la réponse à une question qui utilise l'une ou l'autre ou l'ensemble de ces opérations : additionner, soustraire, multiplier et diviser.

Classifier : trier des objets en groupes selon une règle et indiquer cette règle.

Comparer : indiquer les ressemblances et les différences.

Construire : faire un modèle ; dessiner correctement.

Décrire, expliquer, illustrer : utiliser des nombres, des mots, des dessins, des diagrammes, des tableaux ou des modèles pour parler de ton travail et montrer ton raisonnement.

Déduire : indiquer ce qui arrivera, selon toi, d'après ce que tu sais.

Dessiner : faire un dessin ou un schéma.

Estimer : faire une supposition sensée sur ce que tu sais.

Expliquer ton choix : donner des raisons et des preuves qui montrent que ta réponse est vraisemblable.

Montrer ton travail : noter les éléments importants tels que les calculs, les nombres, les mots, les dessins, les diagrammes, les tableaux et les modèles. Inclure les étapes que tu as suivies pour obtenir ta réponse afin qu'une autre personne puisse les répéter.

Représenter : montrer à l'aide d'objets, de dessins ou les deux.

Résoudre : déterminer la solution à un problème.

Simplifier : rendre plus simple, mais équivalent.

Trouve le verbe clé, puis résous chaque problème.

1. Ces figures peuvent servir à construire différents solides. Tu peux utiliser une même figure plusieurs fois.

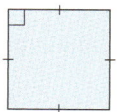   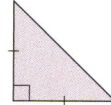 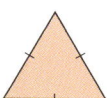

a) Dresse une liste des solides que tu peux construire.

b) Construis un des solides et dessine les autres.

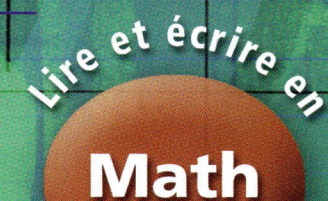

Lire et écrire en Math

c) L'aire du carré est de 4 unités carrées.
L'aire du rectangle est de 6 unités carrées.
Le carré peut contenir 4 cercles.
Un des triangles représente la moitié du rectangle. Un autre des triangles représente la moitié du carré.
Estime l'aire totale de chaque solide que tu peux construire avec ces figures.

2. Voici quelques données recueillies par Statistique Canada pour 2001.

Province ou territoire	Âge médian (en années)	Pourcentage de la population dans chaque groupe d'âge		
		De 0 à 19	65 et plus	De 20 à 64
Terre-Neuve-et-Labrador	38,4	25,0	12,3	62,7
Île-du-Prince-Édouard	37,7	27,3	13,7	59,0
Nouvelle-Écosse	38,8	25,0	13,9	61,1
Nouveau-Brunswick	38,6	24,8	13,6	61,7
Québec	38,8	24,2	13,3	62,5
Ontario	37,2	26,3	12,9	60,8
Manitoba	36,8	28,1	14,0	58,0
Saskatchewan	36,7	29,2	15,1	55,8
Alberta	35,0	28,3	10,4	61,4
Colombie-Britannique	38,4	25,0	13,6	61,4
Territoire du Yukon	36,1	29,0	6,0	64,9
Territoires du Nord-Ouest	30,1	35,0	4,4	60,7
Nunavut	22,1	46,5	2,2	51,2

Source : Statistique Canada, *Recensement du Canada de 2001, Analyses.* N° de catalogue : 96F0030XIE2001002. Date de modification : 2005-08-24. http://www12.statcan.ca/francais/census01/Products/Analytic/companion/age/provs_f.cfm. Date de la saisie d'écran : avril 2005

a) Pour chaque province ou territoire, compare l'âge médian avec les groupes d'âge. Que remarques-tu? Explique ta réponse.

b) Quels diagrammes construirais-tu pour représenter ces données?

c) Suppose que tu doives déterminer l'endroit où effectuer des dépenses liées à la santé pour aider une population vieillissante. Explique ton choix de la province où tu dépenserais la plus grande partie de l'argent.

d) Où augmenterais-tu les dépenses liées à l'éducation? Explique ta réponse.

e) Rédige un autre problème sur ces données, puis résous-le.

Révision du module

Ce que je dois savoir

Un *recensement* recueille des données sur tous les membres d'une population.

Un *échantillon* recueille des données sur quelques membres d'une population.

Un *diagramme à bandes doubles* et un *diagramme à lignes brisées doubles* représentent deux ensembles de données dans le même quadrillage.

Un *histogramme* représente des données qui peuvent être groupées en intervalles. Il n'y a pas d'espace entre les bandes d'un histogramme.

La *moyenne*, la *médiane* et le *mode* sont les trois *mesures de tendance centrale*.

Une *valeur aberrante* est un nombre dans un ensemble de données qui est beaucoup plus grand ou beaucoup plus petit que la plupart des nombres de l'ensemble.

Ce que je dois faire

Pour des exercices supplémentaires, va à la page 492.

LEÇONS

5.1 1. Pour chaque situation, explique pourquoi les données sont recueillies à l'aide d'un échantillon et non pas à l'aide d'un recensement.
   a) Tu veux vérifier la qualité de piles.
   b) Tu veux déterminer le nombre d'heures que dure une ampoule.
   c) Tu veux trouver le pourcentage des élèves de 8e année qui connaissent les tables de multiplication.

2. Dans chaque cas, les données sont-elles recueillies à l'aide d'un échantillon ou d'un recensement ? Explique ta réponse.
   a) Pour déterminer si la classe de 8e année devrait jouer au soccer ou au basket-ball, tous les élèves de la classe ont voté.
   b) Pour déterminer le pourcentage des adolescents de l'Ontario qui travaillent à temps partiel, tous les élèves du secondaire de Hamilton ont été interrogés.

5.2 3. Rob effectue une recherche sur les statistiques d'accidents dans sa communauté. Il apprend que, au cours de la dernière année, 20 personnes ont été blessées dans un accident d'automobile et 5 personnes ont été blessées dans un accident de motocyclette. Rob déduit : « Il est plus sécuritaire de conduire une motocyclette que de conduire une automobile. » La déduction de Rob est-elle valable ? Explique ta réponse.

LEÇONS

5.2
5.3

4. Odakota note le nombre d'élèves de 7ᵉ et de 8ᵉ année nés chaque saison.

Nombre d'élèves nés chaque saison

Saison	Été	Automne	Hiver	Printemps
7ᵉ année	11	10	7	5
8ᵉ année	4	9	14	6

a) Quels types de diagrammes peuvent servir à représenter ces données ? Explique tes choix.
b) Représente ces données à l'aide d'un de tes choix en a).
c) Écris un argument convaincant basé sur le diagramme. Explique ton argument.

5. a) Représente les données de ce tableau dans un diagramme approprié. Explique ton choix.

Précipitations mensuelles moyennes (en mm)

Mois	Halifax	Yellowknife
Janvier	153	13
Février	134	11
Mars	128	12
Avril	115	10
Mai	106	17
Juin	90	17
Juillet	94	34
Août	111	44
Septembre	94	31
Octobre	134	35
Novembre	153	25
Décembre	180	18

b) Quelles tendances le diagramme montre-t-il ? Explique ta réponse.
c) Quelles déductions peux-tu faire à partir du diagramme ? Explique ta réponse.

6. Ce tableau montre le nombre de filles et de garçons qui ont assisté aux matchs de football de l'école.

Match	1	2	3	4	5	6	7
Filles	35	67	71	69	56	63	65
Garçons	52	58	60	78	67	61	63

a) Représente ces données dans un diagramme approprié. Explique ton choix.
b) Glenna examine les données et en déduit : « Plus de filles que de garçons ont assisté aux matchs. » Sa déduction est-elle valable ? Si tu réponds « oui », explique la façon dont Glenna a pu faire sa déduction. Si tu réponds « non », quelle déduction pourrais-tu faire à partir de ces données ? Explique ta réponse.

5.4
7. Ce tableau indique le revenu annuel du personnel d'une entreprise.

Poste	Salaire (en $)
1 propriétaire	108 000
1 directrice	81 500
2 gérants	72 000
4 ingénieurs	67 000
2 chercheurs	55 500
4 assistants	45 000
1 commis	24 000

a) Trouve les mesures de tendance centrale pour ces salaires.
b) Quelle mesure représente le mieux les salaires ? Explique ta réponse.
c) Quelles déductions peux-tu faire à partir de ces données ?

LEÇONS

   d) Quelles sont les valeurs aberrantes ? Quel effet ont-elles sur les mesures de tendance centrale ? Explique ta réponse.

8. Ces conclusions sont-elles vraies ou fausses ? Explique ta réponse.
   a) Le résultat moyen du test est 68 %. Donc, la moitié de la classe a un résultat supérieur à 68 %.
   b) La couleur des yeux modale dans une classe est brun. Donc, la plupart des élèves ont les yeux bruns.
   c) Le revenu moyen d'un échantillon aléatoire de 100 personnes est de 35 000 $. Donc, le revenu moyen d'un échantillon aléatoire de 200 personnes serait de 70 000 $.

5.5 9. Voici les temps, en minutes et en secondes, des nageurs qui ont participé à un 400 m : 3:28, 2:56, 4:25, 3:42, 5:33, 3:57, 3:45, 4:29, 5:03, 4:55, 3:58, 2:55, 4:17, 3:29, 4:31, 3:30, 4:12, 4:21, 4:53, 5:06, 4:47, 3:50, 4:28, 4:09, 5:01, 3:46, 4:27, 4:51, 5:12, 4:58
   a) Convertis ces données en secondes. Représente les données dans un diagramme à tiges et à feuilles.
   b) Détermine l'étendue, la médiane et le ou les modes des données.
   c) À l'aide du diagramme, construis un tableau de fréquence avec des intervalles.
   d) Quelle est la différence entre le tableau de fréquence et le diagramme à tiges et à feuilles ?
   e) Utilise le tableau de fréquence pour construire un histogramme.

5.2
5.6 10. Esther interroge 120 personnes pour connaître leur heure de réveil habituelle la semaine. Voici les résultats.

Heure de réveil des gens

Heure	Nombre de personnes
Avant 5 h	3
Entre 5 h et 5 h 59	25
Entre 6 h et 6 h 59	44
Entre 7 h et 7 h 59	31
Entre 8 h et 8 h 59	11
Après 9 h	6

   a) Représente ces données dans un diagramme circulaire.
   b) Quel pourcentage des gens se réveillent après 6 h 59 ?
   c) Quel intervalle de temps correspond à l'heure de réveil d'environ 20 % des gens ?
   d) Quelles déductions peux-tu faire à partir de ces données ? Explique ta réponse.

11. Un sondage par échantillonnage est mené pour découvrir l'âge des gens à l'achat de leur première auto.

Âge (en années)	De 16 à 20	De 21 à 25	De 26 à 30	De 31 à 35	De 36 à 40
Nombre des gens qui achètent leur première auto	12	28	16	9	3

   a) Indique deux façons de représenter ces données.
   b) Représente les données avec les deux façons choisies en a).
   c) Dans un groupe de 1000 propriétaires d'auto, environ combien avaient plus de 30 ans à l'achat de leur première auto ? Explique ta réponse.

Test pratique

242, 225, 296, 352,
305, 260, 313, 220,
255, 236, 304, 220,
195, 215, 292, 281,
277, 310, 272, 219,
252, 311, 263, 252,
207, 283, 222, 245,
229, 278, 237, 400,
229, 201, 324, 335,
299, 356, 410, 348,
192, 355, 342, 324,
358, 369, 293, 347,
308, 317, 301, 220,
268, 415, 288

1. La durée des chansons, en secondes, du coffret de CD « Dansons » est indiquée à gauche.
   a) Utilise un diagramme approprié pour représenter ces données. Explique ton choix.
   b) Décris les tendances que montre le diagramme.
   c) Une publicité pour le coffret de CD dit : « La durée moyenne d'une chanson est d'au moins 5 minutes. » Est-ce vrai ? Donne des raisons pour appuyer ta réponse.
   d) Présente un argument convaincant basé sur le diagramme. Explique la raison qui motive ton argument.

2. La note moyenne d'un test est 7. La note médiane est 6, et le mode est 5. Quinze élèves ont passé ce test.
   La note la plus basse est 1, et la note la plus élevée est 10.
   a) Écris un ensemble de notes possibles.
   b) Une élève qui était absente a passé le test le lendemain. Elle a obtenu une note de 20. Quel est l'effet de cette note sur la moyenne, la médiane et le mode ? Explique ta réponse.

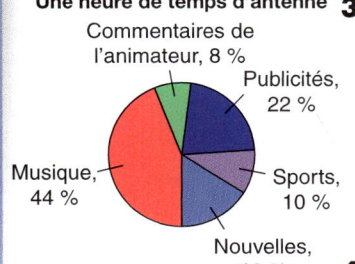

Une heure de temps d'antenne
Commentaires de l'animateur, 8 %
Publicités, 22 %
Musique, 44 %
Sports, 10 %
Nouvelles, 16 %

3. Une station de radio émet 24 h sur 24, 7 jours par semaine.
   Ce diagramme circulaire montre la répartition du temps d'antenne de la station pour une heure. Suppose que la station décide d'accorder plus de temps à la musique. Comment crois-tu qu'elle pourrait y arriver ? Construis un nouveau diagramme circulaire pour présenter ta réponse. Explique ton diagramme.

4. Tu demandes à un échantillon aléatoire de 1200 Canadiennes et Canadiens : « Dans l'ensemble, croyez-vous que le Canada gagnerait ou perdrait à avoir une monnaie commune avec les États-Unis ? »
   Voici les résultats :

Gagnerait énormément	Gagnerait peu	Sans incidence	Perdrait peu	Perdrait énormément
17 %	27 %	8 %	22 %	20 %

Une élève affirme : « Il y autant de Canadiennes et de Canadiens qui veulent une monnaie commune avec les États-Unis que de Canadiennes et de Canadiens qui n'en veulent pas. » Est-ce que l'élève a interprété les résultats correctement ? Explique ta réponse.

Problème du module

Ta communauté

Qu'aimerais-tu savoir à propos des gens de ta communauté ?
Tu vas recueillir des données primaires sur un sujet qui t'intéresse.
Tu vas élaborer et mener un sondage.
Tu vas représenter et analyser les données.

Travaille en équipe.

Partie 1

Choisis un sujet qui t'intéresse.
Tu peux choisir un sujet de cette liste ou choisir ton propre sujet.
- Les professions qui intéressent les élèves
- Les données personnelles, comme l'âge, la taille, le rythme cardiaque, la pointure de chaussures, et ainsi de suite
- Les langues que les gens parlent
- Les sports professionnels que les gens regardent
- Les jeux électroniques auxquels les élèves se livrent
- Les activités communautaires auxquelles les gens participent
- La façon dont les élèves dépensent leur argent

Élabore un sondage. Pose-toi les questions suivantes :
- Quels sont les renseignements que je veux découvrir au sujet de la population ?
- Quelles données dois-je recueillir pour y arriver ?
- Ma question de sondage est-elle claire, précise et sans biais ?

Interroge des camarades pour tester ton sondage. Au besoin, apporte des modifications.

Détermine avec précision la population où tu prendras un échantillon. Détermine la taille de l'échantillon et la méthode que tu utiliseras pour le choisir. Mène ton sondage. Recueille des données autant chez les hommes que chez les femmes. Note tes résultats.

Partie 2

Organise les données. Pense aux questions suivantes :
- Un tableau peut-il servir à organiser les données ?
- Quel est le type de diagramme le plus approprié pour représenter ces données ?
- Quels autres types de diagrammes peuvent servir à représenter ces données ?

Analyse les résultats.

Fais des déductions et présente des arguments convaincants basés sur ton analyse.

Examine ta méthode de collecte de données.

Y avait-il des lacunes ou des problèmes dans ton sondage ou dans la façon dont tu as recueilli les données ?

Partie 3

Rédige un compte rendu.

Présente les résultats de ton sondage aux élèves de la classe.

Décris la façon dont tu as analysé les données, fait tes déductions et présenté tes arguments.

Comment sais-tu si les résultats de ton sondage sont fiables et valables ?

> **Liste de contrôle**
>
> Ton travail devrait montrer :
> ✓ ta façon d'élaborer le sondage et de planifier la collecte de données ;
> ✓ des tableaux et des diagrammes construits correctement ;
> ✓ tes déductions et tes conclusions, basées sur des arguments vraisemblables ;
> ✓ une explication et une analyse claires des procédures utilisées.

Retour sur le module

Décris les diagrammes qui peuvent servir à représenter des données primaires.

Comment peux-tu utiliser des tableaux et des diagrammes pour faire des déductions et présenter des arguments convaincants ?

Joins des exemples à ton explication.

MODULE 6
Les cercles

- Qu'est-ce qu'un cercle ?
- Où vois-tu des cercles ?
- Que sais-tu des cercles ?
- En quoi est-il utile de connaître les cercles ?

Tes objectifs d'apprentissage

- Mesurer le rayon, le diamètre et la circonférence d'un cercle.
- Étudier et expliquer les relations entre le rayon, le diamètre et la circonférence d'un cercle.
- Découvrir des formules pour trouver la circonférence et l'aire d'un cercle.
- Estimer les mesures d'un cercle, puis utiliser des formules pour calculer ces mesures.
- Tracer un cercle à partir de son rayon, de son aire ou de sa circonférence.
- Découvrir des formules pour trouver l'aire totale et le volume d'un cylindre.

Pourquoi est-ce important ?

La mesure des cercles est la suite de la mesure des polygones que tu as étudiée au cours des années précédentes.

Mots clés

- le diamètre
- le rayon
- la circonférence
- un nombre irrationnel

MODULE 6
Utilise tes connaissances

Arrondir les mesures

1 cm = 10 mm, et
1,6 cm = 16 mm

Quand une mesure exprimée en centimètres comporte 1 décimale, elle est donnée au millimètre près.

1 m = 100 cm
1,3 m = 130 cm
1,37 m = 137 cm ← Quand une mesure exprimée en mètres comporte 2 décimales, elle est donnée au centimètre près.

1 m = 1000 mm
1,4 m = 1400 mm
1,43 m = 1430 mm
1,437 m = 1437 mm ← Quand une mesure exprimée en mètres comporte 3 décimales, elle est donnée au millimètre près.

Exemple

Écris chaque mesure au millimètre près.
a) 25,2 mm   **b)** 3,58 cm

Réponses

a) 25,2 mm

Comme il y a 2 dixièmes, tu arrondis à la baisse.
25,2 mm donne 25 mm au millimètre près.

b) 3,58 cm

Pour arrondir au millimètre près, tu arrondis à 1 décimale.
Comme il y a 8 centièmes, tu arrondis à la hausse.
3,58 cm donne 3,6 cm au millimètre près.

✓ Vérifie

1. a) Arrondis au mètre près.

   I) 4,38 m   **II)** 57,298 m   **III)** 158,5 cm

b) Arrondis au millimètre près et au centimètre près.

   I) 47,2 mm   **II)** 47,235 cm   **III)** 1,0579 m

MODULE 6 : Les cercles

6.1 Explorer les cercles

Objectif Mesurer le rayon et le diamètre et découvrir leur relation.

Quel attribut ces objets ont-ils en commun ?

Explore

Travaille avec une ou un camarade.
Tu as besoin d'objets circulaires, d'un compas, d'une règle et de ciseaux.

➤ Trace un grand cercle à l'aide d'un compas.
  Utilise une règle. Trace un segment de droite qui relie deux points du cercle. Mesure ce segment de droite. Écris la longueur sur le segment de droite.
  Trace et mesure d'autres segments qui relient deux points du cercle.
  Trouve le segment le plus long.
  Refais l'activité avec d'autres cercles.

➤ Trace le contour d'un objet circulaire.
  Trouve une façon de situer le centre du cercle.
  Mesure la distance entre le centre et le cercle.
  Mesure le segment qui relie deux points du cercle en passant par le centre.
  Note tes mesures dans un tableau.
  Refais l'activité avec d'autres objets circulaires.
  Quelle régularité vois-tu dans tes résultats ?

Explique ton raisonnement

Compare tes résultats avec ceux des élèves d'une autre équipe.
Où se trouve le segment le plus long d'un cercle ? Quelle relation y a-t-il entre la mesure du segment qui traverse le cercle en passant par le centre et la distance entre le centre et le cercle ?

Découvre

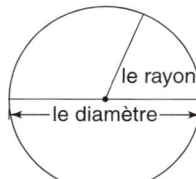

Un cercle est une courbe fermée.
Tous les points du cercle se trouvent à
la même distance du centre du cercle.
Cette distance est le **rayon** du cercle.

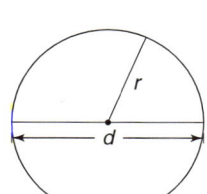

Le segment qui relie deux points du cercle en passant
par son centre est le **diamètre** du cercle.
Le rayon est égal à la moitié du diamètre.
Soit r, le rayon, et d, le diamètre.
Ainsi, $r = \frac{1}{2}d$, ou $r = \frac{d}{2}$.
Le diamètre est égal au double du rayon.
Autrement dit, $d = 2r$.

Exemple

Trace un segment de droite.
Dessine un cercle dont ce segment est :

a) le rayon   b) le diamètre

Réponses

a) Trace un segment de droite.
Place la pointe du compas à une
extrémité du segment.
Place la pointe du crayon à l'autre
extrémité du segment. Trace un cercle.

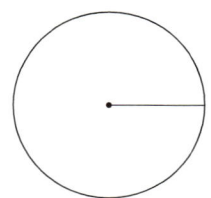

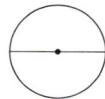

b) Mesure le segment de droite tracé en a).
Trace un segment congru. Indique son milieu.
Place la pointe du compas au milieu du segment.
Place la pointe du crayon à une extrémité du segment.
Trace un cercle.

À ton tour

1. Trace un cercle de 6 cm de rayon.
Quel est le diamètre du cercle ? Explique ta réponse.

2. Trace un cercle de 8 cm de diamètre.
Quel est le rayon du cercle ? Explique ta réponse.

3. a) Combien un cercle a-t-il de rayons?
   b) Combien un cercle a-t-il de diamètres?

4. Un cercle a un diamètre de 3,8 cm. Quel est son rayon?

5. Un cercle a un rayon de 7,5 cm. Quel est son diamètre?

Stratégie numérique

La moyenne de 3 nombres est 30. Le plus petit de ces nombres est 26. Quels peuvent être les 2 autres nombres? Trouve le plus grand nombre possible de réponses.

6. Le dessus d'une table circulaire doit être découpé dans une planche de bois rectangulaire de 1,20 m sur 1,80 m. Quel est le rayon du plus grand dessus de table qu'il est possible de découper? Explique ta réponse et accompagne-la d'un schéma.

7. La base circulaire d'un verre mesure 3,5 cm de rayon. Un cabaret rectangulaire mesure 40 cm sur 25 cm. Combien de verres est-il possible de mettre sur ce cabaret? Quelles suppositions as-tu faites?

8. a) Trace un cercle. Trace son diamètre et nomme-le $\overline{AB}$. Choisis un point P sur le cercle. Trace les segments AP et PB. Mesure ∠APB.
   b) Choisis un point Q sur le cercle. Trace les segments AQ et QB. Mesure ∠AQB.
   c) Refais les activités en a) et en b) à l'aide d'un autre cercle. Que remarques-tu?

Voici le logo de la Division de la santé autochtone de la Direction de la santé de l'île de Vancouver.

9. Objectif d'évaluation Ton enseignante ou ton enseignant te remettra un agrandissement du logo ci-contre. Trouve le rayon et le diamètre de chaque cercle du logo. Montre ton travail.

Va plus loin

10. Une pelouse circulaire a besoin d'être arrosée. Il faut installer un arroseur au centre de la pelouse. Explique comment tu situerais le centre du cercle. Explique ta réponse et fais un schéma.

Réfléchis

Quelle relation y a-t-il entre le diamètre et le rayon d'un cercle?
Comment peux-tu trouver le rayon à partir du diamètre?
Comment peux-tu trouver le diamètre à partir du rayon?
Explique ta réponse et donne des exemples.

6.2 La circonférence d'un cercle

Objectif Découvrir et utiliser la formule de la circonférence d'un cercle.

Tu connais la relation qui existe entre le rayon et le diamètre d'un cercle. Tu vas maintenant étudier la relation qui existe entre ces mesures et la longueur d'un cercle.

Explore

Travaille avec une ou un camarade.
Tu as besoin de 6 objets circulaires, de soie dentaire, de ciseaux et d'une règle.

Choisis un objet. Mesure la distance autour de l'objet avec la soie dentaire. Mesure ensuite le rayon et le diamètre de l'objet. Note ces mesures dans un tableau.

Objet	Longueur du cercle (cm)	Rayon (cm)	Diamètre (cm)

Refais l'activité avec les autres objets. Quelles régularités vois-tu dans ton tableau ? Quelle relation y a-t-il entre le diamètre et la longueur du cercle de l'objet ? Quelle relation y a-t-il entre le rayon et la longueur du cercle de l'objet ? Pour chaque objet, calcule :
- longueur du cercle ÷ diamètre ;
- longueur du cercle ÷ rayon.

Que remarques-tu ?

Explique ton raisonnement

Compare tes résultats avec ceux des élèves d'une autre équipe. Ensemble, écrivez une formule pour trouver la longueur d'un cercle à partir de son rayon.

Découvre

La longueur d'un cercle est sa **circonférence**.
La circonférence, C, de tout cercle divisée par son diamètre, d, est $\frac{C}{d}$.
C'est une valeur constante égale à environ 3.

Ainsi, la circonférence est environ 3 fois plus longue que le diamètre.
Et la circonférence, C, divisée par le rayon, r, est égale à $\frac{C}{r}$, soit environ 6.
Donc, la circonférence est environ 6 fois plus longue que le rayon.

Dans tout cercle, le rapport $\frac{C}{d} = \pi$.

Tu étudieras d'autres nombres irrationnels dans le module 8.

Nous utilisons le symbole π parce que la valeur de $\frac{C}{d}$ est un **nombre irrationnel.** Autrement dit, π représente un nombre décimal dont les décimales ne se répètent pas et ne se terminent jamais.
Le symbole π est une lettre grecque qui se prononce « pi ».
$\pi \approx 3,14$

Donc, la circonférence est égale à π multiplié par d. Tu écris : $C = \pi d$.

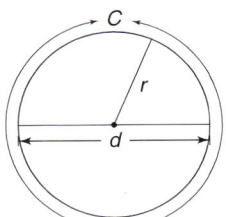

La circonférence d'un cercle est aussi son périmètre.

Puisque $d = 2r$, la circonférence est aussi π multiplié par $2r$.
Tu écris : $C = \pi \times 2r$, ou $C = 2\pi r$.
Quand tu connais le rayon ou le diamètre d'un cercle, tu peux utiliser l'une des formules précédentes pour trouver la circonférence du cercle.

Exemple 1

Une pièce de 2 $ a un rayon de 1,4 cm.
a) Quel est le diamètre de la pièce ?
b) Estime la circonférence de la pièce.
c) Calcule la circonférence.
   Donne ta réponse au millimètre près.

Réponses

a) Soit le diamètre $d = 2r$, où r est le rayon.
   Effectue la substitution : $r = 1,4$.
   $d = 2 \times 1,4$
   $ = 2,8$
   Le diamètre est de 2,8 cm.

Comme la circonférence est une longueur, tu la mesures en unités de longueur telles que le centimètre, le mètre ou le millimètre.

b) La circonférence est environ 3 fois plus longue que le diamètre :
   $3 \times 2,8$ cm $\approx 3 \times 3$ cm
   $\phantom{3 \times 2,8 \text{ cm}} \approx 9$ cm
   La circonférence est d'environ 9 cm.

6.2 La circonférence d'un cercle **243**

c) **1ʳᵉ méthode**

La circonférence est : $C = \pi d$.
Effectue la substitution : $d = 2{,}8$.
$C = \pi \times 2{,}8$
Appuie sur : $\boxed{\pi}$ $\boxed{\times}$ 2,8 $\boxed{\text{ENTER}=}$.
Tu obtiens 8,79645943.
Donc, $C \approx 8{,}796$
$\approx 8{,}8$.

2ᵉ méthode

La circonférence est : $C = 2\pi r$.
Effectue la substitution : $r = 1{,}4$.
$C = 2 \times \pi \times 1{,}4$
Appuie sur : 2 $\boxed{\times}$ $\boxed{\pi}$ $\boxed{\times}$ 1,4 $\boxed{\text{ENTER}=}$.
Tu obtiens 8,79645943.
Donc, $C \approx 8{,}796$
$\approx 8{,}8$.

La circonférence est de 8,8 cm au millimètre près.

> Utilise une calculatrice. S'il n'y a pas de touche π sur ta calculatrice, utilise 3,14.

Quand tu connais la circonférence, tu peux utiliser une formule pour trouver le diamètre.

Utilise la formule $C = \pi d$. Divise chaque côté par π pour isoler d.

$$\frac{C}{\pi} = \frac{\pi d}{\pi}$$
$$\frac{C}{\pi} = d$$

Donc, $d = \frac{C}{\pi}$.

Exemple 2

Un étang circulaire mesure 12 m de circonférence.
a) Estime le diamètre et le rayon de l'étang.
b) Calcule le diamètre et le rayon.
Donne tes réponses au centimètre près.

Réponses

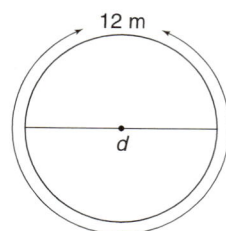

a) Comme la circonférence est environ 3 fois plus longue que le diamètre, le diamètre représente environ $\frac{1}{3}$ de la circonférence.
Un tiers de 12 m égale 4 m. Le diamètre mesure donc environ 4 m.
Le rayon représente $\frac{1}{2}$ du diamètre. La moitié de 4 m égale 2 m.
Le rayon de l'étang mesure donc environ 2 m.

b) Le diamètre est : $d = \frac{C}{\pi}$.
Effectue la substitution : $C = 12$.
$d = \frac{12}{\pi}$
$\approx 3{,}8197$

Utilise une calculatrice.
N'efface pas les données en mémoire.

Le rayon représente $\frac{1}{2}$ du diamètre.
Divise le nombre obtenu par 2.
$r \approx 1{,}9099$

Le diamètre mesure 3,82 m au centimètre près.
Le rayon mesure 1,91 m au centimètre près.

À ton tour

1. Estime la circonférence de chaque cercle.

   a) 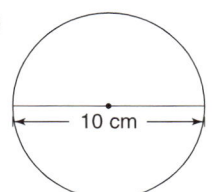 b) 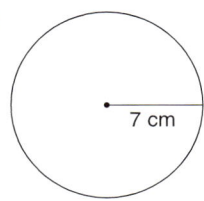 c)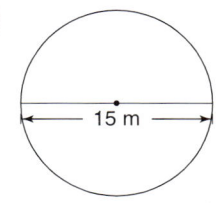

2. Calcule la circonférence de chaque cercle de la question 1. Arrondis tes réponses au dixième le plus proche.

3. Estime le diamètre et le rayon de chaque cercle.

   a) 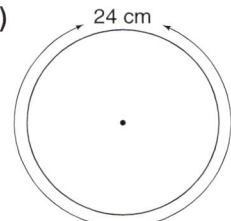 b) 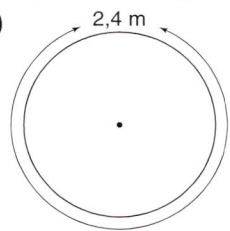 c)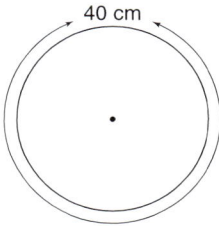

4. Calcule le diamètre et le rayon de chaque cercle de la question 3. Donne tes réponses au millimètre près.

5. Quand tu estimes une circonférence, tu utilises 3 au lieu de π. La valeur estimée est-elle plus grande ou plus petite que la valeur calculée ? Explique ta réponse.

6. Un jardin circulaire mesure 2,4 m de diamètre.
   a) Il faut entourer le jardin d'une bordure en plastique. De quelle longueur de bordure a-t-on besoin ?
   b) La bordure coûte 4,53 $/m. Combien coûte la bordure du jardin ?

Math +

Les sciences

L'orbite de la Terre autour du Soleil est à peu près circulaire.
Le rayon de l'orbite mesure environ $1,5 \times 10^8$ km.
Comment calculerais-tu la circonférence de l'orbite ?
L'orbite que décrit un satellite de télécommunications autour de la Terre
est à peu près circulaire. Le satellite se trouve à environ 35 800 km au-dessus
de la surface de la Terre. Que dois-tu savoir pour calculer le rayon de l'orbite ?

Stratégie numérique

L'aire d'un terrain rectangulaire est de 256 m². Donne les dimensions possibles du terrain en nombres entiers.

7. **Objectif d'évaluation** Un caillou est coincé dans le pneu d'une bicyclette. Le pneu mesure 46 cm de rayon. À chaque tour de roue, le caillou touche le sol.
   a) Quelle distance la bicyclette parcourra-t-elle entre la première et la deuxième fois que le caillou touchera le sol?
   b) Si la bicyclette parcourt 1 km, combien de fois le caillou touchera-t-il le sol?

   Montre ton travail.

8. Un menuisier fabrique un dessus de table circulaire de 4,5 m de circonférence. Quel est le rayon, en centimètres, du dessus de table?

9. Peux-tu dessiner un cercle de 33 cm de circonférence? Si oui, dessine ce cercle et explique comment tu sais que la circonférence est exacte. Sinon, explique pourquoi tu ne peux pas dessiner le cercle.

10. a) Si tu doubles le diamètre d'un cercle, qu'arrive-t-il à la circonférence?
    b) Si tu triples le diamètre d'un cercle, qu'arrive-t-il à la circonférence?

Va plus loin

11. Suppose qu'on puisse placer un cerceau de métal autour de la Terre, à la hauteur de l'équateur.
    a) La Terre a un rayon de 6378,1 km. Quelle est la longueur du cerceau de métal?
    b) Suppose qu'on augmente la longueur du cerceau de 1 km. Serais-tu capable de ramper sous le cerceau, de marcher sous le cerceau ou de te promener en autobus scolaire sous le cerceau? Explique ta réponse.

Réfléchis

Comment peux-tu calculer le rayon et le diamètre d'un cercle à partir de sa circonférence? Explique ta réponse et donne un exemple.

6.3 L'aire d'un cercle

Objectif Découvrir et utiliser la formule de l'aire d'un cercle.

Explore

Travaille en équipe de quatre.
Tu as besoin de ciseaux, de colle, d'un compas et d'un rapporteur.

➢ Chaque élève de l'équipe trace un cercle de 8 cm de rayon. Chaque élève choisit l'une des possibilités suivantes :
- 4 secteurs congruents
- 8 secteurs congruents
- 10 secteurs congruents
- 12 secteurs congruents

L'angle au centre du cercle mesure 360°. Divise cet angle par le nombre de secteurs. Le quotient représente l'angle du secteur.

➢ À l'aide d'un rapporteur, divise ton cercle selon le nombre de secteurs que tu as choisi. Découpe les secteurs.
Place-les de façon à rappeler la forme d'un parallélogramme.

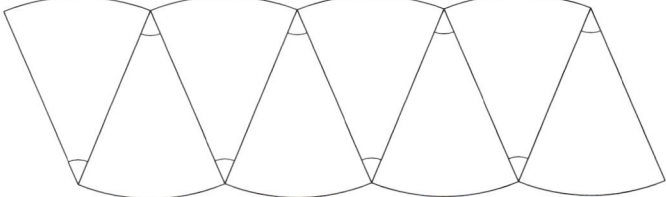

L'aire d'un parallélogramme est égale à la base × la hauteur.

Colle les secteurs sur une feuille de papier.
Calcule l'aire du parallélogramme.
Estime l'aire du cercle.

Explique ton raisonnement

Compare ton estimation de l'aire du cercle avec celles des autres élèves de ton équipe. Selon toi, quelle estimation est la plus proche de l'aire du cercle? Explique ta réponse. Comment pourrais-tu faire une estimation plus juste de l'aire?

Découvre

Un cercle de 10 cm de rayon a été découpé en 24 secteurs congruents. On a ensuite disposé les secteurs de façon à former un parallélogramme.

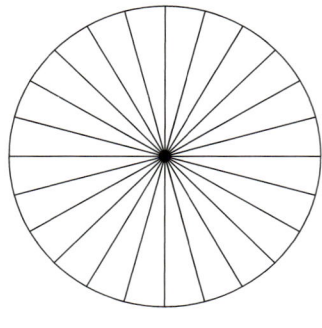
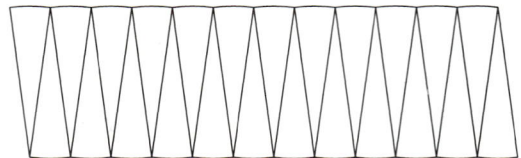

Plus le nombre de secteurs congruents utilisés est grand, plus l'aire du parallélogramme est proche de l'aire du cercle.

Si le nombre de secteurs est assez grand, le parallélogramme formé sera presque un rectangle.

La somme des deux côtés les plus longs du rectangle est égale à la circonférence, C.

$C = 2\pi r$
$ = 2\pi \times 10$ cm
$ = 20\pi$ cm

Donc, chaque côté long mesure : $\dfrac{20\pi \text{ cm}}{2} = 10\pi$ cm.

Chacun des deux côtés courts est égal au rayon, soit 10 cm.

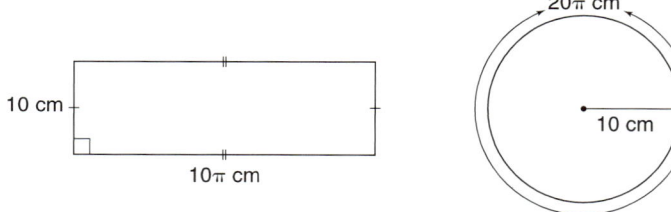

L'aire du rectangle est : 10π cm $\times$ 10 cm $= 10^2 \pi$ cm²
$\phantom{L'aire du rectangle est : 10\pi \text{ cm} \times 10 \text{ cm}} = 100\pi$ cm².

Donc, l'aire du cercle de 10 cm de rayon est de 100π cm².
Tu peux appliquer ce raisonnement à un cercle de rayon r.

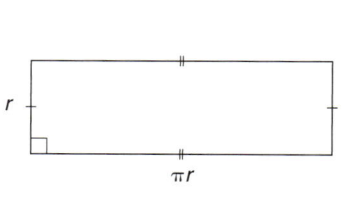
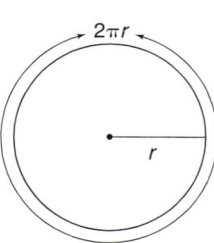

248 MODULE 6 : Les cercles

Ainsi, l'aire, A, d'un cercle de rayon r est : $\pi r \times r = \pi r^2$.
Donc, $A = \pi r^2$.

Cette formule te permet de trouver l'aire de tout cercle dont tu connais le rayon.

Exemple

Une pièce de 10 ¢ mesure 1,8 cm de diamètre.
a) Estime l'aire de la face de la pièce.
b) Calcule l'aire. Donne ta réponse au centième le plus proche.

Réponses

Le diamètre de la face de la pièce de 10 ¢ est de 1,8 cm.

Donc, le rayon de la pièce est :
$\frac{1,8 \text{ cm}}{2} = 0,9$ cm.

a) L'aire de la face de la pièce est d'environ $3 \times r^2$.
$$r \approx 1$$
Donc, $r^2 = 1$
et $3 \times r^2 = 3 \times 1$
$= 3$
L'aire de la face de la pièce est d'environ 3 cm².

b) Utilise la formule : $A = \pi r^2$.
Effectue la substitution : $r = 0,9$.
$A = \pi \times 0,9^2$
Utilise une calculatrice.
Appuie sur : $\boxed{\pi}$ $\boxed{\times}$ 0,9 $\boxed{x^2}$ $\boxed{\text{ENTER} \atop =}$. Tu obtiens 2,544690049.
$A \approx 2,544\ 69$
L'aire de la face de la pièce est de 2,54 cm² au centième le plus proche.

S'il n'y a pas de touche x^2 sur ta calculatrice, fais $0,9 \times 0,9$ au lieu de $0,9^2$.

Puisque 1 mm = 0,1 cm,
alors 1 mm² = 1 mm × 1 mm
= 0,1 cm × 0,1 cm
= 0,01 cm²

Cela montre que, quand une aire en centimètres carrés est donnée au centième le plus proche, elle est donnée au millimètre carré près. Dans l'**Exemple,** l'aire de 2,54 cm² est donnée au millimètre carré près.

À ton tour

1. Estime l'aire de chaque cercle.

   a) 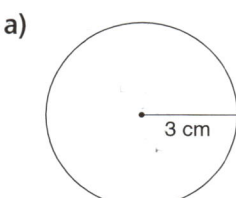 b) 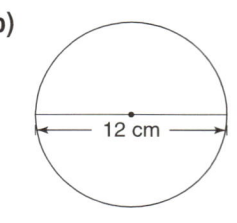 c)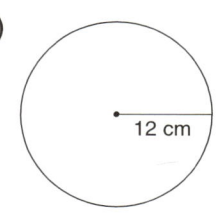

2. Calcule l'aire de chaque cercle de la question 1.
   Donne tes réponses au millimètre carré près.

3. a) Utilise tes réponses aux questions 1 et 2.
      Qu'arrive-t-il à l'aire d'un cercle si tu doubles son rayon ?
   b) Qu'arrive-t-il à l'aire d'un cercle si tu triples son rayon ?
   Explique tes réponses.

4. **Objectif d'évaluation** Utilise du papier quadrillé à 0,5 cm.
   Trace un cercle de 5 cm de rayon.
   À l'extérieur de ce cercle, trace un carré qui contient tout juste le cercle.
   À l'intérieur du cercle, trace un carré dont les sommets se trouvent sur la circonférence.
   a) Comment peux-tu trouver l'aire du cercle à partir de l'aire des deux carrés ?
   b) Vérifie ton estimation en a). Calcule l'aire du cercle.
   c) Refais l'activité avec des cercles de rayons différents.
      Note tes résultats.
   Montre ton travail.

5. Au biathlon, les athlètes tirent sur des cibles.
   Chaque cible se trouve à 50 m de l'athlète.
   Trouve l'aire de chaque cible.
   a) La cible que vise une ou un athlète debout est un cercle de 11,5 cm de diamètre.
   b) La cible que vise une ou un athlète couché sur le ventre est un cercle de 4,5 cm de diamètre.
   Donne tes réponses au centimètre carré près.

Stratégie numérique

Forme le plus grand nombre possible à l'aide des chiffres suivants :
7, 1, 8, 2, 4, 3, 9
Avec les mêmes chiffres, forme le plus petit nombre possible.
Calcule la somme et la différence des deux nombres.

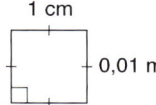

6. a) Chaque côté d'un carré mesure 1 cm.
   I) Quelle est l'aire du carré en centimètres carrés ?
   II) Quelle est l'aire du carré en mètre carré ?
   III) À partir de tes résultats en I) et en II), écris 1 cm^2 en mètre carré.

b) Une calculatrice indique l'aire d'un cercle : 7,068583471 m^2. Arrondis cette aire au centimètre carré près.

7. Au curling, la cible est composée de 4 cercles concentriques.

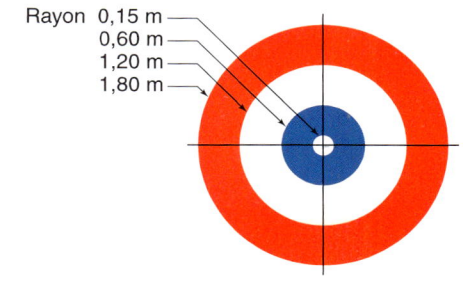

Des cercles concentriques ont le même centre.

a) Calcule l'aire du plus petit cercle. Écris l'aire au centimètre carré près.

b) Quand un petit cercle se trouve dans un grand, on obtient un anneau. Calcule l'aire de chaque anneau de la cible au centimètre carré près.

8. La circonférence du fond d'une piscine circulaire mesure 31,4 m. Quelle est l'aire du fond de la piscine ? Donne ta réponse au mètre carré près.

Va plus loin

9. Le diamètre d'une grande pizza mesure 35 cm. Deux grandes pizzas coûtent 19,99 $. Le diamètre d'une pizza moyenne mesure 30 cm. Trois pizzas moyennes coûtent 24,99 $. Qu'est-ce qui est le plus économique : 2 grandes pizzas ou 3 pizzas moyennes ? Explique ta réponse.

Comment peux-tu calculer l'aire d'un cercle si tu connais le rayon ?
Explique ta réponse et donne un exemple.

Révision de mi-module

LEÇONS

6.1
1. Un cercle mesure 3,6 cm de rayon. Quel est son diamètre ?

2. Un cercle mesure 3,6 cm de diamètre. Quel est son rayon ?

3. a) Trace un grand cercle. Nomme son centre C. Sur le cercle, trace les points P, Q et R. Relie P, Q et R pour former le △PQR. Trace les segments de droite QC et RC. Ces segments forment 2 angles en C. Mesure ∠QPR et ∠QCR. Quelle relation y a-t-il entre ces angles ?
   b) Refais les étapes en a) pour un autre cercle. La relation en a) est-elle toujours vraie ? Explique ta réponse.

6.2
4. Une pièce de 1 ¢ mesure 9,5 mm de rayon.
   a) Estime la circonférence de la pièce.
   b) Calcule la circonférence. Donne ta réponse au dixième de millimètre près.

5. À la pêche sous la glace, on utilise un vilebrequin pour percer des trous dans la glace. Le diamètre d'un trou mesure 25 cm. Quelle est la circonférence du trou ?

6. Explique comment tu calculerais la circonférence d'une assiette en papier.

7. La tour de la Paix, à Ottawa, est ornée d'une horloge. La face de l'horloge a une circonférence d'environ 15,02 m.
   a) Estime le diamètre et le rayon de la face de l'horloge.
   b) Calcule le diamètre et le rayon de la face de l'horloge au centimètre près.

8. a) Quelle relation y a-t-il entre la circonférence d'un cercle de 9 cm de rayon et la circonférence d'un cercle de 9 cm de diamètre ?
   b) Trace les cercles en a).

6.3
9. Un cabaret circulaire mesure 14,4 cm de rayon. Quelle est son aire au millimètre carré près ?

10. Un cercle mesure 58 m de diamètre. Quelle est son aire au centimètre carré près ?

11. Une table circulaire mesure 56 cm de rayon. Une nappe recouvre la table. Le bord de la nappe se trouve à 10 cm sous la surface de la table. Quelle est l'aire de la nappe ?

12. a) Quelle relation y a-t-il entre l'aire d'un cercle de 6 cm de rayon et l'aire d'un cercle de 6 cm de diamètre ?
    b) Trace les deux cercles décrits en a). Tes dessins confirment-ils ta réponse en a) ? Explique ta réponse.

6.4 Le volume d'un cylindre

Objectif Découvrir et utiliser la formule du volume d'un cylindre.

Un cylindre est formé quand un cercle subit une translation dans l'espace en restant toujours parallèle à sa position initiale.

Quelle relation y a-t-il entre un cylindre et le prisme triangulaire présenté à la page 112 ?

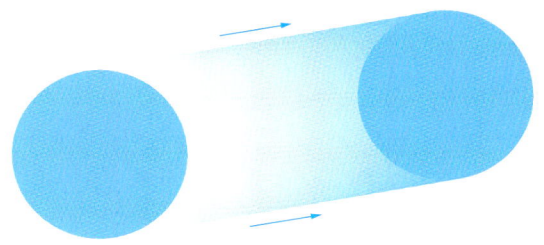

Explore

Travaille avec une ou un camarade.
Tu as besoin d'objets cylindriques et d'une règle.
Choisis un objet cylindrique. Calcule son volume.
Comment as-tu utilisé le diamètre et le rayon pour calculer le volume ? Comment as-tu utilisé π ?

Explique ton raisonnement

Fais part de ta méthode de calcul du volume aux élèves d'une autre équipe. Ensemble, écrivez une formule qui permet de calculer le volume d'un cylindre. Dans votre formule, vous pouvez utiliser le diamètre, le rayon, la hauteur et π.

Découvre

Un cylindre est un prisme.
Le volume d'un prisme correspond à l'aire de la base × la hauteur.
Soit une boîte de fèves au lard cylindrique.
La boîte mesure 7,4 cm de diamètre et 10,5 cm de hauteur.
Pour trouver le volume de la boîte, détermine d'abord l'aire de sa base.
La base est un cercle de 7,4 cm de diamètre.
Donc, son rayon est : $\frac{7,4 \text{ cm}}{2} = 3,7$ cm.
L'aire de la base est : $A = \pi r^2$.
Effectue la substitution : $r = 3,7$.
$A = \pi(3,7)^2$
La boîte mesure 10,5 cm de hauteur.

Son volume est donc : V = aire de la base × hauteur
$= \pi(3,7)^2 \times 10,5$.

Utilise une calculatrice.

Appuie sur : $\boxed{\pi}$ $\boxed{\times}$ 3,7 $\boxed{x^2}$ $\boxed{\times}$ 10,5 $\boxed{\text{ENTER}}$. Tu obtiens 451,588236.
$V \approx 451,6$

Le volume de la boîte de fèves au lard est d'environ 452 cm³.

Tu peux employer cette idée pour écrire une formule du volume de n'importe quel cylindre.
Son rayon est r.
L'aire de sa base est donc πr^2.
Sa hauteur est h.
Donc, son volume est : V = aire de la base × hauteur
$= \pi r^2 \times h$
$= \pi r^2 h$.

Donc, la formule du volume d'un cylindre est $V = \pi r^2 h$, où r est le rayon de la base et h est la hauteur.

Exemple

La base d'une boîte de jus est un cercle de 6,8 cm de diamètre.
La boîte mesure 12,2 cm de hauteur.
Quel est le volume de la boîte ?

Réponses

Le rayon de la base est : $\frac{6,8 \text{ cm}}{2} = 3,4$ cm.
Utilise la formule du volume d'un cylindre :
$V = \pi r^2 h$
Effectue les substitutions : $r = 3,4$ et $h = 12,2$.
$V = \pi(3,4)^2 \times 12,2$

Utilise une calculatrice.

Appuie sur : $\boxed{\pi}$ $\boxed{\times}$ 3,4 $\boxed{x^2}$ $\boxed{\times}$ 12,2 $\boxed{\text{ENTER}}$. Tu obtiens 443,0650951.
$V \approx 443,07$

Le volume de la boîte est d'environ 443 cm³.

La capacité se mesure en litres ou en millilitres.
Comme 1 cm³ = 1 mL, la capacité de la boîte de l'**Exemple** est d'environ 443 mL.

À ton tour

Donne chaque volume à l'unité cubique près.

1. Calcule le volume de chaque cylindre.

a) 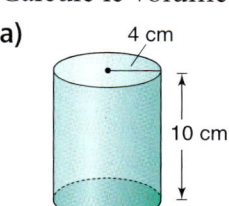 b) 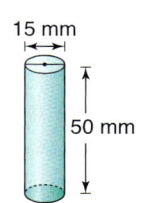 c)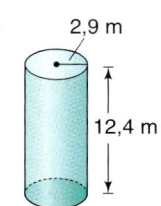

Spécialiste de la calculatrice

Trouve la somme des nombres composés entre 1 et 40.

2. Un moule à chandelle est cylindrique. Le moule mesure 5 cm de rayon et 20 cm de hauteur. Quelle est la capacité du moule?

3. Le jus de pomme surgelé se vend en boîtes cylindriques. Une boîte mesure 12 cm de hauteur et 3,5 cm de rayon.
  a) Quelle est la capacité de la boîte?
  b) Le jus de pomme se dilate quand il gèle. La boîte est remplie à 95 % de sa capacité. Quel est le volume de jus de pomme dans la boîte?

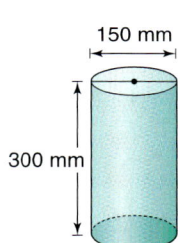

4. Une carotte de terre est cylindrique. La carotte mesure 300 mm de longueur et 150 mm de diamètre. Calcule le volume de terre en millimètres cubes et en centimètres cubes.

5. **Objectif d'évaluation** Une colonne de béton dans un garage souterrain est cylindrique.
La colonne mesure 10 m de hauteur et 3,5 m de diamètre.
  a) Quel est le volume de béton de la colonne?
  b) Il y a 127 colonnes dans le garage. Quel est le volume total de béton?
  c) Si le béton en a) était transformé en cube, quelles seraient les dimensions du cube?

Réfléchis

Quelle relation y a-t-il entre le volume d'un cylindre et le volume d'un prisme triangulaire? En quoi ces volumes sont-ils différents?

Expliquer une solution

Le fait d'expliquer une solution uniquement à l'aide de mots t'aide à justifier ce que tu as fait. Dans tes explications, tu dois donner les nombres ou montrer les modèles que tu as utilisés.

Voici deux solutions au problème suivant :
Six élèves ont passé un examen de mathématiques. Leur note moyenne est 68 %. Un autre élève a passé le même examen et a obtenu 89 %. Quelle est la note moyenne des 7 élèves ?

Lire ou observer

L'explication de Jol :
J'ai pris la note moyenne et je l'ai multipliée par 6, le nombre d'élèves. Cela m'a donné le total des notes des 6 élèves. Ensuite, j'ai ajouté la note du septième élève pour obtenir le total des notes de tout le monde. J'ai divisé le résultat par 7, le nombre total d'élèves. Cela m'a donné la note moyenne des 7 élèves.

Parler ou écouter

Jol a écrit :

$$\frac{(\text{moyenne initiale}) \times (\text{nombre d'élèves}) + (7^e \text{ note})}{\text{nombre total d'élèves}} = \text{nouvelle moyenne}$$

$$\frac{68 \times 6 + 89}{7} = \frac{408 + 89}{7} = \frac{497}{7} = 71$$

La note moyenne des 7 élèves est 71 %.

Écrire ou représenter

L'explication de Véronique :
J'ai soustrait la moyenne de la note du 7e élève. Cela m'a donné le nombre de points au-dessus de la moyenne que le 7e élève avait obtenus. J'ai réparti ces points également entre les 7 élèves. Ensuite, j'ai ajouté les points supplémentaires à la moyenne initiale pour obtenir la nouvelle moyenne.

Parler ou écouter

Véronique a écrit :

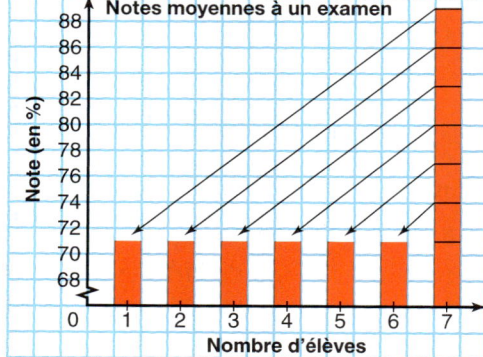

$89 - 68 = 21$
21 points supplémentaires ÷ 7
= 3 points supplémentaires chacun
$68 + 3 = 71$
La moyenne des 7 élèves est 71 %.

Écrire ou représenter

Lire et écrire en Math

Pour chaque problème, donne ta solution à l'aide de mots, de nombres, de dessins ou de modèles. Explique ta solution à l'aide de mots seulement.

Stratégies

- Fais un tableau.
- Utilise un modèle.
- Fais un schéma.
- Résous un problème plus simple.
- Travaille à rebours.
- Prédis et vérifie.
- Dresse une liste ordonnée.
- Cherche une régularité.
- Construis un diagramme.
- Utilise le raisonnement logique.

1. Une grande feuille de papier de bricolage mesure 0,01 mm d'épaisseur. On la coupe en deux feuilles égales qu'on empile l'une sur l'autre. On coupe ces deux feuilles en deux et on empile les quatre feuilles. L'activité se poursuit. Une fois que les feuilles ont été coupées et empilées 10 fois, quelle est la hauteur de la pile en centimètres ?

2. Une magicienne entreprend une série de spectacles dans un centre commercial. Le premier jour, 50 personnes assistent au spectacle. Le deuxième jour, 78 personnes y assistent. Le troisième jour, il y a 106 personnes. La suite se prolonge. Quel jour y aura-t-il au moins 200 personnes dans l'auditoire ?

3. Dans ce pentagone, chaque sommet est relié à tous les autres. Combien y a-t-il de triangles dans le pentagone ?

4. On laisse tomber une balle d'une hauteur de 2,30 m. À chaque rebond, la balle atteint 40 % de la hauteur atteinte avant le rebond.
   a) Quelle hauteur la balle atteint-elle après chacun des quatre premiers rebonds ?
   b) Après combien de rebonds la balle atteint-elle une hauteur de 1 cm ?

Lac	Superficie (km²)
Supérieur	82 100
Michigan	57 800
Huron	59 600
Érié	25 700
Ontario	18 960

5. Les Grands Lacs figurent parmi les plus grandes étendues d'eau douce du monde. La superficie de chaque lac est présentée dans le tableau ci-contre. Quel pourcentage de la superficie totale chaque lac représente-t-il ?

6. Combien de fois as-tu respiré au cours de ta vie ?

7. Un sac contient dix billes. Une des billes est rouge, deux sont bleues, trois sont blanches et quatre sont noires. On tire une bille au hasard. Quelles sont les probabilités que la bille :
   a) soit rouge ?
   b) ne soit pas blanche ?
   c) ne soit ni noire ni rouge ?
   d) soit noire ou blanche ?

Lire et écrire en math : Expliquer une solution

6.5 L'aire totale d'un cylindre

Objectif Découvrir et utiliser la formule de l'aire totale d'un cylindre.

Explore

Travaille avec une ou un camarade.
Tu as besoin d'un tube en carton, de ciseaux et de ruban adhésif.
Découpe deux cercles de la même dimension que les extrémités du tube.
À l'aide de ruban adhésif, fixe chaque cercle à une extrémité du tube.
Tu as maintenant un cylindre.
Trouve une façon de calculer l'aire totale du cylindre.

Explique ton raisonnement

Fais part de ta méthode pour trouver l'aire totale aux élèves d'une autre équipe. Ensemble, écrivez une formule qui permet de calculer l'aire totale de tout cylindre.

Découvre

Un cylindre a une hauteur de 10 cm et un rayon de 4 cm.
Pour trouver l'aire totale du cylindre, imagine son développement.
Les bases du cylindre sont 2 cercles congruents.
La surface courbe du cylindre est un rectangle.

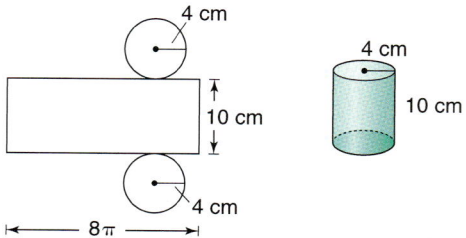

La hauteur du rectangle est égale à la hauteur du cylindre.
La base du rectangle est égale à la circonférence de la base du cylindre, soit : $2\pi(4 \text{ cm}) = 8\pi \text{ cm}$.
Donc, l'aire totale du cylindre est :
A_t = aire des 2 cercles congruents + aire du rectangle
   $= 2(\pi(4)^2) + 10 \times 8\pi$
   $= 32\pi + 80\pi$.

Utilise une calculatrice.

Appuie sur : 32 × π + 80 × π ENTER . Tu obtiens 351,8583772.
$A_t \approx 351{,}858$
L'aire totale du cylindre est d'environ 352 cm².

Pour trouver une formule de l'aire totale de tout cylindre, tu peux appliquer cette idée à un cylindre de hauteur h et de rayon r.
Dessine le cylindre et son développement.

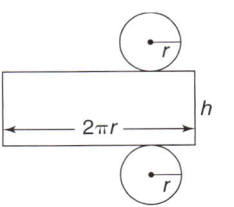
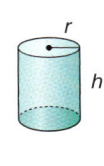

Au sujet du développement :
La hauteur du rectangle est h.
La base du rectangle est la circonférence de la base du cylindre : $2\pi r$.
L'aire totale du cylindre est :
$A_t = 2(\pi r^2) + 2\pi r(h)$
$A_t = 2\pi r^2 + 2\pi rh$.
Si un cylindre est semblable à un tube en carton et qu'il n'a pas de bases circulaires, son aire totale se limite à l'aire de sa surface courbe, appelée aire latérale (A_l) : A_t = aire latérale = $2\pi rh$.

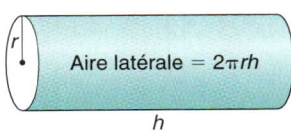

Exemple

Un ferblantier fabrique une boîte de conserve de 7 cm de hauteur et de 5 cm de diamètre. Quelle est l'aire totale de la boîte au millimètre carré près ?

Réponses

Le rayon de la boîte est :
$r = \frac{5 \text{ cm}}{2} = 2{,}5$ cm.
Utilise la formule de l'aire totale d'un cylindre.
$A_t = 2\pi r^2 + 2\pi rh$
Effectue les substitutions : $r = 2{,}5$ et $h = 7$.
$A_t = 2\pi(2{,}5)^2 + 2\pi(2{,}5)(7)$

Utilise une calculatrice.

Appuie sur : 2 × π × 2,5 x^2 + 2 × π × 2,5 × 7 ENTER .
Tu obtiens 149,225651.
$A_t \approx 149{,}2257$
La boîte de conserve a une aire totale de 149,23 cm² au millimètre carré près.

À ton tour

À moins d'indication contraire, donne chaque aire à l'unité carrée près.

1. Calcule l'aire totale de la surface courbe (l'aire latérale) de chaque tube.

   a)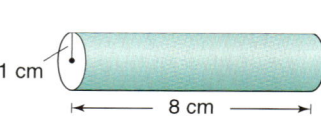
   b)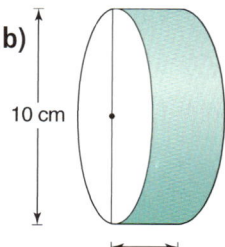
   c)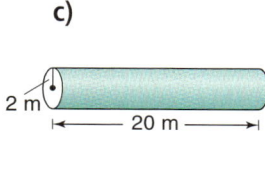

Stratégie numérique

Évalue les expressions.
- $\frac{3}{2} + \frac{7}{12}$
- $\frac{3}{2} - \frac{7}{12}$
- $\frac{3}{2} \times \frac{7}{12}$
- $\frac{3}{2} \div \frac{7}{12}$

2. Calcule l'aire totale de chaque cylindre.

   a)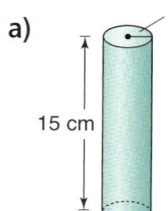
   b)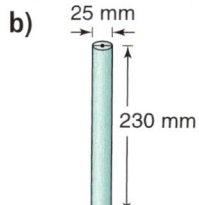
   c)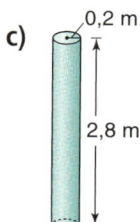

3. Un réservoir cylindrique mesure 3,8 m de diamètre et 12,7 m de longueur. Quelle est l'aire totale du réservoir ?

4. Les usines de pâtes et papiers utilisent des cylindres sécheurs. Un cylindre sécheur mesure 1,5 m de diamètre et 2,5 m de longueur. Quelle est l'aire latérale de ce cylindre ?

5. Un ensemble de jouets en bois contient différents solides peints. Parmi les solides, il y a un cylindre de 2 cm de diamètre et de 14 cm de hauteur.
   a) Quelle est l'aire totale de ce cylindre ?
   b) Un contenant de peinture couvre 40 m². Combien de cylindres peut-on peindre avec un contenant de peinture ?

6. **Objectif d'évaluation** Une boîte de soupe mesure 6,6 cm de diamètre. L'étiquette qui recouvre la boîte mesure 8,8 cm de hauteur. Les deux extrémités de l'étiquette se chevauchent de 1 cm. Quelle est l'aire de l'étiquette ?

Réfléchis

Quelle relation y a-t-il entre la formule de l'aire totale d'un cylindre et le développement d'un cylindre ? Explique ta réponse et fais un schéma.

Révision du module

Ce que je dois savoir

☑ **Les dimensions d'un cercle**

Le *rayon* du cercle est la distance entre son centre et un point de sa circonférence.
Le *diamètre* du cercle est le segment qui relie deux points de sa circonférence en passant par son centre.
La longueur d'un cercle est sa *circonférence*.

☑ **Les formules du cercle**

Soit un cercle de rayon r, de diamètre d, de circonférence C et d'aire A.
Alors $d = 2r$
$r = \frac{1}{2}d$
$C = \pi d$, ou $C = 2\pi r$
$d = \frac{C}{\pi}$
$A = \pi r^2$

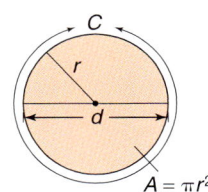

π est un nombre irrationnel dont la valeur approximative est 3,14.

☑ **Les formules du cylindre**

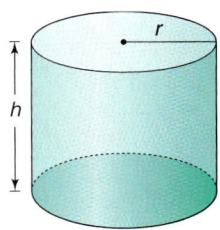

Soit un cylindre de hauteur h et de rayon r.
Le volume du cylindre est : $V = \pi r^2 h$.
L'aire latérale du cylindre est : $A_l = 2\pi rh$.
L'aire totale du cylindre est : $A_t = 2\pi r^2 + 2\pi rh$.

Ce que je dois faire

Pour des exercices supplémentaires, va à la page 493.

LEÇONS

6.1
1. a) Trace deux points sur une feuille de papier. Relie les points. Utilise le segment de droite comme rayon d'un cercle. Trace le cercle. Quel est son diamètre ?
   b) Trace deux points. Relie-les. Utilise le segment de droite comme diamètre d'un cercle. Trace le cercle. Quel est son rayon ?

2. Trace le contour d'un gros objet circulaire. Explique comment trouver le rayon et le diamètre du cercle que tu as tracé.

6.2
3. Un cercle mesure 43 mm de diamètre. Quelle est la circonférence du cercle ? Donne ta réponse au millimètre près et au centimètre près.

4. Un grand cratère mesure 219,91 m de circonférence. Quel est le rayon du cratère au centimètre près ?

6.3
5. Un cercle mesure 12 m de rayon. Quelle est l'aire du cercle ? Donne ta réponse au centimètre carré près.

6. Un miroir circulaire mesure 28,5 cm de diamètre. Quelle est l'aire du miroir ? Donne ta réponse au millimètre carré près.

6.2
6.3
7. Choisis un rayon. Trace un cercle. Tu réduis le rayon de moitié.
   a) Qu'arrive-t-il à la circonférence ?
   b) Qu'arrive-t-il à l'aire ? Explique ta réponse.

8. Dans un champ, une chèvre est attachée avec une corde de 8 m.
   a) Quelle aire du champ la chèvre peut-elle brouter ?
   b) Quelle est la circonférence de l'aire en a) ?

6.4
9. L'étiquette d'une boîte de maïs en crème indique une capacité de 398 mL. La boîte mesure 10,5 cm de hauteur et 7,2 cm de diamètre.
   a) Calcule la capacité de la boîte en millilitres.
   b) D'après toi, pourquoi ta réponse en a) est-elle différente de la capacité indiquée sur l'étiquette ?

6.5
10. Une sculpture comporte 3 colonnes cylindriques. Chaque colonne mesure 1,2 m de diamètre. Les colonnes mesurent 3 m, 4 m et 5 m de hauteur. La surface de chaque colonne doit être peinte. Calcule l'aire à peindre. (La base de chaque colonne qui repose sur le sol *ne doit pas* être peinte.)

MODULE 6 : Les cercles

Test pratique

1. Trace un cercle. Mesure son rayon. Calcule le diamètre, la circonférence et l'aire du cercle.

2. Calcule la circonférence et l'aire de chaque cercle. Donne ta réponse à l'unité près ou à l'unité carrée près.
   a) 15 cm
   b) 8 mm
   c) 1,8 m

3. Ariane a 50 m de bordure en plastique. Elle désire s'en servir pour entourer un jardin circulaire.
   a) Quelle est la circonférence du jardin ? Explique ta réponse.
   b) Quel est le rayon du jardin ?
   c) Quelle est l'aire du jardin ?
   d) Ariane recouvre le sol du jardin d'une épaisseur de terre de 15 cm. Quel est le volume de terre dans le jardin ?

4. Tu dois tracer un cercle de 100 cm de circonférence.
   a) Tu as un compas. Explique pourquoi tu ne peux pas tracer un cercle de cette circonférence.
   b) Trace un cercle dont la circonférence se rapproche le plus possible de 100 cm.
      I) Quelle est cette circonférence ?
      II) Quel est le rayon de ce cercle ?

5. Lequel des deux objets suivants a le plus grand volume ?
   - Une feuille de papier enroulée en forme de cylindre dans le sens de la longueur.
   - La même feuille de papier enroulée en forme de cylindre dans le sens de la largeur.

   Explique ta réponse et fais des schémas.

Problème du module : Les formes circulaires dans des dessins

As-tu déjà remarqué le nombre de dessins qui font appel aux cercles ?

Utilise des cercles pour créer un dessin.
Ton dessin *doit* comprendre :
- un cercle qui a une aire d'environ 80 cm^2 ;
- un cercle qui mesure environ 50 cm de circonférence.

Ton dessin peut comprendre :
- des lignes ;
- des courbes ;
- plus de cercles que les deux cercles exigés.

Voici quelques questions à te poser :
- Est-ce que je vais utiliser de la couleur ?
- Quelle sera l'échelle de mon dessin ?
- Quels seront les instruments que je vais utiliser ?

Ton dessin doit prendre l'une des formes suivantes :
- un logo d'entreprise ;
- du papier peint ;
- une enseigne de magasin ;
- l'affiche d'une exposition d'oeuvres d'art ;
- une courtepointe ;
- un cadran solaire ;
- une carte de souhaits ;
- toute autre forme autorisée par ton enseignante ou ton enseignant.

Ton travail définitif doit comprendre :
- ton dessin ;
- tous tes calculs ;
- une description écrite de ton dessin et de la façon dont tu l'as produit.

Liste de contrôle

Ton travail devrait montrer :
- ✓ la façon dont tu as estimé et calculé l'aire et la circonférence ;
- ✓ des mesures et des calculs exacts ;
- ✓ ton dessin ;
- ✓ une explication claire de ton dessin, formulée dans un langage mathématique approprié.

Retour sur le module

Quelle relation y a-t-il entre les cercles et les cylindres ? Écris un paragraphe au sujet de ce que tu as appris sur les cercles et les cylindres.

MODULE 7
La géométrie

Les logos, les insignes, les bannières et les panneaux indicateurs sont conçus de façon à attirer l'attention. De nombreux motifs utilisent des concepts de géométrie.

Quels concepts de géométrie vois-tu dans ces figures ?

Tes objectifs d'apprentissage

- Reconnaître et décrire les angles formés par des droites sécantes et des droites parallèles.
- Décrire les relations entre les angles d'un triangle.
- Construire des segments de droite et des angles.
- Créer et résoudre des problèmes qui portent sur les droites, les angles et les triangles.

Pourquoi est-ce important ?

Divers métiers et professions exigent une connaissance de la géométrie des droites, des angles et des triangles, par exemple, la menuiserie, la plomberie, la soudure, le génie, l'aménagement d'intérieur, les sciences et l'architecture.

Mots clés

- des angles complémentaires
- un complément
- des angles supplémentaires
- un supplément
- des angles opposés par le sommet
- une perpendiculaire
- une sécante
- des angles alternes-internes
- des angles correspondants
- des angles internes
- une médiatrice
- une bissectrice
- le centre du cercle circonscrit
- un cercle circonscrit

MODULE 7

Utilise tes connaissances

Mesurer des angles à l'aide d'un rapporteur

Pour mesurer un angle :

Place la ligne de base du rapporteur sur un des côtés de l'angle pour que le centre de la ligne de base coïncide avec le sommet de l'angle.

Lis la mesure de l'angle sur l'échelle dont le 0 est sur le côté de l'angle.

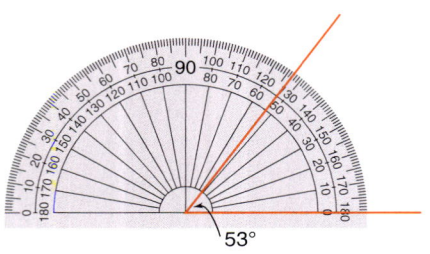

Cet angle aigu mesure 53°.

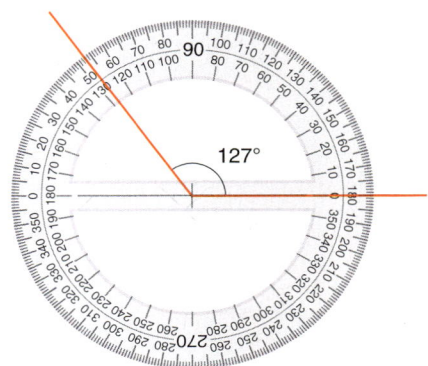

Cet angle obtus mesure 127°.

1. Dessine un grand quadrilatère irrégulier et nomme-le ABCD.
   Mesure chaque angle.
   Écris chaque mesure sur ton dessin.
   Trouve la somme des mesures des angles.

Décrire des transformations

Voici 3 transformations de la figure A.

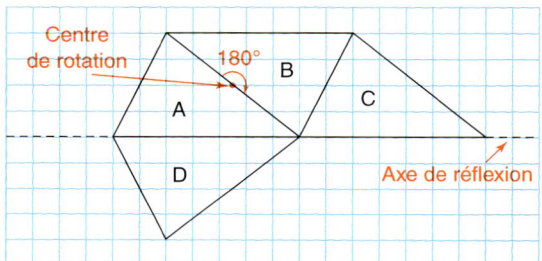

- La figure B est l'image de la figure A après une rotation de 180° autour du point milieu du côté qu'elles ont en commun.
  Ce point milieu est le centre de rotation.
- La figure C est l'image de la figure A après une translation de 7 unités vers la droite.
- La figure D est l'image de la figure A après une réflexion par rapport à une ligne horizontale qui passe par leur côté commun.
  Cette ligne horizontale est l'axe de réflexion.

✓ Vérifie

2. Examine le dessin de la page 268.

Quelle transformation lie la figure C à la figure B ?

3. Examine ce motif.

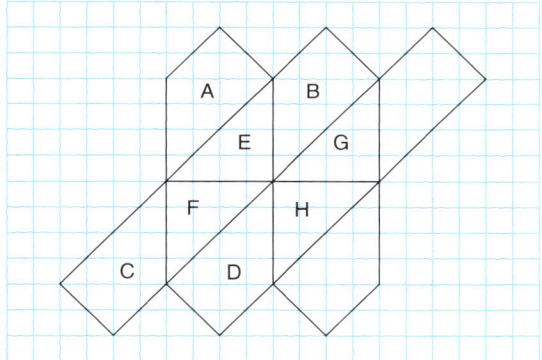

Décris la transformation subie dans chaque cas.
a) La figure B est l'image de la figure A.
b) La figure C est l'image de la figure A.
c) La figure E est l'image de la figure G.
d) La figure H est l'image de la figure G.
e) La figure D est l'image de la figure B.

Construire des figures à l'aide d'une règle et d'un compas

Pour construire △PQR où $\overline{QR} = 8$ cm, $\overline{PQ} = 6$ cm et $\overline{PR} = 5$ cm :
fais d'abord un croquis du triangle.

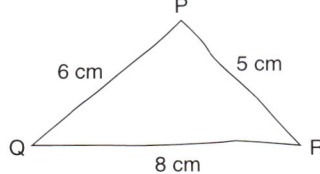

Avec la règle, trace $\overline{QR}$ = 8 cm.

Ouvre les branches du compas de 6 cm, pose la pointe du compas sur le point Q et trace un arc au-dessus de $\overline{QR}$.

Ouvre les branches du compas de 5 cm, pose la pointe du compas sur le point R et trace un arc au-dessus de $\overline{QR}$. Assure-toi que les arcs se coupent.

Nomme le point d'intersection P.

Trace les segments PQ et PR. Écris la longueur de chaque segment.

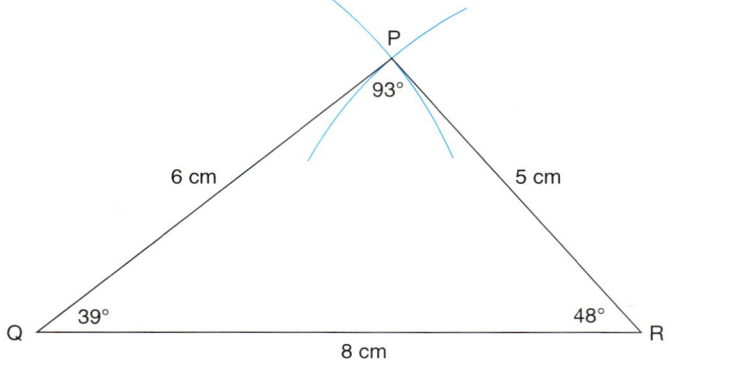

Tu peux aussi tracer les arcs au-dessous de $\overline{QR}$.

Les angles sont mesurés à l'aide d'un rapporteur. Ils sont précis au degré près.

Rappelle-toi la façon de nommer un angle à l'aide de 3 lettres :

∠PQR = 39°

∠PRQ = 48°

∠RPQ = 93°

✓ Vérifie

4. Pour chacun des triangles ci-dessous :
   a) Construis le triangle, puis mesure tous ses angles.
   b) Nomme le triangle.
   c) De combien de façons peux-tu classifier le triangle ?

   I) △ABC où $\overline{AB}$ = 6 cm, $\overline{BC}$ = 7 cm et $\overline{AC}$ = 10 cm

   II) △DEF où $\overline{DE}$ = 4 cm, $\overline{EF}$ = 5 cm et $\overline{DF}$ = 8 cm

   III) △GHJ où $\overline{GH}$ = 5 cm, $\overline{HJ}$ = 7 cm et $\overline{GJ}$ = 5 cm

   IV) △KMN où $\overline{KM}$ = 6 cm, $\overline{MN}$ = 6 cm et $\overline{KN}$ = 6 cm

5. Tu connais la longueur de 3 segments de droite. Comment peux-tu déterminer si ces segments de droite peuvent former un triangle ?

6. Les côtés d'un triangle scalène mesurent 6, x et 16.

   Les longueurs sont ordonnées de la plus petite à la plus longue.

   Quelles sont les valeurs possibles de x, si tu n'utilises que des nombres naturels ?

MODULE 7 : La géométrie

7.1 Les propriétés des angles formés par des droites sécantes

Objectif Reconnaître et mesurer des angles complémentaires, des angles supplémentaires et des angles opposés par le sommet.

Les gens des Premières nations utilisent un séchoir pour faire sécher le poisson et les peaux d'animaux.
Le séchoir représenté à droite sert à faire sécher les peintures dans une classe de 2e année.

Chaque pied du séchoir forme 4 angles.
Que remarques-tu à propos de ces angles?
Quelle est la plus grande valeur possible de chaque angle?
Quelle est la plus petite valeur possible de chaque angle?

Explore

Travaille individuellement.
Tu as besoin d'un rapporteur.
Reproduis ce schéma.
Mesure chaque angle.
Écris la mesure de chaque angle sur ton schéma.

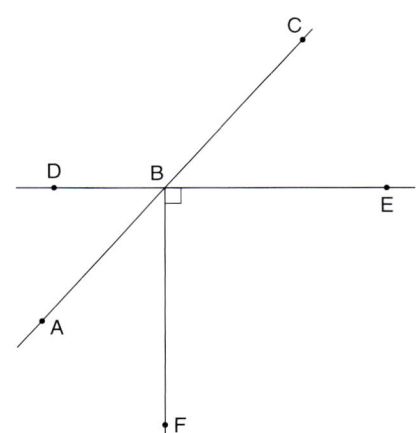

➤ Additionne ces angles.
∠DBA + ∠DBC
∠DBC + ∠CBE
∠DBA + ∠ABF
Que remarques-tu?
Explique tes résultats.

➤ Que remarques-tu au sujet de ∠DBA et de ∠CBE?
Que remarques-tu au sujet de ∠DBC et de ∠ABE?

Explique ton raisonnement

Compare tes résultats avec ceux d'une ou d'un camarade.
Si tu fais tourner le segment AC autour du point B, les résultats changent-ils? Explique ta réponse.
Si tu fais tourner le segment FB autour du point B, les résultats changent-ils? Explique ta réponse.

7.1 Les propriétés des angles formés par des droites sécantes **271**

Découvre

Un tour complet est égal à 360°.

Donc, un demi d'un tour complet est égal à $\frac{1}{2}$ de 360° = 180°.

Et un quart d'un tour complet est égal à $\frac{1}{4}$ de 360° = 90°.

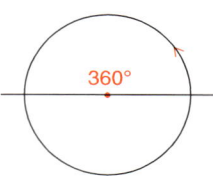
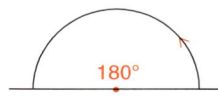
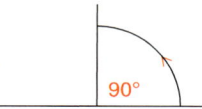

➤ Quand tu divises un angle de 90° en angles plus petits, la somme de ces petits angles est égale à 90°.

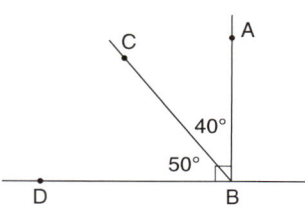

$\angle ABD = 90°$
$\angle ABC = 40°$
$\angle CBD = 50°$
$\angle ABC + \angle CBD = 40° + 50°$
$= 90°$

Quand la somme de deux angles est égale à 90°, un des angles est le **complément** de l'autre.

Dans le schéma ci-dessus, $\angle ABC$ est le complément de $\angle CBD$, et $\angle CBD$ est le complément de $\angle ABC$.

Deux angles qui ont une somme égale à 90° sont **complémentaires.** Les angles *n*'ont *pas* besoin d'avoir un côté commun.

➤ Quand tu divises un angle de 180° en angles plus petits, la somme de ces angles plus petits est égale à 180°.

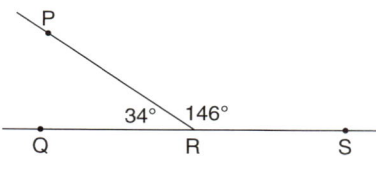

$\angle QRS = 180°$
$\angle PRQ = 34°$
$\angle PRS = 146°$
$\angle PRQ + \angle PRS = 34° + 146°$
$= 180°$

Tu peux décrire un angle de 180° comme l'angle formé par une droite, soit un angle plat.

Quand la somme de deux angles est égale à 180°, un des angles est le **supplément** de l'autre.

Dans le schéma ci-dessus, $\angle PRQ$ est le supplément de $\angle PRS$, et $\angle PRS$ est le supplément de $\angle PRQ$.

Deux angles qui ont une somme égale à 180° sont **supplémentaires.**
Les angles *n*'ont *pas* besoin d'avoir un côté commun.

➤ Prolonge $\overline{PR}$ jusqu'au point T.
Alors, $\angle PRT = 180°$.
Donc, $\angle SRT = \angle PRT - \angle PRS$
$\angle SRT = 180° - 146°$
$= 34°$
Par conséquent, $\angle PRQ = \angle SRT$.
Ces angles sont des **angles opposés par le sommet.**

De la même façon, $\angle PRS = \angle QRT$.
Ces angles sont des angles opposés par le sommet.

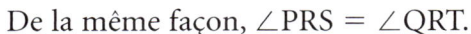

Cette propriété vaut pour toute paire de droites sécantes.
Donc, pour toutes droites sécantes, les angles opposés
par le sommet sont congrus.

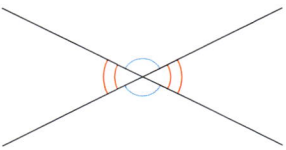

Quand deux angles supplémentaires sont
congrus, chaque angle mesure 90°.
$\angle MPN = 90°$ et $\angle NPR = 90°$
Tu dis que $\overline{NP}$ est perpendiculaire à $\overline{MR}$.

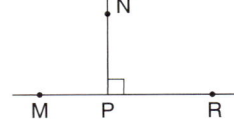

Exemple

Trouve la mesure de chaque angle. Explique tes réponses.
a) $\angle ACE$ **b)** $\angle BCE$ **c)** $\angle FCD$

Réponses

a) Puisque $\angle BCD$ est un angle plat,
$\angle BCA$ et $\angle DCA$ sont supplémentaires.
$\angle BCA = 90°$
Donc, $\angle DCA = 180° - 90°$
$= 90°$

7.1 Les propriétés des angles formés par des droites sécantes **273**

Puisque ∠DCA = 90°,
∠ACE et ∠DCE sont complémentaires.
∠DCE = 20°
Donc, ∠ACE = 90° − 20°
= 70°

b) ∠BCE = ∠BCA + ∠ACE
Tu sais que ∠BCA = 90° et que ∠ACE = 70°.
Donc, ∠BCE = 90° + 70°
= 160°

De quelles autres façons peux-tu trouver ces mesures ?

c) Puisque BD et FE se coupent, ∠FCD et ∠BCE sont des angles opposés par le sommet.
Donc, ∠FCD = ∠BCE
= 160°

À ton tour

1. Dans le schéma ci-dessous à gauche, quelle est la mesure de chaque angle ?

   a) ∠AEC   **b)** ∠DEB   **c)** ∠CEB   **d)** ∠CED

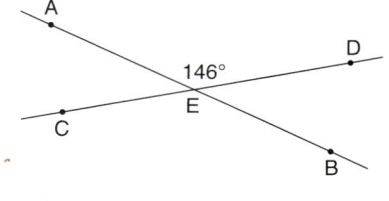
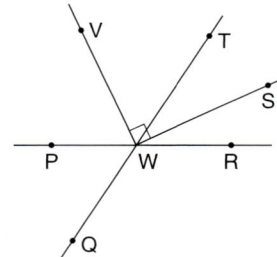

2. Dans le schéma ci-dessus à droite, nomme :
   a) l'angle opposé par le sommet à ∠PWQ ;
   b) le complément de ∠VWT ;
   c) deux angles supplémentaires à ∠QWR ;
   d) le supplément de ∠SWR.

3. ∠RQS = 56° et ∠PQR est un angle droit.
Trouve la mesure de chaque angle.
Explique tes réponses.
   a) ∠PQT
   b) ∠SQP
   c) ∠RQT

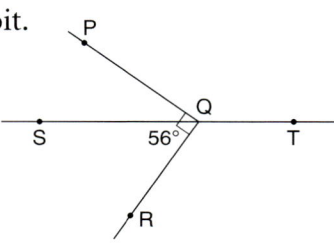

274 MODULE 7 : La géométrie

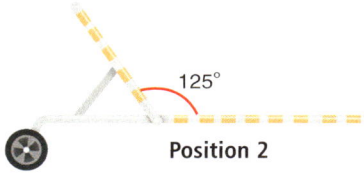
Position 2

4. Le dossier d'une chaise longue a 3 positions possibles.
   a) À la position 1, l'angle obtus mesure 100°. Combien mesure l'angle aigu?
   b) À la position 2, l'angle obtus mesure 125°. Combien mesure l'angle aigu?
   c) À la position 3, l'angle aigu mesure 28°. Combien mesure l'angle obtus?

5. a) Nomme deux angles de 53°.
   b) Nomme deux angles de 127°.
   c) Nomme un angle de 143°.

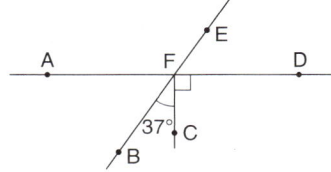

Calcul mental

Ajoute des parenthèses à cet énoncé pour que le résultat soit 8.

$15 + 15 \div 3 + 2 \times 2 - 13$

6. Objectif d'évaluation
   a) Trace des angles opposés par le sommet et qui sont supplémentaires. Combien d'angles peux-tu tracer?
   b) Trace des angles opposés par le sommet et qui sont complémentaires. Combien d'angles peux-tu tracer?
   c) Trace deux angles supplémentaires qui ne pourraient pas être opposés par le sommet. Combien d'angles peux-tu tracer?
   d) Trace deux angles complémentaires qui ne pourraient pas être opposés par le sommet. Combien d'angles peux-tu tracer?

Rappelle-toi que, dans un schéma, des arcs identiques indiquent des angles congrus.

7. Détermine la mesure de ∠EBD et de ∠DBC. Explique ton raisonnement.

Va plus loin

8. Sur une piste de ski de fond, Karen suit le parcours présenté à droite. De quel angle tourne-t-elle à chacun des points A, B, C et D? Explique tes réponses. De quel angle Karen tourne-t-elle au total? Montre comment tu le sais.

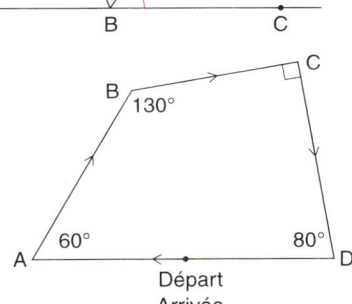

Fais un schéma qui contient au moins une paire d'angles complémentaires et une paire d'angles supplémentaires. Explique comment tu sais que les angles sont complémentaires ou supplémentaires.

Étudier les droites sécantes à l'aide de *Cybergéomètre*

Objectif Étudier les droites sécantes à l'aide de la technologie.

1. Ouvre *Cybergéomètre*.

2. Dans la **Boîte à outils,** choisis 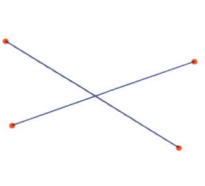 (outil Tracer un segment).
   Place le curseur dans la fenêtre, puis clique et fais-le glisser pour tracer un segment de droite.
   Clique et fais glisser le curseur pour tracer un autre segment de droite qui coupe le premier segment.

3. Dans la **Boîte à outils,** choisis (outil Tracer un point).
   Clique sur le point d'intersection des deux droites.

4. Dans la **Boîte à outils,** choisis (outil Écrire le texte et l'étiquette).
   Clique sur les cinq points pour leur donner un nom : A, B, C, D, E.
   E est le point d'intersection des segments AB et CD.

5. Dans la **Boîte à outils,** choisis (outil Sélectionner et faire la translation). Clique dans un espace vierge de la fenêtre pour annuler la sélection de tous les objets. Clique sur C, sur E et sur B, dans cet ordre en maintenant la touche Majuscule enfoncée. Dans le menu **Mesures,** choisis **Angle.**
   Clique sur la mesure de l'angle et fais-la glisser sur ∠CEB.

6. Reprends l'étape 5 pour déterminer la mesure de ∠AED.

7. Dans la **Boîte à outils,** choisis .
   Clique dans un espace vierge de la fenêtre pour annuler la sélection de tous les objets. Clique sur le point B et fais-le glisser. Que remarques-tu à propos des mesures des angles opposés par le sommet ∠CEB et ∠AED ?

8. Reprends l'étape 5 pour déterminer la mesure de ∠BED.

9. Dans le menu **Mesures,** choisis **Calcul.**
   Clique sur m∠CEB.
   Clique sur le bouton ➕ dans la boîte de dialogue de la calculatrice.
   Clique sur m∠BED.
   Clique sur le bouton OK dans la boîte de dialogue de la calculatrice.

m∠**CEB** signifie la mesure de ∠**CEB**.

10. Que remarques-tu à propos de m∠CEB + m∠BED ?

11. Dans la **Boîte à outils,** choisis .
Clique dans un espace vierge de la fenêtre pour annuler la sélection de tous les objets. Clique sur le point C et fais-le glisser. Que remarques-tu à propos de la somme des mesures des angles supplémentaires ∠CEB et ∠BED ?

12. Dans le menu **Fichier,** choisis **Nouvelle esquisse** pour ouvrir une nouvelle fenêtre.

13. Dans la **Boîte à outils,** choisis . Clique et fais glisser le curseur n'importe où dans la fenêtre pour tracer un segment de droite.

14. Dans la **Boîte à outils,** choisis . Clique dans la fenêtre pour créer un point qui n'est pas sur le segment de droite.

15. Dans la **Boîte à outils,** choisis . Clique dans un espace vierge de la fenêtre pour annuler la sélection de tous les objets. Clique sur le point et sur le segment de droite en maintenant la touche Majuscule enfoncée.

16. Dans le menu **Construction,** choisis **Perpendiculaire.**

17. Dans la **Boîte à outils,** choisis . Trace un segment de droite dont l'une des extrémités se trouve à l'intersection des deux segments.

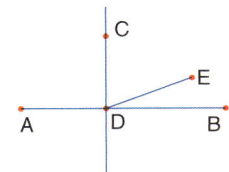

18. Dans la **Boîte à outils,** choisis . Clique sur les cinq points dans l'ordre pour leur donner un nom : A, B, C, D, E.

19. Reprends l'étape 5 pour déterminer les mesures de ∠CDE et de ∠EDB.

20. Reprends les étapes 9 et 10 avec ∠CDE et ∠EDB.

21. Dans la **Boîte à outils,** choisis .
Clique dans un espace vierge de la fenêtre pour annuler la sélection de tous les objets.
Clique sur le point E et fais-le glisser. Assure-toi que $\overline{DE}$ reste entre $\overline{CD}$ et $\overline{DB}$.

22. Que remarques-tu à propos de la somme des mesures des angles complémentaires ∠CDE et ∠EDB ?

7.2 Les angles d'un triangle

Objectif : Explorer les relations entre les angles d'un triangle.

Explore

Travaille avec une ou un camarade.
Tu as besoin de papier-calque, de ciseaux et d'un rapporteur.
Dessine un triangle rectangle, un triangle acutangle et un triangle obtusangle. Trace chaque triangle sur du papier-calque afin d'avoir 6 triangles.

➤ Découpe un des triangles rectangles.
  Coupe ses angles.
  Place les sommets des trois angles ensemble pour que les côtés adjacents se touchent.
  Que remarques-tu ?
  Refais cette activité avec un triangle acutangle et un triangle obtusangle.
  Que remarques-tu ?
  Que peux-tu dire au sujet de la somme des angles des triangles que tu as dessinés ?

➤ Utilise les triangles de départ.
  Mesure chaque angle à l'aide d'un rapporteur et indique sa mesure sur le dessin.
  Trouve la somme des angles de chaque triangle.
  Cela confirme-t-il les résultats obtenus quand tu as coupé les angles ?
  Explique ta réponse.

Inscris les noms des sommets afin de pouvoir les reconnaître.

Explique ton raisonnement

Compare tes résultats avec ceux des élèves d'une autre équipe.
Que peux-tu dire au sujet de la somme des angles de chacun des 6 triangles ?

Découvre

Une variable sert à représenter la mesure d'un angle. Il est alors plus facile de décrire et d'indiquer des angles congrus.

Tu peux montrer que la somme des angles d'un triangle est toujours la même, quel que soit le triangle.
Dans tout rectangle, une diagonale divise le rectangle en deux triangles congruents.

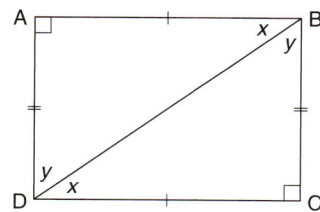

Donc, △ABD et △CDB sont congruents, car les côtés correspondants sont congrus. Puisque les triangles sont congruents, les angles correspondants sont congrus.
C'est-à-dire que ∠DAB = ∠BCD = 90°
∠ABD = ∠CDB = x
∠ADB = ∠CBD = y

∠ABC = 90° car c'est l'angle d'un rectangle.
Donc, $x + y = 90°$.
Dans △ABD, ∠A + ∠ABD + ∠ADB = 90° + x + y
= 90° + 90°
= 180°
De la même façon, dans △CDB, la somme des angles est égale à 180°.

Quand il n'y a qu'un seul angle à un sommet, tu peux indiquer l'angle par une seule lettre.

Remarque que la somme des angles aigus d'un triangle rectangle est égale à 90°.

Tu peux diviser tout triangle en 2 triangles rectangles si tu traces une **perpendiculaire** du plus grand angle à la base. Dans △JKN, trace la perpendiculaire du point K au point M du segment JN.

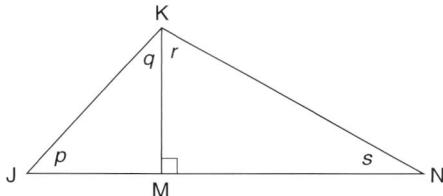

Les variables servent à indiquer les angles aigus.

Donc, ∠JMK = ∠NMK = 90°.
Dans △JKM, $p + q = 90°$,
car la somme des angles aigus d'un triangle rectangle est égale à 90°.
Dans △KMN, $r + s = 90°$,
car la somme des angles aigus d'un triangle rectangle est égale à 90°.
Donc, dans △JKN,
∠J + ∠JKN + ∠N = $p + q + r + s$
= $(p + q) + (r + s)$
= 90° + 90°
= 180°

Par conséquent, la somme des angles de tout triangle est égale à 180°. Tu peux te servir de cette propriété pour déterminer la mesure des angles dans des triangles et dans d'autres figures.

Exemple 1

Trouve la mesure de ∠C dans △ABC.

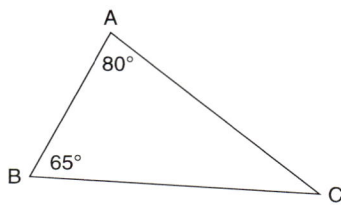

Réponses

La somme des angles est égale à 180°.

∠A + ∠B + ∠C = 180°

Remplace ∠A et ∠B par leurs mesures.

80° + 65° + ∠C = 180°   Additionne les angles.

145° + ∠C = 180°

Tu peux également soustraire 145° de chaque membre de l'équation pour la résoudre.

Pour trouver le nombre qu'il faut ajouter à 145 pour obtenir 180, effectue la soustraction :

∠C = 180° − 145°
    = 35°

Exemple 2

Trouve les mesures de ∠R et de ∠P dans △PQR.

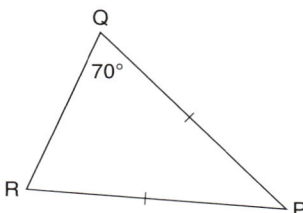

Réponses

Puisque $\overline{PQ} = \overline{PR}$, le triangle est isocèle.

Cela signifie que ∠R = ∠Q.

Puisque ∠Q = 70°, ∠R = 70°.

La somme des angles est égale à 180°.

∠P + ∠Q + ∠R = 180°

∠P + 70° + 70° = 180°

∠P + 140° = 180°

∠P = 180° − 140°
   = 40°

À ton tour

Consulte le *Glossaire* pour connaître la signification des termes que tu as oubliés.

1. Dessine un grand triangle obtusangle sur du papier à points. Mesure chaque angle. Trouve la somme des mesures des angles.

2. Quelles sont les mesures de ∠K et de ∠M dans △KJM ? Explique tes réponses.

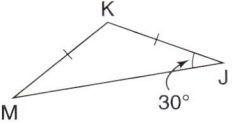

3. a) Dans △ABC, trouve les mesures de ∠A, de ∠B et ∠C sans les mesurer. Explique ton travail.
   b) Vérifie ton travail à l'aide d'un rapporteur.

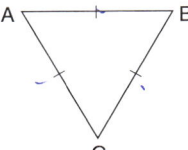

4. Dans △ABC ci-dessous à gauche, trouve la mesure de ∠ACB et de ∠A.

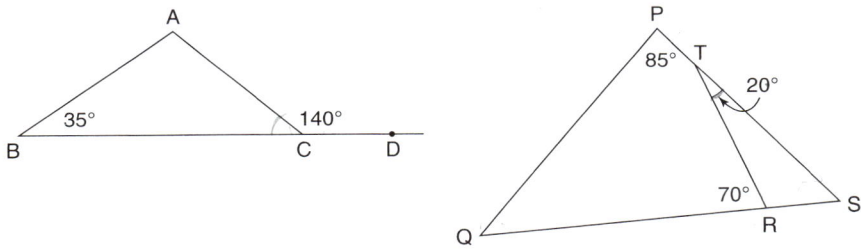

5. Dans △PQS ci-dessus à droite, trouve la mesure des angles suivants. Explique tes réponses.
   a) ∠TRS   b) ∠PSQ   c) ∠PQS

6. **Objectif d'évaluation** Réponds aux questions suivantes. Si tu réponds « oui », dessine autant de triangles que tu peux et nomme les angles. Si tu réponds « non », explique ta réponse.
   a) Dans un triangle, deux angles peuvent-ils être supplémentaires ?
   b) Dans un triangle, deux angles peuvent-ils être complémentaires ?

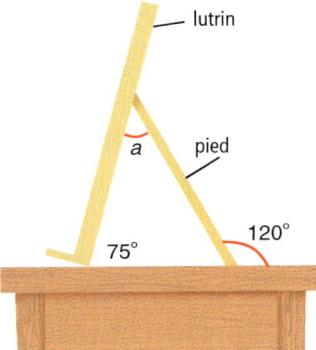

7. Le lutrin d'un piano à queue est soutenu par un pied. La vue de côté du lutrin, du pied et du dessus du piano montre un triangle. Utilise les angles donnés pour trouver la mesure de l'angle *a* formé par le pied et le lutrin. Explique ton raisonnement.

7.2 Les angles d'un triangle

Spécialiste de la calculatrice

Abdoul échange 257 $ CA contre des dollars US.

Le taux de change est de 1 $ CA pour 0,82 $ US.

Combien d'argent Abdoul reçoit-il en dollars US ?

Abdoul veut convertir 257 $ US en dollars CA. Combien d'argent recevra-t-il en monnaie canadienne ?

8. Dessine un rectangle dont les diagonales se coupent à 40°. Trouve la mesure de tous les autres angles. Explique comment tu le sais.

9. a) Dessine un triangle isocèle avec un angle de 130°.
   b) Trace l'axe de symétrie. Trouve la mesure de tous les autres angles.

10. Un triangle acutangle a trois angles aigus.
    a) Un triangle obtusangle peut-il avoir trois angles obtus ? Peut-il avoir deux angles obtus ? Explique ta réponse.
    b) Un triangle rectangle peut-il avoir trois angles droits ? Peut-il avoir deux angles droits ? Explique ta réponse.

11. La figure ABCDE est un pentagone régulier. Trouve la mesure de ∠A.

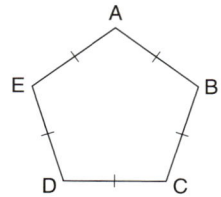

12. Une poutre triangulée est une structure qui sert à soutenir un pont.
    Il y a différents types de poutres triangulées. La poutre triangulée Pratt utilise des triangles rectangles isocèles. Conçois ta propre poutre triangulée à l'aide de triangles. Mesure chaque angle. Trouve la somme des angles de chaque triangle. Que remarques-tu ?

13. Combien y a-t-il de types de triangles ? Dessine tous les triangles que tu nommes.

Va plus loin

14. Trouve la mesure de ∠PQR dans ce cercle. Le point O est le centre du cercle. Explique ton raisonnement.

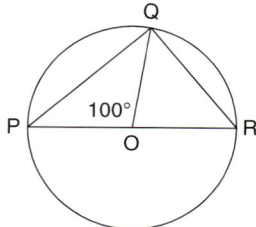

Réfléchis

Comment pourrais-tu expliquer à une ou à un camarade qui a manqué cette leçon la raison pour laquelle la somme des angles d'un triangle est égale à 180° ?

Étudier les angles d'un triangle à l'aide de *Cybergéomètre*

Objectif Étudier les angles d'un triangle à l'aide de la technologie.

1. Ouvre *Cybergéomètre*.

2. Dans la **Boîte à outils,** choisis (outil Tracer un segment). Place le curseur dans la fenêtre, puis clique et fais-le glisser pour tracer un segment de droite.
   Trace un deuxième segment de droite qui a une extrémité commune avec le premier segment.
   Trace un troisième segment de droite pour compléter le triangle.

3. Dans la **Boîte à outils,** choisis (outil Écrire le texte et l'étiquette). Clique sur les trois points dans l'ordre pour donner un nom aux sommets du triangle : A, B, C.

4. Dans la **Boîte à outils,** choisis (outil Sélectionner et faire la translation). Clique dans un espace vierge de la fenêtre pour annuler la sélection de tous les objets. Clique sur A, sur B et sur C, dans l'ordre en maintenant la touche Majuscule enfoncée. Dans le menu **Mesures,** choisis **Angle.**
   Clique sur la mesure de l'angle et fais-la glisser sur ∠ABC.

5. Reprends l'étape 4 pour obtenir la mesure de ∠BAC et de ∠ACB.

6. Dans la **Boîte à outils,** choisis .
   Clique dans un espace vierge de la fenêtre pour annuler la sélection de tous les objets.

7. Dans le menu **Mesures,** choisis **Calcul.**
   Clique sur m∠ABC, puis clique sur le bouton + dans la boîte de dialogue de la calculatrice.
   Clique sur m∠BAC, puis clique sur le bouton +.
   Clique sur m∠ACB, puis clique sur le bouton OK.
   Que remarques-tu au sujet de m∠ABC + m∠BAC + m∠ACB?

8. Dans la **Boîte à outils,** choisis .
   Clique dans un espace vierge de la fenêtre pour annuler la sélection de tous les objets. Clique sur le point A et fais-le glisser.
   Que remarques-tu au sujet de m∠ABC quand tu fais glisser le point A? Que remarques-tu au sujet de m∠BAC?
   Que remarques-tu au sujet de m∠ACB?
   Que remarques-tu au sujet de m∠ABC + m∠BAC + m∠ACB?

7.3 Les propriétés des angles formés par des droites parallèles

Objectif Étudier les angles associés aux droites parallèles.

Ce motif de dallage est formé de parallélogrammes seulement.

Comment peux-tu créer ce motif en effectuant la translation d'un parallélogramme ? Comment peux-tu créer ce motif en effectuant la rotation d'un parallélogramme autour du point milieu d'un de ses côtés ?

Explore

Travaille avec une ou un camarade.
Tu as besoin de papier-calque, de papier à points isométrique et d'une règle.

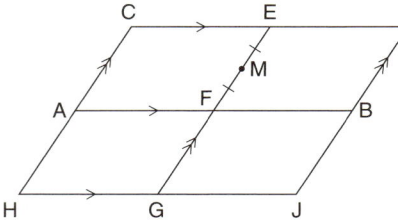

- Dessine quatre parallélogrammes congruents sur du papier à points.
- Nomme chaque parallélogramme à l'aide de lettres, comme sur le schéma à droite.

Le point M est le point milieu de $\overline{EF}$.
Trace la figure sur du papier-calque. Inscris les lettres sur le calque pour qu'il corresponde à la figure.

➢ Place le calque au-dessus de la figure de départ.
Fais tourner le calque de 180° autour du point M.
Que remarques-tu au sujet des paires d'angles suivantes ?
∠CEF et ∠EFB   ∠DEF et ∠EFA

➢ Place le calque au-dessus de la figure de départ.
Fais glisser le calque le long de $\overline{EG}$ jusqu'à ce que le point E coïncide avec le point F.
Que remarques-tu au sujet des paires d'angles suivantes ?
∠DEF et ∠BFG   ∠EFA et ∠FGH
∠EFB et ∠FGJ   ∠CEF et ∠AFG

➢ Que peux-tu dire au sujet des paires d'angles suivantes ?
∠DEF et ∠EFB   ∠CEF et ∠EFA

Explique ton raisonnement

Compare tes résultats avec ceux des élèves d'une autre équipe. Travaille avec tes camarades. Écris autant d'énoncés que tu peux sur les propriétés des angles formés par des droites parallèles.

Découvre

Les droites PQ et RS sont parallèles.
$\overline{KN}$ est une **sécante.**
Le point F est le point milieu
de $\overline{JM}$.

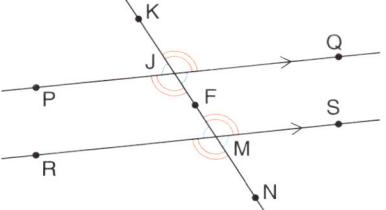

➤ Après une rotation de 180° autour du point F,
∠PJM coïncide avec ∠JMS.
Donc, ∠PJM = ∠JMS.
∠PJM et ∠JMS se trouvent entre les droites parallèles, mais sur des côtés opposés de la sécante.
Ce sont des **angles alternes-internes.**
De la même façon, ∠QJM et ∠JMR sont
des angles alternes-internes.
Donc, ∠QJM = ∠JMR.

➤ Après une translation le long du segment KN,
∠QJM coïncide avec ∠SMN.
Donc, ∠QJM = ∠SMN.
Examine les droites parallèles et la sécante.
∠QJM et ∠SMN sont dans la même position relative.
Cela signifie que chaque angle se trouve au-dessous d'une droite parallèle et à droite de la sécante.
Ce sont des **angles correspondants.**
De la même façon, ∠KJQ et ∠JMS sont des angles correspondants.
Chaque angle se trouve au-dessus d'une droite parallèle et à droite de la sécante.
∠KJQ = ∠JMS
De plus, ∠KJP et ∠JMR sont des angles correspondants.
Chaque angle se trouve au-dessus d'une droite parallèle et à gauche de la sécante.
∠KJP = ∠JMR

La quatrième paire d'angles correspondants est ∠PJM et ∠RMN.
Chaque angle se trouve au-dessous d'une droite parallèle et
à gauche de la sécante.
∠PJM = ∠RMN

➤ ∠QJM est le complément de ∠KJQ, car ∠QJM + ∠KJQ = 180°.
Mais ∠KJQ = ∠JMS.
Donc, ∠QJM est le supplément de ∠JMS.
Cela signifie que ∠QJM + ∠JMS = 180°.
∠QJM et ∠JMS se trouvent entre les droites parallèles
et sont du même côté de la sécante.
Ce sont des **angles internes.**
De la même façon, ∠PJM et ∠JMR sont des angles internes.
Cela signifie que ∠PJM + ∠JMR = 180°.

Exemple

Deux sécantes coupent des droites parallèles.
Trouve la mesure des angles suivants.
Explique chaque réponse.

a) ∠HBC
b) ∠AFC
c) ∠AGB
d) ∠BGF

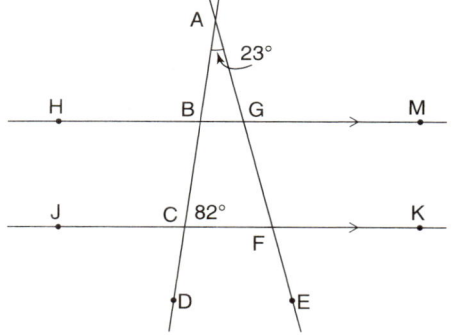

Réponses

a) ∠HBC et ∠BCF sont des angles alternes-internes.
Donc, ∠HBC = ∠BCF = 82°
∠HBC = 82°

b) Dans △AFC, la somme des angles est égale à 180°.
Donc, ∠A + ∠ACF + ∠AFC = 180°
23° + 82° + ∠AFC = 180°
105° + ∠AFC = 180°
∠AFC = 180° − 105°
= 75°

c) ∠AGB et ∠AFC sont des angles correspondants.
Donc, ∠AGB = ∠AFC = 75°
∠AGB = 75°

∠GFC a la même mesure que ∠AFC, soit 75°.

d) ∠BGF et ∠GFC sont des angles internes.
Donc, ∠BGF + ∠GFC = 180°
∠BGF + 75° = 180°
∠BGF = 180° − 75°
= 105°

À ton tour

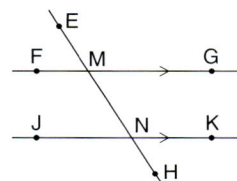

1. Reproduis ce schéma sur du papier ligné.
   Mesure chaque angle et inscris les mesures sur ton dessin.
   a) Nomme les angles correspondants. Sont-ils congrus?
   b) Nomme les angles alternes-internes. Sont-ils congrus?
   c) Nomme les angles internes. Sont-ils supplémentaires?

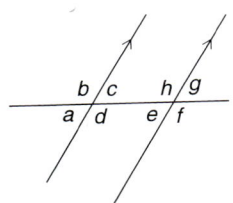

2. Dans ce schéma, chaque angle est représenté par une variable.
   Utilise ces variables pour nommer:
   a) deux paires d'angles correspondants;
   b) deux paires d'angles alternes-internes;
   c) deux paires d'angles internes.

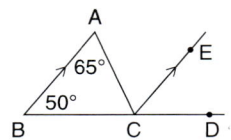

3. Examine ce schéma.
   a) Nomme deux segments de droite parallèles.
   b) Nomme deux sécantes.
   c) Nomme deux angles correspondants.
   d) Nomme deux angles alternes-internes.
   e) Trouve les mesures de ∠ECD, de ∠ACE et de ∠BCA.

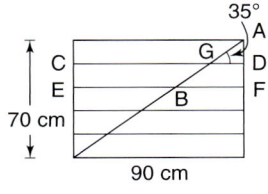

4. Une porte est formée de 5 planches parallèles et d'une pièce placée en diagonale qui sert de soutien.
   Le plan de la porte est représenté à gauche.
   a) Quelle est la mesure de ∠AGC? Quelle est la mesure de ∠CGB?
   b) Quelle est la mesure de ∠ABE? Quelle est la mesure de ∠ABF? Quelle est la mesure de ∠DGB?
   Explique chaque réponse.

5. Dans le schéma de droite, trouve les mesures de ∠SPQ, de ∠TPR et de ∠QPR. Explique comment tu le sais.

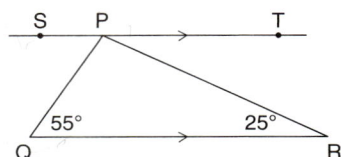

6. Pour chacune des paires d'angles suivantes, indique si les angles sont congrus, complémentaires ou supplémentaires. Explique comment tu le sais.
   Quand tu le peux, explique ta réponse de plus d'une façon.
   a) ∠SRY et ∠RTK
   b) ∠SQR et ∠SVT
   c) ∠RTK et ∠QRT
   d) ∠YRT et ∠RTV
   e) ∠QRT et ∠RTV
   f) ∠RTK et ∠VTW
   g) ∠SRQ et ∠QSR
   h) ∠SRY et ∠SRQ

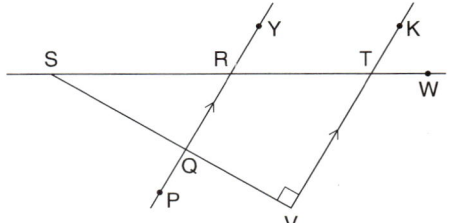

Calcul mental

Lequel de ces nombres n'appartient pas à la suite ?

Par quel nombre devrait-il être remplacé ?

Explique ton raisonnement.

1, 4, 9, 16, 25, 36, 48, 64, …

7. **Objectif d'évaluation**
   a) Trouve la mesure de chaque angle dont la mesure n'est pas inscrite dans ce schéma.
   b) À l'aide des propriétés des angles qui se trouvent entre des droites parallèles, explique pourquoi la somme des angles d'un triangle est égale à 180°.

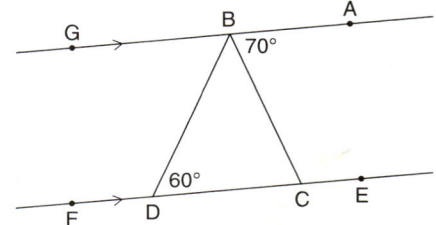

8. Trouve les mesures de ∠KGH, de ∠KGF, de ∠HGJ et de ∠GHJ.

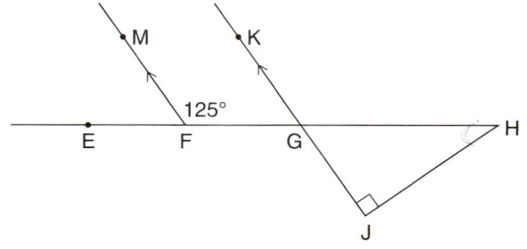

288 MODULE 7 : La géométrie

9. Dans le trapèze PQRS, $\overline{PQ}$ est parallèle à $\overline{SR}$. Tu traces la diagonale $\overline{PR}$.
$\overline{SP} = \overline{SR}$, $\angle SRP = 50°$ et $\angle PRQ = 85°$.
Trouve la mesure de $\angle RQP$, de $\angle SPR$ et de $\angle PSR$.
Explique tes réponses.

10. a) Dessine le parallélogramme ABCD où $\angle A = 51°$.
   b) Comment peux-tu utiliser tes connaissances des segments de droite parallèles et une sécante pour trouver la mesure des 3 autres angles du parallélogramme ? Explique ton travail.
   c) Dans quel cas un quadrilatère est-il un parallélogramme ? Explique ta réponse.

11. Suppose que 2 segments de droite semblent parallèles. Comment peux-tu déterminer s'ils sont vraiment parallèles ?

12. Trace 2 segments de droite qui ne sont pas parallèles, ainsi qu'une sécante. Mesure les angles alternes-internes, les angles correspondants et les angles internes.
Que remarques-tu ?

Va plus loin

13. Trouve la valeur de x et la mesure de $\angle ADC$ et de $\angle CAD$.

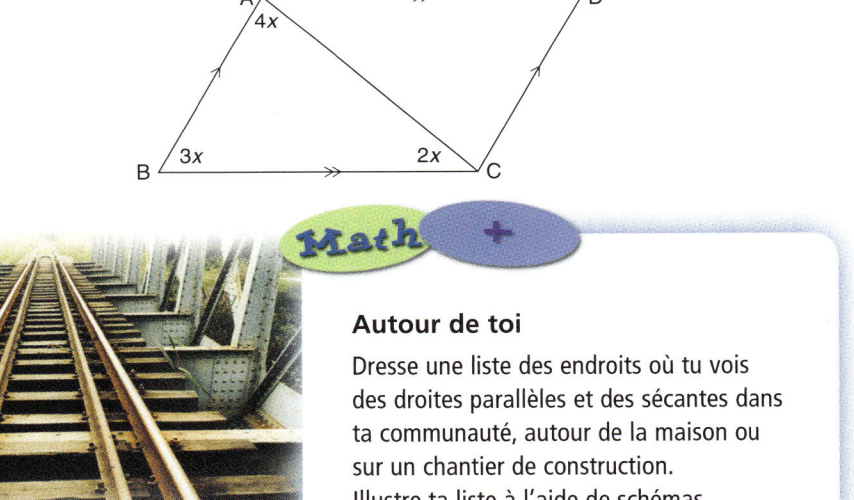

Autour de toi

Dresse une liste des endroits où tu vois des droites parallèles et des sécantes dans ta communauté, autour de la maison ou sur un chantier de construction.
Illustre ta liste à l'aide de schémas.

Réfléchis

Trace deux droites parallèles et une sécante. Nomme les angles.
Explique une façon de reconnaître les angles correspondants, les angles alternes-internes et les angles internes.

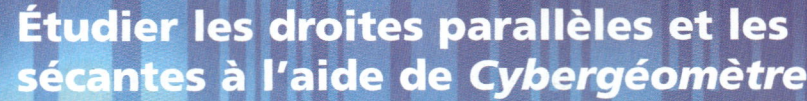

| | Objectif | Étudier les droites parallèles et les sécantes à l'aide de la technologie. |

1. Ouvre *Cybergéomètre*.

2. Dans la **Boîte à outils,** choisis ⟋ (outil Tracer un segment). Place le curseur dans la fenêtre, puis clique et fais-le glisser pour tracer un segment de droite.

3. Dans la **Boîte à outils,** choisis • (outil Tracer un point). Clique dans la fenêtre pour créer un point qui *ne* se trouve *pas* sur le segment de droite.

4. Dans la **Boîte à outils,** choisis ⬆ (outil Sélectionner et faire la translation).
Clique dans un espace vierge de la fenêtre pour annuler la sélection de tous les objets. Clique sur le point et sur le segment de droite en maintenant la touche Majuscule enfoncée. Dans le menu **Construction,** choisis **Parallèle**. Le logiciel trace une droite qui passe par le point et qui est parallèle au segment de droite.

5. Dans la **Boîte à outils,** choisis ⟋.
Trace une sécante qui coupe la droite et le segment de droite.

6. Dans la **Boîte à outils,** choisis •.
Clique sur chaque point d'intersection. Clique sur la droite pour y mettre un point, de sorte qu'il y ait un point de chaque côté de la sécante.

7. Dans la **Boîte à outils,** choisis 🔠 (outil Écrire le texte et l'étiquette). Clique sur les points dans l'ordre pour leur assigner les lettres de A à H.

Les angles alternes-internes formés par des droites parallèles

8. Dans la **Boîte à outils,** choisis ⬆.
Clique dans un espace vierge de la fenêtre pour annuler la sélection de tous les objets.
Clique sur H, sur C et sur F, dans l'ordre en maintenant la touche Majuscule enfoncée. Dans le menu **Mesures,** choisis **Angle**. Clique sur la mesure de l'angle et fais-la glisser sur ∠HCF.

9. Reprends l'étape 8 avec ∠CFA.

10. Dans la **Boîte à outils,** choisis ![arrow].
    Clique dans un espace vierge de la fenêtre pour annuler la sélection de tous les objets. Clique sur le point D et fais-le glisser. Que remarques-tu au sujet des mesures des angles alternes-internes ∠HCF et ∠CFA quand tu fais glisser le point D ?

11. Reprends les étapes 8 à 10 avec ∠GCF et ∠CFB.

Les angles correspondants formés par des droites parallèles

12. Dans le menu **Fichier,** choisis **Nouvelle esquisse.**

13. Reprends les étapes 2 à 7 pour créer un nouvel ensemble de droites parallèles qui sont coupées par une sécante.

14. Reprends les étapes 8 à 10 avec : ∠HCF et ∠BFE ; ∠GCF et ∠AFE ; ∠DCH et ∠CFB ; ∠DCG et ∠CFA.
    Que remarques-tu au sujet des paires d'angles correspondants ?

Les angles internes formés par des droites parallèles

15. Dans le menu **Fichier,** choisis **Nouvelle esquisse.** Reprends l'étape 13.

16. Dans la **Boîte à outils,** choisis ![arrow].
    Utilise le menu **Mesures** pour mesurer ∠HCF et ∠CFB.

17. Utilise le menu **Mesures** pour calculer la somme de ∠HCF et de ∠CFB.
    Que remarques-tu au sujet de ∠HCF + ∠CFB ?

18. Dans la **Boîte à outils,** choisis ![arrow].
    Clique dans un espace vierge de la fenêtre pour annuler la sélection de tous les objets.
    Clique sur le point D et fais-le glisser pour que le point C soit toujours entre les points G et H.
    Que remarques-tu au sujet de la somme des mesures des angles internes ∠HCF et ∠CFB ?

19. Reprends les étapes 16 à 18 avec ∠GCF et ∠CFA.

Les angles formés par des droites qui ne sont pas parallèles

20. Modifie les Étapes 1 à 19, au besoin, pour trouver la mesure des angles formés par une sécante et 2 droites qui ne sont pas parallèles.
    Que remarques-tu ?

Révision de mi-module

LEÇONS

7.1 **1.** Trouve la mesure des angles
7.2 suivants. Explique comment tu le sais.
   a) ∠JKM
   b) ∠NJM
   c) ∠JNM

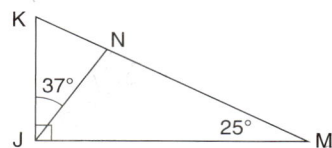

2. Trouve la mesure des angles suivants. Explique tes réponses.
   a) ∠CBA
   b) ∠CAB
   c) ∠ACB

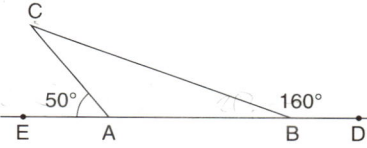

3. Tu dessines un triangle dont les angles se mesurent en nombres naturels.
   a) Quel est le plus grand angle possible dans un triangle obtusangle ?
   b) Quel est le plus grand angle possible dans un triangle acutangle ?

7.3 **4.** Trouve la mesure de chaque angle dans le schéma suivant. Explique comment tu le sais.
   a) ∠BEF   b) ∠ADE
   c) ∠BAD   d) ∠GDE

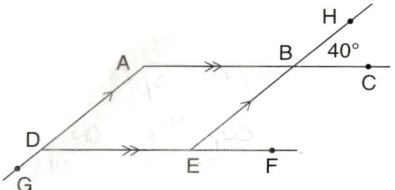

7.1 **5.** Trouve la mesure des angles
7.2 suivants. Explique tes réponses.
7.3 a) ∠SQT
   b) ∠QRW
   c) ∠PRV

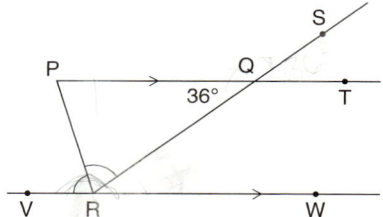

6. Reproduis ce schéma. Calcule la mesure de chaque angle dont la mesure n'est pas indiquée. Écris ces mesures sur ton schéma.

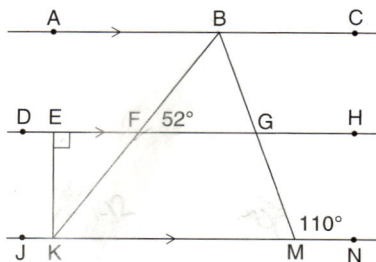

7.4 Construire des médiatrices et des bissectrices

Objectif Construire des médiatrices et des bissectrices à l'aide de diverses méthodes.

Rappelle-toi que tous les côtés d'un losange sont congrus et que ses angles opposés sont congrus.

Chaque diagonale divise le losange en 2 triangles isocèles congruents.
Comment sais-tu que les triangles sont isocèles?
Comment sais-tu que les triangles sont congruents?

Tu vas étudier des façons de diviser des segments de droite et des angles en 2 parties égales.

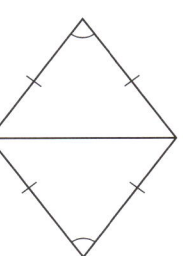

Explore

Travaille avec une ou un camarade.
Tu pourrais avoir besoin de règles, de rapporteurs, de papier-calque, de feuilles de papier blanc et de Miras.
Utilise la méthode ou les outils de ton choix.
- Trace un segment de droite sur une feuille de papier blanc. Trace une droite perpendiculaire au segment de droite et qui le divise en deux parties égales.
- Trace un angle sur la feuille de papier blanc. Trace la droite qui divise l'angle en deux parties égales.

Explique ton raisonnement

Compare tes résultats et tes stratégies avec ceux des élèves d'une autre équipe.
Peux-tu utiliser ta stratégie pour diviser le segment de droite de tes camarades en deux parties égales? Explique ta réponse.
Peux-tu utiliser la stratégie de tes camarades pour diviser ton angle en deux parties égales? Explique ta réponse.

Découvre

➤ Quand tu traces une droite quelconque pour diviser un segment de droite en deux parties égales, tu ne traces pas la médiatrice de ce segment si la droite n'est pas perpendiculaire au segment.

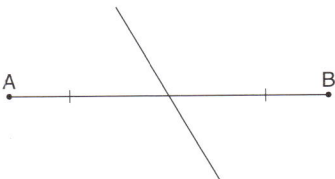

Une **médiatrice** est une droite perpendiculaire à un segment de droite et qui le coupe en son milieu.

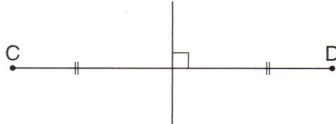

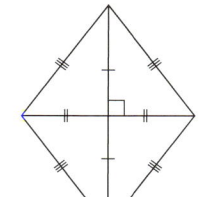

➤ Chaque diagonale d'un losange est un axe de symétrie.
Les diagonales se coupent à angle droit.
Les diagonales se divisent l'une et l'autre en deux parties égales.
Donc, chaque diagonale est la médiatrice de l'autre diagonale.

Tu peux utiliser ces propriétés du losange pour construire la médiatrice d'un segment de droite.
Suppose que le segment de droite soit la diagonale d'un losange. Quand tu construis le losange, tu construis également la médiatrice du segment.

Utilise une règle et un compas.

- Trace le segment de droite AB.

- Ouvre les branches du compas d'une distance supérieure à la moitié de la longueur de $\overline{AB}$.

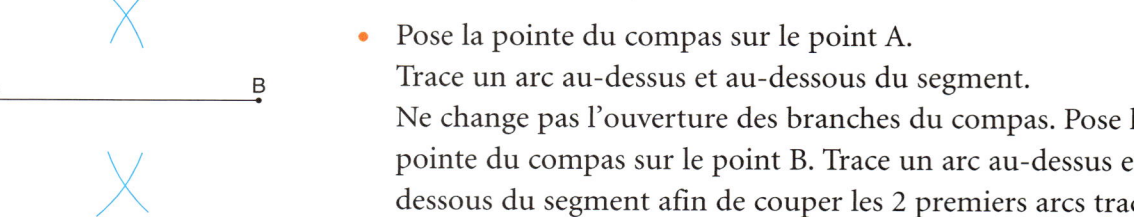

- Pose la pointe du compas sur le point A.
Trace un arc au-dessus et au-dessous du segment.
Ne change pas l'ouverture des branches du compas. Pose la pointe du compas sur le point B. Trace un arc au-dessus et au-dessous du segment afin de couper les 2 premiers arcs tracés.

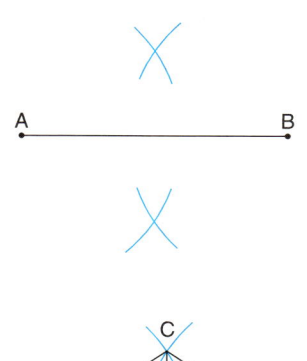

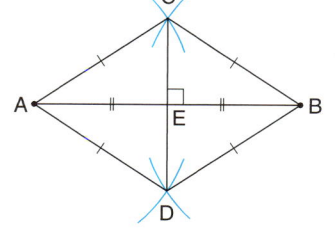

- Écris C et D là où les arcs se coupent.
Relie les points pour former le losange ABCD. Trace la diagonale CD. Les diagonales se coupent au point E. $\overline{CD}$ est la médiatrice de $\overline{AB}$. Autrement dit, $\overline{AE} = \overline{EB}$ et $\angle AEC = \angle CEB = 90°$.
Pour vérifier que tu as tracé correctement la médiatrice, mesure les deux parties du segment pour t'assurer qu'elles sont égales. Mesure aussi les angles pour t'assurer que chacun est égal à 90°.

Remarque que tout point sur la médiatrice d'un segment de droite se trouve à la même distance des extrémités du segment.
Par exemple, $\overline{AC} = \overline{BC}$ et $\overline{AD} = \overline{BD}$.

> Quand tu divises un angle en deux parties égales, tu crées sa **bissectrice.**
>
> Tu peux utiliser les propriétés du losange pour construire une bissectrice.
>
> Suppose que l'angle soit un des angles du losange.

$\overline{BJ}$ et $\overline{BK}$ sont 2 des côtés d'un losange ; $\overline{BJ} = \overline{BK}$.

- Trace ∠B. Ce sera un des angles du losange.
  Pose la pointe du compas sur le point B et trace un arc qui coupe un des côtés de l'angle au point K et l'autre côté au point J.

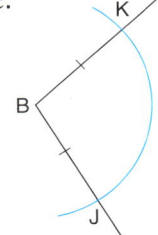

- Ne change pas l'ouverture des branches du compas.
  Pose la pointe du compas sur le point K et trace un arc entre les côtés de l'angle.
  Pose la pointe du compas sur le point J et trace un arc qui coupe le second arc que tu as tracé.
  Écris M là où les arcs se coupent.

$\overline{JM}$ et $\overline{MK}$ sont les 2 autres côtés du losange.

$\overline{BM}$ est une des diagonales du losange.

- Trace les segments KM et MJ pour former le losange BKMJ.
  Trace une droite qui passe par BM.
  Cette droite est la bissectrice de ∠KBJ.
  Autrement dit, ∠KBM = ∠MBJ.

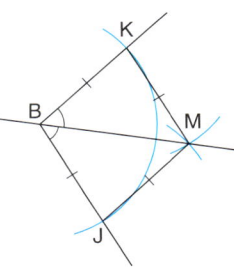

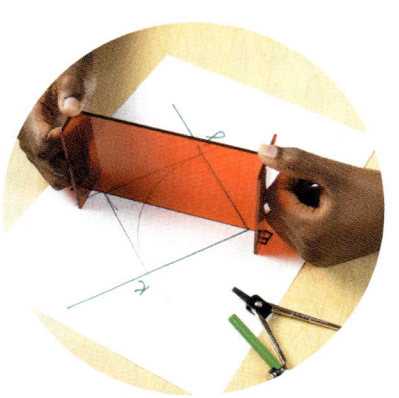

Pour t'assurer que tu as tracé la bissectrice de ∠B correctement, tu peux :
- mesurer les deux angles formés par la bissectrice. Ils devraient être congrus ;
- plier l'angle pour que la bissectrice soit la ligne de pliage ; Le côté JB devrait coïncider avec le côté KB ;
- placer un Mira le long de $\overline{BM}$.
  L'image par réflexion du côté JB devrait coïncider avec le côté KB, et vice-versa.

Exemple

Trace un angle obtus quelconque.
Utilise une règle et un compas pour diviser l'angle en deux parties égales. Mesure les angles pour vérifier ton travail.

Réponses

Trace un angle obtus, ∠B.
Pose la pointe du compas sur le point B et trace un arc qui coupe les côtés de l'angle.
Écris F et G aux points d'intersection.
Pose la pointe du compas sur le point F et trace un arc entre les côtés de l'angle.
Ne change pas l'ouverture des branches du compas. Pose la pointe du compas sur le point G et trace un arc qui coupe le second arc.
Écris H là où les arcs se coupent.
Trace une droite qui passe par les points B et H.
Cette droite est la bissectrice de ∠B.

Vérifie ta réponse à l'aide d'un rapporteur.
∠FBG = 126°
∠FBH = 63° et ∠GBH = 63°
∠FBH + ∠GBH = 63° + 63°
         = 126°
         = ∠FBG

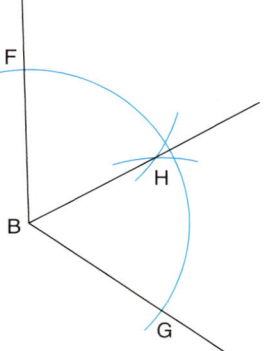

À ton tour

Montre toutes les droites que tu utilises dans tes constructions.

1. **a)** Trace le segment de droite AB.
   Utilise une règle et un compas pour tracer sa médiatrice.
   b) Choisis trois points sur la médiatrice.
   Mesure la distance entre chaque point et le point A, puis entre chaque point et le point B.
   Que remarques-tu ? Explique ta réponse.

2. Que se passe-t-il si tu essaies de tracer la médiatrice d'un segment et que l'ouverture des branches du compas est :
   a) égale à la moitié de la longueur du segment ?
   b) inférieure à la moitié de la longueur du segment ?

296 MODULE 7 : La géométrie

3. Tu as utilisé des Miras et plié du papier pour diviser un angle en deux parties égales.
Quel est l'avantage d'utiliser une règle et un compas ?

4. Utilise une règle et un compas.
  a) Trace un angle aigu, ∠PQR. Divise l'angle en deux parties égales.
  b) Trace un angle obtus, ∠GEF. Divise l'angle en deux parties égales.

Consulte le *Glossaire* si tu as oublié ce qu'est un angle rentrant.

5. Trace un angle rentrant.
  a) Combien y a-t-il de méthodes pour diviser cet angle en deux parties égales ?
  b) Décris chaque méthode. Assure-toi que chaque bissectrice que tu traces est correcte.

6. a) Trace le segment de droite HJ.
Trace la médiatrice de $\overline{HJ}$.
  b) Divise en deux parties égales chaque angle droit en a).
  c) Combien de bissectrices as-tu tracées en b) ? Explique ta réponse.

7. Dessine un grand triangle, △ABC, et découpe-le.
Plie le triangle pour que les points B et C coïncident.
Ouvre le triangle.
Plie-le pour que les points A et B coïncident. Ouvre le triangle.
Plie-le pour que les points A et C coïncident. Ouvre le triangle.
Utilise une règle pour tracer une ligne sur chaque pli.
  a) Mesure l'angle que chaque pli forme avec un des côtés.
Que remarques-tu ?
  b) Écris K là où les plis se coupent.
Mesure $\overline{KA}$, $\overline{KB}$ et $\overline{KC}$.
Que remarques-tu ?
  c) Qu'as-tu construit lorsque tu as plié le triangle ?

Stratégie numérique

Jeanne obtient ces résultats lors d'examens de géographie :
72, 84, 88, 76, 64, 84
Trouve la moyenne, la médiane et le mode.

8. Dessine un grand triangle, △PQR.
Construis la médiatrice de chacun des côtés.
Écris C là où les médiatrices se coupent.
Trace le cercle dont le centre est le point C et le rayon est $\overline{CP}$.

9. a) Comment peux-tu utiliser la construction de la question 8 pour tracer un cercle qui passe par 3 points quelconques qui ne se trouvent pas sur une droite ?
  b) Trace 3 points aussi éloignés les uns des autres que possible.
Trace un cercle qui passe par ces points.
Décris ta construction.

Circon est un préfixe latin qui signifie « autour ». Donc, le **cercle circonscrit** est le cercle qui entoure un triangle. Ce cercle passe par les sommets du triangle.

Le point qui se trouve là où les médiatrices des côtés d'un triangle se coupent se nomme **centre du cercle circonscrit**.

7.4 Construire des médiatrices et des bissectrices **297**

10. **Objectif d'évaluation**

Utilise une règle et un compas.
a) Dessine un grand triangle isocèle, △ABC, où $\overline{AB} = \overline{AC}$.
b) Divise ∠A en deux parties égales.
c) Trace la médiatrice de $\overline{BC}$.
d) Que remarques-tu au sujet de la bissectrice et de la médiatrice?
e) Le résultat obtenu en d) est-il vrai pour:
   I) tout triangle isocèle?
   II) tout triangle équilatéral?
   III) tout triangle scalène?

Explique tes réponses. Montre ton travail.

Va plus loin

11. Utilise une règle et un rapporteur pour dessiner le quadrilatère ABCD.
$\overline{AB} = 7$ cm, $\overline{AD} = 5$ cm, ∠DAB = 105°, ∠ABC = 100° et ∠ADC = 80°

Relie B et D. Construis le cercle circonscrit au △ABD.
Le cercle passe-t-il par le point C?
Selon toi, est-ce que la même chose se produit pour tous les quadrilatères? Effectue une recherche.

Les sciences

Le centre du cercle circonscrit à un triangle équilatéral est aussi le point d'équilibre du triangle. Par exemple, tu peux faire tenir le triangle en équilibre sur la pointe d'un crayon à l'aide du centre du cercle circonscrit. La pesanteur agit sur toutes les parties d'une structure. Elle attire une structure vers le bas par un point qui s'appelle **centre de gravité**.
Le centre de gravité d'un triangle équilatéral est le centre du cercle circonscrit au triangle.

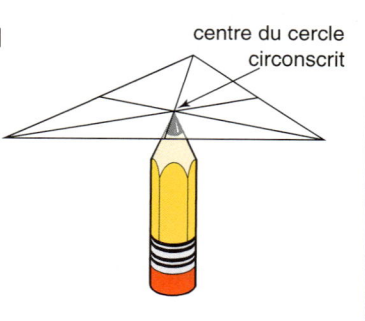

centre du cercle circonscrit

Réfléchis

Combien de bissectrices un angle peut-il avoir?
Combien de médiatrices un segment de droite peut-il avoir?
Combien de médiatrices un triangle peut-il avoir?
En combien de points ces médiatrices se coupent-elles?
Accompagne chaque réponse d'un schéma.

7.5 Construire des angles

Objectif Construire des angles selon diverses méthodes.

Tu as utilisé un rapporteur pour construire un angle d'une mesure donnée.
Suppose que tu n'aies pas de rapporteur.
Comment peux-tu construire des angles?

Explore

Travaille avec une ou un camarade.
Tu as besoin d'une règle, d'un compas, d'un Mira et de papier-calque.
➤ Utilise tes connaissances des triangles équilatéraux et des bissectrices pour construire un angle de 30°.
➤ Utilise tes connaissances des médiatrices et des bissectrices pour construire un angle de 45°.
Explique les étapes que tu as suivies pour construire chaque angle.

Explique ton raisonnement

Compare tes stratégies avec celles des élèves d'une autre équipe.
Combien de stratégies peuvent servir à construire un angle de 30°?
Combien de stratégies peuvent servir à construire un angle de 45°?

Découvre

Pour construire un angle de 60°, tu peux tracer deux des côtés d'un triangle équilatéral.
Pour construire un angle de 90°, tu peux tracer la médiatrice d'un segment de droite.
Tu peux utiliser ces constructions pour tracer d'autres angles.

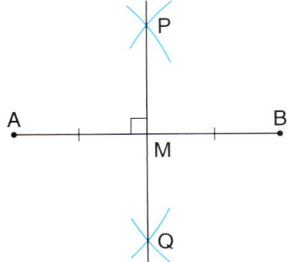

➤ Voici une façon de tracer un angle de 135°.
   135° = 90° + 45°
   Tu dois donc tracer un angle de 90° et un angle de 45° à partir d'un sommet commun.
   Trace le segment de droite AB.
   Utilise une règle et un compas pour tracer la médiatrice de $\overline{AB}$.

7.5 Construire des angles **299**

∠AMP = ∠PMB = 90°

Utilise une règle et un compas pour diviser ∠PMB en deux parties égales. Trace le point R sur la bissectrice.

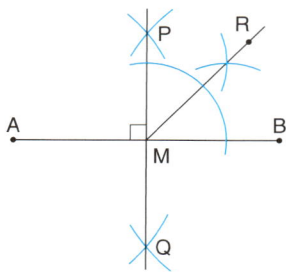

Tu obtiens ∠PMR = ∠RMB = $\frac{1}{2}$ de 90°.

Donc, ∠PMR = 45°.

Et ∠AMR = ∠AMP + ∠PMR
   = 90° + 45°
   = 135°

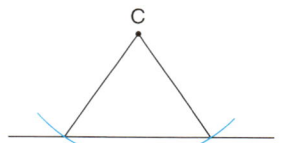

➤ Tu peux utiliser les propriétés du losange pour construire un angle de 90°.

Utilise une règle et un compas.

Trace une droite. Trace le point C ailleurs que sur la droite.

Le point C se trouve sur un des côtés de l'angle de 90°.

L'autre côté se trouve sur la droite.

Pose la pointe du compas sur le point C.

Trace un arc qui coupe la droite en deux points, les points D et E.

$\overline{DE}$ est une des diagonales du losange.

$\overline{CD}$ et $\overline{CE}$ sont deux des côtés du losange.

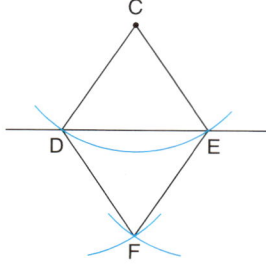

Ne change pas l'ouverture des branches du compas.

Pose la pointe du compas sur le point D.

Trace un arc au-dessous de $\overline{DE}$.

Pose la pointe du compas sur le point E.

Trace un arc au-dessous de $\overline{DE}$. Cet arc doit couper l'arc précédent.

Écris F là où les arcs se coupent.

$\overline{DF}$ et $\overline{EF}$ sont les deux autres côtés du losange.

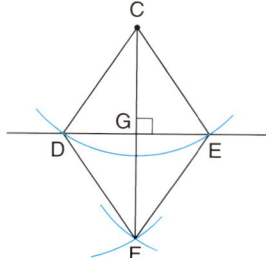

Trace $\overline{CF}$, l'autre diagonale du losange.

Écris G là où les diagonales se coupent.

Puisque les diagonales d'un losange se coupent à angle droit, ∠CGE = 90°.

L'**Exemple** suivant explique la façon de tracer un angle de 120°.

Exemple

Utilise seulement une règle et un compas.
a) Construis △DBC, où ∠B = 120°.
b) Explique comment tu sais que ∠B = 120°.

Réponses

a) Trace le segment de droite AC. Trace le point B sur $\overline{AC}$.
Ouvre les branches du compas d'une distance égale à la longueur de $\overline{AB}$.
Pose la pointe du compas sur le point B et trace un arc.
Ne change pas l'ouverture des branches du compas.
Pose la pointe du compas sur le point A.
Trace un arc qui coupe le premier arc.
Trace le point D là où les arcs se coupent. Relie les points D et B.
Relie les points D et C.

Mesure l'angle pour t'assurer qu'il est juste.

Tu obtiens ∠DBC = 120°.

b) Dessine ta construction et relie les points A et D.
Puisque l'ouverture des branches du compas est égale à $\overline{AB}$,
$\overline{AB} = \overline{BD} = \overline{AD}$.
Donc, △ABD est équilatéral.
Par conséquent,
∠A = ∠ABD = ∠ADB = 60°
∠ABD et ∠DBC sont des angles supplémentaires.
Donc, ∠ABD + ∠DBC = 180°
60° + ∠DBC = 180°
∠DBC = 180° − 60°
= 120°

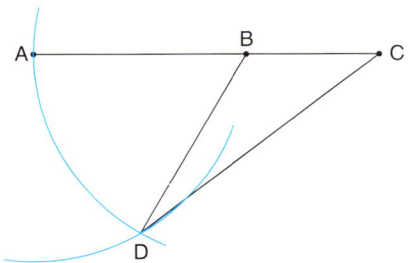

À ton tour

Réponds aux questions 1 à 3 à l'aide d'une règle et d'un compas seulement.

1. Construis un grand triangle équilatéral, △PQR.
   Divise ∠P en deux parties égales pour construire un angle de 30°.

2. Construis un triangle rectangle isocèle, △DEF, où ∠D = 90°.
   a) Quelle est la mesure de ∠E ? Quelle est la mesure de ∠F ? Comment le sais-tu ?
   b) Comment peux-tu construire un angle de 45° ?

3. a) Utilise tes connaissances de la construction d'un angle de 90° et d'un angle de 30° pour construire un angle de 120°.
   b) Compare ta méthode avec celle expliquée dans l'**Exemple**. Laquelle est la plus facile ? Explique ta réponse.

4. **Objectif d'évaluation** Utilise la méthode ou l'outil de ton choix.
   a) Construis un triangle isocèle où un des angles mesure 30°.
   b) Construis un triangle isocèle où deux des angles mesurent 30°. De combien de façons peux-tu construire chaque triangle ? Joins un schéma à chaque méthode.

5. Construis un angle de 300°.
   Peux-tu le faire de plus d'une façon ? Explique ta réponse.

6. Décris une façon de construire un angle de 240°.

7. Construis le parallélogramme ABCD où :
   ∠A = ∠C = 150°, ∠B = ∠D = 30°,
   $\overline{AD} = \overline{BC} = 3$ cm, $\overline{AB} = \overline{CD} = 5$ cm

8. Les mesures des angles du triangle ABC sont liées de la façon suivante : ∠A est égal à 3 fois ∠C et ∠B est égal à 2 fois ∠C.
   a) Quelle est la mesure de ∠A ? Quelle est la mesure de ∠B ? Quelle est la mesure de ∠C ?
   b) Utilise seulement une règle et un compas pour construire △ABC.

Calcul mental

Kenji termine une course à bicyclette en 2 h 23 min.

Il termine la course à 16 h 15.

À quelle heure la course a-t-elle débuté ?

Réfléchis

Dresse une liste de tous les angles entre 0° et 180° que tu peux construire quand tu utilises seulement une règle et un compas. Choisis un angle dans ta liste et construis-le. Décris ta façon de faire.

7.6 Inventer et résoudre des problèmes de géométrie

Objectif Inventer et résoudre des problèmes qui portent sur la mesure des angles.

Explore

Travaille avec une ou un camarade.

➤ Reproduis ce schéma.

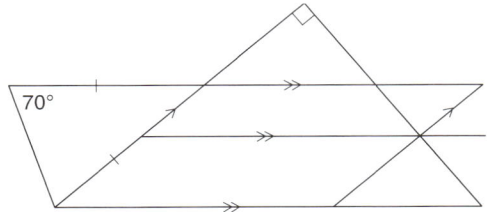

Trouve la mesure de chaque angle.

➤ Invente un problème de géométrie dans lequel il y a un triangle et des droites parallèles. Dessine ton schéma.
Rappelle-toi d'indiquer les côtés congrus, s'il y a lieu.
Trouve la mesure de chaque angle.
Sur ton schéma, écris le plus petit nombre de mesures nécessaires pour qu'une autre personne trouve toutes les mesures.
Échange ton schéma contre celui des élèves d'une autre équipe.
Trouve la mesure des angles du schéma de tes camarades.

Explique ton raisonnement

Compare tes réponses avec celles de tes camarades.
As-tu réussi à trouver toutes les mesures ? Explique ta réponse.
Tes camarades ont-ils réussi à trouver toutes les mesures dans ton schéma ? Si tu réponds « non » à la question, explique pourquoi.

Découvre

Fais un retour sur le module pour réviser tout concept que tu ne maîtrises pas bien.

Pour résoudre des problèmes qui portent sur la mesure des angles formés par des triangles et des droites parallèles, tu devras peut-être faire appel à l'un ou l'autre ou à l'ensemble des concepts de géométrie étudiés dans ce module.
Les variables servent souvent à décrire la mesure des angles.
Dans chaque cas, la variable représente la mesure d'un angle.

Exemple 1

Trouve les valeurs de *w*, de *x*, de *y* et de *z* dans ce schéma.

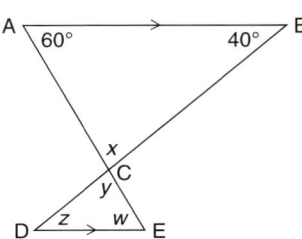

Réponses

Chaque variable représente la mesure d'un angle.
Dans △ABC, la somme des angles est égale à 180°.
Donc, ∠A + ∠B + ∠ACB = 180°
$$60° + 40° + x = 180°$$
$$100° + x = 180°$$

Résous cette équation par déduction.

> **Pense :** Que dois-je additionner à 100° pour obtenir 180° ?

$$x = 80°$$

x et *y* représentent les mesures d'angles opposés par le sommet.
Donc, $y = x = 80°$
$$y = 80°$$

La sécante AE coupe les segments de droite parallèles AB et DE. Par conséquent, les angles alternes-internes sont congrus.
∠DEC = ∠BAC
$w = 60°$

Quelle autre méthode peux-tu utiliser pour déterminer la valeur de *z* ?

La sécante DB coupe les segments de droite parallèles AB et DE. Par conséquent, les angles alternes-internes sont congrus.
∠CDE = ∠ABC
$z = 40°$

Exemple 2

Trouve les valeurs de *q*, de *w* et de *y* dans ce schéma.

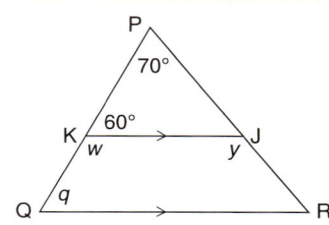

304   MODULE 7 : La géométrie

Réponses

La sécante PQ coupe les segments de droite parallèles KJ et QR.
Par conséquent, les angles correspondants sont congrus.
∠KQR = ∠PKJ
$q = 60°$

Les angles qui forment une droite ou un angle plat sont supplémentaires.
Donc, ∠PKJ + ∠JKQ = 180°
$60° + w = 180°$
$w = 120°$

Quelle autre méthode peux-tu utiliser pour trouver la valeur de *w* ?

Pense : Que dois-je additionner à 60° pour obtenir 180° ?

Tu ne peux pas trouver la valeur de *y* directement.
Tu dois d'abord connaître la mesure de ∠PJK.
Dans △PKJ, la somme des angles est égale à 180°.
Donc, ∠P + ∠PKJ + ∠PJK = 180°
$70° + 60° + ∠PJK = 180°$
$130° + ∠PJK = 180°$
$∠PJK = 50°$

Les angles qui forment une droite sont supplémentaires.
Par conséquent, ∠PJK + ∠KJR = 180°
$50° + y = 180°$
$y = 130°$

À ton tour

1. Examine ce schéma.
   a) Nomme une paire de segments de droite parallèles.
   b) Nomme deux sécantes.
   c) Nomme deux angles correspondants.
   d) Nomme deux angles alternes-internes.
   e) Nomme deux angles complémentaires.
   f) Trouve les valeurs de *x*, de *y* et de *z*.

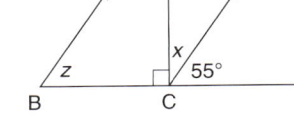

2. a) Écris une équation qui représente la somme des angles de △ABC.
   b) Résous l'équation pour trouver la valeur de *x*.

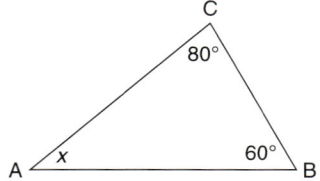

3. Examine le schéma ci-dessous.
   a) Nomme deux triangles isocèles.
   b) Nomme deux angles complémentaires.
   c) Trouve les valeurs de *x* et de *y*.

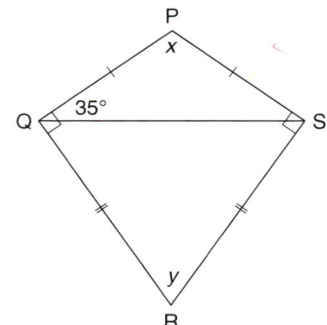

4. Dans le schéma ci-dessous, trouve les valeurs de *x*, de *y*, de *z*, de *w*, de *t* et de *s*.
   Montre ton travail au complet. Explique tes réponses.

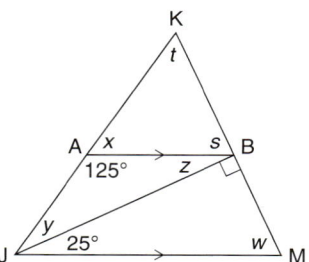

Spécialiste de la calculatrice

L'échelle d'une carte routière est de 1 cm pour 250 km.

Deux villes sont à une distance de 4,8 cm sur la carte. Quelle est la distance réelle entre les deux villes ?

La distance réelle entre deux autres villes est de 937 km. Quelle est la distance entre ces villes sur la carte ?

5. **Objectif d'évaluation**
   Utilise une reproduction de ce schéma. Mesure au moins un angle et inscris le résultat sur le schéma. Tu dois inscrire le plus petit nombre d'angles nécessaires pour trouver la mesure des autres angles.
   Attribue une variable à chaque angle dont la mesure n'est pas indiquée.
   Trouve la valeur de chaque variable. Explique tes réponses. Montre ton travail.

306 MODULE 7 : La géométrie

6. Le point O est le centre du cercle.
   Trouve les valeurs de x, de y,
   de z et de w.
   Explique comment tu le sais.

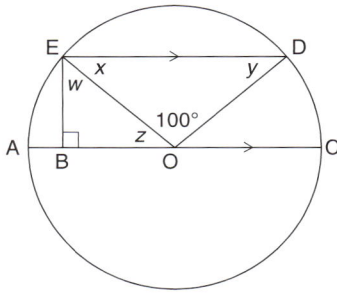

7. Utilise une règle et du papier ligné.
   Dessine un schéma dans lequel il y a des angles correspondants, des angles alternes-internes et des angles internes formés par des droites parallèles.
   Utilise un rapporteur pour mesurer un angle et inscris cette mesure sur ton schéma.
   Trouve la mesure des autres angles.
   Explique tes réponses.

8. Explique pourquoi $\angle$BCA et $\angle$ECD sont complémentaires.

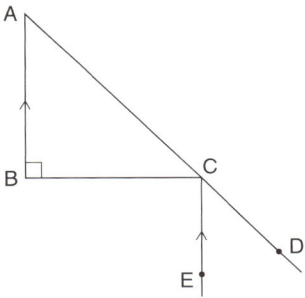

Va plus loin

9. Dans ce schéma, $\overline{AD}$ est-il parallèle à $\overline{BC}$? Explique ta réponse.

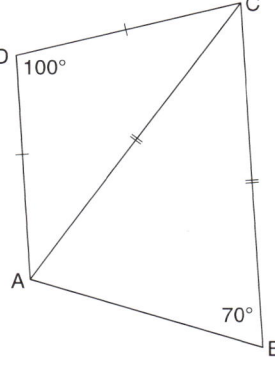

Réfléchis

Comment les variables peuvent-elles aider à résoudre des problèmes de géométrie ?
Explique ta réponse à l'aide d'exemples.

Les solutions vraisemblables et les conclusions

Katja invite 8 camarades à sa fête d'anniversaire, qui aura lieu dans 4 jours. L'âge de Katja, en années, sera 2 de moins que le double du nombre de personnes qu'elle invite. Quel âge Katja aura-t-elle à son anniversaire ? Laquelle de ces solutions est vraisemblable ?

a) 12   **b)** 14   **c)** 16   **d)** 18

Explique pourquoi 14 est la solution vraisemblable.

Pour t'assurer d'avoir une solution vraisemblable :

1. Trouve les éléments du problème (le contexte, les données mathématiques et l'énoncé du problème) pour t'aider à le comprendre. Réfléchis à ce qui pourrait être une solution vraisemblable.

2. Utilise des mots, des nombres, des images, des modèles, des organisateurs graphiques ou des symboles pour résoudre le problème. Écris comment tu as résolu le problème.

3. Fais un retour sur le problème :
   - Assure-toi que la solution a du sens en fonction du *contexte*.
   - Assure-toi que tu as utilisé les *données mathématiques* de façon appropriée.
   - Assure-toi que la solution répond au *problème*.

4. Écris une conclusion qui répond au problème.

Résoudre des problèmes de mathématiques	Reviens sur le problème et vérifie
Garde le contexte en tête.	La solution a-t-elle du sens dans ce contexte ?
Exécute le plan – Utilise des mots, des nombres, des figures, des dessins, des tableaux, des diagrammes ou des modèles ; fais part de tes résultats et compare-les avec ceux de tes camarades.	As-tu utilisé des données mathématiques vraisemblables et précises ?
	La solution répond-elle au problème ?
Élabore un plan – Discute, écoute les autres idées, cherche des régularités et des relations, choisis une stratégie, fais une estimation.	
Comprends le problème – Lis, discute, clarifie.	

- Le contexte
- Les données mathématiques
- L'énoncé du problème
- Écris des solutions

Communique tes solutions – Écris une conclusion

Math

Lire et écrire en

Il est courant d'utiliser une partie de l'énoncé du problème dans la conclusion.

Quel âge aura Katja à son anniversaire ?

Katja aura 14 ans à son anniversaire.

Ce que tu dois faire et ne pas faire quand tu résous des problèmes :

- Demande-toi toujours : « Est-ce que cela a du sens ? »
- Ne travaille pas sans rien noter.
- Cherche des régularités.
- Ne t'entête pas à utiliser une stratégie quand elle ne fonctionne pas.

Explique comment tu pourrais utiliser les données mathématiques de chaque problème pour en trouver la réponse. Quelles solutions sont vraisemblables ? Pourquoi ? Écris une conclusion pour chaque problème.

1. Il te faut suffisamment de gâteau pour servir 18 personnes. Un gâteau carré de 20 cm de côté permet de servir quatre personnes. De combien de gâteaux carrés de 30 cm de côté as-tu besoin pour servir des portions égales à 18 personnes ?
   a) 2   b) 4   c) 10   d) 12

2. Tu peux tracer exactement cinq diagonales à partir d'un sommet d'un polygone convexe. Combien de côtés le polygone a-t-il ?
   a) 4   b) 5   c) 6   d) 8

3. M. Danis veut encourager son fils Michel à épargner de l'argent. Chaque mois, quand Michel met 3 $ dans un compte d'épargne, M. Danis double la somme d'argent dans le compte. Michel a maintenant 90 $ dans son compte. Depuis combien de mois Michel épargne-t-il de l'argent ?
   a) 2   b) 3   c) 4   d) 5

4. Cent soixante-trois élèves font une sortie éducative. Un autobus peut transporter 60 élèves. Combien d'autobus faut-il en tout ?
   a) 2   b) 2,72   c) 3   d) 4

Le monde du travail

Ingénieure ou ingénieur en robotique

Dans les romans, dans les films et à la télévision, tu vois des robots qui ressemblent aux humains et qui agissent comme eux. Ces robots existent seulement dans la science-fiction. En fait, les scientifiques *travaillent* au développement de machines qui imitent certains gestes humains ou animaux. Des robots plus simples (par exemple, les bras robotisés tels que le Canadarm) sont d'ailleurs utilisés depuis des années.

Pense à cette tâche que peuvent faire les humains : visser une ampoule dans une douille. Cela paraît simple, n'est-ce pas ? La conception d'un robot qui peut accomplir cette tâche à plusieurs reprises sans faire d'erreurs est un exploit majeur d'ingénierie. Le robot doit avoir de la mobilité : il doit saisir l'ampoule, la retirer d'une boîte, l'aligner avec la douille, faire tourner l'ampoule dans la douille, s'élever à mesure que l'ampoule entre dans la douille et relâcher l'ampoule une fois qu'il a terminé. Le robot doit aussi avoir de la dextérité : une ampoule est fragile, et si le robot la tient trop serrée ou s'il tente de la faire entrer de force dans la douille quand l'ampoule n'est pas alignée, elle se cassera.

La conception de la mobilité d'un robot est un exercice de géométrie. Combien d'articulations ce bras robotisé doit-il avoir ? De quelle longueur devrait être chaque segment ? De quel angle le bras doit-il plier et de quelle fraction de tour doit-il tourner ? L'ingénieure ou l'ingénieur en robotique détermine la conception qui convient le mieux aux tâches que le robot devra effectuer. L'un des avantages que les robots possèdent par rapport aux machines industrielles simples est la possibilité de les programmer pour effectuer diverses tâches. Aujourd'hui, le robot peut visser des ampoules dans des douilles. La semaine prochaine, il pourrait visser de petits boulons dans des trous déjà percés. Ces tâches sont semblables, mais la géométrie est différente, et la programmation doit être modifiée en conséquence.

Donner de la mobilité et de la dextérité aux robots est un des plus grands défis auxquels font face les ingénieures et les ingénieurs en robotique d'aujourd'hui.

Révision du module

Ce que je dois savoir

✓ **Les droites sécantes**
Quand deux droites se coupent, les *angles opposés par le sommet* sont congrus.
∠MPN = ∠KPQ et ∠MPK = ∠NPQ

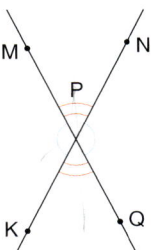

✓ **Les angles supplémentaires**
Les angles qui forment une droite ou un angle plat sont *supplémentaires.*
La somme des angles supplémentaires est égale à 180°.
∠KPM + ∠MPN = 180°

✓ **Les angles complémentaires**
Les angles qui forment un angle droit sont *complémentaires.*
La somme des angles complémentaires est égale à 90°.
∠QRT + ∠TRS = 90°

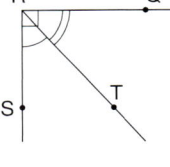

✓ **Les angles d'un triangle**
La *somme des angles* d'un triangle est égale à 180°.
- ∠A + ∠B + ∠C = 180°
- Dans un *triangle équilatéral*, tous les côtés et tous les angles sont congrus.
  Chaque angle d'un triangle équilatéral mesure 60°.
- Un *triangle isocèle* a deux côtés congrus et deux angles congrus.

✓ **La médiatrice**
La *médiatrice* d'un segment de droite divise le segment en deux parties égales.
La droite CD est la médiatrice du segment AB.
$\overline{AE} = \overline{EB}$
∠AEC = ∠CEB = 90°

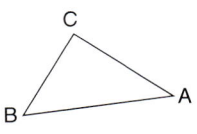

✓ La bissectrice

Une *bissectrice* divise un angle en deux angles congrus.
La droite QS est la bissectrice de ∠PQR.
∠PQS = ∠SQR

✓ Les droites parallèles et une sécante

$\overline{DE}$ est une sécante qui coupe les droites parallèles AC et FH.

- Les angles alternes-internes sont congrus.
  ∠CBG = ∠BGF et ∠ABG = ∠BGH
- Les angles correspondants sont congrus.
  ∠DBC = ∠BGH
  ∠DBA = ∠BGF
  ∠CBG = ∠HGE
  ∠ABG = ∠FGE
- Les angles internes sont supplémentaires.
  ∠CBG + ∠BGH = 180°
  ∠ABG + ∠BGF = 180°

Ce que je dois faire

Pour des exercices supplémentaires, va à la page 494.

LEÇONS

7.1

1. Examine ce schéma. Nomme :
   a) un angle supplémentaire à ∠BFC ;
   b) un angle complémentaire à ∠EFD ;
   c) un angle opposé par le sommet à ∠AFB ;
   d) un angle supplémentaire à ∠EFC ;
   e) un angle opposé par le sommet à ∠BFC.

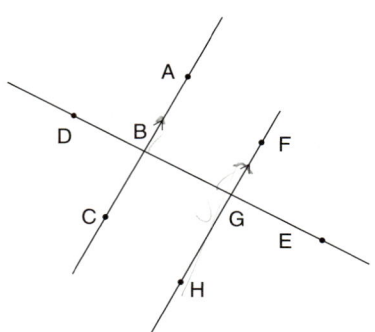

2. Dans le schéma de la question 1, ∠EFD mesure 25°. Trouve la mesure des angles suivants. Explique comment tu le sais.
   a) ∠AFE
   b) ∠AFB
   c) ∠BFC

3. Un angle mesure 34°. Quelle est la mesure de :
   a) son angle complémentaire ?
   b) son angle supplémentaire ?
   c) son angle opposé par le sommet ?

LEÇONS

7.2

4. Examine ce schéma.

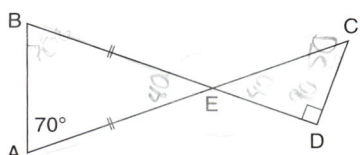

a) Nomme deux paires d'angles opposés par le sommet.
b) Nomme un triangle rectangle.
c) Nomme un triangle isocèle.
d) Trouve les mesures de ∠ABE, de ∠BEA, de ∠CED et de ∠ECD. Explique tes réponses.

5. Tu connais la mesure d'un des angles d'un triangle isocèle. Comment peux-tu trouver les mesures des deux autres angles ? Explique ta réponse et donne des exemples.

6. Les gens qui s'exercent à jouer d'un instrument de musique utilisent un métronome pour les aider à marquer la mesure. Il est possible d'ajuster la vitesse du pendule. À un moment précis, le pendule forme △ABC où ∠A = 75° et ∠B = 62°.

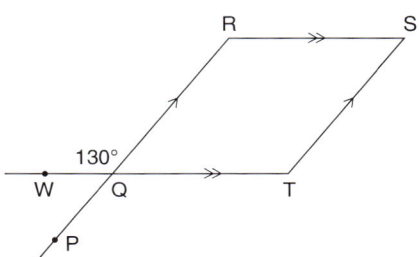

a) Trouve la mesure de ∠C.
b) À un autre moment, ∠B mesure 79°. Dessine le triangle formé. Trouve la nouvelle mesure de ∠C.

7. Tu dessines un triangle rectangle dont les angles se mesurent en degrés. Les mesures sont des nombres naturels.
a) Quel est le plus grand angle aigu possible dans ce triangle ? Explique ta réponse.
b) Quel est le plus petit angle aigu possible dans ce triangle ? Explique ta réponse.

7.3

8. Examine ce schéma.

a) Nomme deux paires de segments de droite parallèles.
b) Nomme quatre paires d'angles internes.
c) Trouve les mesures de ∠RQT, de ∠QRS, de ∠RST et de ∠STQ. Explique tes réponses.
d) Examine les résultats obtenus en c). Que t'apprennent ces résultats sur les angles opposés par le sommet dans un parallélogramme ?

7.4

9. a) Trace le segment de droite AB. Plie la feuille de papier pour construire la médiatrice.
b) Trace le segment de droite CD. Utilise un Mira pour construire la médiatrice.
c) Trace le segment de droite EF. Utilise une règle et un compas pour construire la médiatrice.

LEÇONS

7.4

d) Laquelle de ces trois méthodes est la plus précise ? Explique ta réponse.

10. a) Trace un angle aigu, ∠BAC. Plie la feuille de papier pour construire la bissectrice.
    b) Trace un angle droit, ∠DEF. Utilise un Mira pour construire la bissectrice.
    c) Trace un angle obtus, ∠GHJ. Utilise une règle et un compas pour construire la bissectrice.
    d) Laquelle de ces trois méthodes est la plus précise ? Explique ta réponse.

7.5

11. Construis chaque triangle à l'aide d'une règle et d'un compas seulement.
    a) △ABC où ∠A = 90°, ∠B = 60° et ∠C = 30°
    b) △DEF où ∠D = 120°, ∠E = 45° et ∠F = 15°

7.6

12. Examine ce schéma.

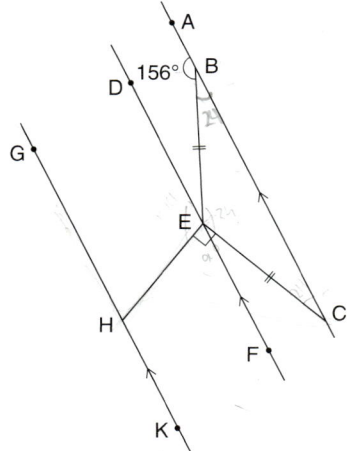

a) Nomme 3 droites parallèles.
b) Nomme un triangle isocèle.
c) Trouve la mesure des angles suivants. Explique tes réponses.
   I) ∠BCE   II) ∠CEF
   III) ∠FEH   IV) ∠EHG
   V) ∠HED   VI) ∠HEB

13. Voici deux immeubles. Une ouvrière se tient sur le toit du plus petit des deux immeubles. Elle regarde vers le toit de l'immeuble qui est plus grand.

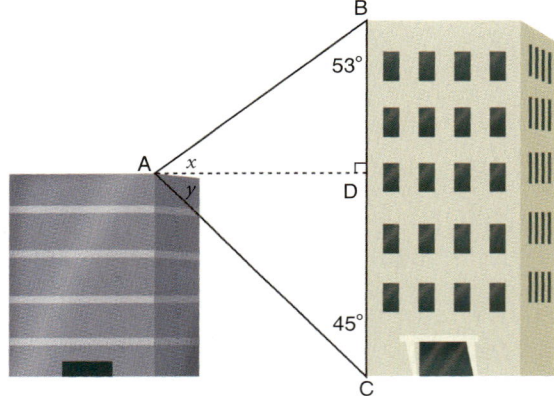

a) Quel est l'angle d'élévation, x ?
b) L'ouvrière regarde ensuite vers la base de l'immeuble qui est plus grand. Quel est l'angle d'inclinaison, y ?
c) Quelle est la mesure de ∠BAC ?
d) Quelle est la somme des angles dans △ABC ? Les réponses que tu as données en a) et en b) sont-elles correctes ? Comment le sais-tu ?

Test pratique

1. a) Quel angle est à la fois un angle complémentaire et un angle supplémentaire ? Explique ta réponse.

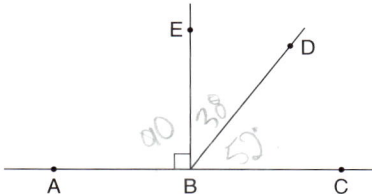

b) Suppose que ∠EBD mesure 38°.
Explique une façon de trouver les mesures de ∠DBC et de ∠ABD.

2. Dans le schéma ci-dessous à gauche, trouve les valeurs de v, de w, de x et de y. Explique tes réponses.

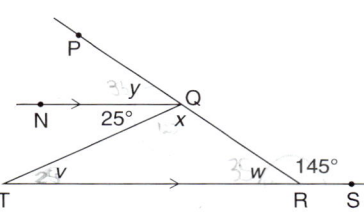 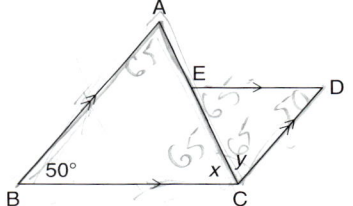

3. Dans le schéma ci-dessus à droite, trouve les mesures de ∠DCB, de ∠DCE et de ∠CAB. Explique tes réponses.
Que peux-tu dire au sujet de △ABC et de △CDE ?
Explique ta réponse.

4. a) Dessine un grand triangle acutangle, △ABC.
Construis les bissectrices. Utilise une méthode différente pour chaque bissectrice.
b) Dessine un grand triangle obtusangle, △DEF.
Construis la médiatrice de chaque côté.
Utilise une méthode différente pour chaque médiatrice.
Décris chaque méthode que tu utilises.

5. Examine ce schéma. Quels sont les angles dont tu *ne* peux *pas* trouver les mesures ?
Explique ce que tu dois connaître pour trouver les mesures.

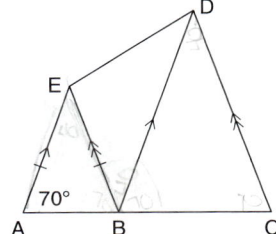

Test pratique **315**

Problème du module — Conçois une bannière

Tu dois concevoir une des bannières d'une série de bannières mathématiques qui seront accrochées à des poteaux à l'extérieur de l'école.

Tu dois créer ton motif sur 4 feuilles de papier de grand format. Ton motif doit comprendre :
- des figures géométriques, y compris des triangles ;
- des droites parallèles et des sécantes ;
- des constructions géométriques.

Travaille en équipe de quatre.
Fais un remue-méninges avec tes camarades pour trouver un thème et des idées de motif pour la bannière.
Fais un croquis de ta bannière. Chaque élève s'occupe d'une section de la bannière. Assure-toi que la régularité ou le motif continue d'un côté à l'autre d'un joint. Crée ta bannière.

Sur un croquis de la bannière, montre toutes les lignes de construction.

Tu peux également utiliser *Cybergéomètre* pour faire voir chaque ligne de construction de ta bannière.

Décris ta bannière dans un court texte.

Explique ton choix de motif ou de régularité et la façon dont il se rapporte aux concepts de géométrie étudiés dans ce module.

Liste de contrôle

Ton travail devrait montrer :

✓ un croquis détaillé, y compris les lignes de construction ;

✓ une description des figures et des angles de ta section de la bannière ;

✓ ta compréhension du vocabulaire et des concepts de la géométrie ;

✓ les méthodes de construction que tu as utilisées.

Retour sur le module

Résume ce que tu as appris sur les angles formés par des droites sécantes et des droites parallèles, ainsi que sur les angles d'un triangle.

Fais ton résumé par écrit et joins-y des schémas.

Problème multidomaine

Emballe ça !

Travaille avec une ou un camarade.

Tu travailles pour une entreprise d'emballage.
Tu as une feuille de carton mince qui mesure 28 cm sur 43 cm.
Tu utilises la feuille pour construire un prisme triangulaire qui a le plus grand volume possible. Les faces triangulaires du prisme sont des triangles rectangles isocèles.

Quand tu auras terminé ce **Problème multidomaine,** remets un rapport qui décrit ton travail à ton enseignante ou à ton enseignant.

Partie 1

Voici un prisme et son développement.

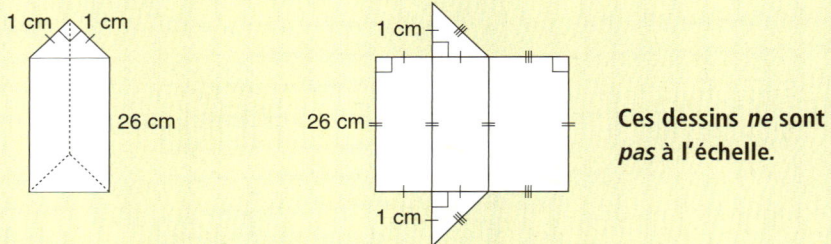

Ces dessins *ne* sont *pas* à l'échelle.

La base et la hauteur des faces triangulaires du prisme mesurent chacune 1 cm.

Augmente la base et la hauteur des faces triangulaires de 1 cm chaque fois.
Calcule la longueur et le volume du prisme.
Transcris et remplis ce tableau.

Matériel :
- des feuilles de papier de 28 cm sur 43 cm
- une feuille de carton mince de 28 cm sur 43 cm
- une règle graduée en centimètres
- du papier quadrillé à 0,5 cm
- des ciseaux
- du ruban adhésif

| Face triangulaire | | | Longueur du prisme (en cm) | Volume du prisme (en cm^3) |
Base (em cm)	Hauteur (en cm)	Aire (en cm^2)		
1	1			
2	2			

Continue d'augmenter la base et la hauteur des faces triangulaires. Au besoin, utilise une feuille de papier pour dessiner chaque développement.

La longueur du prisme diminue chaque fois. De cette façon, le développement tient toujours sur une feuille de papier.

➤ Quand sais-tu que le tableau est complet ?
➤ Quelles régularités vois-tu dans le tableau ? Explique ta réponse.
➤ Selon le tableau, quel est le plus grand volume du prisme ? Quelles sont ses dimensions ?

Partie 2

Utilise du papier quadrillé à 0,5 cm.

Construis un diagramme du *volume* en fonction de la *base d'une face triangulaire*. Relie les points.

➤ Quelles conclusions peux-tu tirer de ce diagramme ?
➤ Comment peux-tu trouver le volume le plus grand à partir du diagramme ?

Partie 3

Utilise une pièce de carton mince de 28 cm sur 43 cm. Construis le développement de ton prisme.

Découpe ton développement, puis plie-le et colle-le pour former le prisme.

Va plus loin

Le prisme qui a le plus grand volume a-t-il également la plus grande aire totale ? Écris un court texte sur ce que tu as découvert.

Emballe ça ! **319**

MODULE 8
Les racines carrées et le théorème de Pythagore

Les grands constructeurs sont parfois de grands mathématiciens. Ce sont des spécialistes de la géométrie. Examine l'architecture sur ces pages. Quels aspects de la géométrie y vois-tu ?

Dans le présent module, tu développeras des stratégies pour mesurer des distances que les nombres naturels, les fractions et les nombres décimaux ne permettent pas d'exprimer avec exactitude.

Tes objectifs d'apprentissage

- Faire lien entre l'aire d'un carré et la longueur de son côté.
- Comprendre que la racine carrée d'un carré non parfait est approximative.
- Estimer et calculer la racine carrée d'un nombre naturel.
- Tracer un cercle dont l'aire est donnée.
- Étudier et employer le théorème de Pythagore.

Pourquoi est-ce important ?

Le théorème de Pythagore te permet de mesurer des distances qui seraient impossibles à mesurer avec une règle. Il permet aux ouvriers de construire des coins parfaits sans rapporteur.

Mots clés

- un nombre carré
- un carré parfait
- une racine carrée
- un nombre irrationnel
- une hypoténuse
- le théorème de Pythagore
- un triplet de Pythagore

MODULE 8

Utilise tes connaissances

Les aires d'un carré et d'un triangle

L'**aire** est la portion de surface qu'une figure couvre. L'aire se mesure en unités carrées.

Exemple 1

Détermine l'aire de chaque figure.

a)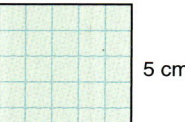
5 cm

b)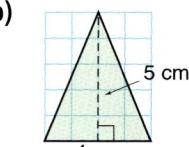
5 cm
4 cm

Réponses

a) La figure est un carré.
L'aire d'un carré est : $A = c^2$.
Effectue la substitution : $c = 5$.
$A = 5^2$
$ = 5 \times 5$
$ = 25$
L'aire est de 25 cm².

b) La figure est un triangle.
L'aire d'un triangle est : $A = \frac{1}{2}bh$.
Effectue les substitutions : $b = 4$ et $h = 5$.
$A = \frac{1}{2}(4 \times 5)$
$ = \frac{1}{2}(20)$
$ = 10$
L'aire est de 10 cm².

✓ Vérifie

1. Détermine l'aire de chaque figure.

a)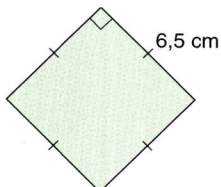
6,5 cm

b)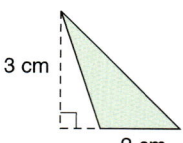
3 cm
2 cm

c)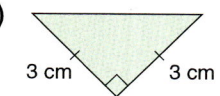
3 cm   3 cm

d)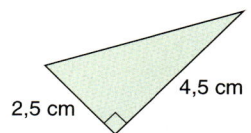
2,5 cm   4,5 cm

322   MODULE 8 : Les racines carrées et le théorème de Pythagore

Les nombres carrés

Quand tu multiplies un nombre par lui-même, tu l'élèves au carré.
Pour écrire un **nombre carré,** tu utilises un exposant.
4^2 signifie $4 \times 4 = 16$.
Tu dis : « Quatre au carré égale seize. »
16 est un nombre carré, ou **carré parfait.**
Pour représenter un nombre carré, tu peux tracer un carré dont l'aire est égale au nombre carré.

Exemple 2

Montre que 49 est un nombre carré. Explique ta réponse à l'aide de symboles, de mots et d'un schéma.

Réponses

À l'aide de symboles : $49 = 7 \times 7 = 7^2$.
À l'aide de mots : « Sept au carré égale quarante-neuf. »

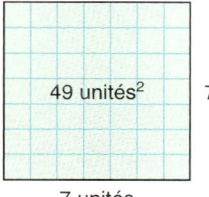

2. Montre que 36 est un nombre carré. Explique ta réponse à l'aide d'un schéma, de symboles et de mots.

3. Écris chaque nombre à la forme exponentielle.
   a) 25   b) 81   c) 64   d) 169

4. Écris les 15 premiers nombres carrés.

5. Voici les 3 premiers nombres triangulaires.

 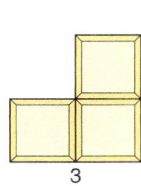 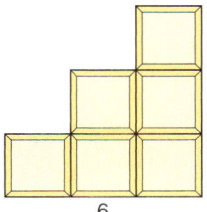

a) Écris les 3 nombres triangulaires suivants.
b) Additionne des nombres triangulaires consécutifs. Que remarques-tu ? Explique ta réponse.

Les racines carrées

Élever un nombre au carré et trouver une **racine carrée** sont des opérations inverses.
Par exemple, $7^2 = 49$ et $\sqrt{49} = 7$.

Tu peux représenter une racine carrée par un schéma.
L'*aire* d'un carré indique le *nombre carré*.
La *longueur du côté* du carré indique une *racine carrée* du nombre carré.
Tu dis : « Six est la racine carrée de 36. »
Tu écris : $\sqrt{36} = 6$.

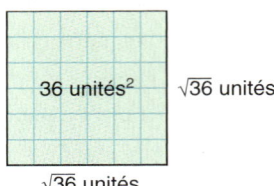

Exemple 3

Trouve la racine carrée de 64.

Réponses

1re méthode

Pense à un nombre qui, multiplié par lui-même, égale 64.

$$8 \times 8 = 64$$

Donc, $\sqrt{64} = 8$.

2e méthode

Représente-toi un carré dont l'aire est de 64 unités^2.
Trouve la longueur de son côté.

$$64 = 8 \times 8$$

Donc, $\sqrt{64} = 8$.

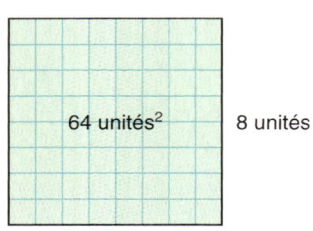

✓ Vérifie

6. Trouve chaque racine carrée.

a) $\sqrt{1}$ b) $\sqrt{25}$ c) $\sqrt{81}$ d) $\sqrt{9}$

e) $\sqrt{16}$ f) $\sqrt{100}$ g) $\sqrt{121}$ h) $\sqrt{225}$

8.1 Construire et mesurer des carrés

Objectif Utiliser l'aire d'un carré pour déterminer la longueur d'un segment de droite.

Tous les carrés sont *semblables*.
Leur taille varie, mais pas leur forme.
De combien de façons peux-tu décrire un carré ?

Explore

Travaille avec une ou un camarade.
Tu as besoin de papier quadrillé à 1 cm.
Reproduis les carrés ci-dessous.
Sans règle, trouve l'aire et la longueur du côté de chaque carré.

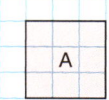 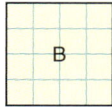 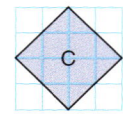 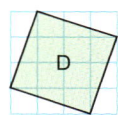

Quels autres carrés peux-tu dessiner dans un quadrillage de 4 sur 4 ?
Détermine l'aire et la longueur du côté de chaque carré.
Note toutes tes mesures dans un tableau.

Explique ton raisonnement

Combien de carrés as-tu dessinés ? Décris toutes les régularités que tu vois dans tes mesures. Comment as-tu déterminé l'aire et la longueur du côté de chaque carré ? Comment as-tu écrit la longueur du côté des carrés C et D ?

Découvre

Pour déterminer l'aire ou la longueur du côté d'un carré, tu peux utiliser les propriétés du carré.

Aire d'un carré = longueur × longueur
$\qquad\qquad\quad$ = (longueur)^2

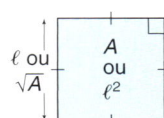

Quand la longueur du côté est de l, l'aire est de l^2.
Quand l'aire est de A, la longueur du côté est de $\sqrt{A}$.

Exemple 1

Un carré mesure 10 cm de côté.
Quelle est l'aire du carré ?

Réponses

Aire = (longueur)² ou $A = l^2$
$A = 10^2$
$ = 100$
L'aire est de 100 cm².

Exemple 2

Un carré a une aire de 81 cm².
Quelle est la longueur du côté du carré ?

Réponses

Longueur = $\sqrt{\text{aire}}$ ou $l = \sqrt{A}$
$l = \sqrt{81}$
$ = 9$
Le côté mesure 9 cm de longueur.

Pour calculer la longueur d'un segment dans un quadrillage, tu peux comparer ce segment au côté d'un carré.

Pour trouver la longueur du segment de droite AB : Construis un carré à partir du segment. Trouve l'aire du carré. Alors, la longueur du segment est la racine carrée de l'aire.

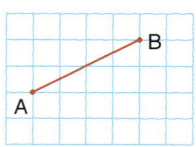

Pour construire un carré à partir du segment AB : Fais subir à $\overline{AB}$ une rotation de 90° dans le sens inverse des aiguilles d'une montre autour de A ; tu obtiens le segment AC.
Fais subir à $\overline{AC}$ une rotation de 90° dans le sens inverse des aiguilles d'une montre autour de C ; tu obtiens le segment CD.
Fais subir à $\overline{CD}$ une rotation de 90° dans le sens inverse des aiguilles d'une montre autour de D ; tu obtiens le segment DB.

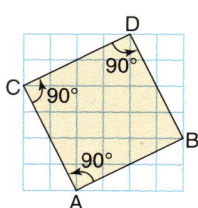

Voici deux méthodes qui permettent de déterminer l'aire du carré.

1re méthode

Trace un carré contenant et soustrais les aires.
Trace le carré EFGH sur des lignes du quadrillage
pour que chaque sommet de ABDC touche
un côté du carré contenant.

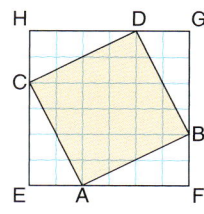

L'aire de EFGH = 6^2 unités^2
         = 36 unités^2

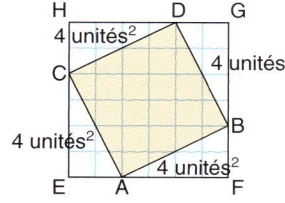

Les triangles formés par le carré contenant sont congruents.
L'aire de chaque triangle est : $\frac{1}{2}(4)(2)$ unités^2 = 4 unités^2.
Donc, l'aire des 4 triangles est : 4×4 unités^2 = 16 unités^2.

L'aire de ABDC = aire de EFGH − aire des triangles
         = 36 unités^2 − 16 unités^2
         = 20 unités^2

Donc, la longueur du côté de ABDC est : $\overline{AB} = \sqrt{20}$ unités.

2e méthode

Découpe le carré en figures plus petites.
Découpe et déplace deux triangles pour former
une figure dont les côtés suivront les lignes
du quadrillage.

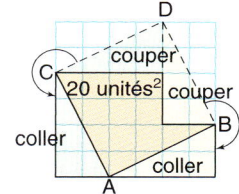

Compte les petits carrés pour trouver l'aire.
L'aire de la nouvelle figure est de 20 unités^2.
Donc, l'aire du carré ABDC = 20 unités^2.
Et la longueur du côté du carré, $\overline{AB} = \sqrt{20}$ unités.

Comme 20 n'est pas un nombre carré, tu ne peux pas écrire $\sqrt{20}$
en nombre naturel. Plus loin dans le module, tu apprendras à trouver
le nombre décimal qui représente la valeur approximative de $\sqrt{20}$.

À ton tour

1. Simplifie ces expressions.

   a) 3^2 b) $\sqrt{1}$ c) 4^2 d) $\sqrt{64}$
   e) 7^2 f) $\sqrt{144}$ g) 10^2 h) $\sqrt{169}$
   i) 6^2 j) $\sqrt{121}$ k) 12^2 l) $\sqrt{625}$

Stratégie numérique

Un cube a une aire totale de 96 cm². Trouve l'aire d'une des faces du cube. Trouve la longueur d'une des arêtes du cube.

2. Reproduis chaque carré sur du papier quadrillé. Détermine l'aire du carré. Ensuite, écris la longueur du côté du carré.

a) 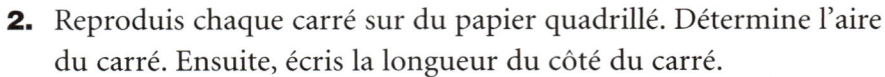 b) c)

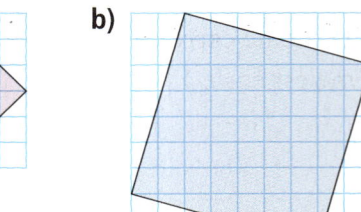
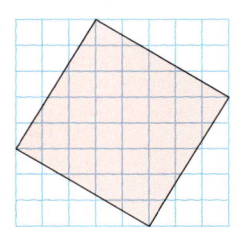

3. Détermine la longueur du côté de chaque carré à partir de son aire, A. Quelles longueurs de côté sont des nombres naturels ?
   a) $A = 36$ cm² b) $A = 49$ m² c) $A = 95$ cm² d) $A = 108$ m²

4. Reproduis chaque segment de droite sur du papier quadrillé. Construis un carré à partir de chaque segment.
   Détermine l'aire du carré et la longueur du segment de droite.

a)  b)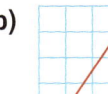

c)  d)

5. La grande pyramide de Gizeh est la plus haute pyramide du monde. Sa base carrée a une aire d'environ 52 441 m². Quelle est la longueur de chaque côté de la base ?

6. **Objectif d'évaluation** Sur du papier à points quadrillé, trace un carré dont l'aire est de 2 unités². Explique par écrit comment tu sais que ton carré mesure 2 unités².

Va plus loin

7. Tu connais la longueur de la diagonale d'un carré. Comment peux-tu déterminer la longueur du côté de ce carré ? Explique ta réponse.

Réfléchis

Quelle relation y a-t-il entre les racines carrées et les exposants ? Quelle relation y a-t-il entre l'aire d'un carré et la longueur de son côté ? Comment utiliserais-tu cette relation pour déterminer la longueur d'un segment de droite ? Explique ta réponse et donne un exemple.

8.2 Estimer des racines carrées

Objectif Élaborer des stratégies pour estimer des racines carrées.

Tu sais que la racine carrée d'un nombre multipliée par elle-même est égale à ce nombre.
Par exemple : $\sqrt{121} = \sqrt{11 \times 11}$
$= 11$

Tu sais aussi que la racine carrée d'un nombre est la longueur du côté d'un carré dont l'aire est égale au nombre.
Par exemple : $\sqrt{9} = 3$

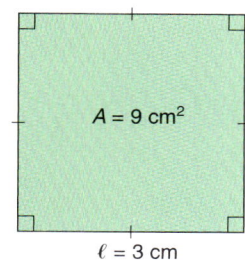

$A = 9$ cm^2

$\ell = 3$ cm

Explore

Travaille avec une ou un camarade.
Reproduis la droite numérique ci-dessous. Situe chaque racine carrée sur la droite numérique pour montrer sa valeur approximative en nombre décimal : $\sqrt{2}$, $\sqrt{5}$, $\sqrt{9}$, $\sqrt{18}$, $\sqrt{24}$.
Tu peux utiliser du papier quadrillé.

Explique ton raisonnement

Compare tes réponses avec celles des élèves d'une autre équipe.
Quelles stratégies as-tu utilisées pour estimer les racines carrées ?
Comment vérifierais-tu ces racines carrées à l'aide d'une calculatrice ?

8.2 Estimer des racines carrées **329**

Découvre

Voici une façon d'estimer la valeur de $\sqrt{20}$:
Trouve le nombre carré le plus proche de 20, mais plus grand que 20.
Ce nombre est 25.
Sur du papier quadrillé, trace un carré dont l'aire est de 25.
Le côté du carré mesure $\sqrt{25} = 5$.
Trouve le nombre carré le plus proche de 20, mais plus petit que 20.
Ce nombre est 16.
Trace un carré dont l'aire est de 16.
Le côté du carré mesure $\sqrt{16} = 4$.
Trace les carrés de manière qu'ils se chevauchent.

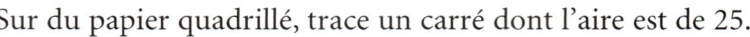

Le carré dont l'aire est de 20 se situe entre les deux carrés précédents.
Son côté mesure $\sqrt{20}$.
20 se situe entre 16 et 25, mais est plus proche de 16.
$\sqrt{20}$ se situe entre $\sqrt{16}$ et $\sqrt{25}$, mais est plus proche de $\sqrt{16}$.
Donc, $\sqrt{20}$ se situe entre 4 et 5, mais est plus proche de 4.
4,4 est une estimation de $\sqrt{20}$.

L'**Exemple** montre une autre façon d'estimer $\sqrt{20}$.

Exemple

À l'aide d'une droite numérique et d'une calculatrice, estime $\sqrt{20}$.

Réponses

Rappelle-toi les carrés parfaits les plus proches de $\sqrt{20}$.

$\sqrt{20}$ se situe entre 4 et 5, mais est plus proche de 4.
À l'aide d'une calculatrice, précise ton estimation en faisant
des prédictions et des vérifications.
Essaie 4,4 : $4,4 \times 4,4 = 19,36$ (trop petit)
Essaie 4,5 : $4,5 \times 4,5 = 20,25$ (trop grand)
Essaie 4,45 : $4,45 \times 4,45 = 19,8025$ (trop petit)
Essaie 4,46 : $4,46 \times 4,46 = 19,8916$ (trop petit)
Essaie 4,47 : $4,47 \times 4,47 = 19,9809$ (très proche)
4,47 est une estimation rapprochée de $\sqrt{20}$.

À ton tour

1. Reproduis ce schéma sur du papier quadrillé. Estime la valeur de $\sqrt{7}$.

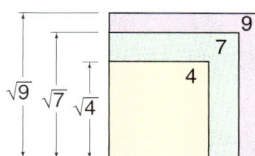

2. Utilise la droite numérique ci-dessous.
   a) Quelles positions sont de bonnes estimations des racines carrées ? Explique ton raisonnement.
   b) À l'aide de la droite numérique, estime la valeur de chaque racine carrée mal positionnée.

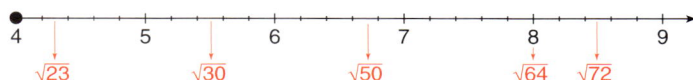

Calcul mental

Estime les expressions. Quelles stratégies as-tu utilisées ?
- $\frac{3}{4}$ de 70
- $\frac{2}{3}$ de 55
- $\frac{5}{8}$ de 100
- $\frac{1}{5}$ de 299

3. Entre quels nombres naturels consécutifs se situe chaque racine carrée ? Comment le sais-tu ?
   a) $\sqrt{5}$ b) $\sqrt{11}$ c) $\sqrt{57}$ d) $\sqrt{38}$ e) $\sqrt{171}$

4. Écris cinq racines carrées dont les valeurs se situent entre 9 et 10. Explique ta stratégie.

5. Indique si chaque énoncé est vrai ou faux. Explique tes réponses.
   a) $\sqrt{17}$ se situe entre 16 et 18.
   b) $\sqrt{5} + \sqrt{5}$ est plus grand que $\sqrt{10}$.
   c) $\sqrt{131}$ se situe entre 11 et 12.

6. Estime la valeur de chaque racine carrée à l'aide de la stratégie « prédis et vérifie ». Note chaque prédiction.
   a) $\sqrt{23}$ b) $\sqrt{13}$ c) $\sqrt{78}$ d) $\sqrt{135}$ e) $\sqrt{62}$

Pour arrondir au millimètre près une longueur donnée en centimètres, tu dois l'arrondir au dixième le plus proche.

7. Détermine la longueur approximative du côté de chaque carré dont l'aire est donnée. Donne tes réponses au millimètre près.
   a) 92 cm²   b) 430 m²   c) 150 cm²   d) 29 m²

8. Un jardin carré a une aire de 138 m².
   a) Quelles sont les dimensions approximatives du jardin ?
   b) Quelle longueur de clôture faudrait-il pour entourer le jardin ?

8.2 Estimer des racines carrées

Va plus loin

9. **Objectif d'évaluation** Une élève désire peindre un tableau sur une toile de 1 m carré. Elle veut que l'aire de son tableau, une fois encadré, soit le double de l'aire de la toile.
Quelles sont les dimensions du cadre carré? Montre ton travail.

10. La plupart des salles de classe sont rectangulaires.
Prends les dimensions de ta salle de classe.
Calcule l'aire de la salle.
Quelles seraient les dimensions de ta salle de classe si elle était carrée?

11. Un tapis carré recouvre 75 % de l'aire d'un plancher.
Le plancher mesure 8 m sur 8 m.

8 m

8 m

a) Quelles sont les dimensions du tapis?
b) Quelle aire du plancher n'est pas recouverte de tapis?

12. Le produit de deux carrés parfaits est-il parfois un carré parfait? Est-il toujours un carré parfait? Effectue une recherche pour le découvrir. Présente les résultats de ta recherche par écrit.

Un palindrome est un nombre qui se lit de la même façon de gauche à droite et de droite à gauche.

13. a) Trouve la racine carrée de chaque palindrome.
   I) $\sqrt{121}$
   II) $\sqrt{12\,321}$
   III) $\sqrt{1\,234\,321}$
   IV) $\sqrt{123\,454\,321}$

b) Prolonge la suite. Écris les 4 palindromes suivants et leur racine carrée.

Réfléchis

Comment peux-tu trouver le périmètre d'un carré dont tu connais l'aire? Quelle méthode préfères-tu pour estimer la racine carrée d'un nombre qui n'est pas un carré parfait? Explique ton choix.

Ça passe ou ça casse

RÈGLES DU JEU

Ton enseignante ou ton enseignant te remettra 3 feuilles de cartes de jeu. Découpe les 54 cartes.

1. Place les cartes 1, 5 et 9 sur la table. Dispose-les de façon à pouvoir insérer plusieurs autres cartes entre elles. Mêle les autres cartes. Donne six cartes à chaque joueuse ou joueur.

2. Toutes les cartes sur la table doivent être placées par ordre croissant.
   À tour de rôle, les joueurs placent une carte de manière qu'elle touche à une autre carte déjà sur la table.
   - Tu peux placer une carte à droite d'une autre si sa valeur est supérieure.
   - Tu peux placer une carte à gauche d'une autre si sa valeur est inférieure.
   - Tu peux placer une carte sur une autre si sa valeur est égale.
   - Tu ne peux pas placer une carte entre deux cartes qui se touchent déjà.

Dans cet exemple, la carte $\sqrt{16}$ ne peut pas être placée, car les cartes 3,5 et 5 se touchent. Tu ne peux donc pas placer cette carte pendant la manche en cours.

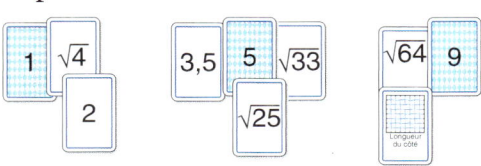

3. Place le plus grand nombre possible de cartes. Quand personne ne peut plus placer de cartes, la manche prend fin. Le nombre de cartes qu'il te reste en main représente ton pointage. La joueuse ou le joueur qui a le plus petit pointage après cinq manches gagne la partie.

MATÉRIEL

1 jeu de cartes ÇA PASSE OU ÇA CASSE
des ciseaux

NOMBRE DE JOUEURS

De 2 à 4

BUT DU JEU

Obtenir le plus petit pointage possible.

À quels autres jeux pourrais-tu jouer avec ces cartes ? Mets tes idées à l'essai.

Étudier les racines carrées à l'aide d'une calculatrice

Objectif : Utiliser une calculatrice pour étudier les racines carrées.

➤ Tu peux utiliser une calculatrice pour calculer une racine carrée. Pour trouver la racine carrée de 16 :
Sur la calculatrice, appuie
sur : $\boxed{\sqrt{}}$ 16 $\boxed{)}$ $\boxed{\text{ENTER} =}$. Tu obtiens 4.
4 est la racine carrée de 16.

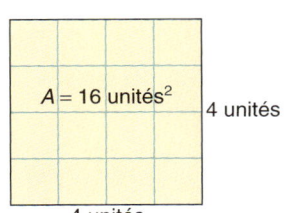

Pour vérifier, multiplie.
Appuie sur : 4 $\boxed{\times}$ 4 $\boxed{\text{ENTER} =}$. Tu obtiens 16.

Si tu utilisais une calculatrice différente, sur quelles touches appuierais-tu pour trouver des racines carrées ?

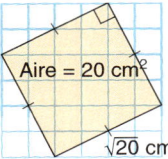

➤ De nombreuses racines carrées ne sont pas des nombres naturels. Pour trouver la racine carrée de 20 :
Sur la calculatrice,
appuie sur : $\boxed{\sqrt{}}$ 20 $\boxed{)}$ $\boxed{\text{ENTER} =}$. Tu obtiens 4,472135955.
4,5 est la racine carrée approximative de 20.

➤ Pour étudier ce qui arrive, vérifie ta réponse.
Compare l'utilisation d'une calculatrice scientifique et d'une calculatrice à 4 fonctions.
Sur une calculatrice à 4 fonctions,
appuie sur : 20 $\boxed{\sqrt{}}$ $\boxed{\times}$ 20 $\boxed{\sqrt{}}$ $\boxed{=}$.
Quel résultat obtiens-tu ?
Sur une calculatrice scientifique,
appuie sur : $\boxed{\sqrt{}}$ 20 $\boxed{)}$ $\boxed{\times}$ $\boxed{\sqrt{}}$ 20 $\boxed{)}$ $\boxed{\text{ENTER} =}$.
Quel résultat obtiens-tu ?
Quel résultat est exact ? Comment le sais-tu ?

➤ Regarde ce qui arrive quand tu calcules 4,472135955 × 4,472135955 sur les deux calculatrices. Quel résultat obtiendrais-tu si tu effectuais la multiplication sur papier ? T'attendrais-tu à un nombre naturel ou à un nombre décimal ? Explique ta réponse.

Rappelle-toi ce que tu as appris dans le module 6 : π est un autre nombre irrationnel.

➤ $\sqrt{20}$ ne s'exprime pas exactement par un nombre décimal. Dans le nombre décimal qui représente $\sqrt{20}$, les décimales ne se répètent jamais et ne se terminent jamais. $\sqrt{20}$ est ce qu'on appelle un **nombre irrationnel**.

MODULE 8 : Les racines carrées et le théorème de Pythagore

Quand l'aire d'un cercle est donnée, tu peux calculer le rayon du cercle à l'aide de racines carrées.

L'aire, A, d'un cercle est d'environ $3r^2$.
Donc, r^2 est environ $\frac{1}{3}$ de A, ou $\frac{A}{3}$.
De même, l'aire $A = \pi r^2$; donc $r^2 = \frac{A}{\pi}$.
Pour trouver r, tu prends la racine carrée.
Donc, $r = \sqrt{\frac{A}{\pi}}$.
Cette formule te permet de calculer le rayon d'un cercle dont tu connais l'aire.

Un tapis circulaire a une aire de 11,6 m².
Pour calculer le rayon du tapis, utilise : $r = \sqrt{\frac{A}{\pi}}$.
Effectue la substitution : $A = 11,6$.
$r = \sqrt{\frac{11,6}{\pi}}$
Utilise une calculatrice.
Appuie sur :  11,6 ÷ π) ENTER .
Tu obtiens 1,92156948.

$r \approx 1,92$

Le rayon du tapis est d'environ 1,92 m au centimètre près.

Vérifie

1. Calcule le rayon et le diamètre de chaque cercle. Donne ta réponse au dixième le plus proche.

   a)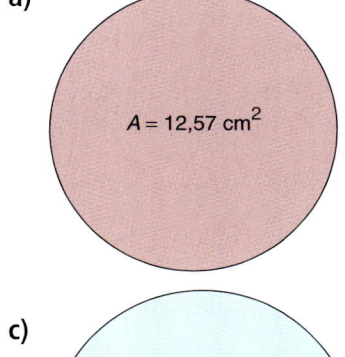
      $A = 12,57$ cm²

   b)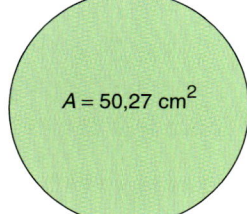
      $A = 50,27$ cm²

   c)
      $A = 201,06$ cm²

   d)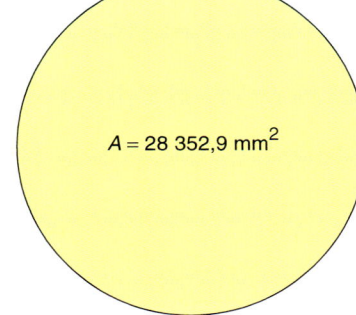
      $A = 28\ 352,9$ mm²

2. Trace chaque cercle de la question 1.

Révision de mi-module

LEÇONS

8.1 1. Reproduis chaque carré sur du papier quadrillé à 1 cm.
   I) Détermine l'aire du carré.
   II) Écris la racine carrée qui représente la longueur du côté du carré.
   III) Quelles aires peux-tu écrire à la forme exponentielle ? Explique ta réponse.

   a)    b)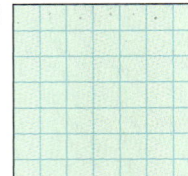

   c)

2. a) Un carré a une aire de 24 cm². Quelle est la longueur du côté du carré ?
   b) Un carré mesure 9 cm de côté. Quelle est l'aire du carré ?
   c) À l'aide de schémas, de symboles et de mots, explique la relation entre des racines carrées et des nombres carrés.

8.1
8.2 3. Reproduis ce carré sur du papier quadrillé à 1 cm.

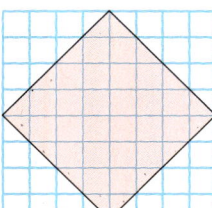

   a) Quelle est l'aire du carré ?
   b) Écris la racine carrée qui représente la longueur du côté du carré.
   c) Estime la longueur du côté au millimètre près.

8.2 4. Indique les deux nombres naturels consécutifs entre lesquels chaque racine carrée se situe. Explique ta réponse.
   a) $\sqrt{3}$ b) $\sqrt{65}$
   c) $\sqrt{57}$ d) $\sqrt{30}$

5. Quelle est la racine carrée de 100 ? À partir de cette donnée, prédis la racine carrée de chaque nombre. Vérifie tes réponses à l'aide d'une calculatrice.
   a) 900   b) 2500
   c) 400   d) 8100
   e) 10 000   f) 1 000 000

6. a) Trace un cercle dont l'aire est de 113 cm².
   b) L'aire du cercle en a) est-elle de 113 cm² exactement ? Comment le sais-tu ?

7. L'ouverture du tuyau d'admission d'air d'une chaudière est circulaire. Son aire est de 550 cm². Quel est le rayon du tuyau ? Quel est le diamètre du tuyau ? Donne tes réponses au millimètre près.

8. Le dessus d'un socle circulaire a une aire de 4050 cm². Quel est le rayon du cercle ? Donne ta réponse au millimètre près.

8.3 Le théorème de Pythagore

Objectif : Découvrir une relation entre les longueurs des côtés d'un triangle rectangle.

Dans la **leçon 8.1**, tu as appris à utiliser les propriétés d'un carré pour déterminer la longueur d'un segment de droite.

Tu vas maintenant utiliser les propriétés d'un triangle rectangle pour déterminer la longueur d'un segment de droite. Dans un triangle rectangle, deux côtés forment un angle droit. Le troisième côté, opposé à l'angle droit, est l'**hypoténuse**.

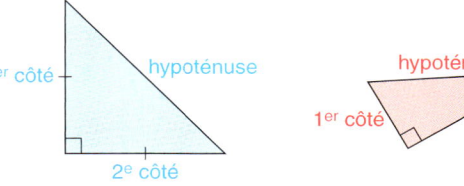

Triangle rectangle isocèle   Triangle rectangle scalène

Explore

Travaille individuellement.
Tu as besoin de papier quadrillé.

Pour vérifier si les angles du carré sont des angles droits, utilise le coin d'une feuille de papier ou un rapporteur.

➢ Reproduis le segment AB. Détermine la longueur du segment en construisant un carré à partir de celui-ci.
➢ Reproduis le segment AB de nouveau. Construis un triangle rectangle qui a le segment AB pour hypoténuse. Construis un carré à partir de chaque côté. Trouve l'aire et la longueur du côté de chaque carré.
➢ Construis 3 triangles rectangles différents avec un carré sur chaque côté. Trouve l'aire et la longueur du côté de chaque carré. Note tes résultats dans un tableau.

	Aire du carré du 1er côté	Longueur du 1er côté	Aire du carré du 2e côté	Longueur du 2e côté	Aire du carré de l'hypoténuse	Longueur de l'hypoténuse
Triangle 1						
Triangle 2						
Triangle 3						
Triangle 4						

Explique ton raisonnement

Compare tes résultats avec ceux d'une ou d'un camarade. Quelle relation remarques-tu entre les aires des carrés construits sur les côtés d'un triangle rectangle ? En quoi cette relation peut-elle t'aider à déterminer la longueur d'un côté d'un triangle rectangle ?

Découvre

Voici un triangle rectangle dont chaque côté porte un carré.

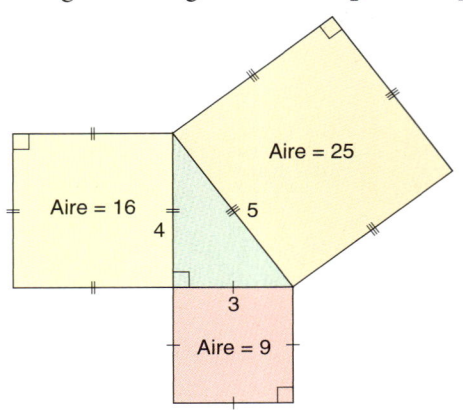

Plus loin dans ce module, à l'aide de *Cybergéomètre*, tu vérifieras si cette relation est vraie pour tous les triangles rectangles.

L'aire du carré construit sur l'hypoténuse est de 25.
Les aires des carrés construits sur les deux autres côtés sont de 9 et de 16. Remarque que : $25 = 9 + 16$.
Cette relation est vraie pour tous les triangles rectangles :
L'aire du carré construit sur l'hypoténuse est égale à la somme des aires des carrés construits sur les deux autres côtés.
Cette relation, appelée **théorème de Pythagore,** tire son nom du mathématicien grec Pythagore, le premier savant qui en ait parlé.

Tu peux utiliser cette relation pour déterminer la longueur de tout côté d'un triangle rectangle quand tu connais la longueur des autres côtés.

Exemple

Détermine la longueur du côté inconnu de chaque triangle rectangle. Donne chaque réponse au millimètre près.

a) 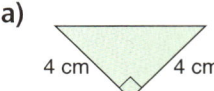   b)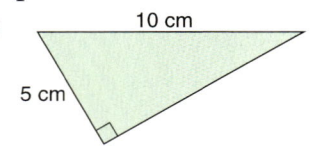

Réponses

a) Le côté inconnu est l'hypoténuse. Nomme-le h.

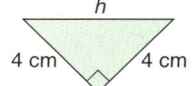

b) Le côté inconnu forme l'angle droit. Nomme-le c.

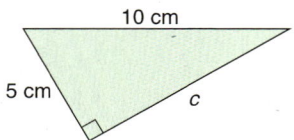

L'aire du carré construit sur l'hypoténuse est de h^2.
Les aires des carrés construits sur les autres côtés sont de 4^2 et de 4^2.
Donc, $h^2 = 4^2 + 4^2$.
Suis la priorité des opérations : élève au carré, puis additionne.
$$h^2 = 16 + 16$$
$$h^2 = 32$$
L'aire du carré construit sur l'hypoténuse est de 32.
Donc, la longueur du côté du carré est : $h = \sqrt{32}$.
Utilise une calculatrice.
$h \approx 5{,}6569$
Donc, l'hypoténuse mesure environ 5,7 cm.

L'aire du carré construit sur l'hypoténuse est de 10^2.
Les aires des carrés construits sur les autres côtés sont de c^2 et de 5^2.
Donc, $10^2 = c^2 + 5^2$.
Élève chaque nombre au carré.
$100 = c^2 + 25$
Pour résoudre cette équation, soustrais 25 de chaque côté.
$$100 - 25 = c^2 + 25 - 25$$
$$75 = c^2$$
L'aire du carré construit sur le côté est de 75.
Donc, la longueur du côté du carré est : $c = \sqrt{75}$.
$c \approx 8{,}66025$
Donc, le côté mesure environ 8,7 cm.

À ton tour

1. L'aire du carré construit sur chaque côté d'un triangle est donnée. Est-ce un triangle rectangle ? Comment le sais-tu ?

a)
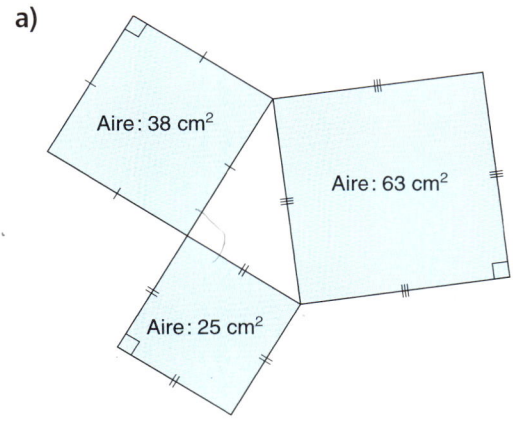

b)
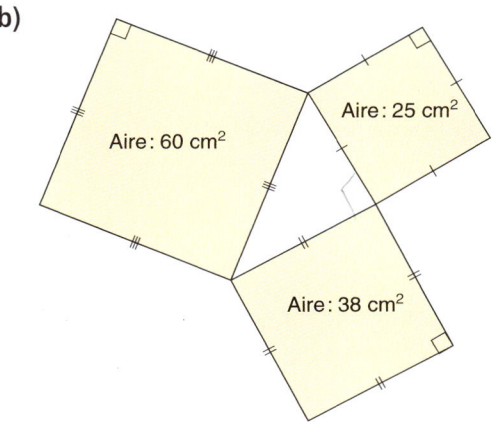

Stratégie numérique

Écris les 6 premiers multiples de chacun des nombres suivants : 4, 9, 11, 12.

Trouve le plus petit multiple commun de ces nombres.

2. Détermine la longueur de l'hypoténuse de chaque triangle rectangle.

a)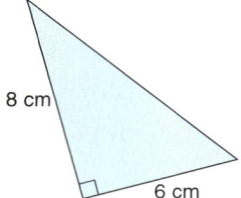
b)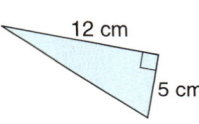
c)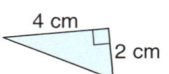
d)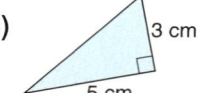

3. Détermine la longueur du côté inconnu de chaque triangle rectangle.

a)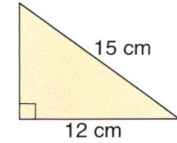
b)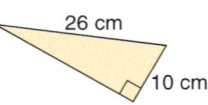
c)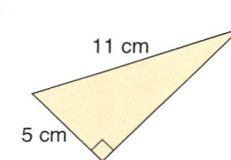
d)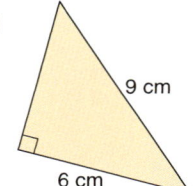

4. Détemine la longueur du côté inconnu de chaque triangle rectangle.

a)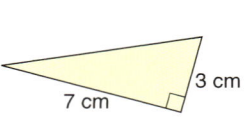
b)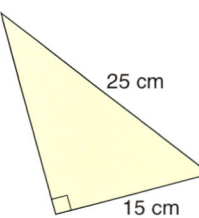
c)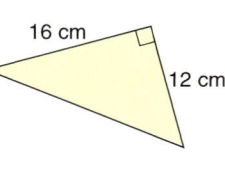

Math +

Un peu d'histoire

« Les nombres gouvernent l'Univers ! » Telle était la croyance d'un groupe de mathématiciens dits pythagoriciens. Leur influence était si grande que des politiciens effrayés ont obligé le groupe à se dissoudre. Les pythagoriciens ont néanmoins continué à se réunir en secret et à enseigner les idées de Pythagore.

Les longueurs des 3 côtés d'un triangle rectangle, exprimées en nombres naturels, forment un *triplet de Pythagore*.

5. Regarde les réponses aux questions 1 à 4 et les triangles de la rubrique **Découvre.** Indique les triangles dont les longueurs des trois côtés sont des nombres naturels.
   a) Écris la longueur de l'hypoténuse et des deux autres côtés de chacun de ces triangles. Place ces mesures pour faire ressortir des régularités.
   b) Quelles régularités remarques-tu ? Explique ces régularités.
   c) Prolonge les suites. Explique ta stratégie.

6. À l'aide d'une règle et d'un compas, Mei Lin construit un triangle dont les côtés mesurent 3 cm, 5 cm et 7 cm. Comment Mei Lin peut-elle prédire si son triangle sera un triangle rectangle ? Explique ta réponse.

7. **Objectif d'évaluation** L'hypoténuse d'un triangle rectangle mesure $\sqrt{18}$ unités. Quelles sont les longueurs des deux autres côtés du triangle ? Combien de réponses peux-tu trouver ? Dessine un triangle pour chaque réponse. Explique tes stratégies.

8. Sur du papier quadrillé, trace un segment de droite pour chaque longueur donnée. Explique comment tu as procédé.
   a) $\sqrt{5}$ b) $\sqrt{10}$ c) $\sqrt{13}$ d) $\sqrt{17}$

Va plus loin

9. Sur du papier quadrillé, construis un triangle rectangle pour chaque hypoténuse dont la longueur est donnée.
   a) $\sqrt{20}$ unités   b) $\sqrt{89}$ unités   c) $\sqrt{52}$ unités

10. a) Dessine un triangle rectangle dont les côtés mesurent 3 cm, 4 cm et 5 cm.
    b) Imagine que chaque côté est le diamètre d'un demi-cercle. Dessine un demi-cercle sur chaque côté.
    c) Calcule l'aire de chaque demi-cercle que tu as dessiné. Que remarques-tu ? Explique ta réponse.

Réfléchis

Tu connais les longueurs des côtés d'un triangle.
Comment peux-tu dire s'il s'agit d'un triangle rectangle ?
Explique ta réponse et donne des exemples.

Vérifier le théorème de Pythagore à l'aide de *Cybergéomètre*

Objectif Étudier le théorème de Pythagore à l'aide de l'ordinateur.

1. Ouvre *Cybergéomètre*.
2. Dans le menu **Graphique,** choisis **Montrer la grille.**
3. Dans le menu **Graphique,** choisis **Placer sur la grille.**

Pour construire le triangle rectangle △ABC :

4. Dans la **Boîte à outils,** choisis ▪. Situe des points en (0, 0), (0,4) et (3, 0).

    Dans la **Boîte à outils,** choisis 👆. Clique sur chaque sommet du triangle. Les sommets devraient être nommés A, B, et C, comme sur le schéma à gauche. Si ce n'est pas le cas, double-clique sur la lettre à changer et tape la lettre voulue, puis clique sur **OK.**

5. Dans la **Boîte à outils,** choisis ▶.

    Clique sur les 3 points pour les sélectionner tout en gardant la touche Majuscule enfoncée. Dans le menu **Construction,** choisis **Segment.** Tu as maintenant un triangle rectangle. Clique sur un sommet et fais glisser le curseur tout en gardant le bouton de la souris enfoncé. La figure demeure un triangle rectangle.

6. Sélectionne à nouveau les points A, B et C en tenant la touche Majuscule enfoncée. Dans le menu **Construction,** choisis **Intérieur du polygone.** Dans le menu **Affichage,** choisis **Couleur.** Dans la palette de couleurs, choisis une couleur. Clique à côté du triangle pour le désélectionner.

Pour construire un carré sur chaque côté de △ABC :

7. Dans la **Boîte à outils,** choisis ▶.

    Double-clique sur le point B. Le clignotement indique que ce point est devenu un centre de rotation.
    Clique sur le point B, le point C et le segment BC.
    Dans le menu **Transformation,** sélectionne **Rotation.**
    Saisis 90 degrés. Clique sur **OK.**

8. Clique n'importe où sur la zone d'esquisse pour désélectionner les segments qui ont subi une rotation. Assure-toi que les points B et C et le segment BC sont toujours sélectionnés. Double-clique sur le point C pour définir un nouveau centre de rotation. Dans le menu **Transformation,** choisis **Rotation.** Saisis −90 degrés. Clique sur **OK.**

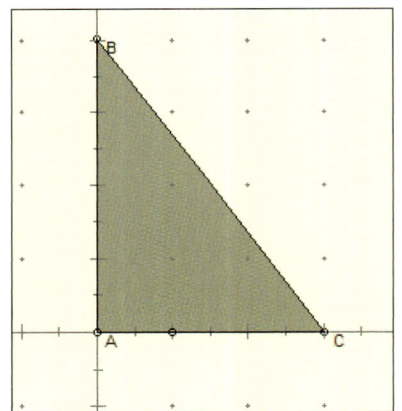

Le signe moins (−) devant la mesure d'un angle indique une rotation dans le sens des aiguilles d'une montre.

9. Dans la **Boîte à outils,** choisis . Relie les extrémités des segments qui ont subi une rotation pour former un carré.

10. Dans la **Boîte à outils,** choisis .
Clique sur les sommets non nommés du carré. Assure-toi qu'ils portent les lettres D et E. Modifie les lettres attribuées, au besoin (voir l'étape 4).

11. Dans la **Boîte à outils,** choisis .
Clique sur les sommets du carré. Si d'autres points ou segments sont sélectionnés, clique dessus pour les désélectionner.
Dans le menu **Construction,** choisis **Intérieur du polygone.**
Dans le menu **Affichage,** choisis **Couleur.**
Dans la palette de couleurs, choisis une couleur.

12. Dans le menu **Mesures,** choisis **Aire.**
L'aire du carré BDEC s'affiche.

13. Refais les Étapes 7 à 12 pour construire un carré sur chacun des deux autres côtés du triangle et mesurer son aire.
Décide du sens de la rotation de chaque segment de droite ; ce peut être 90 degrés ou −90 degrés. Nomme les sommets F, G et H, I.

14. Clique sur un sommet du triangle et fais glisser le curseur tout en tenant le bouton de la souris enfoncé.
Observe ce qui arrive aux mesures de l'aire.
Quelle relation est mise en évidence ?

Pour utiliser la calculatrice de *Cybergéomètre :*

15. Dans le menu **Mesures,** choisis **Calcul.**
Clique sur la valeur de l'aire du plus petit carré.
Clique sur $\boxed{+}$.
Clique sur la valeur de l'aire du deuxième plus petit carré.
Clique sur **OK.**

16. Clique sur un sommet du triangle et fais glisser le curseur tout en tenant le bouton de la souris enfoncé.
En quoi les mesures ont-elles changé ?
Comment *Cybergéomètre* vérifie-t-il le théorème de Pythagore ?

Étudie des hypothèses à l'aide de *Cybergéomètre.*

17. Qu'arriverait-il si le triangle n'était pas un triangle rectangle ?
La relation serait-elle toujours vraie ?

Communiquer une solution

Le brouillon de la solution à un problème peut être difficile à lire. Il faut bien structurer une solution pour qu'elle soit claire. Communiquer signifie « dire », « écrire », « dessiner » ou « représenter » afin de décrire, d'expliquer et de justifier des idées à l'intention d'autres personnes. Pour assurer la clarté de la communication, on doit réviser et corriger le brouillon. La solution définitive ne présente que les étapes qui conduisent à la réponse. Les étapes suivent un ordre logique.

Brouillon de la solution → **Solution définitive**

Communiquer une solution : représenter, justifier et démontrer à l'intention d'autrui

Révise ton brouillon de la solution :
1. Montre toute l'information mathématique que tu as *utilisée* : mots, nombres, dessins, tableaux, diagrammes et modèles.
2. Supprime toutes les données que tu n'as pas utilisées.
3. Ordonne les étapes logiquement.
4. Formule une conclusion.
5. Évalue ta communication à l'aide de critères.

Voici quelques critères utiles à une bonne communication des solutions mathématiques :
- La solution est complète. Toutes les étapes sont présentées. D'autres élèves pourraient suivre les étapes et parvenir à la même conclusion.
- Les étapes suivent un ordre logique.
- Les calculs sont exacts.
- La présentation respecte les règles d'orthographe.
- Les conventions mathématiques sont respectées dans le cas, par exemple, des unités, de la position du symbole d'égalité, des étiquettes et des échelles des diagrammes, des symboles et des parenthèses.
- S'il y a lieu, plusieurs solutions possibles sont présentées.
- Les stratégies sont judicieuses et expliquées.
- S'il y a lieu, des mots, des nombres, des dessins, des tableaux, des diagrammes et des modèles viennent appuyer la solution.
- La conclusion est pertinente et elle répond directement à la question posée.

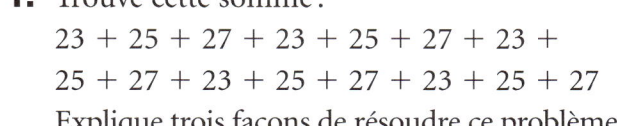

Résous ces problèmes. Montre ton travail à une ou à un camarade qui te donnera ses impressions et des suggestions. Utilise les critères énumérés.

1. Trouve cette somme :
23 + 25 + 27 + 23 + 25 + 27 + 23 + 25 + 27 + 23 + 25 + 27 + 23 + 25 + 27
Explique trois façons de résoudre ce problème.

2. **a)** Six personnes se rencontrent au cours d'une fête. Toutes échangent des poignées de main. Combien de poignées de main sont échangées ?

   b) Combien de segments de droite peut-on nommer à l'aide des points marqués ci-dessous ? Énumère ces segments.

   A   B   C   D   E   F

   c) En quoi les problèmes en a) et en b) se ressemblent-ils ?

3. Le côté du grand carré mesure 20 cm.
   a) Quelle est l'aire de chaque région violette ?
   b) Quelle est l'aire de chaque région orange ?
   Explique comment tu as trouvé tes réponses.

4. Une école compte 400 élèves. Indique si l'énoncé suivant est vrai.
   Il y aura toujours au moins deux élèves de l'école dont les anniversaires de naissance tombent le même jour de l'année.
   Explique ta réponse.

5. Cédric a une recette de flan qui demande 6 oeufs, 1 tasse de sucre, 750 mL de lait et 5 mL d'essence de vanille. Il a 4 oeufs. Il adapte donc sa recette au nombre de ses oeufs. Quelle quantité de chaque autre ingrédient Cédric devra-t-il utiliser ?

6. Lo Choi veut acheter une douzaine de beignets. Elle a un coupon. Cette semaine, le prix des beignets est réduit à 3,99 $ la douzaine. Si Lo Choi utilise son coupon, chaque beignet lui coûtera 0,35 $. Devrait-elle utiliser son coupon ? Explique ta réponse.

7. Au cours d'une période de 12 heures, combien de fois la somme des chiffres d'une horloge numérique est-elle égale à 6 ?

Lire et écrire en math : Communiquer une solution   **345**

8.4 Utiliser le théorème de Pythagore

Objectif Résoudre des problèmes à l'aide du théorème de Pythagore.

Explore

Travaille avec une ou un camarade.
Résous ce problème :
L'ouverture d'une porte mesure 2,0 m de hauteur et 1,0 m de largeur.
Une feuille de contreplaqué carrée mesure 2,2 m de côté.
Peut-on passer la feuille de contreplaqué par la porte ?
Comment le sais-tu ?
Montre ton travail.

Explique ton raisonnement

Compare ta solution avec celle des élèves d'une autre équipe.
Si vos solutions sont différentes, déterminez celle qui est juste.
Quelles stratégies as-tu utilisées pour résoudre le problème ?

Découvre

Le théorème de Pythagore est vrai pour tous les triangles rectangles.
Tu peux donc l'exprimer à l'aide d'une formule.

Dans le triangle ci-contre, l'hypoténuse a pour longueur c, et les deux autres côtés ont pour longueurs a et b.

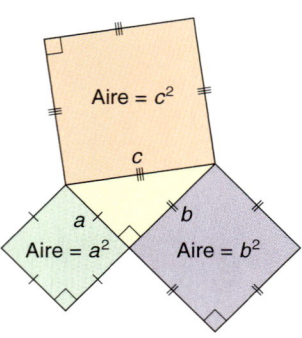

L'aire du carré construit sur l'hypoténuse est $c \times c = c^2$.

Les aires des carrés construits sur les autres côtés sont $a \times a$ et $b \times b$, ou a^2 et b^2.

Tu peux donc dire que $c^2 = a^2 + b^2$.

Quand tu utilises cette formule, tu dois te rappeler que a et b représentent les longueurs des côtés qui forment l'angle droit et c, la longueur de l'hypoténuse.

Exemple 1

Détermine la longueur de chaque côté désigné par une variable. Donne tes réponses au millimètre près.

a)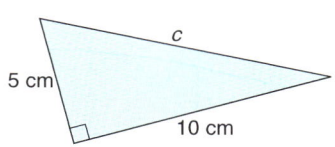
b)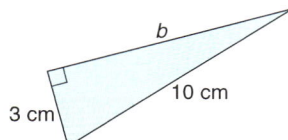

Réponses

Utilise le théorème de Pythagore : $c^2 = a^2 + b^2$.

a) Effectue les substitutions :
$a = 5$ et $b = 10$.
$c^2 = 5^2 + 10^2$
Élève les nombres au carré puis additionne.
$c^2 = 25 + 100$
$c^2 = 125$
L'aire du carré dont le côté mesure c est de 125.
Donc, $c = \sqrt{125}$
$c \approx 11{,}180\,34$.
c mesure environ 11,2 cm.

b) Effectue les substitutions :
$a = 3$ et $c = 10$.
$10^2 = 3^2 + b^2$
Élève les nombres au carré puis additionne.
$100 = 9 + b^2$
Soustrais 9 de chaque côté pour isoler b^2.
$100 - 9 = 9 + b^2 - 9$
$91 = b^2$
L'aire du carré dont le côté mesure b est de 91.
Donc, $b = \sqrt{91}$
$b \approx 9{,}539\,39$.
b mesure environ 9,5 cm.

Trouve chaque racine carrée à l'aide d'une calculatrice.

Le théorème de Pythagore peut servir à résoudre des problèmes de triangles rectangles.

Exemple 2

Soit une rampe dont la base horizontale mesure 120 cm de longueur et la pente, 130 cm de longueur. Quelle est la hauteur de la rampe ?

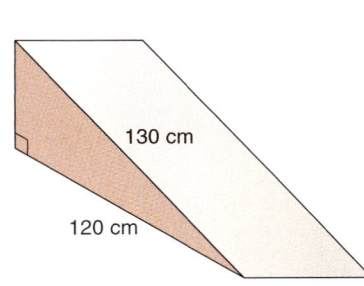

Réponses

Comme la hauteur de la rampe est verticale, la vue de côté forme un triangle rectangle. L'hypoténuse mesure 130 cm.

8.4 Utiliser le théorème de Pythagore **347**

Un des côtés mesure 120 cm.
L'autre côté est la hauteur ; nomme-le *a*.

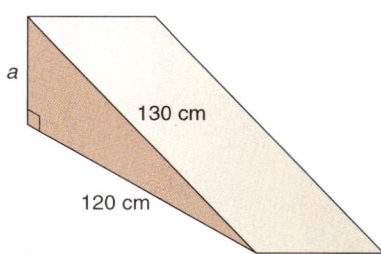

Utilise le théorème de Pythagore.
$c^2 = a^2 + b^2$
Effectue les substitutions : $c = 130$ et $b = 120$.
$\quad 130^2 = a^2 + 120^2$ 	Utilise une calculatrice.
$16\,900 = a^2 + 14\,400$
Soustrais 14 400 de chaque côté pour isoler a^2.
$16\,900 - 14\,400 = a^2 + 14\,400 - 14\,400$
$\qquad\qquad 2500 = a^2$
L'aire du carré dont le côté mesure *a* est de 2500.
$\qquad\qquad a = \sqrt{2500}$
$\qquad\qquad a = 50$
La rampe mesure 50 cm de hauteur.

À ton tour

1. Détermine la longueur de chaque hypoténuse.

a) 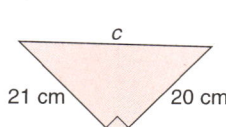   b) 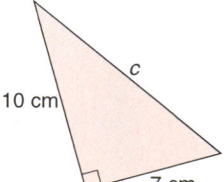   c)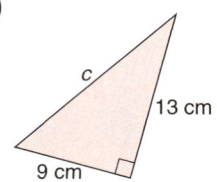

Spécialiste de la calculatrice

Ta calculatrice n'a pas la touche $\sqrt{}$. Comment trouveras-tu $\sqrt{1089}$?

2. Détermine la longueur de chaque côté désigné par une variable.

a) 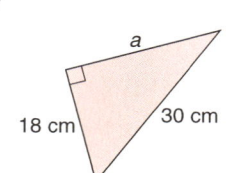   b) 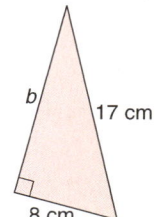   c)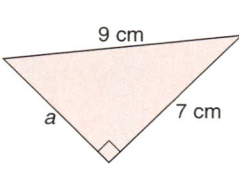

3. Détermine la longueur de chaque côté désigné par une variable.

   a)

   b)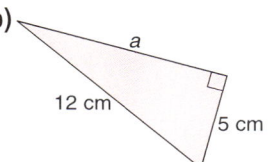

   c)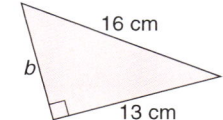

4. Une échelle de 5 m est appuyée contre le mur d'une maison. Le bas de l'échelle se trouve à 3 m du mur. À quelle hauteur l'échelle est-elle appuyée sur le mur?

5. David a construit un triangle rectangle dont deux côtés mesurent respectivement 10 cm et 24 cm.
   a) Quelle est la longueur du troisième côté?
   b) Pourquoi y a-t-il deux réponses en a)?

6. Reproduis chaque schéma sur du papier quadrillé. Explique en quoi chaque schéma illustre le théorème de Pythagore.

   a)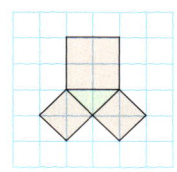

   b)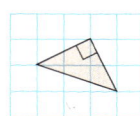

7. Alyssa a fabriqué un cadre. Le cadre mesure 60 cm de longueur et 25 cm de largeur. Pour s'assurer que les coins forment des angles droits, Alyssa mesure une diagonale. Quelle longueur doit avoir la diagonale? Explique ta réponse à l'aide d'un schéma.

8. La taille d'un téléviseur est déterminée par la longueur d'une diagonale de l'écran. Voici un téléviseur de 70 cm. L'écran mesure 40 cm de hauteur. Quelle est la largeur de l'écran? Explique ta réponse à l'aide d'un schéma.

9. **Objectif d'évaluation** Examine le quadrillage ci-contre. Sans mesurer, trouve un autre point qui est à la même distance de A que B. Explique ta stratégie. Montre ton travail.

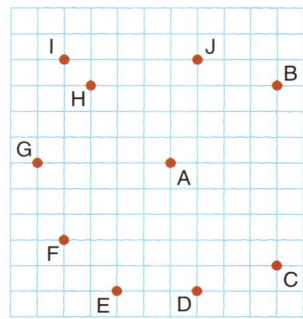

10. En général, Joanna emprunte le trottoir pour se rendre de la maison à l'école. Aujourd'hui, elle est en retard ; elle coupe à travers le champ. Quelle distance Joanna parcourt-elle en moins par rapport à son trajet habituel ?

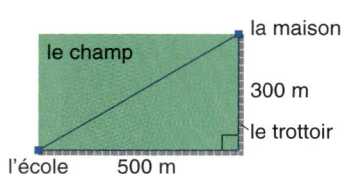

Va plus loin

11. À quelle hauteur au-dessus du sol se trouve le cerf-volant ?

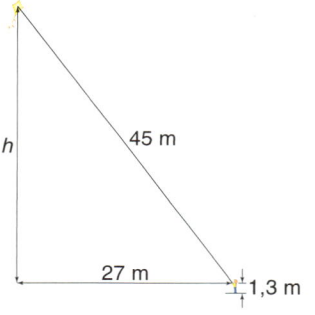

12. Quelle est la longueur de la diagonale qui traverse ce prisme rectangulaire ?

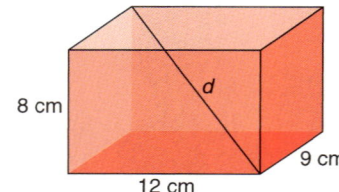

13. Deux voitures se rencontrent à une intersection. L'une se dirige vers le nord à une vitesse moyenne de 80 km/h. L'autre se dirige vers l'est à une vitesse moyenne de 55 km/h. Quelle distance séparera les deux voitures dans 3 h ?

Réfléchis

Quand peux-tu utiliser le théorème de Pythagore pour résoudre un problème ? Explique ta réponse et donne des exemples.

8.5 Les triangles particuliers

Objectif Appliquer le théorème de Pythagore aux triangles isocèles et aux triangles équilatéraux.

Explore

Travaille avec une ou un camarade.
Un triangle isocèle a deux côtés congrus.
Utilise ce renseignement pour déterminer l'aire d'un triangle isocèle dont les côtés mesurent 6 cm, 5 cm et 5 cm.

Explique ton raisonnement

Montre tes résultats aux élèves d'une autre équipe.
Comparez vos stratégies. Comment pourrais-tu utiliser le théorème de Pythagore pour déterminer l'aire du triangle ?

Découvre

Pour appliquer le théorème de Pythagore à de nouvelles situations, tu dois chercher des triangles rectangles dans d'autres figures.

➢ Un carré a quatre côtés congrus et quatre angles de 90°.
  Une diagonale crée deux triangles rectangles isocèles congruents.
  Tout triangle rectangle isocèle a deux côtés congrus et des angles de 45°, 45° et 90°.

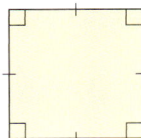 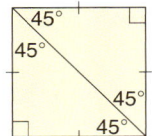

➢ Un triangle équilatéral a trois côtés congrus et trois angles de 60°.
  Un axe de symétrie crée deux triangles rectangles congruents.
  Chacun de ces triangles rectangles a des angles de 30°, 60° et 90°.

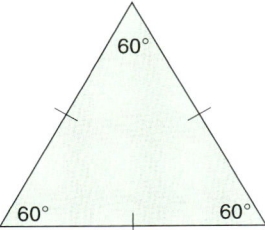 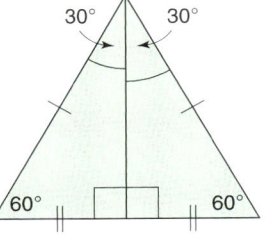

Tu peux utiliser l'aire d'un triangle équilatéral pour déterminer l'aire totale et le volume d'un prisme hexagonal dont la base est un hexagone régulier.

Exemple

La base d'un prisme est un hexagone régulier qui mesure 8 cm de côté. Le prisme mesure 12 cm de longueur.

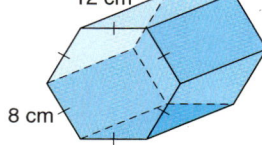

a) Détermine l'aire de la base hexagonale.
b) Détermine le volume du prisme.
c) Détermine l'aire totale du prisme.

Réponses

a) Les diagonales qui passent par le centre d'un hexagone régulier divisent l'hexagone en 6 triangles équilatéraux congruents. △ABC est l'un de ces triangles.
Trace la perpendiculaire de A à $\overline{BC}$ en D.
$\overline{AD}$ est la médiatrice de $\overline{BC}$, de sorte que $\overline{BD} = \overline{DC} = 4$ cm.
Nomme h la hauteur de △ABC.

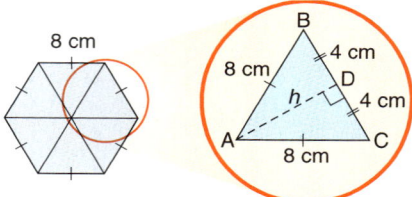

Applique le théorème de Pythagore à △ABD.
$c^2 = a^2 + b^2$
Effectue les substitutions : $c = 8$, $a = 4$, $b = h$.
$$8^2 = 4^2 + h^2$$
$$64 = 16 + h^2$$
$$64 - 16 = 16 + h^2 - 16$$
$$48 = h^2$$
Donc, $h = \sqrt{48}$.
△ABD mesure $\sqrt{48}$ cm de hauteur.
La base du triangle mesure 8 cm.
Donc, l'aire de △ABC = $\frac{1}{2} \times 8 \times \sqrt{48}$,
et l'aire de l'hexagone = $6 \times \frac{1}{2} \times 8 \times \sqrt{48}$
   = $24 \times \sqrt{48}$ Utilise une calculatrice.
   ≈ 166,28
L'aire de la base hexagonale est d'environ 166 cm².

Il y a 6 triangles congruents.

b) Le volume du prisme est: V = aire de la base × longueur.
Utilise la valeur exacte de l'aire de la base: $24 \times \sqrt{48}$.
Le prisme mesure 12 cm de longueur.
Donc, $V = 24 \times \sqrt{48} \times 12$ Utilise une calculatrice.
$\approx 1995{,}32$.
Le volume du prisme est d'environ 1995 cm³.

c) L'aire totale A_t du prisme est la somme des aires de ses 6 faces rectangulaires et de ses 2 bases.
Les faces rectangulaires sont congruentes.
Donc, $A_t = 6 \times (8 \times 12) + 2 \times (24 \times \sqrt{48})$
$\approx 576 + 332{,}55$
$\approx 908{,}55$.
L'aire totale du prisme est d'environ 909 cm².

À ton tour

1. Détermine chacune des longueurs indiquées.
Commence par dessiner et nommer le triangle.

a)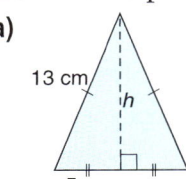
b)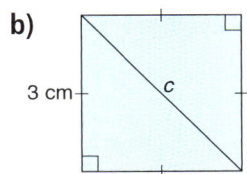
c)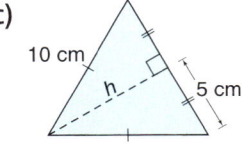

2. Détermine chacune des longueurs indiquées.
Commence par dessiner et nommer le triangle.

a)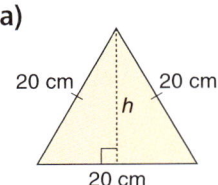
b)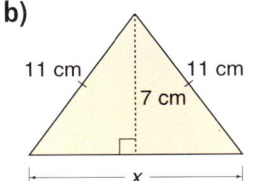
c)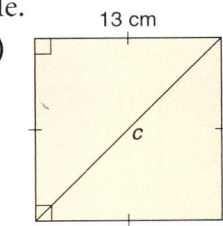

3. Détermine l'aire de chaque triangle.

a)
b)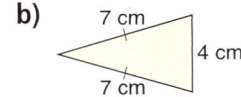
c)

4. Voici un prisme dont la base est un hexagone régulier de 6 cm de côté. Le prisme mesure 14 cm de longueur.
   a) Détermine l'aire de la base du prisme.
   b) Détermine le volume du prisme.
   c) Détermine l'aire totale du prisme.

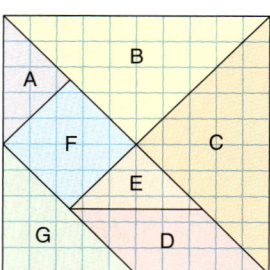

5. **Objectif d'évaluation** Voici un tangram. Il mesure 10 cm de côté.
   a) Quelle est l'aire de la figure F ? Combien mesure chaque côté du carré ?
   b) Quel est le périmètre de la figure B ?
   c) Quel est le périmètre de la figure D ?
   d) Comment peux-tu trouver le périmètre de la figure E à partir de la figure D ?

   Montre ton travail.

Stratégie numérique

Une piscine rectangulaire mesure 12 m de longueur et 7 m de largeur. Une piscine circulaire a la même aire que la piscine rectangulaire. Quelle est la circonférence de la piscine circulaire ?

6. Voici une des bases d'un prisme octogonal. Le prisme mesure 30 cm de longueur.

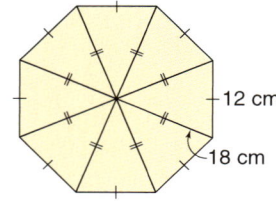

   a) Détermine le volume du prisme.
   b) Détermine l'aire totale du prisme.

Va plus loin

7. Détermine l'aire et le périmètre de ce triangle rectangle isocèle.

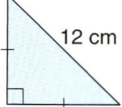

Réfléchis

Comment peux-tu appliquer le théorème de Pythagore aux triangles isocèles et aux triangles équilatéraux ? Explique ta réponse et donne des exemples.

Révision du module

Ce que je dois savoir

✓ **La longueur du côté et l'aire d'un carré**
La longueur du côté d'un carré est égale à la racine carrée de son aire.
Longueur = $\sqrt{\text{aire}}$
Aire = $(\text{longueur})^2$

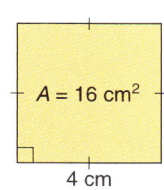

✓ **Le théorème de Pythagore**
Dans un triangle rectangle, l'aire du carré construit sur l'hypoténuse est égale à la somme des aires des carrés construits sur les deux autres côtés.
$c^2 = a^2 + b^2$
Utilise le théorème de Pythagore pour déterminer la longueur d'un côté d'un triangle rectangle quand tu connais la longueur des deux autres côtés.

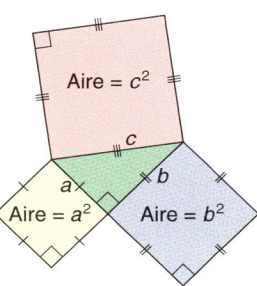

Ce que je dois faire

Pour des exercices supplémentaires, va à la page 495.

LEÇONS

8.1
8.2

1. Estime chaque racine carrée au nombre naturel le plus proche.
   a) $\sqrt{6}$ b) $\sqrt{11}$
   c) $\sqrt{26}$ d) $\sqrt{35}$
   e) $\sqrt{66}$ f) $\sqrt{86}$

2. Estime chaque racine carrée au dixième le plus proche. Montre ton travail.
   a) $\sqrt{55}$ b) $\sqrt{75}$
   c) $\sqrt{95}$ d) $\sqrt{105}$
   e) $\sqrt{46}$ f) $\sqrt{114}$

3. Écris chaque racine carrée au dixième le plus proche. Utilise une calculatrice.
   a) $\sqrt{46}$ b) $\sqrt{84}$
   c) $\sqrt{120}$ d) $\sqrt{1200}$

4. Une couverture carrée a une aire de 16 900 cm². Quelle est la longueur de côté de la couverture?

LEÇONS

8.3   **5.** Détermine la longueur du côté inconnu de chaque triangle rectangle.

a)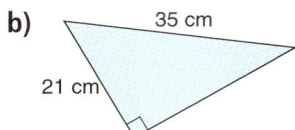

b)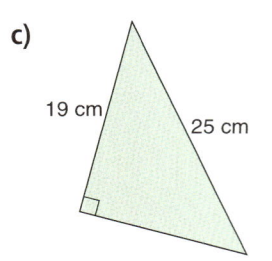

c)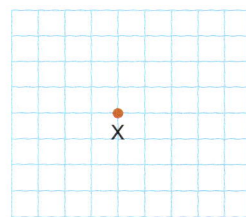

6. Il y a un trésor enfoui à un point d'intersection des lignes du quadrillage ci-dessous. Reproduis le quadrillage.

Le trésor se trouve à $\sqrt{13}$ unités du point X.
a) Où le trésor peut-il être? Explique comment tu l'as trouvé.
b) Pourrait-il y avoir plus d'un endroit? Explique ta réponse.

8.4   **7.** Un bateau se déplace vers l'est à une vitesse moyenne de 10 km/h. Au même moment, un autre bateau se dirige vers le nord à une vitesse moyenne de 12 km/h. Dans 2 h, quelle distance séparera les deux bateaux? Explique ton raisonnement.

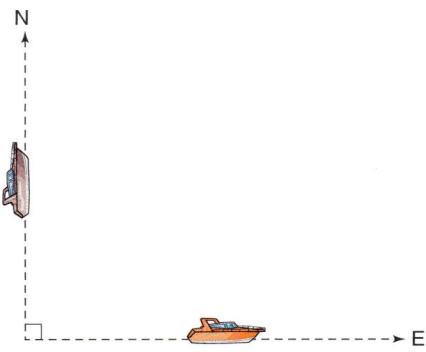

8.5   **8.** Trouve le périmètre de △ABC.

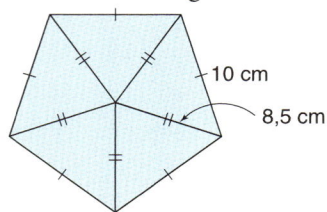

9. Détermine l'aire d'un triangle équilatéral de 15 cm de côté.

10. Voici une des bases d'un prisme pentagonal. Elle se compose de cinq triangles isocèles dont les mesures sont données. Le prisme mesure 7 cm de longueur.

a) Dessine le prisme.
b) Détermine l'aire totale du prisme.
c) Détermine le volume du prisme.

Test pratique

1.
   a) Quelle est l'aire du carré ABCD?
   b) Quelle est la longueur du segment de droite AB? Explique ton raisonnement.

   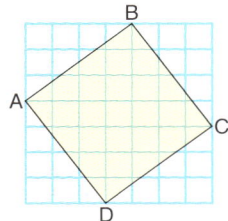

2. Trouve la longueur du côté d'un carré qui a la même aire que ce rectangle.

   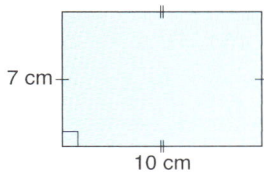

3. Trace ces 3 segments de droite sur du papier quadrillé à 1 cm.
   a) Détermine la longueur de chaque segment au millimètre près.
   b) Pourrais-tu disposer ces segments en forme de triangle? Si tu réponds « non », explique pourquoi. Si tu réponds « oui », indique si les segments pourraient former un triangle rectangle et explique ta réponse.

4. Dans un stationnement souterrain, il y a des rampes d'accès d'un niveau à l'autre.
   a) Quelle est la longueur de chaque rampe?
   b) Quelle est la longueur totale des rampes?

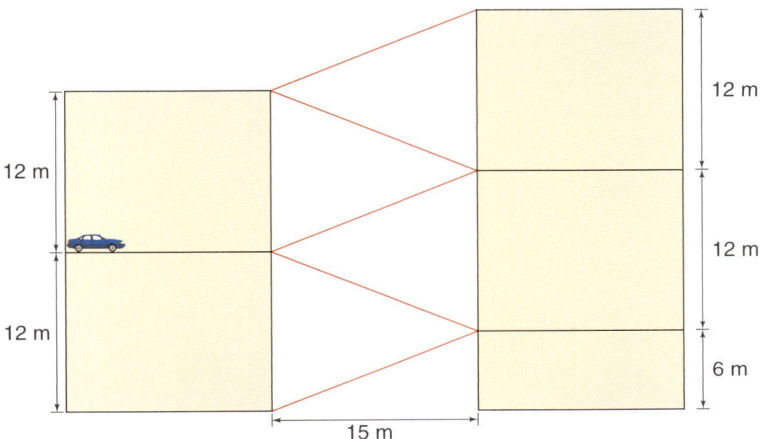

Problème du module : Pythagore à travers les âges

Dans les sociétés de l'Antiquité, les mathématiciens se passionnaient pour les triangles rectangles. Prépare-toi à explorer certaines de leurs découvertes.

Grèce antique, vers 400 avant notre ère

Théodore est né environ 100 ans après Pythagore. Il a utilisé des triangles rectangles pour créer une spirale. Aujourd'hui, cette spirale porte le nom de « spirale de Théodore de Cyrène ».

➤ Suis les étapes pour tracer la spirale de Théodore de Cyrène. Tu as besoin d'une règle et d'un rapporteur. Ton enseignante ou ton enseignant te remettra une illustration d'une règle de 10 cm.

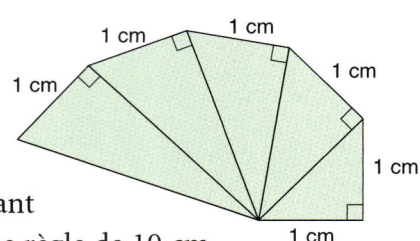

Étape 1 : Construis un triangle rectangle dont les côtés qui forment l'angle droit mesurent 1 cm.

Étape 2 : L'hypoténuse de ce triangle est l'un des côtés de l'angle droit du triangle suivant. Trace l'autre côté de 1 cm du triangle suivant. Trace son hypoténuse.

Étape 3 : Refais l'Étape 2 jusqu'à ce que tu aies construit au moins dix triangles.

➤ À l'aide du théorème de Pythagore, détermine la longueur de chaque hypoténuse. Nomme chaque hypoténuse d'après sa longueur en racine carrée. Quelles régularités remarques-tu ?

➤ Avec une règle, mesure la longueur de chaque hypoténuse au millimètre près.
Sur ton illustration d'une règle de 10 cm, indique l'endroit qui représente la valeur de chaque racine carrée.
Compare les deux façons de mesurer l'hypoténuse.
Que remarques-tu ?

➤ Sans utiliser de calculatrice ni prolonger la spirale de Théodore de Cyrène, estime $\sqrt{24}$ en nombre décimal.
Indique $\sqrt{24}$ sur ta règle.
Explique ton raisonnement et les régularités que tu remarques.

Égypte antique, vers 2000 avant notre ère

Dans l'Égypte antique, les crues annuelles du Nil détruisaient les limites entre les propriétés. Comme les terrains étaient rectangulaires, les Égyptiens avaient besoin d'une façon de marquer des angles droits.

Les Égyptiens prenaient une corde dans laquelle ils faisaient 12 noeuds à intervalles égaux et ils la disposaient en forme de triangle. Explique comment tu crois que les Égyptiens utilisaient la corde nouée pour marquer des angles droits.

Liste de contrôle

Ton travail devrait montrer :

✓ toutes tes constructions et tous tes schémas correctement annotés ;

✓ des calculs détaillés et exacts ;

✓ une description claire des régularités trouvées ;

✓ des explications plausibles et des conclusions réfléchies au sujet du théorème de Pythagore.

Babylone antique, vers 1700 avant notre ère

Les archéologues ont trouvé des preuves que les anciens Babyloniens connaissaient le théorème de Pythagore plus de 1000 ans avant Pythagore !

Les archéologues ont trouvé cette tablette.

Une fois traduite, la tablette ressemble à ceci.

D'après toi, que signifie le schéma sur la tablette ? Explique ton raisonnement.

Retour sur le module

Qu'est-ce que le théorème de Pythagore ? À quoi sert-il ? Explique ta réponse et donne des exemples.

Modules 1 à 8 — Révision cumulative

MODULES

1 1. Évalue ces expressions.
   a) $3,8 + 5,7 \div 1,9$
   b) $2,4^2 - (4,2 - 3,7)^2$
   c) $(1,5 + 4,2) + 2,8 \times 7,2$
   d) $1,5 + (4,2 + 2,8) \times 7,2$

2 2. Laquelle des deux offres est la meilleure affaire ?
   a) 8 tranches de fromage pour 1,49 $ ou 24 tranches de fromage pour 3,29 $
   b) 1,89 L de cocktail aux canneberges et aux framboises pour 3,27 $ ou 3,78 L pour 5,98 $
   c) 100 g de mélange à thé glacé pour 0,29 $ ou 500 g pour 1,69 $
   d) 1 boîte de soupe au poulet pour 0,57 $ ou un paquet de 12 boîtes pour 5,99 $

3 3. Utilise des cubes emboîtables.
   a) Construis l'objet qui correspond à cet ensemble de vues.
   b) Dessine l'objet sur du papier à points isométrique.

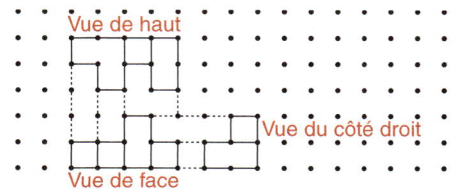

4 4. Pour chaque fraction donnée, écris le plus grand nombre possible de divisions dont le quotient est égal à cette fraction.
   a) $\frac{1}{2}$ b) $\frac{2}{3}$ c) $\frac{4}{5}$ d) $\frac{5}{6}$
   Explique les stratégies que tu as utilisées pour trouver les divisions.

5 5. Dans chaque cas, indique si les données recueillies proviennent d'un échantillon ou d'un recensement. Explique ta réponse.
   a) Pour déterminer le nombre moyen de grains de chocolat dans un biscuit, tu examines le 100e biscuit de chaque centaine.
   b) Pour trouver le genre de film qu'une famille veut louer, tu interroges chacun des 6 membres de la famille.
   c) Pour découvrir le nombre de familles ontariennes qui aiment le ski, on mène un sondage téléphonique auprès d'un ménage sur dix.
   d) Pour déterminer si l'administration municipale devrait augmenter les sommes attribuées pour l'enlèvement de la neige, on joint un questionnaire à chaque relevé d'impôt foncier.

6. Adam note la hauteur d'une tige de haricot et celle d'un tournesol.

Temps	Hauteur (en cm)	
(en jours)	Haricot	Tournesol
0	2	6
3	6	8
6	9	11
9	13	14
12	20	17
15	28	21
18	35	26
21	41	33
24	47	38
27	56	42
30	63	48
33	68	53

MODULES

a) Représente ces données de la façon la plus appropriée. Explique ton choix.
b) Décris toute tendance que tu vois dans le diagramme.
c) Prédis la hauteur de chaque plante au bout de 39 jours. Explique la méthode utilisée pour faire ta prédiction.

7. Trace un cercle. Nomme son centre C. Choisis deux points, G et H, sur le cercle, qui ne sont pas les extrémités d'un diamètre. Trace les segments CG, GH et CH. Quel type de triangle forment-ils ? Comment le sais-tu ?

8. Lequel des deux a la plus grande aire : un cercle de 1 m de circonférence ou un cercle de 30 cm de rayon ? Explique ta réponse.

9. Un tube de carton sert à expédier une affiche par la poste. Le tube mesure 0,8 m de longueur, et son diamètre est de 7 cm. Les extrémités du tube sont fermées à l'aide de ruban adhésif. Quelle est l'aire du carton qui forme ce tube ?

10. a) Nomme le complément de ∠ABE.
b) Nomme le supplément de ∠ABE.

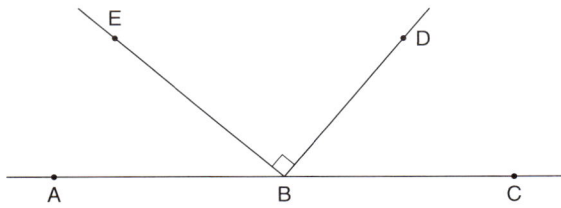

11. Examine ce schéma.

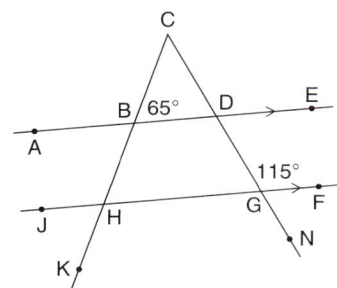

a) Nomme deux paires :
  I) d'angles internes ;
  II) d'angles alternes-internes ;
  III) d'angles correspondants.
b) Détermine les mesures de ∠CHG, de ∠JHK, de ∠CGH et de ∠FGN.
c) Détermine la mesure de ∠BCD. Quel type de triangle est △BCD ?

12. Estime chaque racine carrée au dixième le plus proche. Montre ton travail. Ensuite, vérifie tes réponses à l'aide d'une calculatrice.
a) $\sqrt{52}$ b) $\sqrt{63}$
c) $\sqrt{90}$ d) $\sqrt{76}$

13. L'aire du carré construit sur chaque côté d'un triangle est donnée. Le triangle est-il un triangle rectangle ? Comment le sais-tu ?
a) 16 cm², 8 cm², 30 cm²
b) 16 cm², 8 cm², 24 cm²

14. Un rectangle mesure 3 cm sur 4 cm. Quelle est la longueur d'une de ses diagonales ? Explique ton raisonnement.

MODULE 9

Les nombres entiers

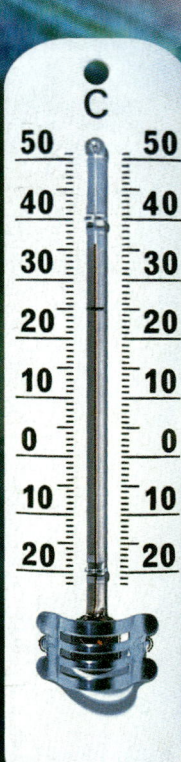

Au golf, le Tournoi des Maîtres (*Masters*) des États-Unis a lieu dans l'État de la Géorgie. En 2003, le golfeur canadien Mike Weir était à égalité avec Len Mattiace après 72 trous. Le tableau de droite montre les noms de sept joueurs, par ordre alphabétique, et leur pointage au tableau des meneurs.

- Quel était le pointage de Mike Weir au tableau des meneurs ?
- Classe les pointages par ordre décroissant.
- Quelles autres utilisations des nombres entiers connais-tu ?

Joueur	Au-dessus ou au-dessous de la normale
Jim Furyk	-4
Retief Goosen	$+1$
Jeff Maggert	-2
Phil Mickelson	-5
Vijay Singh	-1
Mike Weir	-7
Tiger Woods	$+2$

La normale pour ce tournoi est de 288. Jim Furyk a joué 284. Son pointage par rapport à la normale est de 4 sous la normale, soit -4.

Tes objectifs d'apprentissage

- Comparer et ordonner des nombres entiers.
- Additionner, soustraire, multiplier et diviser des nombres entiers.
- Utiliser la priorité des opérations avec des nombres entiers.
- Situer des nombres entiers dans un quadrillage.
- Représenter des transformations dans un quadrillage.
- Résoudre des problèmes qui font intervenir des nombres entiers.

Pourquoi est-ce important ?

Les nombres entiers servent dans toutes les facettes de la vie courante, que le sujet soit la météo, les finances, les sports, la géographie ou les sciences.

Mots clés

- un nombre entier positif
- un nombre entier négatif
- des nombres entiers opposés
- une paire nulle
- un nombre rationnel
- un plan cartésien
- l'axe des x
- l'axe des y
- l'origine
- des quadrants
- une paire ordonnée

MODULE 9 — Utilise tes connaissances

Comparer et ordonner des nombres entiers

Les **nombres entiers positifs,** tels que +5, +9 et +1, sont plus grands que 0.
Les **nombres entiers négatifs,** tels que −5, −9 et −1, sont plus petits que 0.
Tu peux montrer des nombres entiers positifs et des nombres entiers négatifs sur une droite numérique :

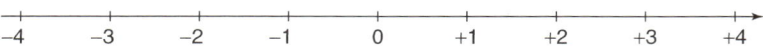

Un nombre entier positif est toujours plus grand qu'un nombre entier négatif. Par exemple, +1 est plus grand que −1000.

Les symboles > et < servent à indiquer l'ordre de grandeur.

−3 est à gauche de +1 ; donc, −3 est plus petit que +1, et tu écris : −3 < +1.

+3 est à droite de −4 ; donc, +3 est plus grand que −4, et tu écris : +3 > −4.

Exemple 1

Place ces nombres entiers par ordre croissant : +5, −6, +3, −8, 0, −1, +8.

Réponses

+5, −6, +3, −8, 0, −1, +8

Trace une droite numérique qui va de −8 à +8. Représente chaque nombre entier par un point sur la droite.

Pour lire les nombres entiers par ordre croissant, tu lis de gauche à droite :
−8, −6, −1, 0, +3, +5, +8.

✓ Vérifie

1. Trace une droite numérique pour ordonner ces nombres entiers :
   0, +2, −1, +4, −5, −7, +10.

2. Transcris chaque énoncé et complète-les avec le symbole < ou > pour indiquer le nombre le plus grand de chaque paire. Utilise une droite numérique au besoin.
   a) +2 ☐ +8   b) 0 ☐ −5   c) −7 ☐ 0
   d) +250 ☐ −251 e) −100 ☐ −70 f) −361 ☐ −360

Additionner des nombres entiers à l'aide de matériel de manipulation

Sur une droite numérique, les **nombres entiers opposés** se trouvent de part et d'autre du 0, à la même distance de ce nombre.

$+3$ et -3 sont des nombres entiers opposés.

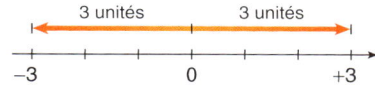

Tu peux utiliser des carreaux de couleur pour représenter des nombres entiers.
Un carreau rouge représente -1.   Un carreau jaune représente $+1$.

$+1$ et -1 sont des nombres entiers opposés.
Ils forment une **paire nulle.**
$(+1) + (-1) = 0$
La somme d'une paire de nombres entiers opposés est égale à 0, car ces nombres forment une paire nulle :
$(+3) + (-3) = 0$, car, comme
le montre cette figure, $+3$
et -3 forment 3 paires nulles.

Tu peux utiliser des paires nulles pour additionner des nombres entiers qui ont des signes opposés.

Rappelle-toi que lorsque tu ajoutes 0 à un nombre, la somme est égale au nombre.

Exemple 2

Effectue cette addition : $(+5) + (-3)$.

Réponses

Représente $+5$ par 5 carreaux jaunes :
Représente -3 par 3 carreaux rouges :
Encercle les paires nulles.
Il reste 2 carreaux jaunes. Ils représentent $+2$.
Donc, $(+5) + (-3) = +2$.

Pour additionner des nombres entiers qui ont le même signe, réunis simplement les carreaux qui représentent les nombres entiers.
Ensuite, tu comptes les carreaux.

Exemple 3

Effectue cette addition : $(-6) + (-4)$.

Réponses

Représente -6 par 6 carreaux rouges :

Représente -4 par 4 carreaux rouges :

Il y a 10 carreaux rouges en tout. Ils représentent -10.
Donc, $(-6) + (-4) = -10$.

Vérifie

3. Effectue ces additions.
   a) $(+3) + (+5)$ b) $(-8) + (-11)$ c) $(+6) + (+3)$
   d) $(-5) + (-6)$ e) $(+5) + (+1)$ f) $(-3) + (-6)$
   g) $(+4) + (-2)$ h) $(-8) + (+5)$ i) $(-5) + (+8)$
   j) $(-4) + (+2)$ k) $(-9) + (+9)$ l) $(-7) + (+2)$

4. Représente chaque situation par la somme de deux nombres entiers. Ensuite, trouve la somme pour répondre à la question.
   a) Il fait $-5\ °C$, puis la température monte de $8\ °C$.
      Quelle est la température finale ?
   b) Keera gagne 8 $ et dépense 6 $. Combien d'argent lui reste-t-il ?

Soustraire des nombres entiers à l'aide de matériel de manipulation

Pour soustraire des nombres entiers, tu dois d'abord représenter le premier nombre entier par des carreaux de couleur, puis enlever les carreaux qui représentent le deuxième nombre entier. Quand tu n'as pas assez de carreaux pour enlever le deuxième nombre entier, tu peux ajouter des paires nulles.

Exemple 4

Effectue cette soustraction : $(-3) - (-8)$.

Réponses

$(-3) - (-8)$

Représente -3 par 3 carreaux rouges :

Pour enlever -8, il faut 5 carreaux rouges de plus.

Ajoute 5 paires nulles de carreaux.

Autrement dit, ajoute 5 carreaux rouges et 5 carreaux jaunes. Ils représentent 0.

Enlève 8 carreaux rouges.

Il reste 5 carreaux jaunes. Ils représentent $+5$.

Donc, $(-3) - (-8) = +5$.

Exemple 5

Effectue cette soustraction : $(+2) - (-9)$.

Réponses

$(+2) - (-9)$

Représente $+2$ par 2 carreaux jaunes :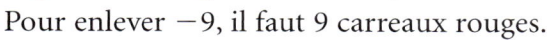

Pour enlever -9, il faut 9 carreaux rouges.

Ajoute 9 paires nulles de carreaux.

Autrement dit, ajoute 9 carreaux rouges et 9 carreaux jaunes. Ils représentent 0.

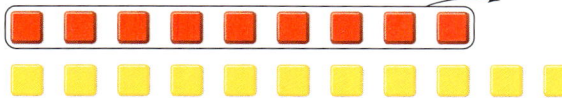

Enlève 9 carreaux rouges.

Il reste 11 carreaux jaunes. Ils représentent $+11$.

Donc, $(+2) - (-9) = +11$.

✓ Vérifie

5. Effectue ces soustractions.

a) $(+1) - (+5)$ **b)** $(+4) - (+1)$ **c)** $(-5) - (-9)$
d) $(-8) - (-1)$ **e)** $(+10) - (+5)$ **f)** $(-10) - (-3)$

6. Effectue ces soustractions.

a) $(+3) - (-8)$ **b)** $(+7) - (-2)$ **c)** $(-9) - (+3)$
d) $(-5) - (-11)$ **e)** $(+8) - (-8)$ **f)** $(-5) - (+5)$

9.1 Additionner des nombres entiers

Objectif Additionner des nombres entiers à l'aide d'une droite numérique et d'une calculatrice.

Tu as utilisé des carreaux de couleur pour additionner des nombres entiers. Tu vas maintenant étudier d'autres façons d'effectuer des additions.

Explore

Travaille avec une ou un camarade.
Utilise ces nombres entiers : $+5$, -9, -16, $+28$, -34, $+41$.
Choisis deux nombres entiers et additionne-les.
Choisis deux autres nombres entiers et additionne-les.
Refais cette activité. Additionne autant de paires de nombres entiers que possible. Trace une droite numérique pour montrer chaque somme. Écris chaque addition.

Explique ton raisonnement

Compare tes additions avec celles des élèves d'une autre équipe. Comment additionnes-tu deux nombres entiers qui ont le même signe ? Comment additionnes-tu deux nombres entiers qui ont des signes opposés ?

Découvre

Rappelle-toi la façon d'utiliser une droite numérique pour additionner des nombres entiers. Tu représentes le nombre entier $+11$ par une flèche de 11 unités de longueur orientée vers la droite. Tu représentes le nombre entier -5 par une flèche de 5 unités de longueur orientée vers la gauche.

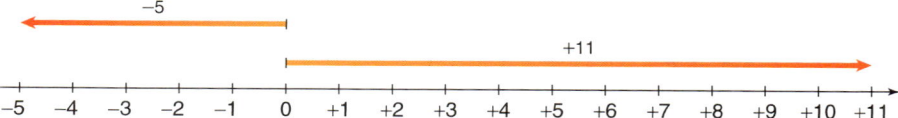

Pour additionner un nombre entier positif, déplace-toi vers la droite sur la droite numérique.

Pour additionner $(-5) + (+11)$: pars de -5 sur la droite numérique et déplace-toi de 11 unités vers la droite.

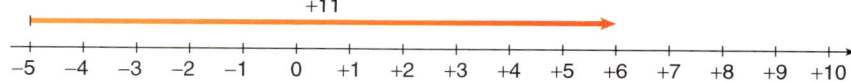

La pointe de la flèche se trouve à $+6$. Donc, $(-5) + (+11) = +6$.

Pour additionner un nombre entier négatif, déplace-toi vers la gauche sur la droite numérique.

Puis, pour additionner $(-12) + (-3)$: pars de -12 sur la droite numérique et déplace-toi de 3 unités vers la gauche.

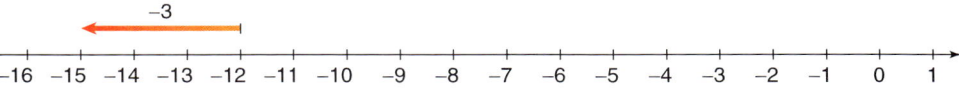

$(-12) + (-3) = -15$

Quand tu effectues des additions à l'aide d'une calculatrice, les touches sur lesquelles tu dois appuyer varient en fonction du type de calculatrice. Si ta calculatrice a la touche $\boxed{(-)}$, appuie sur cette touche pour entrer le signe « moins ». Si ta calculatrice a la touche $\boxed{+/-}$, appuie sur cette touche pour transformer le nombre entré en un nombre entier négatif.

Quand tu entres un nombre entier positif, tu n'as pas besoin d'entrer le signe « plus ».

Exemple 1

Effectue cette addition à l'aide d'une calculatrice : $(-325) + (-428)$.

Réponses

$(-325) + (-428)$

Si ta calculatrice a la touche $\boxed{(-)}$, entre :
$\boxed{(-)}$ 325 $\boxed{+}$ $\boxed{(-)}$ 428 $\boxed{=}$.
Tu obtiens -753.

Si ta calculatrice a la touche $\boxed{+/-}$, entre :
325 $\boxed{+/-}$ $\boxed{+}$ 428 $\boxed{+/-}$ $\boxed{=}$.
Tu obtiens -753.

Donc, $(-325) + (-428) = -753$.

Exemple 2

Il fait $-2\,°C$ à Calgary, en Alberta. Un chinook souffle, et la température monte de $15\,°C$. À la tombée de la nuit, la température chute de $7\,°C$.

a) Écris une addition pour montrer les changements de température.
b) Trouve la température finale à l'aide d'une droite numérique.

Réponses

a) L'addition est : $(-2) + (+15) + (-7)$.
b) $(-2) + (+15) + (-7) = +6$

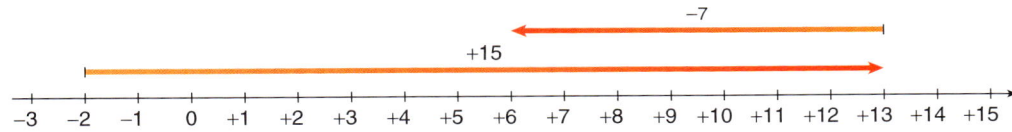

La température finale est de $+6\,°C$.

9.1 Additionner des nombres entiers

À ton tour

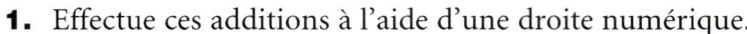

1. Effectue ces additions à l'aide d'une droite numérique.
   a) $(+5) + (-6)$
   b) $(-8) + (+6)$
   c) $(-2) + (-4)$
   d) $0 + (-5)$
   e) $(-2) + (-4)$
   f) $(-5) + (+5)$

2. Effectue ces additions à l'aide d'une droite numérique.
   a) $(-3) + (+4) + (-6)$
   b) $(+3) + (-5) + (+7)$
   c) $(+6) + (-8) + (-1)$
   d) $(-10) + (+6) + (-2)$

3. a) Écris le nombre entier opposé de chacun de ces nombres entiers.
      I) $+8$ II) -5 III) $+2$ IV) -8
   b) Additionne chaque nombre entier à son opposé trouvé en a).
   c) Que remarques-tu au sujet de la somme de deux nombres entiers opposés?

4. a) Effectue ces additions.
      I) $(+8) + (+6)$ II) $(+3) + (+7)$
      III) $(+5) + (+9)$ IV) $(+1) + (+12)$
   b) Examine les additions de nombres entiers et les sommes en a). Quel lien y a-t-il entre elles?
      Comment peux-tu utiliser cette relation pour additionner deux nombres entiers positifs sans l'aide d'une droite numérique ou d'une calculatrice?
   c) Additionne deux nombres entiers positifs de ton choix pour vérifier la relation découverte en b).

5. a) Effectue ces additions.
      I) $(-8) + (-6)$ II) $(-3) + (-7)$
      III) $(-5) + (-9)$ IV) $(-1) + (-12)$
   b) Examine les additions de nombres entiers et les sommes en a). Quel lien y a-t-il entre elles?
      Comment peux-tu utiliser cette relation pour additionner deux nombres entiers négatifs sans l'aide d'une droite numérique ou d'une calculatrice?
   c) Additionne deux nombres entiers négatifs de ton choix pour vérifier la relation découverte en b).

6. a) Trouve 4 paires de nombres entiers dont la somme est égale à -5.
   b) Trouve 4 paires de nombres entiers dont la somme est égale à $+4$.

Stratégie numérique

Un blouson coûte 125 $.
Son prix est réduit de 15 %. Ensuite, la taxe de vente de 15 % est ajoutée.
Le prix final est-il de 125 $? Explique ta réponse.

Va plus loin

7. **Objectif d'évaluation** Quand tu additionnes deux nombres entiers qui ont des signes opposés, la somme peut être le nombre 0, un nombre entier positif ou un nombre entier négatif. Quand tu examines une addition, comment peux-tu déterminer le type de somme qu'elle aura, sans effectuer l'addition ? Donne des exemples.

8. Effectue ces additions.
   a) $(+513) + (-182)$
   b) $(+560) + (-266)$
   c) $(+793) + (-1089)$
   d) $(-563) + (+182) + (+363)$
   e) $(-412) + (+382) + (-79)$
   f) $(-114) + (+483) + (-293)$

9. La valeur d'un titre à la Bourse de Toronto a varié chaque semaine pendant six semaines, comme l'indique le tableau suivant.

Semaine 1	Semaine 2	Semaine 3	Semaine 4	Semaine 5	Semaine 6
Hausse de 5 $	Baisse de 6 $	Baisse de 2 $	Hausse de 4 $	Hausse de 6 $	Baisse de 2 $

   a) Écris une addition de nombres entiers pour représenter le changement dans la valeur du titre à la fin de la semaine 6.
   b) Quel est le lien entre la valeur du titre à la fin de la semaine 6 et sa valeur au début de la semaine 1 ?
   c) Au début de la semaine 1, le titre valait 40 $. Combien valait le titre à la fin de la semaine 3 ? Combien valait-il à la fin de la semaine 6 ?

10. Trouve le nombre entier manquant dans chaque équation.
    a) $-5 = (-2) + \square$
    b) $\square + (-8) = +2$

11. Utilise seulement des nombres entiers à 1 chiffre.
    De combien de façons peux-tu compléter chaque équation ?
    Comment sais-tu que tu as trouvé toutes les façons possibles ?
    a) $\square + \triangle = -2$
    b) $\square + \triangle = -4$

Réfléchis

Écris trois additions qui donnent respectivement une somme positive, une somme négative et une somme de 0.
Montre la façon de calculer chaque somme.

9.2 Soustraire des nombres entiers

Objectif Soustraire des nombres entiers à l'aide d'une calculatrice et d'une droite numérique.

Explore

 Travaille avec une ou un camarade.
Tu as besoin d'une calculatrice.
- Choisis deux nombres entiers positifs entre $+150$ et $+300$. Utilise une calculatrice pour les soustraire. Représente la soustraction sur une droite numérique.
- Refais cette activité avec un nombre entier positif entre $+150$ et $+250$ et un nombre entier négatif entre -150 et -300.
- Refais cette activité avec deux nombres entiers négatifs entre -150 et -300.

Explique ton raisonnement

Compare tes soustractions et tes droites numériques avec celles des élèves d'une autre équipe. Suppose que tu soustrais les deux nombres entiers dans l'ordre inverse. Qu'arrive-t-il à leur différence ? Explique ta réponse. Dresse une liste des touches sur lesquelles tu dois appuyer pour soustraire deux nombres entiers négatifs.

Découvre

Pour soustraire deux nombres entiers, réfléchis d'abord à la façon de soustraire deux nombres naturels.
Par exemple, pour calculer $13 - 6$, tu penses :
« Que faut-il ajouter à 6 pour obtenir 13 ? »
La réponse est 7, donc : $13 - 6 = 7$.
Pour soustraire deux nombres entiers, $(-6) - (+13)$, tu penses :
« Que faut-il ajouter à $+13$ pour obtenir -6 ? »

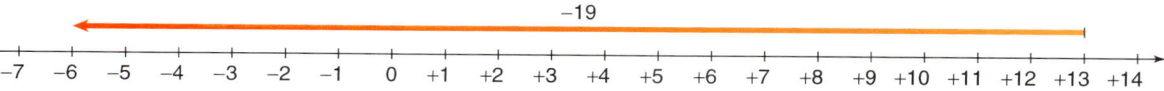

Il faut ajouter -19; c'est-à-dire que $(+13) + (-19) = -6$.
Donc, $(-6) - (+13) = -19$.
Tu sais aussi que $(-6) + (-13) = -19$.

372 MODULE 9 : Les nombres entiers

Cet exemple montre que soustraire un nombre entier donne le même résultat qu'additionner le nombre entier opposé.

$(-6) - (+13) = -19$ $\qquad$ $(-6) + (-13) = -19$

Tu soustrais $+13$. $\qquad\qquad$ Tu additionnes -13.

Exemple 1

Effectue ces soustractions à l'aide d'une droite numérique.

a) $(+14) - (+30)$ $\qquad$ b) $(-18) - (-12)$

Réponses

Tu peux vérifier ta réponse à l'aide de carreaux de couleur.

Pour effectuer la soustraction, additionne l'opposé.

a) Récris $(+14) - (+30)$ comme ceci : $(+14) + (-30)$.
Utilise une droite numérique.
Pars de $+14$ et déplace-toi de 30 unités vers la gauche.

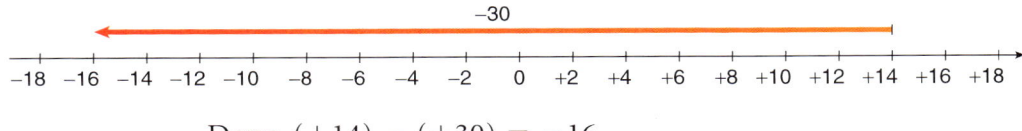

Donc, $(+14) - (+30) = -16$.

b) Récris $(-18) - (-12)$ comme ceci : $(-18) + (+12)$.
Utilise une droite numérique.
Pars de -18 et déplace-toi de 12 unités vers la droite.

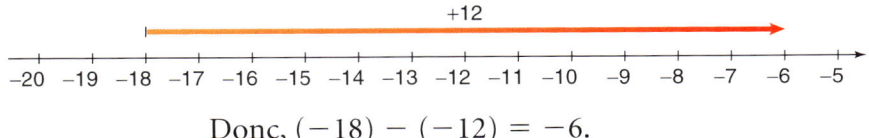

Donc, $(-18) - (-12) = -6$.

Exemple 2

En janvier, la température moyenne à Victoria, en Colombie-Britannique, est de $+4\ °C$. Pour le même mois, la température moyenne à Thunder Bay est de $-11\ °C$. Quelle température est la plus basse et de combien ?

Réponses

Puisque $-11 < +4$, $-11\ °C$ est la température la plus basse. Soustrais les températures pour trouver leur différence.

$(-11) - (+4) = (-11) + (-4)$
$\qquad\qquad\quad\ = -15$

Il fait 15 °C de moins à Thunder Bay qu'à Victoria.

9.2 Soustraire des nombres entiers

Dans certaines expressions qui contiennent des nombres entiers, il faut effectuer des additions et des soustractions.

Exemple 3

Évalue cette expression : $(+5) + (-3) - (+7)$.

Réponses

$(+5) + (-3) - (+7)$ Récris la soustraction en addition.

$= (+5) + (-3) + (-7)$ Additionne les deux premiers nombres entiers.

$= (+2) + (-7)$ Effectue ensuite l'autre addition.

$= -5$

Donc, $(+5) + (-3) - (+7) = -5$.

Tu peux utiliser une calculatrice pour soustraire un nombre directement, sans additionner l'opposé.

Pour soustraire $(-137) - (+542)$ à l'aide d'une calculatrice :

Si ta calculatrice a la touche $\boxed{(-)}$, entre : $\boxed{(-)}$ 137 $\boxed{-}$ 542 $\boxed{=}$.
Tu obtiens -679.

Si ta calculatrice a la touche $\boxed{+/-}$, entre : 137 $\boxed{+/-}$ $\boxed{-}$ 542 $\boxed{=}$.
Tu obtiens -679.

À ton tour

1. Récris ces soustractions en additions, puis trouve le résultat.
   a) $(+8) - (+4)$ **b)** $(-13) - (-8)$ **c)** $(-5) - (-5)$
   d) $(+20) - (-16)$ **e)** $(+30) - (-13)$ **f)** $(+21) - (-18)$

2. Effectue ces soustractions à l'aide d'une droite numérique.
   a) $(+7) - (+5)$ **b)** $(+9) - (-3)$
   c) $(-11) - (-4)$ **d)** $(-14) - (+8)$

3. Effectue ces soustractions.
   a) $(+4) - (+8)$ **b)** $(-9) - (-5)$ **c)** $(-7) - (+1)$
   d) $(+10) - (-3)$ **e)** $(+5) - (-5)$ **f)** $(-18) - (-3)$

4. Effectue ces soustractions.
   a) $(-256) - (+125)$ **b)** $(-103) - (-214)$
   c) $(+213) - (+133)$ **d)** $(+148) - (-222)$

5. Pour chaque situation décrite :
   i) Écris chaque nombre sous forme de nombre entier.
   ii) Soustrais le deuxième nombre entier du premier.
   Explique chaque réponse.
   a) Une température de 7 °C au-dessus de zéro et une température de 5 °C sous zéro
   b) Une température de 15 °C sous zéro et une température de 8 °C sous zéro
   c) Une altitude de 51 m au-dessus du niveau de la mer et une profondeur de 17 m au-dessous du niveau de la mer
   d) Un pointage de golf de 2 au-dessus de la normale et un pointage de golf de 6 sous la normale
   e) Une hausse de 21 $ de la valeur d'un titre, puis une baisse de 14 $

> **Stratégie numérique**
>
> Écris les 3 prochains termes de chaque suite.
>
> Indique chaque régularité.
>
> - 1, 4, 9, 16, …
> - 1, 2, 4, 7, 11, …
> - 1, 8, 27, 64, …

6. Ce tableau indique les températures moyennes en janvier et en juillet dans plusieurs villes au cours d'une année donnée.
   a) Trouve la différence entre les températures en juillet et en janvier dans chaque ville. Montre ton travail.

	Ville	Température en janvier (en °C)	Température en juillet (en °C)
i)	Victoria	+6	+21
ii)	Miami, aux États-Unis	+22	+31
iii)	Winnipeg	−18	+20
iv)	Perth, en Australie	+25	+9
v)	Calgary	−4	+25

   b) Dans quelle ville la différence de températures est-elle la plus grande ? Comment le sais-tu ?
   c) À Perth, pourquoi la température en juillet est-elle plus basse que celle en janvier ?

7. **Objectif d'évaluation** Écris une soustraction dont le résultat est le nombre entier indiqué.
   a) −3   b) +2   c) 0

Quand c'est possible, écris 4 soustractions qui donnent ce résultat :
   - un nombre entier positif − un nombre entier positif ;
   - un nombre entier positif − un nombre entier négatif ;
   - un nombre entier négatif − un nombre entier positif ;
   - un nombre entier négatif − un nombre entier négatif.

Montre ton travail.

9.2 Soustraire des nombres entiers

8. Utilise le tableau suivant.

Ville	Température maximale record (en °C)	Température minimale record (en °C)
Halifax, en N.-É.	+37	−29
Regina, en Sask.	+43	−50
Thunder Bay, en Ont.	+40	−41
Victoria, en C.-B.	+36	−16

a) Dans quelle ville a-t-on enregistré la plus haute température maximale record ? Dans quelle ville a-t-on enregistré la température minimale record la plus élevée ?
b) Trouve la différence entre les températures pour chaque ville.
c) Dans quelle ville y a-t-il la plus grande différence de températures ?
d) Quelle est la médiane des températures maximales record ?
e) Quelle est l'étendue des températures minimales record ?
f) Crée ton propre problème au sujet de ces températures. Résous ton problème.

Vérifie tes réponses à l'aide d'une calculatrice.

9. Évalue ces expressions.
a) $(-2) - (-8) - (+4)$
b) $(+5) - (-1) - (-3)$
c) $(+10) - (+3) - (-7)$
d) $(-5) - (+8) - (+6)$
e) $0 + (-5) + (+8) + (-3)$
f) $(-42) + (-65) - (+28)$
g) $(-1) - (+2) - (+3) - (+4)$
h) $(-241) - (+356) + (-5)$

10. Écris les 3 prochains termes de chaque suite, puis indique la régularité.
a) $+5, +12, +19, \ldots$
b) $-4, -2, 0, \ldots$
c) $-21, -17, -13, \ldots$
d) $+1, 0, -1, \ldots$

Va plus loin

11. a) Trouve deux nombres entiers dont la somme est -12 et la différence est $+2$.
b) Crée et résous un problème semblable avec des nombres entiers.

Réfléchis

Quand tu soustrais deux nombres entiers, la réponse peut être positive, négative ou égale à 0.
Comment peux-tu prédire le type de réponse avant d'effectuer la soustraction ? Donne des exemples.

9.3 Additionner et soustraire des nombres entiers

Objectif Additionner et soustraire des nombres entiers.

Les nombres naturels sont les nombres 0, 1, 2, 3, 4, …
Les nombres entiers sont les nombres …, −4, −3, −2, −1, 0, 1, 2, 3, 4, …
Il n'est pas nécessaire d'ajouter le signe + pour indiquer un nombre entier positif.
Par conséquent, tous les nombres naturels sont des nombres entiers.

Jusqu'à maintenant, quand tu additionnais et soustrayais des nombres entiers, ces nombres étaient écrits entre parenthèses.
Par exemple, $(-3) + (+7)$ et $(-5) - (+8)$.

Tu vas examiner maintenant les sommes et les différences de nombres telles que $-3 + 7$ et $-5 - 8$.

Explore

Travaille avec une ou un camarade.
Trouve chaque réponse à l'aide d'une droite numérique.

$(+3) + (-7)$ et $3 - 7$
$(-3) + (-7)$ et $-3 - 7$
$(+3) + (+7)$ et $3 + 7$
$(-3) + (+7)$ et $-3 + 7$

Quelles régularités vois-tu?
Écris deux autres ensembles d'expressions semblables à celles-ci, puis évalue-les.

Explique ton raisonnement

Compare tes solutions avec celles des élèves d'une autre équipe. Comment peux-tu trouver chaque réponse sans utiliser de droite numérique?

Découvre

➤ Utilise une droite numérique pour additionner $-6 + 4$.

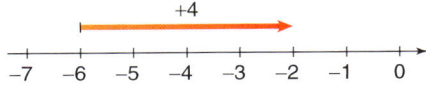

$-6 + 4 = -2$

Tu peux aussi utiliser le calcul mental.
Un des nombres est négatif: -6. L'autre nombre est positif: $+4$.

La réponse de $-6 + 4$ est la différence entre 6 et 4.
Le signe de la différence correspond à celui de -6,
car le nombre 6 a la plus grande valeur numérique :
$-6 + 4 = -2$

➤ Utilise une droite numérique pour soustraire : $4 - 10$.

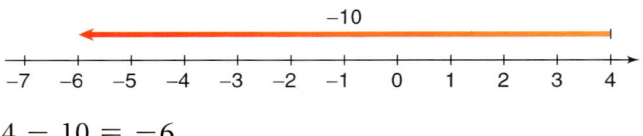

$4 - 10 = -6$

Utilise le calcul mental.
Un des nombres est positif : 4.
L'autre nombre est négatif : -10.
La réponse de $4 - 10$ est la différence entre 10 et 4.
Le signe de la différence correspond à celui de -10,
car le nombre 10 a la plus grande valeur numérique :
$4 - 10 = -6$

➤ Utilise une droite numérique pour évaluer : $-4 - 10$.

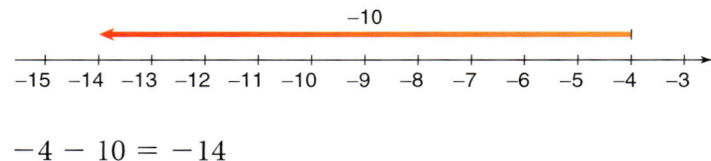

$-4 - 10 = -14$

Utilise le calcul mental.
Les deux nombres sont négatifs.
La réponse est la somme des nombres 4 et 10.
Le signe de la réponse correspond au signe des deux nombres.
Donc, $-4 - 10 = -14$.

Exemple

Évalue cette expression : $8 - 6 - 9$.

Réponses

$8 - 6 - 9$

$8 - 6 = 2$

Donc, $8 - 6 - 9 = 2 - 9$
$= -7$.

À ton tour

1. Évalue ces expressions.
   a) $-5 + 7$
   b) $3 + 4$
   c) $-3 + 2$
   d) $-6 + 8$
   e) $-11 + 13$
   f) $-21 + 36$
   g) $5 - 12$
   h) $-12 - 4$
   i) $-6 - 9$
   j) $11 - 13$
   k) $-5 - 18$
   l) $15 - 3$

2. Évalue ces expressions.
   a) $6 - 1 + 3$
   b) $-36 + 6 - 3$
   c) $18 - 15 - 2$

3. **Objectif d'évaluation**
   a) Évalue les expressions de chaque paire.
      I) $-6 + 4$; $4 - 6$
      II) $-7 + 3$; $3 - 7$
      III) $-8 + 2$; $2 - 8$
      IV) $-9 + 1$; $1 - 9$
   b) Quelles régularités vois-tu dans les expressions et dans les réponses ? Explique pourquoi ces régularités se produisent.
   c) Écris deux autres expressions liées de la même façon que celles en a).
   Montre ton travail.

4. Évalue chaque terme.
   Prolonge ces suites et écris les 3 prochains termes de chacune.
   Explique la façon de trouver chaque réponse.
   a) $(-6 + 5), (-7 + 4), (-8 + 3), \dots$
   b) $(-3 - 1), (-4 - 2), (-5 - 3), \dots$

5. Lundi dernier, Suneel avait 283 $ dans son compte bancaire.
   Mardi, elle retire 120 $ en espèces et fait un chèque de 200 $.
   Jeudi, elle dépose 53 $.
   Combien d'argent Suneel a-t-elle dans son compte maintenant ?
   Montre ton travail.

Stratégie numérique

Place ces nombres par ordre croissant.
$3{,}2$; $\frac{11}{3}$; $3{,}6$; $\frac{13}{4}$; $3{,}02$

Réfléchis

Tu peux utiliser une droite numérique ou le calcul mental pour évaluer une expression qui contient des nombres entiers. Quelle méthode préfères-tu ? Donne un exemple.

9.4 Multiplier des nombres entiers

Objectif Utiliser des régularités pour trouver les règles de multiplication des nombres entiers.

Tu peux écrire de deux façons le nombre de carreaux dans ce groupement.

Comme une somme :
5 + 5 + 5 = 15

Comme un produit :
(+3) × (+5) = +15

Comment peux-tu utiliser des nombres entiers pour écrire de deux façons le nombre de carreaux dans ce groupement ?

La rubrique **Explore** te permettra d'utiliser des régularités pour trouver des produits tels que (−3) × (+5) et (−3) × (−5), qui ne peuvent pas être représentés par des groupements.

Explore

Travaille individuellement. Ton enseignante ou ton enseignant te remettra un agrandissement de cette table de multiplication.

Commence par la section du bas, à droite, de la table. Multiplie les nombres entiers positifs. Remplis ensuite la section du bas, à gauche. Multiplie un nombre entier positif par un nombre entier négatif. Utilise des régularités ou la méthode de ton choix pour remplir la section du haut, à droite, puis celle du haut, à gauche.

Explique ton raisonnement

Compare ta table remplie avec celle d'une ou d'un camarade. Utilise les régularités de ta table. Comment peux-tu multiplier un nombre entier négatif par un nombre entier positif ? Comment peux-tu multiplier deux nombres entiers négatifs ?

MODULE 9 : Les nombres entiers

Découvre

Ces propriétés des nombres naturels s'appliquent aussi aux nombres entiers.

La multiplication par 0
$3 \times 0 = 0$ et $0 \times 3 = 0$
Donc, $(-3) \times 0 = 0$ et $0 \times (-3) = 0$.

La multiplication par 1
$3 \times 1 = 3$ et $1 \times 3 = 3$
Donc, $(-3) \times (+1) = -3$ et $(+1) \times (-3) = -3$.

La commutativité
$3 \times 4 = 12$ et $4 \times 3 = 12$
Donc, $(-3) \times (+4) = -12$ et $(+4) \times (-3) = -12$.

La distributivité
$$\begin{aligned} 3 \times (4 + 5) &= 3 \times 4 + 3 \times 5 \\ &= 12 + 15 \\ &= 27 \end{aligned}$$
Donc, $$\begin{aligned}(+3) \times [(-4) + (-5)] &= [(+3) \times (-4)] + [(+3) \times (-5)] \\ &= (-12) + (-15) \\ &= -27.\end{aligned}$$

Grâce à l'introduction à la page 380, tu sais que
$$(+3) \times (+5) = +15$$
et que $(+3) \times (-5) = -15$.

Tu peux utiliser la commutativité pour montrer que :
Puisque $(+3) \times (-5) = -15$, alors $(-5) \times (+3) = -15$.

Tu peux utiliser la distributivité pour analyser le produit de deux nombres entiers négatifs.
Voici deux façons de calculer $(-5) \times [(+3) + (-3)]$.

1re méthode
$$\begin{aligned} &(-5) \times [(+3) + (-3)] \\ &= (-5) \times (+3) + (-5) \times (-3) \\ &= (-15) + (-5) \times (-3) \end{aligned}$$

2e méthode
$$\begin{aligned} &(-5) \times [(+3) + (-3)] \\ &= (-5) \times (0) \\ &= 0 \end{aligned}$$

Les réponses doivent être égales.

Donc, $(-15) + (-5) \times (-3) = 0$.
Mais $(-15) + (+15) = 0$.
Par conséquent, $(-5) \times (-3) = +15$.
Tu obtiendrais le même résultat avec n'importe quelle paire de nombres entiers opposés à l'intérieur des crochets.
Donc, le produit de deux nombres entiers négatifs est positif.

Ces résultats peuvent servir à écrire les règles suivantes pour la multiplication des nombres entiers.
- Le produit de deux nombres entiers qui ont le même signe est positif. Autrement dit, $(+7) \times (+6) = +42$ et $(-7) \times (-6) = +42$.
- Le produit de deux nombres entiers qui ont des signes opposés est négatif. Autrement dit, $(+8) \times (-9) = -72$ et $(-8) \times (+9) = -72$.

Quand tu multiplies plus de deux nombres entiers, tu dois suivre la priorité des opérations. Autrement dit, tu dois multiplier les nombres entiers par paires, dans l'ordre où ils apparaissent.

Exemple

Trouve chaque produit.
a) $(+3) \times (-6) \times (-2)$
b) $(-2) \times (-4) \times (-5)$

Réponses

a) $(+3) \times (-6) \times (-2)$ Multiplie les deux premiers nombres entiers.

$= (-18) \times (-2)$ Effectue ensuite l'autre
$= +36$ multiplication.

b) $(-2) \times (-4) \times (-5)$ Multiplie les deux premiers nombres entiers.

$= (+8) \times (-5)$ Effectue ensuite l'autre
$= -40$ multiplication.

Quand tu écris le produit de nombres entiers, tu n'as pas besoin d'écrire le symbole de la multiplication.
Autrement dit, tu peux récrire $(-8) \times (-9)$ comme ceci : $(-8)(-9)$.
Et tu peux récrire $(+3) \times (-6) \times (-2)$ comme ceci : $(+3)(-6)(-2)$.

À ton tour

1. Ces produits sont-ils positifs ou négatifs? Comment le sais-tu?
   a) $(-6) \times (+2)$
   b) $(+6) \times (+4)$
   c) $(+4) \times (-2)$
   d) $(-7) \times (-3)$

2. Trouve chaque produit.
   a) $(+8)(-3)$
   b) $(-5)(-4)$
   c) $(-3)(+9)$
   d) $(+7)(-6)$
   e) $(+10)(-3)$
   f) $(-7)(-6)$
   g) $(0)(-8)$
   h) $(+10)(-20)$
   i) $(-14)(-30)$

3. Trouve chaque produit.
   a) $(-1)(-8)(-2)$
   b) $(-11)(-12)(-1)$
   c) $(-1)(-1)(-1)(-1)(-1)$
   d) $(-2)(-3)(-4)(-5)$

4. Transcris ces énoncés et remplace chaque □ par un nombre entier pour les rendre vrais.
   a) $(+5) \times \square = +20$
   b) $\square \times (-9) = +27$
   c) $(-9) \times \square = -54$
   d) $\square \times (-3) = +18$
   e) $\square \times (+5) = -20$
   f) $\square \times (-12) = +144$
   g) $\square \times (-6) = +180$
   h) $(+3) \times \square \times (-4) = +24$

5. Écris les 3 prochains termes de chaque suite. Indique ensuite la régularité.
   a) $+1, +2, +4, +8, \ldots$
   b) $+1, -6, +36, \ldots$
   c) $-1, +3, -9, \ldots$
   d) $-4, -8, -12, \ldots$

6. a) Trouve le produit de chaque paire de nombres entiers.
   I) $(+3)(-7)$ et $(-7)(+3)$
   II) $(+4)(+8)$ et $(+8)(+4)$
   III) $(-5)(-9)$ et $(-9)(-5)$
   IV) $(-6)(+10)$ et $(+10)(-6)$
   b) Utilise les résultats obtenus en a). L'ordre dans lequel tu multiplies les nombres entiers a-t-il de l'importance? Explique ta réponse.

7. Utilise ces nombres entiers: $-5, +9, -8, +4, -2$.
   a) Quelle paire de nombres entiers donne le plus grand produit?
   b) Quelle paire de nombres entiers donne le plus petit produit?
   c) Comment sais-tu qu'il n'y a pas de produit plus grand ou de produit plus petit?

Stratégie numérique

Estime chaque racine carrée au dixième le plus proche.
$\sqrt{58}$, $\sqrt{47}$, $\sqrt{83}$, $\sqrt{31}$

N'utilise pas la touche  de ta calculatrice.

8. Objectif d'évaluation

a) Trouve chaque produit. Ensuite, prolonge la suite de 4 rangées à l'aide d'une calculatrice.
   I) $(-2)(-3)$
   II) $(-2)(-3)(-4)$
   III) $(-2)(-3)(-4)(-5)$
   IV) $(-2)(-3)(-4)(-5)(-6)$

b) Utilise les résultats obtenus en a).
   I) Quel est le signe du produit quand il y a un nombre pair de facteurs négatifs ? Explique ta réponse.
   II) Quel est le signe du produit quand il y a un nombre impair de facteurs négatifs ? Explique ta réponse.

c) Examine ce qui se passe quand un produit a des facteurs positifs et des facteurs négatifs. Les règles établies en b) s'appliquent-elles toujours ? Explique ta réponse.

9. Explique pourquoi le produit d'un nombre entier multiplié par lui-même ne peut jamais être négatif.

Va plus loin

Les nombres entiers positifs sont les nombres 1, 2, 3, 4, ..., et ainsi de suite. On les appelle aussi des « nombres naturels ».

10. De combien de façons peux-tu écrire le nombre -36 comme le produit de deux nombres entiers ou plus ?

11. Quand tu multiplies deux nombres entiers positifs, le produit n'est jamais inférieur à l'un ou à l'autre des deux nombres. Cet énoncé est-il vrai pour le produit de deux nombres entiers quelconques ? Analyse cette question et décris tes découvertes.

12. Le produit de deux nombres entiers est égal à -144. Leur somme est égale à -7. Quels sont ces deux nombres entiers ?

13. Le produit de deux nombres entiers se situe entre $+160$ et $+200$. Un des nombres entiers se situe entre -20 et -40.
a) Quelle est la plus grande valeur que peut avoir l'autre nombre entier ?
b) Quelle est la plus petite valeur que peut avoir l'autre nombre entier ?

Réfléchis

Une de tes amies a manqué cette leçon.
Comment lui expliquerais-tu la façon de multiplier deux nombres entiers ? Explique ta réponse à l'aide d'exemples.

9.5 Diviser des nombres entiers

Objectif Utiliser des régularités pour trouver les règles de division des nombres entiers.

Rappelle-toi que, pour toute multiplication de deux facteurs différents non nuls, tu peux écrire deux divisions réciproques.
Par exemple, $9 \times 7 = 63$.
Donc, $63 \div 9 = 7$ et $63 \div 7 = 9$.
Tu peux appliquer ces mêmes règles au produit de deux nombres entiers.

Explore

Travaille avec une ou un camarade.
Écris chaque produit ci-dessous d'autant de façons que possible.
Écris deux divisions réciproques pour chaque produit.
- Écris 75 comme le produit de deux nombres entiers positifs.
- Écris 126 comme le produit de deux nombres entiers négatifs.
- Écris -72 comme le produit d'un nombre entier négatif et d'un nombre entier positif.
- Écris -80 comme le produit d'un nombre entier positif et d'un nombre entier négatif.

Explique ton raisonnement

Compare tes divisions avec celles des élèves d'une autre équipe. Travaillez ensemble pour trouver des règles qui permettent :
- de diviser deux nombres entiers positifs ;
- de diviser deux nombres entiers négatifs ;
- de diviser un nombre entier négatif par un nombre entier positif ;
- de diviser un nombre entier positif par un nombre entier négatif.

Découvre

Pour diviser des nombres entiers, tu utilises le fait que la division est l'opération inverse de la multiplication.
- Tu sais que $(+5) \times (+3) = +15$.
  Donc, $(+15) \div (+5) = +3$ et $(+15) \div (+3) = +5$.

  le dividende   le diviseur   le quotient

Quand le dividende et le diviseur sont positifs, le quotient est positif.

➢ Tu sais que $(-5) \times (+3) = -15$.
   Donc, $(-15) \div (+3) = -5$ et $(-15) \div (-5) = +3$.

   Quand le dividende est négatif et que le diviseur est positif, le quotient est négatif.

   Quand le dividende et le diviseur sont négatifs, le quotient est positif.

➢ Tu sais que $(-5) \times (-3) = +15$.
   Donc, $(+15) \div (-5) = -3$ et $(+15) \div (-3) = -5$.

   Quand le dividende est positif et que le diviseur est négatif, le quotient est négatif.

Ces résultats sont vrais pour tous les nombres entiers liés des différentes façons présentées.

Tu peux utiliser ces résultats pour écrire des règles de division des nombres entiers.
- Le quotient de deux nombres entiers qui ont le même signe est positif. Autrement dit, $(+56) \div (+8) = +7$ et $(-56) \div (-8) = +7$.
- Le quotient de deux nombres entiers qui ont des signes opposés est négatif. Autrement dit, $(+63) \div (-9) = -7$ et $(-63) \div (+9) = -7$.

Tu peux écrire une division à l'aide du symbole de la division : $(-48) \div (-6)$. Tu peux aussi l'écrire sous forme de fraction : $\frac{-48}{-6}$.

Quand tu écris la division sous forme de fraction, tu n'as pas besoin d'utiliser de parenthèses.

Exemple

Effectue ces divisions.
a) $(-100) \div (-20)$
b) $\frac{-30}{+5}$

Réponses

a) Puisque les signes sont les mêmes, le quotient est positif.
   $(-100) \div (-20) = +5$
b) Puisque les signes sont différents, le quotient est négatif.
   $\frac{-30}{+5} = -6$

Dans l'**Exemple**, en b), tu peux aussi écrire le nombre entier -6 sous la forme $-\frac{6}{1}$. Quand tu écris le nombre entier de cette façon, tu l'écris sous forme de **nombre rationnel**.

À ton tour

1. Transcris et prolonge chaque suite jusqu'à ce qu'elles aient 8 rangées. Quelles règles de division des nombres entiers chaque suite représente-t-elle ?

   a) $(-12) \div (+3) = -4$
   $(-9) \div (+3) = -3$
   $(-6) \div (+3) = -2$
   $(-3) \div (+3) = -1$

   b) $(+25) \div (-5) = -5$
   $(+15) \div (-3) = -5$
   $(+5) \div (-1) = -5$
   $(-5) \div (+1) = -5$

   c) $(+8) \div (+2) = +4$
   $(+6) \div (+2) = +3$
   $(+4) \div (+2) = +2$
   $(+2) \div (+2) = +1$

   d) $(+14) \div (+7) = +2$
   $(+10) \div (+5) = +2$
   $(+6) \div (+3) = +2$
   $(+2) \div (+1) = +2$

   e) $(-14) \div (+7) = -2$
   $(-10) \div (+5) = -2$
   $(-6) \div (+3) = -2$
   $(-2) \div (+1) = -2$

   f) $(-10) \div (-5) = +2$
   $(-5) \div (-5) = +1$
   $(0) \div (-5) = 0$
   $(+5) \div (-5) = -1$

2. **a)** Utilise chaque multiplication pour trouver le quotient demandé.

   I) $(+8) \times (+3) = +24$,
   trouve $(+24) \div (+3) = \square$

   II) $(-5) \times (-9) = +45$,
   trouve $(+45) \div (-9) = \square$

   III) $(-7) \times (+4) = -28$,
   trouve $(-28) \div (+4) = \square$

   IV) $(+11) \times (-6) = -66$,
   trouve $(-66) \div (+11) = \square$

   b) Pour chaque multiplication en a), écris une autre division réciproque.

3. Effectue ces divisions.

   a) $(+12) \div (-6)$
   b) $(-9) \div (-3)$
   c) $\dfrac{-20}{-5}$
   d) $\dfrac{+21}{-7}$
   e) $(-32) \div (-8)$
   f) $(-144) \div (+12)$
   g) $(-250) \div (+10)$
   h) $0 \div (-8)$
   i) $(+125) \div (+5)$

4. Nirmala emprunte 7 $ chaque jour. Elle doit maintenant 56 $. Pendant combien de jours Nirmala a-t-elle emprunté de l'argent ?

   a) Représente ce problème par une division de nombres entiers.
   b) Résous le problème.

Spécialiste de la calculatrice

Calcule l'aire et la circonférence d'un cercle de 9,8 cm de diamètre.

Donne tes réponses au dixième le plus proche.

5. Écris les trois prochains termes de chaque suite. Quelles sont les régularités?
   a) $-3, +9, -27, \ldots$
   b) $+6, -12, +18, -24, \ldots$
   c) $+5, +20, -10, -40, +20, +80, \ldots$
   d) $-64, +32, -16, \ldots$
   e) $+100\,000, -10\,000, +1000, \ldots$

6. **Objectif d'évaluation** Tu divises deux nombres entiers. Dans quel cas le quotient est-il:
   a) plus petit que chacun des deux nombres entiers?
   b) plus grand que chacun des deux nombres entiers?
   c) entre les deux nombres entiers?
   d) égal à $+1$?
   e) égal à -1?
   f) égal à 0?
   Donne des exemples.
   Montre ton travail.

 7. Effectue ces divisions.
   a) $(+624) \div (-52)$
   b) $(-2231) \div (-23)$
   c) $(-1344) \div (+16)$
   d) $(-2068) \div (-47)$

Va plus loin

8. Évalue ces expressions.
   a) $(-32) \div (+4) \div (-2)$
   b) $(-81) \div (-9) \div (-9)$
   c) $(+56) \div (-4) \div (-2)$

9. Trouve autant d'exemples que possible de groupes de trois nombres à 1 chiffre qui sont divisibles par $+2$ et qui ont une somme de $+4$.

Réfléchis

Comment divises-tu deux nombres entiers?
Donne un exemple pour chaque division possible.

Révision de mi-module

LEÇONS

9.1
1. a) Écris ces nombres entiers par ordre croissant :
   $+20, -4, -6, +13, 0, +2, -1$.
   b) Place ces nombres entiers sur une droite numérique.

2. Effectue ces additions à l'aide d'une droite numérique.
   a) $(-5) + (-7)$
   b) $(-10) + (+7)$
   c) $(-5) + (+12)$
   d) $(-3) + (+5) + (-4)$

3. a) Effectue cette addition :
   $(-18) + (+5)$.
   b) Trouve trois autres paires de nombres entiers qui ont la même somme que celle en a).

9.2
4. Évalue ces expressions.
   a) $(-7) - (+2)$
   b) $(-5) - (-2)$
   c) $(+4) - (-3)$
   d) $(-41) - (-17)$
   e) $(-3) - (+4) + (-5)$

5. Évalue ces expressions.
   a) $(-146) - (-571)$
   b) $(-365) + (-198) - (+118)$

6. Une voiture neuve coûte 27 599 $. Sa valeur diminue de 2600 $ par année pendant cinq ans. Quelle sera sa valeur après cinq ans ?
   a) Représente ce problème à l'aide d'une expression qui contient des nombres entiers.
   b) Résous le problème.

9.3
7. Évalue ces expressions.
   a) $10 - 8 - 11$
   b) $-3 + 5 + 9$
   c) $-11 - 10 - 9$
   d) $12 + 15 - 3$

9.4
8. Effectue ces multiplications.
   a) $(+8) \times (-4)$
   b) $(-120) \times (-10)$
   c) $(-4) \times (+7)$
   d) $(+6)(-12)$
   e) $(5)(0)(-1)$
   f) $(-4)(-8)(-1)$

9.3 9.4
9. Utilise des nombres entiers pour répondre à chaque question. Montre ton travail.
   a) La température baisse de 5 °C, puis baisse encore de 3 °C. Quelle est la variation totale de température ?
   b) Une piscine se vide au rythme de 35 L par minute pendant 30 min. Quelle quantité d'eau s'est écoulée de la piscine ?
   c) Le prix d'une maison monte de 25 000 $, baisse de 28 999 $, puis monte de 14 500 $. Quelle est la variation totale du prix de la maison ?

9.5
10. Effectue ces divisions.
    a) $(-81) \div (+9)$
    b) $(-12) \div (-6)$
    c) $0 \div (-9)$
    d) $(+650) \div (-25)$
    e) $(-1288) \div (-28)$
    f) $(-100) \div (-100)$

9.6 La priorité des opérations avec des nombres entiers

Objectif Appliquer la priorité des opérations quand il y a des parenthèses et des exposants.

Rappelle-toi la priorité des opérations avec des nombres naturels.
- Commence par les opérations entre parenthèses.
- Occupe-toi des exposants.
- Effectue les divisions et les multiplications dans l'ordre, de gauche à droite.
- Effectue les additions et les soustractions dans l'ordre, de gauche à droite.

Pour t'aider à te rappeler la priorité des opérations, tu peux penser à l'acronyme PEDMAS.

La même priorité des opérations s'applique aux nombres entiers.

Explore

Travaille avec une ou un camarade.
Utilise ces nombres entiers : $-2, 4, -24, 7$.
Utilise n'importe quelle opération ou des parenthèses.
Écris l'expression qui donne la plus grande valeur.

Explique ton raisonnement

Compare ton expression avec celle des élèves d'une autre équipe. Si les expressions sont différentes, vérifie que l'expression qui a la plus grande valeur est juste. Travaille avec tes camarades pour écrire l'expression qui donne la plus petite valeur.

Découvre

Puisque les parenthèses servent à indiquer un nombre entier, par exemple (-2), tu utilises des crochets pour grouper les termes.

Exemple 1

Évalue cette expression : $100 - 3[20 \div (-2)]$.

Réponses

$$100 - 3[20 \div (-2)]$$
$$= 100 - 3 \times [20 \div (-2)]$$ Commence par l'opération entre les crochets.

Pour plus de clarté, les nombres entiers positifs sont écrits comme des nombres naturels.

$$= 100 - 3(-10)$$
$$= 100 + (-3)(-10)$$ Effectue la multiplication.
$$= 100 + (+30)$$ Effectue l'addition.
$$= 130$$

Quand une expression est écrite sous forme de fraction, la barre de fraction a deux significations.
- Elle indique la division.
- Elle agit comme des parenthèses. Autrement dit, tu dois effectuer les opérations du numérateur et celles du dénominateur avant de diviser le numérateur par le dénominateur.

Exemple 2

Évalue ces expressions.

a) $\dfrac{4 \times (-8) + 2}{-6}$

b) $2 - (-3)^2$

Réponses

a) $\dfrac{4 \times (-8) + 2}{-6}$ Effectue d'abord la multiplication.

$= \dfrac{(-32) + 2}{-6}$ Additionne les nombres entiers du numérateur.

$= \dfrac{-30}{-6}$ Effectue la division.

$= 5$

b) $2 - (-3)^2$ Occupe-toi d'abord de l'exposant : $(-3)^2$ signifie $(-3)(-3)$

$= 2 - (-3)(-3)$ Effectue la multiplication.

$= 2 - (+9)$ Effectue la soustraction.

$= -7$

À ton tour

1. a) Évalue ces expressions.

   I) $12 \div (2 \times 3) - 2$ **II)** $12 \div 2 \times (3 - 2)$

b) Pourquoi les résultats sont-ils différents ? Explique ta réponse.

2. Évalue les expressions suivantes. Indique l'opération par laquelle tu commences.

a) $(+7)(+4) - (+5)$ b) $(+6)[(+2) + (-5)]$

c) $(-3) + (+4)(+7)$ d) $(-6) + (+4) \times (-2)$

e) $(+15) \div [(+10) \div (-2)]$ f) $(+18) \div (-6) \times (+2)$

3. Évalue ces expressions.

a) $(-1)^3$ b) $(-3)^2 + 9$ c) $(5)^3 \times (-4)$

d) $\dfrac{(-2)^3}{-4}$ e) $\dfrac{(-6)(-8)}{4}$ f) $\dfrac{(-12)(-3)}{-6}$

Stratégie numérique

Écris ces nombres à la forme décomposée.
- 654
- 7258
- 83 507
- 901 472

Va plus loin

4. Évalue les expressions suivantes. Montre toutes les étapes.
   a) $(-3)(-2) + 4$
   b) $(-8)(-2) + (-1)$
   c) $3(-4) - 2$
   d) $-2(5 + 3)$
   e) $10 \div 2 + 4 \times (-3)$
   f) $\dfrac{(-7)(4) + 8}{(-2)^2}$

5. **Objectif d'évaluation** Robert, Brenna et Christian obtiennent des réponses différentes à ce problème : $-40 - 2[(-8) \div 2]$. Robert obtient -32, Christian obtient -48 et Brenna obtient 168.
   a) Nomme l'élève qui a la bonne réponse.
   b) Montre et explique la façon dont les deux autres élèves ont obtenu leur réponse. Quelles erreurs ont-ils faites ?

6. Laquelle de ces expressions a la valeur la plus proche de -500 ? Explique ta réponse.
   $(-2)^2 \times (-100) \div 4 \times 5$
   $376 \div 4 \times (-5)$
   $(-1360) \div 8 \times (-3)$

7. Keisha avait 405 $ dans son compte bancaire. Durant l'été, elle a effectué 4 retraits de 45 $. Quel est le solde du compte bancaire de Keisha ? Représente ce problème par une expression qui contient des nombres entiers. Résous le problème.

8. Les températures maximales quotidiennes durant une semaine en février étaient : $-2°C, +5°C, -8°C, -4°C, -11°C, -10°C, -5°C$. Trouve la température moyenne.

9. Représente chaque énoncé par une expression numérique, puis évalue l'expression.
   a) Divise la somme de -24 et de 4 par -5.
   b) Multiplie la somme de -4 et de 10 par -2.
   c) Soustrais 4 de -10, puis divise par -2.

Réfléchis

Écris une expression qui contient des nombres entiers et trois opérations.
Évalue ton expression. Montre ton travail.

392   MODULE 9 : Les nombres entiers

9.7 Situer des points dans un plan cartésien

Objectif Repérer et situer des points dans les quatre quadrants d'un plan cartésien.

Tu as situé des points dont les coordonnées sont des nombres naturels dans un quadrillage.
Les coordonnées du point A sont (3, 2).
Quelles sont les coordonnées du point B ?
Quelles sont celles du point C ?
Quelles sont celles du point D ?

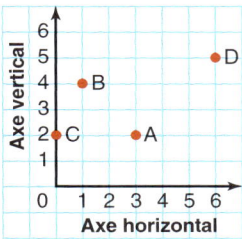

Une droite numérique verticale et une droite numérique horizontale se coupent à angle droit à 0. Cela crée un quadrillage dans lequel tu peux situer des points dont les coordonnées sont des nombres entiers.

Explore

Travaille avec une ou un camarade.
Tu as besoin de papier quadrillé et d'une règle.
Reproduis ce plan cartésien.

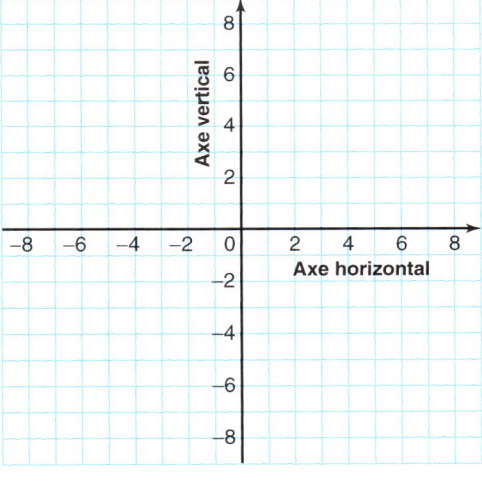

Dessine une figure dans le plan cartésien. Assure-toi d'avoir au moins un sommet dans chaque section du plan. Chaque sommet devrait être à un point d'intersection des lignes du plan cartésien. Désigne chaque sommet par une lettre et indique les coordonnées du point.

Dresse une liste des sommets dans l'ordre, avec leurs coordonnées.
Échange ta liste contre celle de ta ou de ton camarade.
Utilise la liste de ta ou de ton camarade pour dessiner sa figure.

Explique ton raisonnement

Compare la figure que tu as dessinée avec celle que ta ou ton camarade a dessinée. Si elles ne correspondent pas, essaie de trouver la figure incorrecte et explique pourquoi.

Découvre

Une droite numérique verticale et une droite numérique horizontale qui se coupent à angle droit à 0 forment un **plan cartésien.**
L'axe horizontal se nomme **axe des *x*.**
L'axe vertical se nomme **axe des *y*.**
Les axes se coupent à l'**origine.**
Les axes divisent le plan en quatre **quadrants.**
Les quadrants sont numérotés dans le sens inverse des aiguilles d'une montre.

Dans un plan cartésien, on met une pointe de flèche au sommet de l'axe des *y* et à l'extrémité droite de l'axe des *x*.

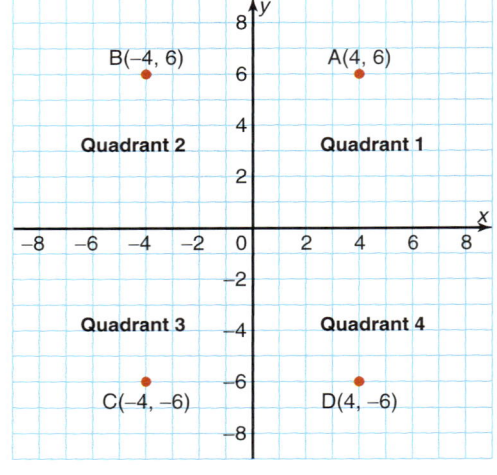

Une paire de coordonnées s'appelle une paire ordonnée ou un « couple ».

N'écris *pas* le signe + quand la coordonnée est positive.

Dans le quadrant 1, les coordonnées du point A sont $(4, 6)$.
Dans le quadrant 2, les coordonnées du point B sont $(-4, 6)$.
Dans le quadrant 3, les coordonnées du point C sont $(-4, -6)$.
Dans le quadrant 4, les coordonnées du point D sont $(4, -6)$.

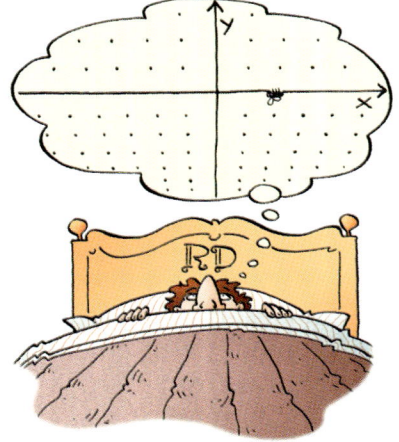

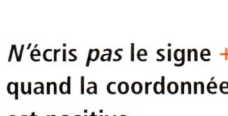

Un peu d'histoire

René Descartes a vécu au XVIIe siècle.
Il a élaboré le système de coordonnées que nous utilisons. En son honneur, ce système porte le nom de « plan cartésien ».
Une anecdote raconte que Descartes se trouvait au lit et observait une mouche au plafond.
Il a inventé un système de coordonnées afin de pouvoir décrire la position de la mouche.

Exemple

a) Écris les coordonnés des points suivants.
   I) P   II) Q   III) R   IV) S

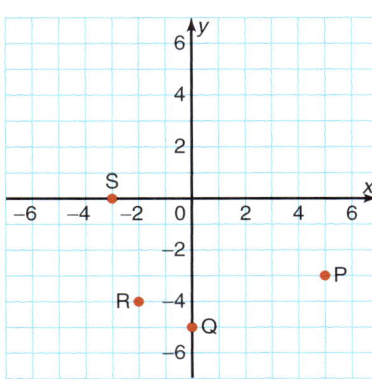

b) Place les points suivants dans un plan cartésien.
   I) D(−1, 3)   II) E(−3, −5)   III) F(0, −2)   IV) G(−4, 0)

Réponses

Rappelle-toi de te déplacer d'abord vers la gauche ou vers la droite et ensuite vers le haut ou vers le bas.

a) Pars de l'origine chaque fois.

   I) Pour arriver au point P, tu dois te déplacer de 5 unités vers la droite et de 3 unités vers le bas. Donc, les coordonnées du point P sont (5, −3).

   II) Pour arriver au point Q, tu dois te déplacer de 0 unité vers la droite et de 5 unités vers le bas. Donc, les coordonnées du point Q sont (0, −5).

   III) Pour arriver au point R, tu dois te déplacer de 2 unités vers la gauche et de 4 unités vers le bas. Donc, les coordonnées du point R sont (−2, −4).

   IV) Pour arriver au point S, tu dois te déplacer de 3 unités vers la gauche et de 0 unité vers le bas. Donc, les coordonnées du point S sont (−3, 0).

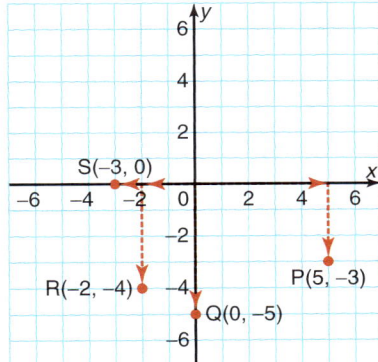

b)

I) D(−1, 3)

Pars de −1 sur l'axe des *x*, puis monte de 3 unités. Trace le point D.

II) E(−3, −5)

Pars de −3 sur l'axe des *x*, puis descends de 5 unités. Trace le point E.

III) F(0, −2)

Pars de l'origine, puis descends de 2 unités sur l'axe des *y*. Trace le point F.

IV) G(−4, 0)

Pars de −4 sur l'axe des *x*. Puisqu'il n'y a pas de déplacement vers le haut ou vers le bas, le point G se trouve sur l'axe des *x*. Trace le point G.

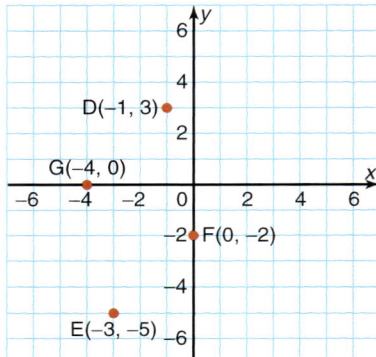

À ton tour

1. Écris les coordonnées des points A à K.

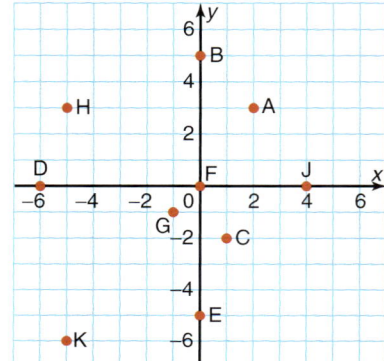

L'abscisse est la première coordonnée d'un point et l'ordonnée est la seconde.

2. Utilise le plan cartésien de la question 1. Quels points ont :
  a) une abscisse de 0 ?
  b) une ordonnée de 0 ?
  c) la même abscisse ?
  d) la même ordonnée ?
  e) une abscisse et une ordonnée égales ?
  f) une ordonnée de +2 ?

3. Dessine un plan cartésien avec des axes gradués. Nomme ses axes. Situe les points suivants dans ton plan.
  a) A(6, −6)
  b) B(5, 0)
  c) C(−2, 7)
  d) D(−3, 8)
  e) E(3, 1)
  f) F(0, −4)
  g) O(0, 0)
  h) H(−4, −1)
  i) J(−8, 0)

Spécialiste de la calculatrice

Calcule l'aire totale d'un prisme rectangulaire de 2,2 cm sur 4,4 cm sur 7,7 cm.

4. Tu as les coordonnées d'un point. Sans situer ce point, comment peux-tu déterminer le quadrant dans lequel il se trouve ?

5. Dessine un triangle scalène dans un plan cartésien. Chaque sommet devrait se trouver dans un quadrant différent.
  a) Écris les coordonnées de chaque sommet.
  b) Quelle est l'aire du triangle ?

6. Objectif d'évaluation

Dans un plan cartésien, dessine des rectangles qui ont une aire de 12 unités^2. Combien de rectangles différents peux-tu dessiner ? Nomme les sommets de chaque rectangle que tu dessines.

Rappelle-toi que des rectangles congruents *ne* sont *pas* différents.

7. a) Situe ces points dans un plan cartésien : K(−3, 4), L(1, 4), M(1, −2).
  b) Trouve les coordonnées du point N qui permet de former le rectangle KLMN.

Va plus loin

8. a) Situe ces points dans un plan cartésien : A(5, −7), B(−3, 3) et C(8, 8). Relie les points.
  b) Trouve l'aire de △ABC.

9. Situe les points C(−5, 0) et D(−2, −3) dans un plan cartésien. Le point E est un point tel que △CDE est un triangle rectangle. Trouve au moins trois positions pour le point E. Écris ses coordonnées dans chaque cas.

Réfléchis

Choisis quatre points, un dans chaque quadrant.
Écris des consignes qui permettent de situer ces points.
Dessine un plan cartésien pour montrer ton travail.

9.8 Représenter graphiquement des translations et des réflexions

Objectif | Représenter graphiquement des images par translation et par réflexion dans un plan cartésien.

Rappelle-toi qu'une translation déplace une figure en ligne droite. Quand la figure est dans un quadrillage, tu décris la translation par des déplacements vers la droite ou vers la gauche et vers le haut ou vers le bas.

Une translation et une réflexion sont des transformations.

Quelle translation cette figure a-t-elle subie?

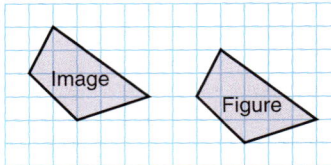

Une figure peut aussi subir une réflexion par rapport à un axe de réflexion. Où est l'axe de réflexion qui lie cette figure à son image?

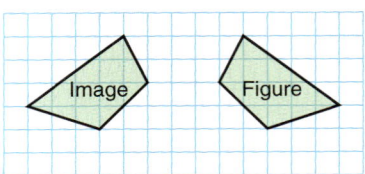

Explore

Travaille individuellement.
Tu as besoin de papier quadrillé à 0,5 cm et d'une règle.
Trace des axes gradués sur le papier quadrillé pour créer 4 quadrants. Utilise toute la page. Nomme les axes. Dessine un quadrilatère et nomme ses sommets. Chaque sommet devrait être à un point d'intersection des lignes de la grille.

➤ Fais subir une translation au quadrilatère. Dessine son image par translation et nomme les sommets de l'image.
Que remarques-tu au sujet de la figure et de son image?

➤ Choisis un axe et fais subir une réflexion au quadrilatère par rapport à cet axe. Dessine l'image par réflexion et nomme ses sommets. Que remarques-tu au sujet de la figure et de son image?

➤ Échange ton travail contre celui d'une ou d'un camarade. Décris la translation de ta ou de ton camarade.
Par rapport à quel axe son quadrilatère a-t-il subi une réflexion?

Explique ton raisonnement

As-tu reconnu correctement chaque transformation?
Explique ta réponse. Si tu n'as pas réussi, travaille avec ta ou ton camarade pour trouver les bonnes transformations.

Découvre

A' se lit « A prime ».

➤ Pour faire subir une translation de 5 unités vers la droite et de 6 unités vers le bas à △ABC :
Commence par le sommet A(−2, 5).
Déplace-toi de 5 unités vers la droite et de 6 unités vers le bas jusqu'au point A'(3, −1).
À partir du sommet B(2, 3), déplace-toi de 5 unités vers la droite et de 6 unités vers le bas jusqu'au point B'(7, −3).
À partir du point C(−5, 1), déplace-toi de 5 unités vers la droite et de 6 unités vers le bas jusqu'au point C'(0, −5).

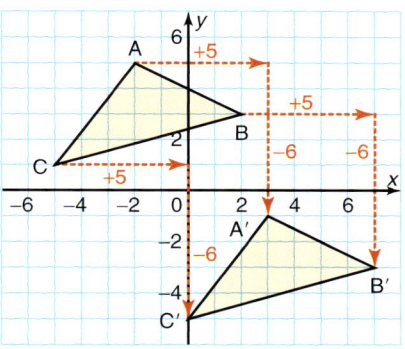

Ainsi, △A'B'C' est l'image de △ABC après une translation de 5 unités vers la droite et de 6 unités vers le bas.
△ABC et △A'B'C' sont congruents.

➤ Pour faire subir une réflexion par rapport à l'axe des y à △ABC :
Fais subir une réflexion aux sommets à tour de rôle.
L'image par réflexion du point A(−2, 5) est le point A'(2, 5).
L'image par réflexion du point B(2, 3) est le point B'(−2, 3).
L'image par réflexion du point C(−5, 1) est le point C'(5, 1).

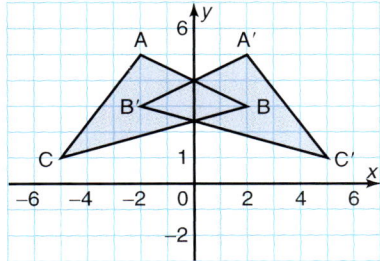

Ainsi, △A'B'C' est l'image de △ABC après une réflexion par rapport à l'axe des y.
△ABC et △A'B'C' sont congruents.
Les triangles ont des orientations différentes : tu lis △ABC dans le sens des aiguilles d'une montre et △A'B'C' dans le sens inverse des aiguilles d'une montre.

9.8 Représenter graphiquement des translations et des réflexions

Exemple

a) Situe ces points dans un plan cartésien :
A(4, −4), B(6, 8), C(−3, 5), D(−6, −2).
Relie les points pour former le quadrilatère ABCD.
Fais subir au quadrilatère une réflexion par rapport à l'axe des *x*.
Dessine l'image par réflexion et nomme-la A′B′C′D′.

b) Que remarques-tu au sujet des segments de droite qui relient chaque point à son image par réflexion ?

Réponses

a) Après une réflexion par rapport à l'axe des *x* :
A(4, −4) → A′(4, 4)
B(6, 8) → B′(6, −8)
C(−3, 5) → C′(−3, −5)
D(−6, −2) → D′(−6, 2)

b) Les segments de droite AA′, BB′, CC′ et DD′ sont verticaux. L'axe des *x* est la médiatrice de chaque segment de droite. Autrement dit, l'axe des *x* divise chaque segment de droite en 2 parties égales et lui est perpendiculaire.

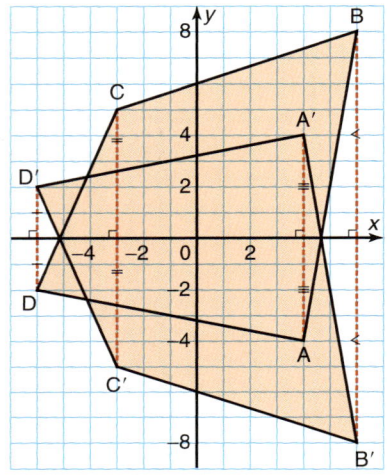

À la question 6 de la rubrique **À ton tour,** tu analyseras une réflexion semblable par rapport à l'axe des *y*.

À ton tour

1. Décris les transformations suivantes. Explique ton raisonnement.

a)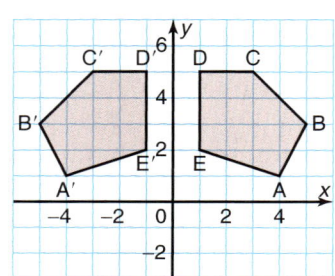

b)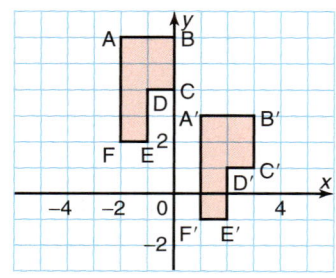

400   MODULE 9 : Les nombres entiers

2. Ce schéma montre 4 parallélogrammes.

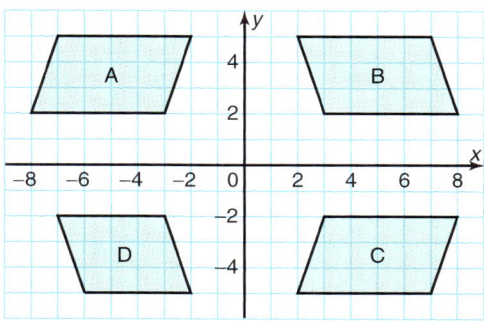

   a) Y a-t-il des parallélogrammes liés par une translation ? Explique ta réponse.
   b) Y a-t-il des parallélogrammes liés par une réflexion ? Explique ta réponse.

3. Reproduis ce pentagone sur du papier quadrillé.

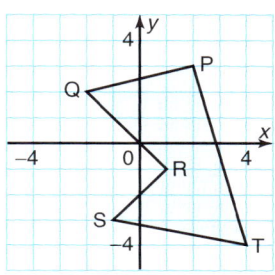

   a) Dessine l'image du pentagone après une translation de 3 unités vers la gauche et de 2 unités vers le haut.
   b) Dessine l'image du pentagone après une réflexion par rapport à l'axe des x.
   c) Dessine l'image du pentagone après une réflexion par rapport à l'axe des y.

4. Situe ces points dans un plan cartésien :
   A(1, 3), B(3, −2), C(−2, 5), D(−1, −4), E(0, −3), F(−2, 0)
   a) Fais subir à chaque point une réflexion par rapport à l'axe des x. Écris les coordonnées de chaque point et celles de son image par réflexion. Quelle régularité vois-tu dans les coordonnées ?
   b) Fais subir à chaque point une réflexion par rapport à l'axe des y. Écris les coordonnées de chaque point et celles de son image par réflexion. Quelle régularité vois-tu dans les coordonnées ?
   c) Comment peux-tu utiliser les régularités trouvées en a) et en b) pour t'assurer que tu as dessiné correctement l'image par réflexion d'une figure ?

5. a) Situe les points de la question 4 dans un plan cartésien. Fais subir à chaque point une translation de 4 unités vers la gauche et de 2 unités vers le bas.
   b) Écris les coordonnées de chaque point et celles de son image par translation. Quelles régularités vois-tu dans les coordonnées ?
   c) Comment peux-tu utiliser ces régularités pour écrire les coordonnées de l'image par translation d'un point, sans situer le point dans le plan ?

9.8 Représenter graphiquement des translations et des réflexions

6. a) Situe ces points dans un plan cartésien :
P(1, 4), Q(−3, 4), R(−2, −3), S(5, −1)
Relie les points pour former le quadrilatère PQRS.
Fais subir au quadrilatère une réflexion par rapport à l'axe des y.
b) Que remarques-tu au sujet des segments de droite qui relient chaque point à son image ?

7. Dans un plan cartésien, trace une droite qui passe par les points A(10, 10), O(0, 0) et B(−10, −10).
Utilise cette droite comme axe de réflexion.
Dessine un quadrilatère ayant un côté sur la droite.
Dessine son image par réflexion.
Quelle régularité vois-tu dans les coordonnées des points et de leurs images ?

8. a) Dessine une figure et son image dans un plan cartésien. L'image peut représenter à la fois une translation et une réflexion.
b) Quels attributs cette figure a-t-elle ?

9. Objectif d'évaluation Dessine une figure dans un plan cartésien.
a) Choisis une translation, une réflexion, ou les deux, que tu peux faire subir à la figure et à ses images pour créer un motif.
b) La figure permet-elle de créer un dallage ? Si tu réponds « non » à la question, pourrais-tu modifier la transformation afin qu'elle le permette ? Explique ta réponse.

10. Tu as fait subir des transformations à des figures dans un plan cartésien.
Pense aux transformations dans le monde qui t'entoure.
a) Où vois-tu des exemples de translations ?
b) Où vois-tu des exemples de réflexions ?

Stratégie numérique

Quelle est la capacité d'une grande tasse cylindrique qui mesure 9 cm de hauteur et qui a un diamètre de 7,5 cm ?

Réfléchis

En quoi une translation est-elle différente d'une réflexion ?
En quoi les deux se ressemblent-elles ?
Comment les plans cartésiens peuvent-ils servir à illustrer ces différences et ces ressemblances ?

9.9 Représenter graphiquement des rotations

Objectif Représenter graphiquement des images par rotation dans un plan cartésien.

Rappelle-toi qu'une rotation fait tourner une figure autour d'un centre de rotation. La rotation peut s'effectuer dans le sens des aiguilles d'une montre ou dans le sens inverse des aiguilles d'une montre. Le centre de rotation peut être :

sur la figure ;   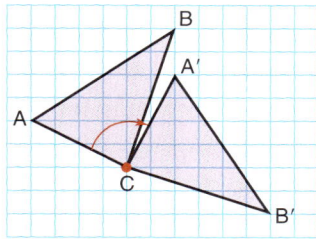   à l'extérieur de la figure.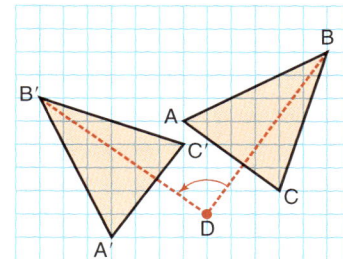

Comment décrirais-tu ces rotations ?

Explore

Travaille avec une ou un camarade.
Tu as besoin de papier quadrillé à 0,5 cm, de papier-calque, d'un rapporteur et d'une règle.
Trace des axes gradués sur du papier quadrillé pour créer 4 quadrants. L'origine doit être au centre de la feuille.
Nomme les axes.
Dessine une figure dans le 1er quadrant et nomme-la.
Utilise l'origine comme centre de rotation.

➢ Fais subir à la figure une rotation de 90° dans le sens inverse des aiguilles d'une montre. Dessine son image.

➢ Fais subir à la figure de départ une rotation de 180° dans le sens inverse des aiguilles d'une montre. Dessine son image.

➢ Fais subir à la figure de départ une rotation de 270° dans le sens inverse des aiguilles d'une montre. Dessine son image.

Que remarques-tu au sujet de la figure et de ses 3 images ?

Explique ton raisonnement

Compare ton travail avec celui des élèves d'une autre équipe.
Quelles stratégies as-tu utilisées pour mesurer l'angle de rotation ?
Les images seraient-elles différentes si la rotation s'effectuait dans le sens des aiguilles d'une montre plutôt que dans le sens inverse ?
Explique ta réponse.

Découvre

Pour faire subir une rotation dans le sens des aiguilles d'une montre à la figure de gauche :

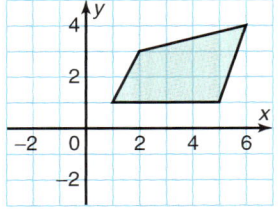

➤ Trace la figure et les axes. Indique la partie positive de l'axe des *y* sur le papier-calque. Fais subir au papier-calque une rotation dans le sens des aiguilles d'une montre autour de l'origine jusqu'à ce que la partie positive de l'axe des *y* coïncide avec la partie positive de l'axe des *x*. À l'aide d'un crayon bien taillé, trace les sommets de l'image. Relie les sommets pour dessiner l'image après une rotation de 90° dans le sens des aiguilles d'une montre autour de l'origine, comme dans l'illustration ci-dessous à gauche.

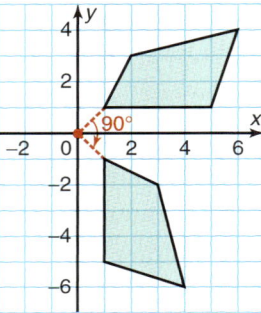 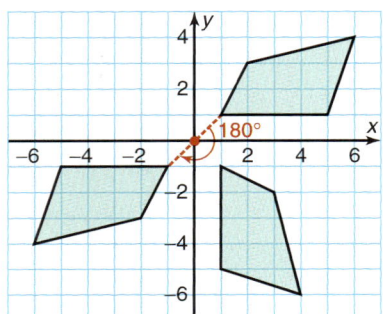

➤ Place le papier-calque pour que la figure coïncide avec son image. Fais subir au papier-calque une rotation dans le sens des aiguilles d'une montre autour de l'origine jusqu'à ce que la partie positive de l'axe des *y* coïncide avec la partie négative de l'axe des *y*. Trace les sommets de l'image.

Relie les sommets pour dessiner l'image après une rotation de 180° dans le sens des aiguilles d'une montre autour de l'origine, comme dans l'illustration ci-dessus à droite.

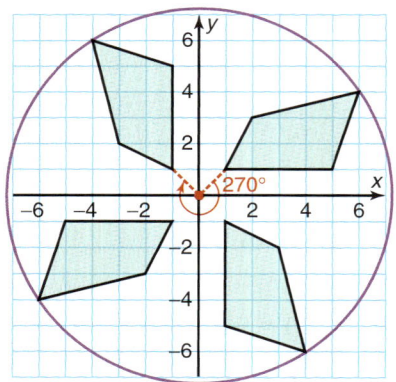

➤ Place le papier-calque pour que la figure coïncide avec sa deuxième image. Fais subir au papier-calque une rotation dans le sens des aiguilles d'une montre autour de l'origine jusqu'à ce que la partie positive de l'axe des *y* coïncide avec la partie négative de l'axe des *x*. Trace les sommets de l'image, puis relie-les. Ceci est l'image après une rotation de 270° dans le sens des aiguilles d'une montre autour de l'origine.

Les 4 quadrilatères sont congruents. Un point et chacune de ses images se trouvent sur un cercle dont le centre se situe à l'origine.

Exemple

Tu indiques une rotation dans le sens inverse des aiguilles d'une montre par un angle positif ; par exemple, +90° ou 90°. Tu indiques une rotation dans le sens des aiguilles d'une montre par un angle négatif ; par exemple, −90°.

a) Situe ces points dans un plan cartésien : B(−5, 6), C(−3, 4), D(−8, 2).
Relie les points pour dessiner △BCD.
Fais subir à △BCD une rotation de 90° autour de l'origine, le point O.
Dessine l'image par rotation △B′C′D′ et nomme ses sommets.

b) Relie les points C, D, C′ et D′ au point O.
Que remarques-tu au sujet de ces segments de droite ?

Réponses

Une rotation de 90° est une rotation dans le sens inverse des aiguilles d'une montre.

a) Utilise du papier-calque pour dessiner l'image △B′C′D′.
Fais subir à la feuille une rotation dans le sens inverse des aiguilles d'une montre jusqu'à ce que la partie positive de l'axe des y coïncide avec la partie négative de l'axe des x.

Tu peux utiliser le théorème de Pythagore pour t'assurer que ces segments de droite sont congrus.

b) Selon le schéma,
$\overline{OC} = \overline{OC'}$ et $\overline{OD} = \overline{OD'}$,
∠COC′ = ∠DOD′ = 90°.

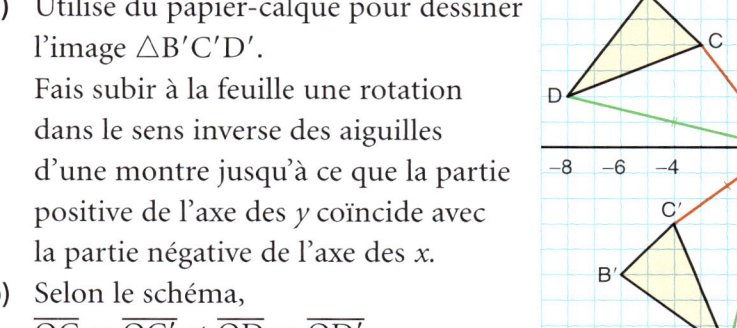

L'**Exemple** illustre les propriétés suivantes de la rotation :
- Un point et ses images se trouvent à la même distance du centre de rotation ;
- L'angle formé par les segments qui relient un point et son image au centre de rotation est égal à l'angle de rotation.

Les questions de la rubrique **À ton tour** te permettront de vérifier ces propriétés avec d'autres angles de rotation.

À ton tour

1. Chaque plan cartésien montre une figure et son image par rotation. Indique l'angle de rotation et le centre de rotation.

a) 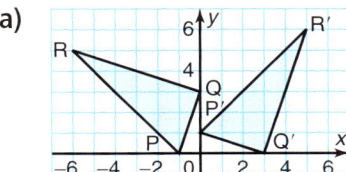   b)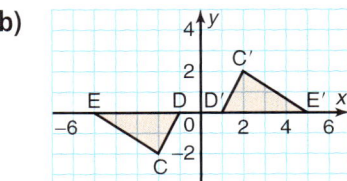

9.9 Représenter graphiquement des rotations

2. Nomme chaque transformation de la figure. Explique comment tu le sais.

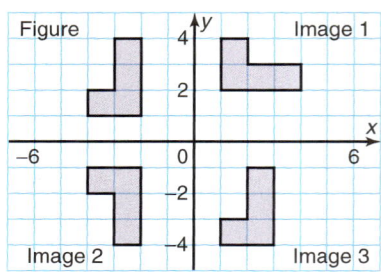

3. a) Reproduis △DEF sur du papier quadrillé.

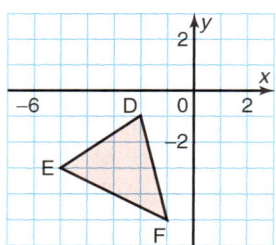

b) Fais subir à △DEF une rotation de −90° autour de l'origine pour obtenir son image △D'E'F'.

c) Fais subir à △DEF une rotation de +270° autour de l'origine pour obtenir son image △D″E″F″.

d) Que remarques-tu au sujet des images obtenues en b) et en c) ? Selon toi, obtiendrais-tu des résultats semblables quelle que soit la figure à laquelle tu fais subir des rotations de −90° et de +270° ? Explique ta réponse.

Quand il y a 2 images par rotation, il faut utiliser la notation « double » prime, qui se lit « seconde », pour indiquer les sommets de la seconde image.

4. Situe ces points dans un plan cartésien :
A(2, 5), B(−3, 4), C(4, −1)

a) Fais subir à chaque point une rotation de 180° autour de l'origine O pour obtenir les images A', B' et C'.

b) Trace les segments suivants et mesure-les.
  I) $\overline{OA}$ et $\overline{OA'}$ II) $\overline{OB}$ et $\overline{OB'}$ III) $\overline{OC}$ et $\overline{OC'}$
  Que remarques-tu ?

c) Mesure les angles suivants.
  I) ∠AOA'   II) ∠BOB'   III) ∠COC'
  Que remarques-tu ?

d) Quelle autre rotation des points A, B et C permettrait d'obtenir les images A', B' et C' ? Explique ta réponse.

5. Refais la question 4 avec une rotation de −90° autour de l'origine.

Stratégie numérique

Trouve les pourcentages suivants de 375,00 $.
- 1 %
- 10 %
- 0,1 %
- 15 %
- 150 %
- 1,5 %

6. Objectif d'évaluation Situe 6 points dans un plan cartésien et nomme-les. Tu dois tracer un point dans chaque quadrant et un point sur chaque axe.
   a) Fais subir à chaque point une rotation de $-90°$ autour de l'origine. Écris les coordonnées de chaque point et de son image. Quelles régularités vois-tu dans les coordonnées ?
   b) Refais l'activité en a) avec une rotation de 180°.
   c) Refais l'activité en a) avec une rotation de $-270°$.
   d) Comment peux-tu utiliser les régularités en a), en b) et en c) pour dessiner une image par rotation sans papier-calque ?

7. Tu as fait subir des rotations à des figures dans un plan cartésien. Pense aux rotations dans le monde qui t'entoure. Où vois-tu des exemples de rotations à l'extérieur de la classe ?

8. Dessine un quadrilatère dans le 3e quadrant.
   a) Fais subir au quadrilatère une rotation de 180° autour de l'origine.
   b) Fais subir au quadrilatère une réflexion par rapport à l'axe des *x*. Fais subir à son image une réflexion par rapport à l'axe des *y*.
   c) Que remarques-tu au sujet de l'image obtenue en a) et de la seconde image obtenue en b) ?
   Selon toi, obtiendrais-tu un résultat semblable si tu :
   I) utilisais une autre figure ? II) partais d'un autre quadrant ?
   Analyse le problème. Décris ce que tu découvres.

Va plus loin

9. Situe ces points dans un plan cartésien : C(2, 6), D(3, -3), E(5, -7).
   a) Fais subir à △CDE une réflexion par rapport à l'axe des *x* pour obtenir son image △C'D'E'.
   Fais subir à △C'D'E' une rotation de $-90°$ autour de l'origine pour obtenir son image △C"D"E".
   b) Fais subir à △CDE une rotation de $-90°$ autour de l'origine pour obtenir son image △PQR.
   Fais subir à △PQR une réflexion par rapport à l'axe des *x* pour obtenir son image △P'Q'R'.
   c) L'image finale en a) coïncide-t-elle avec l'image finale en b) ? Explique ta réponse.

Réfléchis

Quand tu vois une figure et son image par transformation dans un quadrillage, comment peux-tu reconnaître la transformation ? Donne des exemples.

Créer une feuille d'étude

Une feuille d'étude t'aide à réviser les concepts mathématiques importants. Ta feuille d'étude peut être différente de celle d'une ou d'un camarade, mais chaque feuille d'étude doit contenir les renseignements les plus importants du module. Ajoute des éléments à ta feuille d'étude et révise-la fréquemment pendant le module.

Voici quelques éléments à inclure dans ta feuille d'étude.

- **Les mots clés**

Note les **Mots clés** du module.
Utilise une définition, une image ou un exemple, ainsi qu'un problème. Si tu as de la difficulté à te rappeler un mot, crée une fiche. Cette fiche doit contenir des éléments qui t'aideront à te rappeler la signification du mot. Utilise la rubrique **Découvre** et le *Glossaire illustré* pour t'aider.

- **Les formules**

Note toute formule ou procédure que tu penses devoir te rappeler. Cherche ces formules et ces procédures dans la rubrique **Découvre**.

- **Les idées principales**

Choisis les idées principales de chaque leçon. Utilise le titre et l'**Objectif** de chaque leçon pour organiser les sujets de ta feuille d'étude. Utilise la rubrique **Réfléchis** pour t'aider à te rappeler les points importants des leçons. Surligne les points clés et résume-les sur ta feuille d'étude.

- **Les questions**

Choisis des questions dans chaque leçon pour t'aider à réviser. Par exemple, tu peux choisir la question **objectif d'évaluation.** Essaie de répondre à ces questions de nouveau.

- **Les notes de journal**

Si tu tiens un journal, révise tes notes, surligne les éléments que tu dois te rappeler, puis résume-les sur ta feuille d'étude.

- **Les questions de révision**

Choisis des questions dans la **Révision du module** pour t'exercer.

Voici une feuille d'étude pour le **module 8** :
Les racines carrées et le théorème de Pythagore.

Les mots clés

Les nombres carrés	Les racines carrées
1, 4, 9, 16, 25, 36, 49, 64, 81, 100	$\sqrt{1} = 1$ $\sqrt{16} = 4$ $\sqrt{36} = 6$ $\sqrt{81} = 9$

Les formules
$c^2 = a^2 + b^2$

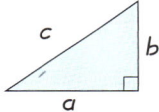

Le théorème de Pythagore : Dans un triangle rectangle, le carré de l'hypoténuse est égal à la somme des carrés des deux autres côtés.

L'idée principale
Le théorème de Pythagore peut servir à trouver la longueur d'un des côtés d'un triangle rectangle quand je connais la longueur des deux autres côtés.

Une question
La taille d'un téléviseur est déterminée par la longueur d'une diagonale de l'écran. Voici un téléviseur de 70 cm. L'écran mesure 40 cm de hauteur. Quelle est la largeur de l'écran? Explique ta réponse à l'aide d'un schéma.

Mes notes de journal
Pour utiliser le théorème de Pythagore avec un triangle isocèle, je trace une perpendiculaire du sommet de l'angle qui est différent des deux angles congrus au côté opposé. J'obtiens ainsi deux triangles rectangles.

Des questions de révision
Je dois réviser la question 10 de la page 356. Cette question concerne la façon de trouver l'aire totale d'un prisme pentagonal.

Lire et écrire en math : Créer une feuille d'étude

Révision du module

Ce que je dois savoir

✓ **Additionner des nombres entiers**
Utilise une droite numérique.
$(-4) + (+6) = +2$

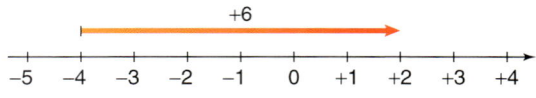

✓ **Soustraire des nombres entiers**
Additionne le nombre opposé.
Récris $(-5) - (+4)$ comme ceci: $(-5) + (-4)$. Puis effectue l'addition.
$(-5) + (-4) = -9$

✓ **Multiplier des nombres entiers**
Le produit de deux nombres entiers qui ont le même signe est un nombre entier positif.
$(+6) \times (+4) = +24$; $(-18) \times (-3) = +54$

Le produit de deux nombres entiers qui ont des signes différents est un nombre entier négatif.
$(-8) \times (+5) = -40$; $(+9) \times (-6) = -54$

✓ **Diviser des nombres entiers**
Le quotient de deux nombres entiers qui ont le même signe est un nombre entier positif.
$(+56) \div (+8) = \frac{+56}{+8} = +7$; $(-24) \div (-6) = \frac{-24}{-6} = +4$

Le quotient de deux nombres entiers qui ont des signes différents est un nombre entier négatif.
$(-30) \div (+6) = \frac{-30}{+6} = -5$; $(+56) \div (-7) = \frac{+56}{-7} = -8$

✓ **Situer des points dans un plan cartésien**
Les coordonnées des points dans ce plan cartésien sont:
A(3, 2), B(−3, 2), C(−3, −2) et D(3, −2)

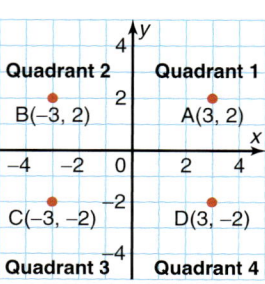

✓ **Les transformations dans un plan cartésien**
Un point ou une figure peut subir:
- une translation;
- une réflexion par rapport à l'axe des x ou à l'axe des y;
- une rotation autour de l'origine.

Ce que je dois faire

Pour des exercices supplémentaires, va à la page 496.

LEÇONS

9.1 1. a) Place ces nombres entiers par ordre croissant :
$+8, -10, -3, +1, -7$.
b) Situe chaque nombre en a) sur une droite numérique.

9.2 2. Effectue ces opérations à l'aide d'une droite numérique.
a) $(-8) + (+5)$
b) $(+14) + (-8)$
c) $(-5) - (+3)$
d) $(-7) - (-2)$
e) $(+4) - (-3) + (-5)$
f) $(-3) + (-8) - (-7)$
g) $(+6) - (+10) + (-2)$
h) $(-9) - (-11) - (-6)$

3. Voici des résultats de golf.
Al : -3 ; Lana : $+2$; Kirima : 0 ;
Éric : $+1$; Luc : -5 ; Jody : -4
a) Qui a gagné le match ?
b) Combien de coups la personne qui a gagné a-t-elle joués de moins que la personne qui a terminé dernière ?

4. À minuit, à Winnipeg, il faisait -23 °C. Au cours des 24 heures suivantes, la température a monté de 12 °C, puis a baissé de 8 °C. Quelle était la température finale ? Explique ta réponse.

5. Évalue ces expressions.
a) $(+512) + (-173)$
b) $(-879) - (-1092)$
c) $(-243) + (+987)$
d) $(+1591) - (-847)$

9.3 6. Évalue ces expressions.
a) $3 - 5$
b) $-1 + 10$
c) $-5 - 6$
d) $3 - 5 + 7$
e) $-4 + 3$
f) $-3 + 5 - 7$

7. La variation de température lors d'une expérience de chimie était de -2 °C toutes les 30 minutes. La température de départ était de 6 °C. Quelle était la température au bout de 4 heures ?

9.4 8. Effectue ces multiplications.
a) $(-7)(-5)$
b) $(+10)(-6)$
c) $(-3)(-9)(-1)$
d) $(-2)(-2)(-2)$
e) $(-7)(-8)(0)$
f) $(-11)(+13)(-2)$

9. Évalue ces expressions.
a) $21 - 5 - 5 + 6 - 2$
b) $0 - 6 + 4 + 8 - 1 + 2 + 7$

9.1
9.2
9.4
10. Ces énoncés sont-ils vrais ou faux ? Explique tes réponses.
a) La somme d'un nombre entier et de son opposé est toujours égale à 0.
b) Quand tu soustrais deux nombres entiers positifs, la différence est toujours un nombre entier positif.
c) Le produit d'un nombre entier positif et d'un nombre entier négatif est toujours positif.
d) Le produit d'un nombre entier et de son opposé est toujours égal à 0.

LEÇONS

9.5 **11.** Effectue ces divisions.
   a) $(-56) \div (-7)$
   b) $(+40) \div (-5)$
   c) $(-121) \div (+11)$
   d) $\frac{-36}{-4}$ e) $\frac{+72}{-4}$ f) $\frac{-28}{+2}$

9.6 **12.** Évalue ces expressions.
   a) $(-8) \div (-4) + 6 \times (-3)$
   b) $(-5) + (-12) \div (-3)$
   c) $18 + 3[10 \div (-5)]$
   d) $[(-16) \div 8]^2 - 12$
   e) $\frac{4 \times (-5) - 4}{-6}$
   f) $\frac{(-3)^2 + 5}{(-2)^2 - (-3)}$

13. Évalue ces expressions.
   a) $4[(-3) + 16]$
   b) $3 - 2(10 \div 2)$
   c) $5 \times (-2) - 2[4 \div (-2)]$
   d) $(-3)(-2)(4) + 3(-5)$
   e) $\frac{3 \times (-6) - 3}{-7}$
   f) $9 - 3[(-2)^3 + 4]$

14. Pendant une partie de fléchettes, Suzanne et Corey lancent chacun 10 fléchettes. Corey obtient trois résultats de $(+2)$, trois de (-3) et quatre de $(+1)$. Suzanne obtient quatre résultats de $(+2)$, quatre de (-3) et deux de $(+1)$.

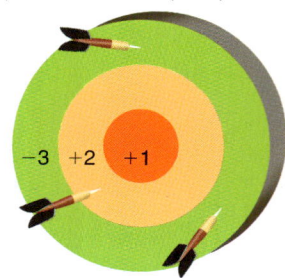

   a) Quel est le pointage final de chaque personne?
   b) Qui a gagné la partie? Explique ta réponse.

9.1 **15.** Pour chacun des nombres ci-dessous, trouve deux nombres entiers pour lesquels le nombre est:
9.2
9.4
9.5
   I) la somme;
   II) la différence;
   III) le quotient;
   IV) le produit.
      a) -8 b) -2
      c) -12 d) -3

9.7 **16.** a) Situe les points suivants dans un plan cartésien. Relie les points dans l'ordre. Relie ensuite le point D au point A.
   A$(-2, -2)$ B$(6, -2)$
   C$(3, 7)$ D$(-5, 7)$
   b) Nomme le quadrant dans lequel se trouve chaque point.
   c) Nomme la figure obtenue et calcule son aire.

9.8 **17.** a) Situe ces points dans un plan cartésien: A$(-2, 3)$, B$(-4, 0)$, C$(-2, -3)$, D$(2, -3)$
9.9
   Relie les points pour former le quadrilatère ABCD.
   b) Dessine l'image du quadrilatère ABCD après chacune de ces transformations:
      I) Une translation de 7 unités vers la gauche et de 8 unités vers le haut
      II) Une réflexion par rapport à l'axe des x
      III) Une rotation de 90° dans le sens inverse des aiguilles d'une montre autour de l'origine
   c) Quelles sont les ressemblances entre les images? Quelles sont les différences?

Test pratique

1. Place ces nombres entiers par ordre croissant à l'aide d'une droite numérique.
   $+5, -3, 0, -11, -8, +7$

2. Évalue ces expressions.
   a) $(-4) + (-8)$ b) $9 + (-17)$
   c) $(-8) \times 6$ d) $(-56) + (-61)$
   e) $(-10) - (-3)$ f) $(4)(-2)$
   g) $(-2)^4$ h) $(-36) \div 9$
   i) $(-3) \times (-5) \times (-11)$

3. Prolonge chaque suite. Écris les 4 prochains termes. Indique la régularité.
   a) $-4, 8, -16, 32, \ldots$ b) $-9, -2, -5, 2, -1, 6, \ldots$

4. Évalue ces expressions.
   a) $(-20) \times (-5) + 16 \div (-8)$
   b) $\dfrac{14 - 10 \div 2}{-3}$
   c) $(-3)^2 + 2 \times (-4)$

5. Tu multiplies un nombre par -4.
   Tu soustrais ensuite 3 du produit.
   La réponse est 13.
   Quel est le nombre ?

6. Dimanche, il faisait 4 °C. Lundi, la température a baissé de 8 °C et mardi, elle a baissé deux fois plus que lundi.
   Quelle température faisait-il mardi ?

7. a) Dans un plan cartésien, dessine un triangle dont l'aire est de 12 unités carrées. Situe chaque sommet dans un quadrant différent.
   b) Écris les coordonnées de chaque sommet.
   c) Explique comment tu sais que l'aire est de 12 unités carrées.
   d) Fais subir au triangle une translation de 6 unités vers la droite et de 3 unités vers le bas.
   e) Fais subir au triangle une réflexion par rapport à l'axe des y.
   f) Fais subir au triangle une rotation de 90° dans le sens des aiguilles d'une montre autour de l'origine.

Problème du module — Le tournoi-bénéfice de golf

Une classe de 8ᵉ année et une banque du quartier s'associent pour parrainer un tournoi de golf. Ce tournoi permettra de recueillir de l'argent pour des oeuvres de bienfaisance. La banque offre les prix suivants :

> 1ʳᵉ position : 5000 $ remis à une oeuvre de bienfaisance choisie par la joueuse ou le joueur ;
>
> 2ᵉ et 3ᵉ positions : 1000 $ remis à une oeuvre de bienfaisance choisie par la joueuse ou le joueur.

Le vocabulaire du golf

Rappelle-toi que la « normale » est le nombre de coups dont tu devrais avoir besoin pour mettre la balle dans le trou.
Si la normale est 3 et qu'il te faut 5 coups, ton pointage par rapport à la normale est de $+2$, soit 2 au-dessus de la normale.
Si la normale est 3 et qu'il te faut 2 coups, ton pointage par rapport à la normale est de -1, soit 1 sous la normale.
Un boguey représente 1 coup de plus que la normale.
Un double boguey représente 2 coups de plus que la normale.
Un oiselet représente 1 coup de moins que la normale.
Un aigle représente 2 coups de moins que la normale.

Voici les golfeuses et golfeurs qui occupent les 6 premières positions :
Chai Kim, David, Hamid, Annie, Kyle et Weng Kwong.

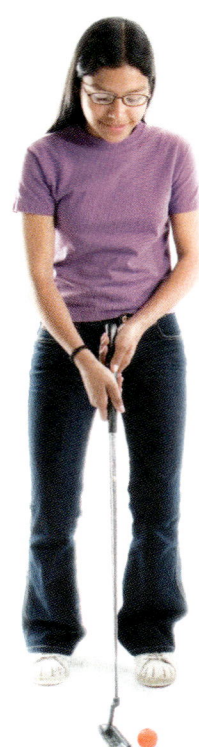

1. Le parcours comprend 9 trous. Voici les résultats d'une des personnes qui a participé au tournoi : 3 normales, 2 bogueys, 1 oiselet, 2 aigles et 1 double boguey.
   a) Écris une expression qui contient des nombres entiers pour représenter ces résultats.
   b) Évalue l'expression écrite en a) pour déterminer le pointage par rapport à la normale.

2. Chai Kim inscrit ses résultats dans un tableau comme celui-ci.

Trou	1	2	3	4	5	6	7	8	9
Normale	3	4	3	3	5	4	4	3	3
Au-dessus ou au-dessous de la normale	0	-1	$+2$	0	-1	0	0	-1	0
Pointage	3	3	5	3					

414 MODULE 9 : Les nombres entiers

a) Transcris et complète le tableau. Utilise les renseignements suivants :

1er, 4e, 6e, 7e et 9e trous   Normale

2e, 5e et 8e trous   Oiselet

3e trou   Double boguey

b) Quel a été le pointage final de Chai Kim ?

c) Quel a été son pointage final par rapport à la normale ?

3. Pour chaque personne ci-dessous, crée un tableau semblable à celui de la question 2. Utilise les renseignements fournis. Quel est le pointage final de chaque joueur ?

   a) Kyle :   a obtenu un boguey aux 1er, 3e, 5e et 9e trous ;

                a obtenu un oiselet au 6e trou ;

                a obtenu la normale aux 2e, 4e, 7e et 8e trous.

   b) David :   a obtenu un boguey aux 3e, 4e et 6e trous ;

                a obtenu un oiselet aux 1er, 2e, 7e, 8e et 9e trous ;

                a obtenu un aigle au 5e trou.

   c) Hamid : a obtenu un oiselet à chaque trou, sauf au 8e trou ;

                a obtenu un double boguey au 8e trou.

4. a) Annie a obtenu un pointage de −5 par rapport à la normale. Weng Kwong a obtenu un pointage de +3 par rapport à la normale. Utilise les renseignements fournis aux questions 2 et 3. Classe les joueuses et les joueurs par ordre croissant de pointage.

b) Qui a gagné le tournoi et le prix de 5000 $? Quel était son pointage par rapport à la normale ?

c) Qui a gagné les prix de 1000 $? Quels étaient leurs pointages par rapport à la normale ?

5. Utilise un tableau semblable à celui de la question 2. Remplis le tableau avec les pointages de ton choix. Calcule le pointage final et le pointage final par rapport à la normale.

Liste de contrôle

Ton travail devrait montrer :

✓ la façon dont tu as utilisé les nombres entiers pour résoudre les problèmes ;

✓ des calculs et un classement des nombres entiers précis ;

✓ les tableaux que tu as construits pour afficher les pointages ;

✓ des explications claires formulées dans un langage mathématique approprié.

Retour sur le module

Qu'as-tu trouvé facile dans le travail avec les nombres entiers ?
Qu'as-tu trouvé difficile ? Donne des exemples.

MODULE 10
L'algèbre

Les entreprises de télécommunications offrent des services téléphoniques.

Les tableaux ci-contre montrent les forfaits de services de téléphonie cellulaire de deux entreprises. Chaque forfait comprend 200 minutes gratuites.

Quelles régularités vois-tu dans les tableaux ?

Écris la règle de chaque régularité. Décris chaque forfait.

Suppose que les suites se prolongent. Comment déterminerais-tu le prix de 60 minutes supplémentaires dans chaque forfait ?

Entreprise A

Nombre de minutes supplémentaires	Prix total (en $)
0	35
4	36
8	37
12	38
16	39
20	40

Entreprise B

Nombre de minutes supplémentaires	Prix total (en $)
0	40
5	41
10	42
15	43
20	44
25	45

Tes objectifs d'apprentissage

- Étudier les propriétés des nombres.
- Écrire une expression qui représente le n^e terme d'une suite.
- Évaluer des expressions algébriques en remplaçant les variables par des fractions ou des nombres entiers.
- Lire, écrire et résoudre des équations.
- Représenter des relations algébriques à l'aide de tableaux, de diagrammes et d'équations.

Pourquoi est-ce important ?

- L'algèbre permet de communiquer à l'aide de symboles. Elle peut servir à décrire des régularités.
- Les régularités et les équations servent à étudier les changements. Les urbanistes, par exemple, utilisent des équations pour étudier la croissance démographique.

Mots clés

- la distributivité
- développer

MODULE 10
Utilise tes connaissances

Écrire des expressions et des équations

Pour représenter un nombre, tu utilises une lettre comme x ou n.
Pour représenter un énoncé en mots, tu peux écrire une expression algébrique.
Par exemple, l'expression $n = 5$ peut représenter « un nombre plus cinq » ou « cinq de plus qu'un nombre ».

Quand tu représentes une égalité entre une expression algébrique et un nombre ou une autre expression, tu obtiens une équation. Par exemple, $n + 5 = 8$ est une équation.

Exemple 1

a) Représente l'énoncé suivant à l'aide d'une expression algébrique :
trois de plus que quatre fois un nombre.

b) Représente la phrase suivante à l'aide d'une équation :
un nombre divisé par quatre égale 5.

Réponses

a) Trois de plus que quatre fois un nombre
Représente le nombre par x.
Donc, quatre fois un nombre : $4x$.
Trois de plus que $4x$:
$4x + 3$ ou $3 + 4x$

b) Un nombre divisé par quatre égale 5.
Représente le nombre par z.
z divisé par quatre : $\frac{z}{4}$.
L'équation est : $\frac{z}{4} = 5$.

✓ Vérifie

1. Représente chaque énoncé à l'aide d'une expression algébrique.
   a) Un nombre multiplié par sept
   b) Six de moins qu'un nombre
   c) Cinq de plus que trois fois un nombre
   d) Trois de moins que cinq fois un nombre

2. Représente chaque énoncé à l'aide d'une équation.
   a) Un nombre divisé par sept égale 6.
   b) La somme de huit et un nombre égale 17.
   c) Cinq de plus que deux fois un nombre égale 11.

Évaluer des expressions

Quand tu évalues une expression algébrique à l'aide de la valeur attribuée à la variable, tu remplaces la variable par le nombre donné. Ensuite, tu trouves la valeur de l'expression. Le nombre substitué à la variable peut être une fraction ou un nombre entier.

Exemple 2

Évalue l'expression $2x + 3y + 4z$ pour $x = -1$, $y = \frac{1}{3}$ et $z = \frac{1}{2}$.

Réponses

$2x + 3y + 4z$

Effectue les substitutions : $x = -1$, $y = \frac{1}{3}$ et $z = \frac{1}{2}$.

$$\begin{aligned} 2x + 3y + 4z &= 2(-1) + 3\left(\tfrac{1}{3}\right) + 4\left(\tfrac{1}{2}\right) \\ &= 2 \times (-1) + 3 \times \tfrac{1}{3} + 4 \times \tfrac{1}{2} \quad \text{Commence par les multiplications.} \\ &= -2 + 1 + 2 \quad \text{Effectue ensuite les additions.} \\ &= -2 + 3 \\ &= 1 \end{aligned}$$

✓ Vérifie

3. Évalue chaque expression.

   a) $3 + x$ pour $x = \frac{1}{2}$
   b) $3 - x$ pour $x = -2$
   c) $3x$ pour $x = \frac{1}{4}$

4. Évalue chaque expression pour $p = \frac{2}{3}$ et $q = \frac{1}{4}$.

   a) $p + q$
   b) $p - q$
   c) pq

5. Évalue chaque expression pour $m = \frac{2}{5}$ et $n = \frac{1}{2}$.

   a) $2m + n$
   b) $2n + m$
   c) $2m + 2n$
   d) $2m - n$
   e) $2n - m$
   f) $2n - 2m$
   g) mn
   h) $2mn$
   i) $\frac{1}{2}mn$

6. Évalue chaque expression de la question 5 pour $m = -3$ et $n = -6$.

7. Évalue chaque expression.

   a) $3x - 2y + 4z$, où $x = \frac{3}{4}$, $y = \frac{1}{5}$, $z = \frac{5}{4}$
   b) $3x + 5y - 3z$, où $x = \frac{5}{4}$, $y = \frac{1}{6}$, $z = \frac{2}{3}$
   c) $3x + 3y - 2z$, où $x = \frac{1}{5}$, $y = \frac{4}{3}$, $z = \frac{1}{15}$

8. Évalue chaque expression de la question 7 pour $x = 2$, $y = -4$ et $z = -1$.

10.1 Les propriétés des nombres

Objectif Relier la distributivité et d'autres propriétés à l'algèbre.

Rappelle-toi le schéma que tu as utilisé pour multiplier : 4×37.

Ce schéma représente :
$$4 \times 37 = 4 \times (30 + 7)$$
$$= 4 \times 30 + 4 \times 7$$
$$= 120 + 28$$
$$= 148$$

Explore

$5(n + 8)$ signifie $5 \times (n + 8)$.

Travaille avec une ou un camarade. Tu peux utiliser du papier quadrillé à 0,5 cm.

➤ Fais un schéma qui représente 5×28.
 Quel est le produit ?
➤ Fais un schéma qui représente $5(n + 8)$.
 Quel est le produit ?
➤ Fais un schéma qui représente $5(n + m)$.
 Quel est le produit ?
➤ Fais un schéma qui représente $d(n + m)$.
 Quel est le produit ?

Explique ton raisonnement

Compare tes schémas et tes produits avec ceux des élèves d'une autre équipe. Quelles régularités vois-tu dans les produits ?
Comment peux-tu utiliser ces régularités pour écrire $d(n + m)$ sans parenthèses ?

Découvre

Quand tu utilises des symboles au lieu de nombres, les propriétés suivantes demeurent vraies.

L'addition de 0
Additionner 0 ne change rien au nombre.
$4 + 0 = 4$ et $n + 0 = n$
$0 + 135 = 135$ et $0 + n = n$

La multiplication par 1
Quand l'un des facteurs est 1, le produit est toujours l'autre facteur.
$1 \times 11 = 11$ et $1 \times n = n$
$256 \times 1 = 256$ et $n \times 1 = n$

La multiplication par 0
Quand l'un des facteurs est 0, le produit est toujours 0.
$15 \times 0 = 0$ et $n \times 0 = 0$
$0 \times 137 = 0$ et $0 \times n = 0$

L'ordre des termes pour l'addition et la multiplication
Dans une addition, l'ordre des termes n'a aucune importance.
$9 + 4 = 13$ et $4 + 9 = 13$ $a + b = b + a$
Dans une multiplication, l'ordre des termes n'a aucune importance.
$6 \times 8 = 48$ et $8 \times 6 = 48$ $ab = ba$

La distributivité
Tu vas étudier $a(b + c)$ et $ab + ac$ pour différentes valeurs de a, de b et de c.

Rappelle-toi que $a(b + c)$ signifie $a \times (b + c)$, que ab signifie $a \times b$ et que ac signifie $a \times c$.

a	b	c	(b + c)	a(b + c)	ab	ac	ab + ac
2	4	7	11	22	8	14	22
3	6	2	8	24	18	6	24
7	1	1	2	14	7	7	14
12	8	3	11	132	96	36	132
0	7	5	12	0	0	0	0

Les nombres de ces deux colonnes sont les mêmes.
Ce tableau fait voir la **distributivité** de la multiplication :
$a(b + c) = ab + ac$
Autrement dit, le produit de $a(b + c)$ est égal à la somme de $ab + ac$.

Tu peux représenter cette propriété par un schéma.

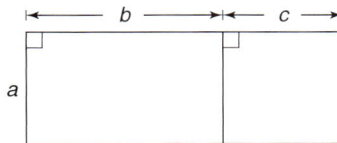

Exemple
Écris chaque expression comme une somme de termes à l'aide de la distributivité.

a) $7(c + 2)$ **b)** $2(2a + 3b + 4)$

Réponses

a) $7(c + 2) = 7(c) + 7(2)$
$= 7c + 14$

b) $2(2a + 3b + 4) = 2(2a) + 2(3b) + 2(4)$
$= 4a + 6b + 8$

L'**Exemple** fait voir aussi que, lorsque tu utilises la distributivité, tu **développes** l'expression.

À ton tour

1. Construis un rectangle qui montre que $5(x + 2)$ et $5x + 10$ sont des expressions équivalentes.

2. Développe les expressions suivantes.
   a) $2(x + 10)$
   b) $5(x + 1)$
   c) $10(x + 2)$
   d) $6(12 + 6y)$
   e) $8(8 + 9y)$
   f) $5(7y + 6)$

3. Écris deux formules du périmètre, P, d'un rectangle. Explique pourquoi ces formules illustrent la distributivité.

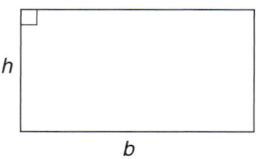

Spécialiste de la calculatrice

Au lieu de multiplier un nombre par 43,2, un élève l'a divisé par 43,2.

Il a obtenu 35 comme réponse. Quelle réponse aurait-il dû obtenir ?

4. Explique comment tu sais que $hb = bh$. Utilise un exemple.

5. Développe les expressions suivantes.
   a) $5(2x + 2y + 2)$
   b) $4(3x + 5y + 1)$
   c) $8(7x + 3y + 2)$

6. **Objectif d'évaluation** Dans chaque cas, indique si les deux expressions sont équivalentes. Explique ton raisonnement.
   a) $2x + 20$ et $2(x + 20)$
   b) $3x + 7$ et $10x$
   c) $6 + 2t$ et $2(t + 3)$
   d) $9 + x$ et $x + 9$

Réfléchis

Qu'est-ce que la distributivité ?
Explique ta réponse à l'aide d'un schéma.

10.2 Décrire des suites numériques

Objectif Écrire une expression qui représente le n^e terme d'une suite numérique.

Explore

Travaille avec une ou un camarade.
Tu as besoin de papier quadrillé.
Charla est atteinte du diabète juvénile.
Elle doit se faire cinq injections d'insuline par jour. Chaque aiguille ne sert qu'une fois.
Charla veut aller dans un camp d'été.
Elle doit emporter toutes ses aiguilles et toujours avoir au moins 6 aiguilles supplémentaires.

Nombre de jours	Nombre d'aiguilles
1	
2	
3	
4	
5	
6	

➤ Transcris et remplis le tableau ci-contre. Trouve le nombre d'aiguilles que Charla doit emporter pour un séjour de 1 à 6 jours.
➤ Représente ces données graphiquement.
➤ Écris une expression algébrique qui représente le nombre d'aiguilles nécessaires selon le nombre de jours.
À l'aide de cette expression, trouve le nombre d'aiguilles nécessaires pour 7 jours, 14 jours et 30 jours.

Explique ton raisonnement

Compare tes résultats avec ceux des élèves d'une autre équipe. Ensemble, expliquez la relation qui existe entre le tableau, le diagramme et l'expression.

Découvre

Pour décrire et prolonger une suite numérique, tu peux utiliser un tableau, un diagramme et l'algèbre.
Regarde cette suite : 1, 3, 5, 7, …
Pour trouver le 20e terme, utilise l'une des trois méthodes suivantes.
➤ Fais un tableau, puis prolonge-le pour trouver le 20e terme.
La valeur du terme augmente de 2 chaque fois.
La régularité est : À partir du nombre 1, ajouter 2 chaque fois.
D'après le tableau de la page suivante, le 20e terme est 39.

Numéro du terme	Valeur du terme
1	1
2	3
3	5
4	7
5	9
20	39

Le 20ᵉ terme est 39.

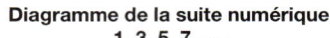

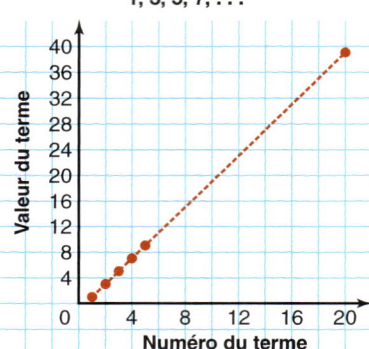

➤ Représente la suite graphiquement, puis prolonge le diagramme pour trouver le 20ᵉ terme. Les points forment une ligne droite. Pour passer d'un point à l'autre, déplace-toi de 1 unité vers la droite et de 2 unités vers le haut.

Avec une règle, trace une ligne pointillée qui passe par les points pour montrer la tendance. En prolongeant cette ligne vers la droite, tu trouves le 20ᵉ terme : 39.

➤ Les valeurs des termes sont des nombres impairs consécutifs : 1, 3, 5, 7, 9, …

L'expression algébrique $2n$ produit des nombres pairs quand tu effectues les substitutions $n = 1, 2, 3, 4, …$

Autrement dit, $2(1) = 2$
$2(2) = 4$
$2(3) = 6$
$2(4) = 8$, et ainsi de suite.

Chaque nombre impair est égal à 1 de moins que le nombre pair suivant. Ainsi, l'expression $2n - 1$ produit des nombres impairs quand tu effectues les substitutions $n = 1, 2, 3, 4, …$

Autrement dit, $2(1) - 1 = 2 - 1 = 1$
$2(2) - 1 = 4 - 1 = 3$
$2(3) - 1 = 6 - 1 = 5$
$2(4) - 1 = 8 - 1 = 7$.

Le tableau suivant montre la relation qui existe entre la valeur d'un terme et son numéro.

Numéro du terme	Valeur du terme	Règle de correspondance de la valeur des termes
1	1	$1 = 2(1) - 1$
2	3	$3 = 2(2) - 1$
3	5	$5 = 2(3) - 1$
4	7	$7 = 2(4) - 1$
5	9	$9 = 2(5) - 1$

Dans chaque cas, la valeur du terme est égale au numéro du terme multiplié par 2, moins 1.

Les nombres naturels sont les nombres avec lesquels on compte : 1, 2, 3, …

Représente le numéro du terme par t.
Une expression de la valeur du terme serait donc $2t - 1$, où t est n'importe quel nombre naturel.
Pour vérifier l'exactitude de cette expression de la valeur du terme, substitue un nombre à t.
Effectue la substitution : $t = 2$.
$$\begin{aligned}2t - 1 &= 2 \times 2 - 1 \\ &= 4 - 1 \\ &= 3\end{aligned}$$
Donc, le 2e terme est 3, ce qui concorde avec le 2e terme de la suite donnée.

Cette méthode te permet de déterminer la valeur de n'importe quel terme de la suite. Par exemple, la valeur du 20e terme est : $2(20) - 1 = 39$.

Exemple

Voici une suite numérique :
8, 12, 16, 20, …
a) Remplis un tableau qui contient les 5 premiers termes de cette suite. Prolonge le tableau jusqu'au 10e terme. Décris la suite. Indique la régularité.
b) Représente la suite graphiquement.
c) Écris une expression qui représente le n^e terme.
d) Vérifie le 10e terme à l'aide de l'expression en c).

Réponses

a) 8, 12, 16, 20, …
La suite commence par 8. Additionne 4 à chaque terme pour obtenir le terme suivant.
La régularité est : À partir du nombre 8, additionner 4 chaque fois.
En prolongeant le tableau jusqu'au 10e terme, tu arrives à 44.

Numéro du terme	1	2	3	4	5	6	7	8	9	10
Valeur du terme	8	12	16	20	24	28	32	36	40	44

b) Représente la suite graphiquement.
Les points forment une ligne droite. Avec une règle, trace une ligne pointillée qui passe par les points pour montrer la tendance.

10.2 Décrire des suites numériques

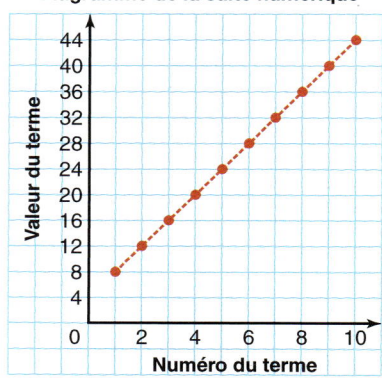

Diagramme de la suite numérique

c) Trouve une règle de correspondance qui lie la valeur du terme au numéro du terme.

Chaque terme est égal à 4 de plus que le terme précédent. Cherche des suites qui comprennent des multiples de 4.

Dans chaque cas, la valeur du terme est égale à quatre de plus que quatre fois le numéro du terme.

Numéro du terme	Valeur du terme	Règle de correspondance de la valeur du terme
1	$8 = 4 + 4$	$8 = 4(1) + 4$
2	$12 = (4 + 4) + 4$	$12 = 4(2) + 4$
3	$16 = (4 + 4 + 4) + 4$	$16 = 4(3) + 4$
4	$20 = (4 + 4 + 4 + 4) + 4$	$20 = 4(4) + 4$

Écris une expression correspondant au n^e terme. Utilise n pour représenter n'importe quel numéro. Ainsi, le n^e terme est : $4n + 4$.

d) Pour trouver le 10e terme, effectue la substitution : $n = 10$.
$$4n + 4 = 4(10) + 4$$
$$= 44$$

Le 10e terme est 44, ce qui permet de vérifier la valeur trouvée dans le tableau en a).

À ton tour

1. Remplace n par 1, 2, 3, 4, 5 et 6 pour produire une suite numérique. Décris chaque suite, puis indique la régularité.
   a) $2n + 1$ **b)** $3n - 1$ **c)** $2n + 2$ **d)** $4n - 2$

2. Pour chaque suite, écris une expression qui représente le n^e terme.
   a) $\frac{1}{1}, \frac{1}{2}, \frac{1}{3}, \frac{1}{4}, \frac{1}{5}, \frac{1}{6}, \ldots$ **b)** $\frac{1}{2}, \frac{2}{3}, \frac{3}{4}, \frac{4}{5}, \frac{5}{6}, \frac{6}{7}, \ldots$

3. Pour chaque suite de nombres :
  I) Décris la suite. Indique la régularité.
  II) Trouve le 12e terme à l'aide d'un tableau.
  III) Écris une expression qui représente le n^e terme.
  IV) Trouve le 100e terme à l'aide de cette expression.

  a) 1, 2, 3, 4, 5, …   **b)** 2, 3, 4, 5, 6, …
  c) 3, 4, 5, 6, 7, …   **d)** 4, 5, 6, 7, 8, …

4. Pour chaque suite numérique :
  I) Indique la régularité. Explique ta réponse.
  II) Représente la suite graphiquement. Trouve le 9e terme à l'aide de ton diagramme.
  III) Écris une expression qui représente le n^e terme.
  IV) Trouve le 60e terme à l'aide de cette expression.

  a) 2, 4, 6, 8, 10, …   **b)** 6, 9, 12, 15, 18, …
  c) 3, 7, 11, 15, 19, …   **d)** 10, 15, 20, 25, 30, …

5. Voici deux suites numériques :
  • 1, 4, 9, 16, 25, …   • 4, 8, 16, 32, 64, …

  Le nombre 512 appartient-il à l'une ou l'autre suite ? Appartient-il aux deux suites ? Explique ta réponse.

6. **Objectif d'évaluation** Voici les premiers termes d'une suite : 10, 20, …
  a) Prolonge cette suite de deux façons.
  b) Décris chaque suite. Indique la régularité de chacune.
  c) Écris une expression qui représente le n^e terme de l'une des suites.
  d) Peux-tu écrire une expression qui représente le n^e terme de l'autre suite ? Explique ta réponse.

Stratégie numérique

Le produit de deux fractions est $\frac{1}{2}$.

Trouve quatre ensembles de deux fractions dont le produit est $\frac{1}{2}$.

Va plus loin

7. Pour chacune des suites données :
  I) Indique la régularité. Explique ta réponse.
  II) Trouve le 15e terme.
  III) Écris une expression qui représente le n^e terme.
  IV) Trouve le 30e terme à l'aide de cette expression.

  a) $\frac{2}{2}, \frac{3}{5}, \frac{4}{8}, \frac{5}{11}, …$ **b)** 1, 3, 6, 10, 15, …

Réfléchis

Nomme trois façons de décrire et de prolonger une suite numérique. Laquelle est la plus efficace ? Explique ta réponse.

10.3 Décrire des suites géométriques

Objectif Écrire une expression qui représente le n^e terme d'une suite géométrique.

Explore

Travaille en équipe.
Voici une suite de figures formées de carrés.

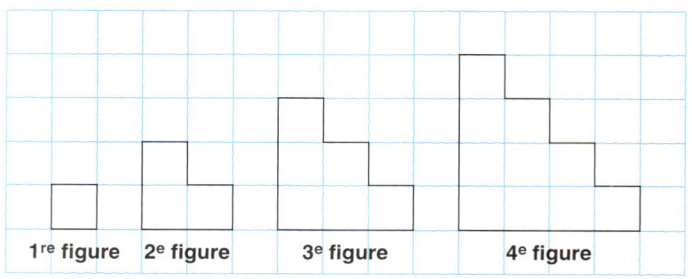

La suite se prolonge.
Détermine le périmètre de chaque figure.
Quelle régularité vois-tu dans les périmètres ?
Représente cette régularité à l'aide d'un tableau.
Représente la suite graphiquement.
Indique la régularité.
Utilise une variable. Écris une expression algébrique qui permettrait de déterminer le périmètre de n'importe quelle figure de la suite. Détermine le périmètre des 5e, 10e et 100e figures à l'aide de cette expression.

Explique ton raisonnement

Montre ton expression algébrique aux élèves d'une autre équipe. S'agit-il de la même expression ? Sinon, comment pouvez-vous vérifier si l'une ou l'autre expression est juste ?
Est-il possible que les deux expressions soient justes ?
Explique ta réponse.

Découvre

Tu peux utiliser l'algèbre pour décrire et prolonger une suite géométrique. Voici une suite formée de triangles équilatéraux tracés sur du papier à points isométrique.

428 MODULE 10 : L'algèbre

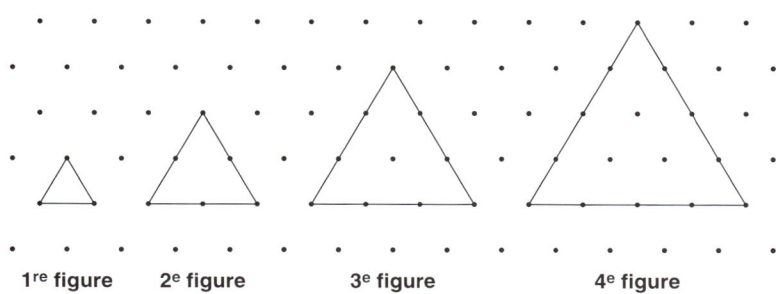

1ʳᵉ figure   2ᵉ figure   3ᵉ figure   4ᵉ figure

Figure	Périmètre (en unités)
1	3
2	6
3	9
4	12

Ce tableau indique le périmètre de chaque figure.

La régularité des périmètres est :
À partir du nombre 3, additionner 3 chaque fois.

Pour utiliser cette régularité afin de trouver le périmètre de la 40ᵉ figure, il te faudrait connaître le périmètre de toutes les figures précédentes.
Cherche plutôt une règle de correspondance entre le périmètre d'une figure et son numéro.
Puisque les périmètres sont des multiples de 3, écris chaque périmètre en tant que produit d'une multiplication par 3.

Figure	Périmètre (en unités)	Périmètre exprimé en produit
1	3	$3 = 3 \times 1$
2	6	$6 = 3 \times 2$
3	9	$9 = 3 \times 3$
4	12	$12 = 3 \times 4$

Dans chaque cas, le périmètre est égal à 3 fois le numéro de la figure.
Tu peux utiliser cette règle pour trouver le périmètre de la 40ᵉ figure :
$3 \times 40 = 120$
Le périmètre de la 40ᵉ figure est de 120 unités.
Écris la règle de correspondance en langage algébrique.
Représente le numéro de la figure par un *f*.
Une expression algébrique du périmètre de la figure *f* est 3*f*, où *f* représente un nombre naturel.

Pour vérifier l'expression, substitue un nombre à f.
Effectue la substitution : $f = 4$.
$3f = 3(4)$
$ = 12$
Donc, la 4e figure a un périmètre de 12 unités.
Ce périmètre se vérifie dans le tableau de la page 429.

Exemple

On encadre des tableaux. Les cadres sont ornés de carreaux selon la suite représentée ici. Chaque carreau mesure 1 cm de côté. La suite se prolonge.

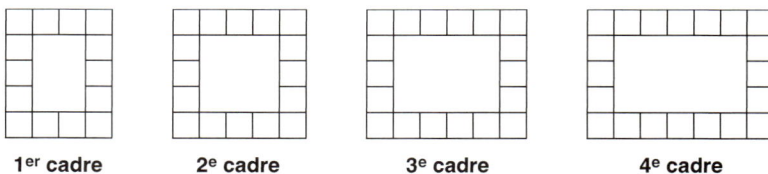

1er cadre   2e cadre   3e cadre   4e cadre

a) Détermine l'aire du tableau dans chaque cadre. Quelle régularité vois-tu dans les aires ?

b) Représente graphiquement la suite définie par la régularité en a). Comment ton diagramme montre-t-il la suite ?

c) Utilise une variable. Écris une expression algébrique qui représente l'aire du tableau de n'importe quel cadre.

d) Détermine l'aire du tableau du 99e cadre à l'aide de l'expression en c).

Réponses

a) Chaque tableau est un rectangle. Son aire = sa longueur × sa largeur.
Écris les aires dans un tableau.
Les aires sont des multiples de 3.
La régularité est : À partir du nombre 6, additionner 3 chaque fois.

Cadre	Aire du tableau (en cm²)
1	3 × 2 = 6
2	3 × 3 = 9
3	3 × 4 = 12
4	3 × 5 = 15

b) Le diagramme commence à (1, 6). Pour situer le point suivant, déplace-toi de 1 unité vers la droite et de 3 unités vers le haut. Le déplacement de 1 unité vers la droite représente l'augmentation du numéro du cadre. Le déplacement de 3 unités vers le haut représente l'augmentation de l'aire.

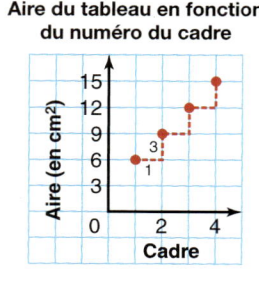

Aire du tableau en fonction du numéro du cadre

c) Pour écrire une expression algébrique, examine chaque aire par rapport au numéro du cadre.
L'addition de 3 chaque fois indique une règle de correspondance où le numéro du cadre est multiplié par 3. Tu dois donc multiplier chaque numéro par 3 et trouver ce qu'il faut ajouter chaque fois pour obtenir l'aire.

Cadre	Aire du tableau (en cm²)	Aire en fonction du numéro du cadre
1	6	3 × **1** + 3
2	9	3 × **2** + 3
3	12	3 × **3** + 3
4	15	3 × **4** + 3

Dans chaque cas, l'aire égale trois fois le numéro du cadre, plus 3.
Utilise la variable n.
De façon algébrique, l'aire du tableau du cadre n est égale à 3 fois n, plus 3.
Tu écris : $3n + 3$.

d) Pour déterminer l'aire du tableau du 99ᵉ cadre, effectue la substitution : $n = 99$ dans $3n + 3$.

$$3n + 3 = 3(99) + 3$$
$$= 297 + 3$$
$$= 300$$

Le tableau du 99ᵉ cadre a une aire de 300 cm².

À ton tour

1. Utilise la suite de cadres de l'**Exemple**.
Chaque cadre a la même hauteur : 5 cm.
   a) Détermine la longueur de chaque cadre. Fais un tableau.
      Quelles régularités vois-tu dans les longueurs ?
   b) Représente la suite graphiquement.
      Comment ton diagramme montre-t-il la suite ?
   c) Écris une expression algébrique qui représente la longueur du nᵉ cadre.
   d) Détermine la longueur du 50ᵉ cadre à l'aide de l'expression en c).

2. Voici une suite de triangles faits de cure-dents congrus.

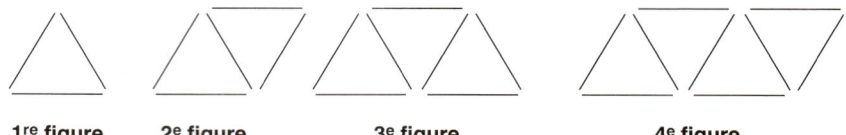

| 1ʳᵉ figure | 2ᵉ figure | 3ᵉ figure | 4ᵉ figure |

La suite se prolonge.

a) Détermine le nombre de cure-dents dans chaque figure. Quelle régularité vois-tu?

b) Représente graphiquement les données en a).

c) Écris une expression algébrique qui représente le nombre de cure-dents de la n^e figure.

d) Détermine le nombre de cure-dents de la 45ᵉ figure.

3. Voici une suite de figures formées de carrés.

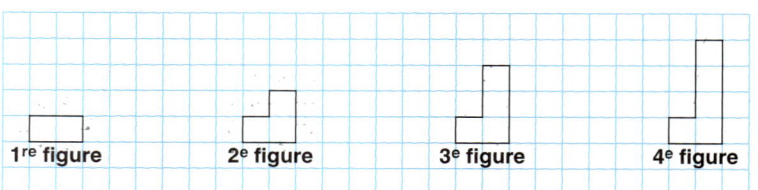

| 1ʳᵉ figure | 2ᵉ figure | 3ᵉ figure | 4ᵉ figure |

Chaque carré mesure 1 cm de côté.

La suite se prolonge.

a) Détermine le périmètre de chaque figure. Fais un tableau. Quelle régularité vois-tu dans les périmètres?

b) Représente la suite graphiquement. Explique comment ton diagramme montre la suite.

c) Écris une expression algébrique qui représente le périmètre de la n^e figure.

d) Détermine le périmètre de la 75ᵉ figure.

4. Voici une suite de figures formées de carrés congruents. Chaque carré mesure 1 cm de côté.
La suite se prolonge.

| 1ʳᵉ figure | 2ᵉ figure | 3ᵉ figure | 4ᵉ figure |

a) Détermine l'aire de chaque figure. Quelle régularité vois-tu dans les aires?

b) Détermine l'aire de la 8ᵉ figure à l'aide d'une régularité.

c) Écris une expression algébrique pour représenter l'aire de la n^e figure.

d) Quelle figure a une aire de 625 cm²? Explique ta réponse.

Stratégie numérique

Le nombre à six chiffres 63_ 751 est divisible par 9. Quel peut être le chiffre des milliers ?

Combien de réponses peux-tu trouver ?

5. Des tables hexagonales sont disposées comme dans la figure ci-dessous. Une personne est assise de chaque côté de la table. La suite se prolonge.

 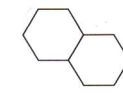  

1re figure   2e figure   3e figure   4e figure

a) Combien de personnes peuvent s'asseoir aux tables de chaque figure ? Quelle régularité vois-tu dans les nombres de personnes ?

b) Combien de personnes peuvent s'asseoir aux tables de la 9e figure ?

c) Explique comment trouver le nombre de personnes qu'on peut asseoir pour tout agencement de tables de cette suite.

6. **Objectif d'évaluation**   Utilise du papier quadrillé.

a) Dessine les quatre premières figures d'une suite croissante.
b) Décris les régularités de ta suite.
c) Décris ou dessine les 5e, 10e et 100e figures.
d) Choisis un aspect de ta suite ; par exemple, l'aire ou le périmètre. Écris une expression algébrique qui représente cet aspect de la n^e figure de ta suite.

Rappelle-toi qu'une suite croissante est une suite qui croît d'une manière prévisible.

Va plus loin

7. Bertrand a une feuille de papier. Il la coupe en deux parties égales pour obtenir deux feuilles. Il place les deux feuilles l'une sur l'autre. Il coupe ces deux feuilles en deux parties égales, et ainsi de suite. Le tableau ci-dessous montre une partie des résultats de Bertrand.

Nombre de coupes	1	2	3	4	5	6	7	8	9	10
Nombre de feuilles	2	4	8							

a) Transcris et complète le tableau.
b) Quelle régularité vois-tu dans le nombre de feuilles ?
c) Détermine le nombre de feuilles après 15 coupes à l'aide d'une régularité.
d) Écris une expression algébrique qui représente le nombre de feuilles après n coupes.

Réfléchis

Explique ce que signifie « n^e figure ».

Révision de mi-module

LEÇONS

10.1
1. Écris deux expressions qui représentent l'aire du rectangle coloré.

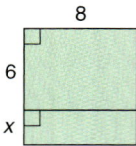

2. Construis un rectangle qui montre que : $6(3 + a) = 18 + 6a$.

3. Développe ces expressions.
   a) $3(x + 11)$
   b) $5(12 + y)$
   c) $4(x + 5y + 9)$
   d) $8(5x + 2y + 3)$

10.2
4. Pour chaque suite numérique :
   a) Trouve le 8e terme à l'aide d'un tableau. Décris la suite. Indique la régularité.
   b) Représente la suite graphiquement. Trouve le 12e terme à l'aide de ton diagramme.
   c) Écris une expression qui représente le n^e terme.
   d) Trouve le 40e terme à l'aide de ton expression.

   I) 1, 7, 13, 19, 25, …
   II) 2, 7, 12, 17, 22, …
   III) 4, 7, 10, 13, 16, …

5. Lara achète des portemines et un tube de 8 mines de rechange. Chaque portemine contient 3 mines. Lara range le tube de mines dans sa trousse puis ajoute un portemine à la fois.
   a) Fais un tableau qui indique le nombre de mines dans la trousse du 1er au 7e portemine. Décris la suite. Indique la régularité.
   b) Représente graphiquement les données de ton tableau.
   c) Écris une expression algébrique qui représente le nombre de mines dans la trousse selon le nombre de portemines.
   d) À l'aide de l'expression en c), trouve le nombre de mines dans la trousse quand elle contient 21 portemines.

10.3
6. Voici une suite de figures formées de carrés congruents.

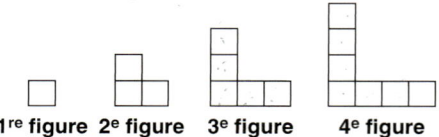

1re figure   2e figure   3e figure   4e figure

   a) Compte les carrés de chaque figure. Quelle régularité vois-tu ?
   b) Fais un tableau qui montre cette régularité.
   c) Représente la suite graphiquement.
   d) Écris une expression algébrique qui représente le nombre de carrés de la n^e figure.
   e) Détermine le nombre de carrés de la 30e figure à l'aide de l'expression en d).
   f) Y a-t-il une figure qui comprend le nombre suivant de carrés ?
   I) 31   II) 32   III) 33
   Comment le sais-tu ?

10.4 Résoudre des équations à l'aide de carreaux algébriques

Objectif Utiliser des carreaux algébriques pour résoudre des équations qui comportent des nombres entiers.

Rappelle-toi qu'un carreau unitaire rouge et un carreau unitaire jaune représentent ensemble 0. Ces deux carreaux unitaires forment une paire nulle.

Le carreau variable jaune représente x.
L'opposé de x est $-x$.
Donc, le carreau variable rouge représente $-x$.
Ensemble, un carreau variable rouge et un carreau variable jaune représentent 0.
Ces deux carreaux variables forment une paire nulle.

Pour obtenir un carreau rouge, retourne un carreau jaune.

Explore

Travaille avec une ou un camarade.
Tu as besoin de carreaux algébriques.

➢ Soit l'équation $2x = 9 - x$.
  • Interprète cette équation à l'aide de mots.
  • Résous l'équation à l'aide de carreaux algébriques.
  • Dessine les carreaux que tu as utilisés.

➢ Refais l'activité pour l'équation suivante : $2 - 3x = 2x - 8$.

Explique ton raisonnement

Compare tes solutions avec celles des élèves d'une autre équipe. Quelles stratégies as-tu utilisées pour résoudre les équations ? Comment as-tu utilisé les paires nulles ?

Découvre

Dans le **module 1,** tu as utilisé des carreaux algébriques pour résoudre des équations. Rappelle-toi que tu dois traiter les deux membres de l'équation de la même façon pour maintenir l'équilibre.

Pour résoudre l'équation $3x - 8 = -x$, isole les carreaux variables d'un côté de l'équation.

Du côté gauche, représente $3x - 8$ à l'aide de carreaux algébriques.

Du côté droit, représente $-x$ à l'aide du carreau algébrique.

Pour isoler les carreaux variables du côté gauche, ajoute 8 carreaux unitaires jaunes et forme des paires nulles.

Pour maintenir l'équilibre, ajoute 8 carreaux unitaires jaunes de ce côté.

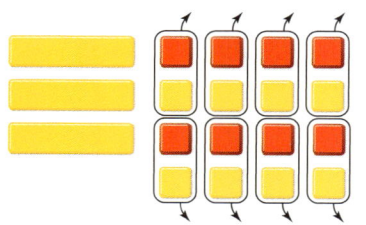
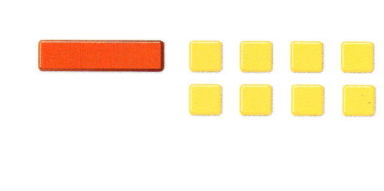

Pour isoler les carreaux unitaires du côté droit, ajoute 1 carreau variable jaune de chaque côté.

Comme il y a 4 carreaux variables, dispose les carreaux unitaires en 4 groupes égaux.

Les carreaux ci-dessus représentent la solution $x = 2$.

Quand tu résous une équation, vérifie toujours ta solution. Pour ce faire, substitue la solution à la variable et vérifie qu'elle satisfait l'équation. Si x égale 2 dans $3x - 8 = -x$:

Membre de gauche $= 3x - 8$
$= 3(2) - 8$
$= 6 - 8$
$= -2$

Membre de droite $= -x$
$= -2$

Comme les deux membres sont égaux, $x = 2$ est juste.

Exemple

a) Résous l'équation $2x + 3 = 4x - 3$ à l'aide de carreaux algébriques.
b) Vérifie ta solution.
c) Interprète l'équation à l'aide de mots.

Réponses

a) $2x + 3 = 4x - 3$

Isole les carreaux variables du côté gauche.
Ajoute 3 carreaux unitaires rouges de chaque côté.

Isole les carreaux unitaires du côté droit.
Ajoute 4 carreaux variables rouges de chaque côté.

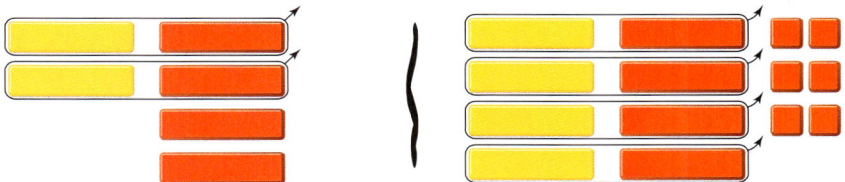

Comme il y a 2 carreaux variables,
dispose les carreaux unitaires en 2 groupes égaux.

Tu peux voir que 1 carreau variable rouge égale 3 carreaux unitaires rouges. Retourne les carreaux de chaque côté.
Un carreau variable jaune égale 3 carreaux unitaires jaunes.
Donc, $x = 3$.

b) Pour vérifier la solution, remplace x par 3 dans $2x + 3 = 4x - 3$.

Membre de gauche $= 2x + 3$ Membre de droite $= 4x - 3$
$\qquad\qquad\qquad\quad = 2(3) + 3 \qquad\qquad\qquad\qquad\; = 4(3) - 3$
$\qquad\qquad\qquad\quad = 6 + 3 \qquad\qquad\qquad\qquad\quad\; = 12 - 3$
$\qquad\qquad\qquad\quad = 9 \qquad\qquad\qquad\qquad\qquad\quad\;\; = 9$

Comme les deux membres sont égaux, $x = 3$ est juste.

10.4 Résoudre des équations à l'aide de carreaux algébriques

c) L'équation $2x + 3 = 4x - 3$
signifie que deux fois un nombre plus trois est égal
à quatre fois ce nombre moins trois.

L'**Exemple** explique ce que tu dois faire quand tu termines avec des carreaux variables rouges. Retourne les carreaux des deux côtés de l'équation.

À ton tour

1. Interprète chaque équation à l'aide de mots. Ensuite, résous chaque équation à l'aide de carreaux algébriques.
   a) $2x = x + 5$
   b) $3x - 2 = x$
   c) $7x - 9 = 4x$
   d) $6 - x = 2x$

2. Résous chaque équation à l'aide de carreaux algébriques.
   a) $7 - 3x = -4x + 13$
   b) $4x + 3 = 2x + 7$
   c) $3x - 4 = x + 2$
   d) $5 - x = 7 - 2x$

3. a) Interprète chaque équation à l'aide de mots.
   b) Résous chaque équation à l'aide de carreaux algébriques.
   c) Vérifie tes solutions.
   I) $2x + 2 = 3x - 5$
   II) $5x - 6 = 8 - 2x$
   III) $3x - 13 = x - 7$

4. Un de moins que deux fois un nombre est égal à trois de plus que ce nombre.
   Représente le nombre par x.
   Tu obtiens l'équation : $2x - 1 = x + 3$.
   Résous cette équation à l'aide de carreaux algébriques.
   Quel est le nombre ?

5. Cinq fois un nombre est égal à deux de plus que trois fois ce nombre.
   Représente le nombre par n.
   Tu obtiens l'équation : $5n = 2 + 3n$.
   a) Résous cette équation à l'aide de carreaux algébriques.
   Quel est le nombre ?
   b) Vérifie ta solution.

Spécialiste de la calculatrice

La famille Royer a loué une voiture pour 3 jours. Elle a payé 45,00 $ par jour, plus 0,35 $ du km. La famille a parcouru 327 km. Combien lui a coûté la location de la voiture, avant les taxes ?

6. La somme d'un nombre et de ce nombre plus trois égale 23.
   Représente le nombre par *t*.
   Tu obtiens l'équation : $t + t + 3 = 23$.
   a) Résous cette équation à l'aide de carreaux algébriques.
      Quel est le nombre ?
   b) Vérifie ta solution.

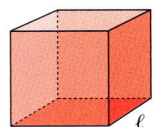

7. **Objectif d'évaluation** Deux fois la longueur de l'arête d'un cube est égal à 6 cm de plus que la longueur de l'arête.
   Si *l* représente la longueur de l'arête du cube en centimètres, l'équation pour la longueur de l'arête est : $2l = 6 + l$.
   a) Résous cette équation à l'aide de carreaux algébriques.
      Quelle est la longueur de l'arête du cube ?
   b) Vérifie ta solution.
   c) Quelle est l'aire totale du cube ? Quel est son volume ?

Va plus loin

8. La somme de trois nombres consécutifs est 63.
   a) Écris une équation que tu pourrais utiliser pour résoudre ce problème.
   b) Résous l'équation. Quels sont les nombres ?
   c) Vérifie ta solution.

9. Résous ces équations. Vérifie tes solutions.
   a) $7x + 4 = 3x - 8$ b) $3 - 2x = 13 + 3x$

Math +

Les sciences
La pression est égale à la force par unité d'aire.
Elle se mesure en pascals (Pa).
Voici une formule de la pression :
Pression = $\frac{\text{force}}{\text{aire}}$
Quand tu connais la pression en pascals et l'aire en mètres carrés, tu peux utiliser cette formule pour déterminer la force en newtons (N).

Réfléchis

Comment peux-tu utiliser des carreaux algébriques pour résoudre une équation dont les deux membres comportent une variable ? Explique ta réponse et donne un exemple.

10.5 Résoudre des équations par l'algèbre

Objectif Résoudre un problème en résolvant l'équation correspondante.

Explore

Travaille avec une ou un camarade. Résous ce problème.
L'âge de ma mère est égal à 4 ans de plus que 2 fois l'âge de mon frère. Ma mère a 46 ans.
Quel âge a mon frère ?

Explique ton raisonnement

Avec les élèves d'une autre équipe, discute des stratégies que tu as utilisées pour trouver l'âge du garçon.
As-tu utilisé une équation ?
Sinon, quelle équation utiliserais-tu pour résoudre ce problème ?

Découvre

Dans le **module 1,** tu as appris à résoudre des équations par l'algèbre. Toutes les solutions de ces équations étaient des nombres entiers. Pour résoudre une équation dont la solution est une fraction ou un nombre décimal, tu utilises la même méthode.

Exemple 1

Trois de plus que deux fois un nombre est égal à 4. Quel est le nombre ?
a) Écris une équation qui représente le problème.
b) Résous l'équation.
c) Vérifie ta solution.

Réponses

a) Soit le nombre n.
Deux fois ce nombre est égal à $2n$.
Alors, trois de plus que deux fois le nombre est égal à $3 + 2n$.
L'équation est donc $3 + 2n = 4$.

b)
$$3 + 2n = 4$$
$$3 + 2n - 3 = 4 - 3$$ Soustrais 3 de chaque membre afin d'isoler $2n$.
$$2n = 1$$
$$\frac{2n}{2} = \frac{1}{2}$$ Divise chaque membre par 2.
$$n = \frac{1}{2}$$

Utiliser l'opération opposée équivaut à utiliser des paires nulles.

c) Pour vérifier la solution, remplace n par $\frac{1}{2}$ dans $3 + 2n = 4$.

Membre de gauche $= 3 + 2n$ 　　Membre de droite $= 4$
$= 3 + 2(\frac{1}{2})$
$= 3 + 1$
$= 4$

Le membre de gauche est égal au membre de droite, donc $n = \frac{1}{2}$ est juste. Le nombre est $\frac{1}{2}$.

Dans l'**Exemple 1**, tu pourrais écrire la solution $n = \frac{1}{2}$ en nombre décimal, $n = 0{,}5$.

Cependant, certaines fractions, comme $\frac{1}{3}$, sont des nombres périodiques. Ne convertis pas ce genre de fraction.

Tu peux utiliser une équation pour résoudre des problèmes liés à des suites numériques.

Quand tu connais le n^e terme et sa valeur, tu peux trouver le numéro de ce terme à l'aide d'une équation.

Exemple 2

Le n^e terme d'une suite numérique est égal à $5n - 2$.
Quel est le numéro du terme dont la valeur est 348 ?

Réponses

Le n^e terme est $5n - 2$.
La valeur du terme qui porte le numéro inconnu est 348.
Écris l'équation : $5n - 2 = 348$.
Résous cette équation pour n.

$5n - 2 = 348$
$5n - 2 + 2 = 348 + 2$ 　　Additionne 2 à chaque membre
$5n = 350$ 　　afin d'isoler $5n$.
$\frac{5n}{5} = \frac{350}{5}$ 　　Divise chaque membre par 5.
$n = 70$

348 est le 70e terme.

Tu peux aussi résoudre l'équation de l'**Exemple 2** par déduction :
$5n - 2 = 348$
Réfléchis : De quel nombre faut-il soustraire 2 pour obtenir 348 ?
Réponse : Il faut soustraire 2 de 350.
Réfléchis : Par quel nombre faut-il multiplier 5 pour obtenir 350 ?
Réponse : Il faut multiplier 5 par 70.
Donc, $n = 70$.

Tu peux également résoudre l'équation par essais systématiques :
$5n - 2 = 348$
À l'aide d'une calculatrice, substitue différents nombres à n jusqu'à ce que le membre de gauche de l'équation égale 348.

Dans l'**Exemple 2,** il n'y a qu'une seule valeur de n qui vérifie l'équation. Si $n = 69, 71$ ou tout nombre autre que 70, l'équation n'est pas vraie.

À ton tour

Résous les équations par l'algèbre, par des essais systématiques ou par la déduction.

1. Résous chaque équation.
   a) $2x = 3$
   b) $3x = 2$
   c) $4x = 6$
   d) $5x = 12$

2. Résous chaque équation. Vérifie tes solutions.
   a) $2x - 1 = 5$
   b) $7 = 1 + 3n$
   c) $10 = 4a - 1$
   d) $5 + 2m = 6$

3. Pour répondre à chaque question, écris une équation et résous-la. Vérifie ensuite la solution.
   a) Dix de plus que trois fois un nombre égale 25. Quel est le nombre ?
   b) Dix de moins que trois fois un nombre égale 25. Quel est le nombre ?
   c) La moitié d'un nombre moins vingt-cinq égale 10. Quel est le nombre ?
   d) Vingt-cinq moins la moitié d'un nombre égale 10. Quel est le nombre ?

4. Navid a 72 $ dans son compte d'épargne.
   Chaque semaine, elle y dépose 24 $.
   Quand Navid aura-t-elle 288 $ dans son compte d'épargne ?
   a) Écris une équation qui te permet de résoudre le problème.
   b) Résous l'équation pour déterminer quand Navid aura 288 $ dans son compte d'épargne.
   c) Comment peux-tu vérifier ta réponse ?

5. Objectif d'évaluation Les élèves de 8e année ont organisé une danse de fin d'année. L'animateur qu'ils ont embauché exigeait un tarif fixe de 85 $, plus 2 $ par élève qui assistait à la danse. L'animateur a touché 197 $.
Combien d'élèves ont assisté à la danse ?
  a) Écris une équation qui te permet de résoudre le problème.
  b) Résous ton équation. Vérifie la solution.

6. Le n^e terme d'une suite numérique est $4n - 3$.
  a) Quelle est la valeur :
    I) du 10e terme ?   II) du 20e terme ?
  b) Quel est le numéro du terme qui a la valeur indiquée ?
    I) 53   II) 97

7. Le n^e terme d'une suite numérique est $9n + 1$.
Quel est le numéro du terme qui a la valeur indiquée ?
  a) 154   b) 118   c) 244

8. Utilise l'information suivante :
L'eau s'écoule dans une baignoire à la vitesse de 15 L/min.
  a) Rédige un problème à résoudre à l'aide d'une équation.
  b) Écris l'équation et résous-la.

9. Utilise l'information suivante :
Location d'un bateau : 300 $
Location d'une canne à pêche : 20 $
  a) Rédige un problème à résoudre à l'aide d'une équation.
  b) Écris l'équation, puis résous le problème.
  c) Peux-tu pu résoudre ce problème sans écrire d'équation ? Explique ta réponse.

Spécialiste de la calculatrice

Un carré a une aire de 225 m². Calcule la longueur d'une diagonale du carré au centimètre près.

Va plus loin

10. Deux de plus que le carré d'un nombre égale 123. Quel est le nombre ?
  a) Écris une équation qui permet de trouver ce nombre.
  b) Résous ton équation. Quel est le nombre ?
  c) Vérifie ta solution.

Réfléchis

Choisis un des problèmes présentés dans cette section. Explique les étapes que tu as réalisées pour écrire et résoudre l'équation.

Tenir un journal

Un journal te permet de noter des idées, des observations, des schémas et des réponses. Tu peux y noter les réponses aux questions de la rubrique **Réfléchis** de chaque leçon. Voici d'autres suggestions pour la tenue d'un journal :

➢ Décris tes impressions, parle de tes réussites et de tes difficultés :
 – Aujourd'hui, j'ai bien travaillé au sein de mon équipe, car…
 – Je pourrais m'améliorer en calcul sur les nombres entiers en…

➢ Explique des concepts, des formules et des mots clés :
 – Écris le mot suivi d'une définition, d'un schéma et d'un exemple. Voici un exemple qui se rapporte au **module 3.**

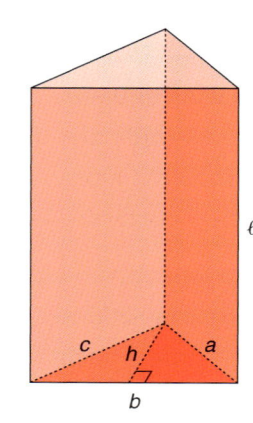

Prisme triangulaire

Un prisme triangulaire est un polyèdre qui a deux bases triangulaires congruentes et dont les autres faces sont des rectangles.

- *Son volume est :*
  $V = $ *aire de la base* $\times$ *hauteur*
  $V = \frac{1}{2} bh\ell$

- *Son aire totale est :*
  $A_t = $ *la somme des aires des faces*
  $A_t = a\ell + b\ell + c\ell + bh$

➢ Explique comment réaliser une tâche mathématique :
 – Pour construire un diagramme circulaire, il faut…

➢ Rédige un problème mathématique inspiré du contenu de la leçon ou du module :
 – Rédige un problème à résoudre à l'aide d'une équation.

➢ Dresse une liste d'exemples qui illustrent un sujet en mathématiques. Organise ta liste à l'aide de sous-titres :
 – Énumère les types de problèmes qui comportent des pourcentages.
 – Dessine des polygones différents qui ont les mêmes attributs.

Lire et écrire en Math

➤ Explique une solution, une suite ou un choix de stratégie :
  – Cette solution est vraisemblable, car…
  – J'ai choisi d'utiliser un modèle, car…

➤ Décris des applications des concepts mathématiques :
  – Qui aurait besoin de calculer l'aire d'un cercle ? Pourquoi ?
  – Comment les médias utilisent-ils des tableaux et des diagrammes pour convaincre leurs auditoires ?
  – Il y avait des mathématiques dans les nouvelles aujourd'hui…

➤ Résume ce que tu as appris :
  – J'ai appris aujourd'hui (cette semaine) que…
  – Crée un réseau conceptuel qui montre les principales notions étudiées au cours de la journée (de la semaine).
    Voici un réseau conceptuel qui se rapporte à la **leçon 10.1.**

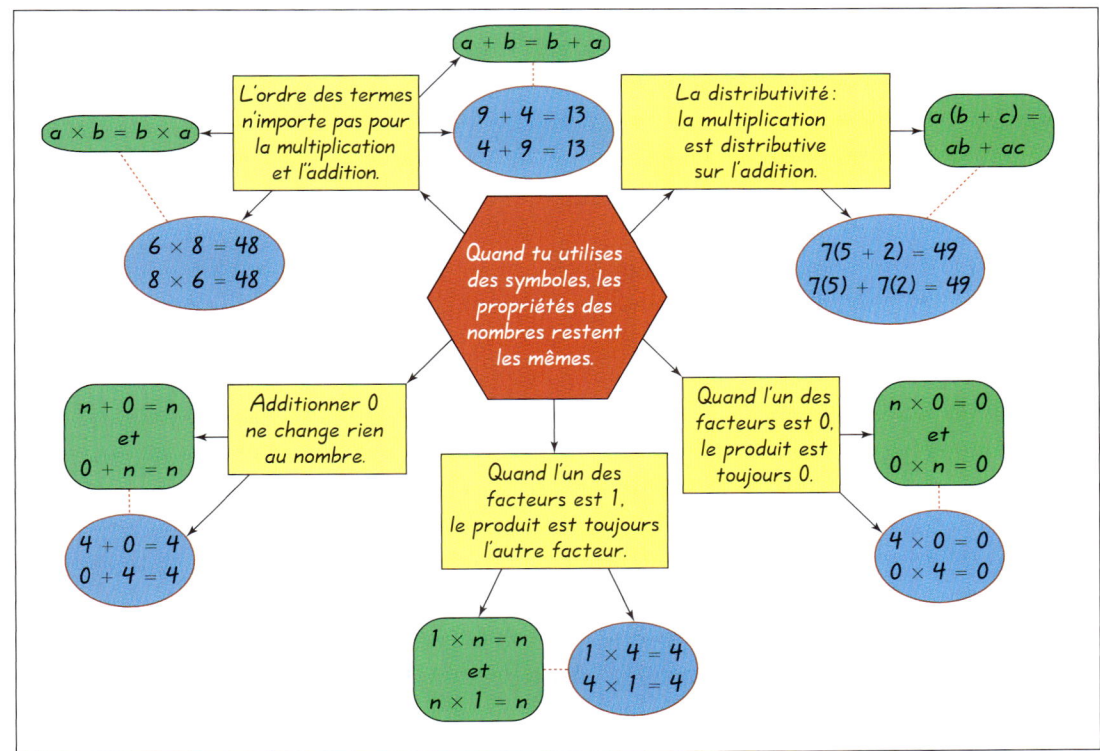

Lire et écrire en math : Tenir un journal **445**

Le monde du travail

Professionnelle ou professionnel de la santé

Au XVIe siècle, il était fréquent d'aller chez le barbier quand on avait besoin de soins médicaux. En effet, les *chirurgiens-barbiers* ne faisaient pas que couper les cheveux. Ils étaient aussi formés pour pratiquer des incisions sur le corps humain. Ces chirurgiens portaient d'ailleurs souvent le surnom de « charcutier ». L'outil qu'ils utilisaient le plus était… la sangsue !

De nos jours, les hôpitaux et les salles d'urgence emploient des spécialistes des soins de santé. De l'ambulancière ou l'ambulancier, qui traite les malades pendant le trajet vers l'hôpital, jusqu'à l'infirmière ou l'infirmier qui s'affaire dans la salle de réveil, tout le monde a reçu une formation poussée. Les mathématiques sont un élément important de cette formation.

Un médecin prescrit 30 mg d'un médicament à une malade. Le médicament se trouve dans une bouteille contenant 150 mg de la substance médicamenteuse diluée dans 20 mL de liquide. Combien de millilitres l'infirmière doit-elle donner à la malade ? L'infirmière doit être minutieuse, car une dose trop forte ou trop faible du médicament pourrait être nocive, voire mortelle. L'infirmière utilise l'équation suivante pour déterminer la dose, en millilitres :

$$\text{Dose} = \frac{\text{quantité de médicament requise}}{\text{quantité de médicament dilué dans la bouteille}}$$

$\times$ la quantité de liquide dans la bouteille

$= \frac{30}{150} \times 20$

$= \frac{1}{5} \times 20$

$= 4$

La bonne dose est de 4 mL.

En général, les doses à administrer aux enfants varient selon la masse corporelle et correspondent à une fraction de la dose type destinée à une personne adulte.

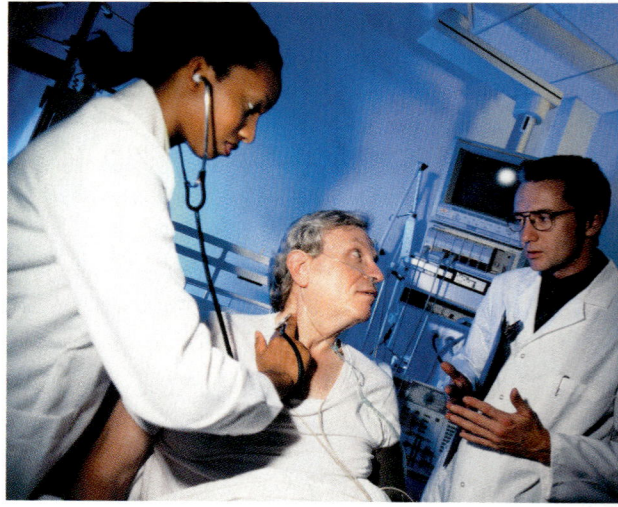

Révision du module

Ce que je dois savoir

☑ La distributivité

Le produit d'un nombre et de la somme de deux nombres peut être écrit comme la somme de deux produits :
$a(b + c) = ab + ac$

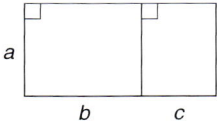

☑ Le n^e terme d'une suite numérique

- Le n^e terme peut servir à trouver la valeur de n'importe quel terme d'une suite.
  Par exemple, dans une suite où le n^e terme est $3n + 2$, le 9e terme est : $3(9) + 2 = 29$.
- Le n^e terme peut aussi servir à trouver le numéro d'un terme dont on connaît la valeur.
  Par exemple, dans une suite où le n^e terme est $3n + 2$, on trouve le numéro du terme dont la valeur est 23 en résolvant l'équation $3n + 2 = 23$, ce qui donne $n = 7$. Le 7e terme est 23.

Ce que je dois faire

Pour des exercices supplémentaires, va à la page 497.

LEÇONS

10.1   **1.** Développe ces expressions.
- a) $6(x + 9)$
- b) $3(11 + 4x)$
- c) $5(7x + 6y + 5)$
- d) $4(3a + 5b + 7c)$

10.2   **2.** Pour chaque expression algébrique, effectue les substitutions $n = 1, 2, 3, 4$ et 5 pour produire une suite numérique. Décris chaque suite, puis indique la régularité.
- a) $3n + 5$
- b) $5n + 15$

3. Pour chaque suite numérique donnée :
- a) Indique la régularité. Explique ta réponse.
- b) Représente la suite graphiquement. À l'aide de ton diagramme, trouve le 7e terme.
- c) Écris une expression qui représente le n^e terme.
- d) Trouve le 70e terme.
  - I) 8, 12, 16, 20, 24, …
  - II) 5, 7, 9, 11, 13, …

LEÇONS

10.3 **4.** Voici une suite dessinée sur du papier à points isométrique.

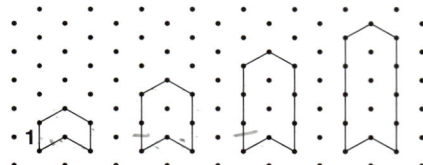

1ʳᵉ figure 2ᵉ figure 3ᵉ figure 4ᵉ figure

La distance entre deux points adjacents est de 1 unité.
La suite se prolonge.
  a) Détermine le périmètre de chaque figure. Quelle régularité vois-tu dans les périmètres?
  b) Détermine le périmètre de la 9ᵉ figure à l'aide d'une régularité.
  c) Écris une expression qui représente le périmètre de la n^e figure.
  d) Détermine le périmètre de la 50ᵉ figure.

10.4 **5.** Interprète chaque équation à l'aide de mots. Résous ensuite chaque équation à l'aide de carreaux algébriques. Vérifie tes solutions.
  a) $12 - x = 3x$
  b) $4x - 7 = 2x + 3$
  c) $3x - 8 = x$
  d) $3 - 7x = 7 - 9x$

6. Cinq de moins que deux fois un nombre est égal à un de moins que ce nombre.
Si n représente le nombre, l'équation est:
$2n - 5 = n - 1$.
  a) Résous cette équation à l'aide de carreaux algébriques. Quel est le nombre?
  b) Vérifie ta solution.

10.5 **7.** Résous chaque équation. Vérifie chaque solution.
  a) $3x + 2 = 4$
  b) $4x = 10$
  c) $11 = 3x + 1$
  d) $4x - 7 = x + 1$

8. Les équipes sportives de l'école ont organisé un banquet. Elles ont payé 125 $ pour la location de la salle, plus 12 $ par repas servi. La facture s'élève à 545 $. Combien de personnes ont assisté au banquet?
  a) Écris une équation qui permet de résoudre le problème.
  b) Résous ton équation.
  c) Vérifie la solution.

9. Le n^e terme d'une suite numérique est $4n - 1$.
  a) Écris les 5 premiers termes de la suite.
  b) Quel est le numéro du terme qui a la valeur indiquée?
    I) 79   II) 139   III) 395

10. a) Écris une expression qui représente le n^e terme de cette suite: 7, 13, 19, 25, …
  b) Utilise l'expression en a). Quel est le numéro du terme qui a la valeur indiquée?
    I) 151   II) 307   III) 433

Test pratique

1. Interprète chaque équation à l'aide de mots.
   Résous ensuite chaque équation. Vérifie tes solutions.
   a) $x + 5 = 3x - 9$
   b) $2x - 5 = 10$

2. Sophie amasse les pièces de 1 ¢. Au début, le 1er janvier, elle a 10 ¢ dans son bocal. Elle y ajoute 3 ¢ chaque jour.
   a) Combien de pièces de 1 ¢ y a-t-il dans le bocal de Sophie à chacune des dates suivantes : le 1er, le 2, le 3, le 4, le 5 et le 6 janvier ? Note tes résultats dans un tableau.
      Quelle régularité remarques-tu ? Indique la régularité.
   b) Écris une expression qui représente le n^e terme.
   c) Trouve le 25e terme à l'aide de ton expression.
   d) Comment pourrais-tu déterminer la somme d'argent que Sophie a amassée au mois de janvier ?

3. Anoki donne une fête à la patinoire. La location de la patinoire coûte 75 $, plus 3 $ par personne qui patine.
   a) Écris une expression qui représente le coût, en dollars, pour n patineurs.
   b) Détermine le coût pour 25 patineurs à l'aide de l'expression en a).
   c) Anoki a un budget de 204 $. Écris une équation pour déterminer le nombre de personnes qui peuvent patiner. Résous ton équation.

4. Deux suites numériques ont les n^e termes suivants.
   Suite A : $6n + 4$
   Suite B : $5n - 3$
   a) Trouve le 48e terme de la suite A.
   b) Utilise la valeur du terme trouvé en a).
      Dans la suite B, quel est le numéro du terme qui a cette valeur ?
      Comment le sais-tu ?

Problème du module : Choisir un forfait cellulaire

Ta soeur aînée a acheté un téléphone cellulaire.
Elle te demande de l'aider à trouver le meilleur forfait.

Partie 1

1. Voici trois forfaits cellulaires. Chacun comprend 200 minutes gratuites.

Idéal : 30,00 $ par mois, plus 0,30 $ la minute supplémentaire
Optimal : 35,00 $ par mois, plus 0,25 $ la minute supplémentaire
En contact : 40,00 $ par mois, plus 0,20 $ la minute supplémentaire

Transcris et remplis ce tableau.

Nombre de minutes supplémentaires	40	80	120	160	200
Idéal					
Optimal					
En contact					

2. Quel forfait conseilles-tu à ta soeur si elle utilise 40 minutes supplémentaires par mois ? si elle en utilise 120 ? si elle en utilise 200 ? Explique tes réponses.

3. Représente graphiquement les données du tableau.
Utilise une couleur différente pour chaque forfait.
Relie les points de chaque ensemble par une ligne pointillée.
Désigne chaque ligne par le nom du forfait.
Quelles régularités remarques-tu ?
Qu'arrive-t-il aux lignes dans le cas de 100 minutes supplémentaires ? Qu'est-ce que cela indique ?
Quel forfait conseilles-tu à ta soeur si elle utilise 100 minutes supplémentaires par mois ? Explique ta réponse.

Partie 2

Pour chaque forfait, écris une expression qui représente le prix mensuel de n minutes supplémentaires. À l'aide de ces expressions, trouve le coût mensuel total de 85 minutes supplémentaires dans chaque forfait.

Ta soeur peut dépenser 80 $ par mois pour son téléphone cellulaire. Écris une équation que tu peux résoudre pour trouver le nombre de minutes supplémentaires qu'elle peut se permettre avec chaque forfait. Résous chaque équation.
Explique ce que chaque solution signifie.

Avant d'écrire les équations, exprime chaque somme en cents.

Partie 3

En un paragraphe, explique les décisions que tu as prises concernant le choix du meilleur forfait cellulaire.

Liste de contrôle

Ton travail devrait montrer :

✓ tous tes tableaux et diagrammes clairement annotés ;

✓ les expressions et les équations que tu as écrites, ainsi que la façon dont tu les as utilisées pour résoudre les problèmes ;

✓ des calculs détaillés et exacts ;

✓ une explication claire de tes solutions et des régularités que tu as trouvées.

Retour sur le module

Explique à quoi servent les suites, les expressions et les équations pour la résolution de problèmes ? Donne des exemples.

MODULE 11
La probabilité

- On te pose deux questions. Tu choisis au hasard une des deux réponses fournies pour chacune. Quelle est la probabilité que tu répondes correctement aux deux questions ?

- La chienne de Jason va donner naissance à deux chiots. Jason veut les vendre. Il sait que les chiots femelles valent plus cher. Quelle est la probabilité que les deux chiots soient femelles ?

Quelles sont les ressemblances entre ces deux problèmes ?

Tes objectifs d'apprentissage

- Reconnaître que l'étendue des probabilités va de 0 à 1.
- Dresser la liste des résultats possibles d'expériences.
- Reconnaître les résultats possibles et les résultats favorables.
- Calculer des probabilités à l'aide de diagrammes en arbre et de listes ordonnées.
- Comparer la probabilité théorique avec la probabilité expérimentale.
- Utiliser la probabilité pour discuter de sports, de prévisions météorologiques et de sondages politiques.

Pourquoi est-ce important ?

Dans les médias, tu peux lire ou entendre des commentaires liés à la probabilité. Tu dois pouvoir comprendre ces commentaires.

Mots clés

- la probabilité expérimentale
- la fréquence relative
- la probabilité théorique
- une simulation
- les chances

MODULE 11

Utilise tes connaissances

La probabilité expérimentale

La **probabilité expérimentale** d'un événement est donnée par :

$$\frac{\text{le nombre de fois où l'événement se produit}}{\text{le nombre total d'essais}}.$$

Tu peux écrire la probabilité expérimentale sous forme de fraction, de nombre décimal ou de pourcentage. La probabilité expérimentale s'appelle aussi la **fréquence relative.**

Exemple 1

Au base-ball, la moyenne au bâton est la fréquence relative du nombre de coups sûrs. Le nombre de fois où une joueuse ou un joueur va au marbre pour frapper la balle correspond à ses « présences au bâton ».

Ce tableau présente les données de 3 membres d'une équipe de base-ball.

Nom	Présences au bâton	Coups sûrs
Abby	29	11
Gina	35	17
Sophie	42	23

Calcule la moyenne au bâton de chaque joueuse.

Réponses

Pour calculer la moyenne au bâton de chaque joueuse, divise le nombre de coups sûrs par le nombre de présences au bâton.

Abby = $\frac{11}{29}$ Gina = $\frac{17}{35}$ Sophie = $\frac{23}{42}$
$\approx 0{,}379$ $\approx 0{,}486$ $\approx 0{,}548$

La moyenne au bâton s'écrit toujours avec 3 décimales.

✓ Vérifie

1. a) Un inspecteur de la qualité teste 235 cédéroms. Huit sont défectueux. Quelle est la fréquence relative d'un cédérom défectueux ?
   b) Une entreprise de nettoyage de moquette utilise le télémarketing pour accroître sa clientèle. En moyenne, il lui faut 175 appels téléphoniques pour réaliser 28 ventes. Quelle est la probabilité expérimentale de réaliser une vente par téléphone ?

La probabilité théorique

Quand les résultats d'une expérience sont également probables,

la **probabilité théorique** d'un événement est donnée par :

$$\frac{\text{le nombre de résultats favorables à l'événement}}{\text{le nombre de résultats possibles}}.$$

Habituellement, tu ne dis que *probabilité*.

Tu peux utiliser la probabilité théorique pour prédire le nombre de fois où un événement se produit quand une expérience est répétée plusieurs fois.

Exemple 2

Un dé est numéroté de 1 à 6.

a) Lance le dé.
Quelle est la probabilité d'obtenir un nombre plus petit que 4 ?

b) Lance le dé 40 fois.
Prédis le nombre de fois où tu obtiendras un nombre plus petit que 4.

Réponses

Quand tu lances un dé numéroté, il y a 6 résultats possibles : 1, 2, 3, 4, 5 ou 6.
Ces résultats sont également probables.

a) Les nombres plus petits que 4 sont 1, 2 et 3.
Donc, 3 résultats sont favorables à l'événement « un nombre plus petit que 4 ».
La probabilité d'obtenir 1, 2 ou 3 est de : $\frac{3}{6} = \frac{1}{2}$.

b) Le nombre prédit de fois où tu obtiendras un nombre plus petit que 4 est :
$\frac{1}{2} \times 40 = 20$.

✓ Vérifie

2. Tu fais tourner la flèche de cette roulette 80 fois.
Les énoncés suivants sont-ils vrais ou faux ?
Explique tes réponses.
La flèche s'arrêtera :

a) exactement 20 fois sur un secteur bleu ;

b) environ 40 fois sur un secteur rouge ou sur un secteur vert ;

c) un nombre égal de fois sur chaque couleur ;

d) environ 20 fois sur chaque couleur.

11.1 L'étendue des probabilités

Objectif Analyser l'étendue de 0 à 1 pour représenter les probabilités.

Quand ton équipe de hockey préférée joue, tu peux te demander si elle va gagner. Tu peux tenter de prédire le résultat du match.
Quand tu fais une prédiction, tu estimes la probabilité qu'un événement se produise.

Explore

Travaille individuellement.
Décris la probabilité des événements ci-dessous à l'aide des mots suivants : impossible, improbable, probable ou certain.

A Obtenir le côté pile quand tu lances une pièce de monnaie.
B Lancer un dé numéroté de 1 à 6 et obtenir 3 ou 5.
C Lancer un dé numéroté de 1 à 6 et n'obtenir ni 3 ni 5.
D La même équipe gagnera la coupe Grey trois années de suite.
E Demain, le soleil se couchera.
F Une carte tirée d'un jeu de cartes ordinaire est un carreau.
G Une carte tirée d'un jeu de cartes ordinaire n'est pas un carreau.
H Lancer un dé numéroté de 1 à 6 et obtenir 4.
I Janvier suit immédiatement juin.
J Tu vas écouter un CD audio aujourd'hui.

Quand c'est possible, calcule la probabilité de chaque événement.
Si tu ne peux pas calculer la probabilité, estime-la. Explique ton estimation.

Explique ton raisonnement

Compare tes résultats avec ceux d'une ou d'un camarade.
Ordonne les événements selon leur probabilité. Commence par les événements impossibles et termine par ceux qui sont certains.
Quelle est la probabilité d'un événement impossible ?
Quelle est la probabilité d'un événement certain ?

Découvre

À la page 455, tu as revu la méthode qui permet de calculer la probabilité théorique d'un événement. Quand *tous* les résultats sont favorables à l'événement, le numérateur et le dénominateur de la fraction

$$\frac{\text{le nombre de résultats favorables à l'événement}}{\text{le nombre de résultats possibles}}$$

sont égaux, et la probabilité est égale à 1.

456 MODULE 11 : La probabilité

Quand *aucun* des résultats n'est favorable à l'événement, le numérateur de la fraction

le nombre de résultats favorables à l'événement
       le nombre de résultats possibles

est égal à 0, et la probabilité est égale à 0.

Donc, tu peux indiquer la probabilité d'un événement sur une échelle de 0 à 1. Quand un événement est impossible, la probabilité qu'il se produise est égale à 0, ou 0 %. Quand un événement est certain, la probabilité qu'il se produise est égale à 1, ou 100 %. Toutes les autres probabilités se situent entre 0 et 1.

Impossible   Certain
0,0   0,1   0,2   0,3   0,4   0,5   0,6   0,7   0,8   0,9   1,0
0 %   100 %

Exemple

Vingt boîtes de soupe ont trempé dans l'eau. Leurs étiquettes se sont décollées. Les boîtes sont identiques. Il y a 2 boîtes de soupe au poulet, 3 boîtes de soupe au céleri, 4 boîtes de soupe aux légumes, 5 boîtes de soupe aux champignons et 6 boîtes de soupe aux tomates. Tu ouvres une boîte.

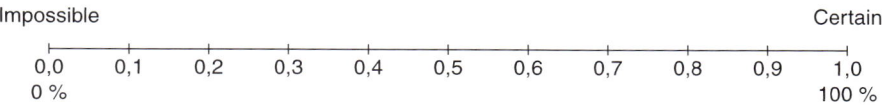

a) Quelle est la probabilité de chacun des événements suivants ?
   I) La boîte contient de la soupe au céleri.
   II) La boîte contient du poisson.
   III) La boîte contient de la soupe au céleri ou de la soupe au poulet.
   IV) La boîte contient de la soupe.

b) Lequel des événements en a) est :
   I) certain ?   II) impossible ?

Réponses

a) Il y a 20 boîtes, donc 20 résultats possibles.
   I) Trois boîtes contiennent de la soupe au céleri.
       La probabilité d'ouvrir une boîte de soupe au céleri est de :
       $\frac{3}{20} = \frac{15}{100} = 0{,}15$, ou 15 %.
   II) Aucune boîte ne contient du poisson.
       La probabilité d'ouvrir une boîte qui contient du poisson est de 0, ou 0 %.

11.1 L'étendue des probabilités

III) Trois boîtes contiennent de la soupe au céleri et deux boîtes contiennent de la soupe au poulet. Cela fait 5 boîtes en tout. La probabilité d'ouvrir une boîte de soupe au céleri ou une boîte de soupe au poulet est de :
$\frac{5}{20} = \frac{25}{100} = 0{,}25$, ou 25 %.

IV) Puisque toutes les boîtes contiennent de la soupe, la probabilité d'ouvrir une boîte de soupe est de :
$\frac{20}{20} = 1$, ou 100 %.

b) I) L'événement qui est certain consiste à ouvrir une boîte qui contient de la soupe. Cet événement a la plus grande probabilité, soit 1.

II) L'événement qui est impossible consiste à ouvrir une boîte qui contient du poisson. Cet événement a une probabilité nulle, soit 0.

Dans l'**Exemple,** 17 boîtes ne contiennent pas de soupe au céleri. Donc, la probabilité de ne pas ouvrir une boîte de céleri est de $\frac{17}{20}$. Par conséquent,

la probabilité + la probabilité = $\frac{3}{20} + \frac{17}{20} = 1$, ou 100 %.
d'ouvrir une   de ne pas ouvrir
boîte de soupe   une boîte de soupe
au céleri   au céleri

Les événements « ouvrir une boîte de soupe au céleri » et « ne pas ouvrir une boîte de soupe au céleri » sont des événements complémentaires. La somme de leurs probabilités est égale à 1.

De façon générale :
la probabilité + la probabilité = 1, ou 100 %.
qu'un événement   que l'événement
se produise   ne se produise pas

À ton tour

1. Reproduis cette droite numérique. Situe la lettre qui correspond à chaque événement de la page 459 sur la droite numérique, au nombre qui décrit le mieux la probabilité de l'événement.

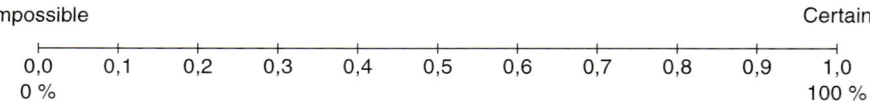

a) Sans regarder, Jodi tire un cube rose d'un seau qui contient 5 cubes roses, 7 cubes bleus et 8 cubes rouges.
b) Décembre suit immédiatement novembre.
c) Lancer un dé numéroté de 1 à 6 et obtenir 1 ou 2.
d) Il fera chaud en janvier en Ontario.
e) Une pomme est bleue.

2. À la télévision, la chaîne météo annonce 35 % de probabilité de pluie aujourd'hui. Quelle est la probabilité qu'il ne pleuve pas aujourd'hui ?

3. Selon un sondage préélectoral, 4 électrices et électeurs sur 7 voteront pour un certain parti politique dans une circonscription électorale donnée. Il y a 25 156 électrices et électeurs dans cette circonscription.
Si cette prédiction se révèle vraie, combien d'électrices et d'électeurs ne voteront pas pour ce parti politique ?

4. Une entreprise qui offre un service d'abonnement à des magazines fait du télémarketing pour accroître sa clientèle. En moyenne, sur 400 appels téléphoniques, elle reçoit environ 88 commandes, dont 80 seront réellement payées.
a) Quelle est la probabilité de recevoir une commande ?
b) Quelle est la probabilité de recevoir une commande qui sera payée ?

5. Donne un exemple d'événement pour chaque probabilité. Explique ton choix.
a) 1   b) $\frac{1}{6}$ c) $\frac{1}{2}$ d) $\frac{3}{4}$ e) 0

6. Tu testes des ampoules produites en série. Sur un total de 150 ampoules, tu trouves 7 ampoules défectueuses.
a) Quelle est la probabilité qu'une ampoule ne soit pas défectueuse ? Décris deux façons de calculer cette probabilité.
b) Suppose que 60 356 ampoules soient produites durant la semaine. Combien d'entre elles pourraient être défectueuses ?

7. Avant de jouer à un jeu de société, Martin et Shane lancent un dé numéroté de 1 à 6. La personne qui obtient le plus grand nombre jouera en premier. Martin obtient 4.
a) Quelle est la probabilité que Martin joue en premier ?
b) Quelle est la probabilité que Martin ne joue pas en premier ?
c) Quelle est la probabilité que Martin et Shane aient à lancer le dé de nouveau ? Explique ta réponse.

11.1 L'étendue des probabilités

+	1	2	3	4
2				
3				
4				
5				

Va plus loin

8. **Objectif d'évaluation** Un tétraèdre régulier a 4 faces.
   Les faces d'un tétraèdre sont numérotées de 1 à 4.
   Les faces d'un autre tétraèdre sont numérotées de 2 à 5.
   Tu lances les deux tétraèdres et tu additionnes les nombres obtenus.
   a) Reproduis ce tableau et inscris-y les résultats possibles.
   b) Dresse la liste des sommes possibles.
   c) Calcule la probabilité de chaque somme.
   d) Additionne les probabilités calculées en c).
      Que remarques-tu ? Explique ton résultat.
   e) Quel événement correspond à chaque probabilité ?
      I) 25 %   II) 75 %   III) 1   IV) 0

9. Au jeu *Entre les deux*, il faut mêler les cartes à jouer, puis retourner deux cartes. La personne qui joue reçoit une carte. Si la valeur de sa carte se situe entre celles des deux cartes retournées, la personne gagne. Quelle est la probabilité que la personne ne gagne pas quand les paires de cartes ci-dessous sont retournées ?

   a) Le deux de coeur et le sept de pique

   b) Le cinq de carreau et le roi de trèfle

   c) L'as de trèfle et le quatre de pique

   d) Le dix de carreau et le valet de trèfle

Calcul mental

Divise chaque nombre par 0,1, par 0,01 et par 0,001 :
- 578,25
- 0,365
- 42,011
- 1,432

Quelles régularités vois-tu dans tes réponses ?

Réfléchis

La probabilité d'un événement peut-elle être plus petite que 0 ?
Peut-elle être plus grande que 1 ? Explique tes réponses.

11.2 Les diagrammes en arbre

Objectif | Calculer des probabilités à l'aide de diagrammes en arbre et de listes ordonnées.

Explore

Travaille avec une ou un camarade. Tu as besoin d'un dé numéroté de 1 à 6 et d'une pièce de monnaie.

➤ Une personne lance la pièce de monnaie, et l'autre personne lance le dé. Note les résultats.

➤ Calcule la probabilité expérimentale de l'événement « obtenir le côté face et le nombre 2 » après :
  - 10 essais ;
  - 20 essais ;
  - 50 essais ;
  - 100 essais.

➤ Dresse la liste des résultats possibles de cette expérience.

➤ Quelle est la probabilité théorique de l'événement « obtenir le côté face et le nombre 2 » ?

➤ Compare la probabilité expérimentale avec la probabilité théorique. Que remarques-tu ?

Explique ton raisonnement

Compare tes résultats et tes probabilités avec ceux des élèves d'une autre équipe. As-tu utilisé un diagramme en arbre pour dresser la liste des résultats possibles ? Si tu réponds « non » à la question, construis-en un avec tes camarades. Joins tes résultats à ceux des élèves de l'autre équipe pour obtenir 200 essais. Quelle est la probabilité expérimentale d'obtenir le côté face et le nombre 2 ? Compare la probabilité expérimentale avec la probabilité théorique. Que remarques-tu ?

Découvre

Rappelle-toi qu'un diagramme en arbre peut servir à trouver les résultats possibles d'une expérience quand ces résultats sont également probables.

Exemple

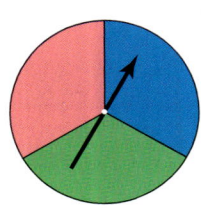

Deux personnes jouent à *Identique ou non*. À tour de rôle, elles font tourner 2 fois la flèche de la roulette représentée à gauche.
La personne A marque 1 point quand la flèche s'arrête sur la même couleur. La personne B marque 1 point quand la flèche s'arrête sur des couleurs différentes.

a) Utilise un diagramme en arbre pour dresser la liste des résultats possibles de ce jeu.
b) Trouve la probabilité d'obtenir la même couleur.
c) Trouve la probabilité d'obtenir des couleurs différentes.
d) Ce jeu est-il équitable ? Explique ta réponse.
e) Si tu crois que ce jeu est équitable, explique pourquoi.
Si le jeu n'est pas équitable, comment peux-tu le modifier pour qu'il le devienne ?

Réponses

a) La première branche du diagramme en arbre représente les résultats également probables au premier tour : bleu, vert, rose. La deuxième branche représente les résultats également probables au second tour : bleu, vert, rose. Pour chaque résultat possible au premier tour, il y a 3 résultats possibles au deuxième tour.
Suis les chemins de gauche à droite.
Dresse la liste des résultats possibles.

	Premier tour	Second tour	Résultats possibles
		bleu	bleu / bleu
	bleu	vert	bleu / vert
		rose	bleu / rose
		bleu	vert / bleu
Départ	vert	vert	vert / vert
		rose	vert / rose
		bleu	rose / bleu
	rose	vert	rose / vert
		rose	rose / rose

b) Selon le diagramme en arbre, il y a 9 résultats possibles. Trois résultats présentent la même couleur : bleu/bleu, vert/vert et rose/rose. La probabilité d'obtenir la même couleur est de : $\frac{3}{9} = \frac{1}{3} \approx 0{,}33$, ou environ 33 %.

c) Six résultats présentent des couleurs différentes : bleu/vert, bleu/rose, vert/bleu, vert/rose, rose/bleu et rose/vert.
La probabilité d'obtenir des couleurs différentes est de : $\frac{6}{9} = \frac{2}{3} \approx 0{,}67$, ou environ 67 %.

d) Ce jeu n'est pas équitable. Les chances de marquer des points ne sont pas égales. La personne A peut marquer seulement 3 des 9 points possibles, alors que la personne B peut en marquer 6.

e) Voici une façon de rendre ce jeu équitable : la personne A devrait marquer 2 points quand la flèche s'arrête sur la même couleur. Quand chaque personne aura joué 9 fois, leurs chances de gagner seront égales.

Carina et Paolo jouent 100 fois à *Identique ou non*. La flèche s'est arrêtée sur la même couleur 41 fois et sur des couleurs différentes 59 fois.
La probabilité expérimentale d'obtenir la même couleur est de : $\frac{41}{100} = 0{,}41$, ou 41 %.
La probabilité expérimentale d'obtenir des couleurs différentes est de : $\frac{59}{100} = 0{,}59$, ou 59 %.
Ces probabilités sont différentes des probabilités théoriques calculées dans les réponses de l'**Exemple.**
Plus le nombre de parties jouées est grand, plus la probabilité théorique et la probabilité expérimentale se rapprochent.

À ton tour

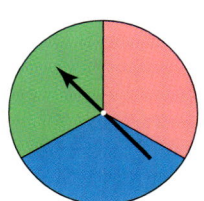

Roulette 1

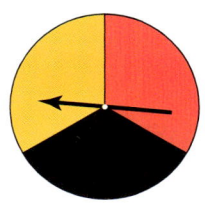

Roulette 2

1. On utilise des roulettes pour jouer à *La couleur verte*.
Une personne fait tourner la flèche de chaque roulette. Pour gagner, la personne doit obtenir la couleur bleue sur la roulette 1 et la couleur jaune sur la roulette 2, car le bleu se combine au jaune pour donner le vert.
Ton enseignante ou ton enseignant te remettra des roulettes vierges. Utilise un trombone déplié comme flèche.

a) Reproduis les roulettes à gauche. Essaie le jeu 10 fois et note tes résultats. Combien de fois as-tu créé la couleur verte ?

b) Joins tes résultats à ceux de 9 camarades.
En 100 essais, combien de fois avez-vous créé la couleur verte ? Quelle est la probabilité expérimentale de créer la couleur verte ?

c) À l'aide d'un diagramme en arbre, dresse la liste des résultats possibles du jeu *La couleur verte*.
d) Quelle est la probabilité théorique de créer la couleur verte ?
e) Compare les probabilités calculées en b) et en d). Que remarques-tu ?

2. Un dé est numéroté de 1 à 6.
Tu lances une pièce de monnaie et le dé.
Utilise le diagramme en arbre construit à la rubrique **Explique ton raisonnement** pour trouver la probabilité des événements suivants.
a) Obtenir le côté face et le nombre 4.
b) Obtenir un nombre plus petit que 3.
c) Obtenir le côté pile et un nombre premier.
d) Ne pas obtenir le nombre 5.

3. **Objectif d'évaluation** Tara conçoit le jeu *La super machine verte*.
Dans ce jeu, un tétraèdre régulier a une face rouge, une face rose, une face bleue et une face jaune.
Cette figure montre la couleur des secteurs de la roulette.

Quand tu lances le tétraèdre, tu notes la couleur de la face du dessous.
Une personne peut choisir :
- de lancer le tétraèdre et de faire tourner la flèche de la roulette ;
- de lancer le tétraèdre deux fois ;
- de faire tourner la flèche de la roulette deux fois.

Pour gagner, la personne doit obtenir la couleur bleue et la couleur jaune afin de créer la couleur verte.
Laquelle de trois stratégies donne le plus de chances de gagner ?
Explique ta réponse. Montre ton travail.

4. Deux tigres naissent au zoo chaque année durant une période de 2 ans. Un tigre est soit mâle, soit femelle.
a) Dresse la liste des résultats possibles des naissances au bout de 2 ans.
b) Quelle est la probabilité d'avoir exactement 1 tigre mâle au bout de 2 ans ?
c) Quelle est la probabilité d'avoir au moins 2 tigres femelles au bout de 2 ans ?
d) Quelle est la probabilité d'avoir exactement 2 tigres femelles au bout de 2 ans ?

**Un jeu de cartes ordinaire contient 52 cartes.
Il y a 4 suites : coeur, pique, carreau et trèfle.
Il y a 13 cartes de chaque suite.**

5. Une expérience consiste à lancer un dé numéroté de 1 à 6 et à tirer au hasard une carte d'un jeu de cartes ordinaire. Il faut noter le nombre obtenu avec le dé et la suite de la carte tirée.

  a) Utilise un jeu de cartes et un dé.
  Effectue cette expérience 10 fois et note tes résultats.

  b) Joins tes résultats à ceux de 9 camarades.

  c) Quelle est la probabilité expérimentale d'obtenir :

  I) un coeur et le nombre 4 ?

  II) un coeur ou un carreau et le nombre 2 ?

  III) une carte rouge et un nombre impair ?

  d) Dresse la liste des résultats possibles à l'aide d'un diagramme en arbre.

  e) Quelle est la probabilité théorique de chaque événement décrit en c) ?

  f) Compare les probabilités théoriques et les probabilités expérimentales des événements décrits en c).
  Selon toi, qu'arriverait-il si tu effectuais l'expérience 1000 fois ?

Stratégie numérique

Écris chaque nombre à la forme décomposée.
- 12 006 308,34
- 8 080 808 080,8
- 12,083

6. Andrew et David n'aiment pas mettre la table pour dîner. Ils lancent une pièce de monnaie pour déterminer qui mettra la table. David choisit toujours le côté pile. Quelle est la probabilité que David mette la table durant 3 jours consécutifs ? Explique ta réponse.

Va plus loin

7. Écris chaque lettre du mot DON sur un morceau de papier et dépose ensuite les morceaux dans une boîte. Fais trois tirages et place les lettres de gauche à droite, dans l'ordre où tu les as tirées. Ne remets pas les morceaux de papier dans la boîte après chaque tirage. Si tu tires les lettres qui forment le mot DON, tu gagnes un prix.

  a) Quelle est la probabilité de gagner un prix ?

  b) Si tu remets les morceaux de papier dans la boîte après chaque tirage, la probabilité de gagner va-t-elle augmenter ou diminuer ? Explique ta réponse.

  c) Conçois un concours semblable à l'aide des lettres du mot CROISE. Refais les parties a) et b).

Réfléchis

Comment un diagramme en arbre peut-il t'aider à calculer des probabilités ? Explique ta réponse à l'aide d'un exemple.

11.2 Les diagrammes en arbre

Révision de mi-module

LEÇONS

11.1 **1.** Selon un sondage préélectoral, 53 % des Canadiennes et des Canadiens voteront pour le parti politique présentement au pouvoir.
Quelle est la probabilité que ce parti ne soit pas réélu ?

2. Pierre lance une punaise 80 fois. Elle atterrit 27 fois pointe vers le haut. Quelle est la probabilité expérimentale que la punaise atterrisse sur le côté ?

3. Chaque nombre ci-dessous correspond à la probabilité d'un événement. Lequel des mots suivants décrit le mieux chaque probabilité : certain, improbable, probable, impossible ?
   a) 0,8   **b)** 0   **c)** 0,2   **d)** 0,4

4. Une dentiste teste un nouvel agent de blanchiment pour les dents. Elle obtient 1015 réussites en 1050 essais.
   a) Quelle est la probabilité expérimentale d'une réussite ? Quelle est celle d'un échec ?
   b) La dentiste donne le traitement à 8500 personnes. Environ combien de personnes peuvent s'attendre à avoir des dents plus blanches ?

5. Fari est allé au bâton 211 fois et a frappé 97 coups sûrs. Éric est allé au bâton 234 fois et a frappé 119 coups sûrs.
Qui a la meilleure moyenne au bâton ? Explique ta réponse.

11.2 **6.** Utilise un dé numéroté de 1 à 6. Lance le dé deux fois et note les résultats. Refais l'expérience jusqu'à ce que tu aies 10 résultats. Joins tes résultats à ceux de 9 camarades. Tu as maintenant 100 résultats.
   a) Dresse la liste des résultats possibles à l'aide d'un diagramme en arbre.
   b) Quelle est la probabilité théorique d'obtenir :
      I) le nombre 4 et le nombre 5 ?
      II) deux nombres pairs ?
      III) deux fois le même nombre ?
      IV) le nombre 3 ?
      V) des nombres autres que 1 et 6 ?
   c) Quelle est la probabilité expérimentale de chaque événement décrit en b) ?
   d) Compare les deux probabilités pour chaque événement. Que remarques-tu ?

7. Le rouge se combine au noir pour donner le brun.
   a) Dessine deux roulettes avec des secteurs des deux couleurs qui se combinent pour donner le brun.
   b) Construis un diagramme en arbre pour présenter les résultats possibles quand tu fais tourner les flèches de ces deux roulettes.
   c) Calcule la probabilité de créer la couleur brune.

466 MODULE 11 : La probabilité

11.3 Les simulations

Objectif : Estimer des probabilités à l'aide de la simulation.

Tu peux effectuer une expérience de probabilité pour simuler une situation réelle. Dans certains cas, il est plus pratique d'effectuer une **simulation** que de recueillir des données.

Explore

Travaille avec une ou un camarade.
Tu as besoin d'un dé numéroté de 1 à 6.
C'est la journée « Grattez et épargnez » au magasin.
Chaque cliente ou client reçoit une carte sur laquelle il y a 6 cercles.
Sous les cercles, il y a deux pourcentages identiques et quatre pourcentages différents. Il faut gratter deux cercles.

Si les deux pourcentages découverts sont identiques, ce rabais s'applique à tous les articles que la cliente ou le client achète au magasin cette journée-là.
Les pourcentages sont disposés de façon aléatoire sur la carte.
Quelle est la probabilité d'obtenir deux pourcentages identiques ?

➤ Utilise le dé. Comment peux-tu estimer la probabilité d'obtenir deux pourcentages identiques ?
➤ Effectue l'expérience autant de fois que possible. Note chaque résultat.
➤ Quelle est la probabilité expérimentale d'obtenir deux pourcentages identiques ?

Explique ton raisonnement

Compare tes résultats avec ceux des élèves d'une autre équipe.
Les probabilités sont-elles égales ? Explique ta réponse.
Avec tes camarades, conçois une roulette que tu pourrais utiliser à la place du dé pour effectuer cette expérience.

Découvre

Quand tu effectues une simulation pour estimer des probabilités, ton modèle doit produire le même nombre de résultats que la situation réelle. Tu utilises une pièce de monnaie quand il y a 2 résultats également probables.

Tu utilises un dé numéroté quand il y a 6 résultats également probables.

Tu utilises une roulette divisée en secteurs congruents dont le nombre correspond au nombre de résultats également probables.

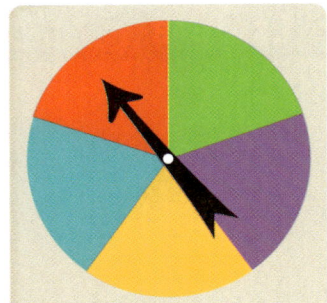

Exemple

Dans une équipe formée de 4 élèves d'une classe de 8ᵉ année, quelle est la probabilité que 2 élèves ou plus célèbrent leur anniversaire de naissance le même mois ?
Conçois une simulation pour le découvrir.

Réponses

Il y a 12 mois dans une année.
Donc, la probabilité de naître au cours d'un mois donné est de $\frac{1}{12}$.
Ta simulation doit avoir 12 résultats également probables.
Utilise un dé numéroté et une pièce de monnaie.
Associe le côté face (F) et le côté pile (P) à chaque nombre sur le dé.
Ensuite, représente chaque mois par une des paires suivantes :
janvier F1, février P1,
mars F2, avril P2,
mai F3, juin P3,
juillet F4, août P4,
septembre F5, octobre P5,
novembre F6, décembre P6.
Lance la pièce de monnaie et le dé 4 fois, une fois pour chaque élève de l'équipe.
Note les fois où un mois apparaît deux fois ou plus.
Effectue l'expérience 100 fois.
Pour obtenir une estimation de la probabilité, calcule :
$$\frac{\text{le nombre de fois où tu obtiens le même mois deux fois ou plus}}{100}.$$

MODULE 11 : La probabilité

À ton tour

1. Travaille avec une ou un camarade.
   Tu as besoin d'une pièce de monnaie et d'un dé numéroté.
   Effectue 25 fois l'expérience décrite dans l'**Exemple.**
   Joins tes résultats à ceux des élèves de 3 autres équipes.
   Estime la probabilité que 2 membres ou plus d'une équipe de 4 élèves célèbrent leur anniversaire de naissance le même mois.

2. Tu veux maintenant estimer la probabilité qu'au moins 3 élèves d'une équipe de 6 élèves célèbrent leur anniversaire le même mois. Comment peux-tu modifier l'expérience décrite dans l'**Exemple** pour y arriver?

3. a) À la naissance, un enfant est soit une fille, soit un garçon. Comment peux-tu simuler cette situation?
   b) Tu veux estimer la probabilité qu'il y ait exactement 3 filles dans une famille de 4 enfants.
      Décris une simulation que tu pourrais utiliser.
   c) Effectue la simulation décrite en b).
      Quelle est la probabilité estimée?
   d) À l'aide d'un diagramme en arbre, calcule la probabilité qu'il y ait exactement 3 filles.
   e) Compare tes réponses en c) et en d).
      Que remarques-tu? Explique ta réponse.

4. Tu veux maintenant estimer ou calculer la probabilité qu'il y ait exactement 1 garçon dans une famille de 4 enfants. Comment peux-tu utiliser les résultats de la question 3 pour y arriver?

5. **Objectif d'évaluation** Il y a 5 questions dans un test à choix multiple. Quatre réponses sont suggérées pour chaque question. À chaque question, une ou un élève choisit une réponse au hasard.
   a) Conçois une roulette qui permet d'estimer la probabilité de répondre correctement à une question.
   b) Fabrique ta roulette. Effectue une simulation pour estimer la probabilité de répondre correctement à 3 des 5 questions.
   c) Combien de fois as-tu effectué la simulation? Quelle est ton estimation de la probabilité?

   Montre ton travail.

Stratégie numérique

Écris chaque nombre comme le produit de ses facteurs premiers.
72, 73, 74, 75, 76

6. Moira fait partie de l'équipe de base-ball de l'école. En moyenne, elle frappe 1 coup sûr en 3 présences au bâton. Moira se présente 4 fois au bâton durant un match.

   a) Comment cette roulette peut-elle servir à simuler la moyenne au bâton de Moira ? Explique ta réponse.

   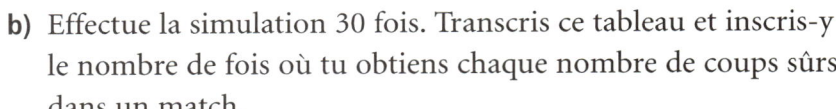

   b) Effectue la simulation 30 fois. Transcris ce tableau et inscris-y le nombre de fois où tu obtiens chaque nombre de coups sûrs dans un match.

Coups sûrs par match	0	1	2	3	4
Fréquence					

   c) Estime la probabilité que, durant un match, Moira frappe :
   I) 0 coup sûr ; II) 1 coup sûr ; III) 2 coups sûrs ;
   IV) 3 coups sûrs ; V) 4 coups sûrs.

7. Les prévisions météorologiques indiquent 50 % de probabilité de pluie pour chacun des 6 prochains jours.
   Décris une simulation qui permet d'estimer la probabilité qu'il pleuve durant 3 de ces 6 jours.
   Effectue la simulation. Explique ton résultat.

Va plus loin

8. Un joueur de basket-ball a une moyenne de tirs réussis de 70 %. Il s'apprête à effectuer deux lancers francs. Il reste très peu de temps dans le match, et son équipe tire de l'arrière par 1 point.

   a) Décris une simulation qui permet de représenter l'habileté de tir du joueur.
   b) Effectue 20 simulations des 2 lancers francs du joueur.
   c) Quelle est la probabilité expérimentale que l'équipe de ce joueur gagne le match ?

Réfléchis

Dans quels cas utiliserais-tu une simulation pour estimer une probabilité ? Explique ta réponse et donne un exemple.

11.4 Les chances de se produire et de ne pas se produire

Objectif Utiliser les probabilités dans les sports et dans les jeux.

Explore

Travaille avec une ou un camarade.
Tu as besoin d'un dé numéroté de 1 à 6 et d'un jeu de cartes.

➤ Tu lances le dé.
   Quelle est la probabilité d'obtenir un nombre plus grand que 2 ?
   Quelle est la probabilité d'obtenir un nombre plus petit que 2 ?
   Quel événement est le plus probable ?
   Combien de fois est-il plus probable que l'autre ?

➤ Tu retires une carte du jeu, au hasard.
   Quelle est la probabilité que ce soit un coeur ?
   Quelle est la probabilité que ce ne soit pas un coeur ?
   Quel événement est le plus probable ?
   Combien de fois est-il plus probable que l'autre ?

Explique ton raisonnement

Quelles sont les ressemblances entre les deux événements de chaque expérience ? Quelles sont les différences ?

Pense à une autre expérience où deux événements seraient liés de la même façon que les événements de la rubrique **Explore**.

Découvre

Dans les médias, tu peux entendre ou lire des commentaires sur les **chances** des Maple Leafs de Toronto de gagner la coupe Stanley. Par exemple, s'il est probable que les Maple Leafs gagnent, ils pourraient avoir 5 chances contre 1 de gagner.
S'il est probable qu'ils perdent, ils pourraient avoir seulement 1 chance contre de 3 de gagner.

Un sac contient 12 jetons.
Tu tires un jeton au hasard.
Le nombre de résultats favorables à l'événement « le jeton est jaune » est 4. Le nombre de résultats défavorables à l'événement « le jeton est jaune » est 8. Par conséquent, les chances que le jeton soit jaune sont de 4 contre 8. Cela est un rapport, et tu peux l'écrire d'une façon plus simple. Divise chaque terme par 4. Les chances que le jeton soit jaune sont de 1 contre 2. Les chances que le jeton ne soit pas jaune sont de 2 contre 1.

De façon générale,
les chances de se produire = le nombre de résultats favorables comparé au nombre de résultats défavorables ; et
les chances de ne pas se produire = le nombre de résultats défavorables comparé au nombre de résultats favorables.

Exemple

Tu tires une carte d'un jeu de cartes au hasard.
a) Quelles sont les chances de tirer une figure ?
b) Quelles sont les chances de ne pas tirer une figure ?

Réponses

Chaque suite contient 3 figures : un valet, une dame, un roi.
Il y a 4 suites.
Donc, il y a $3 \times 4 = 12$ résultats favorables.
Il y a 52 cartes dans un jeu de cartes.
Donc, il y a $52 - 12 = 40$ résultats défavorables.
a) Les chances de tirer une figure sont de 12 contre 40.
   Divise les termes par leur facteur commun, 4.
   Les chances de tirer une figure sont de 3 contre 10.
b) Les chances de ne pas tirer une figure sont de 10 contre 3.

À ton tour

1. Quelles sont les chances que chaque événement se produise ?
   a) Lancer un dé numéroté de 1 à 6 et obtenir un nombre plus grand que 1.

> **Stratégie numérique**
>
> Six équipes participent à un tournoi de volley-ball. Chaque équipe joue deux matchs contre chacune des autres équipes.
>
> Combien y aura-t-il de matchs en tout ?

  b) Tirer une carte d'un jeu de cartes sans regarder et obtenir un 2.
  c) Lancer deux dés numérotés de 1 à 6 et obtenir deux nombres dont la somme est 7.

2. Quelles sont les chances que chaque événement de la question 1 ne se produise pas ?

3. Quelles sont les chances que chaque événement ne se produise pas ?
   a) Lancer un dé numéroté de 1 à 6 et obtenir un nombre plus petit que 3.
   b) Tirer une carte d'un jeu de cartes sans regarder et obtenir une carte noire.
   c) Lancer deux dés numérotés de 1 à 6 et obtenir deux nombres dont la somme est 5.

4. Quelles sont les chances que chaque événement de la question 3 se produise ?

5. Dans la tirelire de Nadine, il y a 5 pièces de 2 $, 8 pièces de 1 $, 7 pièces de 10 ¢ et 3 pièces de 25 ¢. Une pièce de monnaie tombe de la tirelire.
   a) Quelles sont les chances que la pièce soit une pièce de 10 ¢ ?
   b) Quelles sont les chances que la pièce ne soit pas une pièce de 25 ¢ ?

6. La probabilité que David termine premier au 50 m dos est de 25 %. Quelles sont les chances qu'il termine premier ?

7. Un bulletin météorologique pour l'est de l'Ontario prévoit 40 % de probabilité de neige pour le lendemain. Quelles sont les chances qu'il ne neige pas le lendemain ?

8. **Objectif d'évaluation** Utilise le matériel de ton choix.
   a) Conçois une expérience dans laquelle les chances qu'un événement se produise sont de 3 contre 7.
   b) Décris ton expérience. Dresse la liste des résultats possibles et indique les chances que chacun se produise.
   Montre ton travail.

Réfléchis

Explique le lien entre les chances qu'un événement se produise et les chances qu'il ne se produise pas. Donne un exemple.

Approfondir un problème

- Lis soigneusement les questions 1 à 8.
- Résous chaque problème à l'aide de nombres, de matériel, de schémas, de diagrammes, de tableaux, d'équations ou de mots. Essaie de trouver la solution de deux façons.
- Fais part de tes solutions.
- Explique tes solutions à une ou à un camarade. Essaie de les expliquer à l'aide de mots seulement. Durant ton explication, souligne les nombres et les autres données mathématiques que tu as utilisés.
- Change des éléments du problème (le contexte, les données mathématiques, l'énoncé du problème) pour créer un problème semblable. Résous ce nouveau problème.

1. Tu gagnes 20 $ par semaine pour effectuer des travaux de jardinage chez un voisin. Tu peux recevoir 20 $, ou tirer deux billets d'un sac de papier brun qui contient :
   - deux billets de 5 $;
   - deux billets de 10 $;
   - un billet de 20 $.

   Par exemple, tu pourrais tirer un billet de 5 $ et ensuite un billet de 10 $, ce qui ferait seulement 15 $. Ou bien tu pourrais tirer un billet de 20 $ et ensuite un billet de 10 $, ce qui ferait 30 $. Quelle est la meilleure façon de te faire payer ? Explique ta réponse.

2. Utilise des carrés pour construire la prochaine figure semblable de cette suite.

   a) De combien de carrés as-tu besoin pour construire la 10e figure ? De combien de carrés as-tu besoin pour construire la 20e figure ?

   b) Si tu construisais la suite à l'aide de triangles équilatéraux congruents ou de parallélogrammes congruents, t'en faudrait-il le même nombre ? Explique ta réponse.

3. Tu as une réserve illimitée d'objets qui ont respectivement une masse de 3 kg, de 11 kg ou de 17 kg.

   De combien de façons peux-tu grouper ces objets pour obtenir une masse totale d'exactement 100 kg ? Tes groupes doivent contenir au moins un objet de chaque masse.

Lire et écrire en Math

4. La voiture de Myles a une transmission automatique. Myles parcourt 8 km, mais s'arrête 2 min à un feu de circulation. La voiture de Maryse a une transmission manuelle. Maryse parcourt 9 km sans s'arrêter. Utilise le tableau ci-dessous. Qui utilise le plus d'essence ?

Action	Automatique	Manuelle
Au ralenti	0,16 L/min	0,16 L/min
Au démarrage	0,05 L	0,05 L
Durant la conduite	1 L/22 km	1 L/20 km

5. Cet escalier comporte 3 marches. De combien de cubes as-tu besoin pour construire un escalier de 20 marches ?

6. Le coût de location d'un camion est de 45 $ par jour. Il y a des frais supplémentaires de 0,20 $ par kilomètre. Le coût C, en dollars, pour louer le camion et parcourir k kilomètres correspond à $C = 45 + 0,2k$.
   a) Le camion parcourt 70 km. Quel est le coût de la location ?
   b) Armand loue le camion pour la somme de 65 $. Quelle distance a-t-il parcourue ?
   c) Jasmine loue le camion pour la somme de 58,20 $. Quelle distance a-t-elle parcourue ?

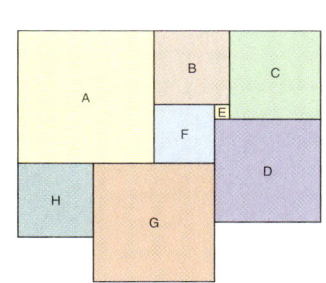

7. Le carré F a une aire de 16 unités carrées. Les carrés B et H ont chacun une aire de 25 unités carrées. La longueur des côtés se mesure en nombres naturels. Quelle est l'aire des carrés suivants ?
   a) A   b) C   c) D   d) E   e) G

8. Ce tableau montre les températures pour 5 jours consécutifs du mois de février dans quatre villes canadiennes. Invente un problème de mathématiques à partir de ces données, puis résous ton problème.

Ville	Lundi	Mardi	Mercredi	Jeudi	Vendredi
Kamloops, C.-B.	4°C	6°C	8°C	9°C	5°C
Fredericton, N.-B.	−10°C	−6°C	−3°C	−5°C	−6°C
Windsor, Ont.	3°C	2°C	−1°C	−4°C	0°C
Swift Current, Sask.	−5°C	4°C	6°C	8°C	6°C

Révision du module

Ce que je dois savoir

✓ La probabilité expérimentale

La probabilité expérimentale d'un événement est donnée par :

$$\frac{\text{le nombre de fois où l'événement se produit}}{\text{le nombre total d'essais}}.$$

La probabilité expérimentale porte aussi le nom de « fréquence relative ».

✓ La probabilité théorique

La probabilité théorique d'un événement est donnée par :

$$\frac{\text{le nombre de résultats favorables à cet événement}}{\text{le nombre de résultats possibles}}.$$

✓ L'étendue des probabilités

Toutes les probabilités sont supérieures ou égales à 0 et inférieures ou égales à 1.

La probabilité d'un événement impossible est 0, ou 0 %.

La probabilité d'un événement certain est 1, ou 100 %.

$$\begin{pmatrix}\text{la probabilité qu'un}\\ \text{événement se produise}\end{pmatrix} = 1 - \begin{pmatrix}\text{la probabilité que l'événement}\\ \text{ne se produise pas}\end{pmatrix}$$

Ces événements sont complémentaires.

La somme des probabilités de tous les résultats possibles est égale à 1.

✓ Les chances

Les chances de se produire = le nombre de résultats favorables comparé au nombre de résultats défavorables

Les chances de ne pas se produire = le nombre de résultats défavorables comparé au nombre de résultats favorables

Autour de toi
Chaque année, la fondation de l'hôpital Princess Margaret organise une loterie dans le but de recueillir de l'argent. Au cours d'une année antérieure, la probabilité de gagner était de 1 sur 15. Donc, les chances de gagner étaient de 1 contre 14.

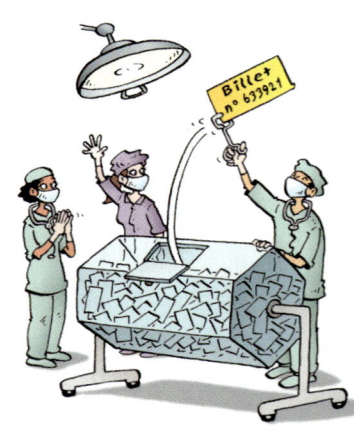

Ce que je dois faire

Pour des exercices supplémentaires, va à la page 498.

LEÇONS

11.1

1. a) Quelle est la probabilité d'un événement certain ?
   b) Quelle est la probabilité d'un événement impossible ?
   c) Estime ou calcule la probabilité de chaque événement.
   - **I)** Au hasard, Chris tire une orange d'un panier qui contient 2 oranges, 6 pommes et 8 pêches.
   - **II)** Mars suit immédiatement avril.
   - **III)** Lancer un dé numéroté de 1 à 6 et obtenir 1, 2, 3 ou 4.
   - **IV)** Il fera froid en janvier en Arctique.
   - **V)** Tu auras des devoirs ce soir.

2. À la télévision, la chaîne météo annonce qu'il y a 60 % de probabilité qu'il neige demain. Quelle est la probabilité qu'il ne neige pas demain ?

3. Selon un sondage préélectoral effectué dans une certaine circonscription, 5 électrices et électeurs sur 8 voteront pour le Parti libéral aux prochaines élections provinciales. D'après ce sondage, sur 180 000 électrices et électeurs, combien de personnes ne voteront pas pour le Parti libéral ?

11.2

4. Un jeu consiste à lancer deux dés numérotés de 1 à 6, puis à multiplier les deux nombres obtenus. Quand le produit est un nombre premier, la personne A obtient 10 points. Quand le produit est un nombre composé, la personne B obtient 1 point.
   a) Construis une table de multiplication pour dresser la liste des résultats.
   b) Estime le nombre de points que chaque personne pourrait obtenir si elle lance les dés 60 fois.
   c) Ce jeu est-il équitable ? Explique ta réponse.
   d) Pourrais-tu dresser la liste des résultats à l'aide d'un diagramme en arbre ? Explique ta réponse.

5. La charcuterie Merio offre des sandwichs sur pain de seigle ou de blé entier. Le choix de viande comprend la dinde, le jambon et le pastrami. Le choix de fromage comprend la mozzarella, le gruyère et le cheddar. Mya n'arrive pas à se décider. Elle demande un sandwich qui la surprendra.
   a) Construis un diagramme en arbre pour dresser la liste des sandwichs possibles.
   b) Quelle est la probabilité que Mya reçoive :
   - **I)** un sandwich au gruyère sur pain de seigle ?
   - **II)** un sandwich au cheddar, mais sans dinde ?

   Explique tes réponses.

Révision du module **477**

LEÇONS

11.2 **6.** Dans un jeu de société, chaque personne, à tour de rôle, fait tourner les flèches des roulettes ci-dessous à tour de rôle. Elle multiplie les nombres sur lesquels les flèches s'arrêtent et déplace son jeton du nombre de cases approprié sur le plateau de jeu.

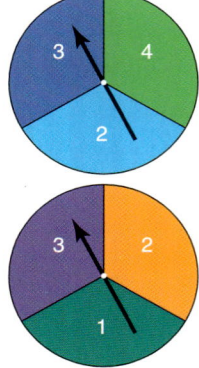

a) Dresse la liste des produits possibles.
b) Quelle est la probabilité de chaque produit énuméré en a)?
c) Quels produits sont également probables? Explique ta réponse.
d) Quelle est la probabilité qu'un produit soit un carré parfait? Explique ta réponse.
e) Quelle est la probabilité que le produit soit plus petit que 10? Explique ta réponse.

7. Irina et Régine partagent un vélo tout-terrain. Chaque jour, elles lancent une pièce de monnaie pour déterminer qui l'utilisera en premier. La première journée, Irina choisit le côté face; la deuxième journée, le côté pile; la troisième journée, le côté pile.
a) Dresse la liste des résultats des 3 lancers de la pièce de monnaie à l'aide d'un diagramme en arbre.
b) Quelle est la probabilité qu'Irina soit la première à utiliser le vélo tout-terrain trois jours consécutifs?

11.3 **8.** Explique la façon de simuler la naissance d'un chiot mâle ou d'un chiot femelle à l'aide des articles suivants.
a) Une pièce de monnaie
b) Un dé numéroté
c) Une roulette

9. Selon un reportage, 1 nouvel ordinateur sur 4 est défectueux.
a) Conçois une expérience pour estimer la probabilité qu'il y ait 3 ordinateurs défectueux sur 6 ordinateurs livrés au magasin.
b) Effectue ton expérience. Quelle est ton estimation de la probabilité? Explique ta réponse.

11.4 **10.** Lance deux dés numérotés de 1 à 6 et soustrais les nombres obtenus.
a) Quelles sont les chances:
  I) que la différence soit égale à 1?
  II) que la différence soit supérieure à 3?
b) Quelles sont les chances:
  I) que la différence ne soit pas un nombre impair?
  II) que la différence ne soit pas égale à 5?

11.

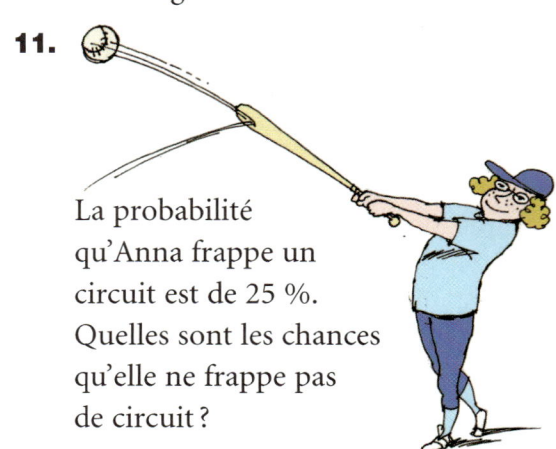

La probabilité qu'Anna frappe un circuit est de 25 %. Quelles sont les chances qu'elle ne frappe pas de circuit?

Test pratique

1. La publicité d'un bistrot dit que chaque cliente ou client a 15 % de chances d'obtenir un baguel gratuit à l'achat d'un café de très grand format. Sur 45 550 tasses de très grand format, 7280 portent la mention « BAGUEL GRATUIT » sous le rebord.
   a) Quelle est la probabilité d'obtenir un baguel gratuit si tu achètes un café de très grand format ?
   b) La publicité du bistrot dit-elle vrai ? Explique ta réponse.

2. Weng-Wai et Sarojinee créent des jeux dans lesquels ils utilisent deux tétraèdres numérotés de 2 à 5.
   Dans le jeu de Weng-Wai, il faut additionner les nombres obtenus.
   Si la somme est paire, la personne A obtient 1 point.
   Si la somme est impaire, la personne B obtient 1 point.
   Dans le jeu de Sarojinee, il faut multiplier les nombres obtenus.
   Si le produit est pair, la personne A obtient 1 point.
   Si le produit est impair, la personne B obtient 1 point.
   a) Quelle est la probabilité que la personne A gagne au jeu de Weng-Wai ? Quelle est la probabilité que la personne A gagne au jeu de Sarojinee ?
   b) Ces jeux sont-ils équitables ? Explique ta réponse.
   c) Comment des diagrammes en arbre pourraient-ils t'aider à résoudre ce problème ?

3. Cathie utilise ce tangram comme cible pour jouer aux fléchettes. Calcule la probabilité qu'une fléchette lancée à l'aveuglette atterrisse dans les régions suivantes. Explique tes réponses.
   a) La région orange
   b) La région violette
   c) La région bleue ou la région jaune
   d) La région verte ou la région orange

4. Décris une simulation qui permet d'estimer la probabilité que 3 personnes nées en septembre soient toutes nées à une date impaire.

Problème du module — Quelle est ton estimation ?

Une entreprise qui prépare des biscuits chinois utilise 4 messages dans ses biscuits. Dans un lot de biscuits, il y a un nombre égal de chaque message. Conçois une simulation qui peut servir à résoudre les problèmes suivants.

➤ Tu as 2 biscuits chinois.
  Quelle est la probabilité de lire 2 messages différents ?

➤ Tu as 3 biscuits chinois.
  Quelle est la probabilité de lire 3 messages différents ?

➤ Tu as 4 biscuits chinois.
  Quelle est la probabilité de lire 4 messages différents ?

➤ Estime le nombre de biscuits qu'il te faut pour lire 4 messages différents.

Effectue chaque simulation. Utilise tout matériel que tu crois utile. Explique ton choix de matériel. Résous chaque problème. Montre ton travail.

Liste de contrôle

Ton travail devrait montrer :
- ✓ les étapes et les procédures utilisées dans tes simulations ;
- ✓ les raisons pour lesquelles tu as choisi chaque simulation ;
- ✓ des notes et des calculs détaillés ;
- ✓ une explication claire de tes résultats, y compris une utilisation appropriée du vocabulaire de la probabilité.

Retour sur le module

Dresse la liste des différentes méthodes apprises qui te permettent d'estimer et de calculer des probabilités.

Donne un exemple de la façon d'utiliser chaque méthode.

Problème multidomaine

La probabilité et les nombres entiers

Travaille avec une ou un camarade.

Un sac contient quatre cartes qui portent les nombres entiers −3, −2, +1 et +3.

James tire trois cartes du sac, une par une, puis il additionne les nombres obtenus.

James prédit que, puisque la somme des quatre nombres entiers est négative, il est plus probable que la somme de trois cartes quelconques tirées du sac soit négative.

Dans ce **Problème multidomaine,** tu vas effectuer l'expérience de James pour découvrir si sa prédiction est juste.

Matériel :
- quatre cartes, qui portent les nombres entiers −3, −2, +1, +3
- un sac de papier brun

Partie 1

➤ Mets les cartes de nombres entiers dans le sac.
Tire trois cartes et additionne les nombres obtenus.
La somme est-elle négative ou positive ?
Note les résultats dans un tableau.

1er nombre entier	2e nombre entier	3e nombre entier	Somme

➤ Remets les cartes dans le sac. Refais l'expérience jusqu'à ce que tu aies 20 ensembles de résultats.

➤ Examine les résultats inscrits dans ton tableau. Ces données appuient-elles la prédiction de James ? Explique ta réponse.

➤ Joins tes résultats à ceux des élèves de 4 autres équipes. Tu as maintenant 100 ensembles de résultats. Ces données appuient-elles la prédiction de James ? Explique ta réponse.

➤ Utilise un schéma ou tout autre modèle pour trouver la probabilité théorique d'obtenir une somme négative.
Les résultats correspondent-ils à ceux de l'expérience ?

➤ Selon toi, la valeur des nombres entiers a-t-elle de l'importance ? Trouve 4 nombres entiers (2 nombres positifs et 2 nombres négatifs) pour lesquels la prédiction de James est juste.

Partie 2

Examine les résultats de l'analyse effectuée à la partie 1.

➤ Si la première carte tirée par James est négative, cela influe-t-il sur la probabilité d'obtenir une somme négative ?
Utilise les résultats de la partie 1 pour appuyer ton raisonnement.

➤ Si la première carte tirée par James est positive, cela influe-t-il sur la probabilité d'obtenir une somme négative ?
Utilise les résultats de la partie 1 pour appuyer ton raisonnement.

Va plus loin

➤ Emma se demande si elle obtiendra un résultat différent si elle multiplie les trois nombres entiers au lieu de les additionner. Elle prédit qu'il est plus probable qu'elle obtienne un produit négatif qu'un produit positif.

➤ Conçois une expérience qui permettra de découvrir si la prédiction d'Emma est juste.
Effectue l'expérience. La prédiction d'Emma est-elle juste ? Explique ta réponse.

La probabilité et les nombres entiers

Modules 1 à 11 — Révision cumulative

MODULES

1 **1.** Écris chaque nombre à la forme développée et en notation scientifique.
  a) 335
  b) 6272
  c) 24 242

2. Résous chaque équation.
  a) $x + 4 = 11$
  b) $x - 4 = 9$
  c) $4 + x = 7 + 9$
  d) $23 - 7 = x + 6$

2 **3.** a) Le python réticulé est le serpent le plus long du monde. Le plus long python réticulé observé mesurait 985 cm. Quelle échelle utiliserais-tu pour dessiner ce serpent dans ton cahier de notes ? Explique ton choix.
  I) $1:2$ II) $1:50$
  III) $1:100$ IV) $1:1000$
  b) À l'aide de l'échelle que tu as choisie en a), trace un segment de droite qui représente un dessin à l'échelle du serpent. Avais-tu choisi une bonne échelle ? Explique ta réponse.

4. Environ 96 % des élèves de l'école Beausoleil suivent au moins un cours d'art dramatique, de musique ou d'arts. Mille cent cinquante-deux élèves suivent au moins un de ces cours. Combien d'élèves fréquentent l'école ?

3 **5.** Tu veux fabriquer une boîte à l'aide d'une feuille de carton rectangulaire. Tu découpes le carton pour former une boîte ouverte dont la base mesure 5 cm sur 4 cm. La boîte a un volume de 60 cm³. Quelle est l'aire de ta feuille de carton ?

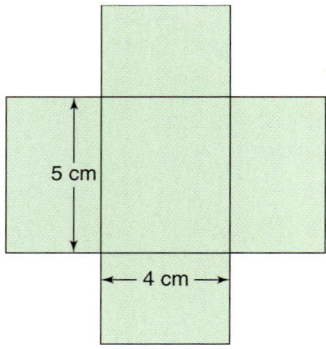

4 **6.** Sachant que $\frac{1}{4} = 0{,}25$, écris chaque nombre en nombre décimal.
  a) $\frac{1}{2}$ b) $\frac{3}{4}$ c) $1\frac{1}{2}$ d) $1\frac{3}{4}$

7. a) Détermine le nombre d'heures qu'il y a dans chaque fraction d'un jour.
  I) $\frac{2}{3}$ II) $\frac{5}{6}$
  III) $\frac{3}{4}$ IV) $\frac{3}{8}$
  b) Écris chaque période de temps en une fraction d'une heure.
  I) 12 min   II) 20 min
  III) 6 min   IV) 136 min

5 **8.** Voici le temps, en minutes, que 14 élèves ont passé à faire leurs devoirs de mathématiques durant la fin de semaine :
27, 36, 48, 35, 8, 40, 41, 39, 74, 47, 44, 125, 37, 47.

MODULES

a) Représente ces données dans un diagramme à tiges et à feuilles.
b) Calcule la moyenne, la médiane et le mode de ces données.
c) Quelles sont les valeurs aberrantes? Calcule la moyenne sans tenir compte des valeurs aberrantes. Que remarques-tu? Explique ta réponse.
d) Quelle mesure de tendance centrale décrit le mieux ces données? Explique ta réponse.

9. En 2003, au Canada, le *Recensement à l'école* a permis d'interroger les élèves du primaire pour découvrir le temps que ces élèves prenaient pour se rendre à l'école.
Ce tableau présente les résultats.

Nombre de minutes	Nombre d'élèves
De 0 à 10	3531
De 11 à 20	2129
De 21 à 30	994
De 31 à 40	292
De 41 à 50	433
De 51 à 60	193
Plus de 60	111

a) Représente ces données à l'aide d'un diagramme circulaire.
b) L'an prochain, tu iras au secondaire. Suppose que 1200 élèves sont inscrits à l'école secondaire. Selon toi, combien d'élèves prendraient plus de 30 min pour se rendre à l'école? Quelles suppositions fais-tu?

10. a) Trace un cercle de 12 cm de rayon. Calcule sa circonférence et son aire.
b) Trace un cercle de 6 cm de diamètre. Calcule sa circonférence et son aire.
c) Quelle relation y a-t-il entre les circonférences des cercles en a) et en b)? Explique ta réponse.
d) Quelle relation y a-t-il entre les aires des cercles en a) et en b)? Explique ta réponse.

11. Une boîte de thon mesure 3,5 cm de hauteur et 8,5 cm de diamètre.
a) Calcule le volume de la boîte.
b) L'étiquette recouvre la surface latérale de la boîte. Calcule l'aire de l'étiquette.

12. Trouve la mesure des angles *a*, *b* et *c*. Explique ton raisonnement.

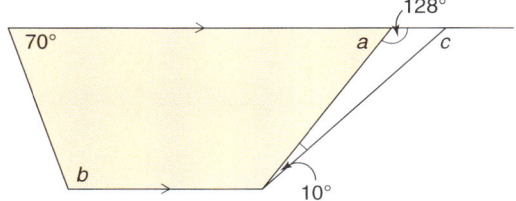

13. a) Dessine un grand triangle. Construis la médiatrice de chacun de ses côtés. À l'aide de cette construction, trace un cercle qui passe par les sommets du triangle.
b) Explique pourquoi tu peux utiliser cette méthode pour tracer un cercle qui passe par 3 points non alignés.

MODULES

14. À l'aide de tes connaissances de la construction d'un angle de 60° et d'un angle de 45°, construis un angle de 105°.

15. Dessine chaque figure. Annote ton dessin. Puis trouve les longueurs indiquées.

a)

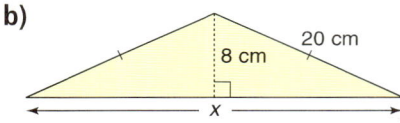

b)

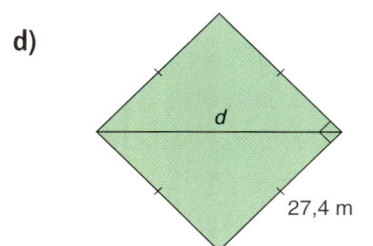

c)

d)

16. Évalue ces expressions.
a) $(+7) + (-12)$ b) $(-2) - (-12)$
c) $(-4) - (+13)$ d) $(-21) + (+16)$
e) $(+16) + (-9)$ f) $(-1) - (-9)$
g) $(-11) - (+11)$ h) $(+14) + (-18)$

17. Évalue ces expressions.
a) $(+3)(-8)$ b) $(+28) \div (-4)$
c) $(-5)(-6)(+7)$ d) $(-56) \div (-8)$

18. Évalue ces expressions.
a) $(-3)[(+5) - (-3)]$
b) $[(+8) \div (-4)] - (+10)(+3)$
c) $[(-6)(-8)] \div [(-10) \div (+5)]$

19. Dessine un plan cartésien, puis nomme et gradue ses axes. Dans ce plan, où se trouvent les points dont :
a) l'abscisse est négative ?
b) l'ordonnée est positive ?
c) l'abscisse est 0 ?
d) l'ordonnée est -1 ?
e) les deux coordonnées sont identiques ?

20. Dessine un triangle dans un plan cartésien. Dessine l'image du triangle après chaque transformation et désigne-la par une lettre.
a) Une translation de 3 unités vers la gauche et de 5 unités vers le bas
b) Une réflexion par rapport à l'axe des x
c) Une rotation de 90° dans le sens des aiguilles d'une montre autour de l'origine

MODULES

10 **21.** Pour chaque suite numérique :
  I) Décris la suite. Indique la régularité.
  II) À l'aide d'un tableau, trouve le 11ᵉ terme.
  III) Écris une expression qui représente le n^e terme.
  IV) À l'aide de ton expression, trouve le 70ᵉ terme.

  a) 3, 5, 7, 9, 11, …
  b) 5, 8, 11, 14, 17, …
  c) 7, 11, 15, 19, 23, …
  d) 9, 14, 19, 24, 29, …

22. Quatre fois la longueur de côté d'un triangle équilatéral est égal à 9 cm de plus que sa longueur de côté.

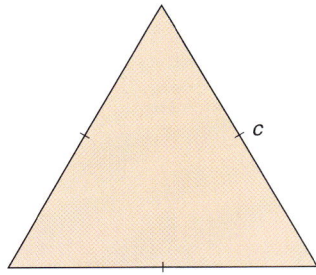

Soit c, la longueur de côté du triangle, en centimètres. L'équation de la longueur de côté est : $4c = c + 9$.
  a) Résous cette équation à l'aide de carreaux algébriques. Quelle est la longueur des côtés du triangle équilatéral ?
  b) Vérifie ta solution.
  c) Quel est le périmètre du triangle ?

11 **23.** Une roulette a 3 secteurs congruents nommés D, E et F. Un sac contient 3 cubes emboîtables : 2 cubes verts et 1 cube rouge. Tu fais tourner la flèche de la roulette et tu tires un cube au hasard.
  a) Dresse la liste des résultats possibles à l'aide d'un diagramme en arbre.
  b) Quelle est la probabilité :
     I) que la flèche s'arrête sur E ?
     II) que tu tires un cube vert ?
     III) que la flèche s'arrête sur E et que tu tires un cube vert ?
     IV) que la flèche s'arrête sur D et que tu tires un cube rouge ?

24. Effectue l'expérience décrite à la question 23.
  a) Fais 10 essais et note les résultats.
     I) Indique la probabilité expérimentale de chaque événement décrit à la question 23, en b).
     II) Compare la probabilité expérimentale avec la probabilité théorique. Que remarques-tu ?
  b) Combine tes résultats à ceux de 9 camarades. Tu as maintenant les résultats de 100 essais. Refais les deux parties en a).
  c) Qu'arrive-t-il à la probabilité expérimentale et à la probabilité théorique d'un événement quand tu refais une expérience des centaines de fois ?

Exercices supplémentaires

Module 1

1. Le tableau suivant contient des données au sujet de quelques films tournés dans la grande région de Toronto depuis 1984.

Film	Année	Recettes nord-américaines (en millions de $ US)	Recettes mondiales (en millions de $ US)
Tornade	1996	242,0	253,0
Mariage à la grecque	2002	241,4	115,0
Académie de police	1984	81,2	38,8
Le Destin de Will Hunting	1997	138,0	87,5
X-Men	2000	157,0	137,0

   a) Quelles ont été les recettes totales de chaque film?
   b) Nomme les films par ordre décroissant de recettes.
   c) Quelles ont été les recettes mondiales combinées des cinq films?
   d) Rédige un problème que tu pourrais résoudre à l'aide de ces données. Résous ton problème.

2. Pour chaque paire de nombres :
   I) Trouve tous les facteurs communs.
   II) Trouve les 3 premiers multiples communs.

   a) 18, 126
   b) 40, 70
   c) 16, 40
   d) 3, 11

3. Trouve le facteur premier manquant de cette équation : $1800 = 2^3 \times 3^2 \times \square$.

4. Pourquoi ne peux-tu pas écrire un nombre premier en un produit de facteurs premiers?

5. Écris ces nombres à la forme symbolique.
   a) $5 \times 10^7 + 7 \times 10^2 + 2 \times 10^1 + 4$
   b) $6 \times 10^5 + 4 \times 10^4 + 8 \times 10^3 + 4 \times 10^2 + 5 \times 10^1 + 9$

6. Ces données extraites du *Livre Guinness des records 2005* comportent de grands nombres. Écris chaque nombre en notation scientifique. Vérifie tes réponses à l'aide d'une calculatrice.
   a) La plus longue chaîne faite de trombones assemblée par une personne mesurait 162 760 cm de longueur.
   b) La plus longue pétition connue a été signée par 21 202 192 personnes de 153 pays.
   c) Le plus gros bouquet de fleurs comptait 101 791 roses.

7. Écris chaque nombre à la forme développée.
   a) Une personne respire environ 370 000 m³ d'air au cours de sa vie.
   b) Une personne effectue environ 1140 appels téléphoniques par année.
   c) En 2002, le Canada a reçu 20 100 000 visiteuses et visiteurs.

8. Évalue les expressions suivantes.
   a) $13,3 + 7,2 \times 3,5$
   b) $27,0 \div (1,5 \times 3) - 4,8$
   c) $41,3 - 2,5^2 \div 0,5$

9. Résous chaque équation. Vérifie tes solutions.
   a) $x + 6 = 11$
   b) $x - 6 = 11$
   c) $6 - x = 5$
   d) $6 + x = 5 + 9$

10. La location d'un DVD coûte 4 $. Combien de DVD peux-tu louer pour 32 $? Si x représente le nombre de DVD, tu obtiens l'équation $4x = 32$. Résous cette équation. Réponds à la question.

Module 2

1. Bruno a obtenu les notes suivantes à trois examens : géographie : $\frac{18}{25}$; mathématiques : $\frac{30}{40}$; sciences : $\frac{40}{50}$. À quel examen Bruno a-t-il obtenu sa note la plus élevée ? Comment le sais-tu ?

2. Dans chaque cas, trouve le terme manquant.
   a) $\frac{h}{16} = \frac{5}{4}$
   b) $\frac{k}{3} = \frac{30}{45}$
   c) $b : 6 = 35 : 42$
   d) $r : 54 = 2 : 9$

3. Un comptoir de crème glacée vend 5 cornets de crème glacée au chocolat pour 3 cornets de crème glacée à la vanille. Samedi dernier, le comptoir a vendu 30 cornets de crème glacée à la vanille. Combien de cornets de crème glacée au chocolat le comptoir a-t-il vendus ce jour-là ?

4. L'échelle d'une carte routière de l'Ontario est de 1 : 1 000 000. Sur la carte, la distance entre Toronto et Peterborough est de 12 cm. Quelle est la distance réelle entre ces villes ?

5. Détermine la vitesse moyenne de chaque montée. Laquelle est la plus rapide ?
   a) Le record du monde est de 10,75 s pour atteindre le sommet d'un mât de 24 m.
   b) Le record du monde est de 4,88 s pour atteindre le sommet d'un cocotier de 888 cm de hauteur.

6. Raj a payé 35,00 $ pour 4 m de tissu. Combien paierait-il pour 6,5 m du même tissu ?

7. Dans une classe de 8e année, 11 des 33 élèves avaient 14 ans à la fin de l'année scolaire. Les autres élèves avaient moins de 14 ans. Quel pourcentage des élèves avaient 14 ans ?

8. Quarante-six personnes se sont portées volontaires pour nettoyer un ravin. Environ 26 % de ces personnes étaient retraitées. Combien de ces personnes étaient retraitées ?

9. Hillary s'est acheté une tenue pour la remise des diplômes. Il y avait un rabais de 30 % sur le prix de la tenue. Hillary a économisé 36,00 $.
   a) Quel était le prix initial de la tenue ?
   b) Combien Hillary a-t-elle payé sa tenue, y compris la taxe de vente de 15 % ?

10. À Toronto, en 1968, le prix d'une maison neuve était de 25 000 $. En 2004, le prix de la même maison était de 400 000 $. Quel est le pourcentage d'augmentation du prix ?

11. Seulement 24 % des plants d'arbres mis en terre ont poussé. Trois cent soixante arbres ont poussé. Combien d'arbres a-t-on plantés ?

12. Le comité organisateur de la prochaine danse à l'école vend des billets à l'avance au prix de 4,00 $ chacun. Cela représente 80 % du prix d'un billet vendu à l'entrée. Quel est le prix d'un billet vendu à l'entrée ?

13. Amal emprunte 5000 $ à sa mère. Elle compte faire des versements mensuels pendant 3 ans pour rembourser son emprunt, y compris l'intérêt à un taux annuel de 4,5 %.
    a) Quelle somme Amal paiera-t-elle en intérêt simple ?
    b) À combien les versements mensuels d'Amal s'élèveront-ils ?
    c) Quelle somme Amal aura-t-elle payée à la fin des 3 ans ?

Module 3

1. Un solide est formé de 6 cubes emboîtables. Voici les vues de ce solide.

   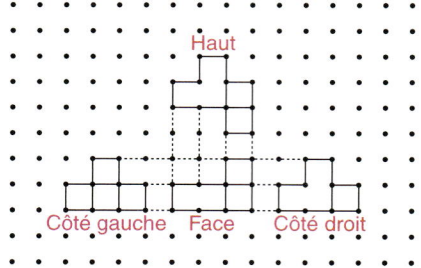

   a) Construis le solide avec des cubes emboîtables.
   b) Fais un schéma isométrique de ce solide.

2. Calcule l'aire de ce développement. Écris l'aire en mètres carrés et en centimètres carrés.

   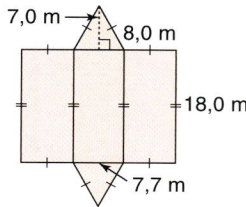

3. Calcule l'aire totale de chaque prisme. Au besoin, dessine d'abord un développement. Écris l'aire totale en centimètres carrés et en mètres carrés.
   a)

   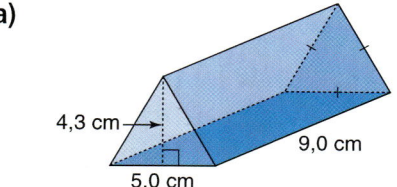

   b)

   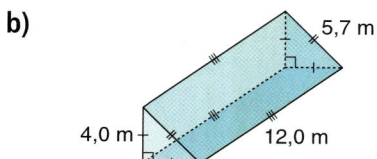

4. L'aire de la base et la hauteur de chaque prisme triangulaire sont indiquées. Détermine le volume de chaque prisme.

   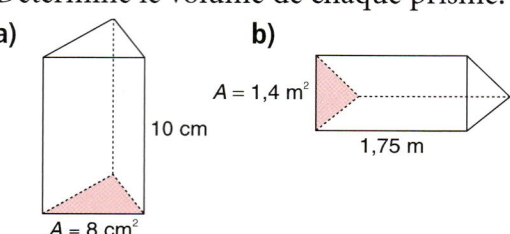

5. a) Dessine un prisme triangulaire à l'aide des mesures fournies. Ces mesures sont arrondies au nombre naturel le plus proche. Indique-les sur ton dessin.
   a, b et c sont les dimensions de chaque face triangulaire.
   h représente la hauteur de chaque face triangulaire de base b.
   L représente la longueur du prisme.
   $a = 14$ cm, $b = 34$ cm, $c = 22$ cm, $h = 6$ cm, $L = 24$ cm
   b) Calcule le volume de ce prisme.

6. Un cristal de verre a la forme d'un prisme hexagonal régulier. Quel est le volume de verre nécessaire pour fabriquer ce prisme?

   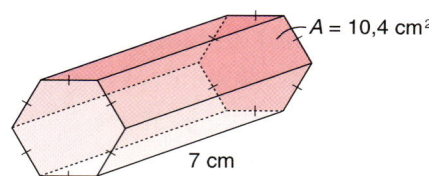

7. Dessine un prisme triangulaire dont le volume est de 20 cm³. Indique les dimensions que tu connais.

8. Le volume d'un prisme dont les bases sont des triangles rectangles isocèles est de 198 cm³. L'aire de chaque face triangulaire est de 18 cm². Trouve autant de mesures que possible des dimensions de ce prisme.

Module 4

1. Quand les mots croisés ont été inventés, les cases noires ne devaient pas occuper plus de $\frac{16}{100}$ de la grille.
   a) Examine les 3 grilles ci-dessous. Est-ce que chacune respecte cette règle ? Explique ta réponse.

   I)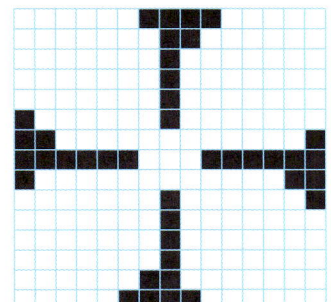

   II)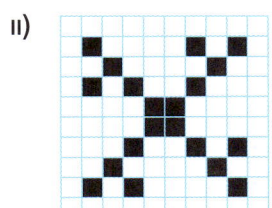

   III)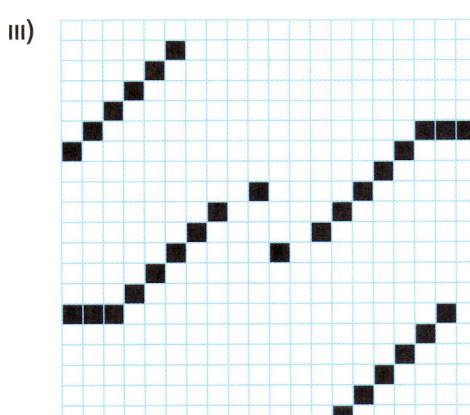

   b) Pour chaque grille, écris la fraction représentée par les cases noires. Place ces fractions par ordre croissant.

2. Une fraction est inscrite sur chaque côté de deux jetons. Toutes les fractions sont différentes. On lance les jetons en l'air et on additionne les fractions. Les sommes possibles sont : $1, 1\frac{1}{4}, \frac{7}{12}, \frac{5}{6}$.
   Quelles fractions sont inscrites sur les jetons ? Explique ta réponse.

3. Effectue ces additions et ces soustractions.
   a) $\frac{5}{3} + \frac{1}{6}$
   b) $\frac{1}{4} + \frac{4}{3}$
   c) $\frac{5}{9} - \frac{1}{3}$
   d) $\frac{3}{7} - \frac{1}{5}$
   e) $2\frac{2}{3} - 2\frac{1}{4}$
   f) $4\frac{1}{4} + 2\frac{1}{2}$

4. Effectue ces multiplications.
   a) $\frac{5}{6} \times \frac{5}{6}$
   b) $\frac{9}{4} \times \frac{8}{3}$
   c) $1\frac{1}{2} \times 2\frac{3}{4}$
   d) $3\frac{1}{5} \times 4\frac{1}{8}$

5. Effectue ces divisions.
   a) $\frac{5}{3} \div \frac{3}{4}$
   b) $\frac{5}{3} \div \frac{4}{3}$
   c) $1\frac{2}{3} \div 1\frac{1}{3}$
   d) $2\frac{1}{4} \div 3\frac{1}{2}$

6. Simplifie ces expressions.
   a) $\frac{9}{5} - \frac{2}{3}$
   b) $\frac{5}{2} + \frac{3}{4}$
   c) $\frac{9}{5} \times \frac{2}{3}$
   d) $\frac{5}{2} \div \frac{3}{4}$

7. Écris chaque nombre décimal en fraction.
   a) 0,75
   b) 0,375
   c) 0,1875
   d) 0,5625

8. Tu doubles le numérateur d'une fraction et tu réduis son dénominateur de moitié. La nouvelle fraction est-elle plus grande ou plus petite que la fraction initiale ? Explique ta réponse.

Module 5

1. Les données suivantes proviennent-elles d'un recensement ou d'un échantillon ? Explique comment tu le sais.
   a) On demande à tous les membres de la fonction publique leur mois de naissance.
   b) On demande à 30 nageuses et nageurs sur 90 leur marque de lunettes de natation préférée.

2. Les membres du comité des finissants de l'école veulent déterminer s'il faut créer une nouvelle couverture pour l'album des finissants. Ils interrogent leurs camarades pour connaître leur opinion.
   a) L'échantillon est-il biaisé ou fiable ? Explique ta réponse.
   b) Si la méthode d'échantillonnage est biaisée, comment peux-tu la modifier afin que les données recueillies représentent mieux la population ?

3. Marielle note le temps, en minutes, que les élèves de 8ᵉ année de son école prennent pour se rendre à l'école. Voici les résultats :
   12, 4, 10, 22, 53, 23, 34, 18, 15, 7, 16, 3, 19, 10, 45, 6, 28, 34, 47, 58, 6, 44, 1, 27, 30, 21, 2, 11, 41, 33, 5, 13, 18, 9, 23, 13, 24, 26, 8, 16, 20, 14, 31, 8, 10, 18, 14, 25, 3, 17, 26, 10
   a) Organise ces données. Explique ta méthode.
   b) Représente ces données dans un diagramme approprié. Explique ton choix.
   c) Qu'apprends-tu en examinant le diagramme ?
   d) Que peux-tu déduire de ces données ?

4. Ces données représentent la taille, en centimètres, de Karine et de Courtney depuis la naissance.

Âge	0	3	6	9	12
Taille de Karine (en cm)	65	90	118	134	160
Taille de Courtney (en cm)	55	85	112	130	153

   a) Représente ces données dans un diagramme.
   b) Quelles tendances vois-tu dans les données ? Comment le diagramme montre-t-il ces tendances ?
   c) Comment le diagramme peut-il servir à estimer :
      I) la taille de Karine à 5 ans ?
      II) la taille de Courtney à 15 ans ?
      Quelles suppositions fais-tu ?
   d) Le diagramme peut-il servir à prédire la taille de chaque fille à 25 ans ? Explique ta réponse.

5. Ce tableau indique le nombre moyen de naissances selon le jour de la semaine aux États-Unis en 2002.

Jour de la semaine	Nombre moyen de naissances
Dimanche	7 526
Lundi	11 453
Mardi	12 823
Mercredi	12 083
Jeudi	12 365
Vendredi	12 285
Samedi	8 573

   a) Arrondis les données à la centaine la plus proche.
   b) Représente ces données dans un diagramme circulaire.
   c) Quel est le pourcentage des naissances qui ont eu lieu :
      I) un vendredi ? II) la fin de semaine ?

Module 6

1. Transcris et remplis ce tableau.

	Rayon	Diamètre	Circonférence
a)	6 cm		
b)		4,2 m	
c)			78,5 cm
d)	71,3 mm		

2. Convertis chaque mesure de la question 1 en une unité différente.

3. Un couturier a fabriqué une nappe circulaire de 1 m de diamètre. Il désire coudre une frange autour de la nappe. La frange se vend au dixième de mètre.
   a) De quelle longueur de frange le couturier a-t-il besoin?
   b) Un mètre de frange coûte 4,70 $. Combien coûtera la frange de la nappe?

4. Une piscine circulaire est entourée d'un trottoir circulaire en béton.

   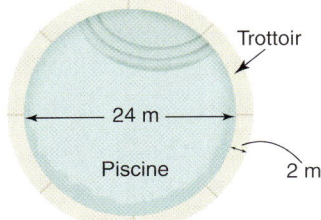

   a) Quelle est la circonférence de la piscine?
   b) Quel est le rayon combiné de la piscine et du trottoir?
   c) Quelle est la circonférence du trottoir?
   d) Quelle est l'aire de la piscine?
   e) Quelle est l'aire combinée de la piscine et du trottoir?
   f) Quelle est l'aire du trottoir?

5. Un tapis semi-circulaire mesure 60 cm de diamètre.

   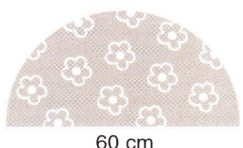

   Quelle est l'aire du tapis?

6. Une roulette est divisée en 8 secteurs congruents dont 6 sont jaunes et 2 sont verts. La roulette mesure 5 cm de rayon. Quelle est l'aire des secteurs jaunes?

7. Un tunnel cylindrique mesure 400 m de longueur et 2,3 m de rayon. Quelle est la capacité du tunnel? Donne ta réponse en litres.

8. Une tasse cylindrique mesure 7 cm de diamètre et 10 cm de hauteur. La tasse est à moitié pleine de thé. Quelle quantité de thé y a-t-il dans la tasse? Donne ta réponse en millilitres.

9. Lequel de ces deux cylindres a le plus grand volume?
   - un cylindre de 1 m de rayon et de 2 m de hauteur
   - un cylindre de 2 m de rayon et de 1 m de hauteur

   Comment peux-tu le déterminer sans une calculatrice? Explique ta réponse.

10. Un chauffe-eau est cylindrique. Son intérieur isolé permet de réduire les pertes de chaleur. L'intérieur mesure 1,5 m de hauteur et 65 cm de diamètre. Quelle est l'aire totale de l'intérieur du chauffe-eau? Donne ta réponse en deux unités carrées.

Module 7

1. Nomme chacun des angles décrits et indique sa mesure. Explique tes réponses.

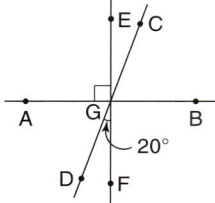

   a) L'angle opposé par le sommet à ∠EGC
   b) L'angle opposé par le sommet à ∠FGB
   c) Le supplément de ∠CGF
   d) Deux angles complémentaires à ∠AGD
   e) Deux angles supplémentaires à ∠DGF

2. Trouve la mesure de ∠Q et de ∠R. Explique comment tu le sais.

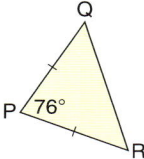

3. Trouve la mesure de chaque angle dont la mesure n'est pas indiquée. Montre ton travail.

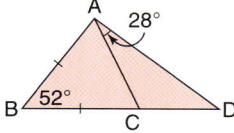

4. Trouve la mesure de ∠SPT et de ∠RPS. Explique ton raisonnement.

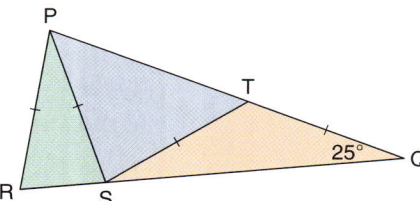

5. a) Un angle supplémentaire peut-il être aussi un angle complémentaire? Explique ta réponse.
   b) Un angle complémentaire peut-il être aussi un angle supplémentaire? Explique ta réponse.

6. Examine ce schéma.

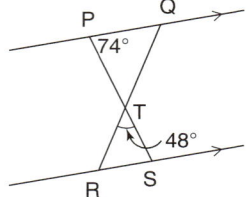

   a) Nomme deux segments de droite parallèles.
   b) Nomme deux sécantes.
   c) Nomme deux angles opposés par le sommet.
   d) Nomme deux paires d'angles alternes-internes.
   e) Trouve la mesure de ∠PTQ, de ∠TSR, de ∠TRS et de ∠PQT.

7. a) Trace un segment de droite AB de 10 cm. À l'aide d'un compas et d'une règle, construis la médiatrice de $\overline{AB}$.
   b) Trace un autre segment de droite AB. Utilise une méthode différente pour construire sa médiatrice.
   c) Comment peux-tu vérifier que tu as bien construit chaque médiatrice?

8. a) Trace un angle obtus et nomme-le ∠PQR. À l'aide d'un compas et d'une règle, construis la bissectrice de ∠PQR.
   b) Trace un angle aigu et nomme-le ∠CDE. Construis la bissectrice de ∠CDE à l'aide d'une méthode différente.
   c) Comment peux-tu vérifier que tu as bien construit chaque bissectrice?

Module 8

1. Reproduis chaque carré sur du papier quadrillé à 1 cm. Détermine l'aire, puis écris la longueur des côtés de chaque carré.
   a)   b)

2. Utilise du papier quadrillé à 1 cm.
   a) Trace un carré de 1 cm de côté. Quelle est l'aire de ce carré ? Trace une diagonale du carré. Détermine la longueur de la diagonale. Note tes mesures dans un tableau semblable au suivant.

Longueur des côtés du carré (en cm)	Aire du carré (en cm²)	Longueur de la diagonale (en cm)

   b) Refais la partie a) pour trois carrés qui ont les mesures de côté suivantes.
      I) 2 cm   II) 3 cm   III) 4 cm
   c) Quelles régularités vois-tu dans ton tableau ? À partir de ces régularités, prédis la longueur de la diagonale d'un carré de 7 cm de côté. Montre ton travail.

3. Estime chaque racine carrée. Explique comment tu as procédé.
   a) $\sqrt{57}$ b) $\sqrt{157}$ c) $\sqrt{257}$

4. À l'aide d'une calculatrice, trouve chaque racine carrée au millième le plus proche.
   a) $\sqrt{43}$ b) $\sqrt{1256}$ c) $\sqrt{2000}$

5. Examine la carte ci-dessous. Chaque carré mesure 10 km de côté. Quelle distance faut-il parcourir de plus pour se rendre de Belleville à Skene en voiture plutôt qu'en hélicoptère ?

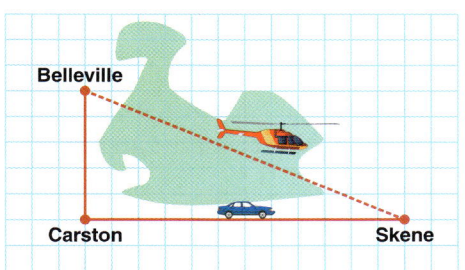

6. Dessine chaque triangle. Annote ton dessin. Puis trouve les longueurs indiquées.

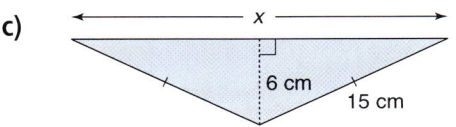

7. Une partie d'une clôture est faite de planches de 2 m de hauteur placées à intervalles réguliers. La planche posée en diagonale mesure 4 m de longueur.

Quelle est la longueur approximative de la clôture ? Explique ta réponse.

Module 9

1. Représente chaque situation par une addition, puis réponds à la question.
   a) À l'aube, il faisait -6 °C. La température a monté de 4 °C. Quelle est la température actuelle?
   b) Le compte bancaire de Mathieu est à découvert de 121 $. Il y dépose 83 $. Quel est le nouveau solde du compte?
   c) La valeur d'une action augmente de 15 $, puis baisse de 23 $. Quelle est la variation nette de la valeur de l'action?

2. Évalue ces expressions.
   a) $(-4) + (-6)$
   b) $(-2) - (+2)$
   c) $(+8) + (-3)$
   d) $(-9) - (-8)$
   e) $(-3) + (+1)$
   f) $(-3) + (-5)$

3. Évalue ces expressions.
   a) $10 - 6$
   b) $-16 + 9$
   c) $(+7) - (+3) - (+4)$
   d) $(-13) + (-4) - (+7)$
   e) $(-44) - (-9) + (+91)$
   f) $(-78) - (-42) + (+12)$

4. Au début de la semaine 1, une once d'or valait 535 $ CA. Voici les variations hebdomadaires du prix d'une once d'or.

Semaine 1	+5 $
Semaine 2	−8 $
Semaine 3	−3 $
Semaine 4	−11 $

   Combien valait une once d'or à la fin de la semaine 4? Montre ton travail.

5. En 2002, la température estivale moyenne à Shingle Point, au Yukon, était de $+12$ °C. La température hivernale moyenne était de -22 °C. Quelle est la différence entre ces températures?

6. Dans chaque paire, quelle expression donne le plus grand résultat? Peux-tu le savoir sans faire de calculs? Explique tes réponses.
   a) $(+8) + (-4)$ ou $8 + 4$
   b) $(-10) + (-7)$ ou $(-10) - (-7)$
   c) $(-2) + (-3)$ ou $(-2)(+3)$

7. Évalue ces expressions.
   a) $(-56) \div (-4)$
   b) $(-4) \times (-15)$
   c) $(-18) \times (+2)$
   d) $\frac{-125}{+5}$

8. Évalue ces expressions.
   a) $(+3) - (-2)(+6) \div (-3)$
   b) $(+3)(-2) + (+6)(-3)$

9. Utilise ces points: A$(-2, 3)$, B$(0, -1)$ et C$(4, -3)$.
   a) Intervertis les coordonnées. Dans quel quadrant se trouve chaque point maintenant? Dessine △ABC dans un plan cartésien.
   b) Quelle transformation modifie l'orientation du triangle? Explique ta réponse à l'aide d'un schéma.
   c) Après quelle transformation l'image du segment AC est-elle perpendiculaire à $\overline{AC}$? Explique ta réponse à l'aide d'un schéma.

Module 10

1. Simplifie ces expressions.
   a) $1 \times b$
   b) $a \times 0$
   c) $c + 0$
   d) $d \times 1$

2. Développe ces expressions.
   a) $2(4x + 8y + 6)$
   b) $3(6c + 15d + 9)$
   c) $5(4x + y + 3)$
   d) $7(3a + 5b + 4)$

3. Pour chaque expression algébrique, effectue les substitutions suivantes afin d'obtenir une suite numérique :
   $n = 1, 2, 3, 4, 5$ et 6.
   Décris chaque suite, puis indique la régularité.
   a) $2n$
   b) $2n + 1$
   c) $2n - 1$
   d) $2n + 3$

4. Voici une suite numérique : 2, 5, 8, 11, 14, …
   a) Décris cette suite à l'aide de mots. Indique la régularité.
   b) Note la suite dans un tableau. Représente graphiquement les données du tableau.
   c) Trouve le 15e terme de la suite.
   d) Écris une expression qui représente le n^e terme de la suite.
   e) À l'aide de l'expression en d), trouve le 75e terme de la suite.

5. Utilise l'information suivante :
   Location d'une allée de quilles : 75 $
   Location d'une paire de souliers de quilles : 3,00 $
   a) Rédige un problème que tu peux résoudre à l'aide d'une équation.
   b) Écris l'équation, puis résous ton problème.

6. Résous chaque équation. Vérifie tes solutions.
   a) $4x + 3 = 23$
   b) $7x = 56$
   c) $17 = 4x + 1$
   d) $3x - 5 = x + 3$

7. Écris une équation qui permet de répondre à chaque question. Résous l'équation et vérifie ta solution.
   a) Sept de plus que quatre fois un nombre égale 63. Quel est ce nombre ?
   b) Six de moins que cinq fois un nombre égale 29. Quel est ce nombre ?
   c) Dix de moins que le tiers d'un nombre égale 2. Quel est ce nombre ?
   d) Dix moins le tiers d'un nombre égale 1. Quel est ce nombre ?

8. Le prix du stationnement d'une voiture est de 5 $ la première heure et de 3 $ pour chaque demi-heure supplémentaire. Thomas a payé 14 $. Combien de temps sa voiture a-t-elle été stationnée ?
   a) Écris une équation qui permet de résoudre ce problème.
   b) Résous ton équation.
   c) Vérifie ta solution.
   d) Y a-t-il plus d'une réponse possible ? Explique ton raisonnement.

9. $3n + 5$ est le n^e terme d'une suite numérique. Trouve le numéro du terme dont la valeur est :
   a) 62 ;   b) 86 ;   c) 152.

Exercices supplémentaires

Module 11

1. Tu as un dé numéroté de 1 à 6. Tu le lances 90 fois. Prédis le nombre de fois où :
   a) tu obtiens un nombre impair ;
   b) tu obtiens un nombre plus grand que 2 ;
   c) tu n'obtiens pas 1.

2. Reproduis la droite numérique de la page 457. Inscris la lettre qui correspond à chaque événement sur la droite numérique, selon l'estimation la plus juste de sa probabilité.
   a) Un seau contient 8 balles de golf orange, 4 balles de golf vertes, 2 balles de golf blanches et 5 balles de golf bleues. Tu tires une balle au hasard. La balle est blanche.
   b) Il y aura de la neige en février à Timmins.
   c) Tu tires une carte d'un jeu de cartes sans regarder. La carte est un pique, un trèfle ou un carreau.
   d) Tu lis un roman en 2 jours.
   e) Une roulette a 16 secteurs congruents numérotés de 1 à 16. Tu fais tourner la flèche de la roulette. Elle s'arrête sur le 8.

3. a) Dresse la liste des événements de la question 2 dont tu peux calculer la probabilité.
   b) Explique pourquoi tu peux calculer la probabilité des événements mentionnés en a).
   c) Pourquoi ne peux-tu pas calculer la probabilité des autres événements ?

4. Un test à choix multiple comporte 5 questions et trois réponses suggérées pour chacune. Une ou un élève choisit au hasard les réponses aux questions.
   a) Décris une simulation qui pourrait servir à estimer le nombre de questions auxquelles l'élève répondra correctement.
   b) Effectue la simulation et note tes résultats.
   c) Compare tes résultats avec ceux d'une ou d'un camarade. Si vos résultats sont différents, explique pourquoi.

5. Durant la semaine de la Fierté scolaire, le conseil des élèves organise un jeu dans lequel il faut lancer des pièces de monnaie. Toutes les recettes seront versées à des oeuvres de bienfaisance. Il faut payer pour jouer. Chaque personne lance deux pièces de monnaie et gagne un prix quand les deux tombent sur le même côté. Chaque prix vaut 2,00 $. Le conseil des élèves peut-il s'attendre à faire des recettes ? Explique ta réponse.

6. Tu retires les 4 dames d'un jeu de cartes. Tu lances un dé numéroté de 1 à 6 et tu tires une des dames au hasard.
   a) Dresse la liste des résultats possibles à l'aide d'un diagramme en arbre.
   b) Quelle est la probabilité de tirer la dame de pique ?
   c) Quelle est la probabilité d'obtenir 6 et de tirer la dame de pique ?
   d) Quelle est la probabilité d'obtenir 2 ou 3 et de tirer la dame de pique ?

7. Une entraîneuse dit que son équipe de basket-ball a 3 chances contre 4 de gagner. Selon un membre de l'équipe, la probabilité que l'équipe perde est donc de 25 %. Cette personne a-t-elle raison ? Explique ta réponse.

Va plus loin

1. Ton tiroir de chaussettes contient 12 chaussettes noires, 18 chaussettes bleues et 10 chaussettes blanches. Tu essaies de trouver deux chaussettes d'une même paire dans l'obscurité. Combien de chaussettes devras-tu sortir du tiroir pour avoir deux chaussettes de la même couleur ?

2. À l'aide de huit 8 et d'une seule opération, écris une expression égale à 0.

3. Reproduis ce schéma. Comment peux-tu obtenir 3 carrés en retirant 8 segments de droite ?

4. Reproduis la grille ci-dessous. Place quatre 1, quatre 2, quatre 3 et quatre 4 dans les cases pour que la somme de chaque rangée, de chaque colonne et de chaque grande diagonale soit 10.

5. Trouve un nombre à 2 chiffres égal à 3 fois la somme de ses chiffres.

6. À l'aide de six 7 et de la multiplication, écris une expression dont le produit est plus grand que 30 et plus petit que 3000.

7. Il y a des mois qui, comme mars, comptent 31 jours. D'autres mois, comme avril, ont 30 jours. Combien de mois comptent 28 jours ?

8. Reproduis cette figure sur du papier quadrillé. Combien y a-t-il de carrés dans la figure ?

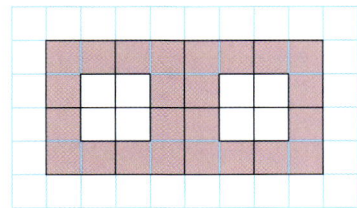

9. Pourquoi est-il impossible de faire sécher une feuille d'arbre entre les pages 121 et 122 de la plupart des atlas ?

10. Une bouteille de lotion après-rasage coûte 45 $. La lotion coûte 40 $ de plus que la bouteille vide. Quel est le coût de la bouteille ?

11. De combien de façons peux-tu disposer une bille rouge, une bille verte, une bille orange et une bille noire sur une ligne ?

12. Divise 40 par $\frac{1}{2}$. Additionne 10 au quotient. Quel est le résultat ?

13. La somme des âges de Normand et de sa fille Daria est 55. Si tu intervertis les chiffres de l'âge de Normand, tu obtiens l'âge de Daria. Quel âge a Normand ? Quel âge a Daria ?

14. Utilise les nombres 2, 5, 8 et 9, ainsi que les opérations et les parenthèses de ton choix. Utilise chaque nombre une seule fois. Écris une expression qui est égale à 19.

15. Un nombre est parfait lorsque la somme de ses facteurs (sauf le nombre lui-même) est égale au nombre. Le premier nombre parfait est 6, car la somme de ses facteurs, 1, 2 et 3, est 6. Quel est le nombre parfait suivant ?

Va plus loin

16. Fasil a trois enfants. L'âge moyen des enfants est de 11 ans. Leur âge médian est de 10 ans. L'enfant le plus âgé a 15 ans. Quel est l'âge du plus jeune enfant?

17. Le sac A contient 3 billes rouges et 2 billes jaunes. Le sac B contient 2 billes rouges et 1 bille jaune. Pour gagner un prix, tu dois fermer les yeux et tirer une bille rouge de l'un des sacs. Quel sac offre de meilleures chances de gagner le prix? Explique ta réponse.

18. Combien de nombres naturels peux-tu former avec les chiffres 3, 6 et 8? Chaque nombre naturel peut avoir 1, 2 ou 3 chiffres, mais les chiffres ne peuvent pas se répéter dans un même nombre.

19. Place les nombres de 0 à 9 en 3 groupes. La somme des nombres de chaque groupe doit être la même.

20. De la fenêtre de mon appartement, je regarde le parc. J'y vois des gens et des chiens. Je compte 22 têtes et 68 jambes ou pattes. Combien de chiens y a-t-il dans le parc?

21. Il y a six personnes dans une pièce. Chaque personne sert la main des autres personnes. Combien de poignées de main cela fait-il?

22. Deux filles ont un nombre différent de cartes de base-ball. Sara dit: « Si tu me donnes 5 cartes, j'en aurai autant que toi. » Marissa dit: « Si tu me donnes 5 cartes, j'en aurai deux fois plus que toi. » Combien de cartes chaque fille a-t-elle?

23. Voici 6 segments de droite verticaux. Reproduis ces segments. Trace sept autres segments de droite pour former le mot « NEUF ».

24. Trouve 4 nombres impairs consécutifs dont la somme est 120.

25. Inscris les chiffres 1, 2, 3, 4, 5, 6, 7 et 8 dans ces huit cases, un par case. Il ne doit y avoir aucun nombre consécutif dans des cases adjacentes, que ce soit horizontalement, verticalement ou diagonalement.

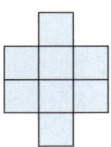

26. Trouve le prochain terme de chaque suite numérique. Indique la régularité.
   a) 92, 74, 46, 22, 18, …
   b) 77, 49, 36, 18, …
   c) 6, 9, 18, 21, 42, 45, …
   Quelles suites ne se prolongent pas à l'infini? Pourquoi?

27. Un chauffeur de taxi prend un passager à un hôtel du centre-ville de Toronto. Le passager veut se rendre à l'aéroport Pearson. En raison de la circulation dense, la vitesse moyenne est basse, et le déplacement dure 80 min. À l'aéroport, le chauffeur de taxi prend une passagère, qui veut se rendre à l'hôtel où le premier passager était monté à bord. Le chauffeur suit le même trajet et conduit à la même vitesse moyenne. Cette fois, il lui faut 1 h 20 min pour se rendre à destination. Pourquoi?

Glossaire illustré

Légende	adj. : adjectif	f. : féminin	m. : masculin	pl. : pluriel	v. : verbe

Aire (f.) : Le nombre d'unités carrées nécessaires pour couvrir une surface ou une région.

Aire totale (f.) : L'aire de toutes les surfaces d'une figure ou d'un solide.

Angle (m.) : Une figure formée par deux segments de droite qui partent d'un même point.

Angle aigu (m.) : Un angle qui mesure moins de 90°.

Angle droit (m.) : Un angle qui mesure 90°.

Angle obtus (m.) : Un angle qui mesure plus de 90° et moins de 180°.

Angle plat (m.) : Un angle qui mesure 180°.

Angle rentrant (m.) : Un angle qui mesure plus de 180° et moins de 360°.

Angles alternes-internes (m. pl.) : Des angles qui se trouvent entre deux droites, mais sur des côtés opposés de la sécante qui coupe ces deux droites.
a et c sont des angles alternes-internes.
d et b sont des angles alternes-internes.

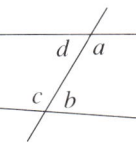

Angles complémentaires (m. pl.) : Deux angles dont la somme est de 90°.

Angles correspondants (m. pl.) : Des angles qui se trouvent du même côté d'une sécante qui coupe deux droites et du même côté de chaque droite.
Les angles f et b, a et g, e et c, d et h sont des angles correspondants.

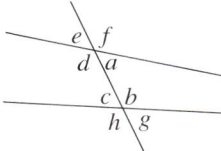

Angles internes (m. pl.) : Des angles qui se trouvent entre deux droites et du même côté de la sécante qui coupe les deux droites.
a et b sont des angles internes.
c et d sont des angles internes.

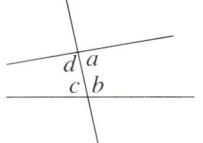

Angles opposés par le sommet (m. pl.) : Les angles congrus que forment deux droites sécantes.

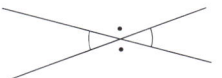

Angles supplémentaires (m. pl.) : Deux angles dont la somme est de 180°.

Approximatif (adj.) : Se dit d'un nombre dont la valeur est près de la valeur exacte d'une expression ; le symbole ≈ signifie « est à peu près égal à ».

Axe de symétrie (m.) : Voir *Symétrie axiale*.

Axe des x (m.) : La droite numérique horizontale d'un plan cartésien.

Axe des y (m.) : La droite numérique verticale d'un plan cartésien.

Axe horizontal (m.) : Voir *Axe des* x.

Axe vertical (m.) : Voir *Axe des* y.

Axes des coordonnées (m. pl.) : Les axes horizontal et vertical d'un plan cartésien.

Base (f.) : La face d'un solide ou le côté d'un polygone à partir duquel on mesure la hauteur (géométrie) ; le facteur répété dans une puissance (numération).

Base de données (f.) : Un ensemble organisé de faits ou d'éléments d'information, généralement enregistré dans un ordinateur.

Biais (m.) : Le fait de mettre l'accent sur des caractéristiques qui ne sont pas représentatives de la population entière.

Bidimensionnel (adj.) : Se dit d'une figure qui a deux dimensions (une longueur et une largeur), mais qui n'a pas d'épaisseur, de hauteur ou de profondeur.

Bissectrice (f.) : Une droite qui divise un angle en deux angles congrus.

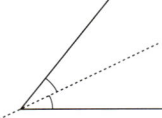

Capacité (f.) : La quantité de substance qu'un récipient peut contenir.

Capital (m.) : Une somme d'argent empruntée ou placée.

Carré (m.) : Un rectangle dont les 4 côtés sont congrus.

Carré magique (m.) : Un carré de nombres dans lequel la somme de chaque rangée, colonne ou diagonale est la même.

Carré parfait (m.) : Un nombre qui est le carré d'un nombre entier ; par exemple, 16 est un carré parfait parce que $16 = 4^2$.

Centre du cercle circonscrit (m.) : Le point où les médiatrices des côtés d'un triangle se coupent ; voir aussi *Cercle circonscrit*.

Cercle circonscrit (m.) : Un cercle qui passe par tous les sommets d'un triangle ou de tout autre polygone.

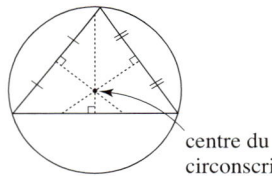

centre du cercle circonscrit

Cerf-volant (m.) : Un quadrilatère qui a deux paires de côtés adjacents congrus.

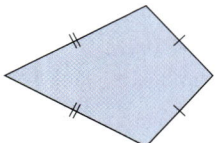

Chances (f. pl.) : La possibilité qu'un événement se produise plutôt qu'un autre.

Charpente (f.) : Un assemblage ou un dessin qui ne représente que les arêtes et les sommets d'un solide.

Chiffre (m.) : Chacun des symboles utilisés pour écrire des nombres ; par exemple, dans le système de base dix, les chiffres sont 0, 1, 2, 3, 4, 5, 6, 7, 8 et 9.

Circonférence (f.) : La longueur d'un cercle, aussi appelée « périmètre du cercle ».

Commission (f.) : Le pourcentage payé à une vendeuse ou à un vendeur, calculé d'après le montant de la vente.

Cône (m.) : Un solide formé par une courbe plane fermée et tous les segments de droite reliant les points du contour de cette courbe à un point situé à l'extérieur de celle-ci.

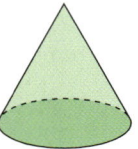

Congruent (adj.) : Se dit de figures de taille et de forme identiques, mais qui n'ont pas nécessairement la même orientation.

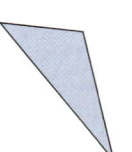 

Coordonnées (f. pl.) : Les nombres d'une paire ordonnée qui indiquent la position d'un point dans un plan cartésien ; voir aussi *Paire ordonnée*.

Couple (m.) : Voir *Paire ordonnée*.

Cube (m.) : Un solide qui a 6 faces carrées et congruentes.

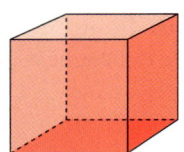

Cylindre (m.) : Un solide qui a deux bases circulaires, congruentes et parallèles (*voir page 253*).

Dallage (m.) : Une suite de figures qui recouvre un plan sans chevauchements ni espaces.

Déduction (f.) : Une conclusion tirée de données.

Dénominateur (m.) : Le nombre du bas dans une fraction.

Dénominateur commun (m.) : Un nombre qui est un multiple de chacun des dénominateurs donnés : 12 est un dénominateur commun de $\frac{1}{3}, \frac{5}{4}$ et $\frac{7}{12}$.

Dessin à l'échelle (m.) : Un dessin dans lequel les longueurs sont réduites ou agrandies par rapport aux longueurs réelles.

Développement (m.) : Une représentation qu'il est possible de plier pour former un solide.

Diagonale (f.) : Un segment de droite qui relie deux sommets d'une figure, mais qui n'est pas un côté.

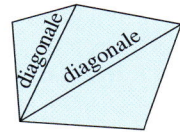

Diagramme à bandes (m.) : Un diagramme qui représente des données dénombrables à l'aide de bandes horizontales ou verticales (*voir page 195*).

Diagramme à bandes doubles (m.) : Un diagramme à bandes qui représente deux ensembles de données.

Diagramme à ligne brisée (m.) : Un diagramme qui représente des données qui varient dans le temps à l'aide de points reliés par des segments de droite (*voir page 185*).

Diagramme à tiges et à feuilles (m.) : Un diagramme qui représente les données à l'aide de tiges et de feuilles. Quand les données sont des nombres à 3 chiffres, on y représente les chiffres des centaines et des dizaines par des tiges, et les chiffres des unités par des feuilles (*voir page 217*).

Diagramme circulaire (m.) : Un diagramme qui représente les données à l'aide de secteurs dans un cercle.

Diagramme en arbre (m.) : Un diagramme qui ressemble aux racines ou aux branches d'un arbre et qui sert à compter des résultats (*voir page 462*).

Diamètre (m.) : Le segment de droite qui relie deux points du contour d'un cercle en passant par son centre (*voir page 240*).

Dimensions (f. pl.) : Des mesures telles que la longueur, la largeur et la hauteur.

Distributivité (f.) : La propriété de la multiplication qui permet d'écrire un produit en somme de deux produits ; par exemple, $8(2 + 4) = 8 \times 2 + 8 \times 4$.

Donnée (f.) : Un fait ou un élément d'information.

Données primaires (f. pl.) : Des données recueillies par la personne qui les utilise ; des données qui proviennent directement de la source.

Données secondaires (f. pl.) : Des données qui n'ont pas été recueillies par la personne qui les utilise, mais par d'autres ; des données trouvées dans une bibliothèque ou dans Internet ; des données qui ne proviennent pas directement de la source.

Droites parallèles (f. pl.) : Des droites situées dans le même plan et qui ne se coupent jamais.

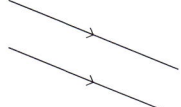

Droites perpendiculaires (f. pl.) : Des droites qui se coupent à un angle de 90°.

Droites sécantes (f. pl.) : Des droites qui se coupent, qui ont un point commun.

Échantillon (m.) : Un groupe représentatif d'une population.

Échelle (f.) : Le rapport entre la distance entre deux points sur une carte, un modèle ou un schéma et la distance réelle sur le terrain ; les nombres sur les axes d'un diagramme.

Équation (f.) : Un énoncé mathématique avec au moins une variable qui indique que deux expressions sont égales.

Équivalent (adj.) : Qui a la même valeur ; par exemple, $\frac{2}{3}$ et $\frac{6}{9}$ sont des fractions équivalentes ; 2 : 3 et 6 : 9 sont des rapports équivalents.

Estimation (f.) : Une prédiction de la valeur exacte, sans effectuer de calcul.

Étendue (f.) : La différence entre le plus grand et le plus petit nombre dans un ensemble de données.

Évaluer (v.) : Trouver la valeur d'une expression en substituant un nombre à chaque variable ; trouver une réponse.

Événement (m.) : Tout ensemble de résultats d'une expérience.

Exposant (m.) : Un nombre en petit caractère situé en haut à droite d'un autre nombre, qui indique combien de fois ce nombre est multiplié par lui-même ; par exemple, 2 est l'exposant de 6 dans 6^2.

Expression (f.) : Un énoncé mathématique formé de variables ou de nombres reliés par des opérations.

Expression algébrique (f.) : Un énoncé mathématique qui contient une variable ; par exemple, $6x - 4$.

Facteur commun (m.) : Un nombre qui est un facteur de chacun des nombres donnés ; par exemple, 3 est un facteur commun de 15, 9 et 21.

Factoriser (v.) : Décomposer en facteurs ; écrire un nombre comme un produit ; par exemple, $20 = 2 \times 2 \times 5$.

Figures semblables (f. pl.) : Des figures qui ont la même forme, mais pas nécessairement la même taille.

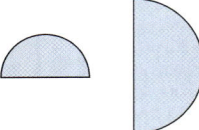

Forme développée d'un nombre (f.) : La représentation d'un nombre sous forme d'une somme ou d'un produit ; par exemple, $3297 = 3 \times 10^3 + 2 \times 10^2 + 9 \times 10 + 7$.

Formule (f.) : Une équation qui représente une règle.

Fraction (f.) : Un quotient de deux quantités.

Fraction impropre (f.) : Une fraction dont le numérateur est plus grand que le dénominateur ; par exemple, $\frac{6}{5}$ et $\frac{5}{3}$.

Fraction propre (f.) : Une fraction dont le numérateur est plus petit que le dénominateur ; par exemple, $\frac{5}{6}$.

Fraction unitaire (f.) : Une fraction qui a 1 comme numérateur.

Fréquence (f.) : Le nombre de fois qu'un nombre particulier apparaît dans un ensemble de données.

Fréquence relative (f.) : Le nombre de fois qu'un résultat particulier se présente, écrit sous forme d'une fraction du nombre total d'expériences.

Groupement (m.) : Un ensemble d'objets disposés en rangées et en colonnes.

Hexagone (m.) : Un polygone qui a 6 côtés.

Hexagone régulier (m.) : Un polygone dont les 6 côtés et les 6 angles sont congrus.

Histogramme (m.) : Un diagramme à bandes verticales qui représente des données continues et où la hauteur de chaque bande est proportionnelle à la fréquence (*voir page 218*).

Hypoténuse (f.) : Le côté opposé à l'angle droit dans un triangle rectangle.

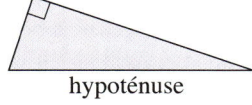
hypoténuse

Image (f.) : La figure qui est le résultat d'une transformation géométrique.

Inégalité (f.) : Un énoncé mathématique dans lequel une quantité est plus grande que (>) l'autre, supérieure ou égale à (≥) l'autre, plus petite que (<) l'autre ou inférieure ou égale à (≤) l'autre.

Intérêt (m.) : Le montant qu'on paie sur une somme d'argent empruntée.

Intérêt simple (m.) : L'intérêt calculé à la fin de la durée d'emprunt ou de placement d'une somme ; la formule du calcul de l'intérêt simple est : $I = Ctd$, où C est le capital, t est le taux d'intérêt annuel en nombre décimal et d est la durée en années.

Inverses (m. pl.) : Deux nombres dont le produit est 1 ; par exemple, $\frac{2}{3}$ et $\frac{3}{2}$.

Losange (m.) : Un parallélogramme qui a 4 côtés congrus.

Médiane (f.) : Le nombre central d'un ensemble de données quand celles-ci sont en ordre numérique ; s'il y a un nombre pair de données, la médiane est la moyenne des deux nombres centraux.

Médiatrice (f.) : Une droite perpendiculaire à un segment de droite et qui le divise en deux parties congrues.

Mesure de tendance centrale (f.) : Un nombre qui représente un ensemble de nombres ; voir aussi *Moyenne*, *Médiane* et *Mode*.

Mise en facteurs premiers (f.) : L'expression d'un nombre composé par le produit de ses facteurs premiers ; par exemple, $2 \times 2 \times 3 \times 3$ est la mise en facteurs premiers de 36.

Mode (m.) : Le nombre qui apparaît le plus souvent dans un ensemble de nombres.

Moyenne (f.) : La somme des nombres d'un ensemble divisée par le nombre de nombres de cet ensemble.

Multiple (m.) : Le produit d'un nombre donné et d'un nombre naturel ; par exemple, 8, 16 et 24 sont des multiples de 8.

Nombre carré (m.) : Le produit d'un nombre multiplié par lui-même ; par exemple, 25 est le carré de 5.

Nombre composé (m.) : Un nombre qui a trois facteurs ou plus ; par exemple, 8 est un nombre composé, car ses facteurs sont 1, 2, 4 et 8.

Nombre cubique (m.) : La valeur d'une puissance avec l'exposant 3 ; par exemple, 8 est un nombre cubique parce que $8 = 2^3$.

Nombre décimal (m.) : Un nombre à virgule qui a un nombre donné de chiffres après la virgule ; par exemple, $\frac{1}{8} = 0{,}125$.

Nombre fractionnaire (m.) : Un nombre qui est formé d'un nombre naturel et d'une fraction ; par exemple, $1\frac{1}{18}$.

Nombre impair (m.) : Un nombre qui n'a pas 2 comme facteur ; par exemple, 1, 3 et 7.

Nombre irrationnel (m.) : Un nombre qui n'est ni décimal ni un nombre périodique ; par exemple, π.

Nombre négatif (m.) : Un nombre plus petit que 0.

Nombre pair (m.) : Un nombre qui a 2 comme facteur ; par exemple, 2, 4 et 6.

Nombre périodique (m.) : Un nombre à virgule qui a une partie répétitive. Il y a un tiret au-dessus des chiffres qui se répètent ; par exemple, $\frac{1}{11} = 0,\overline{09}$.

Nombre positif (m.) : Un nombre plus grand que 0.

Nombre premier (m.) : Un nombre naturel qui a exactement deux facteurs, soit lui-même et 1 ; par exemple, 2, 3, 5, 7, 11 et 29.

Nombres consécutifs (m. pl.) : Des nombres entiers qui viennent l'un après l'autre ; par exemple, 34, 35 et 36, ainsi que -2, -1, 0 et 1, sont des nombres consécutifs.

Nombres entiers (m. pl.) : L'ensemble des nombres $[\ldots, -3, -2, -1, 0, 1, 2, 3, \ldots]$.

Nombres entiers opposés (m. pl.) : Deux nombres entiers dont la somme est 0 ; par exemple, $+3$ et -3.

Nombres naturels (m. pl.) : L'ensemble des nombres $[0, 1, 2, 3, \ldots]$.

Notation périodique (f.) : L'ajout d'un tiret au-dessus d'un ou de plusieurs chiffres d'un nombre à virgule pour indiquer qu'ils se répètent ; par exemple, $1,\overline{34}$ signifie $1,343434\ldots$

Notation scientifique (f.) : L'expression d'un nombre en produit d'un nombre égal ou supérieur à 1 et inférieur à 10 et d'une puissance de 10 ; par exemple, 4500 s'écrit $4,5 \times 10^3$.

Nuage de points (m.) : Un diagramme qui montre une relation entre deux variables à l'aide d'un ensemble de points dans un plan cartésien.

Numérateur (m.) : Le nombre du haut dans une fraction.

Octaèdre (m.) : Un polyèdre qui a 8 faces.

Octaèdre régulier (m.) : Un polyèdre régulier qui a 8 faces congruentes et dont chaque face est un triangle équilatéral.

Octogone (m.) : Un polygone qui a 8 côtés.

Octogone régulier (m.) : Un polygone dont les 8 côtés et les 8 angles sont congrus.

Opération (f.) : Un processus ou une action mathématique comme une addition, une soustraction, une multiplication ou une division.

Opération inverse (f.) : Une opération qui en annule une autre. Par exemple, la soustraction et l'addition de nombres réels sont des opérations inverses.

Origine (f.) : Le point où l'axe des abscisses et l'axe des ordonnées se coupent.

Paire nulle (f.) : Ensemble formé de deux nombres opposés dont la somme est 0.

Paire ordonnée (f.) : Deux nombres écrits dans un ordre précis, par exemple, (2, 4). Dans un plan cartésien, le premier nombre correspond à l'abscisse d'un point, et le second, à l'ordonnée du point.

Parallélogramme (m.) : Un quadrilatère qui a deux paires de côtés opposés parallèles.

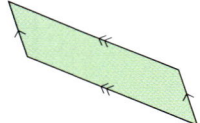

Pentagone (m.) : Un polygone qui a 5 côtés.

Périmètre (m.) : La distance autour d'une figure fermée.

Plan cartésien (m.) : Un plan muni de deux axes perpendiculaires, l'axe horizontal des x (abscisses) et l'axe vertical des y (ordonnées).

Plus grand facteur commun (PGFC) (m.) : Le plus grand nombre qui divise chaque nombre d'un ensemble ; par exemple, 5 est le plus grand facteur commun de 10 et de 15.

Plus petit multiple commun (PPMC) (m.) : Le plus petit multiple qui est le même pour deux nombres ; par exemple, le plus petit multiple commun de 12 et de 21 est 84.

Point milieu (m.) : Le point qui divise un segment de droite en deux parties égales.

Polyèdre (m.) : Un solide dont les faces sont des polygones.

Polyèdre régulier (m.) : Un solide dont les faces sont des polygones réguliers congruents ; le même nombre d'arêtes se coupent à chaque sommet.

Polygone (m.) : Une figure fermée faite de segments de droite ; par exemple, les triangles et les quadrilatères.

Polygone concave (m.) : Une figure qui a au moins un angle plus grand que 180°.

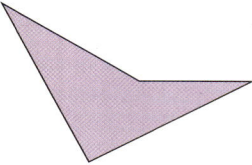

Polygone convexe (m.) : Une figure dont tous les angles sont plus petits que 180°.

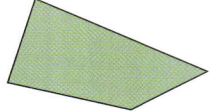

Polygone régulier (m.) : Un polygone dont tous les côtés et tous les angles sont congrus.

Population (f.) : L'ensemble des personnes ou des objets étudiés.

Pourcentage (m.) : Le nombre de parties sur 100 ; le numérateur d'une fraction qui a 100 comme dénominateur.

Prédiction (f.) : Un énoncé qui indique ce qui se produira, selon toi.

Priorité des opérations (f.) : Les règles à suivre pour simplifier ou évaluer une expression.

Prisme (m.) : Un solide qui a deux faces congruentes et parallèles (*bases*) et d'autres faces qui sont des parallélogrammes ; le nom d'un prisme est donné par la forme de la base.

Prisme rectangulaire (m.) : Un prisme qui a des faces rectangulaires.

Prisme triangulaire (m.) : Un prisme qui a deux faces triangulaires congruentes et trois faces rectangulaires (*voir page 112*).

Prix unitaire (m.) : Le prix d'un article ou le prix d'une masse ou d'un volume donnés d'un article.

Probabilité (f.) : La possibilité d'obtenir un résultat particulier.

Probabilité expérimentale (f.) : La probabilité d'un événement calculée à partir des résultats expérimentaux ; synonyme de *fréquence relative* d'un résultat.

Probabilité théorique (f.) : Le rapport entre le nombre de résultats favorables et le nombre de résultats possibles d'une expérience ou d'un événement dont les résultats sont également probables.

Produit (m.) : Le résultat de la multiplication.

Proportion (f.) : Une égalité entre deux rapports ; par exemple, $r:24 = 3:4$.

Puissance (f.) : L'expression du produit de facteurs égaux ; par exemple, tu peux exprimer $4 \times 4 \times 4$ par 4^3, où 4 est la base et 3 est l'exposant.

Pyramide (f.) : Un solide dont une face est un polygone (*base*) et les autres faces sont des triangles qui ont un sommet commun.

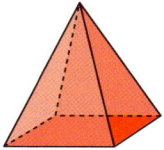

Pyramide à base rectangulaire (f.) : Un solide dont une face est un rectangle (*base*) et les autres faces sont des triangles qui ont un sommet commun.

Quadrant (m.) : Une des quatre régions formées quand des axes de coordonnées divisent un plan (*voir page 394*).

Quadrilatère (m.) : Un polygone qui a 4 côtés.

Quotient (m.) : Le résultat de la division d'un nombre par autre.

Rabais (m.) : Un montant qui correspond à la diminution accordée sur un prix de vente.

Racine carrée (f.) : Un nombre qui produit un résultat donné lorsqu'il est multiplié par lui-même ; par exemple, 5 est la racine carrée de 25.

Rapport (m.) : Une comparaison entre deux ou plusieurs quantités de même nature.

Rayon (m.) : Le segment de droite qui relie le centre d'un cercle et un point quelconque de sa circonférence (*voir page 240*).

Recensement (m.) : Une méthode de collecte de données qui consiste à mener un sondage auprès de l'ensemble de la population.

Rectangle (m.) : Un quadrilatère qui a quatre angles droits.

Réduire à sa plus simple expression (v.) : Diviser les termes d'un rapport par leur plus grand facteur commun. Les termes d'un rapport réduit à sa plus simple expression (forme irréductible) n'ont pas de facteurs communs autres que 1.

Réflexion (f.) : Une transformation géométrique qui consiste à rabattre une figure par rapport à un axe de réflexion et qui permet d'obtenir une image congruente.

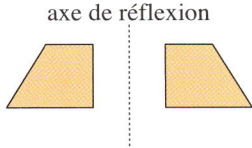

Résultat (m.) : Le dénouement possible d'une expérience ou la réponse possible à une question de sondage.

Rotation (f.) : Une transformation géométrique qui consiste à faire tourner une figure autour d'un centre de rotation.

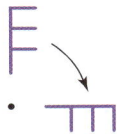

Schéma isométrique (m.) : Une représentation d'un objet qui montre ses trois dimensions.

Schéma tridimensionnel (m.) : Un dessin en deux dimensions qui montre les trois dimensions d'un objet.

Sécante (f.) : Une droite qui coupe deux ou plusieurs droites.

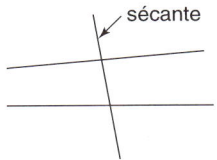

Segment de droite (m.) : La partie d'une droite située entre deux points sur cette droite.

Simulation (f.) : Une expérience qui sert à reproduire une situation réelle afin d'estimer la probabilité d'un événement.

Sommet (m.) : Le point de rencontre de deux côtés d'une figure ou de plusieurs arêtes d'un solide.

Sondage fiable (m.) : Un sondage dont les résultats peuvent être reproduits par un autre sondage.

Sondage valable (m.) : Un sondage dont les résultats représentent bien la population étudiée.

Statistique (f.) : Une branche des mathématiques qui traite de la collecte, de l'organisation et de l'interprétation des données.

Supposition (f.) : Un énoncé accepté comme vrai, mais qui n'a pas été prouvé.

Symétrie axiale (f.) : La propriété d'une figure qui se divise en 2 parties congruentes, de façon qu'une partie corresponde à l'autre quand on plie la figure le long de son axe de symétrie. L'axe de symétrie l divise ici la figure ABCD en 2 parties congruentes.

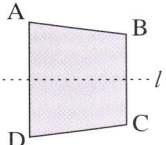

Symétrie de rotation (f.) : La propriété d'une figure qui coïncide avec elle-même après une rotation de moins d'un tour complet. Par exemple, un carré a une symétrie de rotation d'ordre 4 autour de son centre O.

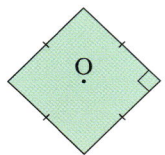

Symétrique (adj.) : Se dit d'une figure qui possède une symétrie ; voir aussi *Axe de symétrie, Symétrie axiale* et *Symétrie de rotation*.

Tableur (m.) : Un logiciel qui permet de manipuler des données structurées en rangées et en colonnes ; le changement d'une valeur fait varier les autres valeurs selon les formules de calculs établies.

Taux (m.) : Une comparaison de quantités mesurées à l'aide d'unités différentes.

Taux unitaire (m.) : La quantité associée à une seule unité d'une autre quantité ; par exemple, 6 m en 1 s est un taux unitaire (6 m/s).

Tétraèdre (m.) : Un solide qui a quatre faces triangulaires ; un synonyme de « pyramide à base triangulaire » (*voir page 464*).

Théorème de Pythagore (m.) : La règle selon laquelle, dans un triangle rectangle, le carré de l'hypoténuse est égal à la somme des carrés des deux autres côtés.

Transformation (f.) : Une translation, une rotation ou une réflexion.

Translation (f.) : Une transformation géométrique qui consiste à faire glisser un point ou une figure en ligne droite vers une autre position dans un même plan.

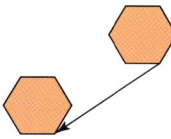

Trapèze (m.) : Un quadrilatère qui a au moins une paire de côtés parallèles.

Triangle (m.) : Un polygone qui a trois côtés.

Triangle acutangle (m.) : Un triangle qui a trois angles aigus.

Triangle acutangle isocèle (m.) : Un triangle qui a deux côtés congrus et dont tous les angles mesurent moins de 90°.

Triangle équilatéral (m.) : Un triangle dont tous les côtés sont égaux.

Triangle isocèle (m.) : Un triangle qui a deux côtés congrus.

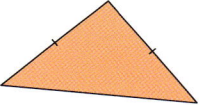

Triangle obtusangle (m.) : Un triangle qui a un angle plus grand que 90°.

Triangle obtusangle isocèle (m.) : Un triangle qui a deux côtés congrus et un angle plus grand que 90°.

Triangle rectangle (m.) : Un triangle qui a un angle droit.

Triangle rectangle isocèle (m.) : Un triangle qui a deux côtés congrus et un angle de 90°.

Triangle scalène (m.) : Un triangle dont tous les côtés sont de longueurs différentes.

Tridimensionnel (adj.) : Se dit d'un objet qui a une longueur, une largeur et une profondeur ou une hauteur.

Triplet de Pythagore (m.) : Dans un triangle rectangle, l'ensemble des longueurs des côtés exprimées par des nombres naturels.

Unité cube (f.) : Une unité de volume.

Valeur aberrante (f.) : Un nombre qui s'écarte nettement des autres nombres dans un ensemble de données.

Variable (f.) : Une lettre ou un symbole qui représente une quantité qui peut varier.

Volume (m.) : L'espace occupé par un objet.

Index

A

aire
　d'un carré, 100, 322, 325–327, 355
　d'un cercle, 247–249
　d'un parallélogramme, 248
　d'un rectangle, 113
　d'un triangle, 99, 100, 322
aire totale
　d'un cube, 98
　d'un cylindre, 258, 259, 261
　d'un prisme hexagonal, 352, 353
　d'un prisme rectangulaire, 97, 98
　d'un prisme triangulaire, 112–114, 124, 444
angle(s)
　aigu, 268, 279
　alternes-internes, 285, 286, 304, 312
　associés aux droites parallèles, 284–287, 312
　complémentaires, 272, 274, 311
　construire des, 299–301
　correspondants, 285, 287, 305, 312
　d'un triangle, 270–280, 311
　étudier les, à l'aide de *Cybergéomètre*, 283, 290, 291
　formés par des droites sécantes, 271–274
　internes, 286, 287, 312
　obtus, 268
　opposés par le sommet, 273, 274, 311
　plat, 272
　supplémentaires, 272, 273, 301, 305, 311
AppleWorks, 205–208
arrondir, 238, 331
axe
　de réflexion, 268, 269
　des x, 394
　des y, 394

B

bandes, diagramme à, 201, 216
base d'un triangle, 99, 100
bissectrice, 293–296, 295, 312

C

calcul mental, 377, 378
calculatrice
　additionner des nombres entiers à l'aide d'une, 369
　calculer la circonférence à l'aide d'une, 244
　calculer l'aire d'un cercle à l'aide d'une, 249
　calculer l'aire totale d'un cylindre à l'aide d'une, 259
　calculer le volume d'un cylindre à l'aide d'une, 254
　étudier les racines carrées à l'aide d'une, 334, 335
　notation scientifique et, 21
　priorité des opérations et, 26
　soustraire des nombres entiers à l'aide d'une, 374
capacité, 119, 254
capital, 83, 84, 88
carré(s)
　aire d'un, 100, 322, 325–327, 355
　construire et mesurer des, 325–327
　longueur d'un côté d'un, 325–327, 355
　parfait, 323
carreau(x)
　algébriques, 34–38, 435–438
　unitaires, 34
　variable, 34
centre
　de rotation, 268, 269
　du cercle circonscrit, 297, 298 *Math+*
cercle(s)
　aire d'un, 247–249
　circonférence d'un, 242–244, 24, 261
　circonscrit, 297
　concentriques, 251
　de 100, 184
　diamètre d'un, 240, 261
　rayon d'un, 240, 241, 261
chances, 471, 472, 476, 476 *Math+*

circonférence (*aussi* périmètre), 242–244, 245 *Math+*, 248, 261
commission, 79
conversion des unités de mesure, 100, 101, 114
côtés d'un triangle, 337–339
couple, 394
cube
　aire totale d'un, 98
　volume d'un, 98, 101
Cybergéomètre
　étudier les angles d'un triangle à l'aide de, 283
　étudier les droites parallèles et les sécantes à l'aide de, 290, 291
　étudier les droites sécantes à l'aide de, 276, 277
　vérifier le théorème de Pythagore à l'aide de, 342, 343
cylindre
　aire de la surface courbe d'un, 258, 259, 261
　aire latérale d'un, 259, 261
　aire totale d'un, 258, 259, 261
　schéma tridimensionnel d'un, 96, 97
　volume d'un, 253, 254, 261

D

déduction, 194–196
dénominateur commun, 136, 137, 139, 140, 141, 161–163, 174
Descartes, René, 394 *Math+*
dessin à l'échelle, 57–59, 88
dessiner
　des développements, 106–109
　des solides, 102, 103
développements
　dessiner et plier des, 106–109
　d'un prime triangulaire, 113
développer une expression (propriété de la distributivité), 422
diagonale d'un losange, 294, 300
diagramme(s)
　(*voir aussi* histogramme)
　à bandes, 201, 216

Index **509**

à bandes doubles, 205, 206, 230
à ligne brisée, 201
à lignes brisées doubles, 207, 208, 230
à tiges et à feuilles, 212, 217
circulaire, 184, 201, 206–207, 224, 225
construire un, à l'aide d'un tableur, 205–208
de dispersion, 201
en arbre, 461–463
légende d'un, 206–208
tendances dans les, 185, 186
diamètre, 240, 242–244, 261
dispersion, 201
distance en ligne droite (*aussi* distance « à vol d'oiseau »), 58
distributivité, 381, 421, 422, 445
dividende, 385, 386
diviseur, 385, 386
division, 164
données
déduire à partir de, 194–196
évaluer des, 194–196
fréquence des, 217
droite(s)
numérique, *voir* droite numérique
parallèles, 284–287
perpendiculaires, 273
sécantes, *voir* droites sécantes
droite numérique,
additionner des nombres entiers à l'aide d'une, 368, 369, 377, 378, 410
soustraire des nombres entiers à l'aide d'une, 372, 373, 378
droites sécantes, 311
propriétés des angles formés par des, 271–274
étudier les, à l'aide de *Cybergéomètre*, 276, 277

E

échantillon, 187–189, 230
biaisé, 188
échelle d'une carte, 58
équations
écrire des, 418
résoudre des, à l'aide de carreaux algébriques, 34–38, 435–438

résoudre des, à l'aide d'un modèle de balance à plateaux, 29, 30
résoudre des, par déduction, 8, 441
résoudre des, par essais systématiques, 8, 442
résoudre des, par l'algèbre, 36, 37, 440–442
essais systématiques, 8, 442
Euler, Leonhard, 105
expression(s) algébrique(s), 418, 419, 424–426, 428–431

F

facteurs communs, 16, 136, 137, 140
composés, 16
premiers, *voir* facteurs premiers
facteurs premiers, 14–16
mise en, 15, 42
Farey, John, 138
Fathom, 221–223
forme
développée, 6, 19–21, 42
exponentielle, 6, 19
symbolique, 6, 7, 20, 101
formule(s)
d'Euler, 105, 124
équivalentes, 99
fraction(s), 52, 70–72
additionner des, 139–141, 174
comparer et ordonner des, 135–137
convertir des nombres à virgule en, 165–167
dans les expressions algébriques, 440, 441
dans sa forme la plus simple, 140
diviser des, 157–159, 161–163, 174
d'un nombre naturel, 134
égyptiennes, 142 *Math+*
équivalentes, 136
impropre, 136, 140–141, 151–153
propre, 136
soustraire des, 143–145, 174
unitaires, 142 *Math+*

utiliser des modèles pour multiplier des, 148–149, 151, 152, 174
fréquence
en hertz, 22
relative, *voir* probabilité expérimentale

H

hectare, 76
histogramme, 216–218, 221–223, 230
hypoténuse, 337–339

I

intérêt, 82–84
simple, 82-84, 88
inverse(s), 134, 162

L

Lenstra, Arjen, 33
ligne brisée, diagramme à, 201
losange, 293–295, 300

M

matériel de manipulation
additionner des nombres entiers à l'aide de, 365, 366
soustraire des nombres entiers à l'aide de, 366, 367
Math+
Autour de toi, 66, 190, 289, 476
Les sciences, 245, 298, 439
Un peu d'histoire, 142, 340, 394
médiane, 211–213, 230
médiatrice, 293, 294, 311
mode, 211–213, 230
modèles
diviser des fractions et des nombres naturels à l'aide de, 157–159
multiplier des fractions à l'aide de, 148, 149
moyenne, 22, 211–213, 230
multiples communs, 16

N

nombre(s),
à la forme développée, 19–21
à la forme exponentielle, 19

à la forme symbolique, 20, 101
à virgule, 165-168
carrés, 323
composé, 15
décimaux, *voir* nombre(s) décimal(aux)
entiers, *voir* nombres entiers
fractionnaires, *voir* nombres fractionnaires
irrationnel, 243, 334
naturels, *voir* nombres naturels
notation scientifique des, 19–21, 101
périodiques, 70, 165, 441
premiers, 15
propriétés des, 420–422
nombre(s) décimal(aux), 52, 70–72
   écrire un, en fraction, 166
   dans les équations algébriques, 441
   dans les expressions algébriques, 26
   valeur de position pour les, 167
nombres entiers,
   additionner des, à l'aide de matériel de manipulation 365, 366
   additionner des, à l'aide du calcul mental, 377, 378
   additionner des, à l'aide d'une calculatrice, 369
   additionner des, à l'aide d'une droite numérique, 368, 369, 377, 378, 410
   comparer et ordonner des, 364
   diviser des, 385, 386, 410
   multiplier des, 380–382, 410
   négatifs, 364
   opposés, 365
   positifs, 364
   priorité des opérations sur les, 390, 391
   propriétés de la multiplication de, 381
   soustraire des, à l'aide de matériel de manipulation, 366, 367
   soustraire des, à l'aide du calcul mental, 378
   soustraire des, à l'aide d'une calculatrice, 374
   soustraire des, à l'aide d'une droite numérique, 372, 373, 378
nombres fractionnaires, 140, 141
   additionner des, 142
   diviser des, 162, 163
   multiplier des, 153
   soustraire des, 144, 145
nombres naturels
   propriétés de la multiplication de, 381
notation scientifique, 19–21, 42, 101

O
obligations d'épargne du Canada (OEC), 82
opération inverse, 30, 35, 324, 440
origine, 394

P
paire nulle, 34, 365–367, 435, 436
palindrome, 332
papier à points isométrique, 96
parallélogramme, aire d'un, 247
périmètre d'un cercle, *voir* circonférence
« pi » (π), 243, 244, 261
plan cartésien, 393–396, 410
plus grand facteur commun, 16, 50
plus petit dénominateur commun, 136, 137, 140, 141
plus petit multiple commun, 16, 136, 137, 140, 141
point mort, 29
polygones semblables, 130
population, 187, 230
pourcentage, 52, 70–72
   d'augmentation ou de diminution, 75, 88
pression, 439 *Math+*
priorité des opérations, 25, 26, 42, 390–391
prisme hexagonal
   aire totale d'un, 352, 353
   volume d'un, 352, 353
   vues d'un, 103
prisme rectangulaire, 106
   aire totale et volume d'un, 97, 98
   volume d'un, 117
prisme triangulaire, 444
   aire totale d'un, 112–114, 124
   volume d'un, 117–119, 124, 318, 319
probabilité(s),
   diagrammes en arbre et, 461–463
   étendue des, 456–458, 476
   expérimentale (*aussi* fréquence relative), 454, 476
   théorique, 455, 476
produit, résidu d'un, 2
proportions, 53, 54, 88
propriétés des nombres, 420–422
puissances de 10, 7, 19, 20, 42, 166, 170
pyramide à base carrée, 107, 108
Pythagore, 338 *voir aussi* théorème de Pythagore *et* triplet de Pythagore
pythagoriciens, 340 *Math+*

Q
quadrants, 394, 410
quotient, 385, 386

R
rabais, 78
racines carrées, 324
   estimer des, 329, 330
   étudier les, à l'aide d'une calculatrice, 334, 335
rapport(s), 50, 53, 54, 57–59, 88, 472
   équivalents, 50, 88
   partie-partie, 50
   partie-tout, 50
rayon, 240, 261
recensement, 187–189, 230
Recensement à l'école, 192, 193, 205
rectangle(s)
   aire d'un, 113
   semblables, 130
réflexion(s), 269, 398–400
réseau conceptuel, 445
résidu, 2
rotations, 403–405

S

schémas
    isométriques, 96
    tridimensionnels, 96
sécante, 285, 286, 305, 312
segments de droites
    égaux, 178
    internes, 102
    verticaux, 97
simulations, 467, 468
sondage, 187–189
    fiable, 188
    valide, 188
spirale de Théodore de Cyrène, 358 *Problème du module*
suite(s)
    croissante, 433
    de Farey, 138
    géométriques, 428–431
    numériques, 423–426

T

taux, 51, 65, 66, 88
    d'intérêt, 83, 84, 88
    unitaire, 51, 66, 88
taxe
    de vente provinciale (TVP), 78
    sur les produits et services (TPS), 78
tendance centrale, mesures de, 211–213, 230
Théodore de Cyrène, 358 *Problème du module*
théorème de Pythagore, 337–339, 355, 359 *Problème du module*
    utiliser le, 346–348, 352
    vérifier le, à l'aide de *Cybergéomètre,* 342, 343
transformations, 268, 269
    dans un plan cartésien, 393-396, 410
translation(s), 269, 398–400
triangle(s),
    aire d'un, 99, 100, 322
    angles d'un, 278–280
    congruents, 278, 279
    construire un, 269, 270
    équilatéral, 311, 351
    isocèles, 280, 311
    particuliers, 351–353
    rectangle(s), *voir* triangle(s) rectangle(s)
triangle(s) rectangle(s), 100, 279, 337, 338, 346–348, 355
    isocèle(s), 337, 351
    scalène, 337
triplet de Pythagore, 341

U

unités
    carrées, 98
    cubes, 98
Utilise tes connaissances
    Additionner des nombres entiers à l'aide de matériel de manipulation, 365, 366
    Arrondir les mesures, 238
    Calculer l'aire d'un triangle, 99
    Calculer l'aire totale et le volume d'un prisme rectangulaire, 97, 98
    Comparer et ordonner des nombres entiers, 364
    Comprendre les exposants, 6
    Comprendre les puissances de 10, 7
    Construire des figures à l'aide d'une règle et d'un compas, 269, 270
    Construire un diagramme circulaire à l'aide d'un cercle de 100, 184
    Convertir les unités de mesure, 100
    Décrire des transformations, 268
    Écrire des expressions et des équations, 418
    Évaluer des expressions, 419
    Faire des schémas isométriques et des schémas tridimensionnels, 96
    La probabilité expérimentale, 454
    La probabilité théorique, 455
    Les aires d'un carré et d'un triangle, 322
    Les nombres carrés, 323
    Les racines carrées, 324
    Les relations entre les fractions, les nombres décimaux et les pourcentages, 52
    Les tendances dans les diagrammes, 185, 186
    Mesurer des angles à l'aide d'un rapporteur, 268
    Multiplier une fraction par un nombre naturel, 134
    Qu'est-ce qu'un rapport?, 50
    Qu'est-ce qu'un taux?, 51
    Résoudre des équations, 8
    Soustraire des nombres entiers à l'aide de matériel de manipulation, 366, 367

V

valeur(s)
    aberrantes, *voir* valeurs aberrantes
    de position pour les nombres décimaux, 167
valeurs aberrantes, 212, 213, 221–223, 230
    étudier des, avec *Fathom,* 221–223
variables, 113, 114, 118, 278, 303
vitesse moyenne, 51, 52
volume
    capacité et, 119
    d'un cube, 98, 101
    d'un cylindre, 253, 254, 261
    d'un prisme hexagonal, 352, 353
    d'un prisme rectangulaire, 97, 98, 117
    d'un prisme triangulaire, 117–119, 124, 444

Sources

Sources des photographies

Couverture : John Guistina/Imagestate/firstlight.ca ; p. 3 Ray Boudreau ; p. 4 (haut) Royalty-Free/CORBIS ; p. 4 (bas) Emmanuel Faure/Taxi/Getty Images ; p. 5 (haut) Bernd Fuchs/firstlight.ca ; p. 5 (bas) Perry Mastrovito/firstlight.ca ; p. 9 Ray Boudreau ; p. 12 Omni-Photo Communications, Inc. ; p. 13 Ray Boudreau ; p. 19 Creatas/firstlight.ca ; p. 20 20th Century Fox/Fotos International/Getty Images ; p. 23 Presse canadienne/Tom Hanson ; p. 25 Ray Boudreau ; p. 27 Presse canadienne/Mike Ridewood ; p. 29 Ray Boudreau ; p. 33 (haut à droite) Illustration reproduite avec l'aimable autorisation du Computer History Museum ; p. 33 (bas à gauche) Centrum voor Wiskunde en Informatica (CWI), Pays-Bas, remerciements à Herman te Riele ; p. 34 Ray Boudreau ; p. 41 Ray Boudreau ; p. 46 Greg Griffith/firstlight.ca ; p. 47 Ray Boudreau ; p. 48 (haut) Photodisc Collection/Getty Images ; p. 48 (bas) Chris Cheadle/firstlight.ca ; p. 49 (haut) B & C Alexander/firstlight ; p. 49 (bas) Chris Cheadle/firstlight.ca ; p. 50 Presse canadienne/Adrian Wyld ; p. 55 Photodisc Collection/Getty Images ; p. 57 Ray Boudreau ; p. 60 (haut) Dorling Kindersley ; p. 60 (bas) Nicolas Russell/Photographer's Choice/Getty Images ; p. 65 Ray Boudreau ; p. 78 Owen Franken/CORBIS ; p. 80 Jack Star/PhotoLink/Getty Images ; p. 87 Ray Boudreau ; p. 92 (gauche) Mark Scott/Taxi/Getty Images ; p. 92 (droite) Digital Vision ; p. 93 (gauche) Nick Daly/Digital Vision ; p. 93 (haut) Dennis MacDonald/Photo Edit, Inc. ; p. 93 (bas) Richard Lam/Presse canadienne ; p. 94 David Young-Wolff-Photo Edit, Inc. ; p. 95 Phil Schemeister/CORBIS ; p. 96 (haut et bas) Ray Boudreau ; p. 102 (haut et bas) Ray Boudreau ; p. 109 Ray Boudreau ; p. 120 Prentice Hall, Inc. ; p. 128 Ray Boudreau ; p. 129 Presse canadienne/Paul Chiasson ; p. 131 Geray Sweeney/CORBIS ; p. 135 Ray Boudreau ; p. 143 Ray Boudreau ; p. 154 Ray Boudreau ; p. 169 Ray Boudreau ; p. 172 Ray Boudreau ; p. 179 Ray Boudreau ; p. 182 Abaca Press (2004) Tous droits réservés ; p. 183 (haut) Flying Colours Ltd./Digital Vision ; p. 183 (bas à gauche) Martial Colomb/Photodisc Collection/Getty Images ; p. 183 (bas à droite) Presse canadienne/Don Denton ; p. 187 Ray Boudreau ; p. 188 Presse canadienne/Miles Kennedy ; p. 190 Rick Madonik/*Toronto Star* ; p. 195 Royalty-Free/CORBIS ; p. 199 Collection Corel *Food* ; p. 224 Ray Boudreau ; p. 227 Presse canadienne/Corey Larocque ; p. 235 Nancy Ney/Digital Vision ; p. 236 (haut) Photodisc Collection/Getty Images ; p. 236 (bas) Ryan McVay/Photodisc Collection/Getty Images ; p. 237 (haut à gauche) Collection Corel *Food* ; p. 237 (haut à droite) Royalty-Free/CORBIS ; p. 237 (centre) Digital Vision ; p. 237 (bas) Photodisc Collection/Getty Images ; p. 239 (haut à gauche) Andrew Ward/Life File/Photodisc Collection/Getty Images ; p. 239 (haut à gauche au centre) Janis Christie/Photodisc Collection/Getty Images ; p. 239 (haut à droite au centre) Steve Cole/Photodisc Collection/Getty Images ; p. 239 (haut à droite) Ryan McVay/Photodisc Collection/Getty Images ; p. 239 (bas) Ray Boudreau ; p. 241 LessLIE, artiste salish du littoral ; p. 242 Ray Boudreau ; p. 247 Ray Boudreau ; p. 250 Presse canadienne/Jacques Boissinot ; p. 256 Ray Boudreau ; p. 258 Ray Boudreau ; p. 260 Katherine Fawssett/The Image Bank/Getty Images ; p. 265 Ray Boudreau ; p. 267 (bas) Photodisc Collection/Getty Images ; p. 271 Ray Boudreau ; p. 278 Ray Boudreau ; p. 284 Ray Boudreau ; p. 289 Spike Mafford/Photodisc Collection/Getty Images ; p. 293 Ray Boudreau ; p. 295 Ray Boudreau ; p. 296 Ray Boudreau ; p. 299 Ray Boudreau ; p. 302 Skip Nall/Photodisc Collection/Getty Images ; p. 306 Guy Grenier/Masterfile Corporation ; p. 308 Ray Boudreau ; p. 310 NASA/Science Photo Library ; p. 316 Ray Boudreau ; p. 317 AP Photo/Lawrence Jackson ; p. 319 Ray Boudreau ; p. 320 (haut) Arthur S. Aubry/Photodisc Collection/Getty Images ; p. 320 (centre) Collection Corel *Southwestern U.S.* ; p. 321 (haut à gauche) Royalty-Free/CORBIS ; p. 321 (haut à droite) Martin Bond/Photo Researchers, Inc. ; p. 321 (bas) Vision/Cordelli/Digital Vision ; p. 325 Ray Boudreau ; p. 328 Royalty-Free/CORBIS ; p. 329 Ray Boudreau ; p. 333 Ray Boudreau ; p. 338 SEF/Art Resource N.Y. ; p. 349 Burke/Triolo/Brand X/Getty Images ; p. 358 (haut) Adam Crowley/Photodisc Collection/Getty Images ; p. 358 (bas) Ray Boudreau ; p. 359 (haut) Nicholas Pitt/Digital Vision ; p. 359 (bas) Yale Babylonian Collection ; p. 362–363 (haut) Collection Corel *Lakes and Rivers* ; p. 362 (haut) imagesource/firstlight.ca ; p. 363 (milieu à gauche) Presse canadienne/Elise Amendola ; p. 363 (milieu à droite) Presse canadienne/Jonathan Hayward ; p. 363 (bas) Lawson Wood/CORBIS ; p. 369 Ray Boudreau ; p. 371 Chris Cheadle/firstlight.ca ; p. 375 (haut) Dave Reede/firstlight.ca ; p. 375 (bas) Dave Reede/firstlight.ca ; p. 393 Ray Boudreau ; p. 408 Ray Boudreau ; p. 414 Ray Boudreau ; p. 416 (haut) Rubberball Images ; p. 416 (bas) Photodisc Collection/Getty Images ; p. 417 (haut) Photodisc Collection/Getty Images ; p. 417 (milieu) Royalty-Free/CORBIS ; p. 417 (bas) Creatas/firstlight.ca ; p. 428 Ray Boudreau ; p. 443 Blend Images Royalty-Free ; p. 444 Ray Boudreau ; p. 446 Stockbyte Images ; p. 450 Chad Baker/Ryan McVay/Photodisc Collection/Getty Images ; p. 451 Ray Boudreau ; p. 452–453 Royalty-Free/CORBIS ; p. 461 Ray Boudreau ; p. 464 Presse canadienne/Joerg Sarbach ; p. 469 Medioimages/Getty Images ; p. 471 Ray Boudreau ; p. 474 Ray Boudreau ; p. 480 J.A. Giordano/CORBIS ; p. 481 (haut) David Young-Wolff/Photo Edit Inc. ; p. 481 (bas) Patrick Giardino/CORBIS ; p. 483 Ray Boudreau

Sources des illustrations

Steve Attoe, Philippe Germain, Stephen MacEachern, Dave Mazierski, Paul McCusker, Allan Moon, NSV Productions/Neil Stewart, Dusan Petricic, Pronk&Associates, Michel Rabagliati, Carl Wiens

AppleWorks est une marque d'Apple Computer, Inc., déposée aux États-Unis et ailleurs.

Le logiciel *Cybergéomètre* est la version française de *The Geometer's Sketchpad*. *The Geometer's Sketchpad* est une marque de commerce de Key Curriculum Press, Inc.

Le logiciel *Fathom* est la version française de *Fathom Dynamic Statistics*. *Fathom Dynamic Statistics* est une marque de commerce de Key Curriculum Press, Inc.

Les données du *Recensement à l'école* sont utilisées avec l'autorisation de Statistique Canada.

Réponses

Module 1 Les nombres, les variables et les équations, page 4

Utilise tes connaissances, page 6

1. a) 4^3 b) 2^7 c) 7^2 d) 12^5
2. a) $5 \times 5 \times 5 \times 5$; 625   b) 11×11; 121
   c) $2 \times 2 \times 2 \times 2 \times 2 \times 2 \times 2 \times 2$; 256
   d) $12 \times 12 \times 12$; 1728
3. a) 3^3 b) 6^2 c) $8^2, 4^3, 2^6$ d) 2^2
   e) 5^3 f) 2^3 g) 7^3 h) $25^2, 5^4$
4. a) I) 10^4 II) 10^7 III) 10^3 IV) 10^8
   b) Par exemple : L'exposant est égal au nombre de zéros quand j'écris le nombre à la forme symbolique. L'exposant est égal au nombre de répétitions du facteur 10 quand j'écris le nombre à la forme développée.
5. a) 10 000   b) 1 000 000
   c) 10 000 000 000   d) 1 000 000 000 000
6. Non. $10^6 - 10^4 = 1\,000\,000 - 10\,000 = 990\,000$; $10^2 = 100$
7. a) 1100   b) 11 000   c) 110 000
8. a) $x = 9$ b) $x = 4$ c) $x = 12$ d) $x = 7$
   e) $x = 17$ f) $x = 102$ g) $x = 45$ h) $x = 20$
   i) $x = 10$

1.1 Les nombres dans les médias, page 11

1. a) 144   b) 414   c) 960   d) 2500
2. a) 70   b) 399   c) 7,872   d) 875
   e) 1110   f) 3292   g) 125   h) 120
3. a) Estimation   b) Réponse exacte
   c) Réponse exacte
4. a) 5790,6 millions de dollars
   b) 706,2 millions de dollars ; 859,6 millions de dollars ; 909,9 millions de dollars ; 910,7 millions de dollars
   c) *La guerre des étoiles – La menace fantôme* et *Le seigneur des anneaux – Les deux tours* ; 1850,2 millions de dollars
   d) *Titanic* et *Harry Potter à l'école des sorciers*
   e) Par exemple : Non ; les films plus vieux ont généré moins de recettes parce que le coût d'un billet de cinéma a augmenté depuis 1997.
   f) « Quelle est la somme des recettes des cinq films aux États-Unis ? » (Réponse : 2068,2 millions de dollars)
5. a) 19 700 m
   b) Par exemple : Environ 1640 échelles ; je suppose que chaque échelle mesure 12 m de longueur.
6. a) 2500 L   b) 2250 L   c) 98 000 L
   d) Environ 14,5 kg de riz, 0,7 kg de boeuf et 48 kg de blé
7. Par exemple : « En deux semaines, combien d'argent un mineur gagne-t-il de plus qu'une travailleuse de la construction ? » (Réponse : 718 $)
8. a) Par exemple : Oui, car une personne boit de l'eau et utilise de l'eau pour prendre un bain ou une douche, pour cuisiner, pour laver la vaisselle et pour faire la lessive.
   b) Avec 300 L d'eau, je peux remplir 3 baignoires ou 150 bouteilles de 2 L.
9. a) La natation   b) Le base-ball
   c) Par exemple : Environ 840 000 ; je suppose que les pourcentages étaient les mêmes en 2004 qu'en 1998 et que les hommes et les femmes représentent chacun environ la moitié de la population.
   d) « En 1998, quel pourcentage des hommes ont choisi un sport qui ne faisait pas partie de la liste des sports préférés ? » (Réponse : environ 60,7 %)
10. Par exemple : Je peux former des paires de nombres dont la somme donne 50 et ensuite j'additionne ; 1275.

1.2 Les facteurs premiers, page 17

1. a) 36   b) 392   c) 675   d) 180
   e) 384   f) 567   g) 441   h) 700
2. a) 3, 7   b) 2, 7   c) 2, 5   d) 5
   e) 19   f) 2, 5   g) 7, 11   h) 2, 3
3. a) $2^4 \times 3$ b) $3^2 \times 7$ c) $2^4 \times 5^2$ d) 2^4
   e) $2^3 \times 3 \times 5$ f) 5×11 g) $2^2 \times 3^2$ h) $2^3 \times 11$
4. a) 11   b) 2, 3, 4, 6, 8, 12, 24
   c) 3   d) 5, 25
5. a) 336, 672, 1008   b) 288, 576, 864
   c) 616, 1232, 1848   d) 252, 504, 756
6. a) 30   b) Par exemple : 60, 150
7. Non. Puisque 2 est un facteur de 4, le plus petit nombre qui a les facteurs 2, 3, 4 et 5 est $3 \times 4 \times 5 = 60$.
8. Non. Je peux toujours trouver un nombre plus grand que « le plus grand nombre » si je multiplie par n'importe lequel des 3 facteurs.
9. a) 7182   b) $2 \times 3^3 \times 7 \times 19$
10. Par exemple :   a) 1225   b) $5^2 \times 7^2$
11. a) 231   b) 3, 7, 11, 33
12. a) 700
    b) 2, 4, 5, 7, 10, 14, 20, 25, 28, 35, 50, 70, 100, 140, 175, 350, 700
13. a) Oui. Par exemple :
    16 a 4 facteurs premiers : $2 \times 2 \times 2 \times 2$;
    9 a 2 facteurs premiers : 3×3 ;
    64 a 6 facteurs premiers : $2 \times 2 \times 2 \times 2 \times 2 \times 2$; et 2, 4 et 6 sont des nombres pairs.
    b) $3025 = 5 \times 5 \times 11 \times 11$; puisque chaque facteur premier de 3025 apparaît un nombre pair de fois, 3025 est un carré parfait.
14. Non. Le nombre 4 n'est pas un nombre premier.
15. Non, car le produit des quatre premiers nombres premiers est $2 \times 3 \times 5 \times 7 = 210$ et ce nombre est supérieur à 150.
16. Les portes dont les numéros sont des carrés parfaits étaient ouvertes : 1, 4, 9, 16, 25, 36, 49, 64, 81 et 100.

1.3 La forme développée et la notation scientifique, page 21

1. a) $8 \times 10^5 + 3 \times 10^4 + 4 \times 10^3$
   b) $9 \times 10^7 + 8 \times 10^6 + 9 \times 10^5 + 7 \times 10^4 + 7 \times 10^3 + 1 \times 10^2 + 8 \times 10^1 + 3$
   c) $7 \times 10^6 + 1 \times 10^1$
   d) $2 \times 10^4 + 3 \times 10^3 + 2 \times 10^2 + 3 \times 10^1 + 2$
2. a) $4 \times 10^3 + 6 \times 10^2 + 6 \times 10^1 + 7$

b) $2 \times 10^4 + 4 \times 10^3 + 2 \times 10^2 + 4 \times 10^1$
   c) $7 \times 10^7 + 7 \times 10^3$
3. a) 3 b) 5 c) 6 d) 4 e) 2 f) 1
4. a) $1,532 \times 10^6$ b) $3,1 \times 10^4$ c) $4,6 \times 10^9$
   d) $1,5 \times 10^2$ e) $6,0001 \times 10^6$ f) $1,470\,32 \times 10^5$
5. a) $6,1 \times 10^2$, 616, $1,6 \times 10^3$, 1616
   b) 248 555 ; $2,453 \times 10^6$; $2,4531 \times 10^6$; 2 453 101
6. Par exemple : La virgule décimale va après le premier chiffre différent de zéro, ce qui donne un nombre entre 1 et 10. Ainsi, la différence entre cette position de la virgule décimale et sa position de départ est un de moins que le nombre de chiffres du nombre.
7. $5,1024 \times 10^4$ km ou environ $5,1 \times 10^4$ km
8. a) 100 000 000 000 b) $8,6 \times 10^6$
   c) 30 000 000 000 d) $2,08 \times 10^2$
9. a) Non. $1,2756 \times 10^4$
   b) Il est plus facile de lire les grands nombres quand ils sont écrits en notation scientifique.
10. 70 000
11. a) La fréquence de la lumière violette est plus grande de $3,2 \times 10^4$ Hz.
    b) Par exemple : Oui, car il est plus facile de comparer les nombres compris entre 1 et 10 et les puissances de 10.
12. a) Nouveau-Brunswick : $7,514 \times 10^5$;
       Nouvelle-Écosse : $9,37 \times 10^5$; Ontario : $1,23927 \times 10^7$;
       Québec : $7,5428 \times 10^6$; Manitoba : $1,1703 \times 10^6$;
       Territoires du Nord-Ouest : $4,28 \times 10^4$;
       Colombie-Britannique : $4,1964 \times 10^6$;
       Île-du-Prince-Édouard : $1,379 \times 10^5$; Yukon : $3,12 \times 10^4$;
       Alberta : $3,2019 \times 10^6$; Saskatchewan : $9,954 \times 10^5$;
       Terre-Neuve-et-Labrador : $5,17 \times 10^5$;
       Nunavut : $2,96 \times 10^4$
    b) $2,162\,39 \times 10^7$
    c) Le Nouveau-Brunswick, l'Île-du-Prince-Édouard et les Territoires du Nord-Ouest
    d) Par exemple : En b) et en c), il est plus facile d'additionner les nombres à la forme symbolique parce que les exposants sont différents.
13. Par exemple : J'ai 13 ans. Je suppose que mon coeur bat 80 fois par minute.
    546 624 000 ; $5,466\,24 \times 10^8$;
    500 000 000 + 40 000 000 + 6 000 000 + 600 000 + 20 000 + 4000 ;
    $5 \times 10^8 + 4 \times 10^7 + 6 \times 10^6 + 6 \times 10^5 + 2 \times 10^4 + 4 \times 10^3$
14. $4,32 \div 10^3$

Module 1, Révision de mi-module, page 24

1. a) Par exemple : 6550 ; j'ai arrondi chaque nombre à la dizaine la plus proche avant d'additionner.
   b) Gretzky et Francis
   c) Par exemple : « Quels joueurs ont environ trois fois plus d'aides que de buts ? » (Réponse : Bourque et Coffey)
2. a) $2^2 \times 3 \times 37$ b) 2×3^4
   c) $2 \times 3 \times 17$ d) $5^2 \times 7^2$
3. a) 135, 270 b) 112, 224 c) 288, 576 d) 180, 360
4. a) 2, 4, 5, 10, 20 b) 2, 4, 8 c) 3, 9 d) 2, 4
5. a) 2^3 est un produit de facteurs 2, et 2 est un nombre premier.
   b) Le nombre 4 n'est pas un nombre premier.
6. 400, 275, 693, 37 856 ; par ordre croissant : 275, 400, 693, 37 856

7. a) Par exemple : Non, car 2 est le seul nombre premier pair. Parmi trois nombres naturels consécutifs, il y a toujours au moins un nombre pair autre que 2.
   b) Oui. Par exemple : 2×3
8. a) $8 \times 10^8 + 6 \times 10^6 + 8 \times 10^4 + 7 \times 10^3 + 1 \times 10^2 + 3 \times 10^1 + 7$
   b) $2 \times 10^7 + 2 \times 10^4 + 2 \times 10^2 + 2 \times 10^1$
9. a) $5,6 \times 10^6$ b) $7,732\,91 \times 10^5$
   c) $9,2 \times 10^9$ d) $6,2 \times 10^1$
10. b et d

1.4 La priorité des opérations, page 27

1. a) 36 b) 24 c) 121 d) 25 e) 0 f) 2
2. a) 32 000 b) 0,6 c) 4,61 d) 98,12 e) 47,97 f) 512
3. $3 \times 24,99\ \$ + 2 \times 14,99\ \$ = 104,95\ \$$
4. a) 64 m² b) 100 m² c) 91 m²
5. a) 6,175 m b) 6,9 m c) 5,175 m
6. a) $(10 + 2) \times 3^2 - 2 = 106$ b) $10 + 2 \times (3^2 - 2) = 24$
   c) $(10 + 2) \times (3^2 - 2) = 84$ d) $(10 + 2 \times 3)^2 - 2 = 254$
7. a) $20 \div (2 + 2) \times 2^2 + 6 = 26$
   b) $20 \div 2 + 2 \times (2^2 + 6) = 30$
   c) $20 \div (2 + 2 \times 2^2) + 6 = 8$
   d) $(20 \div 2 + 2) \times (2^2 + 6) = 120$
8. a) 49, 128, 1024, 625 ; par ordre décroissant : 4^5, 5^4, 2^7, 7^2
   b) 9, 8, 1, 25 ; par ordre décroissant : $(3 + 2)^2$, 3^2, 2^3, $(3 - 2)^2$
   c) 72,25 ; 90,25 ; 65,5 ; 102,5 ; par ordre décroissant : $103,5 - 1^2$, $(10,5 - 1)^2$, $(7,5 + 1)^2$, $61,5 + 2^2$
   d) 104,04 ; 33,64 ; 12 ; 3,16 ; par ordre décroissant : $(2,2 + 8)^2$, $(8 - 2,2)^2$, $8 + 2^2$, $8 - 2,2^2$
9. 1059,76 $
10. Par exemple :
    a) $(2 \times 6) + 4 + 8$ b) $2 \times 6 \times 4 - 8$
    c) $(6 + 4) \times (8 - 2)$ d) $(2^4 - 6) \times 8$
11. Par exemple : $(4 \times 4) \div (4 \times 4) = 1$; $(4 \div 4) + (4 \div 4) = 2$;
    $(4 + 4 + 4) \div 4 = 3$; $4 \times (4 - 4) + 4 = 4$;
    $(4 \times 4 + 4) \div 4 = 5$; $(4 + 4) \div 4 + 4 = 6$; $44 \div 4 - 4 = 7$;
    $4 + 4 + 4 - 4 = 8$; $4 + 4 + 4 \div 4 = 9$; $(44 - 4) \div 4 = 10$
12. Non. Par exemple : $2^2 + 3^2 = 4 + 9 = 13$; $(2 + 3)^2 = 5^2 = 25$
13. Par exemple : 23/11/92 ; $(2 \times 3) - 1 = (1 + 9) \div 2$
14. Par exemple : $123 + 4 + 5 + 6 + 7 + 8 - 9 = 144$

1.5 Résoudre des équations à l'aide d'un modèle, page 32

1. a) Masse A = 30 g b) Masse B = 55 g
   c) Masse C = 65 g d) Masse D = 50 g
2. a) $x = 2$ b) $x = 5$ c) $x = 7$ d) $x = 8$
   e) $x = 15$ f) $x = 27$
3. a) $x = 11$ b) $x = 6$ c) $x = 19$ d) $x = 1$
4. $x = 19$
5. a) Il y a plusieurs possibilités. Par exemple : 30 g, 5 g et x dans le plateau de gauche ; 20 g et 40 g dans le plateau de droite
   b) $x = 25$
6. a) Par exemple : x, x, x, x, x et 10 g dans le plateau de gauche ; 50 g, 50 g et 5 g dans le plateau de droite
   b) $x = 19$

1.6 Résoudre des équations à l'aide de carreaux algébriques, page 38

1. a) $x = 4$ b) $x = 7$ c) $x = 10$
   d) $x = 12$ e) $x = 13$ f) $x = 14$

2. a) $x = 4$ b) $x = 7$ c) $x = 10$
   d) $x = 12$ e) $x = 13$ f) $x = 14$
3. $x = 6$; le nombre est 6.
4. $x = 17$; le nombre est 17.
5. I) $x = 3$ II) $x = 4$ III) $x = 1$ IV) $x = 3$
6. $x = 6$; le nombre est 6.
7. $x = 13$; la longueur d'un côté est de 13 cm.
8. $x = 7$; le nombre est 7.
9. Par exemple : « Huit de plus qu'un nombre égale 13. Soit x, le nombre. On obtient l'équation $8 + x = 13$. Résous cette équation. Quel est le nombre ? » (Réponse : $x = 5$)
10. a) $x = -2$ b) $x = -3$ c) $x = -4$
11. a) $5 + 2x = 1$; $x = -2$ b) $2x - 5 = -1$, $x = 2$

Module 1, Révision du module, page 42
1. Par exemple : « Environ combien d'heures chaque personne a-t-elle consacrées au bénévolat ? » (Réponse : environ 100 h)
2. a) $64 = 2^6$ b) $42 = 2 \times 3 \times 7$
   c) $60 = 2^2 \times 3 \times 5$ d) $30 = 2 \times 3 \times 5$
3. a) 48 b) 100
4. a) 253
   b) Par exemple : 9 999 999 823 ; après ce nombre, l'affichage se fait en notation scientifique.
5. c
6. a) I) 5 II) 105, 210, 315
   b) I) 2, 4, 5, 10, 20 II) 100, 200, 300
   c) I) 5, 25 II) 75, 150, 225
   d) I) 2, 3, 6 II) 180, 360, 540
7. a) Par exemple : 8 et 9 ; 25 et 42
   b) Par exemple : 12 et 16 ; 25 et 100
   c) Si deux nombres ont au moins un facteur premier, leur plus petit multiple commun est inférieur à leur produit. Si les nombres n'ont pas de facteurs communs, leur plus petit multiple commun est le produit des deux nombres.
8. a) La mer Caspienne, le lac Supérieur, le lac Victoria, le lac Huron, le lac Michigan, le lac Tanganyika, le lac Baïkal, le Grand lac de l'Ours, le lac d'Aral, le lac Malawi
   b) Le lac Malawi et le lac Michigan
9. a) $9 \times 10^6 + 3 \times 10^5 + 3 \times 10^4 + 7 \times 10^3$
   b) $9 \times 10^5 + 7 \times 10^4 + 7 \times 10^3 + 1 \times 10^2 + 8 \times 10^1 + 3$
   c) $1 \times 10^8 + 6 \times 10^6 + 4 \times 10^4 + 5 \times 10^1 + 5$
   d) $7 \times 10^4 + 3 \times 10^3 + 5 \times 10^2 + 3 \times 10^1 + 2$
10. a) $1,5 \times 10^6$ b) $4,2 \times 10^4$ c) 6×10^8 d) $2,7 \times 10^1$
11. a) 6000 b) 8 430 000 c) 720 000 d) 328 000 000
12. a) 17 b) 105 c) 115 d) 3,11
13. a) 100 m² b) 108 m² c) 72 m²
14. a) $x = 5$ b) $x = 8$ c) $x = 9$ d) $x = 9$
15. 13 timbres
16. a) $x = 9$ b) $x = 6$ c) $x = 3$ d) $x = 10$
17. a) $x = 3$ b) $x = 11$ c) $x = 2$ d) $x = 1$
18. $x = 19$; je peux acheter 19 livres.
19. $x = 9$; Kumar possède 9 cartes.

Module 1, Test pratique, page 45
1. Par exemple : Je suppose que la famille lave 2 brassées de linge par semaine.

   a) 340 L b) 180 L
2. Par exemple : Les deux méthodes utilisent des puissances de 10 multipliées par un nombre supérieur ou égal à 1 et inférieur à 10. La forme développée présente le nombre comme une somme de nombres, où chaque nombre est écrit comme le produit d'un nombre naturel et d'une puissance de 10. La notation scientifique présente le nombre comme le produit de deux facteurs : un des facteurs est un nombre supérieur ou égal à 1 et inférieur à 10 tandis que l'autre facteur est une puissance de 10.
3. a) Par exemple : 1122 b) $2 \times 3 \times 11 \times 17$
4. a) 35 $ b) $25 + 0,10m$ c) 92,50 $
5. a) $x = 12$ b) $x = 10$ c) $x = 11$
6. 13

Module 1, Problème du module : Organiser une excursion de ski, page 46
Partie 1
1. De la plus haute altitude à la plus basse : Telluride, Aspen Highlands, Vail, Big Sky, Steamboat, Jackson Hole, Heavenly, Sun Valley, Kicking Horse, Whistler/Blackcomb
2. a) 4 élèves b) 8 élèves
3. a) 3 °C b) −6 °C
4. L'entreprise A

Module 2 Les applications des rapports, des taux et des pourcentages, page 48
Utilise tes connaissances, page 51
1. a) I) 52 : 21 II) 41 : 4
   b) I) 36 : 31 II) 82 : 11
   c) I) 6 : 7 II) 41 : 4
   d) I) 27 : 37 II) 41 : 5
2. 82 : 8 et 41 : 4 ; 82 : 10 et 41 : 5 ; 30 : 35 et 6 : 7
3. a) 75 battements/min b) 9,35 $/billet
   c) 2,25 $/balle d) 9,75 $/h
4. a) 80 km/h b) 8 h 45 min
5. a) I) 0,3 ; 30 % II) 0,8 ; 80 %
      III) 1,05 ; 105 % IV) 0,03 ; 3 %
   b) I) 0,25 ; $\frac{1}{4}$ II) 0,34 ; $\frac{17}{50}$
      III) 2,5 ; $\frac{5}{2}$ IV) 0,02 ; $\frac{1}{50}$
   c) I) 15 %, $\frac{3}{20}$ II) 7 %, $\frac{7}{100}$
      III) 40 %, $\frac{2}{5}$ IV) 115 %, $\frac{23}{20}$

2.1 Utiliser des proportions pour résoudre des problèmes de rapports, page 55
1. a) $t = 36$ b) $v = 18$ c) $x = 10$
   d) $a = 3$ e) $b = 15$ f) $l = 20$
2. 225 tirs au but
3. a) 10 arbres b) Oui, à l'aide d'un modèle
4. 148 dentistes
5. $4\frac{2}{3}$ tours
6. 64 élèves
7. a) Non ; il n'indique que la proportion. b) 15 cm
8. 24 tirs
9. a) 39 b) 26 c) 1111,50 $

10. **a)** 24 élèves   **b)** 27 élèves
11. Ma taille : hauteur du mât = longueur de mon ombre : longueur de l'ombre du mât

2.2 Le dessin à l'échelle, page 59

1. **a)** 450 cm   **b)** 0,02 cm
2. Par exemple : 1 : 2000
3. Les réponses varieront.
4. Environ 1 : 8025
5. **a)** 105 km   **b)** 6 cm
6. **a)** 9,6 cm sur 12,8 cm   **b)** 6,2 cm sur 8,4 cm
7. Par exemple : Environ 1 : 200. J'ai supposé que la page mesurait 25 cm de longueur.
8. 14 : 1

2.3 Comparer des taux, page 67

1. **a)** 133 $/semaine   **b)** 85 km/h
   c) Environ 0,29 $/bouteille   **d)** 0,33 $/boîte
2. **a)** 8 pamplemousses pour 2,99 $ **b)** 125 g pour 0,79 $
   c) 150 mL pour 2,19 $ **d)** 2 L pour 4,49 $
3. Environ 7,25 $
4. **a)** 87,5 km
   b) La vitesse moyenne est la distance moyenne parcourue en 1 h.
   c) 8 h
5. **a)** 60 km en 3 h
6. Par exemple :
   a) Environ 3 points   **b)** Environ 312 points
7. Environ 4,9 cm
8. Mei-Lin
9. Environ 209 sacs ou 520,8 kg
10. **a)** I) Environ 17 min   II) Environ 31 min
    b) I) La natation ; 52 min   II) Le vélo et la marche
    c) Par exemple : « Pendant combien de temps faut-il sauter pour brûler les calories contenues dans une pêche moyenne ? » (Réponse : environ 6 min)
11. **a)** I) Environ 3 habitants/km^2
    II) Environ 134 habitants/km^2
    III) Environ 338 habitants/km^2
    b) Par ordre croissant de densité : Canada, Chine, Japon

Révision de mi-module, page 69

1. **a)** $x = 50$ **b)** $y = 27$ **c)** $z = 5$ **d)** $a = 28$
2. 1600 filles
3. **a)** Environ 310 perches   **b)** Environ 190 brochets
4. 13,25 cm
5. **a)** Par exemple : 3 : 1   **b)** Par exemple : 1 : 150
7. 0,36 mm
8. **a)** 1,07 $/L   **b)** 4,47 $/kg   **c)** 4,38 $/kg
9. **a)** 8,5 L pour 7,31 $ **b)** 12 bagels pour 5,99 $
   c) 5 kg pour 2,79 $
10. **a)** 43 mots   **b)** 129 mots   **c)** Environ 538 mots
11. 42 km/h

2.4 Calculer des pourcentages, page 72

1. **a)** 1,2   **b)** 2,5   **c)** 4,75
   d) 0,003   **e)** 0,0053   **f)** 0,0075
2. **a)** I) $33,\overline{3}$ %   II) $66,\overline{6}$ %   III) 100 %
   IV) $133,\overline{3}$ %   V) $166,\overline{6}$ %   VI) 200 %
   b) Le premier pourcentage est 33,3 %. Chaque pourcentage est égal à $33,\overline{3}$ % de plus que le précédent.
   c) Multiplier $33,\overline{3}$ % par le numérateur chaque fois.
   I) $233,\overline{3}$ %   II) $266,\overline{6}$ %   III) 300 %
3. **a)** I) 720   II) 72   III) 7,2   IV) 0,72
   b) La virgule décimale se déplace d'une position vers la gauche chaque fois.
   c) I) 7200   II) 0,072
4. **a)** Environ 5 coureurs
   b) 1 % de 618 égale environ 6. Donc, 0,8 % de 618 égale un peu moins de 6.
5. **a)** 168 personnes
   b) 100 % de 120 = 120 ; 50 % of 120 = 60 ;
   150 % de 120 = 120 + 60 = 180
   Donc, 140 % égale un peu moins de 180 personnes.
6. Environ 84 %
7. **a)** Moins de 20   **b)** 15
   c) La population a diminué de 1985 habitants.

2.5 Résoudre des problèmes de pourcentages, page 76

1. **a)** 20   **b)** 24   **c)** 800   **d)** 40
2. **a)** $833,\overline{3}$ g   **b)** 500 cm   **c)** 1500 g
3. **a)** Environ 7,1 %   **b)** 30 %
4. 1800 cm^3
5. **a)** Environ 5 %   **b)** Environ 5,3 %
6. 169 840
7. 250
8. **a)** 36 journaux   **b)** Environ 36 min
9. **a)** Environ 167 cm   **b)** Environ 180 cm
10. Les réponses varieront.
11. **a)** Canada : environ 0,31 km^2 ; États-Unis : environ 0,03 km^2 ; Mexique : environ 0,02 km^2
    b) I) Environ 223 %   II) Environ 406 %
    c) Les réponses varieront.

2.6 Les taxes de vente, les rabais et les commissions, page 79

1. I) **a)** Environ 2,00 $; environ 1,75 $
   b) 2,08 $; 1,82 $ **c)** 29,89 $
   II) **a)** Environ 12,00 $; environ 10,50 $
   b) 12,20 $; 10,67 $ **c)** 175,32 $
2. I) **a)** Environ 20,00 $ **b)** 18,00 $
   c) 71,99 $ **d)** 82,79 $
   II) **a)** Environ 60,00 $ **b)** 54,00 $
   c) 66,00 $ **d)** 75,90 $
3. **a)** 40 %   **b)** 13,10 $
4. Le choix B est la meilleure affaire.
   Le prix avec un rabais de 4000 $: 21 000 $
   Le prix avec un rabais de 20 % : 20 000 $
5. Le choix A
6. 3000 $
7. 389 120 $
8. **a)** Environ 150 $ **b)** 167,80 $
9. L'offre du magasin B
10. 44,95 $
11. **a)** 86,00 $ **b)** 66,26 $
12. **a)** 86,96 $ **b)** 13,04 $

2.7 L'intérêt simple, page 84
1. **a)** 0,05 **b)** 0,07 **c)** 0,03 **d)** 0,0125
   e) 0,035 **f)** 0,0325 **g)** 0,0575 **h)** 0,025
2. **a)** 9,00 $ **b)** 44,00 $ **c)** 48,00 $
3. **a)** 840,00 $ **b)** 1800,00 $ **c)** 740,00 $
4. **a)** 75 $; 2575 $ **b)** 1080 $; 7080,00 $
   c) 14 $; 714,00 $
5. **a)** 560 $ **b)** 53,33 $
6. 518,75 $
7. 3489,58 $
8. Par exemple : « Marie a investi 1 000 000 $ dans l'entreprise d'un ami au taux d'intérêt annuel de 4 % pendant 5 ans. Calcule le montant d'intérêt simple que Marie a reçu. » (Réponse : 200 000 $)
9. 3048,16 $
10. 7,5 %

Révision du module, page 89
1. 36 $
2. **a)** 3 **b)** 6
3. 14 matchs
4. **a)** 400 mL
   b) Environ 2 L de boisson gazeuse et 800 mL de jus
      Environ 3 L de boisson gazeuse et 1,2 L de jus
5. Environ 0,17 cm ou 1,7 mm
6. 18 cm
7. 210 h
8. **a)** 0,125 km/min **b)** 7,5 km/h
9. Jevon : 0,6 tour/min ; Kieran : environ 0,4 tour/min
   Jevon a réalisé la meilleure vitesse moyenne.
10. **a)** 29,2 kg **b)** Les réponses varieront.
11. **a)** Environ 20 bocaux **b)** 17 bocaux
12. 25 cartes
13. 17,25 m
14. 65
15. 40 300 t
16. 112,5 cm
17. **a)** 205,8 cm sur 235,2 cm **b)** 3,96 %
18. **a)** 69,99 $ **b)** Environ 28,6 %
19. 77,61 $
20. **a)** 17 500 $ **b)** 332 500 $ **c)** 7875 $
21. 37,50 $
22. **a)** 174,38 $ **b)** 1674,38 $ **c)** 93,02 $

Test pratique, page 91
1. 0,51 L
2. **a)** 455 km **b)** Environ 60,7 L
   c) Environ 6 h 30 min **d)** Environ 49 min
3. Oui ; environ 55,6 %
4. **a)** Environ 400 boîtes **b)** Environ 350 boîtes
5. 4340 $
6. Non ; le prix de la maison était plus bas à la fin de 2004.

Module 3 La géométrie et la mesure, page 94
Utilise tes connaissances, page 97
3. **a)** 432 cm^2 ; 576 cm^3 **b)** 210 mm^2 ; 196 mm^3
   c) Environ 53,6 m^2 ; environ 26,4 m^3
   d) 150 cm^2 ; 125 cm^3
4. **a)** 25 m^2 **b)** 24 cm^2 **c)** 2,64 cm^2
5. **a)** 7,265 m **b)** 0,43 m^2
   c) 0,98 m^3 **d)** 4280 L ; 4,28 × 10^3 L
   e) 875 cm ; 8,75 × 10^2 cm
   f) 13 600 cm^2 ; 1,36 × 10^4 cm^2
   g) 14 980 000 cm^3 ; 1,498 × 10^7 cm^3
   h) 9870 cm^3 ; 9,87 × 10^3 cm^3

3.1 Construire et dessiner des solides, page 104
1. Par exemple : A et H ; vue de haut, vue de dessous
   B et J ; vue de haut, vue de dessous
   B et L ; vue de face
   C et I ; vue de haut, vue de dessous
   D et J ; vue du côté gauche, vue du côté droit
5. **c)** Le nombre de sommets + le nombre de faces – le nombre d'arêtes = 2

3.2 Dessiner et plier des développements, page 109
1. **I) a)** Un prisme rectangulaire
   d) Les faces de devant et de derrière du prisme sont des rectangles congruents de 6 cm sur 8 cm, les faces de dessus et de dessous sont des rectangles congruents de 2 cm sur 8 cm et les deux faces de côté sont des rectangles congruents de 2 cm sur 6 cm.
   II) a) Un prisme triangulaire
   d) La face de devant du prisme est un rectangle de 2 cm sur 3 cm, les faces de dessus et de dessous sont des triangles équilatéraux congruents dont les côtés mesurent 2 cm et les deux faces de côté sont des rectangles congruents de 2 cm sur 3 cm.
3. Les réponses varieront.
4. **b)** Le développement de carton a des parties supplémentaires qui permettent de coller la boîte.
6. **a)** Un prisme hexagonal irrégulier

Module 3, Révision de mi-module, page 111
2. **a)** L'objet ressemble à un beigne.
3. **I) a)** Un prisme rectangulaire
   d) Les faces de devant et de derrière du prisme sont des rectangles congruents de 6 cm sur 7 cm, les faces de dessus et de dessous sont des rectangles congruents de 3 cm sur 6 cm et les deux faces de côté sont des rectangles congruents de 3 cm sur 7 cm.
   II) a) Un prisme dont la base est un parallélogramme
   d) Les faces de devant et de derrière du prisme sont des rectangles congruents de 2 cm sur 1 cm, les faces de dessus et de dessous sont des parallélogrammes congruents de 2 cm sur 3 cm et les deux faces de côté sont des rectangles congruents de 3 cm sur 1 cm.

III) a) Un prisme droit dont la base est un triangle rectangle
   d) Les deux bases sont des triangles rectangles congruents, les autres faces sont des rectangles. L'objet ressemble à une rampe.

3.3 L'aire totale d'un prisme triangulaire, page 115
1. a) 50 cm² b) 48 m²
2. a) 153 m² b) 0,324 m²
3. a) 2 567 200 cm² b) 268 cm²
4. a) 39,4 m² b) 34,4 m²
5. Les réponses varieront.
6. a) 2 cm et 12 cm ; 3 cm et 8 cm ; 4 cm et 6 cm ; 6 cm et 4 cm ; 8 cm et 3 cm ; 12 cm et 2 cm
   b) Un prisme de 12 cm de longueur dont les faces triangulaires équilatérales mesurent 2 cm de côté.
7. 1,44 m²
8. a) Un triangle rectangle dont les côtés de l'angle droit mesurent 3 cm et 4 cm et dont l'hypoténuse mesure 5 cm.
   b) 84 cm²
9. 471 cm²

3.4 Le volume d'un prisme triangulaire, page 119
1. a) 21,16 cm³ b) 217,5 cm³ c) 45 m³
2. a) 955,5 cm³ b) 240 m³ c) Environ 3,8 m³
3. a) 531,96 cm³ b) 108 cm³
4. a) Par exemple : 1 cm sur 2 cm sur 5 cm
   b) Par exemple : 2 m sur 3 m sur 3 m
   c) Par exemple : 2 m sur 4 m sur 2 m
   d) Par exemple : 3 cm sur 3 cm sur 4 cm
5. 18 cm³
6. Non, la base d'un prisme triangulaire est une des deux faces triangulaires qui donne son nom au prisme.
7. 7,5 cm
8. a) $A_t = 36$ m² ; $V = 12$ m³
   b) L'aire totale augmente, mais sans doubler. Le volume double. $A_t = 60$ m² ; $V = 24$ m³
   c) L'aire totale fait plus que doubler. Le volume devient 4 fois plus grand. $A_t = 96$ m² ; $V = 48$ m³
   d) L'aire totale devient 4 fois plus grande, et le volume devient 8 fois plus grand. $A_t = 144$ m² ; $V = 96$ m³
9. a) 1,125 m³
   b) Elle doit préparer 3,375 m³ de béton supplémentaire.
10. a) $A_t = 231,35$ cm² ; $V \approx 113,9$ cm³
    b) I) Par exemple : $b = 7$ cm, $h = 6,2$ cm, $L = 21$ cm
       II) La base et la hauteur des faces triangulaires sont multipliées par deux.
11. a) 292 m² ; 336 m³ b) 68,25 cm² ; 28,125 cm³

Lire et écrire en math: Les éléments d'un problème écrit, page 123
1. 39,96 $
2. 4 tables de huit et 9 tables de dix, 9 tables de huit et 5 tables de dix, 14 tables de huit et 1 table de dix
3. 12
4. $\frac{2}{5}$; la probabilité que les carreaux ne soient pas de la même couleur et celle qu'ils le soient ne sont pas égales. Par conséquent, le jeu n'est pas équitable.
5. Les réponses varieront.

Module 3, Révision du module, page 125
3. a) Un prisme trapézoïdal
   d) Les faces de dessus et de dessous sont des trapèzes congruents. Les deux faces de côté sont des rectangles congruents de 5,7 cm sur 6 cm. La face de derrière est un carré de 6 cm sur 6 cm. La face de devant est un rectangle de 14 cm sur 6 cm.
4. a) 7,2 cm² b) 0,96 cm³
5. a) 14,16 m² b) 2,295 m³
6. 6 m³
7. Par exemple : $b = 1$ m, $h = 1$ m, $L = 42$ m ; $b = 2$ m, $h = 21$ m, $L = 1$ m ; $b = 3$ m, $h = 7$ m, $L = 2$ m ; $b = 6$ m, $h = 7$ m, $L = 1$ m ; $b = 7$ m, $h = 3$ m, $L = 2$ m ; $b = 7$ m, $h = 6$ m, $L = 1$ m
8. a) Il peut doubler la longueur d'un des côtés de l'angle droit de la plate-bande triangulaire. L'autre côté reste de la même longueur. La mesure de l'hypoténuse augmente.
   b) Par exemple : La longueur d'un des côtés de l'angle droit peut augmenter à 12 m *ou* celle de l'autre côté peut augmenter à 16 m.
   c) Le volume de terre requise double.
9. a) 341 760 cm³ ; je suppose que le godet est tourné vers le haut et que la terre ne peut pas en tomber quand le tracteur se déplace. Je suppose également que le godet n'a pas été surchargé.
   b) 4 fois plus ; $2 \times 2 = 4$ c) 1 367 040 cm³
10. Suppose que le prisme est un prisme droit dont la base est un triangle rectangle.
    a) Par exemple : 1 m sur 2 m sur 25 m ; 2 m sur 5 m sur 5 m ; 5 m sur 10 m sur 1 m ; 5 m sur 5 m sur 2 m
    c) I) Par exemple : 1 m sur 2 m sur 100 m ; 2 m sur 4 m sur 25 m ; 2 m sur 5 m sur 20 m
       II) Par exemple : La base et la hauteur des faces triangulaires sont doublées.

Module 3, Test pratique, page 127
2. $A_t = 17,99$ m² ; $V = 3,0625$ m³
3. a) Le volume du prisme devient 9 fois plus grand : $3 \times 3 = 9$
   c) $V = 27,5625$ m³
4. a) Tous les prismes ont le même volume.
   b) Le prisme D a la plus petite aire totale.
5. a) Par exemple : $b = 1$ cm et $h = 60$ cm ; $b = 2$ cm et $h = 30$ cm ; $b = 3$ cm et $h = 20$ cm ; $b = 4$ cm et $h = 15$ cm ; $b = 5$ cm et $h = 12$ cm ; $b = 6$ cm et $h = 10$ cm ; plus les faces triangulaires obtenues en inversant les dimensions énumérées précédemment.
   c) Par exemple : $b = 5$ cm, $h = 12$ cm, troisième côté de la face triangulaire = 13 cm ; $A_t = 270$ cm²
   $b = 6$ cm, $h = 10$ cm, troisième côté de la face triangulaire = 11,7 cm ; $A_t = 253,9$ cm²

Module 4 Les fractions et les nombres décimaux, page 132
Utilise tes connaissances, page 134
1. a) 5 b) 16 c) 5
2. a) 30 b) $\frac{25}{3}$ c) $\frac{28}{9}$

3. a) 495 **b)** 440

4.1 Comparer et ordonner des fractions, page 137

1. a) $\frac{1}{2}$ **b)** $\frac{5}{6}$ **c)** $\frac{2}{3}$ **d)** $\frac{3}{4}$
e) $\frac{1}{3}$ **f)** $\frac{3}{4}$ **g)** $\frac{3}{4}$ **h)** $\frac{2}{5}$

2. a) $\frac{3}{8};\frac{1}{2};\frac{4}{5}$ **b)** $\frac{3}{5};\frac{7}{10};\frac{6}{8}$
c) $\frac{7}{4};\frac{6}{3};\frac{5}{2}$ **d)** $\frac{7}{5};\frac{13}{6};\frac{10}{3}$

3. a) $\frac{19}{10};\frac{9}{4};\frac{11}{3}$ **b)** $1\frac{9}{10};2\frac{1}{4};3\frac{2}{3}$ **c)** $1\frac{9}{10};2\frac{1}{4};3\frac{2}{3}$
d) Il est plus facile d'ordonner des nombres fractionnaires quand leurs entiers sont différents.

4. Oui

5. a) $\frac{1}{2}$ **b)** $\frac{3}{2}$ **c)** $\frac{1}{4}$ **d)** $\frac{3}{4}$ **e)** $\frac{5}{4}$ **f)** $\frac{7}{4}$

6. a) $\frac{0}{1};\frac{1}{1};\frac{1}{2};\frac{1}{2};\frac{2}{1};\frac{1}{3};\frac{3}{1};\frac{1}{5};\frac{2}{5};\frac{3}{5};\frac{4}{5}$
b) $\frac{0}{1};\frac{1}{5};\frac{1}{4};\frac{1}{3};\frac{2}{5};\frac{1}{2};\frac{3}{5};\frac{2}{3};\frac{3}{4};\frac{4}{5};\frac{1}{1}$

7. a) Par exemple : $\frac{21}{4};\frac{22}{4};\frac{23}{4};\frac{16}{3};\frac{17}{3};\frac{26}{5};\frac{27}{5};\frac{28}{5};\frac{29}{5};...$
b) Non ; il y a des fractions pour chaque dénominateur possible.

8. a) $\frac{3}{3};\frac{3}{4};\frac{3}{5};\frac{3}{6};\frac{3}{3};\frac{4}{4};\frac{4}{5};\frac{4}{6};\frac{5}{3};\frac{5}{4};\frac{5}{5};\frac{5}{6};\frac{6}{3};\frac{6}{4};\frac{6}{5};\frac{6}{6}$
b) $\frac{3}{6};\frac{3}{5};\frac{4}{6};\frac{3}{4};\frac{4}{5};\frac{5}{6};\frac{3}{3};\frac{4}{4};\frac{5}{5};\frac{6}{6};\frac{5}{4};\frac{6}{5};\frac{4}{3};\frac{5}{3};\frac{6}{4};\frac{6}{3}$
c) I) Aucune
II) $\frac{3}{4};\frac{3}{5};\frac{4}{5};\frac{4}{6};\frac{5}{6}$ III) $\frac{4}{3};\frac{5}{3};\frac{5}{4};\frac{6}{3};\frac{6}{4};\frac{6}{5}$

9. a) $\frac{22}{32}$ **b)** $\frac{919}{999}$

4.2 Additionner des fractions, page 141

1. a) $\frac{7}{9}$ **b)** $\frac{5}{6}$ **c)** $\frac{5}{6}$ **d)** $\frac{11}{12}$
e) $\frac{11}{15}$ **f)** $\frac{1}{2}$ **g)** $\frac{1}{3}$ **h)** $\frac{5}{8}$

2. a) $1\frac{7}{8}$ **b)** $2\frac{11}{20}$ **c)** $1\frac{37}{42}$ **d)** $2\frac{19}{30}$
e) $1\frac{7}{24}$ **f)** $1\frac{13}{35}$ **g)** $2\frac{25}{36}$ **h)** $3\frac{13}{30}$

3. $\frac{29}{30}$

4. Les réponses varieront.
a) I) $\frac{1}{4}+\frac{1}{4}=\frac{1}{2}$ II) $\frac{3}{8}+\frac{3}{8}=\frac{3}{4}$ III) $\frac{9}{20}+\frac{9}{20}=\frac{9}{10}$
b) I) $\frac{1}{4}+\frac{2}{8}=\frac{1}{2}$ II) $\frac{6}{16}+\frac{3}{8}=\frac{3}{4}$ III) $\frac{18}{40}+\frac{9}{20}=\frac{9}{10}$

5. a) $\frac{1}{5}+\frac{3}{5};\frac{2}{5}+\frac{2}{5};\frac{1}{5}+\frac{1}{5}+\frac{2}{5};\frac{7}{10}+\frac{1}{10};\frac{8}{15}+\frac{1}{5}+\frac{1}{5};...$
b) $\frac{1}{10}+\frac{3}{5};\frac{1}{5}+\frac{1}{2};\frac{3}{10}+\frac{2}{5};\frac{1}{10}+\frac{3}{10}+\frac{3}{10};\frac{1}{3}+\frac{1}{5}+\frac{1}{6};...$
c) $\frac{1}{9}+\frac{1}{9};\frac{2}{18}+\frac{3}{27};\frac{1}{12}+\frac{1}{12}+\frac{1}{18};\frac{1}{27}+\frac{1}{27}+\frac{4}{27};...$

6. a) $7\frac{7}{12}$ **b)** $4\frac{2}{5}$ **c)** $4\frac{7}{20}$ **d)** $2\frac{13}{24}$ **e)** $3\frac{4}{15}$ **f)** $7\frac{11}{40}$

7. $6\frac{7}{15}$ h

8. a) $1\frac{11}{12}$ **b)** $1\frac{29}{60}$ **c)** $2\frac{29}{30}$ **d)** $2\frac{1}{60}$ **e)** $5\frac{3}{5}$ **f)** $2\frac{11}{30}$

9. a) Oui **b)** Non **c)** Non **d)** Non **e)** Non
f) Oui **g)** Non **h)** Oui **i)** Oui

10. a) $\frac{1}{2}+\frac{1}{4}$ **b)** $\frac{1}{4}+\frac{1}{6}$ **c)** $\frac{1}{2}+\frac{1}{5}$

11. $7\frac{1}{2}$; j'ai utilisé des nombres fractionnaires.

4.3 Soustraire des fractions, page 146

1. a) $\frac{9}{4}$ **b)** $\frac{1}{8}$ **c)** $\frac{3}{2}$ **d)** $\frac{4}{3}$
e) 1 **f)** $\frac{13}{9}$ **g)** 3 **h)** $\frac{3}{14}$

2. a) $\frac{1}{12}$ **b)** $\frac{1}{5}$ **c)** $\frac{3}{20}$ **d)** $\frac{13}{24}$
e) $\frac{1}{12}$ **f)** $\frac{11}{15}$ **g)** $\frac{13}{10}$ **h)** $\frac{7}{15}$

3. $\frac{3}{8}$

4. a) $\frac{31}{12}$ **b)** $\frac{14}{15}$ **c)** $\frac{23}{20}$ **d)** $\frac{13}{15}$
e) $\frac{29}{10}$ **f)** $\frac{53}{30}$ **g)** $\frac{5}{6}$ **h)** $\frac{41}{24}$

5. a) $\frac{3}{2}-\frac{4}{5};\frac{3}{2}-\frac{3}{4};\frac{3}{2}-\frac{4}{5};\frac{3}{2}-\frac{3}{4};\frac{4}{2}-\frac{3}{5};\frac{4}{2}-\frac{5}{3};\frac{4}{2}-\frac{2}{3};\frac{4}{2}-\frac{2}{3};$
$\frac{5}{2}-\frac{3}{4};\frac{5}{2}-\frac{4}{3};\frac{5}{2}-\frac{2}{3};\frac{5}{2}-\frac{2}{3}$
b) $\frac{5}{2}-\frac{3}{4}$ **c)** $\frac{3}{5}-\frac{2}{4}$

6. a) $2\frac{11}{20}$ **b)** $1\frac{31}{40}$ **c)** $1\frac{11}{30}$ **d)** $\frac{19}{30}$ **e)** $3\frac{1}{18}$ **f)** $2\frac{17}{18}$

7. a) I) $2\frac{1}{5}$ II) $3\frac{4}{7}$ III) $4\frac{1}{6}$

8. Les réponses varieront.
a) $\frac{9}{10}-\frac{2}{5}$ **b)** $\frac{5}{6}-\frac{1}{12}$ **c)** $\frac{2}{15}-\frac{1}{30}$ **d)** $\frac{1}{4}-\frac{1}{12}$ **e)** $\frac{1}{2}-\frac{1}{4}$

9. a) 12 livres **b)** 18 livres

10. a) $\frac{1}{2};\frac{1}{6};\frac{1}{12};\frac{1}{20}$
b) Par exemple : $\frac{1}{5}-\frac{1}{6}=\frac{1}{30};\frac{1}{6}-\frac{1}{7}=\frac{1}{42};\frac{1}{7}-\frac{1}{8}=\frac{1}{56}$
c) Par exemple : Les dénominateurs des fractions augmentent de 1 chaque fois.
Le dénominateur de la différence est le produit des dénominateurs des fractions soustraites.

11. 24

12. $\frac{11}{30}$

4.4 Multiplier des fractions à l'aide de modèles, page 150

1. a) $\frac{3}{8}$ **b)** $\frac{1}{2}$ **c)** $\frac{1}{5}$ **d)** $\frac{5}{12}$ **e)** $\frac{21}{40}$ **f)** $\frac{3}{5}$

2. a) $\frac{15}{32}$ **b)** $\frac{8}{45}$ **c)** $\frac{1}{2}$ **d)** $\frac{4}{7}$ **e)** $\frac{2}{9}$ **f)** $\frac{16}{25}$

3. $\frac{3}{7}\times\frac{1}{6}=\frac{1}{14};\frac{5}{6}\times\frac{3}{8}=\frac{5}{16};\frac{4}{9}\times\frac{3}{5}=\frac{4}{15}$

4. a) I) $\frac{3}{10}$ II) $\frac{3}{10}$ III) $\frac{3}{32}$
IV) $\frac{3}{32}$ V) $\frac{2}{5}$ VI) $\frac{2}{5}$
b) Les aires en I) et en II) sont identiques, tout comme les aires en III) et en IV), ainsi que les aires en V) et en VI).

5. Chaque expression égale $\frac{15}{96}$.

4.5 Multiplier des fractions, page 153

1. a) $\frac{5}{16}$ **b)** $\frac{2}{5}$ **c)** $\frac{9}{40}$

2. a) $\frac{2}{5}$ **b)** $\frac{1}{4}$ **c)** $\frac{1}{24}$ **d)** $\frac{39}{16}$ **e)** $\frac{11}{8}$ **f)** $\frac{49}{24}$

3. $\frac{7}{12}$

4. a) I) 1 II) 1 III) 1 IV) 1
V) 1 VI) 1

b) Tous les produits égalent 1.

Par exemple : $\frac{2}{3} \times \frac{3}{2}$; $\frac{11}{19} \times \frac{19}{11}$; $\frac{5}{7} \times \frac{7}{5}$.

Chaque fraction est l'inverse de l'autre.

5. a) $4\frac{3}{8}$ b) $8\frac{1}{15}$ c) $5\frac{15}{32}$ d) $14\frac{1}{16}$ e) $3\frac{11}{25}$
f) $2\frac{11}{40}$

6. Non. La somme de deux fractions dont les dénominateurs sont plus grands que 1 est supérieure au produit des deux fractions.

7. a) $\frac{4}{81}$ b) $\frac{216}{125}$ c) $\frac{81}{10\,000}$ d) $\frac{625}{16}$

8. a) I) $\frac{5}{2} \times \frac{4}{5}$ II) $\frac{7}{3} \times \frac{9}{7}$ III) $\frac{11}{5} \times \frac{20}{11}$ IV) $\frac{9}{4} \times \frac{20}{9}$
   b) $\frac{3}{2} \times \frac{2}{3}$ I) $\frac{6}{2} \times \frac{2}{3}$ II) $\frac{9}{2} \times \frac{2}{3}$ III) $\frac{12}{2} \times \frac{2}{3}$
   IV) $\frac{15}{2} \times \frac{2}{3}$
   c) $\frac{30}{2} \times \frac{2}{3}$

9. $\frac{10}{9}$

10. $\frac{1}{6}$

Module 4, Révision de mi-module, page 156

1. $\frac{1}{4}$; $\frac{1}{2}$; $\frac{5}{8}$; $\frac{2}{3}$; $\frac{3}{4}$

2. Paola ; $\frac{3}{4}$ est plus grand que $\frac{5}{7}$.

3. a) $\frac{2}{5}$; $\frac{1}{4}$; $\frac{3}{8}$; $\frac{1}{3}$ b) $\frac{2}{3}$; $\frac{7}{12}$; $\frac{8}{10}$; $\frac{5}{6}$

4. a) $2\frac{1}{2} = \frac{5}{2}$ b) $2\frac{1}{6} = \frac{13}{6}$ c) $2\frac{1}{12} = \frac{25}{12}$ d) $2\frac{1}{20} = \frac{40}{20}$

Chaque fraction est additionnée à son inverse. Le numérateur et le dénominateur de la première fraction additionnée augmentent de 1 chaque fois.
Chaque somme est égale à 2 entiers plus une fraction unitaire. Le dénominateur de la fraction unitaire est le produit des dénominateurs des fractions additionnées.

5. Non. Les $\frac{59}{60}$ du seau seront pleins.

6. a) $4\frac{5}{8}$ b) $5\frac{1}{2}$ c) $5\frac{17}{40}$ d) $4\frac{7}{24}$ e) $5\frac{2}{9}$ f) $3\frac{23}{30}$

7. Oui, car la somme des nombres de toute rangée, colonne ou diagonale est 1.

8. a) $\frac{1}{10}$ b) $\frac{22}{21}$ c) $\frac{17}{20}$ d) $\frac{1}{10}$

9. a) $1\frac{1}{2}$ b) $3\frac{1}{40}$ c) $\frac{17}{20}$ d) $\frac{27}{40}$

10. a) Farrah b) $\frac{1}{30}$

11. a) $\frac{7}{16}$ b) $\frac{3}{8}$ c) $\frac{1}{2}$ d) $\frac{8}{15}$

12. a) $\frac{4}{15}$ b) $\frac{21}{40}$ c) $8\frac{4}{15}$ d) $4\frac{76}{81}$

13. $\frac{2}{15}$

4.6 Diviser des fractions et des nombres naturels à l'aide de modèles, page 159

1. a) I) 6 II) 3
   b) I) 12 II) 6 III) 4
   c) I) $\frac{1}{4}$ II) $\frac{1}{8}$ III) $\frac{1}{16}$

2. a) 4 b) 9 c) $4\frac{1}{2}$ d) 16 e) 8 f) $5\frac{1}{3}$

3. a) $\frac{1}{4}$ b) $\frac{1}{9}$ c) $\frac{2}{9}$ d) $\frac{1}{16}$ e) $\frac{1}{8}$ f) $\frac{3}{16}$

4. a) $\frac{4}{15}$ b) $5\frac{1}{3}$ c) $\frac{1}{10}$ d) 8 e) 6 f) $\frac{5}{16}$

5. 4

6. $\frac{2}{3} \div 4 = \frac{1}{6}$; $4 \div \frac{2}{3} = 6$

7. a) $2 \div \frac{4}{6} = 3$; $2 \div \frac{6}{4} = \frac{4}{3}$; $4 \div \frac{2}{6} = 12$; $4 \div \frac{6}{2} = \frac{4}{3}$;
   $6 \div \frac{2}{4} = 12$; $6 \div \frac{4}{2} = 3$
   b) $4 \div \frac{2}{6}$ et $6 \div \frac{2}{4}$ donnent toutes deux le quotient 12.
   $2 \div \frac{6}{4}$ et $4 \div \frac{6}{2}$ donnent toutes deux le quotient $\frac{4}{3}$.

8. Par exemple : $\frac{36}{5} \div 6 = \frac{6}{5}$; $\frac{36}{5} - 6 = \frac{6}{5}$;
   $\frac{25}{4} \div 5 = \frac{5}{4}$; $\frac{25}{4} - 5 = \frac{5}{4}$

4.7 Diviser des fractions, page 163

1. a) $2\frac{1}{2}$ b) $2\frac{1}{4}$

2. a) $2\frac{2}{15}$ b) $\frac{27}{50}$ c) $2\frac{5}{8}$ d) $\frac{3}{7}$

3. a) $2\frac{1}{3}$, ou $\frac{7}{3}$ b) $\frac{6}{11}$ c) $7\frac{1}{2}$ ou $\frac{15}{2}$ d) $\frac{20}{27}$

4. a) $\frac{57}{80}$ b) $1\frac{5}{28}$ c) $1\frac{17}{18}$ d) 1

5. a) $\frac{25}{9}$ ou $2\frac{7}{9}$ b) 1 c) $\frac{1}{15}$ d) $\frac{35}{58}$

6. a) I) $1\frac{1}{5}$ ou $\frac{6}{5}$ II) $\frac{5}{6}$ III) $1\frac{11}{24}$ ou $\frac{35}{24}$
   IV) $\frac{24}{35}$ V) $2\frac{1}{12}$ ou $\frac{25}{12}$ VI) $\frac{12}{25}$

   b) Les deux divisions de chaque paire présentent les mêmes fractions, mais dans l'ordre inverse. Les quotients de chaque paire sont l'inverse l'un de l'autre.

   $\frac{3}{8} \div \frac{2}{5} = \frac{15}{16}$; $\frac{2}{5} \div \frac{3}{8} = \frac{16}{15}$
   $\frac{7}{9} \div \frac{1}{3} = \frac{7}{3}$; $\frac{1}{3} \div \frac{7}{9} = \frac{3}{7}$

7. a) Il y a 24 divisions possibles.
   Par exemple : $\frac{2}{3} \div \frac{4}{5}$; $\frac{2}{3} \div \frac{5}{4}$; $\frac{3}{2} \div \frac{4}{5}$; $\frac{3}{2} \div \frac{5}{4}$; ...
   b) $3\frac{1}{3}$ ou $\frac{10}{3}$ est le plus grand quotient. $\frac{3}{10}$ est le plus petit quotient.

8. L'expression en c) a la plus grande valeur : $4\frac{4}{5}$.

9. Par exemple : $\frac{4}{8} \div \frac{3}{5}$; $\frac{5}{4} \div \frac{6}{4}$; $\frac{5}{8} \div \frac{3}{4}$

4.8 Convertir des nombres décimaux en fractions et des fractions en nombres décimaux, page 167

1. a) I) $0,\overline{6}$ II) $0,75$ III) $0,8$
   IV) $0,8\overline{3}$ V) $0,\overline{857142}$

   b) Les nombres décimaux exacts ne remplissent pas l'écran de la calculatrice.

2. a) $\frac{73}{100}$ b) $\frac{153}{200}$ c) $\frac{1753}{2000}$ d) $\frac{3}{5000}$

3. a) $\frac{5}{10} = 0,5$ b) $\frac{40}{100} = 0,4$ c) $\frac{75}{100} = 0,75$
   d) $\frac{52}{100} = 0,52$ e) $\frac{38}{100} = 0,38$

4. a) $0,\overline{285714}$ b) $0,\overline{27}$ c) $0,\overline{2}$
   d) $0,294\,117\,647$ e) $0,\overline{384615}$

5. Je peux diviser à la main.

6. $0,2$ a) $0,8$ b) $1,4$ c) $1,8$ d) $2,2$

7. **a)** Par exemple : $\frac{76}{100}$; $\frac{38}{50}$; $\frac{19}{25}$; $\frac{152}{200}$; $\frac{228}{300}$; ...
   b) Non ; je peux multiplier le numérateur et le dénominateur par tout nombre naturel pour trouver d'autres fractions équivalentes.

8. **a)** 1 ; 2 ; 1,5 ; 1,$\overline{6}$; 1,6 ; 1,625. Chaque nombre est alternativement plus grand ou plus petit que le nombre précédent.
   b) 1,$\overline{615384}$; 1,$\overline{619047}$; 1,61747059 ; 1,6$\overline{18}$. Les nombres se rapprochent de plus en plus de 1,618.

9. **a)** 0,$\overline{142857}$; 0,$\overline{285714}$; 0,$\overline{428571}$; 0,$\overline{571428}$; 0,$\overline{714285}$; 0,$\overline{857142}$. Les chiffres des dixièmes sont 1, 2, 4, 5, 7 et 8. Leur régularité est : À partir du nombre 1, ajoute 1 puis 2, en alternance. Les chiffres qui suivent le chiffre des dixièmes obéissent à une rotation cyclique dans le sens horaire.
   b) 0,$\overline{1}$; 0,$\overline{2}$; 0,$\overline{3}$; 0,$\overline{4}$; 0,$\overline{5}$; 0,$\overline{6}$; 0,$\overline{7}$; 0,$\overline{8}$. Le chiffre des dixièmes augmente de 1 chaque fois et se répète toujours à l'infini.
   c) 0,$\overline{09}$; 0,$\overline{18}$; 0,$\overline{27}$; 0,$\overline{36}$; 0,$\overline{45}$; 0,$\overline{54}$; 0,$\overline{63}$; 0,$\overline{72}$; 0,$\overline{81}$; 0,$\overline{90}$. Les chiffres qui se répètent forment les multiples de 9 par ordre croissant.

10. **a)** 0,01 ; 0,1 ; 0,$\overline{1}$; 1,01   **b)** 0,3 ; 0,$\overline{3}$; 0,35 ; 1,$\overline{3}$; 2,3
    c) 0,46 ; 0,64 ; 0,$\overline{6}$; 1,0$\overline{6}$; 1,4$\overline{6}$

4.9 Diviser par 0,1, par 0,01 et par 0,001, page 170

1. **a)** 5,47 ; 54,7 ; 547 ; 5470 ; 54 700 ; 547 000
   b) 8,79 ; 87,9 ; 879 ; 8790 ; 87 900 ; 879 000
   c) 0,345 ; 3,45 ; 34,5 ; 345 ; 3450 ; 34 500
   d) 0,0652 ; 0,652 ; 6,52 ; 65,2 ; 652 ; 6520
   e) 65,4212 ; 654,212 ; 6542,12 ; 65 421,2 ; 654 212 ; 6 542 120
   f) 0,002 34 ; 0,0234 ; 0,234 ; 2,34 ; 23,4 ; 234
   g) 0,089 ; 0,89 ; 8,9 ; 89 ; 890 ; 8900
   h) 0,1001 ; 1,001 ; 10,01 ; 100,1 ; 1001 ; 10 010

2. **a)** 0,147   **b)** 14 700   **c)** 96,4   **d)** 12 300
   e) 34,5   **f)** 1,23   **g)** 2345   **h)** 123

3. **a)** 1   **b)** 10   **c)** 0,01   **d)** 0,1   **e)** 0,1   **f)** 0,01
   g) 0,01   **h)** 0,1   **i)** 0,01

4. **a)** 2340   **b)** 3,45   **c)** 0,1223   **d)** 12   **e)** 13,2
   f) 0,05   **g)** 0,0725   **h)** 7,25   **i)** 14,56

5. Non. Si le diviseur est un nombre décimal inférieur à 1 et si le dividende n'est pas 0, le quotient est supérieur au dividende ; par exemple : 13,2 ÷ 0,01 = 1320.

6. **a)** 1781   **b)** 4250   **c)** 1,12   **d)** 10,5
   e) 1060   **f)** 30 200

7. **a)** 1,55 cm ; 23,1 cm   **b)** 15,5 cm ; 33 cm
   c) 155 cm ; 310,2 cm   **d)** 1550 cm ; 3100,02 cm
   e) 15 500 cm ; 31 000,002 cm

8. **b)** I) 16 cm²   II) 26,4 cm²   III) 41,28 cm²
   c) Plus grand, car le diviseur serait inférieur à 1.
   d) Le rectangle de 6 cm sur 4,4 cm serait semblable si on divisait la longueur de chaque côté par 0,1.
   I) 160 cm²   II) 2640 cm²   III) 41 280 cm²

Lire et écrire en math : Communiquer de l'information mathématique, page 173

1. **a)** La somme d'argent dépensée.
   b) « Shazi a acheté pour 4,80 $ de friandises. Elle a acheté des friandises à 30 ¢ et des friandises à 60 ¢. En tout, elle a acheté 10 friandises. Combien de friandises de chaque prix a-t-elle achetées ? » (Réponse : 6 de 60 ¢ et 4 de 30 ¢)

2. **a)** Le prix des bicyclettes et des tricycles
   b) 30 tricycles et 20 bicyclettes

3. **a)** Combien de fois chaque équipe affronte-t-elle chaque autre équipe ? La saison comprend-elle les éliminatoires ?

Module 4, Révision du module, page 175

1. **a)** $\frac{1}{3}$ **b)** $\frac{3}{5}$ **c)** $\frac{1}{2}$ **d)** $\frac{13}{20}$

2. **a)** Lola
   b) Tout nombre de questions divisible par 3 et par 5 (soit un multiple de 15)

3. **a)** $\frac{1}{4}$; $\frac{2}{3}$; $\frac{3}{4}$; $\frac{4}{5}$; $\frac{5}{6}$ **b)** $\frac{1}{8}$; $\frac{3}{8}$; $\frac{2}{5}$; $\frac{3}{7}$; $\frac{7}{10}$

4. **a)** $\frac{7}{6}$; $\frac{7}{8}$; $\frac{3}{4}$; $\frac{1}{2}$ **b)** $\frac{4}{3}$; $\frac{3}{4}$; $\frac{4}{10}$; $\frac{3}{12}$; $\frac{1}{6}$
   c) $\frac{4}{5}$; $\frac{2}{3}$ et $\frac{4}{6}$; $\frac{2}{4}$; $\frac{4}{10}$

5. **a)** $\frac{9}{8}$ **b)** $\frac{47}{42}$ **c)** $\frac{61}{15}$

6. **a)** $\frac{3}{20}$ **b)** $\frac{13}{12}$ **c)** $\frac{55}{72}$ **d)** $\frac{7}{30}$

7. **a)** $4\frac{1}{6}$ **b)** $1\frac{19}{30}$ **c)** $7\frac{1}{24}$ **d)** $\frac{3}{4}$

8. $1\frac{17}{40}$ tasse

9. **a)** 10   **b)** $\frac{7}{16}$ **c)** $7\frac{1}{2}$ **d)** $\frac{1}{4}$
   e) $\frac{6}{25}$ **f)** $\frac{9}{40}$ **g)** $8\frac{1}{3}$ **h)** $3\frac{5}{24}$

10. $\frac{3}{10}$

11. **a)** 3   **b)** $2\frac{2}{3}$ **c)** $3\frac{3}{4}$ **d)** $4\frac{4}{5}$

12. On peut remplir 12 verres de lait avec un pichet.

13. **a)** $\frac{3}{20}$ **b)** $\frac{8}{15}$ **c)** $1\frac{5}{8}$ **d)** $\frac{5}{12}$

14. Joseph peut tricoter 20 carrés en 25 h.

15. S'il s'agit d'une fraction propre, le quotient est plus petit que 1. Si la fraction est une fraction impropre plus grande que le diviseur, le quotient est plus grand que 1. Si la fraction est impropre et plus petite que le diviseur, le quotient est plus petit que 1.

16. **a)** 9   **b)** 3   **c)** 2   **d)** $1\frac{7}{9}$
    e) $2\frac{2}{3}$ **f)** $1\frac{1}{2}$ **g)** $5\frac{19}{25}$ **h)** 1

17. **a)** $3\frac{3}{4}$ **b)** $\frac{5}{24}$ **c)** 2   **d)** $\frac{21}{100}$

18. **a)** $\frac{14}{17}$ **b)** $1\frac{49}{66}$ **c)** $2\frac{6}{11}$ **d)** $\frac{1}{2}$

19. Le quotient est plus petit que 1 si le dividende est plus petit que le diviseur.
    Le quotient est plus grand que 1 si le dividende est plus grand que le diviseur.

20. a) I) $\frac{3}{2}$ II) $\frac{3}{2}$
  b) I) $\frac{1}{2}$ II) $\frac{1}{2}$
  c) I) $\frac{3}{5}$ II) $\frac{3}{5}$
  d) I) $\frac{5}{9}$ II) $\frac{5}{9}$
  Le produit et le quotient de chaque paire sont égaux.
21. a) $\frac{3}{8}$ **b)** $\frac{15}{4}$ **c)** $\frac{10}{3}$ **d)** $4\frac{1}{4}$
22. a) $\frac{1}{4}$ **b)** $\frac{3}{4}$ **c)** $\frac{8}{25}$ **d)** $\frac{1}{200}$
23. a) 0,125   **b)** 0,6   **c)** 0,492   **d)** 0,95
24. a) $0,\overline{6}$ **b)** $0,\overline{428571}$ **c)** $0,\overline{230769}$ **d)** $0,\overline{36}$
25. b) 0,34 ; 0,35 ; 0,36 ; 0,37 ; 0,38 ; 0,39 ; 0,40 ; 0,41 ; 0,42 ; 0,43 ; ... ; 0,71 ; 0,72 ; 0,73 ; 0,74
26. a) 5780   **b)** 4,41   **c)** 458

Module 4, Test pratique, page 177

1. a) $\frac{43}{20}$ **b)** $\frac{19}{30}$ **c)** $\frac{4}{21}$ **d)** $2\frac{1}{7}$
2. L'expression en c) : $3\frac{1}{3}$
3. Le produit de deux inverses est 1 ; $\frac{4}{3} \times \frac{3}{4} = 1$
4. a) $0,\overline{142857}$ **b)** 2
5. 3 ; $\frac{2+3}{7+3} = \frac{5}{10} = \frac{1}{2}$
6. a) $\frac{1}{5}$
  b) 30 ; le nombre d'élèves est un multiple de 3 et de 5.
7. a) 0,875   **b)** $\frac{16}{25}$ **c)** $0,\overline{45}$ **d)** $\frac{1}{250}$
8. a) La nouvelle fraction ; $\frac{3+1}{5+1} = \frac{4}{6}$
  b) $\frac{2+1}{3+1} = \frac{3}{4}$; $\frac{17+1}{18+1} = \frac{18}{19}$; $\frac{101+1}{120+1} = \frac{102}{121}$; la nouvelle fraction est toujours plus grande.

Module 4, Problème du module : Diviser un carré, page 178

Partie 1 : $\frac{1}{12}$ unités² ; $\frac{3}{16}$ unités² ; $\frac{11}{24}$ unités² ; $\frac{13}{48}$ unités²
$\frac{1}{12}, \frac{3}{16}, \frac{13}{48}, \frac{11}{24}$
Partie 2 : Carré A : $\frac{1}{2}$ Carré B : $\frac{1}{4}$
  Carré C : $\frac{1}{3}$ Carré D : $\frac{2}{3}$

Révision cumulative, modules 1 à 4, page 180

1. a) 24 276
  b) Les estimations varieront ; la réponse la plus proche est 27.
2. a) 2×19 **b)** 3×5 **c)** $2^2 \times 3^2 \times 7$ **d)** $3 \times 5 \times 7$
3. a) $3,036\ 21 \times 10^5$ **b)** $3,036\ 28 \times 10^5$
  c) 7 ; on ne peut pas écrire 7 en puissance de 10.
4. a) $40 \div 5 + 3 \times (2^2 - 1) = 17$
  b) $(40 \div 5) + 3 \times 2^2 - 1 = 19$
  c) $40 \div 5 + (3 \times 2)^2 - 1 = 43$
  d) $40 \div (5 + 3) \times (2^2 - 1) = 15$
5. 25
6. 8
7. 1,625 km
8. a) 3   **b)** 99,3 %
9. 5625 $

10. a) 10 $, 510 $ **b)** 385 $, 3135 $
  c) 421,88 $, 4921,88 $
12. a) 42 cm²   **b)** 15,6 cm³
13. a) Par exemple : Trois nombres naturels quelconques dont le produit est 24.
  b) Par exemple : Trois nombres naturels quelconques dont le produit est 48.
14. a) =   **b)** =   **c)** >   **d)** <   **e)** <   **f)** <
15. a) $\frac{13}{20}$ **b)** $\frac{7}{8}$ **c)** $\frac{5}{8}$ **d)** $\frac{2}{5}$ **e)** $3\frac{19}{36}$ **f)** $4\frac{11}{24}$
16. a) $\frac{5}{6}$ **b)** $\frac{1}{2}$ **c)** $\frac{1}{9}$ **d)** 4   **e)** $\frac{1}{4}$ **f)** $\frac{1}{9}$
  Les expressions en c) et en f) ont la plus petite valeur.
17. a) 0,26   **b)** 0,25
  c) 0,255   **d)** $0,\overline{27}$
  0,25 ; 0,255 ; 0,26 ; $0,\overline{27}$
18. a) 32 750   **b)** 327 500   **c)** 3 275 000
  d) 6550   **e)** 65 500   **f)** 655 000

Module 5 La gestion de données, page 182

Utilise tes connaissances, page 185

1. a) Pièces de 1 ¢ : 24 %, pièces de 5 ¢ : 30 %, pièces de 10 ¢ : 18 %, pièces de 25 ¢ : 28 %
  b) Chapeaux : 20 %, bas : 40 %, chandails : 15 %, gants : 20 %, souliers : 5 %
2. a) Denise, car la ligne brisée descend vers la droite, ce qui signifie que la somme d'argent diminue.
  b) David, car la ligne brisée monte vers la droite, ce qui signifie que la somme d'argent augmente.
  c) Dans le compte de Diana, car la ligne brisée est horizontale. La somme d'argent est restée la même.
  d) Denise : 60 $; David : 270 $; Diana : 200 $

5.1 Faire le lien entre un recensement et un échantillon, page 189

1. a) D'un échantillon ; les élèves ne sont pas tous interrogés.
  b) D'un recensement ; tous les élèves de 13 ans sont interrogés.
  c) D'un échantillon ; les clientes et les clients ne sont pas tous interrogés.
2. a) Biaisé ; seules les personnes intéressées retourneront le sondage rempli.
  b) Fiable ; les élèves sont choisis au hasard.
  c) Biaisé ; seules les personnes qui lisent le magazine sont interrogées.
  d) Biaisé ; les joueuses et les joueurs ne sont pas interrogés.
3. a) Cela coûterait trop cher d'interroger tous les jeunes du Canada qui jouent au hockey.
  b) Il serait trop coûteux et trop difficile d'interroger toutes les familles canadiennes.
  c) Il serait trop coûteux, trop difficile et trop long de tester toutes les piles AAA dans des calculatrices.

4. Internet – avantage : il y a beaucoup de données disponibles ; inconvénient : les données ne sont peut-être pas à jour
Sondage téléphonique – avantage : l'échantillon peut être aléatoire ; inconvénient : certaines personnes ne veulent pas répondre

5. a) Des gens de Brantford âgés de 13 à 25 ans
   b) Des boîtes de jus de 1 L fabriquées par l'entreprise
   c) De toutes les écoles membres du conseil

6. I) a) Oui
      b) Interroger des élèves choisis au hasard parmi l'ensemble des élèves de l'école.
   II) a) Oui
       b) Interroger chaque 10e personne qui entre dans la boutique, peu importe les chaussures qu'elle porte.
   III) a) Oui
        b) Interroger diverses personnes dans la ville, pas seulement celles qui vont à un centre d'entraînement.
   IV) a) Oui
       b) Mener un sondage téléphonique auprès d'un échantillon aléatoire de personnes.

7. a) Un échantillon ; il y a beaucoup trop de gens, et cela coûterait trop cher d'interroger chaque personne qui utilise la nouvelle crème solaire.
   b) Un échantillon ; il serait trop cher et trop long d'interroger toutes les personnes qui mangent du yogourt au Canada.
   c) Un recensement ; il est possible d'interroger l'ensemble des élèves de 6e, de 7e et de 8e année de l'école.
   d) Un recensement ; je peux interroger tous mes amis.

8. Par exemple : Je distribue un sondage à l'ensemble des élèves de l'école. Les élèves doivent remplir le sondage et le retourner au secrétariat. J'utilise la liste des élèves de l'école et je tiens compte des réponses de chaque 10e élève de la liste.

Technologie: Utiliser le Recensement à l'école pour obtenir des données secondaires, page 193

1. a) L'autobus   b) Oui
2. 3,8 % + 4,5 % = 8,3 %
3. 16 % chez les filles ; 17 % chez les garçons

5.2 Déduire et évaluer, page 196

1. Les réponses varieront. Par exemple : Élise, car ses temps sont plus constants.
2. a) Pas nécessairement, car l'échantillon est trop petit. De plus, les chats n'ont pas reçu un choix d'aliments.
   b) 7 chats sur 10 avaient faim.
3. a) L'administration fédérale a dépensé beaucoup plus d'argent pour l'épuration de l'eau en 1994 qu'au cours des années précédentes. Les dépenses ont atteint un sommet en 1998.
   b) I) Depuis le sommet atteint en 1998, les dépenses ont diminué.
      II) Les dépenses ont considérablement augmenté depuis 1993.
4. a) Plus d'élèves ont choisi la natation que toute autre activité.
   b) Neuf élèves préfèrent les activités aquatiques, et onze élèves préfèrent les activités terrestres.
5. a) Non ; j'ignore si les 120 élèves font partie d'un échantillon aléatoire. Je ne peux donc pas affirmer que cette déduction est valable pour toute l'école.
   b) Un tiers des élèves interrogés sont d'avis que les heures d'ouverture de la bibliothèque devraient être prolongées.
6. a) Il peut construire un diagramme à bandes.
   b) 60 % des accidents d'automobile ne se produisent pas près de la maison.
   c) Il y a deux fois plus d'accidents dans les parcs de stationnement que sur les routes de campagne. La moitié des accidents se produisent sur l'autoroute ou dans un parc de stationnement.
7. a) Le nombre de jeunes gens qui mangent des fruits et légumes de 5 à 10 fois par jour, selon le groupe d'âge et le sexe
   b) I) Plus de femmes que d'hommes mangent des fruits et légumes de 5 à 10 fois par jour, en particulier chez les personnes âgées de 25 à 34 ans.
      II) Presque deux fois plus d'hommes âgés de 25 à 34 ans que d'hommes âgés de 20 à 24 ans mangent des fruits et légumes de 5 à 10 fois par jour.
   c) I) Les hommes âgés de 12 à 24 ans mangent le moins de fruits et légumes par jour.
      II) Les femmes de 15 à 19 ans et les femmes de 20 à 24 ans mangent environ la même quantité de fruits et légumes par jour.
   d) I) Le nombre de personnes âgées de 12 à 34 ans qui mangent des fruits et légumes plus de 10 fois par jour, selon le groupe d'âge et le sexe
      II) Non ; ce tableau montre que les hommes âgés de 12 à 14 ans et de 15 à 19 ans sont plus nombreux que les femmes des mêmes groupes d'âge à manger des fruits et légumes plus de 10 fois par jour.

5.3 La représentation des données, page 203

1. b) L'assistance a diminué à mesure que la saison avançait.
   c) L'équipe perdait toujours, et les élèves ne s'y intéressaient plus. Les élèves avaient plus de devoirs à mesure que l'année scolaire avançait.
2. a) 174 000, 165 000, 126 000, 160 000, 127 000, 194 000, 140 000, 173 000, 155 000, 123 000, 155 000, 122 000, 193 000, 138 000
   J'ai construit un diagramme à bandes doubles afin de pouvoir comparer la population de chaque ville au cours de la période de cinq ans.
   b) La population de chaque ville a diminué de 1996 à 2001. Pour chaque ville, la bande qui correspond à 2001 est plus courte que celle qui correspond à 1996.
   c) Par exemple : St. John's : 172 000, Sudbury : 145 000, Saint-Jean : 120 000, Chicoutimi : 150 000, Thunder Bay : 117 000, Regina : 192 000, Trois-Rivières : 136 000

3. a) La température quotidienne moyenne (en °C) pour 1 année, selon le mois, à Vancouver et à Hawaii
   b) J'ai construit un diagramme à lignes brisées doubles.
   c) À Vancouver, la température augmente et atteint un sommet en juillet, puis diminue jusqu'en décembre. À Hawaii, la température diminue de janvier à juillet, puis augmente de juillet à décembre.
   d) La meilleure période pour visiter Vancouver est de juin à août.
      La meilleure période pour visiter Hawaii est d'octobre à avril.
   e) Les touristes, les agentes et les agents de voyages, les golfeuses et les golfeurs, etc.
4. a) J'ai construit un nuage de points : il permet de représenter deux ensembles reliés de données mesurées.
   b) Oui ; les élèves grandissent à mesure qu'elles ou ils vieillissent.
5. a) Le revenu annuel moyen des Canadiennes et des Canadiens, de 1993 à 2002
   b) J'ai construit un diagramme à bandes doubles, puisqu'il y a deux ensembles de données mesurables.
   c) Le revenu annuel moyen des femmes et des hommes augmentent.
   d) Par exemple : Environ 21 000 $
   e) Par exemple : Environ 39 500 $
   f) Les hommes gagnent plus d'argent que les femmes.

Technologie : Construire des diagrammes à l'aide d'un tableur, page 208

1. a) L'éducation physique
   b) La géographie   c) L'histoire, la géographie
   d) Par exemple : L'éducation physique est la matière préférée des filles. La matière que les garçons aiment le moins est la géographie. Plus de garçons que de filles aiment les sciences.
2. Il est plus facile de voir la taille relative des secteurs que de comparer les nombres du tableau.
3. a) Le prix moyen des billets de cinéma en Ontario a augmenté graduellement de 1996 à 2003.
   b) Par exemple : Salles de cinéma : environ 7,50 $; ciné-parcs : environ 8,00 $
   c) Par exemple : Salles de cinéma : environ 9,00 $; ciné-parcs : environ 9,50 $
   d) De 2000 à 2003 ; de 1996 à 1998 pour les salles de cinéma et de 1998 à 2000 pour les ciné-parcs
   e) Cela coûte plus cher d'aller voir un film au ciné-parc que dans une salle.
4. a) J'ai construit un diagramme à bandes doubles pour représenter les deux ensembles de données.
   b) Quel aliment les garçons préfèrent-ils au déjeuner ? (le lait) Quel aliment les filles préfèrent-elles au déjeuner ? (le lait) Quel aliment les garçons aiment-ils le moins au déjeuner ? (la barre céréalière)
   c) Les réponses varieront.

Module 5, Révision de mi-module, page 210

1. a) Il serait trop coûteux et trop long de recueillir le prix de tous les équipements de ski dans toutes les régions du pays.
   b) Il serait trop coûteux et trop long d'interroger toutes les familles canadiennes.
2. a) Le niveau d'habileté varie davantage chez les élèves de la classe N, car l'étendue des données de temps est de 15 min pour la classe N et de 6 min pour la classe M.
   b) Par exemple : Les élèves de la classe M vérifient leurs réponses avant de remettre leurs tests. Aucun test n'a été remis en moins de 40 min.
3. a) Laura vend presque toujours plus que Jamar.
   b) Les ventes de Jamar ont augmenté progressivement de janvier à juin. Laura vend invariablement environ 126 000 $ de marchandises par mois.
4. b) Une fille a plus de chances de naître un vendredi. Un garçon a plus de chances de naître un jeudi.
   c) Un diagramme à lignes brisées doubles
   d) Les réponses varieront.

5.4 Utiliser les mesures de tendance centrale, page 213

1. a) I) Moyenne ≈ 69,1 ; médiane = 68 ; modes = 65 et 68
      II) 30, 90, 93
      III) Moyenne ≈ 68,4 ; médiane = 68 ; modes = 65 et 68
      La moyenne diminue. La médiane et les modes ne changent pas.
   b) I) Moyenne ≈ 739,58 $; médiane = 675,00 $; mode = 625,00 $
      II) 1250,00 $
      III) Moyenne ≈ 693,18 $; médiane = 650,00 $; mode = 625,00 $
      La moyenne et la médiane diminuent. Le mode ne change pas.
   c) I) Moyenne = 4,96 min ; médiane = 5 min ; mode = 5 min
      II) Les réponses varieront.
      Par exemple : Il n'y a pas de valeurs aberrantes.
      III) La moyenne, la médiane et le mode ne changent pas.
   d) I) Moyenne = 6,6 ; médiane = 7 ; mode = 7
      II) 1, 2, 15
      III) Moyenne = 6,86 ; médiane = 7 ; mode = 7
      La moyenne augmente. La médiane et le mode ne changent pas.
2. a) I) Moyenne ≈ 74,1 ; médiane = 73 ; modes = 70 et 73
      II) Chaque mesure de tendance centrale augmente de 5.
   b) I) Moyenne ≈ 729,58 $; médiane = 665,00 $; mode = 615,00 $
      II) Chaque mesure de tendance centrale diminue de 10 $.
   c) I) Moyenne = 14,88 min ; médiane = 15 min ; mode = 15 min
      II) Chaque mesure de tendance centrale est multipliée par 3.

d) I) Moyenne = 3,3 ; médiane = 3,5 ; mode = 3,5
   II) Chaque mesure de tendance centrale est divisée par 2.
3. a) Oui
   b) Non ; il y a 450 raisins dans 30 biscuits, mais pas nécessairement 150 raisins dans 10 biscuits.
4. Non ; 23 est un des modes ; la température moyenne était d'environ 26,4 °C.
5. b) Moyenne = 308,4 t ; médiane = 305 t ; mode = 305 t
   c) Les réponses varieront. Par exemple : 395 ; moyenne ≈ 304,3 t. La moyenne diminue d'environ 4 t.
   d) La médiane ou le mode, car la valeur aberrante ne les modifie pas.
6. Par exemple : 4, 4, 4, 7, 8, 10, 12
7. a) I) 85 % II) 90 % III) 95 %
   b) Non ; son résultat en mathématiques devrait être supérieur à 100 %.
8. Non ; son résultat moyen est de 83,5 %. Il y a 4 examens. Il faut donc diviser la somme des résultats des 4 examens par 4 pour déterminer le résultat moyen.
9. a) 460 raisins
   b) I) J'ai construit un diagramme à tiges et à feuilles, car je peux y voir la forme des données. Je peux facilement déterminer le mode et je peux repérer toute valeur aberrante.
   II) Les valeurs aberrantes sont 400 et 499. Elles font augmenter la moyenne de 454,5 à 455,2.
   III) Non. La moyenne, avec ou sans les valeurs aberrantes, est inférieure à 460, qui est le nombre indiqué dans la publicité.
10. a) Médiane = 58,5 ; modes = 42, 56 et 57
    b) 95 et 37
    c) La moyenne, la médiane et les modes augmentent de 3. L'étendue ne change pas.

5.5 Construire un histogramme, page 218

1. a) Un histogramme : les données sont groupées en intervalles.
   b) Un diagramme à bandes : les données ne sont pas continues et ne peuvent pas être groupées en intervalles.
2. a) Le nombre d'heures par semaine pendant lesquelles les élèves du primaire font du sport, selon le sexe
   c) Les garçons passent plus d'heures par semaine à faire du sport. 51 % des garçons font du sport au moins 6 h par semaine. Seulement 38 % des filles font du sport au moins 6 h par semaine.
3. a) Dans un diagramme à bandes : les données ne sont pas continues et ne peuvent pas être groupées en intervalles.
   b) Dans un histogramme : les données peuvent être groupées en intervalles et elles sont continues.
4. b) Médiane = 114 ; mode = 125
   Le nombre central de l'ensemble des nombres de barres de crème glacée vendues est 114.
   Le nombre de barres de crème glacée vendues qui apparaît le plus souvent est 125.
   d) Je peux voir la médiane et le mode dans un diagramme à tiges et à feuilles.
   f) La plupart des jours de juillet, on a vendu plus de 100 barres de crème glacée.
5. a) II) La plupart des prix se situent entre 30 $ et 89 $.
   III) Médiane : oui ; mode : non
   b) II) La plupart des livres ont entre 10 mm et 49 mm d'épaisseur.
   III) Médiane : oui ; mode : non
6. a) Un histogramme : les données sont groupées en intervalles et elles sont continues.
   b) Un histogramme : je peux grouper les données en intervalles, les données sont continues et je peux construire un tableau de fréquence.
   d) Par exemple : Oui ; seulement environ 8 % des élèves de l'école d'Elias ont obtenu un résultat de 50 ou moins, alors que dans l'ensemble des autres écoles, 11 % des élèves ont obtenu un tel résultat.

Technologie : Construire un histogramme et étudier des valeurs aberrantes avec *Fathom*, page 223

1. a) 2,0000 en partant de 1,0000 ; oui
   b) Moyenne ≈ 15,68 $; médiane = 15,00 $
   c) 75, 90 ; moyenne ≈ 18,86 $; médiane = 15,50 $
   La moyenne et la médiane ont augmenté.
2. a) 10,000 en partant de 5,0000
   b) Moyenne = 51,23 $; médiane = 46,44 $
   c) 0,89 et 399,99 ; moyenne = 60,56 $; médiane = 46,44 $
   La moyenne a augmenté. La médiane n'a pas changé.

5.6 Construire un diagramme circulaire, page 225

1. Par exemple : 25 % des élèves viennent de Toronto. 25 % des élèves viennent d'Ottawa ou de Belleville.
2. I) Oui ; je peux écrire chaque nombre d'élèves sous forme de fraction du tout.
   II) Non ; il y a deux ensembles de données, et les données sont groupées en intervalles. Je construirais un diagramme à bandes doubles.
   III) Non ; je ne peux pas écrire les données sous forme de fraction d'un tout. Je construirais un diagramme à bandes.
   IV) Non ; il y a deux ensembles de données, et je ne peux pas écrire les données sous forme de fraction d'un tout. Je construirais un diagramme à bandes doubles.
3. b) Les réponses sont arrondies au dollar près. Histoire : 1042 $, sciences : 750 $, biographie : 542 $, géographie : 433 $, fiction : 917 $, référence : 733 $, français : 583 $
4. a) 40 878 000 voyageurs
   b) Environ 2,2 %
   c) Environ $\frac{704}{6813}$
   e) Environ 81,8 % des voyageurs sont entrés en automobile ; environ 0,3 %, par train ; environ 3,9 %, par autobus ; environ 1,6 %, par un autre moyen de transport.
5. Protéines : 9,2 % ; matières grasses : 21,7 % ; sucres : 29,5 % ; amidon : 33,6 % ; fibres alimentaires : 6,0 %

Lire et écrire en math : Reconnaître les verbes clés dans les problèmes de mathématiques, page 228

1. Construis, dessine, estime
   a) Un cube, un prisme rectangulaire, un cylindre, un tétraèdre, un prisme triangulaire, une pyramide à base carrée
   c) Par exemple : Le cylindre : 8 unités^2 ; le cube : 24 unités^2 ; le prisme rectangulaire : 32 unités^2

2. Construis, compare, explique, résous
   a) Dans chaque province ou territoire, l'âge médian se trouve dans le groupe d'âge de 20 à 64 ans.
   b) Par exemple : Pour chaque province ou territoire, je construirais un diagramme circulaire pour représenter la répartition de la population selon le groupe d'âge. Je pourrais construire un diagramme à bandes triples pour représenter le pourcentage de la population dans chaque groupe d'âge.
   c) La Saskatchewan a le plus grand pourcentage de personnes âgées de 65 ans et plus.
   d) Le Nunavut a le plus grand pourcentage de personnes âgées de 0 à 19 ans.

Module 5, Révision du module, page 230

1. a) Il serait trop coûteux et trop long de tester la population entière de piles.
   b) Il serait trop coûteux et trop long de tester chaque ampoule.
   c) Il y a trop d'élèves de 8e année dans le monde. Il serait trop coûteux et trop long d'interroger la population entière.

2. a) D'un recensement ; tous les élèves de la classe ont voté.
   b) D'un échantillon ; les adolescents de l'Ontario n'ont pas tous été interrogés.

3. Non ; Rob doit tenir compte du pourcentage de la population qui conduit une automobile et du pourcentage qui conduit une motocyclette.

4. a) Un diagramme à bandes doubles, car il y a deux ensembles de données. Un diagramme circulaire pour représenter séparément les données de chaque année
   c) Environ le même nombre d'élèves de 7e année et de 8e année sont nés à l'automne et au printemps. Dans chacune de ces saisons, les bandes ont à peu près la même hauteur.

5. a) J'ai choisi un diagramme à lignes brisées doubles, car il y a deux ensembles de données et les données sont continues.
   b) À Halifax, les précipitations diminuent de janvier à juin, augmentent de juin à août, diminuent en septembre, puis augmentent rapidement de septembre à décembre.
   À Yellowknife, les précipitations sont faibles et constantes de janvier à juin. Elles augmentent ensuite jusqu'en août, puis diminuent d'août à décembre.
   c) Les précipitations sont beaucoup plus importantes à Halifax qu'à Yellowknife.
   À Halifax, la saison qui reçoit le plus de précipitations est l'hiver.

6. a) J'ai choisi un diagramme à bandes doubles, car il y a deux ensembles de données.
   b) Non ; plus de filles que de garçons ont assisté aux matchs 2, 3, 6 et 7, mais il y avait presque autant de garçons que de filles aux matchs 6 et 7.
   Plus de garçons que de filles ont assisté aux matchs 1, 4 et 5.

7. a) Moyenne = 61 100 $; médiane = 67 000 $; modes = 67 000 $ et 45 000 $
   b) Les salaires élevés et bas ont moins d'effet sur la médiane. Elle représente le salaire central.
   c) La plupart des employés gagnent entre 45 000 $ et 72 000 $.
   d) 108 000 $ et 24 000 $
   Moyenne = 60 346,15 $
   La moyenne diminue si j'enlève les valeurs aberrantes. La médiane et les modes ne changent pas.

8. a) Fausse   b) Fausse   c) Fausse

9. a) 208, 176, 265, 222, 333, 237, 225, 269, 303, 295, 238, 175, 257, 209, 271, 210, 252, 261, 293, 306, 287, 230, 268, 249, 301, 226, 267, 291, 312, 298
   b) Étendue = 158 s ; médiane = 263 s ; il n'y a pas de mode
   d) Je peux trouver chaque donnée dans le diagramme à tiges et à feuilles. Dans le tableau de fréquence, je peux seulement déterminer le nombre de données dans chaque intervalle. Je ne connais pas la valeur de ces données.

10. b) 40 %   c) Entre 5 h et 5 h 59
    d) La plupart des gens se réveillent entre 5 h et 7 h 59. Plus de gens se réveillent entre 6 h et 6 h 59 que dans tout autre intervalle.

11. a) Par un histogramme : les données sont groupées en intervalles.
    Par un diagramme circulaire : je peux exprimer chaque nombre sous forme de fraction du tout.
    c) Environ 176

Module 5, Test pratique, page 233

1. a) J'ai choisi un histogramme, car je peux grouper les données en intervalles.
   b) Peu de chansons durent plus de 360 s.
   c) 5 min = 300 s
   Médiane = 283 s ; mode = 220 s ; moyenne ≈ 285 s
   Toutes les mesures de tendance centrale sont inférieures à 300 s.
   Par conséquent, la publicité est fausse.
   d) La plupart des chansons durent moins de 6 minutes.

2. a) Par exemple : 1, 5, 5, 5, 5, 5, 6, 6, 9, 9, 9, 10, 10, 10, 10
   b) Moyenne ≈ 7,8 ; médiane = 7,5 ; mode = 5
   La moyenne et la médiane augmentent. Le mode ne change pas.

3. Par exemple : Musique : 50 % ; commentaires de l'animateur : 7 % ; publicités : 20 % ; sports : 8 % ; nouvelles : 15 %

4. Les élèves peuvent présenter des arguments qui appuient ou qui réfutent l'affirmation selon laquelle il y a autant de Canadiennes et de Canadiens qui veulent une monnaie commune avec les États-Unis que de Canadiennes et de Canadiens qui n'en veulent pas.

Module 6 Les cercles, page 236

Utilise tes connaissances, page 238

1. a) I) 4 m   II) 57 m   III) 2 m
   b) I) 47 mm ; 5 cm   II) 47,2 cm ; 47 cm
      III) 1,058 m ; 1,06 m

6.1 Explorer les cercles, page 240

1. 12 cm
2. 4 cm
3. a), b) Trop pour être comptés.
4. 1,9 cm
5. 15 cm
6. 0,6 m
7. 15 verres ; tous les verres sont cylindriques et se touchent.
8. a) ∠APB = 90°   b) ∠AQB = 90°
   c) ∠APB = ∠AQB = 90°
9. Les réponses varieront. Par exemple : 15 cm, 7,5 cm ; 2,5 cm, 1,25 cm ; 9,6 cm, 4,8 cm ; 8,8 cm, 4,4 cm ; 1,5 cm, 0,75 cm ; 1,8 cm, 0,9 cm ; 2,6 cm, 1,3 cm
10. Je fixe l'extrémité d'un mètre à ruban sur la circonférence. Je marche autour du cercle en gardant le mètre à ruban au sol jusqu'à ce qu'il atteigne la plus grande distance, c'est-à-dire le diamètre. Le centre du cercle se trouve au point milieu du diamètre.

6.2 La circonférence d'un cercle, page 245

1. a) Environ 30 cm   b) Environ 42 cm
   c) Environ 45 m
2. a) 31,4 cm   b) 44,0 cm   c) 47,1 m
3. a) Environ 8 cm ; environ 4 cm
   b) Environ 0,8 m ; environ 0,4 m
   c) Environ 13,3 cm ; environ 6,7 cm
4. a) 7,6 cm ; 3,8 cm   b) 0,764 m ; 0,382 m
   c) 12,7 cm ; 6,4 cm
5. Plus petite, car π est plus grand que 3.
6. a) Environ 7,5 m
   b) Environ 33,98 $; à condition que la bordure ne se vende pas au mètre complet.
7. a) Environ 289 cm   b) Environ 346 fois
8. Environ 71,6 cm
9. Non, car π ne se termine jamais et ne se répète jamais. La circonférence ne sera donc jamais un nombre entier.
10. a) La circonférence double.
    b) La circonférence triple.
11. a) Environ 40 075 km
    b) Il y aurait un espace d'environ 160 m sous le cerceau. On pourrait ramper, marcher et passer en autobus sous le cerceau.

6.3 L'aire d'un cercle, page 250

1. a) Environ 27 cm^2 b) Environ 108 cm^2
   c) Environ 432 cm^2
2. a) 28,27 cm^2 ou 2827 mm^2
3. a) L'aire est 4 fois plus grande.
   b) L'aire est 9 fois plus grande.
4. a) L'aire du cercle est à peu près à mi-chemin entre l'aire du petit carré et celle du grand carré. 75 cm^2 se trouve à mi-chemin entre 50 cm^2 et 100 cm^2.
   b) Environ 78,5 cm^2 c) Les réponses varieront.
5. a) Environ 104 cm^2 b) Environ 16 cm^2
6. a) I) 1 cm^2 II) 0,0001 m^2 III) 1 cm^2 = 0,0001 m^2
   b) 70 686 cm^2
7. a) 0,0707 m^2 ou 707 cm^2
   b) 1,0603 m^2 ou 10 603 cm^2 ; 3,3929 m^2 ou 33 929 cm^2 ; 5,6549 m^2 ou 56 549 cm^2
8. 78 m^2
9. Deux grandes pizzas sont plus économiques.

Module 6, Révision de mi-module, page 252

1. 7,2 cm
2. 1,8 cm
3. a) ∠QCR est le double de ∠QPR.   b) Oui
4. a) Environ 57 mm   b) Environ 59,7 mm
5. Environ 78,5 cm
6. Je plierais l'assiette en deux parties égales. Le pli représente le diamètre. Je mesurerais le diamètre, puis j'utiliserais la formule $C = \pi d$.
7. a) Environ 5 m ; environ 2,5 m
   b) 4,78 m ou 478 cm ; 2,39 m ou 239 cm
8. a) La circonférence d'un cercle de 9 cm de rayon est le double de la circonférence d'un cercle de 9 cm de diamètre.
9. 651,44 cm^2 ou 65 144 mm^2
10. 2642,0794 m^2 ou 26 420 794 cm^2
11. Environ 13 685 cm^2
12. a) L'aire d'un cercle de 6 cm de rayon est 4 fois plus grande que l'aire d'un cercle de 6 cm de diamètre.
    b) Oui

6.4 Le volume d'un cylindre, page 255

1. a) 503 cm^3 b) 8836 mm^3 c) 328 m^3
2. Environ 1570,8 cm^3
3. a) 461,8 cm^3 b) 438,7 cm^3
4. 5 301 438 mm^3 ou 5301 cm^3
5. a) 96,2 m^3 b) Environ 12 217,4 m^3
   c) 4,58 m sur 4,58 m sur 4,58 m

Lire et écrire en math : Expliquer une solution, page 257

1. 1024 cm
2. Le 7e jour
3. 35 triangles
4. a) 0,92 m, 0,37 m, 0,15 m, 0,06 m
   b) 6 rebonds
5. Supérieur : 33,6 % ; Michigan : 23,7 % ; Huron : 24,4 % ; Érié : 10,5 % ; Ontario : 7,8 %
6. Les réponses varieront. Par exemple : 10 respirations/min feraient 68 328 000 respirations en 13 ans.
7. a) $\frac{1}{10}$ b) $\frac{7}{10}$ c) $\frac{1}{2}$ d) $\frac{7}{10}$

6.5 L'aire totale d'un cylindre, page 260

1. a) 50 cm^2 b) 94 cm^2 c) 251 m^2
2. a) 214 cm^2 b) 19 046 mm^2 c) 4 m^2
3. 174 m^2
4. 12 m^2
5. a) 94 cm^2 b) Environ 4244 cylindres
6. Environ 191 cm^2

Module 6, Révision du module, page 262

2. Découpe le papier sur le contour. Plie le papier en deux parties égales. Le pli représente le diamètre. Mesure le diamètre. Le rayon est égal à la moitié du diamètre.
3. 135 mm ; 14 cm
4. 35 m ou 3500 cm
5. 452,3893 m^2 ou 4 523 893 cm^2
6. 637,94 cm^2 ou 63 794 mm^2
7. a) La circonférence diminue de moitié.
   b) L'aire est le quart de ce qu'elle était.
8. a) 201 m^2 b) 50,3 m
9. a) 427,5 mL
   b) Par exemple : Pour permettre la dilatation au cas où le contenu de la boîte gèlerait.
10. 12,44 + 16,21 + 19,98 = 48,63 ; environ 49 m^2

Module 6, Test pratique, page 263

1. Les réponses varieront.
2. a) 94 cm ; 707 cm^2 b) 25 mm ; 50 mm^2
   c) 11 mm ; 10 m^2
3. a) 50 m   b) Environ 8 m
   c) Environ 201 m^2 d) Environ 30 m^3
4. a) $C = 2\pi r$, et π est un nombre décimal qui ne se termine pas et qui ne se répète pas. La circonférence ne sera donc jamais exacte.
   b) Par exemple : I) $C \approx 99,9$ cm   II) $r = 15,9$ cm
5. Une feuille de papier enroulée en forme de cylindre dans le sens de la largeur.

Module 7 La géométrie, page 266

Utilise tes connaissances, page 268

1. 360°
2. Une rotation de 180° autour du point milieu du côté qu'elles ont en commun.
3. a) Une translation de 4 unités vers la droite
   b) Une rotation de 180° autour du sommet que les figures ont en commun
   c) Une translation de 4 unités vers la gauche
   d) Une rotation de 180° autour du point milieu du côté que les figures ont en commun
   e) Une rotation de 180° autour du sommet que les figures ont en commun
4. a) I) ∠B = 100° ; ∠A = 44° ; ∠C = 36°
      II) ∠E = 125° ; ∠F = 24° ; ∠D = 31°
      III) ∠G = 89° ; ∠H = 45,5° ; ∠J = 45,5°
      IV) ∠K = 60° ; ∠M = 60° ; ∠N = 60°
   b) I) Triangle scalène   II) scalène
      III) rectangle   IV) équilatéral
   c) I) Scalène, obtusangle, obtusangle scalène
      II) Scalène, obtusangle, obtusangle scalène
      III) Acutangle, isocèle, acutangle isocèle
      IV) Équilatéral, acutangle
5. Par exemple : La longueur du côté le plus long doit être inférieure à la somme des longueurs des deux autres côtés.
6. x = 11, 12, 13, 14, 15

7.1 Les propriétés des angles formés par des droites sécantes, page 274

1. a) 34°   b) 34°   c) 146°   d) 180°
2. a) ∠TWR   b) ∠SWT
   c) ∠PWQ et ∠TWR   d) ∠SWP
3. a) 146°   b) 34°   c) 124°
4. a) 80°   b) 55°   c) 152°
5. a) ∠AFB et ∠EFD   b) ∠AFE et ∠DFB   c) ∠EFC
6. a) Chaque angle doit mesurer 90°.
   b) Chaque angle doit mesurer 45°.
   c) Par exemple : 100° et 80° (deux angles non congrus dont la somme est égale à 180°)
   d) Par exemple : 80° et 10° (deux angles non congrus dont la somme est égale à 90°)
7. 55° ; 55°
8. De 120° au point A ; de 50° au point B ; de 90° au point C ; de 100° au point D. Au total, Karen tourne d'un angle de 360°.

Technologie : Étudier les droites sécantes à l'aide du *Cybergéomètre*, page 276

7. Les angles opposés par le sommet sont congrus.
10. La somme de ces angles est égale à 180°.
11. La somme de ces angles est toujours égale à 180°.
22. La somme de ces angles est égale à 90°.

7.2 Les angles d'un triangle, page 281

1. 180°
2. ∠K = 120° ; ∠M = 30°
3. a) ∠A = ∠B = ∠C = 60° parce que △ABC est équilatéral.
4. ∠ACB = 40° ; ∠A = 105°
5. a) ∠TRS = 110°   b) ∠PSQ = 50°   c) ∠PQS = 45°
6. a) Non ; dans un triangle, la somme des 3 angles est égale à 180°, donc la somme de deux angles ne peut pas être égale à 180°.
   b) Oui ; dans un triangle rectangle, les 2 angles aigus sont toujours complémentaires.
7. $a = 45°$
8. Les diagonales forment 2 paires de triangles isocèles congruents. Les angles des triangles d'une des paires mesurent 40°, 70° et 70° ; les angles des triangles de l'autre paire mesurent 20°, 20° et 140°.
9. b) Les angles de chaque triangle rectangle créé mesurent 25°, 65° et 90°.
10. a) Non ; non   b) Non ; non
11. 108°
12. Dans un triangle, la somme des angles est toujours égale à 180°.
13. Par exemple : Acutangle, rectangle, obtusangle, scalène, isocèle, équilatéral et toute combinaison de ces types.
14. ∠PQR = 90°

7.3 Les propriétés des angles formés par des droites parallèles, page 287

1. a) ∠EMG et ∠MNK ; ∠FMN et ∠JNH ; ∠EMF et ∠MNJ ; ∠GMN et ∠KNH ; oui
   b) ∠GMN et ∠MNJ ; ∠FMN et ∠MNK ; oui
   c) ∠GMN et ∠KNM ; ∠FMN et ∠JNM ; oui
2. a) Par exemple : b et h ; c et g

b) *d* et *h* ; *c* et *e*   **c)** *c* et *h* ; *d* et *e*
3. **a)** AB et EC   **b)** AC et BC
   c) ∠ABC et ∠ECD   **d)** ∠BAC et ∠ACE
   e) ∠ECD = 50° ; ∠ACE = 65° ; ∠BCA = 65°
4. **a)** ∠AGC = 145° ; ∠CGB = 35°
   b) ∠ABE = 145° ; ∠ABF = 35° ; ∠DGB = 145°
5. ∠SPQ = 55° ; ∠TPR = 25° ; ∠QPR = 100°
6. **a)** Congrus   **b)** Congrus
   c) Congrus   **d)** Congrus
   e) Supplémentaires   **f)** Congrus
   g) Complémentaires   **h)** Supplémentaires
7. **a)** ∠GBD = 60° ; ∠DBC = 50° ; ∠BDF = 120° ; ∠BCE = 110° ; ∠BCD = 70°
8. ∠KGH = 125° ; ∠KGF = 55° ; ∠HGJ = 55° ; ∠GHJ = 35°
9. ∠RQP = 45° ; ∠SPR = 50° ; ∠PSR = 80°
10. **b)** ∠B = ∠D = 129° ; ∠C = 51°
    c) Quand les côtés opposés sont congrus et parallèles.
11. Par exemple : Je peux tracer une sécante. Les angles alternes-internes devraient être congrus.
12. Les angles correspondants ne sont pas congrus. Les angles alternes-internes ne sont pas congrus. Les angles internes ne sont pas supplémentaires.
13. $x = 20°$; ∠ADC = 60° ; ∠CAD = 40°

Technologie : Étudier les droites parallèles et les transversales à l'aide de *Cybergéomètre*, page 290
10. Les angles alternes sont congrus.
14. Les angles correspondants sont congrus.
17. Ces angles sont supplémentaires.
18. La somme des angles internes est égale à 180°.
20. Les angles alternes-internes ne sont pas congrus. Les angles correspondants ne sont pas congrus. Les angles internes ne sont pas supplémentaires.

Module 7, Révision de mi-module, page 292
1. **a)** ∠JKM = 65°   **b)** ∠NJM = 53°
   c) ∠JNM = 102°
2. **a) I)** ∠CBA = 20°   **II)** ∠CAB = 130°
   III) ∠ACB = 30°
   b) I) ∠CBA = 46°   **II)** ∠CAB = 88°
   III) ∠ACB = 46°
3. **a)** 178°   **b)** 89°
4. **a)** ∠BEF = 40°   **b)** ∠ADE = 40°
   c) ∠BAD = 140°   **d)** ∠GDE = 140°
5. **a)** ∠SQT = 36°   **b)** ∠QRW = 36°
   c) ∠PRV = 72°
6. ∠ABF = 52° ; ∠FBG = 58° ; ∠CBG = 70° ; ∠EFB = 128° ; ∠BGF = 70° ; ∠BGH = 110° ; ∠EFK = 52° ; ∠GFK = 128° ; ∠FGM = 110° ; ∠HGM = 70° ; ∠GMK = 70° ; ∠FKM = 52° ; ∠EKF = 38° ; ∠EKJ = 90°

7.4 Construire des médiatrices et des bissectrices, page 296
1. **b)** Chaque point est équidistant du point A et du point B.
2. **a)** Les arcs se coupent au point milieu du segment.
   b) Les arcs ne se coupent pas.
3. C'est plus précis.
5. **a)** 3 méthodes : plier une feuille de papier, utiliser une règle et un compas, utiliser un Mira

6. **c)** 2
7. **a)** 90°   **b)** $\overline{KA} = \overline{KB} = \overline{KC}$
   c) Les médiatrices des côtés du triangle ; le point qui est à une distance égale de chaque sommet du triangle
9. **a)** Par exemple : Je relie les 3 points pour former un triangle. Je construis la médiatrice de chacun des côtés. Le point où les médiatrices se coupent est le centre du cercle, O. Je trace un cercle de centre O qui passe par les sommets du triangle.
10. **d)** La bissectrice de ∠A est aussi la médiatrice de $\overline{BC}$.
    e) I) Oui   **II)** Oui   **III)** Non
11. Oui ; non, seulement pour les quadrilatères dont les angles opposés par le sommet sont supplémentaires

7.5 Construire des angles, page 302
2. **a)** ∠E = ∠F = 45°
   b) Je construis un triangle rectangle isocèle.
3. **b)** Par exemple : La méthode utilisée dans l'**Exemple** est plus simple.
4. **a)** D'une seule façon   **b)** De 2 façons
5. Oui ; par exemple : 360° − 60° ; 180° + 120°
6. Par exemple : Je construis un angle de 180° et un angle de 60°.
8. **a)** ∠A = 90° ; ∠B = 60° ; ∠C = 30°

7.6 Créer et résoudre des problèmes de géométrie, page 305
1. **a)** $\overline{BA}$ et $\overline{CE}$ **b)** $\overline{AC}$ et $\overline{BC}$
   c) ∠ABC et ∠ECD   **d)** ∠BAC et ∠ACE
   e) ∠ACE et ∠ECD   **f)** $x = 35°$; $y = 35°$; $z = 55°$
2. **a)** $x + 80° + 60° = 180°$ **b)** $x = 40°$
3. **a)** △PQS et △QRS
   b) ∠PQS et ∠SQR ou ∠PSQ et ∠QSR
   c) $x = 110°$; $y = 70°$
4. $x = 55°$; $y = 30°$; $z = 25°$; $s = w = 65°$; $t = 60°$
5. ∠ACD mesure 65°.
   ∠ADC = 65° ; ∠DAC = 50° ; ∠DAE = 40° ;
   ∠DEB = 90° ; ∠BDE = 65° ; ∠EBD = 25° ;
   ∠DEA = 90° ; ∠EDA = 50°
6. $x = y = z = 40°$; $w = 50°$
8. $\overline{AB}$ est parallèle à $\overline{CE}$, donc ∠ABC = ∠BCE = 90° (angles alternes-internes)
   ∠BCA + ∠BCE + ∠ECD = 180° (angle plat), donc
   ∠BCA + ∠ECD = 90°
9. Oui

Lire et écrire en math : Les solutions vraisemblables et les conclusions, page 309
1. a   2. d   3. c   4. c

Module 7, Révision du module, page 312
1. **a)** ∠AFB ou ∠EFC   **b)** ∠EFA
   c) ∠CFE   **d)** ∠BFC ou ∠AFE
   e) ∠AFE
2. **a)** ∠AFE = 65°   **b)** ∠AFB = 115°
   c) ∠BFC = 65°
3. **a)** 56°   **b)** 146°   **c)** 34°
4. **a)** ∠BEA et ∠CED ; ∠BEC et ∠AED
   b) △CDE   **c)** △ABE
   d) ∠ABE = 70° ; ∠BEA = 40° ; ∠CED = 40° ;
   ∠ECD = 50°

5. Par exemple : Je sais que deux angles sont congrus et que la somme des angles dans un triangle est égale à 180°.
6. a) ∠C = 43°   b) ∠C = 26°
7. a) 89°   b) 1°
8. a) $\overline{QR}$ et $\overline{TS}$; $\overline{RS}$ et $\overline{QT}$
   b) ∠RQT et ∠QRS ; ∠RQT et ∠QTS ; ∠QTS et ∠TSR ; ∠TSR et ∠SRQ
   c) ∠RQT = 50° ; ∠QRS = 130° ; ∠RST = 50° ; ∠STQ = 130°
   d) Dans un parallélogramme, les angles opposés par le sommet sont congrus.
9. d) La méthode de la règle et du compas est la plus précise.
10. d) La méthode de la règle et du compas est la plus précise.
12. a) Les droites AC, DF, et GK   b) △BCE
    c) I) ∠BCE = 24°   II) ∠CEF = 24°
       III) ∠FEH = 66°   IV) ∠EHG = 66°
       V) ∠HED = 114°   VI) ∠HEB = 138°
13. a) x = 37°   b) y = 45°
    c) ∠BAC = 82°   d) 180° ; oui

Module 7, Test pratique, page 315
1. a) ∠DBC
   b) ∠DBC = 52° ; ∠ABD = 128°
2. v = 25° ; y = w = 35° ; x = 120°
3. ∠DCB = 130° ; ∠DCE = 65° ; ∠CAB = 65° ; △ABC et △CDE sont des triangles isocèles semblables.
5. ∠DEB et ∠EDB

Module 8 Les racines carrées et le théorème de Pythagore, page 320
Utilise tes connaissances, page 322
1. a) 42,25 cm²   b) 3 cm²   c) 4,5 cm²   d) 5,625 cm²
2. 36 = 6 × 6 = 6² ; six au carré égale 36.
3. a) 5²   b) 9²   c) 8²   d) 13²
4. 1, 4, 9, 16, 25, 36, 49, 64, 81, 100, 121, 144, 169, 196, 225
5. a) 10, 15, 21
   b) 4, 9, 16, 25, 36 ; les sommes sont des nombres carrés.
6. a) 1   b) 5   c) 9   d) 3
   e) 4   f) 10   g) 11   h) 15

8.1 Construire et mesurer des carrés, page 327
1. a) 9   b) 1   c) 16   d) 8   e) 49   f) 12
   g) 100   h) 13   i) 36   j) 11   k) 144   l) 25
2. a) 18 unités² ; $\sqrt{18}$ unités   b) 53 unités² ; $\sqrt{53}$ unités
   c) 34 unités² ; $\sqrt{34}$ unités
3. a) 6 cm   b) 7 m   c) $\sqrt{95}$ cm   d) $\sqrt{108}$ m ; les longueurs des côtés des carrés en a) et en b) sont des nombres entiers.
4. a) 25 unités² ; 5 unités   b) 13 unités² ; $\sqrt{13}$ unités
   c) 26 unités² ; $\sqrt{26}$ unités   d) 29 unités² ; $\sqrt{29}$ unités
5. Environ 229 m
6. Dans un carré de 2 unités², les côtés mesurent $\sqrt{2}$ unités. L'aire du carré est 2², ou 4 unités². L'aire des 4 triangles congruents formés est de 4 × ($\frac{1}{2}$ × 1 × 1) unités² = 2 unités². L'aire du carré initial est de 4 unités² − 2 unités² = 2 unités².
7. Supposons que la diagonale donnée soit une diagonale du carré A. Je trace le carré B dont le côté est égal à la diagonale donnée. Ainsi, la longueur de côté du carré A est la racine carrée de la moitié de l'aire du carré B.

8.2 Estimer des racines carrées, page 331
1. Environ 2,6
2. a) $\sqrt{30}$; 30 est à peu près à mi-chemin entre 25 et 36.
   $\sqrt{64}$; $\sqrt{64}$ égale exactement 8.
   $\sqrt{72}$; 72 est à peu près à mi-chemin entre 64 et 81.
   b) $\sqrt{23}$ égale environ 4,8. $\sqrt{50}$ égale environ 7,1.
3. a) 2 et 3   b) 3 et 4   c) 7 et 8
   d) 6 et 7   e) 13 et 14
4. Par exemple : $\sqrt{82}$, $\sqrt{83}$, $\sqrt{84}$, $\sqrt{85}$, $\sqrt{86}$
5. a) Faux ; $\sqrt{17}$ se situe entre $\sqrt{16}$ = 4 et $\sqrt{25}$ = 5.
   b) Vrai ; $\sqrt{10}$ égale environ 3 et $\sqrt{5}$ + $\sqrt{5}$ ≈ 2 + 2 = 4.
   c) Vrai ; 131 se situe entre 11² = 121 et 12² = 144.
6. Les estimations varieront.
   a) Environ 4,8   b) Environ 3,61
   c) Environ 8,83   d) Environ 11,62
   e) Environ 7,87
7. a) Environ 9,59 cm   b) Environ 20,74 m
   c) Environ 12,25 cm   d) Environ 5,39 m
8. a) Environ 11,75 m sur 11,75 m   b) Environ 47 m
9. Environ 1,4 m sur 1,4 m
10. Par exemple : La salle mesure 15 m sur 18 m. Son aire est de 270 m². Si la salle était carrée, elle mesurerait environ 16,43 m de côté.
11. a) Le tapis est un carré de 6,93 m de côté.   b) 16 m²
12. Il est toujours un carré parfait ; par exemple : 12² × 28² = 112 896, et la racine carrée de 112 896 est 336.
13. a) I) 11   II) 111   III) 1111   IV) 11 111
    b) $\sqrt{12\,345\,654\,321}$ = 111 111 ;
    $\sqrt{1\,234\,567\,654\,321}$ = 1 111 111 ;
    $\sqrt{123\,456\,787\,654\,321}$ = 11 111 111 ;
    $\sqrt{12\,345\,678\,987\,654\,321}$ = 111 111 111

Technologie : Étudier les racines carrées à l'aide d'une calculatrice, page 335
1. a) 2,0 cm   b) 4,0 cm   c) 8,0 cm   d) 95,0 mm

Module 8, Révision de mi-module, page 336
1. I) a) 16 cm²   b) 49 cm²   c) 2 cm²
   II) a) $\sqrt{16}$ cm   b) $\sqrt{49}$ cm   c) $\sqrt{2}$ cm
   III) a) 16 = 4²   b) 49 = 7²
2. a) $\sqrt{24}$ cm   b) 81 cm²
   c) La racine carrée d'un nombre carré est un nombre naturel. Par exemple : La racine carrée de 36 est 6, ou $\sqrt{36}$ = 6.
3. a) 32 cm²   b) $\sqrt{32}$ cm   c) Environ 5,7 cm
4. a) 1 et 2   b) 8 et 9   c) 7 et 8   d) 5 et 6
5. a) 30   b) 50   c) 20   d) 90   e) 100   f) 1000

6. b) Non, car π est un nombre irrationnel.
7. $r \approx 13,2$ cm; $d \approx 26,5$ cm
8. Environ 35,9 cm

8.3 Le théorème de Pythagore, page 339

1. a) Oui; 25 + 38 = 63   b) Non; 25 + 38 ≠ 60
2. a) 10 cm   b) 13 cm
   c) Environ 4,47 cm   d) Environ 5,83 cm
3. a) 9 cm   b) 24 cm
   c) Envirion 9,8 cm   d) Environ 6,71 cm
4. a) Environ 7,62 cm   b) 20 cm   c) 20 cm
5. a) 3, 4, 5; 6, 8, 10; 5, 12, 13; 9, 12, 15; 10, 24, 26; 15, 20, 25; 12, 16, 20
   b) Toutes les longueurs sont des multiples de 3, de 4 et de 5 ou de 5, de 12 et de 13.
   c) Par exemple : Multiplier 3, 4 et 5 par 10 : 30, 40, 50; multiplier 5, 12 et 13 par 20 : 100, 240, 260
6. Si $3^2 + 5^2 = 7^2$, le triangle sera un triangle rectangle. Comme $3^2 + 5^2 = 34$ et que $7^2 = 49$, le triangle ne sera pas un triangle rectangle.
7. Par exemple : 1 unité et $\sqrt{17}$ unités; 2 unités et $\sqrt{14}$ unités; 3 unités et 3 unités; 4 unités et $\sqrt{2}$ unités; j'ai trouvé les longueurs des côtés qui forment l'angle droit pour que la somme des carrés de ces longueurs égale le carré de l'hypoténuse.
10. c) La somme des aires des demi-cercles dessinés sur les côtés de l'angle droit égale l'aire du demi-cercle dessiné sur l'hypoténuse.

Technologie : Vérifier le théorème de Pythagore à l'aide de Cybergéomètre, page 342

14. L'aire du carré de l'hypoténuse est égale à la somme des aires des carrés des deux autres côtés.
16. L'aire du carré de l'hypoténuse est égale à la somme des aires des carrés des deux autres côtés.
17. Non

Lire et écrire en math : Communiquer une solution, page 345

1. 375; utiliser une calculatrice pour l'addition; additionner 23 + 25 + 27, puis multiplier la somme par 5; 5(23) + 5(25) + 5(27)
2. a) 15
   b) 15 : $\overline{AB}, \overline{AC}, \overline{AD}, \overline{AE}, \overline{AF}, \overline{BC}, \overline{BD}, \overline{BE}, \overline{BF}, \overline{CD}, \overline{CE}, \overline{CF}, \overline{DE}, \overline{DF}, \overline{EF}$
   c) Dans les deux cas, il y a 15 possibilités.
3. a) Chaque triangle violet a une aire de 25 cm². Chaque carré violet a une aire de 50 cm².
   b) Chaque grand triangle orange a une aire de 50 cm². Chaque petit triangle orange a une aire de 12,5 cm².
4. Oui; comme il y a 365 jours dans une année, il y a au moins deux des 400 élèves de l'école dont l'anniversaire de naissance tombe le même jour.
5. $\frac{2}{3}$ de tasse de sucre, 500 mL de lait, environ 3,3 mL d'essence de vanille
6. Non; si elle utilise son coupon, elle paiera 0,35 $ × 12 = 4,20 $.
7. 21 fois

8.4 Utiliser le théorème de Pythagore, page 348

1. a) $c = 29$ cm   b) $c \approx 12,2$ cm   c) $c \approx 15,8$ cm
2. a) $a = 24$ cm   b) $b = 15$ cm   c) $a \approx 5,7$ cm
3. a) $c = 25$ cm   b) $a \approx 10,9$ cm   c) $b \approx 9,3$ cm
4. 4 m
5. a) 26 cm ou environ 21,8 cm
   b) Les côtés de l'angle droit peuvent mesurer 10 cm et 24 cm, et l'hypoténuse, 26 cm; ou un côté peut mesurer 10 cm, l'hypoténuse, 24 cm, et l'autre côté environ 21,8 cm.
6. a) L'aire du carré de l'hypoténuse est égale à la somme des aires des carrés des deux autres côtés.
   b) Le carré de la longueur de l'hypoténuse est égal à la somme des carrés des longueurs des deux autres côtés.
7. 65 cm
8. Environ 57,4 cm
9. Le point F; j'ai construit un triangle rectangle dont $\overline{AB}$ est l'hypoténuse. Les côtés de l'angle droit mesurent 4 unités et 3 unités, et l'hypoténuse mesure 5 unités. Le triangle rectangle dont $\overline{AF}$ est l'hypoténuse a aussi des côtés qui mesurent 4 unités et 3 unités. Le point G est également à 5 unités de A.
10. Environ 216,9 m
11. 37,3 m
12. 17 cm
13. Environ 291,2 km

8.5 Les triangles particuliers, page 353

1. a) $h = 12$ cm   b) $c \approx 4,2$ cm   c) $h \approx 8,66$ cm
2. a) $h \approx 17,32$ cm   b) $x \approx 16,97$ cm   c) $c \approx 18,38$ cm
3. a) $A \approx 10,8$ cm²   b) $A \approx 13,4$ cm²   c) $A \approx 31,2$ cm²
4. a) $A \approx 93,5$ cm²   b) $V \approx 1309,4$ cm³   c) $A \approx 691$ cm²
5. a) $A = 12,5$ cm²; longueur des côtés = $\sqrt{12,5}$ cm
   b) $P \approx 24,14$ cm   c) $P \approx 17,1$ cm
   d) Trois des côtés de la figure D sont congrus aux côtés de la figure E.
6. a) $V \approx 24\,438$ cm³   b) $A \approx 4509$ cm²
7. $A = 36$ cm², $P \approx 29,0$ cm

Module 8, Révision du module, page 355

1. a) 2   b) 3   c) 5   d) 6   e) 8   f) 9
2. a) 7,4   b) 8,7   c) 9,7   d) 10,2   e) 6,8   f) 10,7
3. a) 6,8   b) 9,2   c) 11,0   d) 34,6
4. 130 cm
5. a) 34 cm   b) 28 cm   c) Environ 16,2 cm
6. a) À 2 unités à droite et à 3 unités au-dessus du point X; $2^2 + 3^2 = (\sqrt{13})^2$
   b) Oui; il y a plusieurs façons de placer un rectangle dont les côtés de l'angle droit mesurent 2 unités et 3 unités et dont un sommet se trouve en X.
7. Environ 31,2 km
8. 42 cm
9. Environ 97,4 cm²
10. b) Environ 693,7 cm²   c) Environ 1202,9 cm³

Module 8, Test pratique, page 357

1. a) 25 unités²   b) 5 unités; $5^2 = 25$
2. Environ 8,37 cm
3. a) 3,6 cm; 2,2 cm; 2 cm
   b) Oui, mais ils ne formeraient pas un triangle rectangle, car $2,2^2 + 2^2 \neq 3,6^2$.
4. a) Environ 16,2 m   b) Environ 80,8 m

Révision cumulative, Modules 1 à 8, page 360

1. a) 6,8 b) 5,51 c) 25,86 d) 51,9
2. a) 24 tranches pour 3,29 $
   b) 3,78 L pour 5,98 $
   c) 100 g pour 0,29 $
   d) Un paquet de 12 pour 5,99 $
4. Par exemple :
   a) $3 \div 6 = \frac{1}{2}$
   $\frac{1}{4} \div \frac{1}{2} = \frac{1}{2}$
   $\frac{2}{8} \div \frac{3}{6} = \frac{1}{2}$
   b) $\frac{3}{8} \div \frac{9}{16} = \frac{2}{3}$
   $\frac{5}{9} \div \frac{5}{6} = \frac{2}{3}$
   $\frac{4}{7} \div \frac{6}{7} = \frac{2}{3}$
   c) $\frac{2}{3} \div \frac{5}{6} = \frac{4}{5}$
   $\frac{1}{4} \div \frac{5}{16} = \frac{4}{5}$
   $\frac{3}{5} \div \frac{3}{4} = \frac{4}{5}$
   d) $\frac{1}{3} \div \frac{2}{5} = \frac{5}{6}$
   $\frac{3}{4} \div \frac{9}{10} = \frac{5}{6}$
   $\frac{2}{5} \div \frac{12}{25} = \frac{5}{6}$
5. a) Échantillon b) Recensement
   c) Échantillon d) Échantillon
6. a) J'ai choisi un diagramme à lignes brisées doubles, car il y a deux ensembles de données et les données sont continues.
   b) Les deux lignes brisées montent vers la droite. La ligne brisée qui représente la tige de haricot monte plus rapidement.
   c) Les estimations varieront. Par exemple : Si la croissance se poursuit au même rythme, la tige de haricot devrait mesurer environ 80 cm au bout de 39 jours, et le tournesol devrait mesurer environ 70 cm.
7. Ils forment un triangle isocèle. Deux des côtés du triangle sont égaux, car ce sont des rayons du cercle.
8. Un cercle de 30 cm de rayon, car son aire est d'environ 2827 cm², tandis que le cercle de 1 m de circonférence a une aire d'environ 796 cm².
9. L'aire du carton est d'environ 1759,3 cm².
10. a) ∠CBD b) ∠EBC
11. a) I) ∠EDG et ∠DGF ; ∠BDG et ∠DGH
    II) ∠EDG et ∠DGH ; ∠ABH et ∠BHG
    III) ∠CDE et ∠DGF ; ∠CBD et ∠BHG
    b) ∠CHG = 65°, ∠JHK = 65°, ∠CGH = 65°, ∠FGN = 65°
    c) ∠BCD = 50°; un triangle isocèle
12. Les estimations varieront. Par exemple :
    a) 7,2 b) 7,9 c) 9,5 d) 8,7
13. a) Non ; la somme des aires des deux petits carrés n'est pas égale à l'aire du grand carré.
    b) Oui
14. 5 cm

Module 9 Les nombres entiers, page 362

Utilise tes connaissances, page 364

1. −7, −5, −1, 0, +2, +4, +10
2. a) < b) > c) < d) > e) < f) <
3. a) +8 b) −19 c) +9 d) −11 e) +6 f) −9
   g) +2 h) −3 i) +3 j) −2 k) 0 l) −5
4. a) (−5) + (+8) = +3 ; +3 °C b) (+8) + (−6) = +2 ; 2 $
5. a) −4 b) +3 c) +4 d) −7 e) +5 f) −7
6. a) +11 b) +9 c) −12 d) +6 e) +16 f) −10

9.1 Additionner des nombres entiers, page 370

1. a) −1 b) −2 c) −6 d) −5 e) −6 f) 0
2. a) −5 b) +5 c) −3 d) −6
3. a) I) −8 II) +5 III) −2 IV) +8
   b) I) (−8) + (+8) = 0 II) (+5) + (−5) = 0
   III) (−2) + (+2) = 0 IV) (+8) + (−8) = 0
   c) La somme de deux nombres entiers opposés est toujours égale à 0.
4. a) I) +14 II) +10 III) +14 IV) +13
   b) Les additions et les sommes ne contiennent que des nombres entiers positifs. La somme de deux nombres entiers positifs est toujours un nombre entier positif.
   c) Par exemple : (+4) + (+6) = (+10)
5. a) I) −14 II) −10 III) −14 IV) −13
   b) Les additions et les sommes ne contiennent que des nombres entiers négatifs. La somme de deux nombres entiers négatifs est toujours un nombre entier négatif.
   c) Par exemple : (−12) + (−8) = (−20)
6. a) −1, −4 ; −2, −3 ; −6, +1 ; −7, +2
   b) +1, +3 ; +2, +2 ; +5, −1 ; +6, −2
7. Si les deux nombres entiers sont positifs, la somme est positive. Si les deux nombres entiers sont négatifs, la somme est négative. Si les nombres entiers sont des nombres entiers opposés, la somme est égale à 0. Si les nombres entiers ont des signes différents, le signe de la somme correspond au signe du nombre qui a la plus grande valeur numérique.
8. a) +331 b) +294 c) −296 d) −18 e) −109 f) +76
9. a) (+5) + (−6) + (−2) + (+4) + (+6) + (−2)
   b) +5 ; une hausse de 5 $ c) 37 $; 45 $
10. a) −3 b) +10
11. a) Il y a 9 façons : (−9) + (+7) ; (−8) + (+6) ; (−7) + (+5) ; (−6) + (+4) ; (−5) + (+3) ; (−4) + (+2) ; (−3) + (+1) ; (−2) + (0) ; (−1) + (−1)
    b) Il y a 8 façons : (−9) + (+5) ; (−8) + (+4) ; (−7) + (+3) ; (−6) + (+2) ; (−5) + (+1) ; (−4) + (0) ; (−3) + (−1) ; (−2) + (−2)

9.2 Soustraire des nombres entiers, page 374

1. a) +4 b) −5 c) 0 d) +36 e) +43 f) +39
2. a) +2 b) +12 c) −7 d) −22
3. a) −4 b) −4 c) −8 d) +13 e) +10 f) −15
4. a) −381 b) +111 c) +80 d) +370
5. I) a) +7, −5 b) −15, −8 c) +51, −17
   d) +2, −6 e) +21, −14
   II) a) +12 ; +12 °C b) −7 ; −7 °C
   c) +68 ; 68 m au-dessus du niveau de la mer
   d) +8 ; 8 au-dessus de la normale
   e) +35 ; une hausse de 35 $
6. a) I) +15 °C II) +9 °C III) +38 °C
   IV) −16 °C V) +29 °C
   b) Winnipeg
   c) Perth se trouve dans l'hémisphère Sud.
7. a) (−7) − (−4) ; (+4) − (+7) ; (−2) − (+1)
   b) (+4) − (+2) ; (+1) − (−1) ; (−1) − (−3)
   c) (+5) − (+5) ; (−4) − (−4)
8. a) Regina ; Victoria

b) Halifax : 66 °C ; Regina : 93 °C ; Thunder Bay : 81 °C ; Victoria : 52 °C
  c) Regina   d) 38,5 °C   e) −34 °C
  f) Quelle est la moyenne des températures minimales record ? (Réponse : −34 °C)
9. a) +2   b) +9   c) +14   d) −19
   e) 0   f) −135   g) −10   h) −602
10. a) +26, +33, +40 ; par exemple : À partir du nombre +5, ajoute +7 chaque fois.
    b) +2, +4, +6 ; par exemple : À partir du nombre −4, ajoute +2 chaque fois.
    c) −9, −5, −1 ; par exemple : À partir du nombre −21, ajoute +4 chaque fois.
    d) −2, −3, −4 ; par exemple : À partir du nombre +1, ajoute −1 chaque fois.
11. a) −5 et −7
    b) Trouve deux nombres entiers dont la somme est 0 et la différence est +12. (Réponse : 6 et −6)

9.3 Additionner et soustraire des nombres entiers, page 379

1. a) +2   b) +7   c) −1   d) +2   e) +2   f) +15
   g) −7   h) −16   i) −15   j) −2   k) −23   l) +12
2. a) +8   b) −33   c) +1
3. a) I) −2 ; −2   II) −4 ; −4   III) −6 ; −6   IV) −8 ; −8
   b) Dans chaque paire, une même expression est écrite sous forme d'addition et sous forme de soustraction, et les sommes sont égales.
   c) Par exemple : −5 + 11 ; 11 − 5 ; −5 + 4 ; 4 − 5
4. a) −1, −3, −5, −7, −9, −11 ; par exemple : À partir du nombre −1, ajoute −2 chaque fois.
   b) −4, −6, −8, −10, −12, −14 ; par exemple : À partir du nombre −4, soustrais +2 chaque fois.
5. 16 $

9.4 Multiplier des nombres entiers, page 383

1. a) Négatif   b) Positif   c) Négatif   d) Positif
2. a) −24   b) +20   c) −27   d) −42   e) −30   f) +42
   g) 0   h) −200   i) +420
3. a) −16   b) −132   c) −1   d) +120
4. a) +4   b) −3   c) +6   d) −6
   e) −4   f) −12   g) −30   h) −2
5. a) +16, +32, +64 ; À partir du nombre +1, multiplie par +2 chaque fois.
   b) −216, +1296, −7776 ; À partir du nombre +1, multiplie par −6 chaque fois.
   c) +27, −81, +243 ; À partir du nombre −1, multiplie par −3 chaque fois.
   d) −16, −20, −24 ; À partir du nombre −4, ajoute −4 chaque fois.
6. a) I) −21 ; −21   II) +32 ; +32   III) +45 ; +45   IV) −60 ; −60
   b) Non
7. a) −5 et −8   b) +9 et −8   c) Les réponses varieront.
8. a) I) +6   II) −24   III) +120
   IV) −720 ; (−2)(−3)(−4)(−5)(−6)(−7) = +5040,
   (−2)(−3)(−4)(−5)(−6)(−7)(−8) = −40 320,
   (−2)(−3)(−4)(−5)(−6)(−7)(−8)(−9) = +362 880,
   (−2)(−3)(−4)(−5)(−6)(−7)(−8)(−9)(−10)
   = −3 628 800
   b) I) Signe positif   II) Signe négatif
   c) Oui

9. Le produit d'un nombre positif multiplié par lui-même est positif. Le produit d'un nombre négatif multiplié par lui-même est positif.
10. Par exemple : (−1) et (+36) ; (−2) et (+18) ; (−3) et (+12) ; (−4) et (+9) ; (−6) et (+6) ; (−9) et (+4) ; (−12) et (+3) ; (−18) et (+2) ; (−36) et (+1) ; (−1), (−4), et (−9)
11. Non ; par exemple : (−2) × (+3) = −6 et −6 est inférieur à −2 et à +3.
12. −16 et +9
13. a) −5   b) −9

9.5 Diviser des nombres entiers, page 387

1. a) (0) ÷ (+3) = 0 ; (+3) ÷ (+3) = +1 ; (+6) ÷ (+3) = +2 ; (+9) ÷ (+3) = +3 ;
   Le quotient de deux nombres entiers qui ont des signes opposés est négatif.
   Le quotient de deux nombres entiers qui ont le même signe est positif.
   b) (−15) ÷ (+3) = −5 ; (−25) ÷ (+5) = −5 ; (−35) ÷ (+7) = −5 ; (−45) ÷ (+9) = −5
   Le quotient de deux nombres entiers qui ont des signes opposés est négatif.
   c) (0) ÷ (+2) = 0 ; (−2) ÷ (+2) = −1 ; (−4) ÷ (+2) = −2 ; (−6) ÷ (+2) = −3 ;
   Le quotient de deux nombres entiers qui ont des signes opposés est négatif.
   d) (−2) ÷ (−1) = +2 ; (−6) ÷ (−3) = +2 ; (−10) ÷ (−5) = +2 ; (−14) ÷ (−7) = +2
   Le quotient de deux nombres entiers qui ont le même signe est positif.
   e) (+2) ÷ (−1) = −2 ; (+6) ÷ (−3) = −2 ; (+10) ÷ (−5) = −2 ; (+14) ÷ (−7) = −2
   Le quotient de deux nombres entiers qui ont des signes opposés est négatif.
   f) (+10) ÷ (−5) = −2 ; (+15) ÷ (−5) = −3 ; (+20) ÷ (−5) = −4 ; (+25) ÷ (−5) = −5
   Le quotient de deux nombres entiers qui ont des signes opposés est négatif.
   Le quotient de deux nombres entiers qui ont le même signe est positif.
2. a) I) +8   II) −5   III) −7   IV) −6
   b) I) (+24) ÷ (+8) = +3   II) (+45) ÷ (−5) = −9
   III) (−28) ÷ (−7) = +4   IV) (−66) ÷ (−6) = +11
3. a) −2   b) +3   c) +4   d) −3   e) +4   f) −12
   g) −25   h) 0   i) +25
4. a) (−56) ÷ (−7) = +8   b) Pendant 8 jours
5. a) +81, −243, +729 ; À partir du nombre −3, multiplie par −3 chaque fois.
   b) +30, −36, +42 ; À partir du nombre +6, ajoute +6 et alterne les signes chaque fois.
   c) −40, −160, +80 ; À partir du nombre +5, multiplie par +4, puis divise par −2, en alternance.
   d) +8, −4, +2 ; À partir du nombre −64, divise par −2 chaque fois.
   e) −100, +10, −1 ; À partir du nombre +100 000, divise par −10 chaque fois.

6. a) Quand le diviseur est plus grand que le quotient, quand je divise deux nombres entiers positifs et quand je divise un nombre entier positif par un nombre entier négatif.
  b) Quand le dividende et le diviseur sont négatifs.
  c) Quand le dividende et le diviseur ont des signes différents.
  d) Quand le dividende et le diviseur sont égaux.
  e) Quand le dividende et le diviseur sont des nombres entiers opposés.
  f) Quand le dividende est 0.
7. a) −12   **b)** +97   **c)** −84   **d)** +44
8. a) +4   **b)** −1   **c)** +7
9. Par exemple : +2, −4, +6 ; +8, +2, −6 ; +2, −2, +4 ; +6, −6, +4 ; +8, −8, +4

Module 9, Révision de mi-module, page 389
1. a) −6, −4, −1, 0, +2, +13, +20
2. a) −12   b) −3   c) +7   d) −2
3. a) −13   b) −7 et −6 ; −20 et +7 ; −11 et −2
4. a) −9   b) −3   c) +7   d) −24   e) −12
5. a) +425   b) −681
6. a) +27 599 + (−2600) + (−2600) + (−2600) + (−2600) + (−2600)
   b) 14 599 $
7. a) −9   b) +11   c) −30   d) +24
8. a) −32   b) +1200   c) −28
   d) −72   e) 0   f) −32
9. a) −8 °C   b) +1050 L   c) +10 501 $
10. a) −9   b) +2   c) 0   d) −26   e) +46   f) +1

9.6 La priorité des opérations avec des nombres entiers, page 391
1. a) I) 0   II) 6
   b) Les parenthèses ne sont pas au même endroit.
2. a) +23 ; la multiplication   b) −18 ; l'addition
   c) +25 ; la multiplication   d) −14 ; la multiplication
   e) −3 ; la division entre les parenthèses
   f) −6 ; la division
3. a) −1   b) +18   c) −500   d) +2   e) +12   f) −6
4. a) +10   b) +15   c) −14   d) −16   e) −7   f) −5
5. a) Robert
   b) Quand Christian a multiplié −2 par −4, il a obtenu −8 au lieu de +8. Brenna a effectué la soustraction en premier.
6. $(-2)^2 \times (-100) \div 4 \times 5 = -500$
7. $405 + 4(-45) = 225$; 225 $
8. −5 °C
9. a) $(-24 + 4) \div (-5) = +4$ b) $(-4 + 10)(-2) = -12$
   c) $(-10 - 4) \div (-2) = +7$

9.7 Situer des points dans un plan cartésien, page 396
1. A(2, 3) ; B(0, 5) ; C(1, −2) ; D(−6, 0) ; E(0, −5) ; F(0, 0) ; G(−1, −1) ; H(−5, 3), J(4, 0) ; K(−5, −6)
2. a) B, E et F   b) D, F et J   c) B, E et F ; H et K
   d) A et H ; D, F et J   e) F et G   f) Aucun point
4. Dans le quadrant 1, les deux coordonnées sont positives. Dans le quadrant 2, l'abscisse est négative, et l'ordonnée est positive. Dans le quadrant 3, les deux coordonnées sont négatives. Dans le quadrant 4, l'abscisse est positive, et l'ordonnée est négative.
5. Par exemple : A(2, 1), B(2, −2), C(−2, −3) ; aire = 6 unités^2
6. Je peux dessiner 3 rectangles différents si j'utilise des nombres naturels comme longueurs de côtés. Je peux en dessiner beaucoup plus si j'utilise des nombres décimaux comme longueurs de côtés.
7. b) N(−3, −2)
8. b) $A = 75$ unités^2
9. Les réponses varieront. Par exemple : E(−2, 0) ; E(−5, −3) ; E(−2, 3)

9.8 Représenter graphiquement des translations et des réflexions, page 400
1. a) Une réflexion par rapport à l'axe des y
   b) Une translation de 3 unités vers la droite et de 3 unités vers le bas
2. a) A et C ; ces parallélogrammes sont congruents et ont la même orientation.
   b) A et B sont liés par une réflexion par rapport à l'axe des y. B et C sont liés par une réflexion par rapport à l'axe des x. Dans chaque cas, les parallélogrammes sont congruents, mais ont des orientations différentes.
4. a) Après une réflexion par rapport à l'axe des x :
   A(1, 3) → A′(1, −3) ; B(3, −2) → B′(3, 2) ;
   C(−2, 5) → C′(−2, −5) ; D(−1, −4) → D′(−1, 4) ;
   E(0, −3) → E′(0, 3) ; F(−2, 0) → F′(−2, 0)
   Le signe de l'ordonnée change.
   b) Après une réflexion par rapport à l'axe des y :
   A(1, 3) → A″(−1, 3) ; B(3, −2) → B″(−3, −2) ;
   C(−2, 5) → C″(2, 5) ; D(−1, −4) → D″(1, −4) ;
   E(0, −3) → E″(0, −3) ; F(−2, 0) → F″(2, 0)
   Le signe de l'abscisse change.
   c) Je peux vérifier les coordonnées de l'image par réflexion. Si elles respectent les régularités, l'image est dessinée correctement.
5. b) A(1, 3) → A′(−3, 1) ; B(3, −2) → B′(−1, −4) ;
   C(−2, 5) → C′(−6, 3) ; D(−1, −4) → D′(−5, −6) ;
   E(0, −3) → E′(−4, −5) ; F(−2, 0) → F′(−6, −2)
   Chaque abscisse diminue de 4. Chaque ordonnée diminue de 2.
   c) Si le déplacement s'effectue vers la droite, j'ajoute le nombre d'unités du déplacement à l'abscisse. Si le déplacement s'effectue vers la gauche, je soustrais le nombre d'unités du déplacement de l'abscisse. Si le déplacement s'effectue vers le haut, j'ajoute le nombre d'unités du déplacement à l'ordonnée. Si le déplacement s'effectue vers le bas, je soustrais le nombre d'unités du déplacement de l'ordonnée.
6. b) Ces segments de droite sont horizontaux. L'axe des y est la médiatrice de chacun de ces segments.
7. Les coordonnées de chaque point sont interverties pour obtenir les coordonnées de son image.
8. b) Les réponses varieront. La figure a un axe de symétrie parallèle à l'axe de réflexion.
9. Les réponses varieront.
10. Par exemple :
    a) Les escaliers mécaniques, les tapis roulants
    b) Les miroirs, les fenêtres, les lacs et les flaques d'eau

9.9 Représenter graphiquement des rotations, page 405

1. **a)** Une rotation de 90° autour de l'origine
   b) Une rotation de 180° autour de l'origine
2. La figure a subi une rotation de 90° dans le sens des aiguilles d'une montre autour de l'origine pour donner l'image 1. Elle a subi une réflexion par rapport à l'axe des x pour donner l'image 2. Elle a subi une translation de 5 unités vers la droite et de 5 unités vers le bas pour donner l'image 3.
3. **d)** Les deux images ont les mêmes coordonnées. Oui ; une rotation de –90° équivaut à une rotation de +270°.
4. **b)** $\overline{OA} = \overline{OA'}$, $\overline{OB} = \overline{OB'}$, $\overline{OC} = \overline{OC'}$
   c) Tous ces angles mesurent 180°.
   d) Une rotation de –180° autour de l'origine
5. **b)** $\overline{OA} = \overline{OA'}$, $\overline{OB} = \overline{OB'}$, $\overline{OC} = \overline{OC'}$
   c) 90°
   d) Une rotation de +270° autour de l'origine
6. Les réponses varieront.
   a) Pour obtenir les coordonnées de l'image à partir des coordonnées de départ : je change le signe de l'abscisse, puis j'intervertis les coordonnées. Par exemple : Après la rotation, le point (2, 3) devient le point (3, –2).
   b) Je change le signe de l'abscisse et celui de l'ordonnée. Par exemple : Après la rotation, le point (2, 3) devient le point (–2, –3).
   c) Je change le signe de l'ordonnée, puis j'intervertis les coordonnées. Par exemple : Après la rotation, le point (2, 3) devient le point (–3, 2).
7. Par exemple : Les manèges, les roues d'une voiture, les aiguilles d'une horloge
8. **c)** Les images coïncident. Oui ; une rotation de 180° équivaut à une réflexion par rapport à un des axes, suivie d'une réflexion par rapport à l'autre axe.
9. **c)** Non ; une réflexion suivie d'une rotation ne donne pas la même image que la même rotation suivie de la même réflexion.

Module 9, Révision du module, page 411

1. **a)** –10, –7, –3, +1, +8
2. **a)** –3 **b)** +6 **c)** –8 **d)** –5 **e)** +2 **f)** –4
   g) –6 **h)** +8
3. **a)** Luc **b)** 7 coups
4. –19 °C
5. **a)** +339 **b)** +213 **c)** +744 **d)** +2438
6. **a)** –2 **b)** +9 **c)** –11 **d)** +5 **e)** –1 **f)** –5
7. –10 °C ; la température a changé 8 fois en 4 heures.
8. **a)** +35 **b)** –60 **c)** –27 **d)** –8 **e)** 0 **f)** +286
9. **a)** 15 **b)** 14
10. **a)** Vrai **b)** Faux **c)** Faux **d)** Faux
11. **a)** +8 **b)** –8 **c)** –11 **d)** +9 **e)** –18 **f)** –14
12. **a)** –16 **b)** –1 **c)** +12 **d)** –8 **e)** +4 **f)** +2
13. **a)** +52 **b)** –7 **c)** –6 **d)** +9 **e)** +3 **f)** +21
14. **a)** Corey : +1 ; Suzanne : –2 **b)** Corey
15. **a)** I) –3 et –5 II) –3 et +5
    III) –16 et +2 IV) +2 et –4
    b) I) –3 et +1 II) –3 et –1
    III) –2 et +1 IV) +1 et –2
    c) I) –2 et –10 II) –14 et –2
    III) –36 et +3 IV) +3 et –4
    d) I) –1 et –2 II) –7 et –4
    III) –21 et +7 IV) –3 et +1
16. **b)** A : le quadrant 3 ; B : le quadrant 4 ; C : le quadrant 1 ; D : le quadrant 2
    c) Un parallélogramme ; 72 unités²
17. **c)** Toutes les images sont congruentes. Les images par translation et par rotation ont la même orientation que le quadrilatère ABCD. Les images par réflexion ont une orientation différente.

Module 9, Test pratique, page 413

1. –11, –8, –3, 0, +5, +7
2. **a)** –12 **b)** –8 **c)** –48 **d)** –117 **e)** –7 **f)** –8
   g) +16 **h)** –4 **i)** –165
3. **a)** –64, +128, –256, +512 ; à partir du nombre –4, multiplie par –2 chaque fois.
   b) +3, +10, +7, +14 ; à partir du nombre –9, additionne +7, puis –3, en alternance.
4. **a)** +98 **b)** –3 **c)** +1
5. –4
6. –20 °C
7. Par exemple :
   b) A(2, 3), B(–3, 3), C(4, –2)
   c) Je compte les petits carrés.

Module 9, Problème du module, page 414

1. **a)** (0)(+3) + (+1)(+2) + (–1)(+1) + (–2)(+2) + (+2)(+1)
   b) –1, un sous la normale
2. **b)** +31 **c)** un sous la normale
3. **a)** 35 **b)** 28 **c)** 26
4. **a)** Hamid, Annie, David, Chai Kim, Kyle, Weng Kwong
   b) Hamid, –6 **c)** Annie, –5 ; David, –4

Module 10 L'algèbre, page 416

Utilise tes connaissances, page 418

1. **a)** $7x$ **b)** $x - 6$ **c)** $5 + 3x$ **d)** $5x - 3$
2. **a)** $\frac{x}{7} = 6$ **b)** $8 + x = 17$ **c)** $5 + 2x = 11$
3. **a)** $\frac{7}{2}$; ou $\frac{1}{2}$ **b)** 5 **c)** $\frac{3}{4}$
4. **a)** $\frac{11}{12}$ **b)** $\frac{5}{12}$ **c)** $\frac{1}{6}$
5. **a)** $\frac{13}{10}$ **b)** $\frac{7}{5}$ **c)** $\frac{9}{5}$ **d)** $\frac{3}{10}$ **e)** $\frac{3}{5}$
   f) $\frac{1}{5}$ **g)** $\frac{1}{5}$ **h)** $\frac{2}{5}$ **i)** $\frac{1}{10}$
6. **a)** –12 **b)** –15 **c)** –18
   d) 0 **e)** –9 **f)** –6
   g) 18 **h)** 36 **i)** 9
7. **a)** $\frac{137}{20} = 6\frac{17}{20}$ **b)** $\frac{31}{12} = 2\frac{7}{12}$
   c) $\frac{67}{15} = 4\frac{7}{15}$
8. **a)** 10 **b)** –11 **c)** –4

10.1 Les propriétés des nombres, page 422

2. **a)** $2x + 20$ **b)** $5x + 5$ **c)** $10x + 20$
   d) $72 + 36y$ **e)** $64 + 72y$ **f)** $35y + 30$
3. $P = 2(b + h)$, $P = 2b + 2h$; j'ai utilisé la distributivité de la multiplication pour obtenir la seconde formule à partir de la première.
4. En multiplication, l'ordre n'a aucune importance ; par exemple : $3 \times 5 = 5 \times 3$.
5. **a)** $10x + 10y + 10$ **b)** $12x + 20y + 4$
   c) $56x + 24y + 16$

6. Les expressions en c) et en d) sont équivalentes. En c), j'ai utilisé la distributivité de la multiplication. En d), l'ordre des termes n'a aucune importance, car il s'agit d'additions.

10.2 Décrire des suites numériques, page 426

1. **a)** 3, 5, 7, 9, 11, 13, ... Chaque terme est égal à 2 de plus que le terme précédent. À partir du nombre 3, additionner 2 chaque fois.
   b) 2, 5, 8, 11, 14, 17, ... Chaque terme est égal à 3 de plus que le terme précédent. À partir du nombre 2, additionner 3 chaque fois.
   c) 4, 6, 8, 10, 12, 14, ... Chaque terme est égal à 2 de plus que le terme précédent. À partir du nombre 4, additionner 2 chaque fois.
   d) 2, 6, 10, 14, 18, 22, ... Chaque terme est égal à 4 de plus que le terme précédent. À partir du nombre 2, additionner 4 chaque fois.

2. **a)** $\frac{1}{n}$ **b)** $\frac{n}{n+1}$

3. **a)** I) À partir du nombre 1, additionner 1 chaque fois.
     II) 12 III) n IV) 100
   b) I) À partir du nombre 2, additionner 1 chaque fois.
     II) 13 III) $n+1$ IV) 101
   c) I) À partir du nombre 3, additionner 1 chaque fois.
     II) 14 III) $n+2$ IV) 102
   d) I) À partir du nombre 4, additionner 1 chaque fois.
     II) 15 III) $n+3$ IV) 103

4. **a)** I) À partir du nombre 2, additionner 2 chaque fois.
     II) 18 III) $2n$ IV) 120
   b) I) À partir du nombre 6, additionner 3 chaque fois.
     II) 30 III) $3n+3$ IV) 183
   c) I) À partir du nombre 3, additionner 4 chaque fois.
     II) 35 III) $4n-1$ IV) 239
   d) I) À partir du nombre 10, additionner 5 chaque fois.
     II) 50 III) $5n+5$ IV) 305

5. La première suite est formée des nombres carrés. 512 n'étant pas un nombre carré, il ne peut pas faire partie de cette suite.
   La seconde suite est formée des puissances de 2 à partir de $2^2 = 4$. Puisque 512 est une puissance de 2 ($2^9 = 512$), il fait partie de cette suite.

6. **a)** Par exemple : 10, 20, 30, 40, 50, 60, ... et 10, 20, 40, 70, 110, 160, ...
   b) Par exemple, pour la première suite : À partir du nombre 10, additionner 10 chaque fois. Pour la seconde suite : À partir du nombre 10, additionner 10, puis ajouter 10 chaque fois au nombre additionné.
   c) Par exemple, pour la première suite : $10n$.
   d) Non. La différence entre 2 termes consécutifs n'est pas constante.

7. **a)** I) À partir de la fraction $\frac{2}{2}$, augmenter le numérateur de 1 et le dénominateur de 3 chaque fois.
     II) $\frac{16}{44}$ III) $\frac{n+1}{3n-1}$ IV) $\frac{31}{89}$
   b) I) À partir du nombre 1, additionner 2, puis ajouter 1 chaque fois au nombre additionné.
     II) 120 III) $\frac{n(n+1)}{2}$ IV) 465

10.3 Décrire des suites géométriques, page 431

1. **a)** Cadre 1 : 4 cm ; cadre 2 : 5 cm ; cadre 3 : 6 cm ; cadre 4 : 7 cm. La longueur des cadres augmente de 1 cm chaque fois.
   b) Le diagramme montre une droite qui commence à (1, 4). Pour se rendre au point suivant, il faut se déplacer de 1 unité vers la droite et de 1 unité vers le haut. Le déplacement vers la droite représente l'augmentation du numéro du cadre. Le déplacement vers le haut représente l'augmentation de la longueur.
   c) $n+3$ **d)** 53 cm

2. **a)** 3, 5, 7, 9 ; le nombre de cure-dents est de 3 au départ et il augmente de 2 chaque fois.
   c) $2n+1$ **d)** 91

3. **a)** 6, 8, 10, 12 ; le périmètre est de 6 cm au départ et il augmente de 2 cm chaque fois.
   b) Le diagramme montre une droite qui commence à (1, 6). Pour se rendre au point suivant, il faut se déplacer de 1 unité vers la droite et de 2 unités vers le haut. Le déplacement vers la droite représente l'augmentation du numéro de la figure. Le déplacement vers le haut représente l'augmentation du périmètre.
   c) $2n+4$ **d)** 154

4. **a)** 1, 4, 9, 16 ; l'aire en centimètres carrés est égale au carré du numéro de la figure.
   b) 64 cm² **c)** n^2 **d)** Figure 25 ; $25^2 = 625$

5. **a)** 6, 10, 14, 18 ; le nombre de personnes est de 6 au départ et il augmente de 4 chaque fois.
   b) 38
   c) $4n+2$; multiplier le numéro de la figure par 4, puis additionner 2.

7. **a)** 2, 4, 8, 16, 32, 64, 128, 256, 512, 1024
   b) Régularité de la suite : À partir du nombre 2, multiplier par 2 chaque fois.
   c) 32 768 **d)** 2^n

Module 10, Révision de mi-module, page 434

1. $8(6+x)$; $48 + 8x$

3. **a)** $3x + 33$ **b)** $60 + 5y$
   c) $4x + 20y + 36$ **d)** $40x + 16y + 24$

4. I) **a)** 43 ; chaque terme est égal à 6 de plus que le terme précédent. À partir du nombre 1, additionner 6 chaque fois.
     b) 67 **c)** $6n - 5$ **d)** 235
   II) **a)** 37 ; chaque terme est égal à 5 de plus que le terme précédent. À partir du nombre 2, additionner 5 chaque fois.
     b) 57 **c)** $5n - 3$ **d)** 197
   III) **a)** 25 ; chaque terme est égal à 3 de plus que le terme précédent. À partir du nombre 4, additionner 3 chaque fois.
     b) 37 **c)** $3n - 1$ **d)** 121

5. **a)** 11, 14, 17, 20, 23, 26, 29
   Chaque terme est égal à 3 de plus que le terme précédent. À partir du nombre 11, additionner 3 chaque fois.
   c) $3n + 8$ **d)** 71 mines

6. **a)** 1, 3, 5, 7 ; le nombre de carrés augmente de 2 chaque fois.
   d) $2n - 1$ **e)** 59 carreaux

f) Les figures sont formées de nombres impairs de carrés à partir de 1. Aucune figure n'est formée d'un nombre pair de carrés.
 I) Oui II) Non III) Oui

10.4 Résoudre des équations à l'aide de carreaux algébriques, page 438

1. a) Deux fois un nombre est égal à ce nombre plus cinq. $x = 5$
   b) Trois fois un nombre moins deux est égal à ce nombre. $x = 1$
   c) Sept fois un nombre moins neuf est égal à quatre fois ce nombre. $x = 3$
   d) Six moins un nombre est égal à deux fois ce nombre. $x = 2$
2. a) $x = 6$ b) $x = 2$ c) $x = 3$ d) $x = 2$
3. I) a) Deux de plus que deux fois un nombre est égal à trois fois ce nombre moins cinq.
      b) $x = 7$
   II) a) Six de moins que cinq fois un nombre est égal à huit moins deux fois ce nombre.
      b) $x = 2$
   III) a) Trois fois un nombre moins treize est égal à ce nombre moins sept.
      b) $x = 3$
4. $x = 4$
5. a) $n = 1$
6. a) $t = 10$
7. a) $l = 6$ c) $A_t = 216$ cm^2 ; $V = 216$ cm^3
8. a) $n + (n + 1) + (n + 2) = 63$ ou $3n + 3 = 63$
   b) $n = 20$; 20, 21, 22
9. a) $x = -3$ b) $x = -2$

10.5 Résoudre des équations par l'algèbre, page 442

1. a) $x = \frac{3}{2}$ b) $x = \frac{2}{3}$ c) $x = \frac{3}{2}$ d) $x = \frac{12}{5}$
2. a) $x = 3$ b) $n = 2$ c) $a = \frac{11}{4}$ d) $m = \frac{1}{2}$
3. a) $3n + 10 = 25$; $n = 5$ b) $3n - 10 = 25$; $n = \frac{35}{3}$
   c) $\frac{n}{2} - 25 = 10$; $n = 70$ d) $25 - \frac{n}{2} = 10$; $n = 30$
4. a) $72 + 24n = 288$ b) $n = 9$; après 9 semaines
   c) Substituer 9 à n dans l'équation en a).
5. a) $85 + 2n = 197$ b) 56 élèves
6. a) I) 37   II) 77
   b) I) 14   II) 25
7. a) 17   b) 13   c) 27
8. a) L'eau s'écoule dans une baignoire à la vitesse de 15 L/min. Il y a 75 L dans la baignoire. Depuis combien de temps l'eau coule-t-elle ?
   b) $15x = 75$
      $x = 5$; 5 min
9. a) La location d'un bateau coûte 300 $. Chaque personne qui participe à l'excursion loue une canne à pêche. La location d'une canne à pêche coûte 20 $. La location du bateau et des cannes à pêche a coûté 380 $ en tout. Combien y avait-il de personnes ?
   b) $300 + 20n = 380$
      $n = 4$; 4 personnes
   c) Oui, par des essais systématiques
10. a) $n^2 + 2 = 123$ b) $n = 11$; 11

Module 10, Révision du module, page 447

1. a) $6x + 54$ b) $33 + 12x$
   c) $35x + 30y + 25$ d) $12a + 20b + 28c$
2. a) 8, 11, 14, 17, 20
   Chaque terme est égal à 3 de plus que le terme précédent. À partir du nombre 8, additionner 3 chaque fois.
   b) 20, 25, 30, 35, 40
   Chaque terme est égal à 5 de plus que le terme précédent. À partir du nombre 20, additionner 5 chaque fois.
3. I) a) À partir du nombre 8, additionner 4 chaque fois.
      b) 32   c) $4n + 4$ d) 284
   II) a) À partir du nombre 5, additionner 2 chaque fois.
      b) 17   c) $2n + 3$ d) 143
4. a) 6, 8, 10, 12 ; le périmètre augmente de 2 unités chaque fois.
   b) 22 cm   c) $2n + 4$ d) 104 unités
5. a) Douze moins un nombre est égal à trois fois ce nombre. $x = 3$
   b) Quatre fois un nombre moins sept est égal à deux fois ce nombre plus trois. $x = 5$
   c) Trois fois un nombre moins huit est égal à ce nombre. $x = 4$
   d) Trois moins sept fois un nombre est égal à sept moins neuf fois ce nombre. $x = 2$
6. a) $n = 4$
7. a) $x = \frac{2}{3}$ b) $x = \frac{5}{2}$ c) $x = \frac{10}{3}$ d) $x = \frac{8}{3}$
8. a) $125 + 12n = 545$ b) $n = 35$; 35 personnes
9. a) 3, 7, 11, 15, 19
   b) I) 20e II) 35e III) 99^e
10. a) $6n + 1$ b) I) 25e II) 51e III) 72^e

Module 10, Test pratique, page 449

1. a) Un nombre plus cinq est égal à neuf de moins que trois fois ce nombre. $x = 7$
   b) Deux fois un nombre moins cinq est égal à dix. $x = \frac{15}{2}$
2. a) 13, 16, 19, 22, 25, 28
   Chaque terme est égal à 3 de plus que le terme précédent. À partir du nombre 13, additionner 3 chaque fois.
   b) $10 + 3n$ c) 85
   d) Substitue 31 à n dans l'expression.
3. a) $75 + 3n$ b) 150 $
   c) $75 + 3n = 204$; $n = 43$
4. a) 292   b) 59^e

Module 10, Problème du module : Choisir un forfait cellulaire, page 450

Partie 1

1. Idéal :   42   54   66   78   90
   Optimal :   45   55   65   75   85
   En contact : 48   56   64   72   80
2. Idéal ; En contact ; En contact
3. Tous les diagrammes montrent une droite qui monte vers la droite. La pente varie. Les droites se coupent au point (100, 60). Le prix de 100 minutes supplémentaires est donc de 60 $ pour tous les forfaits.

Par exemple : Je lui conseillerais En contact afin qu'elle paie le moins cher possible si elle utilise plus que les minutes comprises.

Partie 2

Idéal : $30 + 0,30n$; 55,50 $
Optimal : $35 + 0,25n$; 56,25 $
En contact : $40 + 0,20n$; 57,00 $
Idéal : $30 + 0,30n = 80$; Environ 166 minutes
Optimal : $35 + 0,25n = 80$; 180 minutes
En contact : $40 + 0,20n = 80$; 200 minutes

Module 11 La probabilité, page 452

Utilise tes connaissances, page 454

1. a) $\frac{8}{235} \approx 0,034$ ou 3,4 %   b) $\frac{28}{175} = 0,16$ ou 16 %
2. a) Faux   b) Vrai   c) Faux   d) Vrai

11.1 L'étendue des probabilités, page 458

1. a) 0,25 ou 25 %   b) 1,0 ou 100 %   c) $0,\overline{3}$ ou $33,\overline{3}$ %
   d) 0,1 ou 10 %   e) 0,0 ou 0 %
2. 65 %
3. Environ 10 781 électrices et électeurs
4. a) 0,22 ou 22 %   b) 0,2 ou 20 %
5. Par exemple :
   a) Lundi suit immédiatement dimanche.
   b) Lancer un dé numéroté de 1 à 6 et obtenir 1.
   c) Lancer une pièce de monnaie et obtenir le côté face.
   d) Sur une roulette qui a 4 secteurs congruents dont 3 sont rouges et 1 est bleu, la flèche s'arrête sur un secteur rouge.
   e) Lancer un dé numéroté de 1 à 6 et obtenir 7.
6. a) Environ 0,953 ou environ 95 %
   b) Environ 2817 ampoules
7. a) 0,5 ou $\frac{1}{2}$
   b) Environ $0,\overline{3}$ ou $33,\overline{3}$ % $\left(\frac{1}{3}\right)$
   c) Environ $0,1\overline{6}$ ou $16,\overline{6}$ % $\left(\frac{1}{6}\right)$
8. a) 3, 4, 5, 6 ; 4, 5, 6, 7 ; 5, 6, 7, 8 ; 6, 7, 8, 9
   b) 3, 4, 5, 6, 7, 8, 9
   c) 3 : 0,0625 ou 6,25 % $\left(\frac{1}{16}\right)$
      4 : 0,125 ou 12,5 % $\left(\frac{1}{8}\right)$
      5 : 0,1875 ou 18,75 % $\left(\frac{3}{16}\right)$
      6 : 0,25 ou 25 % $\left(\frac{1}{4}\right)$
      7 : 0,1875 ou 18,75 % $\left(\frac{3}{16}\right)$
      8 : 0,125 ou 12,5 % $\left(\frac{1}{8}\right)$
      9 : 0,0625 ou 6,25 % $\left(\frac{1}{16}\right)$
   d) La somme des probabilités est égale à 100 % ou 1.
   e) I) La somme est 6.
      II) La somme n'est pas 6.
      III) La somme est 3, 4, 5, 6, 7, 8 ou 9.
      IV) La somme n'est pas 3, 4, 5, 6, 7, 8 ou 9.

9. a) 0,68 ou 68 %   b) 0,44 ou 44 %
   c) 0,84 ou 84 %   d) 1,0 ou 100 %

11.2 Les diagrammes en arbre, page 463

1. a) Les réponses varieront.
   b) Par exemple : Environ 10 fois ; 0,1 ou 10 %
   c) Rose, rouge ; rose, noir ; rose, jaune ; bleu, rouge ; bleu, noir ; bleu, jaune ; vert, rouge ; vert, noir ; vert, jaune
   d) $0,\overline{1}$ ou $11,\overline{1}$ % $\left(\frac{1}{9}\right)$ e) Ces probabilités sont très proches.
2. a) $0,08\overline{3}$ ou $8,\overline{3}$ % $\left(\frac{1}{12}\right)$ b) $0,\overline{3}$ ou $33,\overline{3}$ % $\left(\frac{1}{3}\right)$
   c) 0,25 ou 25 % $\left(\frac{1}{4}\right)$ d) $0,8\overline{3}$ ou $83,\overline{3}$ % $\left(\frac{5}{6}\right)$
3. Lancer le tétraèdre deux fois ; la probabilité de gagner est de $\frac{1}{8}$ ou 0,125. La probabilité de gagner quand on lance le tétraèdre et qu'on fait tourner la flèche de la roulette est de $\frac{1}{10}$ ou 0,1. La probabilité de gagner quand on fait tourner la flèche de la roulette deux fois est de $\frac{2}{25}$ ou 0,08.
4. a) MMMM, MMMF, MMFM, MMFF, MFMM, MFMF, MFFM, MFFF, FMMM, FMMF, FMFM, FMFF, FFMM, FFMF, FFFM, FFFF
   b) $\frac{4}{16} = \frac{1}{4}$ ou 25 %   b) $\frac{11}{16}$ c) $\frac{6}{16}$ ou $\frac{3}{8}$
5. a) Les réponses varieront.
   b) Les réponses varieront.
   c) Les réponses varieront. Par exemple :
      I) 0,05   II) 0,09   III) 0,02
   d) 1, Co ; 1, Ca ; 1, T ; 1, P ; 2, Co ; 2, Ca ; 2, T ; 2, P ; 3, Co ; 3, Ca ; 3, T ; 3, P ; 4, Co ; 4, Ca ; 4, T ; 4, P ; 5, Co ; 5, Ca ; 5, T ; 5, P ; 6, Co ; 6, Ca ; 6, T ; 6, P
   e) I) $\frac{1}{24}$ ou $0,041\overline{6}$ II) $\frac{1}{12}$ ou $0,08\overline{3}$
      III) $\frac{1}{4}$ ou 0,25
   f) Les probabilités théoriques et les probabilités expérimentales sont très proches. Les probabilités expérimentales devraient se rapprocher de plus en plus des probabilités théoriques.
6. $\frac{1}{8}$ ou 0,125
7. a) $\frac{1}{6}$ ou $0,1\overline{6}$
   b) Elle diminue ; la probabilité de gagner devient $\frac{1}{27}$ ou $0,\overline{037}$.
   c) Les réponses varieront.

Module 11, Révision de mi-module, page 466

1. 47 %
2. $\frac{53}{80} = 0,6625 = 66,25$ %
3. a) Probable   b) Impossible
   c) Improbable   d) Improbable
4. a) $\frac{29}{30} = 0,9\overline{6}$ ou $96,\overline{6}$ % ; $\frac{1}{30}$ ou $0,0\overline{3}$ ou $3,\overline{3}$ %
   b) Environ 8217 personnes

5. Éric ; sa moyenne au bâton est de 0,509 ; celle de Fari est de 0,460.
6. a) 1, 1 ; 1, 2 ; 1, 3 ; 1, 4 ; 1, 5 ; 1, 6 ; 2, 1 ; 2, 2 ; 2, 3 ; 2, 4 ; 2, 5 ; 2, 6 ; 3, 1 ; 3, 2 ; 3, 3 ; 3, 4 ; 3, 5 ; 3, 6 ; 4, 1 ; 4, 2 ; 4, 3 ; 4, 4 ; 4, 5 ; 4, 6 ; 5, 1 ; 5, 2 ; 5, 3 ; 5, 4 ; 5, 5 ; 5, 6 ; 6, 1 ; 6, 2 ; 6, 3 ; 6, 4 ; 6, 5 ; 6, 6

b) I) $\frac{1}{18}$ ou $0,0\overline{5}$ II) $\frac{1}{4}$ ou $0,25$ III) $\frac{1}{6}$ ou $0,1\overline{6}$
IV) $\frac{11}{36}$ ou $0,30\overline{5}$ V) $\frac{4}{9}$ ou $0,\overline{4}$

c) Les réponses varieront.
d) Les deux probabilités sont proches.
7. Les réponses varieront.

11.3 Les simulations, page 469
1. Les réponses varieront.
2. Je peux lancer une pièce de monnaie et un dé numéroté 6 fois, une fois pour chaque élève de l'équipe. Je note le nombre de fois où un mois apparaît 3 fois ou plus.
L'expression suivante donne une estimation de la probabilité :
$\frac{\text{le nombre de fois où un mois apparaît 3 fois ou plus}}{\text{le nombre de fois où j'effectue l'expérience}}$

3. a) Je peux lancer une pièce de monnaie : le côté face représente une fille, et le côté pile représente un garçon.
b) Je peux lancer la pièce de monnaie 4 fois. J'effectue l'expérience 100 fois. Je note le nombre de fois où j'obtiens le côté face exactement 3 fois.
c) Environ $\frac{1}{5}$ d) $\frac{1}{4}$
e) Les réponses sont proches.
4. Le résultat est le même que la probabilité qu'il y ait exactement 3 filles dans une famille de 4 enfants.
5. a) Une roulette à 4 secteurs : rouge, bleu, vert, jaune. Si la flèche de la roulette s'arrête sur un secteur rouge, la réponse est bonne. Si la flèche s'arrête sur un secteur d'une autre couleur, la réponse est incorrecte.
b) Les réponses varieront. c) Les réponses varieront.
6. a) Je choisis le secteur rouge. Chaque fois que la flèche de la roulette s'arrête sur le secteur rouge, Moira frappe un coup sûr. Je fais tourner la flèche 4 fois pour représenter un match.
b) Je fais tourner la flèche de la roulette 120 fois pour remplir le tableau.
c) Les réponses varieront.
7. Je lance une pièce de monnaie. Le côté face représente la pluie, et le côté pile représente le soleil. Je lance la pièce de monnaie 6 fois. Je note le nombre de fois où j'obtiens le côté face exactement 3 fois. J'effectue la simulation 100 fois.
8. a) J'utilise une roulette divisée en 10 secteurs congruents : 3 sont rouges (échec), et 7 sont bleus (réussite). Je fais tourner la flèche de la roulette deux fois. Je note le nombre de fois où la flèche s'arrête sur un secteur bleu.
c) La probabilité expérimentale est donnée par :
$\frac{\text{le nombre de fois où la flèche s'arrête sur un secteur bleu les deux fois}}{20}$

11.4 Les chances de se produire et de ne pas se produire, page 472
1. a) 5 contre 1
b) 4 contre 48 ou 1 contre 12
c) 6 contre 30 ou 1 contre 5
2. 1 contre 5 ; 12 contre 1 ; 5 contre 1
3. a) 4 contre 2 ou 2 contre 1
b) 1 contre 1   c) 32 contre 4 ou 8 contre 1
4. 1 contre 2 ; 1 contre 1 ; 1 contre 8
5. a) 7 contre 16   b) 20 contre 3
6. 1 contre 3
7. 3 contre 2
8. a) « Il y a dix cartes numérotées de 1 à 10. Quelles sont les chances de tirer une carte avec un nombre plus grand que 7 ? » (Réponse : 3 contre 7)
b) Les chances de tirer un nombre donné sont de 1 contre 9.

Lire et écrire en math : Élargir un problème, page 474
1. Prends la somme de 20 $. Les chances de tirer du sac une somme supérieure à 20 $ sont de $\frac{2}{5}$.
2. a) 100 ; 400
b) Non, il ne changerait pas.
3. 24 objets de 3 kg, 1 de 11 kg et 1 de 17 kg
13 objets de 3 kg, 4 de 11 kg et 1 de 17 kg
2 objets de 3 kg, 7 de 11 kg et 1 de 17 kg
11 objets de 3 kg, 3 de 11 kg et 2 de 17 kg
9 objets de 3 kg, 2 de 11 kg et 3 de 17 kg
7 objets de 3 kg, 1 de 11 kg et 4 de 17 kg
4. Myles utilise le plus d'essence.
5. 210 cubes
6. a) 59 $ b) 100 km   c) 66 km
7. a) 81 unités carrées   b) 36 unités carrées
c) 49 unités carrées   d) 1 unité carrée
e) 64 unités carrées
8. Par exemple : « Quelle est la température moyenne à Swift Current, en Saskatchewan, durant cette période de 5 jours ? » (Réponse : 3,8 °C)

Module 11, Révision du module, page 477
1. a) 1 ou 100 %   b) 0 ou 0 %
c) I) $\frac{1}{8}$ ou 0,125 (12,5 %)   II) 0 ou 0 %
III) $\frac{2}{3}$ ou $0,\overline{6}$ ou $66,\overline{6}$ %   IV) 1 ou 100 %
V) Par exemple : $\frac{1}{2}$ ou 0,5 ou 50 %
2. 40 %
3. 67 500 personnes
4. a)

×	1	2	3	4	5	6
1	1	2	3	4	5	6
2	2	4	6	8	10	12
3	3	6	9	12	15	18
4	4	8	12	16	20	24
5	5	10	15	20	25	30
6	6	12	18	24	30	36

b) Personne A : environ 100 points
Personne B : environ 48 points

c) Non, la personne A gagnera presque toujours.

d) Oui, mais il y aurait 36 branches, et j'aurais besoin d'une longue feuille de papier.

5. a) Seigle, D, M ; S, D, G ; S, D, C ; S, J, M ; S, J, G ; S, J, C ; S, P, M ; S, P, G ; S, P, C ; B, D, M ; B, D, G ; B, D, C ; B, J, M ; B, J, G ; B, J, C ; B, P, M ; B, P, G ; B, P, C

b) I) $\frac{1}{6}$ ou $0,1\overline{6}$ II) $\frac{2}{9}$ ou $0,\overline{2}$

6. a) 2, 3, 4, 6, 8, 9, 12

b) $2:\frac{1}{9}$; $3:\frac{1}{9}$; $4:\frac{2}{9}$; $6:\frac{2}{9}$; $8:\frac{1}{9}$; $9:\frac{1}{9}$; $12:\frac{1}{9}$

c) 2, 3, 8, 9 et 12 ; il n'y a qu'une façon d'obtenir chacun de ces produits.
4 et 6 ; il y a deux façons d'obtenir chacun de ces produits.

d) $\frac{1}{3}$

e) $\frac{8}{9}$; tous les produits, excepté 12, sont plus petits que 10.

7. a) FFF, FFP, FPF, FPP, PFF, PFP, PPF, PPP

b) $\frac{1}{8}$

8. a) Il y a deux résultats possibles : mâle ou femelle.
Le côté face représente un chiot mâle.
Le côté pile représente un chiot femelle.

b) Les nombres 1, 2 et 3 représentent un chiot mâle.
Les nombres 4, 5 et 6 représentent un chiot femelle.

c) Sur une roulette à 4 secteurs congruents, je colorie 2 secteurs rouges et 2 secteurs bleus.
Si la flèche s'arrête sur un secteur rouge, cela représente un chiot mâle.
Si la flèche s'arrête sur un secteur bleu, cela représente un chiot femelle.

9. a) J'utilise un tétraèdre numéroté de 1 à 4.
Les nombres 1, 2 et 3 représentent un ordinateur qui n'est pas défectueux.
Le nombre 4 représente un ordinateur défectueux.
Je lance le tétraèdre 6 fois.
Combien de fois ai-je obtenu 4 ?
Je refais l'expérience plusieurs fois.
Je compte les fois où j'ai obtenu trois fois le nombre 4 sur 6 lancers.

10. a) I) 10 contre 26 ou 5 contre 13
II) 6 contre 30 ou 1 contre 5

b) I) 12 contre 12 ou 1 contre 1
II) 17 contre 1

11. 3 contre 1

Module 11, Test pratique, page 479

1. a) $\frac{7280}{45\,550} = \frac{1456}{9110} = \frac{728}{4550} = \frac{364}{2275} = \frac{52}{325} = 0,16$ ou 16 %

b) Non, chaque cliente ou client a 16 % de chances d'obtenir un baguel gratuit.

2. a) $\frac{1}{2}$ ou 0,5 ou 50 % ; $\frac{3}{4}$ ou 0,75 ou 75 %

b) Le jeu de Weng-Wai est équitable, car les probabilités d'obtenir une somme paire ou une somme impaire sont égales ; 0,5.

Le jeu de Sarojinee n'est pas équitable, car les probabilités ne sont pas égales ; $\frac{3}{4}$ et $\frac{1}{4}$.

3. a) $\frac{1}{8}$ b) 0,25 ou $\frac{1}{4}$
c) $\frac{3}{16}$ d) $\frac{1}{4}$

4. Il y a 30 jours en septembre : 15 sont pairs et 15 sont impairs.
Je lance une pièce de monnaie. Le côté face représente une date paire. Le côté pile représente une date impaire.
Je lance la pièce de monnaie 3 fois. Je note les occurrences où j'obtiens trois fois le côté pile.
J'effectue la simulation 100 fois.

Révision cumulative, Modules 1 à 11, page 484

1. a) $300 + 30 + 5$; $3,35 \times 10^2$
b) $6000 + 200 + 70 + 2$; $6,272 \times 10^3$
c) $20\,000 + 4000 + 200 + 40 + 2$; $2,4242 \times 10^4$

2. a) $x = 7$ b) $x = 13$ c) $x = 12$ d) $x = 10$

3. a) Par exemple : En III), 1 : 100. Le dessin mesure 9,85 cm de longueur.
b) Oui

4. 1200

5. 110 cm²

6. a) 0,5   b) 0,75   c) 1,5   d) 1,75

7. a) I) 16   II) 20   III) 18   IV) 9
a) I) $\frac{1}{5}$ II) $\frac{1}{3}$ III) $\frac{1}{10}$ IV) $2\frac{4}{15}$

8. b) Moyenne ≈ 46,29 ; médiane = 40,5 ; mode = 47
c) Les valeurs aberrantes sont 8, 74 et 125. Sans les valeurs aberrantes, la moyenne ≈ 40,1. Les valeurs aberrantes influent sur la moyenne.

9. a) De 0 à 10 min : 165,5° ; de 11 à 20 min : 99,75° ; de 21 à 30 min : 46,58° ; de 31 à 40 min : 13,68° ; de 41 à 50 min : 20,29° ; de 51 à 60 min : 9° ; plus de 60 min : 5,2°
b) Environ 160 ; par exemple, je suppose que le pourcentage des élèves qui prennent plus de 30 minutes pour se rendre à l'école reste le même.

10. a) Environ 75,4 cm ; 452,4 cm²
b) Environ 18,84 cm ; 28,27 cm²
c) La circonférence en a) est 4 fois plus grande que la circonférence en b).
d) L'aire en a) est 16 fois plus grande que l'aire en b).

11. a) Environ 198,6 cm³   b) Environ 93,5 cm²

12. $a = 52°$, $b = 110°$, $c = 138°$

13. b) Trois points non alignés forment un triangle. Le point d'intersection des médiatrices des côtés du triangle est le centre du cercle circonscrit.

15. a) Environ 5,2 cm   b) 36,66 cm
c) Environ 9,9 cm   d) Environ 38,7 cm

16. a) −5   b) 10   c) −17   d) −5
e) 7   f) 8   g) −22   h) −4

17. a) −24   b) −7   c) 210   d) 7

18. a) −24   b) −32   c) −24

19. a) Dans les quadrants 2 et 3
b) Dans les quadrants 1 et 2

c) Sur l'axe des y
d) Sur une droite horizontale qui passe par –1 sur l'axe des y
e) Sur la bissectrice de l'angle formé par la partie positive de l'axe des x et la partie positive de l'axe des y

20. Les réponses varieront.
21. a) I) À partir du nombre 3, additionner 2 chaque fois.
    II) 23   III) $2n + 1$ IV) 141
    b) I) À partir du nombre 5, additionner 3 chaque fois.
    II) 35   III) $3n + 2$ IV) 212
    c) I) À partir du nombre 7, additionner 4 chaque fois.
    II) 47   III) $4n + 3$ IV) 283
    d) I) À partir du nombre 9, additionner 5 chaque fois.
    II) 59   III) $5n + 4$ IV) 354
22. a) $c = 3$ cm   b) $4 \times 3 = 3 + 9 = 12$
    c) 9 cm
23. a) D-vert; D-vert; D-rouge; E-vert; E-vert; E-rouge; F-vert; F-vert; F-rouge
    b) I) $\frac{1}{3}$ II) $\frac{2}{3}$ III) $\frac{2}{9}$ IV) $\frac{1}{9}$
24. Les réponses varieront.

Exercices supplémentaires

Module 1, page 488

1. a) *Tornade* : 495 millions $; *Mariage à la grecque* : 356,4 millions $; *Académie de police* : 120 millions $; *Le Destin de Will Hunting* : 225,5 millions $; *X-Men* : 294 millions $
   b) *Tornade, Mariage à la grecque, X-Men, Le Destin de Will Hunting, Académie de police*
   c) 631,3 millions $
   d) Par exemple : « Quels sont les deux films qui ont enregistré le plus de recettes ? » (Réponse : *Tornade* et *X-Men*)
2. a) I) 1, 2, 3, 6, 9, 18   II) 126, 252, 378
   b) I) 1, 2, 5, 10   II) 280, 560, 840
   c) I) 1, 2, 4, 8   II) 80, 160, 240
   d) I) 1   II) 33, 66, 99
3. 5^2
4. Par exemple : Parce qu'un nombre premier n'a pas d'autres facteurs que lui-même et 1.
5. a) 50 000 724   b) 648 459
6. a) $1,6276 \times 10^5$ b) $2,120\,219\,2 \times 10^7$
   c) $1,017\,91 \times 10^5$
7. a) $3 \times 10^5 + 7 \times 10^4$ b) $1 \times 10^3 + 1 \times 10^2 + 4 \times 10$
   c) $2 \times 10^7 + 1 \times 10^5$
8. a) 38,5   b) 1,2   c) 28,5
9. a) $x = 5$ b) $x = 17$ c) $x = 1$ d) $x = 8$
10. $x = 8$; 8 DVD

Module 2, page 489

1. À l'examen de sciences (80 %)
2. a) $h = 20$ b) $k = 2$ c) $b = 5$ d) $r = 12$
3. 50 cornets de crème glacée au chocolat
4. 120 km
5. a) Environ 2,23 m/s   b) Environ 1,82 m/s
   La montée du mât est la plus rapide.

6. 56,88 $
7. $33,\overline{3}$ %
8. 12
9. a) 120 $ b) 96,6 $
10. 1500 %
11. 1500
12. 5,00 $
13. a) 675 $ b) Environ 158 $ c) 5675 $

Module 3, page 490

2. 480,5 m²; 4 805 000 cm²
3. a) 156,5 cm²; 0,015 65 m²
   b) 180,4 m²; 1 804 000 cm²
4. a) 80 cm³
   b) 2,45 m³
5. b) 2448 cm³
6. 72,8 cm³
7. Par exemple : $L = 5$ cm, $h = 2$ cm et $b = 4$ cm, où L est la longueur du prisme et b et h sont la base et la hauteur d'une face triangulaire.
8. Par exemple : $a = b = 6$ cm et $L = 11$ cm, où a et b sont les côtés congrus d'une face triangulaire et L est la longueur du prisme.

Module 4, page 491

1. a) I) Non   II) Non   III) Oui
   b) $\frac{30}{400}$; $\frac{40}{225}$; $\frac{20}{100}$ ou, dans leur plus simple expression, $\frac{3}{40}$; $\frac{8}{45}$; $\frac{1}{5}$
2. $\frac{1}{2}$ et $\frac{1}{4}$; $\frac{1}{3}$ et $\frac{3}{4}$
3. a) $\frac{11}{6} = 1\frac{5}{6}$ b) $\frac{19}{12} = 1\frac{7}{12}$ c) $\frac{2}{9}$ d) $\frac{8}{35}$
   e) $\frac{5}{12}$ f) $6\frac{3}{4}$
4. a) $\frac{25}{36}$ b) 6   c) $4\frac{1}{8}$ d) $13\frac{1}{5}$
5. a) $2\frac{2}{9}$ b) $1\frac{1}{4}$ c) $1\frac{1}{4}$ d) $\frac{9}{14}$
6. a) $1\frac{2}{15}$ b) $3\frac{1}{4}$
   c) $1\frac{1}{5}$ d) $3\frac{1}{3}$
7. a) $\frac{3}{4}$ b) $\frac{3}{8}$ c) $\frac{3}{16}$ d) $\frac{9}{16}$
8. Elle est 4 fois plus grande.

Module 5, page 492

1. a) D'un recensement   b) D'un échantillon
2. a) Biaisé
   b) Par exemple : Interroger des élèves au hasard.
3. a) J'ai utilisé un diagramme à tiges et à feuilles.
   b) J'ai utilisé un histogramme, car les données sont numériques et je peux les grouper par intervalles.
   c) Par exemple : Les élèves qui prennent de 10 à 19 minutes pour se rendre à l'école forment le plus grand groupe.
   d) Par exemple : La plupart des élèves prennent moins de 30 min pour se rendre à l'école.
4. b) Par exemple : Les deux filles grandissent. Karine est toujours plus grande que Courtney. Les deux filles grandissaient à un rythme plus rapide avant d'avoir 6 ans. Leur rythme de croissance a ralenti depuis l'âge de 6 ans.

c) I) Les estimations varieront. Par exemple : À 5 ans, Karine mesurait environ 108 cm. Je suppose que Karine a grandi au même rythme de 3 à 6 ans.
II) Par exemple : À 15 ans, Courtney mesurera probablement environ 160 cm. Je suppose que son rythme de croissance ralentit un peu après l'âge de 12 ans.
d) Non, car le rythme de croissance change.
5. a) 7500 ; 11 500 ; 12 800 ; 12 100 ; 12 400 ; 12 300 ; 8 600
c) I) Environ 16 %   II) Environ 21 %
d) Les réponses varieront.

Module 6, page 493
1. a) 12 cm ; 38 cm   b) 2,1 m ; 13,2 m
   c) 12,5 cm ; 25 cm   d) 142,6 mm ; 448 mm
2. a) 60 mm ; 120 mm ; 380 mm
   b) 210 cm ; 420 cm ; 1320 cm
   c) 125 mm ; 250 mm ; 785 mm
   d) 7,13 cm ; 14,26 cm ; 44,8 cm
3. a) 3,14 m   b) Environ 14,77 $
4. a) Environ 75,4 m   b) 14 m
   c) Environ 88 m   d) Environ 452,4 m^2
   e) Environ 615,8 m^2 f) 163,4 m^2
5. Environ 1413,7 cm^2
6. Environ 58,9 cm^2
7. Environ 6 647 610 L
8. Environ 192,4 mL
9. Le cylindre de 2 m de rayon et de 1 m de hauteur a le plus grand volume.
10. Environ 3,7 m^2 ; environ 37 267 cm^2

Module 7, page 494
1. a) ∠DGF = 20°   b) ∠AGE = 90°
   c) ∠DGF = ∠EGC = 20° d) ∠DGF = ∠EGC = 20°
   e) ∠CGF = ∠DGE = 160°
2. ∠Q = ∠R = 52°
3. ∠BAC = ∠BCA = 64° ; ∠A = 92° ; ∠D = 36° ; ∠ACD = 116°
4. ∠SPT = 50° ; ∠RPS = 30°
5. a) Oui, si l'angle supplémentaire est plus petit que 90°.
   b) Oui
6. a) $\overline{PQ}$ et $\overline{RS}$ b) $\overline{PS}$ et $\overline{RQ}$
   c) ∠RTS et ∠PTQ
   d) ∠QPT et ∠TSR ; ∠PQT et ∠TRS
   e) ∠PTQ = 48° ; ∠TSR = 74° ; ∠TRS = 58° ; ∠PQT = 58°

Module 8, page 495
1. a) 20 cm^2 ; $\sqrt{20} \approx 4,47$ b) 45 cm^2 ; $\sqrt{45} \approx 6,71$
2. a) 1 cm^2 ; $\sqrt{2} \approx 1,41$ cm
   b) I) 4 cm^2 ; $\sqrt{8} \approx 2,82$ cm
      II) 9 cm^2 ; $\sqrt{18} \approx 4,24$ cm
      III) 16 cm^2 ; $\sqrt{32} \approx 5,66$ cm
   c) Longueur de la diagonale = $\sqrt{2 \times \text{aire}}$; $\sqrt{98} \approx 9,9$

3. a) Environ 7,5 ; $\sqrt{57}$ est à mi-chemin entre $\sqrt{49}$ et $\sqrt{64}$.
   b) Environ 12,5 ; $\sqrt{157}$ est à mi-chemin entre $\sqrt{144}$ et $\sqrt{169}$.
   c) Environ 16,1 ; $\sqrt{257}$ est très proche de $\sqrt{256}$.
4. a) 6,557   b) 35,440   c) 44,721
5. Plus longue de 40 km
6. a) $h \approx 9,5$ cm   b) $c \approx 32,5$ cm   c) $x \approx 27,5$ cm
7. Environ 3,46 m

Module 9, page 496
1. a) −6 + 4 = −2   b) −121 + 83 = −38
   c) +15 − 23 = −8
2. a) −10   b) −4   c) +5   d) −1   e) −2   f) −8
3. a) 4   b) −7   c) 0   d) −24   e) 56   f) −24
4. 518 $
5. 34 °C
6. a) 8 + 4 = 12   b) (−10) − (−7) = −3
   c) (−2) + (−3) = −5
7. a) 14   b) 60   c) −36   d) −25
8. a) −1   b) −24
9. a) A(3, −2) se trouve dans le quadrant 4 ; B(−1, 0) se trouve sur l'axe des x, entre les quadrants 2 et 3 ; C(−3, 4) se trouve dans le quadrant 2.
   b) Une réflexion
   c) Une rotation de 90° autour de l'origine (dans le sens des aiguilles d'une montre ou dans le sens inverse)

Module 10, page 497
1. a) b b) 0   c) c d) d
2. a) $8x + 16y + 12$ b) $18c + 45d + 27$
   c) $20x + 5y + 15$ d) $21a + 35b + 28$
3. a) 2, 4, 6, 8, 10, 12, ... À partir du nombre 2, additionner 2 chaque fois.
   b) 3, 5, 7, 9, 11, 13, ... À partir du nombre 3, additionner 2 chaque fois.
   c) 1, 3, 5, 7, 9, 11, ... À partir du nombre 1, additionner 2 chaque fois.
   d) 5, 7, 9, 11, 13, 15, ... À partir du nombre 5, additionner 2 chaque fois.
4. a) À partir du nombre 2, additionner 3 chaque fois.
   c) 44   d) $3n − 1$ e) 224
5. a) Par exemple : « Simone et ses parents veulent louer une allée de quilles. Combien cela leur coûtera-t-il ? »
   b) $a = 75 + 3 \times 3 = 84$; 84 $
6. a) $x = 5$ b) $x = 8$
   c) $x = 4$ d) $x = 4$
7. a) $4x + 7 = 63$; $x = 14$ b) $5x − 6 = 29$; $x = 7$
   c) $\frac{x}{3} − 10 = 2$; $x = 36$ d) $10 − \frac{x}{3} = 1$; $x = 27$
8. a) $14 = 5 + 3n$
   b) $n = 3$; la voiture de Thomas a été stationnée pendant $2\frac{1}{2}$ h.
   d) Oui. La voiture peut avoir été stationnée pendant 2 h et 1 min jusqu'à 2 h et 30 min.
9. a) 19e b) 27e c) 49^e

Module 11, page 498

1. **a)** 45 fois **b)** 60 fois **c)** 75 fois
2. Par exemple :
   a) 0,1 **b)** 0,9 **c)** 0,75 **d)** 0,2 **e)** 0,0625
3. **a), b)** Événement a : $\frac{2}{19}$ = 10,5 % ; événement c : $\frac{3}{4}$ = 75 % ; événement e : $\frac{1}{16}$ = 6,25 %
   c) Par exemple : Les autres événements n'ont pas de valeurs numériques.
4. **a)** J'utilise une roulette à 3 secteurs congruents. Je fais tourner la flèche de la roulette 5 fois.
   b), c) Les réponses varieront.
5. Non. Chaque personne a 50 % de chances de gagner à ce jeu. Le conseil des élèves perdrait 1 $ une fois sur deux.
6. **a)** Résultats possibles : Co1, Co2, Co3, Co4, Co5, Co6, Ca1, Ca2, Ca3, Ca4, Ca5, Ca6, T1, T2, T3, T4, T5, T6, P1, P2, P3, P4, P5, P6
   b) $\frac{1}{4}$; 25 %   **c)** $\frac{1}{24}$ ≈ 4,17 %   **d)** $\frac{1}{12}$ ≈ 8,$\overline{3}$ %
7. Non ; la probabilité que l'équipe perde est d'environ 57 %.

Va plus loin, page 499

1. 4 chaussettes
2. 8888 − 8888 = 0
4. Par exemple : Première rangée : 1, 4, 2, 3 ; deuxième rangée : 3, 2, 4, 1 ; troisième rangée : 4, 1, 3, 2 ; quatrième rangée : 2, 3, 1, 4
5. 27
6. Par exemple : $\frac{7}{7} \times \frac{7}{7} \times 7 \times 7$
7. Les 12 mois
8. 21 carrés
9. C'est impossible, car les pages 121 et 122 sont le recto et le verso d'une même feuille de papier.
10. 2,50 $
11. De 24 façons
12. 90
13. Normand a 41 ans, et Daria a 14 ans.
14. Par exemple : 9 × (5 − 2) − 8
15. 28
16. 8 ans
17. Le sac B offre de meilleures chances de gagner.
18. 15 nombres possibles
19. Par exemple : 1, 2, 3, 9 ; 4, 5, 6 ; 7, 8, 0
20. 12 chiens
21. 15 poignées de main
22. Par exemple : Sara a 25 cartes, et Marissa en a 35.
23. NEUF
24. 27, 29, 31, 33
25.   7
     4 1 3
     6 8 5
       2
26. **a)** 10 ; À partir du nombre 92, multiplier les 2 chiffres, puis soustraire le produit du terme précédent chaque fois.
    b) 8 ; À partir du nombre 77, multiplier les deux chiffres pour obtenir le prochain terme.
    c) 90 ; À partir du nombre 6, additionner 3, puis multiplier par 2, en alternance.
    Les suites a et b ; ce sont des suites décroissantes.
27. Les deux déplacements prennent le même temps.